计算机组成原理

主　编　秦礼章
副主编　贺雪莉　郭书涛　李　珏　秦书婷

西南财经大学出版社
中国·成都

图书在版编目(CIP)数据

计算机组成原理/秦礼章主编;贺雪莉等副主编.
成都:西南财经大学出版社,2025.6.--ISBN 978-7-5504-6622-7

Ⅰ.TP301

中国国家版本馆 CIP 数据核字第 2025Q5F863 号

计算机组成原理

JISUANJI ZUCHENG YUANLI

主　编　秦礼章

副主编　贺雪莉　郭书涛　李　珏　秦书婷

策划编辑:邓克虎

责任编辑:肖　翀

责任校对:包力尹

封面设计:张姗姗

责任印制:朱曼丽

出版发行	西南财经大学出版社(四川省成都市光华村街 55 号)
网　　址	http://cbs.swufe.edu.cn
电子邮件	bookcj@swufe.edu.cn
邮政编码	610074
电　　话	028-87353785
照　　排	四川胜翔数码印务设计有限公司
印　　刷	郫县犀浦印刷厂
成品尺寸	185 mm×260 mm
印　　张	30.875
字　　数	680 千字
版　　次	2025 年 6 月第 1 版
印　　次	2025 年 6 月第 1 次印刷
书　　号	ISBN 978-7-5504-6622-7
定　　价	68.00 元

前言

随着信息技术的飞速发展，计算机已经成为现代社会不可或缺的重要工具。为了更好地理解和应用计算机，掌握其组成原理是基础要求。“计算机组成原理”作为计算机类专业的一门核心基础课程，旨在为读者提供一个全面、系统且深入的计算机组成原理知识体系。

本书的内容涵盖了计算机主要系统部件的基本组成和工作原理。从计算机系统的概述、数据的表示、数字电路等基础性的知识开始，逐步深入到运算方法与运算器、存储系统、指令系统、中央处理器（CPU）、系统总线以及输入输出系统等核心部件与体系结构的详细介绍。书中的每一章节都结构清晰、内容翔实，并对计算机主要部件的基本概念、组成和工作原理进行了详细的描述；同时，注重理论联系实际，通过案例分析加深读者对知识点的理解。在编写过程中，笔者注重反映新技术和新动向，以适应计算机技术的快速发展。例如，在第 6 章，介绍了闪速存储器等新型存储技术；在第 8 章，介绍了各种新型的处理器架构；在第 9 章，介绍了 USB 接口等现代接口技术。这些内容的加入，旨在使读者能够紧跟计算机技术的发展步伐，拓宽知识面并提升专业素养。

第 1 章介绍了计算机的基本概念、计算机的分类与发展历程、计算机的系统组成（包括硬件系统与软件系统）、计算机系统的层次结构、计算机的工作过程、计算机的性能指标等。这些内容可以使读者系统地建立计算机的整体概念，了解计算机各部件之间以及计算机各子系统之间的关系，有利于后续内容的学习。

第 2 章介绍了计算机信息的表示，包括数值信息的表示、非数值信息的表示和信息的校验。这些基础性的知识能够使读者为后续内容的学习打下坚实的基础。

第 3 章介绍了数字逻辑电路基础，包括逻辑代数基础、逻辑电路、组合逻辑电路、时序逻辑电路等内容。本章内容既为没有学习过数字电路的读者提供了必要的基础知识，也方便学习过数字电路的读者思考。

第 4 章介绍了计算机的运算方法与运算器，包括二进制运算的基本规则、定点运算与定点运算器、浮点运算与浮点运算器等。通过本章的学习，读者能够理解计算机的数据是如何被处理的，以及运算器是如何工作的。

第 5 章介绍了总线系统。读者通过本章内容，能够理解计算机各个功能部件是如何连接和相互通信的。

第 6 章介绍了计算机的存储系统，包括计算机的存储层次结构、半导体存储器、主存储器的组织结构与工作原理、并行存储器、高速缓冲存储器和虚拟存储器等。通过本章的学习，读者能够理解计算机的数据是如何存储和读写的，从而为后续学习数据通路和指令周期打下必要的基础。

第 7 章介绍了计算机的指令系统，包括指令系统的基本概念、指令格式、指令寻址方式、数据寻址方式、汇编语言和指令系统的发展等。本章内容能够为读者后续学习指令周期和控制器的设计提供必要的基础知识。

第 8 章介绍中央处理器（CPU），包括 CPU 的功能和组成结构、数据通路、指令周期中典型指令的数据通路、时序系统与控制方式、组合逻辑型控制器的设计、微程序控制器的设计、处理器架构等。通过本章的学习，读者能够理解计算机的基本组成结构和工作原理。

第 9 章介绍输入输出系统，包括程序查询方式、中断系统和程序中断方式、DMA 方式和通道方式等。这些内容能够使读者了解计算机主机与外部设备之间的数据传输方式与原理。

第 10 章介绍了计算机的外部设备（输入输出设备），能够使读者了解各类外部设备的基本组成结构和工作原理。

此外，本书各章还配有大量习题，为读者提供了丰富的练习机会。这些习题旨在帮助读者巩固所学知识，提升解题能力和实际应用能力。

全书由秦礼章主持编写和统稿。秦礼章负责第 1 章、第 4 章、第 6 章、第 7 章和第 8 章的编写，秦书婷负责第 2 章的编写，贺雪莉负责第 3 章的编写，李珏负责

第 5 章的编写，郭书涛负责第 9 章和第 10 章的编写。

本书适合作为计算机类专业或者相关专业的本科生教材，也可作为考研用书或相关领域从业人员的自学参考书。通过本书的学习，读者将能够建立起对计算机组成原理的全面认识，从而为后续专业课程的学习和今后的工作打下坚实的基础。

在编写本书的过程中，我们得到了许多专家和学者的支持与帮助，也参考了大量相关文献和资料。在此，我们向所有付出辛勤努力的同仁表示衷心的感谢！由于编者水平有限，书中难免存在不足，敬请读者批评指正。同时，我们也诚挚地欢迎广大读者对本书提出宝贵的意见和建议，以便我们不断改进和完善。

最后，希望本书能够成为读者学习和掌握计算机组成原理的得力助手，为读者在计算机科学领域的进一步发展和创新提供有力的支持。

作　者

2025 年 1 月

目录

1 计算机系统概述

本章是对计算机系统的整体概述。通过本章的学习，读者能够对计算机系统建立起整体概念，有利于后续章节的学习。本章主要内容有：

●计算机概念、特点、应用、分类以及发展历程等；

●硬件系统组成，冯·诺依曼计算机的结构，现代计算机的结构和哈佛结构；

●软件系统组成，包括系统软件的构成、应用软件的构成；

●计算机系统的层次结构，软硬件的逻辑等价性，计算机体系结构与计算机组成的概念与关系；

●计算机简单的工作过程；

●计算机的性能指标。

1.1 计算机概述

1.1.1 计算机的概念

计算机（computer），俗称电脑，是一种能够按照预先存储的程序运行，通过执行各种逻辑和算术运算来处理各种形式的数据的电子设备。

计算机的主要功能包括但不限于：

●数据处理和计算；

●存储和检索大量信息；

●控制其他设备（比如工业自动化）；

●提供多媒体服务（如播放视频、音频）；

●支持网络通信和互联网服务；

●运行和支持人工智能算法。

计算机是20世纪科技巅峰之一，深刻改变着生产和生活方式。其广泛渗透至社会各领域，催生了庞大的产业，引领全球技术飞跃。如今，计算机普及至学校、企业乃至家庭，成为信息时代的基石工具，促进了知识的传播，提升了工作的效率，丰富了生活娱乐方式。更重要的是，其在科学研究、工程技术、教育医疗等领域起到了关键作用。

计算机的发明者约翰·冯·诺依曼不仅是杰出的数学家，还涉足物理、化学领域，成就斐然。他早期深耕算子、共振、量子与集合论，后转攻自动机理论，奠定了现代计算机基础。

1.1.2 计算机的特点

计算机作为一种现代信息处理设备，具有以下显著特点：

1. 自动控制与高速运算

计算机能够按照预设的程序自动执行一系列操作，其运算速度远超人类手动计算的速度，特别是在进行复杂数据和大量数据处理时。

2. 存储与记忆功能

计算机内部配备了存储器，能够存储大量数据和程序；同时其具有记忆功能，即使电源关闭，存储在非易失性存储器（如硬盘）中的数据也不会丢失。

3. 逻辑判断与控制能力

计算机不仅能够执行数学计算，还能进行逻辑判断、条件控制等复杂操作，实现程序的分支结构和循环结构。

4. 通用性强

计算机通过不同的软件编程，可以用于解决各种领域的问题，包括数据处理、文字处理、图像处理、声音处理、科学计算、人工智能等。

5. 精确度高

计算机的计算精度通常受限于数据表示的精度，而数值计算可以达到非常高的精确度。

6. 高度可扩展性

通过添加硬件设备、升级软件系统，计算机可以进行不同程度的扩展和升级，以满足不断增长的计算和处理需求。

7. 网络互联与资源共享

现代计算机普遍具有网络功能，能够实现多台计算机之间的互联互通，共享数据、软件资源和硬件资源。

8. 并行处理与分布式计算

一些高级计算机系统能够实现并行处理或多任务处理，以及通过分布式计算技术将任务分散到多台计算机上同时执行，从而极大地提高计算效率。

9. 多媒体应用

计算机支持处理音频、视频等多种媒体数据，可以进行多媒体信息的编辑、合成和播放。

10. 智能化

随着人工智能技术的发展，现代计算机能够进行模式识别、自然语言处理、机器学习等智能操作，展现出越来越高的智能化水平。

1.1.3 计算机的应用

计算机的应用极其广泛，几乎渗透到现代社会生活的每一个角落。

1. 教育领域

计算机在教育领域被广泛应用于电子教学、在线学习、远程教育、教育资源管理等。例如教师可以通过在线平台授课，学生可以使用数字化工具进行学习和考试。

2. 商务与企业管理

企业利用计算机进行财务管理、人力资源管理、客户关系管理、供应链管理等，ERP、CRM 等系统能够帮助企业高效运作。

3. 科学研究与工程计算

科学家和工程师利用计算机进行复杂的数据分析、数值模拟、三维建模等，例如天气预报、地质勘探、航空航天工程计算等。

4. 医疗卫生

医院信息系统（HIS）、电子病历、医学影像处理、远程医疗等都离不开计算机技术。同时，生物信息学、药物研发等领域也在广泛使用计算机进行大数据分析。

5. 娱乐与传媒

计算机在影视制作、音视频剪辑、网络游戏、社交媒体、在线流媒体服务等领域发挥着重要作用，提供了丰富多彩的视听内容和娱乐体验。

6. 通信与互联网

电子邮件、即时通信、网页浏览、搜索引擎、社交网络等互联网服务都是基于计算机网络技术发展起来的。计算机网络技术支撑起了全球范围内的数据传输与通信。

7. 智能制造与自动化

在工业生产线上，计算机通过 PLC、SCADA 等系统实现自动化控制，机器人、无人机等智能装备也依赖计算机进行导航和任务执行。

8. 金融服务

在银行、证券、金融科技等领域，计算机系统用于处理金融交易、数据挖掘、信贷审批等核心业务。

9. 政府部门

政府部门运用计算机系统进行行政管理、公共服务、数据分析、信息发布等工作，从而提高了政务服务的效率和透明度。

10. 个人生活

在日常生活中，小到手机，大到各类家用电器，计算机技术无处不在，它改变了人们的日常生活方式。

总之，计算机技术已经成为现代社会基础设施的重要组成部分，其无论是在宏观层面的国家治理、经济发展，还是在微观层面的个人生活中，都有着广泛而深刻的应用。

1.1.4 计算机的分类

计算机根据不同的分类标准，可以分为多种类型。

1. 按规模与性能分类

微型计算机（microcomputers）：如个人电脑（PC）、笔记本电脑、平板电脑等，特点是体积小、价格适中，主要用于办公、个人和家庭用户使用。

工作站（workstations）：具有较高性能，通常用于工程设计、图像处理、科学计算等领域，提供较强的专业计算能力和图形处理能力。

服务器（servers）：专为网络环境设计，处理大量并发请求，提供数据存储、资源共享、网络服务等功能。

大型计算机（mainframes）：适用于大型企业和机构，如银行、保险公司、政府部门等，能够处理海量数据和复杂运算。

超级计算机（supercomputers）：用于解决极为复杂的科学计算和大规模数据分析，拥有极快的运算速度和极强的并行处理能力。

2. 按用途分类

通用计算机（general-purpose computers）：如个人计算机和工作站，特点是适应性强，可以执行各种不同类型的任务，但效率较低、速度较慢、经济性不强。

专用计算机（special-purpose computers）：如工业控制计算机、嵌入式系统（如智能手机、汽车电子控制单元）等，专门设计用于执行某一特定任务。它是最有效、最经济、最快速的计算机，但是适应性较差。

3. 按数据处理方式分类

数字计算机（digital computers）：用于处理和存储数字信号，是一种采用数字方式进行信息处理和计算的计算机。它的核心特征是内部使用二进制（即 0 和 1）来表示和处理数据，所有的信息都被转化为数字信号进行运算和存储。现在的大多数计算机都属于此类。电子数字计算机的特点是数据按位运算，且不连续地跳动计算。

模拟计算机（analog computers）：早期用于处理连续变化信号的计算机，数值由连续量来表示，运算过程也是连续的。现在较少使用。

混合计算机（hybrid computers）：结合了数字计算机和模拟计算机的优点，可以同时处理数字信号和模拟信号。

4. 按形态分类

台式机（desktop computers）：因其一般需要放置在电脑桌或者专门的工作台上，故命名为台式计算机。台式计算机由多个独立的硬件部件组装而成，包括主机（包含主板、CPU、内存、硬盘、电源等）、显示器、键盘、鼠标等外部设备，各部件相对独立，可以根据用户需求进行自由搭配和升级。尽管台式计算机体积较大，不如笔记本电脑便携，但它在性能、可扩展性、散热和性价比等方面具有明显优势，因此在很多场合仍然备受青睐。

笔记本电脑（laptop or notebook computers）：是一种便携式的个人计算机，它结合了台式计算机的功能性和移动设备的便携性。笔记本电脑凭借其便捷性、高效的生产力工具属性，已经成为人们在日常工作、学习、生活中的重要伙伴。随着科技的进步，笔记本电脑在性能、外观设计等方面不断创新，满足了用户多元化的需求。

移动设备（mobile devices）：指的是那些设计用于移动环境且具备计算和通信功能的电子设备，如智能手机、平板电脑、智能手表等。移动设备的一个共同特点是便携性和移动性，它们都能接入无线网络（如4G/5G、Wi-Fi），用户可以随时随地获取信息、沟通交流、工作学习和娱乐休闲等。随着技术的不断进步，移动设备的功能日趋完善，已融入人们的日常生活和工作。

一体机（all-in-one computers）：是一种将传统台式计算机的主机部分与显示器整合为一体的个人计算机设备。一体机以其一体化、简洁化的设计理念，成为介于传统台式机和笔记本电脑之间的另一种计算机形态，尤其适用于对空间和设计感有较高要求的用户群体。不过，用户在选购一体机时需要根据需求考虑硬件升级、性能等因素。

服务器设备（server hardware）：是为在网络环境中提供各种服务和管理数据而设计制造的高性能计算机硬件系统。服务器设备是数据中心和企业IT基础设施的核心组件。根据不同应用场景和需求，服务器设备可以细分为文件服务器、数据库服务器、邮件服务器、应用服务器、Web服务器、计算密集型服务器（如高性能计算HPC）、存储服务器等多种类型。

嵌入式系统（embedded systems）：是一种专用计算机系统，它用于执行特定任务，是一个完整产品或设备的一部分。嵌入式系统广泛应用于工业自动化、物联网、汽车电子、航空航天、医疗设备、智能家居等诸多领域，是现代信息化社会中不可或缺的一部分。

5. 按架构分类

单片机（microcontrollers）：是一种将计算机的中央处理器（CPU）、内存（RAM 和 ROM）、输入/输出接口（I/O）以及其他外部设备集成于单一半导体芯片上的微型计算机系统。单片机广泛应用于智能家居、汽车电子、工业控制、消费电子、医疗设备、智能仪表、物联网设备等众多领域。尽管单片机的硬件是固定的，但是可以通过编程的方式使其实现各种不同的功能，以适应各种应用场景的需求。单片机的开发通常使用汇编语言或高级编程语言（如 C/C++）进行，并配合集成开发环境（IDE）和调试工具链进行程序设计、编译、烧录和调试。

多处理器系统（multiprocessing systems）：是指在一台计算机系统中包含了两个或更多的独立处理单元（即处理器或核心），这些处理器能够并行执行指令，共享系统资源（如内存、I/O 设备等），协同完成复杂的计算任务。多处理器系统的设计旨在提高系统性能、加快响应速度和增加吞吐量，以满足高负荷、高性能计算的需求。多处理器系统广泛应用于高性能计算、数据中心、服务器、大型数据库系统、实时控制系统、嵌入式系统以及现代个人计算机（尤其是多核 CPU）中。随着技术的发展，多核和多处理器技术已成为现代计算机系统架构的主流趋势。

分布式计算机系统（distributed computer systems）：是一种由多个独立的计算机节点通过网络互相连接，并共同协作以实现单一或多重计算任务的计算机系统。这些节点可以是物理上分离的计算机、服务器或者其他计算设备，它们共享资源、交换信息并通过通信协议协同工作，对外表现为一个整体。分布式计算机系统通常包括分布式操作系统、分布式数据库系统、分布式文件系统、分布式计算框架（如 MapReduce、Spark 等），以及相应的通信协议和一致性算法。在科研数据统计管理系统的场景下，分布式系统可以用来高效地存储、检索、分析和共享大量数据，通过分布式的计算资源来加速数据处理和分析的过程。

6. 按技术演进分类

传统计算机（traditional computers）：传统计算机的核心在于硅芯片，由硬件与软件系统构成。硬件依托电、磁、光、机械原理，构建物理部件的坚实基础；软件则包含程序与文件，引导系统执行任务。尽管量子计算机、生物计算机等新秀崛起，传统计算机也仍是主流，其广泛应用于科研探索、商业运营、教育培训及休闲娱乐等多元化领域，展现出不可替代的价值。

生物计算机（biological computers）：是一种新兴的计算机类型，它利用生物学原理，尤其是生物分子（如 DNA、蛋白质、酶等）及其相互作用，来进行信息处理和计算。这种计算机的基本构想是利用生命系统内在的复杂性和有序性来实现计算任务，这与传统的基于硅基电子元件的计算机有所不同。生物计算机代表着计算科学与生物技术交叉领域的前沿探索，它试图突破传统计算机的物理和材料限制，从而开辟全新的计算模式和应用领域。生物计算机在未来的潜在应用领域包括精准医疗、生物传感、纳米技术、信息安全等。当其在处理大量生物数据和执行复杂的生物计算任务时，具有独特的优势。然而，其要实现实用化和商业化还需要克服许多科学和技术难题。

量子计算机（quantum computers）：是一种基于量子力学原理设计和建造的新型计算机。传统计算机使用二进制位（bits）进行信息处理，而在量子计算机中，信息的基本单元被称为量子比特（qubits），其状态可为叠加态（superposition）和纠缠态（entanglement）。目前，谷歌、IBM、微软、英特尔等科技巨头以及许多大学和研究机构都在积极开展量子计算的相关研究，试图构建出更大规模、更稳定的量子计算机系统。中国在量子计算机方面的研究取得了相当惊人的成就，先后研制了“九章一号”“九章二号”和“九章三号”等量子计算机。其中，“九章三号”再度刷新了光量子信息的技术水平和量子计算优越性的世界纪录。

光子计算机（optical computers）：是一种利用光（光子）进行信息处理和计算的计算机。这种计算机的设计理念是利用光的特性，如速度快、并行性强、损耗低等来实现对传统电子计算机性能的超越。然而，光子计算机的实际开发和应用面临诸多挑战，例如如何实现光子逻辑门、存储光子信息、控制光子之间的相互作用以及避免光信号在传输过程中的衰减和噪声等。尽管如此，光子计算机仍然是未来计算机科学研究的重要方向之一，有望在特定领域如大规模并行计算、密码学和量子计算中发挥重要作用。

1.1.5 计算机的发展

1. 古代计算工具

古代的计算工具是人类智慧的结晶，它们帮助人们在没有电子计算机的情况下进行复杂的数学运算。对计算工具的发明和应用，反映了不同历史时期人们对数学和计算技术的理解和应用水平，也展示了人们在不同时期解决实际问题的创新思维。

（1）算筹

算筹，又被称为筹策、算子、算具等，是中国古代的一种计算工具。它最初是一种竹制的小棍子，用来表示数字，进行各种计算。后来，算筹的材质逐渐多样化，除了竹制的，还有木筹、铁筹、骨筹、玉筹和牙筹等。算筹的长度一般为 13~14 厘米，直径为 0.2~0.3 厘米，每 270 枚左右为一捆，方便携带和使用。

算筹的使用方式非常灵活，它采用十进制记数法，数码有纵式和横式两种摆法，如表 1-1 所示。纵式表示个位、百位、万位等，横式表示十位、千位、十万位等。算筹通过不同的摆法，可以表示出各种数字，并进行加、减、乘、除等运算。例如，当表示数字时，个位用纵式，十位用横式，百位再用纵式，千位再用横式，以此类推。这种摆法既简单又直观，使得计算过程变得相对容易。

表 1-1　算筹的数码

数字	1	2	3	4	5	6	7	8	9
纵式	𝍠	𝍡	𝍢	𝍣	𝍤	𝍥	𝍦	𝍧	𝍨
横式	𝍩	𝍪	𝍫	𝍬	𝍭	𝍮	𝍯	𝍰	𝍱
示例	8732：𝍰 𝍦 𝍫 𝍡								

算筹历史悠久，早在春秋战国时期，其就已经被广泛使用于各种计算活动。到了秦汉时期，算筹的使用更加普及，并逐渐形成了完善的制度。在古代的数学著作如《九章算术》中，都有关于算筹的详细记载。

算筹的发明和使用，极大地推动了古代数学和科学的发展。它不仅使得计算过程更加快捷和准确，还为后来的计算工具如算盘、计算器等的发展奠定了基础。因此，算筹在古代计算工具史上具有重要的地位和作用。

值得注意的是，随着现代计算工具的出现和发展，算筹已经逐渐被淘汰。但是，它作为中国古代的一种重要计算工具，仍然具有重要的历史和文化价值。通过研究算筹的使用和发展历程，我们可以更好地了解古代数学和科学的发展状况，以及人类智慧和创造力的演变过程。

（2）算盘

算盘是一种手动操作计算辅助工具，起源于中国，是中国古代的一项重要发明，如图 1-1 所示。

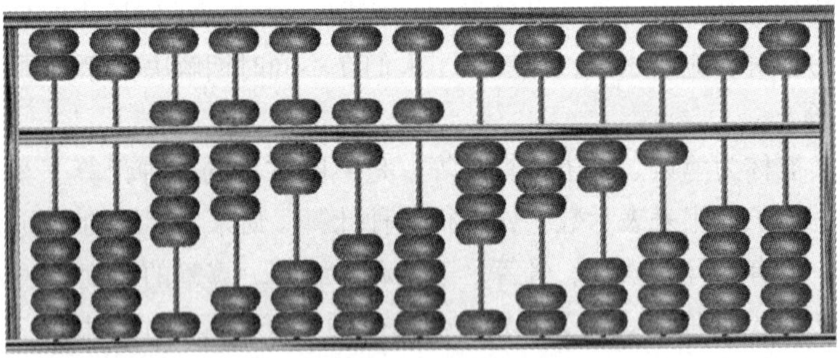

图 1-1　算盘

算盘最早可追溯到东汉末年，数学家徐岳在其所著的《数术记遗》中提到了“珠算”，并描述了算盘的结构和使用方法。但关于算盘的具体起源，至今仍有争议。15 世纪中期，《鲁班木经》中记载了算盘制造的规格。由于算盘的普及，有关算盘的著作也随之产生，流行最久的珠算书是 1592 年明代数学家程大位所著的《算法统宗》。

算盘通常为长方形，由框、梁、档、上珠、下珠组成。框是算盘的外围边框，用于固定和支撑内部的算珠。梁是算盘内部的横梁，将算珠分为上下两部分。上珠通常代表5（在财会领域有时为1珠代表5），下珠代表1。内贯直柱，通常称为“档”，一般有9档、11档或13档之分。

使用算盘进行计算时，需要遵循一定的规则和口诀。通过上下拨动算珠，可以进行加减乘除等运算。熟练的珠算操作可以迅速得出计算结果，有的时候甚至不逊于现代计算器的计算速度。

算盘作为中国古代的一项重要发明，不仅具有历史价值，还体现了中国古代劳动人民的智慧和创造力。珠算已被联合国教科文组织列为人类非物质文化遗产，这进一步彰显了算盘在人类文明进程中的重要地位。在现代教育中，算盘仍被用作教学工具，帮助学生理解数学概念和计算方法。

综上所述，算盘作为一种古老而实用的计算工具，在中国乃至世界历史上都占有重要地位。它不仅是中国古代智慧的结晶，也是人类文明进程中的重要组成部分。

（3）计算尺

计算尺（slide rule），也称为对数计算尺，是一种模拟计算机，能够进行简单的数学计算和测量，如图1-2所示。

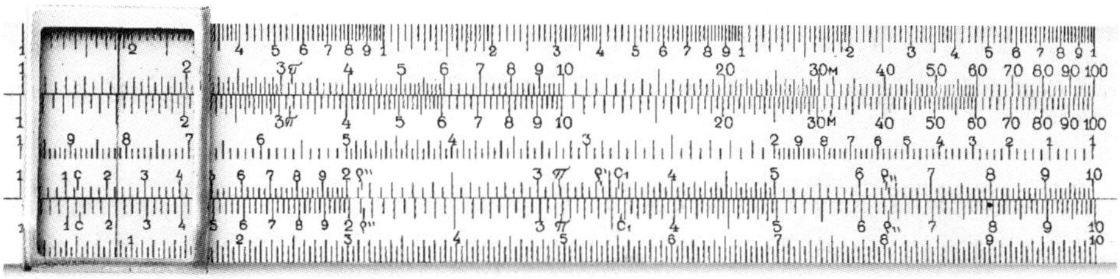

图1-2　计算尺

1620年，英国数学家埃德蒙·甘特首创约60厘米长的对数刻度尺。1622年（也有说法认为是1625年），英国牧师威廉·奥特雷德把两根木制对数标尺并排放在一起，创造出了世界上第一把计算尺。几年后，他又发明了圆形计算尺，在两个圆盘的边缘标注对数刻度，然后让它们相对转动，制成一种基于对数运算法则的原始对数计算尺，用加减法来替代乘除。1652年比萨克、1657年帕特里奇分别制造了有固定尺身和滑尺的计算尺。1850年，法国的奥美达·曼海姆将游标装在尺上，才成为现代的计算尺。1891年双面标尺开始使用，计算尺最终具有了后来流行的形式。20世纪70年代之前，计算尺被广泛使用，特别是在科学、工程和数学领域。20世纪70年代之后，随着电子计算器的出现和普及，计算尺逐渐被取代。

计算尺通常由三个互相锁定的有刻度的长条和一个滑动窗口（称为游标）组成。这些长条上刻有对数刻度、三角函数刻度、指数函数刻度等，用于进行各种数学运算。游标用于读取刻度上的数值，帮助用户进行精确的计算。

计算尺主要用于进行乘、除、乘方、开方等运算，甚至可以计算三角函数、指数函数和对数函数。在科学、工程、数学、教育等领域，计算尺曾是重要的计算工具。通过滑动游标和对齐刻度，用户可以快速进行复杂的数学运算，而无须进行烦琐的纸笔计算。

使用计算尺时，用户需要熟悉其刻度系统和操作规则——滑动游标，将所需的数值对齐到相应的刻度上，然后读取结果。由于计算尺的刻度是连续的，因此用户需要估计小数点的位置以获得精确的结果。

计算尺的类型包括一般标准直算尺和圆算尺等。材料上，计算尺可由硬木、玻璃、金属、塑料及其复合材料等制成。

计算尺作为历史上的重要计算工具，具有一定的历史价值和教学意义。它展示了人类在数学和工程领域的智慧和创新精神。尽管现在其已被电子计算器所取代，但其仍然是工程师、科学家和数学家们珍贵的记忆。

综上所述，计算尺曾是一种实用的计算工具，具有悠久的历史和广泛的应用领域。尽管现在其已被电子计算器所取代，但它在人类科技文明的进步和发展过程中功不可没。

2. 现代计算机的发展概况

1946 年，全球首台电子计算机 ENIAC 在美国诞生。它虽重达 30 吨且耗电惊人，却开创了电子计算新纪元。ENIAC 采用 1.8 万个电子管，虽庞大笨拙，每秒钟却可进行 5 000 次加法运算。ENIAC 不仅是技术的里程碑，更是人类智慧与创新的璀璨结晶。

计算机的发展历经了四个重要阶段。

第一代计算机——电子管计算机（1946—1958 年）。

硬件上，其以真空管为逻辑核心，主存包括汞延迟线、阴极射线管等技术；外存则依赖磁带。软件上，机器语言与汇编语言为主流，引领计算新时代。代表性的计算机如美国的 ENIAC（1946 年）和 UNIVAC I（1951 年）。这类计算机体积庞大、耗电量高、可靠性相对较低，主要用于军事、科研等领域的复杂计算。

第二代计算机——晶体管计算机（1958—1964 年）。

这类计算机使用晶体管取代了电子管，显著提高了计算机的运算速度、可靠性，延长了寿命，并减小了体积和能耗。软件方面，其出现了操作系统、高级语言及编译程序。代表性的计算机如 IBM 7000 系列。应用领域包括科学计算、事务处理以及工业控制。

第三代计算机——集成电路计算机（1964—1971 年）。

IC 技术集成数百晶体管于微硅片，集成电路计算机由此兴起。软件进化至分时操作，程序设计结构化、规模化。计算机性能跃升，成本降低，迈向通用化、系列化、标准化。应用范围拓宽至企业与个人用户。应用领域拓展至文字处理、图形处理，推动了计算机深入日常生活与工作。

第四代计算机——大规模/超大规模集成电路计算机（1971 年至今）。

硬件方面，逻辑元件采用大规模和超大规模集成电路（LSI 和 VLSI）。英特尔在 1971 年推出首款微处理器 Intel 4004，标志着第四代计算机的到来。随后，1975 年 Altair 8800 和 Apple I 等个人计算机的出现，推动了微型计算机的普及。软件方面，数据库管理系统、网络管理系统和面向对象语言等出现。这一阶段计算机朝着更小、更快、更智能的方向发展，个人计算机市场迅速扩大，操作系统、应用软件和互联网技术也逐渐成熟。计算机网络技术也开始快速发展，最终促成互联网的普及。

3. 计算机的发展趋势

计算机硬件进入多核和多处理器时代，微处理器集成度不断提高，计算机网络和互联网技术深度融合，云计算和大数据成为信息技术的新热点。同时，量子计算机、光子计算机、生物计算机等新型计算技术的研究也在不断推进，为计算机未来的发展开辟了新的可能性。此外，人工智能、物联网、区块链等新技术的发展，也让计算机在更多领域展现出了强大的应用价值。科技进步使智能手机、平板电脑等移动计算设备开始普及，也使人工智能、机器学习、虚拟现实和增强现实等前沿技术快速发展。

（1）巨型化

巨型计算机以超高速运算、海量存储及强大功能著称，专用于航空航天、军事、气象等高端领域，满足复杂数据处理与高强度计算需求。

（2）微型化

微型化趋势显著，得益于集成电路技术的飞速发展和计算机芯片集成度的提升。功能强化的同时体积缩减，能耗更低，更具便携性。微型化使得计算机能够更广泛地应用于日常生活和工作。

（3）网络化

计算机与通信技术深度融合，构建网络桥梁，能够连接各地独立计算机，共享资源、交流信息、协同作业。

（4）智能化

计算机模拟人类智慧，具有学习、感知、理解、判断与推理等能力。其更精通自然语言、声音、文字与图像处理，实现人机流畅对话，开启智能交互新篇章。智能化计算机在医疗、教育、金融、交通等领域发挥着重要作用，提高了工作效率和服务质量。

（5）多媒体化

现代计算机不仅能够计算，还可以处理声音、图像、文字、视频和音频信号等多种媒体信息。多媒体计算机在教育、娱乐、广告等领域得到广泛应用，丰富了人们的生活和工作方式。

（6）云计算与边缘计算

云计算：通过网络提供计算资源和服务，用户可以根据需求随时获取和使用。云计算降低了 IT 成本，提高了资源利用率，推动了大数据、人工智能等技术的发展。

边缘计算：将计算任务和数据存储从云端推向边缘设备，减少了数据传输延迟和带宽消耗，提高了系统响应速度和安全性。边缘计算在物联网、自动驾驶等领域具有广泛应用前景。

（7）人工智能与大数据

人工智能：机器学习、深度学习等技术使计算机具备智能决策和自主学习的能力。人工智能在医疗、金融、教育等领域的应用不断深化，推动了相关行业的数字化转型和智能化升级。

大数据：海量数据的收集、存储、处理和分析成为计算机发展的重要方向。大数据技术为人工智能、物联网等领域提供了强大的数据支持，推动了相关技术的创新和发展。

4. 摩尔定律与集成电路工艺发展概况

1965 年，英特尔创始人之一戈登·摩尔在 *Cramming More Components onto Integrated Circuits* 一文中对集成电路上可容纳的晶体管数量、性能及其价格等进行了预测，其主要内容可概括为："当价格不变时，集成电路上可容纳的晶体管数量每 18~24 个月翻一番，性能也将提升一倍。"这就是著名的摩尔定律。近年来由于工艺和技术的发展，半导体工艺已接近集成电路极限，集成电路的发展开始逐渐偏离摩尔定律的预测，从 2013 年开始逐步放缓至 3 年翻一番，这种放缓已成了行业的共识。但这些都不能否定摩尔定律的深远影响和巨大贡献。摩尔定律的意义和影响表现在：①单个芯片集成度提高后，其成本变化不大，因此总体成本明显下降；②高集成度的芯片中，电路间的距离更近，其连线更短，工作速度可以更快；③增加了芯片内部的连线，从而减少了外部连线，可靠性得以提升；④计算机体积越来越小，减少了电能的消耗，适应性更强。

集成电路生产涵盖设计、制造与封测三大核心环节。设计阶段聚焦于逻辑规划与规则设定，设计蓝图转化为掩模模板，为后续光刻奠基。制造阶段则通过光刻、刻蚀等复杂工序，将电路图案精准复刻于晶圆，实现芯片功能。封测阶段则确保芯片封装与性能达标。其中，光刻作为关键技术，其复杂度与成本均较高，直接影响芯片制程与性能。该工艺涉及清洗、涂胶、曝光、显影等多步骤，利用光刻胶的光敏特性，经掩模曝光后，通过蚀刻形成精细图案，构建半导体器件基础结构。随着集成电路规模的扩大，光刻次数显著增加，超大规模芯片制造需历经数十至数百次光刻作业，凸显了其在半导体制造中的核心地位。

光刻的最小线条尺寸是其发展水平的重要标志。受光衍射的制约，任何一台光刻机所能刻制的最小尺寸，基本上都与它所用光源的波长成正比。科学家们发明了诸如浸入式光刻、相位掩模等技术来减少光衍射的影响。晶体管制程工艺中的关键指标是指晶体管栅极的最小线宽，随着光刻技术的发展，晶体管制程工艺经历了130 nm、90 nm、65 nm、45 nm、32 nm、28 nm、22 nm、14 nm、10 nm、7 nm、5 nm等阶段。晶体管制程水平越先进，三极管的体积越小，进入纳米级的量子尺寸时，经典物理学会失效，三极管的漏电流问题就成为难以解决的技术障碍，这也是摩尔定律放缓的主要原因。有效地提高晶体管开关响应速度、减少漏电流是目前晶体管制程工艺面临的最大挑战。

1.1.6 中国计算机发展概况

我国计算机发展历程从无到有，从小到大，从弱到强，从引进消化吸收再创新到自主研发，取得了举世瞩目的成就，这为我国信息化建设和现代化进程奠定了坚实基础。

1. 起步阶段

我国计算机事业起步较晚。1956 年，《十二年科技规划》明确了电子计算机技术的发展目标。1957 年，首个计算技术研究所成立，标志自研之路开启。同年，哈尔滨工业大学亦取得突破，成功研制出我国首台模拟电子计算机，为我国计算机事业奠基。

2. 发展阶段

1958 年至 20 世纪 70 年代，我国相继研制出第一代至第三代计算机，包括使用电子管、晶体管和中小规模集成电路的计算机，如 109 乙机。“两弹一星”工程中，我国自行设计的计算机在数据处理和计算方面发挥了关键作用，如 109 丙机等。

3. 突破与产业化

自 20 世纪 80 年代以来，我国计算机产业开始全面发展，不仅在硬件上取得突破，如研制出长城系列微机，而且在软件开发和应用推广上也取得了显著成就。1988 年，我国研制出了第一台国产 386 微机——“长城 386”，标志着国内计算机产业发展进入了一个新的阶段。

4. 高性能计算

自 20 世纪 90 年代以来，我国高性能计算机研发突飞猛进，银河、曙光、天河等系列成果斐然，频登全球超算榜单。其中，“天河二号”超级计算机于 2013 年横空出世，以其峰值 5. 49 千万亿次、持续 3. 39 千万亿次的计算能力，六度蝉联世界超级计算机 500 强榜首，彰显了中国超算实力。

随后，“神威 · 太湖之光”超级计算机自 2016 年起，四度问鼎超算之巅，其搭载40 960颗国产“申威 26010”众核处理器，采用自主申威指令集，峰值性能高达12. 54 京次/秒，持续性能达 9. 3 京次/秒，引领全球超算技术潮流，彰显了中国科技创新的蓬勃力量。

2020 年年末，中国科学技术大学潘建伟团队携手中国科学院上海微系统所等机构，成功研制出 76 光子量子计算原型机“九章”，在“高斯玻色取样”任务上展现惊人效率，较顶级超算快百万亿倍，标志着我国量子计算迈入“量子优越性”新纪元。次年 10 月，该团队再度突破，与中国科学院量子信息与量子科技创新研究院等合作，创新量子光源放大技术，推出 113 个光子 144 模式的“九章二号”，不仅实现相位可编程，更在相同任务上较之前的最快超算提速千倍有余，巩固了中国在量子计算领域的领先地位。此系列成果不仅是科研实力的彰显，更是对未来信息技术革命的深远布局，是量子计算从理论迈向实用的关键一步。

2023 年 10 月，量子计算领域迎来里程碑，“九章三号”横空出世，以 255 个光子再创光量子信息新高度，量子优越性纪录再攀高峰。相较于“九章二号”，“九章三号”高斯玻色取样能力飙升百万倍，对垒全球最快超算“前沿”，优势扩至亿亿倍。量子计算机凭其并行计算能力，使密码学、大数据、材料科学与药物研发等领域产生指数级加速变革。以“九章”命名，致敬中国古代数学瑰宝《九章算术》，寓意深远。

5. 产业化与市场化

自 21 世纪以来，我国计算机产业实现了规模化、市场化，中国成为全球最大的计算机生产和消费市场之一，培育了一批知名计算机品牌和企业。2002 年，我国成功制造出首枚高性能通用 CPU——“龙芯一号”，打破了长期以来对国外芯片技术的依赖，标志着我国在计算机核心技术领域取得了重要突破。

6. 自主创新与科技进步

近年来，我国在计算机领域不断加大科技创新力度，加强芯片、操作系统、数据库等关键技术的自主研发，云计算、大数据、人工智能等新一代信息技术蓬勃发展，推动了数字经济和智慧社会建设。但需要注意的是，我国计算机产业在关键技术，比如 CPU 设计、芯片制造，以及系统软件、基础软件、工业软件研发等方面还存在一定的短板，这就需要我们自力更生、发奋图强，为科技强国贡献自己的力量。

1.2 计算机的硬件系统

计算机系统是一个整体，分为硬件系统和软件系统两部分。硬件系统为计算机系统提供各种物理器件，为软件的运行提供算力和存储能力，是计算机系统运行的物质基础。软件系统通过指令来控制硬件工作，与硬件一起完成特定任务，实现用户要求的功能。计算机系统是硬件系统和软件系统的有机结合，两者相辅相成，共同实现数据处理、信息管理、计算和通信等功能。

1.2.1 计算机的硬件组成

计算机硬件是构成计算机系统的物理实体，包括运算器、控制器、存储器、输入/输出设备等。硬件为软件提供了执行环境，软件必须在硬件提供的平台上才能运行。

1. 控制器

控制器（control unit，CU）的任务是保证程序按照规定的顺序执行。具体来说，就是取出第一条指令，分析并执行，然后取出第二条指令，分析并执行，依次类推，直到程序执行完毕，如图 1-3 所示。

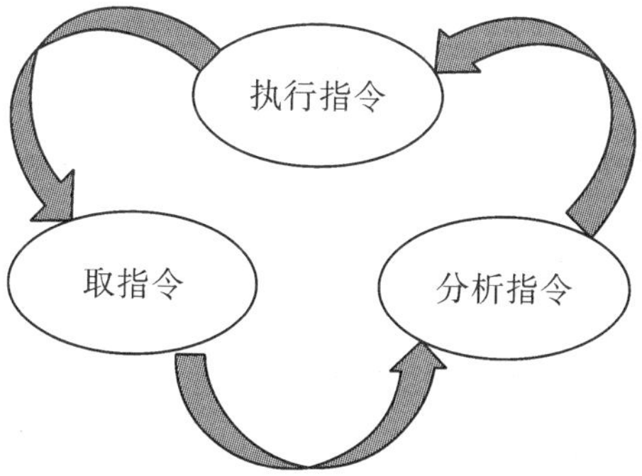

图 1-3 控制器的功能

2. 运算器

运算器（arithmetic logic unit，ALU）是计算机系统中的一个重要组成部分，它是中央处理器（CPU）的核心组件之一。计算机的根本任务是数据处理，而运算器是计算机的数据处理部件。运算器的基本功能包括以下三种。

算术运算：执行基本的加法、减法、乘法、除法以及其他算术运算，如取模运算、位运算等。

逻辑运算：执行逻辑比较、与、或、非、异或等逻辑操作，用于数据的比较、转移和变换。

移位运算：对数据进行左移、右移等移位操作，可用于快速乘除、提取或设置特定位等。

运算一次处理二进制数据的位数称为机器字长，简称字长，是计算机重要性能指标之一，其位数越多，计算精度就越高。

控制器和运算器统称为中央处理器（CPU）。运算器与控制器密切协作，控制器负责从内存中取出指令和操作数，解析指令后向运算器发出相应的操作命令。运算器执行完毕后，将结果写回到寄存器或内存中。在现代计算机体系结构中，运算器通常和寄存器组紧密结合，共同完成数据处理任务。

3. 存储器

计算机之所以能够自动工作，是因为人们把所要完成的工作分解成若干解题步骤，然后把这些步骤按照执行的顺序存放起来。当我们要完成该工作时，便把该解题步骤取出来一步一步执行，从而使计算机自动完成所要求的功能。

那么存放这些解题步骤的部件是什么呢？答案是存储器。

存储器可以简单分为主存储器（主存）和外部存储器（外存）。主存存储计算机运行期间的程序和数据，外存存储永久程序和数据。

主存是按地址访问的、线性编址的空间。存储器由若干存储单元组成，每个存储单元都有一个编号，这个编号称为地址。存储器的最小编址单位通常是字节。图1-4 为主存在计算机中的作用。

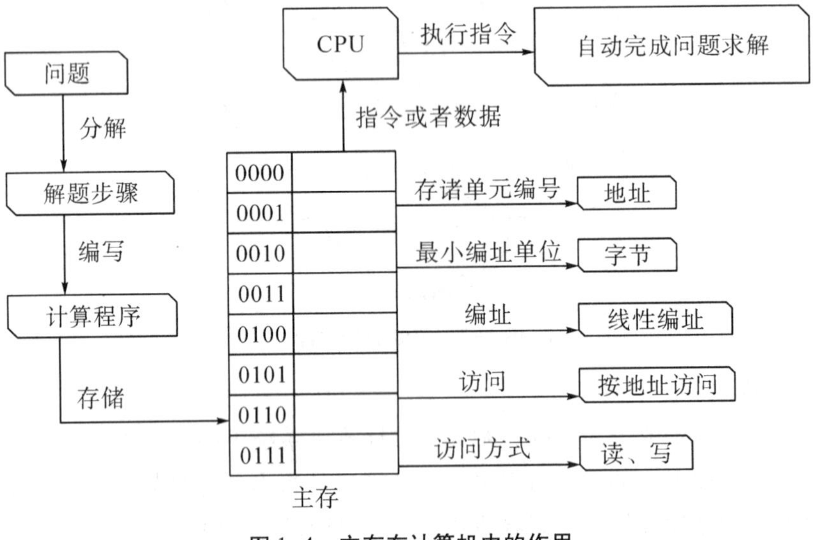

图 1-4　主存在计算机中的作用

存储器的单位及其之间的转换如下：

bite：位，byte：字节，1B = 8b

1KB（kilobyte 千字节）= 1 024B = 2^{10}B

1MB（megabyte 兆字节 简称“兆”）= 1 024KB = 2^{20}B

1GB（gigabyte 吉字节 又称“千兆”）= 1 024MB = 2^{30}B

1TB（trillionbyte 万亿字节 太字节）= 1 024GB = 2^{40}B

1PB（petabyte 千万亿字节 拍字节）= 1 024TB = 2^{50}B

1EB（exabyte 百亿亿字节 艾字节）= 1 024PB = 2^{60}N

1ZB（zettabyte 十万亿亿字节 泽字节）= 1 024 EB = 2^{70}B

1YB（jottabyte 一亿亿亿字节 尧字节）= 1 024 ZB = 2^{80}N

1BB（brontobyte 一千亿亿亿字节）= 1 024 YB = 2^{90}B

4. 输入设备

由于人们熟悉的信息形式和计算机能识别的信息形式不同，因此需要输入输出设备来进行人机之间不同信息形式的转换。

输入设备（input device）是计算机系统中用于接收用户或其他外部来源的数据或指令的装置。它们将人类可感知的形式（如看、听、触摸等）转变为计算机可理解的数字或电信号，从而使用户能够与计算机进行交互和信息交换。常见的输入设备包括以下几种。

键盘：用于输入文本、数字和特殊符号，是最常用的计算机输入设备之一。

鼠标：用于在图形用户界面上进行定点和点击操作，以及滚动页面等动作。

触摸屏：集成在显示屏上，通过手指或触控笔直接接触屏幕进行操作，常见于智能手机、平板电脑和部分一体机。

轨迹球、触摸板：移动设备或笔记本电脑上的一种替代鼠标的操作设备。

扫描仪：用于扫描纸质文档、照片等实物，并将其转化为数字图像格式。

数码相机、摄像机：采集图像和视频数据并传送给计算机。

麦克风：用于捕捉声音信号，常用于语音识别、录音、网络通话等。

手写板：用户可以直接用手书写输入文字，常用于签名、绘画和艺术创作。

游戏手柄、操纵杆：用于控制游戏或特定软件中的动作。

条形码扫描器、RFID 读卡器：在商业和物流领域用于快速读取商品信息。

生物特征识别设备：如指纹识别器、面部识别设备、虹膜扫描仪等，用于生物信息认证和身份识别。

总之，输入设备种类繁多，随着技术的发展，新的输入设备不断涌现，为用户提供更加便捷、直观的交互方式。

5. 输出设备

输出设备（output device）是计算机系统中用于将计算机处理后的信息转换为人或机器可以感知的装置。这些设备接收从计算机内部产生的数字或电信号，并将其转化为我们能看、听、感觉或打印出来的形式。常见的输出设备包括以下几种。

显示器：也称为显示屏幕，它将计算机处理的二进制数据转换成可视图像，是我们日常使用的最主要的输出设备。其用于呈现文本、图像、视频等各种信息。

打印机：包括激光打印机、喷墨打印机、针式打印机等多种类型。其将计算机中的数字信息转化为纸质文档，用于制作报告、文档、图片等硬拷贝资料。

扬声器和耳机：将计算机音频信号转化为声音输出，供用户听音乐、观看电影或者参与网络会议时使用。

投影仪：将计算机画面投射到大屏幕上，适用于会议、教学、演讲等场合。

绘图仪：用于输出高精度的线条图纸，通常用于工程设计、地图绘制等领域。

3D 打印机：将三维模型数据转化为实体物体，广泛应用于产品原型制作、个性化定制、教育及科研等多个领域。

触觉反馈设备：如力反馈装置，能在虚拟环境中模拟物理感觉，如振动、压力等，给用户提供触觉反馈体验。

Braille 点字显示器：为视力障碍者提供盲文输出。

以上列举的是部分常见的输出设备，它们共同构成了人与计算机之间的桥梁，使我们可以更直观地获取和理解计算机处理的信息。

6. 适配器

适配器（adapter）是主机与外部设备之间的连接部件，在不同技术语境中有不同的含义。

硬件适配器：在计算机硬件领域，适配器是一种特殊的接口设备，它使得原本不兼容的硬件接口或功能得以匹配。例如，电源适配器能够将交流电转换为直流电并调整电压，以便为笔记本电脑或其他电子设备供电；USB 转串口适配器则允许现代电脑通过 USB 端口连接老式的串行设备；显卡适配器可以把主板上的图形信号转换为显示器可以识别的信号等。

软件适配器：在软件开发中，适配器模式是一种设计模式，它作为中间层，允许两个原本由于接口不兼容而无法协同工作的类一起工作。适配器模式会创建一个新的类，这个类包含了需要被适配的类的一个实例，并且提供了与目标接口相匹配的方法，从而实现了原有接口与新接口之间的转换。

网络适配器：通常指的是网卡，是计算机和其他网络设备中实现网络连接的关键部件。它可以将计算机的数据转换为可以在物理媒介上传输的信号，反之亦然，从而确保了计算机能够接入局域网或互联网。

数据适配器：在数据库应用中，数据适配器是用来连接应用程序和数据库系统的组件，负责执行 SQL 查询并将结果转换为应用程序可识别的数据结构。

总之，无论是在硬件层面还是软件层面，适配器的核心作用都是“转换”和“适应”，以满足不同系统间通信和交互的需求。

7. 总线

总线（bus）在计算机系统中是各个组件之间传输数据、地址和控制信号的物理通道。它充当了计算机内部各部件之间进行通信的公共路径，让各部件能够共享信息和资源。

通过总线，计算机内部的各个组件可以协同工作，实现了数据的有效传输和系统资源的共享。随着技术的发展，总线设计也在不断演变，例如出现了高速串行总线（如 PCI-E、USB、SATA、Thunderbolt 等）来替代传统的并行总线，以满足高速数据传输的需求。

1.2.2 冯·诺依曼计算机结构

冯·诺依曼计算机结构，也被称作冯·诺依曼体系结构，由匈牙利裔美籍数学家冯·诺依曼在20世纪40年代提出。它明确了计算机系统的基本组成部分，是现代计算机设计的基础模型。

1. 冯·诺依曼计算机结构的特点

（1）计算机由5大部件组成：运算器、控制器、存储器、输入设备和输出设备。

（2）数据流和控制流：数据流（数据在存储器、运算器和I/O设备之间传输）和控制流（指令流，即控制器依据指令执行流程）都是以二进制形式进行的。

（3）指令包含操作码和地址码：操作码指明操作的性质，地址码指明操作数的地址。

（4）采用存储程序控制的方式：将解题程序存放到存储器中，控制器依据存储的程序来控制全机协调地完成计算任务。冯·诺依曼计算机结构的核心概念是程序和数据都以相同的方式存储在计算机的内存中，也就是说，计算机不仅能存储数据，还能存储指令序列。当计算机运行时，控制器从存储器中取出指令，解释并执行这些指令。

（5）程序是按照程序本身要求的顺序来执行的，而不是按照存放的顺序来执行的。当然，现代计算机中也支持条件跳转和循环等非顺序执行结构。

（6）机器以运算器为中心，输入输出设备与存储器之间的数据传输都要经过运算器。

冯·诺依曼计算机结构如图1-5所示，它为现代计算机系统的设计和开发奠定了基础，几乎所有通用计算机和大多数嵌入式系统都遵循这种架构。

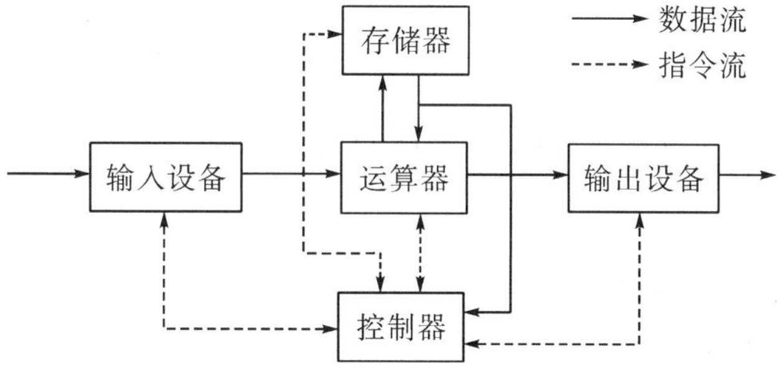

图1-5 冯·诺依曼计算机结构

2. 存储程序控制

存储程序控制的核心思想是将解题的步骤编成程序（由若干指令组成），并将这些程序存放在计算机的存储器（主要是内存）中。当计算机运行时，控制器依据存储的程序来控制全机协调地完成计算任务。

当计算机执行程序时，控制器首先从存储器中取出程序的第一条指令到指令寄存器中，并将下一条指令的地址存入程序计数器中。然后，从指令寄存器中取出指令送到指令译码器进行译码，产生相应的控制信号。这些控制信号驱动计算机的各个部件按照指令的要求进行相应的操作，如取数、运算、存数等。操作完成后，控制器再从存储器中取出下一条指令，重复上述过程，直到程序执行完毕。

存储程序控制的提出使得计算机能够自动、连续地执行程序，极大地提高了计算机的工作效率。同时，它也使得计算机具有了灵活性和通用性，能够处理各种不同类型的数据和执行各种复杂的任务。此外，存储程序控制还为计算机软件的发展提供了可能，使得人们能够编写出各种功能强大的软件程序来扩展计算机的应用范围。

1.2.3 现代计算机的结构

现代计算机的结构在很大程度上继承和发展了冯·诺依曼计算机结构的基本思想，但随着技术的发展，现代计算机在细节上有了显著的进步和完善，基本结构改为以存储器为中心。现代计算机的结构是一个高度集成和复杂化的系统，它综合了硬件和软件技术，以实现高速、高效、可靠的数据处理和信息管理。随着技术的不断发展，现代计算机的结构还在不断完善，以满足大数据、人工智能、物联网等新兴领域的计算需求。现代计算机的结构如图 1-6 所示。

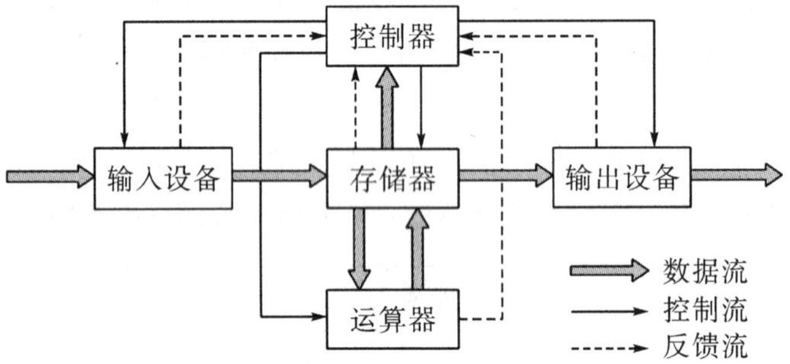

图 1-6 现代计算机的结构

1.2.4 计算机的哈佛结构

哈佛结构（如图 1-7 所示）是一种计算机存储器架构，其最显著的特征是将程序存储器（存放指令）和数据存储器（存放数据）完全独立开来，使其各自拥有单独的地址总线和数据总线，这样可以同时进行数据读取和指令执行，从而提升了计算机系统的运行效率。

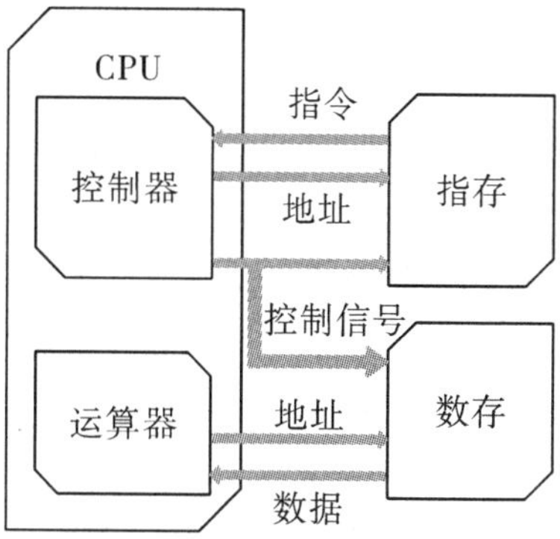

图 1-7 哈佛结构

在哈佛结构中，CPU 能够同时从程序存储器中获取指令、从数据存储器中获取数据，不存在指令和数据访问之间的冲突，这对于需要高性能、实时响应的嵌入式系统和数字信号处理器（DSPs）尤为有利。例如，ARM Cortex-M 系列的一些处理器就采用了哈佛结构。

相比之下，冯·诺依曼计算机结构则是程序和数据共享同一套存储器和总线系统，虽然设计更简单，但在某些情况下可能导致取指令和取数据操作相互干扰，影响执行效率。

1.3 计算机的软件系统

计算机的软件系统是与硬件系统相对应的概念，它由一系列程序、数据及相关文档组成，为计算机提供功能和解决问题的能力。软件分为系统软件和应用软件。

1.3.1 系统软件

系统软件是指担负控制和协调计算机及其外部设备、支持应用软件的开发和运行的一类计算机软件，是计算机功能和性能的核心体现。其通过对硬件资源进行有效管理和利用，以及提供丰富的应用功能，使得计算机能够为人类社会的各个领域提供强大支持。系统软件一般包括操作系统、计算机语言处理程序、数据库管理系统、网络管理系统、各种服务型支撑软件和各种标准程序库等。

1. 操作系统

操作系统是计算机系统中的核心软件，是硬件与软件资源的管理者，为用户提供友好、统一的操作界面，并控制和管理计算机硬件与软件资源的分配与调度，使得计算机系统能够高效、稳定、安全地运行应用程序和提供服务。

操作系统的主要功能如下。

进程管理：创建、撤销进程，分配和回收进程所需的系统资源，控制进程间的同步与通信。

内存管理：合理高效地分配和回收内存空间，实现虚拟内存技术，支持多进程的并发执行。

文件系统管理：组织、存储、检索和保护文件，提供用户和应用程序对文件的操作接口。

输入输出管理：管理各种输入输出设备，负责设备驱动程序的加载和卸载，控制和协调I/O操作，提高设备的使用效率。

安全性与保护：实施用户权限管理，确保数据的安全性和完整性，防止非法入侵和破坏。

网络通信支持：提供网络服务功能，实现不同计算机之间的通信和资源共享。

用户界面：提供图形用户界面（GUI）或命令行界面（CLI），使得用户能够与计算机进行交互。

硬件抽象：隐藏底层硬件的复杂性，向上层应用程序提供一致的服务接口。

操作系统按应用领域可分为桌面操作系统（如 Windows、macOS、Linux 等）、服务器操作系统（如 Windows Server、Linux 发行版如 Red Hat Enterprise Linux、Ubuntu Server 等）、嵌入式操作系统（如 RTOS、Android 等）等。同时，随着云计算和物联网技术的发展，还衍生出了云操作系统和物联网操作系统等新型操作系统。

2. 计算机语言处理程序

计算机语言分为三类：机器语言、汇编语言和高级语言。机器语言是计算机硬件直接识别和执行的指令集，它是最底层的编程语言。在机器语言中，每一个指令都是由一系列二进制数字组成的，这些二进制序列直接对应于计算机微处理器上的具体电路操作。每个特定类型的计算机（如 Intel x86 架构或 ARM 架构）都有其独特的机器语言指令集。机器语言编写程序能被计算机直接识别和执行，尽管机器语言直接控制计算机硬件，并且具有最高的执行效率，但它对于人类来说极其难以阅读、编写和调试。为了提高编程效率和可读性，人们发明了汇编语言作为机器语言的助记符，以及高级编程语言来进一步抽象化编程任务。使用汇编语言和高级语言开发的软件，计算机都不能直接识别和执行，而需要使用计算机语言处理程序将其翻译为机器语言，这样才能被计算机识别和执行。

计算机语言处理程序是用于处理计算机语言而开发出来的程序的一类软件，其主要功能是将程序员编写的源代码转换成计算机可以直接执行的形式——机器语言程序。依据转换方式的不同，计算机语言处理程序可以分为以下几种类型。

汇编器（assembler）：也称为汇编程序汇编器，负责将汇编语言源代码转换为机器语言代码。对于人类来说，汇编语言比机器语言更可读，但其仍然保持了一对一的指令映射关系。

编译器（compiler）：也称为编译程序，编译器接收源代码（通常是高级语言，如 C++、Java、Python 等），其将整个程序一次性转换成目标代码（通常是机器语言或汇编语言），然后生成可执行文件。这个过程称为编译，产生的可执行文件可以直接在计算机上运行而无须再次翻译。

解释器（interpreter）：解释器逐行读取源代码并立即执行。每读入一行源代码，解释器就会把它翻译成中间形式或直接转换成机器指令来执行，因此源程序运行不需要预先全部转换为目标代码。例如，Python、Ruby 等脚本语言的交互式环境就是通过解释器工作的。

混合模式（just-in-time compiler，JIT）：JIT 编译器结合了编译器和解释器的特点，运行时动态地将部分或全部源代码编译成本地机器码。其常见于 Java 虚拟机（JVM）和 JavaScript 引擎（如 V8 引擎）。

此外，还有一些其他的语言处理程序，如预处理器（preprocessor）、链接器（linker）等，它们在程序开发和执行过程中也起着重要作用。

3. 数据库管理系统

数据库管理系统（database management system，DBMS）是一种用于建立、使用和维护数据库的系统软件，它允许用户以结构化的方式创建、存储、管理、检索和更新数据。DBMS 为用户提供了方便且有效的数据访问接口，同时负责数据的物理存储、逻辑组织、安全保障，以及并发控制、数据恢复和数据检索速度优化等一系列任务。

数据库管理系统的主要功能如下。

数据定义：允许用户定义数据库的结构，如表、字段、索引、视图等。

数据操作：支持增删改查（CRUD）等基本数据操作，以及复杂查询、聚合函数、触发器等高级操作。

数据安全性：通过用户账户管理、权限控制、审计跟踪等方式确保数据安全，防止未经授权的访问和修改。

确保数据完整性：涵盖实体、参照及用户自定义约束，维护数据质量与一致性。并发控制机制有效地避免了多用户访问冲突，保障了数据一致无误。

事务管理与并发控制：事务管理遵循 ACID 原则，强化事务处理的可靠性。

备份与恢复：提供数据备份与恢复功能，应对系统异常，保障数据安全。

数据库性能优化：数据库性能优化策略，如查询优化、索引调整及缓存管理，能显著提升查询效率。

市场上，Oracle、MySQL、SQL Server、PostgreSQL 及 MongoDB 等数据库系统各具特色，能适应多样化应用场景，满足不同需求。

4. 网络管理系统

网络管理系统（network management system，NMS）是一种用于监控、配置、维护网络设备和网络资源的软件平台，并能够排查网络故障。它的主要目标是确保网络的高效和稳定运行。通过集中化的控制台界面，网络管理员可以对网络中的各种设备（如交换机、路由器、服务器、无线接入点等）进行全面的管理。

网络管理系统通常具备以下核心功能。

网络监控：实时监测网络流量、设备状态、性能指标等，及时发现并报告异常情况。

配置管理：提供批量配置、自动部署、备份和恢复网络设备配置的能力。

故障管理：自动检测网络故障，快速定位故障源，支持故障排除和修复建议。

性能管理：分析网络流量、带宽利用率、延迟率、丢包率等性能参数，以评估网络服务质量并进行优化。

安全管理：实施访问控制、身份验证、授权和审计，确保网络资源的安全性。

资源管理：记录和追踪网络设备资产信息，包括设备类型、版本、IP 地址分配等。

拓扑管理：可视化显示网络拓扑结构，清晰反映设备间的连接关系。

报表与分析：生成网络运行状况的各类报表和统计分析数据，为决策提供依据。

常见的网络管理系统有 OpenNMS、SolarWinds、CiscoWorks、HP Network Node Manager 等。这些系统可通过 SNMP（简单网络管理协议）、CLI（命令行接口）、API（应用程序编程接口）等方式与网络设备交互，实现对网络的全面管理。

5. 各种服务型支撑软件

驱动程序：是操作系统与硬件设备之间沟通的桥梁，使操作系统能够控制和操作硬件设备。

实用程序：包括文件管理、系统诊断、备份恢复、安全防护等工具软件。

中间件：提供应用程序和操作系统之间，或者是分布式系统中不同应用程序之间的通信和协同工作的服务。例如 Web 服务器、数据库服务器、消息队列、事务处理监视器等。

人工智能软件：包括机器学习框架、深度学习平台、自然语言处理工具等，如 TensorFlow、PyTorch、Apache Spark 等。

嵌入式软件：嵌入式系统中的专用软件，如嵌入式操作系统、设备驱动、控制算法等。

6. 各种标准程序库

在计算机科学中，“标准程序库”是指一组由语言开发者或标准化组织为特定编程语言设计、维护和提供的预编译函数、类、模块或组件集合。它们通常包含了各种通用的数据结构、算法实现以及操作系统接口等功能，使得程序员无须从零开始编写所有代码，极大地提高了开发效率和代码质量。下面为几个主流编程语言的标准库示例。

C++ Standard Library：包含了 STL（standard template library），提供了容器（如 vector、list、map 等）、迭代器、算法以及函数对象等。C++11 及以后版本还引入了新的库特性，如智能指针、正则表达式、多线程支持等。

Python Standard Library：提供了丰富的模块，如 os（操作系统接口）、sys（系统相关操作）、datetime（日期和时间处理）、json（JSON 序列化与反序列化）、requests（HTTP 请求）、sqlite3（SQLite 数据库支持）等。

Java Standard Edition（Java SE）API：包括 java.util（集合框架、日期时间处理、随机数生成器等）、java.io（输入输出流处理）、java. nio（非阻塞 I/O）、java.net（网络编程）、java.sql（JDBC，数据库访问）等。

.NET Framework Class Library（FCL）：对于 C#、VB.NET 等.NET 语言，包含了大量的基础类库，如 System 命名空间下的数组处理、字符串操作、文件系统访问、网络通信、安全性、并发编程支持等。

JavaScript Standard Built-in Objects：内置对象如 Array、Date、Math、RegExp 等，以及全局对象如 Global、Function、Object、String 等，还有 ES 6 之后引入的 Promise、Map、Set、Proxy、Reflect 等新特性。

1.3.2　应用软件

应用软件（application software）是指为满足用户特定需求而设计开发的软件程序，它区别于系统软件，直接服务于最终用户，解决用户在工作、生活、学习、娱乐等方面的具体问题。应用软件种类繁多，涵盖了各行各业和个人日常生活的各个方面，常见的类别包括以下几种。

办公软件：如 Microsoft Office 套件（Word、Excel、PowerPoint 等）、WPS Office、Google Docs 等，用于文档处理、表格计算、演示文稿制作等。

图形图像处理软件：如 Adobe Photoshop、GIMP、Illustrator 等，用于图像编辑、照片处理、矢量绘图等工作。

音视频编辑软件：如 Adobe Premiere Pro、Final Cut Pro、Audacity 等，用于专业级的视频剪辑、音频混音与编辑。

教育软件：如在线学习平台、电子词典、模拟实验软件等，帮助学生和教师进行教学活动。

社交应用：如微信、QQ、Facebook、Twitter 等，实现即时通信、社交网络互动。

电子商务软件：如淘宝、京东、亚马逊等购物平台的应用程序，提供线上购物、支付服务。

游戏软件：包括各类手机游戏、电脑游戏、网络游戏等，为用户提供休闲娱乐体验。

安全软件：如杀毒软件、防火墙、密码管理器等，保障用户设备和数据的安全。

生产工具软件：工业设计软件如 AutoCAD、SolidWorks；项目管理软件如 Microsoft Project、Trello 等。

移动应用：智能手机和平板电脑上的各类应用，涵盖新闻阅读、健康管理、地图导航、天气预报、音乐播放、健身追踪等诸多领域。

总之，应用软件几乎渗透到现代生活的每一个角落，不断推动着信息技术的发展和普及。

1.4 计算机系统的层次结构

1.4.1 计算机系统层次结构的组成

计算机不能简单地被认为是一种电子设备，它是一个十分复杂的由硬件、软件结合而成的整体。计算机系统的层次结构通常是指计算机系统从低层硬件到高层软件之间的一种抽象层次上的组织方式，每一层为上一层提供服务，同时依赖于下一层的支持。它通常由五个以上不同的级组成，每一级都能进行程序设计，如图 1-8 所示。这样的层次划分不是绝对固定的，可以根据具体讨论的需要和上下文环境而有所不同，但是它反映了计算机系统从底层硬件到高层应用软件逐层抽象和封装的过程，使得每一层的设计更加清晰、独立且易于管理和扩展。

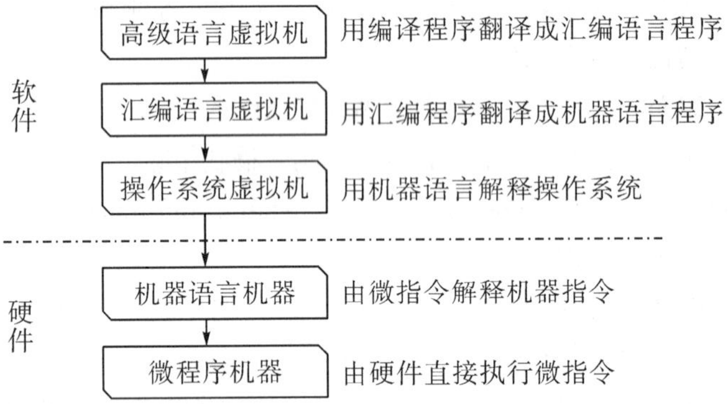

图 1-8 计算机系统的层次结构

第 1 级是微程序设计级或逻辑电路级。这是一个实在的硬件级，由硬件直接执行。如果某一个应用程序直接用微指令来编写，那么可在这一级上运行应用程序。

第 2 级是一般机器级，也称为机器语言级，它由微程序解释机器指令系统。这一级也是硬件级。

第 3 级是操作系统级，它由操作系统程序实现。这些操作系统由机器指令和广义指令组成。广义指令是操作系统定义和解释的软件指令，所以这一级也称为混合级。

第 4 级是汇编语言级，它给程序人员提供一种符号形式语言，以减少程序编写的复杂性。这一级由汇编程序支持和执行。如果应用程序采用汇编语言编写，则机器必须要有这一级的功能；如果应用程序不采用汇编语言编写，则这一级可以不要。

第 5 级是高级语言级，它是面向用户的，是为方便用户编写应用程序而设置的。这一级由各种高级语言编译程序支持和执行。

图 1-8 中，除第 1 级外，其他各级都得到它下级的支持，同时也受到运行在下面各级上的程序的支持。第 1 级到第 3 级编写程序采用的语言，基本是二进制数字化语言，机器执行和解释容易。第 4 级和第 5 级编写程序所采用的语言是符号语言，用英文字母和符号来表示程序，因而便于大多数不了解硬件的人使用计算机。

显然，采用这种分级技术有助于了解计算机的组成，是一种良好的结构和体制。而且用这种分级的观点来设计计算机，对产生一个良好的系统结构也是很有帮助的。

1.4.2 软件与硬件的逻辑等价性

软件与硬件的逻辑等价性是指在计算机科学中，任何给定的逻辑功能都可以既用硬件实现，又用软件实现。换言之，虽然具体的实现方式和效率会有所不同，但硬件和软件在功能上是可以相互替换的。

硬件，特别是数字电路，通过物理的开关、晶体管等电子元件实现逻辑运算和数据处理，具有速度快、实时性强的特点，但其灵活性相对较差，一旦制造完成，更改其功能的成本较高。

软件则是由指令序列组成的程序，这些指令在硬件上执行以实现特定的逻辑功能。软件具有高度的灵活性，通过改变程序代码就可以轻易地修改或升级系统功能，但软件执行速度受到硬件性能限制，且处理复杂的逻辑任务时可能不如硬件直接实现那样高效。

逻辑等价性的概念强调了计算机系统设计中的一个基本原则，即硬件和软件在逻辑层次上可以相互转化，从而在设计和优化系统时可以根据性能、成本、灵活性等因素选择最优的实现方式。在实际应用中，设计师往往会在硬件加速（如 GPU、ASIC、FPGA）和软件实现之间找到一个平衡点，以满足特定系统的需求。

固件（firmware）是介于硬件和软件之间的一种特殊程序代码，它负责控制和管理硬件设备的行为和功能。固件通常被烧录在硬件设备的只读存储器（ROM）、闪存或 EEPROM 等存储介质中，虽然不能像常规软件那样随意删除或安装，但可以通过特定的刷新程序进行更新或升级。

固件的主要作用在于初始化硬件设备，提供最基本的运行环境，指导硬件如何与其他设备或操作系统进行交互。例如，计算机的 BIOS（基本输入输出系统）就是一种固件，它在开机时首先运行，负责硬件自检、操作系统加载等基本任务。除此之外，硬盘驱动器、网络设备、打印机、手机、电视机、汽车电子系统等各类硬件设备中也都含有各自的固件，用于控制设备的核心功能和行为。

1.4.3 计算机体系结构与计算机组成

计算机体系结构（computer architecture）和计算机组成（computer organization）

是计算机科学中密切相关的两个概念，它们描述了计算机系统设计的不同层面。计算机体系结构是宏观的、抽象的设计蓝图，而计算机组成是实现这个蓝图的具体方案和技术手段。体系结构关心的是计算机“是什么”，而组成则关心“如何做”。

1. 计算机体系结构

计算机体系结构是程序员所看到的计算机的属性，即概念性结构和功能特性。计算机体系结构从高层次的角度定义了计算机系统的设计，关注的是计算机的整体布局和工作原理，以及它如何向程序员和最终用户提供服务。计算机体系结构包括以下方面：

指令集体系结构：定义了处理器能够理解和执行的指令集，以及程序员可见的寄存器、内存组织和寻址模式等。

存储体系结构：描述了内存系统如何分级组织，如缓存、主存和外存之间的关系及性能差异。

并行与并发处理结构：描述了如何实现多处理器、多核、流水线、分布式计算等并行处理机制。

输入输出结构：描述了计算机如何与外部设备交互。

2. 计算机组成

计算机组成是计算机体系结构的逻辑实现，即如何实现计算机体系结构所体现的属性，它包含了许多对程序员来说是透明的硬件细节，更侧重于计算机的微观实现，关注的是如何将体系结构中的抽象概念转化为实际的硬件电路和物理部件。计算机组成包括以下方面：

微体系结构：它详细描述了如何实现指令集体系结构，包括硬件设计的具体细节，如处理器的内部结构、控制逻辑、寄存器堆、运算单元（如 ALU）的设计和运作方式。

逻辑设计：设计和实现数据通路、控制器、存储器子系统等硬件组件。

电路设计：详细说明如何使用门电路、触发器等基本元件来构造上述的逻辑设计。

硬件实现技术：讨论实现计算机组成的物理层面，如 CMOS 技术、集成电路设计等。

1.5 计算机的工作过程

人们使用计算机是为了解决问题，或者实现特定的功能、完成特定的任务。因此，为了让计算机解决问题，首先要对现实问题创建数学模型，并根据数学模型给出问题的求解步骤，其中包含对问题求解的算法。其次，使用计算机指令实现问题的解题步骤，即一个解题步骤使用一条指令来实现，这样，问题的求解步骤就对应一个指令系列，即程序。最后，将程序保存到计算机中，并让程序控制计算机的运行，从而实现问题的求解。

1.5.1 指令的格式

一个工作任务由一系列的解题步骤来完成，每一步用一个基本操作来完成，这个基本操作就是一个指令。完成一个任务的指令系列就是程序。因此，要编写程序，就要了解指令的格式。

每条指令应当明确告诉控制器，从存储器的哪个单元取数，并进行何种操作。因此，指令的内容由两部分组成，即操作的性质和操作数的地址。前者称为操作码，后者称为地址码。指令的格式如图 1-9 所示。

操作码	地址码

图 1-9 指令的格式

操作码：指出指令所进行的操作，如加、减、乘、除、取数、存数等。

地址码：表示参加运算的数据应从存储器的哪个单元取，运算的结果应存到哪个单元。

1.5.2 简单的计算机执行机构

这里给出一个简单的计算机执行机构，它不是完整的计算机模型，它主要用于讲解计算机执行指令时需要进行哪些操作以实现指令的功能，如图 1-10 所示。

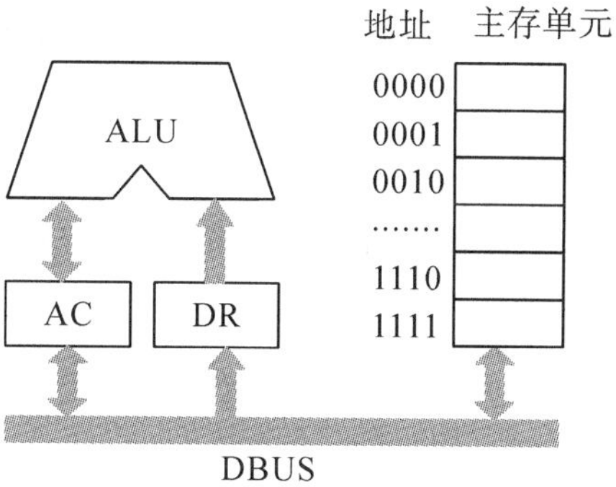

图 1-10 简单的计算机执行机构

ALU 是算术逻辑运算单元，即运算器，完成算术运算和逻辑运算。

AC 是累加器，运算前保存被操作数，比如被加数、被减数、被乘数、被除数等，运算后保存运算结果。因此，执行某些运算后，AC 之前保存的被操作数将被运算结果覆盖。

DR 是数据寄存器，运算器保存操作数，比如加数、减数、乘数、除数等。

DBUS 是数据总线，用于在主存、AC、DR 中直接传输数据。

主存是一个线性编址空间，每个存储单元都有一个地址，并按地址访问。

1.5.3 求解问题的步骤

现实问题的求解，在进行数学建模后，得到的各种方程最终都将被分解为算术运算和逻辑运算。为了方便讲解，这里解题步骤都是围绕前面的简单计算机执行机构来设置的，仅在算术运算操作和传数操作（即把问题分解为一系列的算术运算）当中会进行一些数据传输。表 1-2 是各种解题操作描述及其含义的说明。

表 1-2 各种解题操作描述及其含义说明

操作描述	含义说明
取数 a	将数据从主存中取到累加器 AC 中
加 b	先将数据 b 从主存中取到 DR 中，然后把 AC 中数据和 DR 中数据 b 送到运算器中进行加法运算，运算结果保存到 AC 中
减 c	先将数据 c 从主存中取到 DR 中，然后把 AC 中数据和 DR 中数据 c 送到运算器中进行减法运算，运算结果保存到 AC 中
乘 d	先将数据 d 从主存中取到 DR 中，然后把 AC 中数据和 DR 中数据 d 送到运算器中进行乘法运算，运算结果保存到 AC 中
除 e	先将数据 e 从主存中取到 DR 中，然后把 AC 中数据和 DR 中数据 e 送到运算器中进行除法运算，运算结果保存到 AC 中
存数	将 AC 中数据存入主存
打印 f	将主存中的数据 f 输出到屏幕

【例 1-1】现在要求解表达式 $y=ax+b-c$ 的值，请根据表 1-2 设定的操作给出表达式的解题步骤。

分析：这里的算术运算操作只能完成一个数据的取数操作，因此在进行算术运算前，都要通过取数操作把被操作数首先取到 AC 中，然后才能进行算术运算。

解：解题步骤如表 1-3 所示。

表 1-3 求解表达式的解题步骤

步骤	基本操作	说明
1	取 a	取出 a 到 AC 中
2	乘 x	先把 x 取出到 DR 中，然后用 AC 中的 a 乘以 DR 中的 x，得到 ax 存在AC 中
3	加 b	先把 b 取出到 DR 中，然后用 AC 中的 ax 加上 DR 中的 b，得到 ax+b 存在 AC 中
4	减 c	先取出 c 到 DR 中，然后用 AC 中的 ax+b 减去 DR 中的 c，得到 ax+b-c 存在 AC 中

表1-3(续)

步骤	基本操作	说明
5	存数 ax+b-c	将 AC 中的数据 ax+b-c 存到内存

1.5.4　编制机器语言程序

得到问题的解题步骤后，需要使用机器语言将其转换为机器语言程序，即解题步骤的每一步都使用一条指令来实现。指令包括操作码和地址码，因此需要事先设置好指令操作码的编码，然后确定好数据在主存的存放位置，即数据的存放地址，最后才能编制实现某一操作步骤的机器指令。

这里设指令的长度为 8 位，其中操作码 3 位，地址码 5 位。指令的操作码编码如表 1-4 所示。

表 1-4　指令的操作码编码

指令	操作码编码
加法	001
减法	010
乘法	011
除法	100
取数	101
存储	110
打印	111
停机	000

【例 1-2】现有求解表达式 $y=ax^2+bx-c$ 的值，表达式中 $x=2$，$a=3$，$b=5$，$c=4$。请根据前面介绍的简单计算机的执行机构和表 1-2 确定的操作描述给出该表达式的解题步骤，并根据表 1-4 设定的操作码编码给出该解题步骤的机器语言程序。

分析：在确定表达式的求解步骤后，需要设定表达式中各变量在主存中的存放地址，因为指令中一般不能直接给出数据，而是给出数据的地址码。

解：解题步骤如表 1-5 所示。

表 1-5　表达式的解题步骤

步骤	操作	说明
1	取 a	将数据 a 从主存中取出并存入 AC
2	乘 x	将数据 x 从主存中取出并存入 DR，然后将 AC 中的 a 与 DR 中的 x 相乘，结果存入 AC

表1-5(续)

步骤	操作	说明
3	乘 x	将数据 x 从主存中取出并存入 DR，然后将 AC 中的 ax 与 DR 中的 x 相乘，结果存入 AC
4	存数 ax^2	将 AC 中的 ax^2存入主存
5	取 b	将数据 b 从主存中取出并存入 AC
6	乘 x	将数据 x 从主存中取出并存入 DR 中，然后将 AC 中的 b 与 DR 中的 x 相乘，结果存入 AC
7	加 ax^2	将主存中的 ax^2 取出并存入 DR，然后将 AC 中的 bx 与 DR 中的 ax^2相加，结果存入 AC
8	减 c	将数据 c 从主存中取出并存入 DR，然后将 AC 中的 ax^2+bx 与 DR 中的 c 相减，结果存入 AC
9	存数 ax^2+bx-c	将 AC 中 ax^2+bx-c 存入主存
10	打印输出	将主存中的运算结果 ax^2+bx-c 打印输出
11	停机	程序运行结束

如果把表达式 $y=ax^2+bx-c$ 变换为 $y=(ax+b)x-c$，则解题步骤如表 1-6 所示。

表 1-6　改变表达式后的解题步骤

步骤	操作	说明
1	取 a	将数据 a 从主存中取出并存入 AC
2	乘 x	将数据 x 从主存中取出并存入 DR，然后将 AC 中的 a 与 DR 中的 x 相乘，结果存入 AC
3	加 b	将数据 b 从主存中取出并存入 DR，然后将 AC 中的 ax 与 DR 中的 b 相加，结果存入 AC
4	乘 x	将数据 x 从主存中取出并存入 DR，然后将 AC 中的与 DR 中的 x 相乘，结果存入 AC
5	减 c	将数据 c 从主存中取出并存入 DR，然后将 AC 中的（ax+b）x 与 DR 中的 c 相减，结果存入 AC
6	存数 ax^2+bx-c	将 AC 中 ax^2+bx-c 存入主存
7	打印输出	将主存中的运算结果 ax^2+bx-c 打印输出
8	停机	程序运行结束

从表 1-6 所示的解题步骤中可以看出计算程序算法的重要性，它体现了人类的智慧。根据表 1-4 的操作码编码，解题步骤对应的机器语言程序如表 1-7 所示。

表 1-7 解题步骤对应的机器语言程序

地址	指令或者数据	说明
00000	10101010	把数 a 取到累加器 AC 中
00001	01101001	取出 x 到 DR 中，将 AC 中的 a 和 DR 中的 x 相乘，结果存入累加器 AC
00010	00101011	取出 b 到 DR 中，将 AC 中的 ax 和 DR 中的 b 相乘，结果存入累加器 AC
00011	01101001	取出 x 到 DR 中，将 AC 中的 ax+b 和 DR 中的 x 相乘，结果存入累加器 AC
00100	01001100	取出 c 到 DR 中，将 AC 中的（ax+b）x 和 DR 中的 c 相减，结果存入累加器 AC
00101	11001101	存数，将运算结果存入主存（地址为 01101）
00110	11101101	输出主存中地址为 01101 的主存单元中的数据
00111	000 * * * * * *	停机，停止程序运行
01000		
01001	00000010	数据 x=2
01010	00000011	数据 a=3
01011	00000101	数据 b=5
01100	00000100	数据 c=4
01101	00010001	运算结果 $ax^2+bx-c=17$

1.5.5 程序的运行

在把程序存储并加载到主存中后，计算机就可以执行该程序。CPU 从主存中读取第一条指令（程序计数器 PC 指向的位置），并通过指令解码器将其转换为具体的控制信号，控制计算机执行部件来完成指令要求的功能，比如运算器执行算术和逻辑运算，寄存器和主存完成数据传输。

程序通常按照顺序执行指令，但也可能包含条件分支、循环、子程序调用等控制结构，这时程序计数器 PC 会根据指令的结果跳转到不同位置执行指令。

程序的运行是一个硬件和软件紧密配合的过程，程序代码经过加载、解析、执行等一系列环节，最终完成特定的任务。本书第八章有详细的介绍。

1.6 计算机的性能指标

计算机性能指标是评价一台计算机系统优劣和能力强弱的重要参数。要全面衡量一台计算机的性能需要考虑多种指标，不同的应用场景和需求侧重点不同，因此需要根据具体需求选择合适的性能指标来评估计算机的效能。

1.6.1 处理器性能

1. 机器字长

机器字长（machine word length）简称字长，是计算机系统的一个重要技术指标，它是指计算机在一次操作中能直接处理的二进制数据的位数。机器字长决定了计算机在同一时间可以处理的数值范围，直接影响了计算机的运算速度和精度。

在大多数现代计算机系统中，机器字长通常是指处理器的寄存器宽度，也就是 CPU 一次能处理的二进制数据宽度。例如，32 位计算机的机器字长是 32 位，意味着它能一次性处理 32 位的二进制数，对应的整数数值的补码范围为$-2^{31} \sim 2^{31}-1$。同样，64 位计算机的机器字长是 64 位，其整数数值的补码范围更大，为$-2^{63} \sim 2^{63}-1$。

机器字长的选择对计算机的性能、指令集设计、数据类型、数据大小以及操作系统的设计都有着直接影响。随着计算机技术的发展，目前主流的个人计算机和服务器大多采用 64 位架构，而在嵌入式系统或某些特定应用领域中，仍存在 8 位、16 位甚至更小机器字长的计算机。

2. CPU 主频

CPU 主频，也被称为时钟频率，是指 CPU 内部主时钟振荡器产生的时钟信号频率，通常以赫兹（Hz）为单位，现在普遍使用的是兆赫兹（MHz）和吉赫兹（GHz）。主频直接决定了 CPU 在每个时钟周期内执行指令的速度。

CPU 主频是衡量 CPU 运算速度的一个重要指标，一般来说，主频越高，CPU 在单位时间内处理的指令数量越多，理论上 CPU 的运算速度就越快。然而，CPU 的实际性能并不单纯取决于主频，还与架构、核心数、指令集、缓存大小、前端总线速度以及多任务处理能力等众多因素有关。在当今的多核处理器和复杂指令集优化的背景下，单一的主频并不能全面反映 CPU 的整体性能。

计算机中的操作时间，通常以时钟周期为基本单位。用 T 代表时钟周期，表示一个时间长度，单位通常是 ns，$1\text{s}=10^9\ \text{ns}$。用 f 代表时钟频率，表示每秒具有的时钟周期数，$f=1/T$。

计算机之所以能够有条不紊地工作，其各部件在操作上的时序控制是其中一个重要的控制因素。而各种操作在时序上的控制，是通过时序信号来完成的，时序信号又是通过基准的时钟来产生的。图 1-11 是某模型机的时序信号系列，CP 是 CPU

的时钟，T_1、T_2、T_3、T_4、M_1、M_2等为时序信号，它们都是通过时钟 CP 产生的。

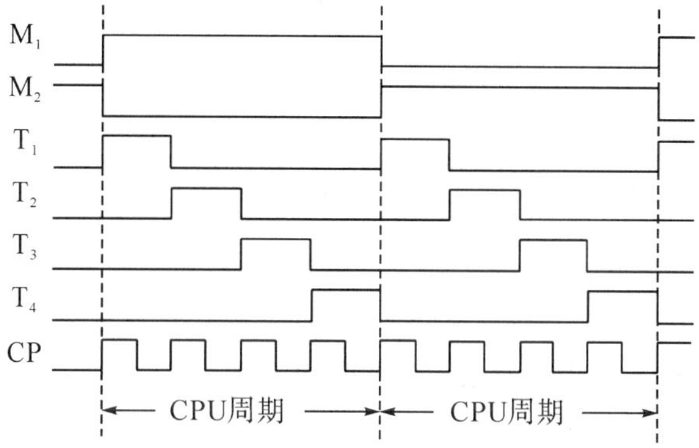

图 1-11　某模型机的时序信号

3. 处理器的核心数量

处理器的核心数量是指一颗处理器内部包含的独立执行单元（执行引擎）的数量。每个核心都能独立地执行程序指令、处理数据，因此核心数量的多少直接影响处理器在同一时间内能处理的并发任务数量。

例如，双核处理器有两个核心，可以同时执行两个线程；四核处理器有四个核心，理论上可以同时处理四个线程；以此类推，八核、十六核乃至更多核心的处理器能并行处理更多线程，从而提高计算机系统的整体性能和多任务处理能力。

4. 处理器的线程数

处理器的线程数是指在一个处理器核心上能够并行处理的线程数量。在一个物理核心上，通常默认只能执行一个线程，但通过超线程（hyper-threading，HT）技术，一个物理核心可以模拟成两个或更多的逻辑核心（线程），这样每个逻辑核心都能够独立地执行线程，从而提高了处理器对多线程任务的处理能力。

例如，如果一个处理器是双核四线程的，这意味着它有两个物理核心，每个核心都支持两个线程，总共可以同时处理四个线程。这样，即使在单个应用程序并未充分利用所有核心的情况下，处理器也能通过切换线程来保持较高的利用率，提高整体性能。不过，线程数并不等同于核心数，物理核心才是真正执行计算的实体，而线程则是操作系统调度执行的逻辑单位。

5. 平均指令周期数

平均指令周期数（cycles per instruction，CPI），是指执行每条指令所需的平均时钟周期数，是衡量处理器执行效率的一个关键参数。它反映了指令集结构、处理器设计、编译器优化程度以及程序本身的特性等因素对计算机性能的影响。

计算 CPI 的公式一般基于指令集体系结构（ISA）和实际执行的程序集。若已知程序中的所有指令及其各自需要的时钟周期数，可以通过加权平均计算出整个程序的 CPI 值。理想情况下，CPI 越小，表明处理器执行指令的效率越高。

在实际应用中，CPI 值的计算还需要考虑指令级别的并行性（instruction-level parallelism，ILP）以及流水线技术、超标量设计、乱序执行等现代处理器优化技术的影响。这些技术可以减少某些情况下执行指令所需的时钟周期数，进而降低总体的 CPI。CPI 的计算公式如下：

$$\text{CPI}=\frac{\text{程序执行时间}}{\text{程序指令条数}}\div \text{T}=\frac{\text{程序执行时间}}{\text{程序指令条数}}\times f=\frac{\text{程序执行所需时钟周期数}}{\text{程序指令条数}} \tag{1-1}$$

指令周期：执行一条指令所用的全部时间。

平均指令周期：平均执行一条指令所用的时间，其运算公式如下：

$$\text{平均指令周期}=\text{CPI}\times \text{T}=\frac{\text{CPI}}{f} \tag{1-2}$$

【例 1-3】CPU 主频为 1.6 GHz，平均指令周期是 4 ns，则 CPI（平均指令周期数）是多少？

解：根据公式（1-2），可得

$$\begin{aligned}\text{CPI} &= \text{平均指令周期}\times f\\ &= 1.6\ \text{GHz}\times 4\ \text{ns}\\ &= 1.6\times 10^{9}\ \text{Hz}\times 4\times 10^{-9}\text{s}\\ &= 6.4\ \text{T}\end{aligned}$$

6. MIPS

百万指令每秒（million instructions per second，MIPS）是一种衡量计算机处理器性能的指标，表示处理器每秒能够执行的百万条指令数。这是一种理论性能指标，用来评估 CPU 在理想条件下执行指令的速度，不考虑内存访问延迟、缓存效果、流水线填充率、指令并行度等因素。

MIPS 常用于衡量精简指令集计算机（RISC）架构的性能，它假设所有指令的执行时间是相同的，并且忽略了实际应用中可能出现的各种复杂情况。尽管 MIPS 数值高代表处理器潜在的计算能力较强，但在实际应用中，其他因素如指令集设计、内存系统、缓存大小和速度、流水线技术等也会显著影响整个系统的性能表现。随着计算机技术的发展，如今当评估处理器性能时，越来越多地采用更为复杂和贴近实际应用的测试方法和指标。MIPS 计算公式如下：

$$\text{MIPS}=\frac{\text{指令条数}}{\text{执行时间}\times 10^{6}}=\frac{1}{\text{平均指令周期}\times 10^{6}}=\frac{f}{\text{CPI}\times 10^{6}} \tag{1-3}$$

【例 1-4】某计算机系统的 CPU 主频为 2.8 GHz。某应用程序包括 3 类指令，各类指令的 CPI（执行每条指令所需要的时钟周期数）及指令比例如表 1-8 所示。执行该应用程序时的平均 CPI 为多少？运算速度用 MIPS 表示，约为多少？（2020 年下半年，计算机软件水平考试，软件设计师试题）

表 1-8 各类指令的 CPI 及指令比例

	指令 A	指令 B	指令 C
比例	35%	45%	20%
CPI	4	2	6

解：设有 n 条指令，则有

$$CPI = (n\times35\%\times CPI_A+n\times45\%\times CPI_B+n\times20\%\times CPI_C)/n$$

$$= 35\%\times CPI_A+45\%\times CPI_B+20\%\times CPI_C = 1.4+0.9+1.2 = 3.5$$

根据公式（1-3），可得

$$MIPS = \frac{1}{CPI \times T \times 10^6} = \frac{f}{CPI \times 10^6} = \frac{2.8 \times 10^9}{3.5 \times 10^6} = 800$$

【例 1-5】某段程序有 2 000 条指令，各类指令的情况如表 1-9 所示。CPU 每次完整地执行该程序，均可从 I/O 总线输出 4KB 数据，假设 CPU 的主频 f=3.2 GHz，请计算 I/O 总线带宽。（$2^{10}\approx10^3$，$2^{20}\approx10^6$，$2^{30}\approx10^9$）

表 1-9 各类指令占比机器 CPI

指令类型	占比 P_n	CPI_n
传输指令	40%	15
双操作指令	30%	20
单操作指令	20%	15
转移指令	10%	10

解：

$$CPI = \sum_{n=1}^{4}(P_n \times CPI_n)$$

$$= 40\%\times15+30\%\times20+20\%\times15+10\%\times10 = 16T$$

$$T=1/f,\ t=2\ 000\times16T=32\ 000/f=10^{-5}s$$

I/O 带宽 $=4\ KB/t=4\ KB/10^{-5}s=400\ MB/s$

7. FLOPS

每秒浮点运算次数（floating-point operations per second，FLOPS）是衡量计算机系统或处理器进行浮点运算能力的性能指标，它表示处理器每秒能完成多少次浮点运算（加法、减法、乘法、除法等）。FLOPS 通常用于评价计算机在科学计算、工程建模、大数据分析、机器学习和人工智能等领域中的计算性能。

FLOPS 有多种计量单位，如 MFLOPS（百万 FLOPS）、GFLOPS（十亿 FLOPS）、

TFLOPS（万亿 FLOPS）、PFLOPS（千万亿 FLOPS）等。随着超级计算机技术的发展，现代顶级超级计算机已经达到了数百 PFLOPS 甚至是 EFLOPS（百亿亿 FLOPS）级别的浮点运算能力。FLOPS 值越高，表示计算机系统的科学计算性能越强。

$$\text{FLOPS}=\frac{\text{浮点运算次数}}{\text{执行时间}} \tag{1-4}$$

$$\text{MFLOPS}=\frac{\text{浮点运算次数}}{\text{执行时间}\times 10^6} \tag{1-5}$$

1.6.2 系统性能

1. 系统吞吐量

系统吞吐量（throughput）是指在单位时间内，系统能够成功处理并完成的请求或任务的数量。在计算机科学和信息技术领域，系统吞吐量可以具体表现为以下几种。

网络系统吞吐量：指在单位时间内网络系统能够成功传输的数据量，通常以比特/秒（bps）、千比特/秒（kbps）、兆比特/秒（Mbps）、吉比特/秒（Gbps）等单位衡量。

软件系统吞吐量：指在单位时间内，软件系统能够处理并完成的事务数或操作数，特别是在并发环境下，其是衡量系统处理能力的重要指标。

硬件系统吞吐量：在计算机硬件层面，如 CPU 处理数据的速率，或者 I/O 设备读写数据的速率等。

数据库系统吞吐量：指数据库系统在单位时间内能够处理的查询请求或数据写入操作的数量。

系统吞吐量受到多种因素的影响，包括但不限于硬件性能、软件算法、系统架构、并发处理能力、I/O 瓶颈、网络带宽以及数据结构和算法的效率等。当优化系统性能时，提高系统吞吐量是一个重要的目标，因为它直接影响到系统处理大量并发请求或数据流的能力。

2. 系统响应时间

系统响应时间（system response time）是指从用户或应用程序发起一个请求到系统完成该请求并给出响应所需要的时间。这是一个衡量系统性能的关键指标，也是用户体验的重要组成部分。

在计算机系统中，系统响应时间包括以下几个关键阶段：

用户输入延迟：用户通过输入设备发出指令或请求所需的时间。

系统处理时间：操作系统接收到请求后，进行调度、处理指令、执行程序操作的时间。

I/O 操作时间：如果请求涉及读写硬盘、网络通信等 I/O 操作，那么这部分操作的时间也计入响应时间。

数据传输时间：在网络环境下，数据在网络中的传输时间也是响应时间的一部分。

输出设备响应时间：系统完成操作后，将结果显示或反馈给用户所需的时间。

在不同的系统和应用中，响应时间的目标和标准会有所不同。例如，对于实时控制系统，响应时间要求极短；而对于网页加载或数据查询应用，响应时间则需要考虑用户可以接受的程度，确保良好的用户体验。系统设计和优化常常需要关注如何减少各个环节的延迟以降低整体响应时间。

3. 并发处理能力

并发处理能力是指一个系统或计算机程序在同一时间段内处理多个任务或请求的能力。在计算机科学中，尤其是在多任务处理、多线程编程和分布式系统中，这是衡量系统性能和效率的一个关键指标。

并发处理能力强的系统可以有效地利用系统资源（如处理器、内存、I/O 设备等），同时处理多个作业或请求，从而提高系统的整体吞吐量和响应速度。

多线程或多进程：操作系统支持同时运行多个线程或进程，每个线程或进程都在执行自己的任务，这就体现了并发处理能力。

异步编程：通过异步 I/O、回调函数、事件循环等机制，使得程序在等待某个操作（如网络请求、磁盘读写）的同时可以执行其他任务。

分布式系统：多台计算机节点通过网络协同工作，共同处理大量任务，每个节点都参与到并发处理中。

负载均衡：在服务器集群中，通过负载均衡器将请求均匀分布到各个服务器节点上，实现并发处理。

并发控制机制：例如锁、信号量、条件变量等，用于协调多个线程或进程对共享资源的访问，保证并发处理的正确性和一致性。

总而言之，提高并发处理能力有利于提升系统在面对大量并发请求时的表现，使其更高效、更具可扩展性。

4. 基准测试分数

基准测试分数（benchmark scores）是通过标准化的基准测试工具或程序，对计算机硬件（如 CPU、GPU、内存、硬盘等）或软件性能进行定量测量后得出的一系列量化指标。基准测试旨在模拟实际应用中的典型负载和场景，以客观、公正的方式来评估和比较不同系统之间的性能水平。

例如，在 CPU 性能评测中，常见的基准测试工具有 Cinebench、Passmark、Geekbench 等，它们可以测出单核或多核性能、渲染能力等方面的分数。在 GPU 性能评测中，3DMark、Unigine Superposition 等工具则可以测量显卡的游戏性能、图形渲染能力等。

基准测试分数不仅在硬件选购时起到参考作用，还可以帮助开发者和系统管理员了解设备性能极限，以便进行针对性的优化或做出合理的购买决策。然而，基准测试分数并不能全面反映真实应用场景下的性能表现，因为其在实际使用中受到很多因素的影响，包括软件优化、驱动程序、操作系统等因素。

1.6.3 图形性能

图形性能是指计算机系统在处理图形数据和生成图像输出时的能力，它直接影响着计算机在图形处理、图像渲染、游戏运行、视频播放等图形密集型应用中的表现。图形性能主要体现在以下几个方面。

1. 显卡（GPU）性能

图形处理器（graphics processing unit，GPU）是图形性能的核心。强大的 GPU 能够更快地处理复杂的图形算法，支持更高的分辨率、帧率以及特效。

2. 显存大小与带宽

显存容量越大，可以临时存储的纹理、帧缓冲和其他图形数据就越多。显存带宽影响数据在 GPU 和显存之间传输的速度，带宽越高，数据传输越快，图形处理效率越高。

3. 着色器（shader）性能

着色器是 GPU 上用于处理像素、顶点和几何体的小型程序，高效的着色器性能可以增强光照、阴影、纹理等图形效果。

4. 抗锯齿、纹理过滤、光影效果等高级特性支持

这些特性可增强图形的视觉质量和细腻度，对图形性能也有一定要求。

5. API 兼容性与优化

支持先进的图形 API 如 DirectX、OpenGL 或 Vulkan，并针对这些 API 进行优化，可以提高图形性能。

6. 驱动程序与软件优化

优秀的驱动程序能够更好地发挥硬件性能，而软件优化则能确保图形处理算法高效执行。

评测图形性能通常会使用 3DMark、Unigine Heaven、Superposition 等基准测试工具，通过这些工具可以获得详细的图形性能评分和分析结果。

1.6.4 能源效能

计算机能源效能是指当计算机系统执行特定计算任务或维持正常运行时，单位时间内消耗能源所能提供的计算能力或完成的工作量。衡量计算机能源效能的指标主要有以下几个方面。

1. 能效比

能效比是表示每瓦电力可以提供多少计算性能，即单位功率下的运算速度。例如，处理器执行每秒百万指令（MIPS）或每秒浮点运算次数（FLOPS）除以其功耗。

2. 能源之星

这是一个国际公认的能源效率认证标准，针对计算机等电子产品设定最低能效要求，获得认证的产品被认为在能源使用上有较高的效能。

3. 待机功率与休眠模式功耗

计算机在闲置或待机状态下消耗的电力也是一个重要的能源效能指标，低功耗设计可以显著减少不必要的能源浪费。

4. 绿色计算

倡导使用节能的硬件设计、优化的软件算法以及高效的冷却系统，以降低数据中心、服务器集群、个人计算机等的总体能源消耗。

5. 功率封顶

在数据中心和服务器集群中，通过技术手段限制单台设备或整个系统的最大功率消耗，以确保在满足业务需求的前提下尽可能提高能源效率。

6. 硬件和软件协同优化

现代计算机系统通过智能化的电源管理策略、动态电压频率缩放（DVFS）技术、多核和多线程处理，以及软件层面的能耗优化策略来提高整体的能源效能。

本章小结

计算机是一种能够按照预先存储的程序运行，执行各种逻辑和算术运算来处理各种形式数据的电子设备。

计算机具有运算高速、存储容量大、操作自动化、精度高、可靠、数据处理能力强大、交互性强、网络通信能力强、可编程性强、可扩展性强以及多任务处理能力强等特点。这些特点使得计算机成为现代社会中不可或缺的工具，使其广泛应用于科学研究、工程设计、商业管理、教育娱乐等多个领域。

计算机的分类方法多样，可以根据规模、功能、体系结构、用途和处理能力等标准进行划分。每种类型的计算机都有其特定的应用场景和优势。

计算机从早期的机械计算工具，经过电子管计算机、晶体管计算机、集成电路计算机，发展到微处理器和微型计算机，再到今天的高性能计算机和移动计算设备。这一历程伴随着技术的不断进步和创新，推动了计算机科学的快速发展。计算机技术的进步极大地改变了我们的生活方式和工作方式，并将继续在未来发挥着至关重要的作用。

计算机硬件是构成计算机系统的物理实体，包括运算器、控制器、存储器、输入/输出设备等。硬件为软件提供了执行环境，软件必须在硬件提供的平台上才能运行。

冯·诺依曼计算机结构确立了计算机系统的基本组成部分，是现代计算机设计的基础模型。存储程序控制的核心思想是将解题的步骤编成程序（由若干指令组成），并将这些程序存放在计算机的存储器（主要是内存）中。当计算机运行时，控制器依据存储的程序来控制全机协调地完成计算任务。

现代计算机结构在很大程度上继承和发展了冯·诺依曼计算机结构的基本思想，但随着技术的发展，现代计算机的基本结构改为以存储器为中心。哈佛结构的特征是将程序存储器（存放指令）和数据存储器（存放数据）完全独立开来，使其各自拥有单独的地址总线和数据总线。

软件分为系统软件和应用软件。系统软件是指控制和协调计算机及其外部设备、支持应用软件的开发和运行的一类计算机软件。应用软件是指为满足用户特定需求而设计开发的软件程序。

计算机系统的层次结构通常是指计算机系统从低层硬件到高层软件之间的一种抽象层次上的组织方式，每一层为上一层提供服务，同时依赖于下一层的支持。它通常由五个以上不同的级组成，每一级都能进行程序设计，反映了计算机系统从底层硬件到高层应用软件逐层抽象和封装的过程，使得每一层的设计更加清晰、独立且易于管理和扩展。

软件与硬件的逻辑等价性是指在计算机科学中，任何给定的逻辑功能都可以既用硬件实现，也可以用软件实现。

计算机体系结构是程序员所看到的计算机的属性，即概念性结构和功能特性。计算机组成是计算机体系结构的逻辑实现，即如何实现计算机体系结构所体现的属性。

计算机的工作过程：首先要对现实问题创建数学模型，并根据数学模型给出问题的求解步骤。其次，使用计算机指令实现问题的解题步骤，即程序。最后，将程序保存到计算机中，并让程序控制计算机的运行，从而实现问题的求解。

计算机的性能指标包括处理器性能、系统性能、图形性能和能源效能等多方面。

习题

1.1 什么是计算机？它的特点是什么？

1.2 举例说明计算机有哪些应用？

1.3 简述计算机的分类。

1.4 计算机的发展分为几代？每一代计算机有什么特点？

1.5 我国在巨型计算机方面取得了哪些成就？

1.6 计算机的组成有哪些硬件？它们的功能是什么？

1.7 冯·诺依曼计算机结构的特点是什么？

1.8 什么是存储程序控制？它有什么意义？

1.9 计算机哈佛结构的显著特征是什么？

1.10 系统软件有哪些组成？它们的作用什么？

1.11 计算机的层次结构包括哪些？哪些属于硬件？哪些属于软件？

1.12 什么是固件？什么是软件与硬件的逻辑等价性？

1.13 计算机的处理器有哪些性能指标？

1.14 计算机的系统性能有哪些指标？

1.15 图形性能有哪些指标？

1.16 能源效能有哪些指标？

1.17 有一机器的执行部件与内存如下图所示。该机器指令为 8 位，其中操作码 3 位，地址码 5 位，各种指令操作码的编码如下表所示。

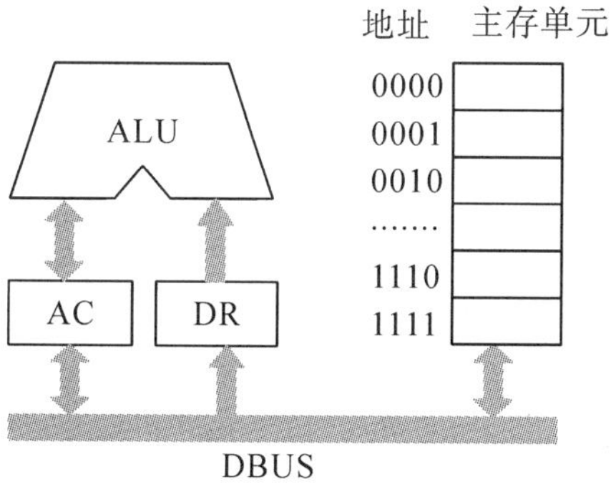

指令	操作码编码
加法	001
减法	010
乘法	011
除法	100
取数	101
存储	110
打印	111
停机	000

现求表达式 $y=x^2+ax-bx-ab$ 的值，x、a、b 的值自定，请给出解题步骤和机器语言代码。

1.18 CPU 主频为 2.8 GHz，CPI 为 7，问平均指令周期是多少？

1.19 CPU 主频为 2.5 GHz，平均指令周期是 4 ns，则 CPI（平均指令周期数）是多少？

1.20 某计算机的 CPU 主频为 6 MHz，各类指令的平均执行时间和使用频度如下表所示。

指令类型	存取指令	加减比较转移指令	乘除指令	其他指令
平均执行时间	0.6μs	0.8μs	10μs	1.2μs
使用频度	35%	45%	5%	15%

问：该机器的 MIPS 是多少？CPI 是多少？若机器的 CPI 不变，要得到 1.2 MIPS 的指令执行速度，则 CPU 的主频应为多少 MHz？

1.21 某段程序有 1 000 条指令，各类指令的情况如下表所示。CPU 每次完整地执行该程序，均可从 I/O 总线输出 1 KB 数据，假设 CPU 的主频 f=3 GHz，则平均

CPI 是多少？I/O 总线带宽是多少？（在存储单位中，1 K = $2^{10} \approx 10^3$，1 M = $2^{20} \approx 10^6$，1G = $2^{30} \approx 10^9$）

指令类型	占比 P_n	CPI_n
传数指令	30%	8
运算指令	50%	4
控制指令	10%	6
其他指令	10%	10

2 信息的表示

广义来讲，计算机由硬件和数据构成，计算机可被看作数据处理的机器。因此在计算机中，数据可被看作待处理的原始记录，是计算机的“原材料”；信息是经计算机处理后的有用数据，是计算机的“制成品”。本章将围绕信息的表示介绍以下内容：

- 数据与信息；
- 数值信息的表示；
- 数制转换；
- 非数值信息的表示；
- 信息的校验。

2.1 数据与信息

2.1.1 感知数据

1. 生活中的数

在我们的日常生活中，数无处不在，涉及工作和生活的方方面面，它们在各种不同的场合扮演着重要的角色。例如，我们人体由100多万个细胞、206块骨头构成；一年有12个月，365天；交通摄像头每天要采集t级别的车辆行驶图像等等。这些海量数据隐含着巨大的信息量和价值，不仅帮助我们理解和组织周围的世界，而且还在决策过程中起着关键作用。无论是计算账单、规划行程、跟踪健康状况，还是浏览新闻，数字都是我们日常生活不可或缺的一部分。

2. 计算机中的“数”

在计算机科学中，数的表示和处理是非常基础且核心的概念。计算机使用二进制数系统来表示和存储数据，这是因为计算机的硬件设计基于电子元件的开关状态——开（1）和关（0）。计算机中涉及的数包括二进制数、十进制数、八进制数、十六进制数、有定点数和浮点数以及带符号数和无符号数。

在计算机中，整数可以使用不同的位数来表示，常见的有 8 位、16 位、32 位和 64 位。根据是否允许负数，整数可以分为无符号整数和有符号整数。无符号整数是所有的位都用于表示数值大小，范围从 0 到最大值；有符号整数是最高位通常用于表示数的符号（0 表示正数，1 表示负数），其余位表示数值大小。有符号整数使用补码来表示负数，这样可以简化加法和减法运算。浮点数用于表示实数，包括小数和科学记数法。计算机使用 IEEE 754 标准来表示浮点数，其中包括单精度（32 位）和双精度（64 位）格式。浮点数由符号位、指数位和尾数位组成，可以表示非常大的数或非常小的数。

理解计算机中数的表示和处理是学习编程、算法设计、数据结构和计算机体系结构的基础。在实际应用中，掌握如何有效地管理和操作数字数据对于开发高性能的软件系统是必不可少的。

2.1.2 认识信息

1. 信息的概念

计算机信息的概念涵盖了计算机科学和信息技术领域中数据的表示、存储、处理、传输和应用的各个方面。在计算机科学中，信息被视为可以被计算机处理和存储的数据，这些数据可以是文本、数字、图像、音频、视频等多种形式。数据是原始的事实、数值或符号，是未经加工的材料。信息是经过处理和解释的数据，具有一定的意义和价值，可以被用来做出决策或完成任务。

在现代社会中，信息已成为企业和个人决策的重要依据，而计算机则是管理和利用这些信息的强大工具。掌握计算机信息的基本概念和技术对于在信息化社会中取得成功至关重要。随着技术的不断发展，新的数据处理和分析方法正在不断涌现，推动着信息时代的前进。

2. 信息的表示方法

信息的表示方法在计算机科学和信息技术中至关重要，因为它们决定了数据如何被编码、存储、传输和处理。不同的数据类型和信息内容需要相应的表示方法来确保其准确性和效率。数据信息表示的是计算机使用二进制数系统（由 0 和 1 组成）来表示所有类型的数据，包括数值表示、字符编码、文本表示、图形图像表示、音频表示、视频表示、逻辑值表示、日期表示、地理信息等。每种表示方法都有其适用的场景和限制，选择何种表示方法取决于信息的内容、目的、存储和传输的要求。设计数据处理系统时，理解这些表示方法对于确保数据的正确性和系统的高效运行是至关重要的。

2.1.3　智慧信息

智慧信息通常指的是通过大数据、人工智能、云计算等技术处理和分析后，能够为决策提供依据的信息。这种信息具有高度的准确性、时效性和预测性，可以广泛应用于各个领域，如商业、城市管理、医疗健康、教育科研等。在具体应用中，智慧信息能够帮助企业或机构优化运营流程、提高效率、降低成本，同时也能够帮助个人更好地理解数据，做出更明智的决策。

例如，在商业领域，通过对消费者行为数据的分析，企业可以了解消费者的购买习惯和偏好，从而制定更有效的营销策略；在城市管理方面，通过对交通流量、空气质量、公共安全等数据的实时监控和分析，政府可以及时发现并解决城市运行中的问题，从而提升城市的治理水平；在医疗健康领域，通过对病患数据的深度挖掘，医生可以更准确地诊断疾病，从而提供个性化的治疗方案；在教育领域，教育者运用信息技术、大数据、人工智能等手段，对教育数据进行采集、分析、处理和应用，可以提升教学质量和效率，优化教育管理，实现个性化学习的综合体系。这种体系旨在通过智能化的方式，为教育决策提供依据，为学生提供定制化的学习体验，同时也为教师的教学活动提供支持。

2.2　数制

数制的应用在我国历史悠久，如度量衡就是运用了数制转换的思想。我国古代早期以跬、步、尺、仞、寻、常、墨、丈、端、匹、疋、束为度，逐步演变为以分、寸、尺、丈、引为度，以斛、斗、升、合为量，其进位方法均为满十进一。《汉书·律历志》中记载的以铢、两、斤、钧、石为“衡”一直持续到唐代，其进位方法是“二十四铢为两，十六两为斤，三十斤为钧，四钧为石”。

数制也称为计数体制或进制，是指多位数中遵循从低位向高位进位规则的数据构成方法。在计算机常见的进制有二进制（base-2）、八进制（base-8）、十进制（base-10）和十六进制（base-16），它们之间可以通过一定规则进行转换，可用数与码按照多项式用权系数进行表示，可用模型表示如下。

$$N_q = \pm \sum_{i=-m}^{n-1} C_i\, q^i \qquad (2\text{-}1)$$

其中，q 为进制的基数，例如二进制基数 q 为 2，十进制基数 q 为 10，八进制基数 q 为 8，十六进制基数 q 为 16；C 表示原数值的数码；i 表示数位；N_q 表示一位 m 位小数，n 位整数的 q 进制数，即 m 表示小数位数，n 为整数位数，x 表示进制类别。

本小节将围绕二进制、八进制、十进制、十六进制四种进制分别进行介绍。

2.2.1 常用进制介绍

1. 二进制

我国古代的《易经》通过卦爻来说明天地之间、日月系统以内人生与事物变化的大法则，其研究方法，就是借助于二进制手段来实现的。我国老子是将二进制数深化运用的一位大圣人。老子著有《道德经》，他认为“道”是宇宙万物的本原，道生一、一生二、二生三、三生万物，万物负阴而抱阳，中气以为和，实则展示了二进制可表示万物的神奇之处。其中“混沌初开，乾坤始奠。气之轻清上浮者为天，气之重浊下凝者为地”与模拟电子与数字电子中 A/D 转换相吻合。“混沌初开、乾坤始奠”时，为模糊状态，对应电路模拟状态；“气之轻清上浮者为天，气之重浊下凝者为地”是说通过转化，将模拟状态转换为数字状态，对应 A/D 转换。“天下皆知美之为美，斯恶已。皆知善之为善，斯不善已。有无相生，难易相成，长短相形，高下相盈，音声相和，前后相随。恒也。”对应二进制的求反逻辑。

在西方，一枚银币的故事展示了二进制的奇妙。1697 年元旦，莱布尼茨写了一封信给鲁道夫·奥古斯都公爵，信中，他附赠了一枚“造化之象”的纪念币。纪念币正面是公爵帅气威风的肖像，反面雕刻的是从 1 到 17 的二进制数学式的创世故事，晦涩地展示了“全能的上帝从无创造”。

由此可见，从古至今，从国内到国外，二进制数字以“1”和“0”或者说“逻辑真”与“逻辑假”的形式呈现，既朴素又简练。

二进制的计数规则为“逢二进一”，其权系数展开可表示为

$$N_2 = \pm \sum_{i=-m}^{n-1} C_i\, 2^i \qquad (2-2)$$

其中，N_2表示 N 是二进制数，N 是含有 m 位小数和 n 位整数的数。C_i表示原数值的某位数码，取值范围 {0，1}。i 表示 C_i数位，整数数位 i 的取值从最低位到最高位依次为 0、1、2、…、n，小数数位 i 的取值从最高位到最低位依次为 −1、−2、−3、…、$-m$。2^i是 C_i的位权。

比如，二进制数 1011.101 按位权展开式为

$(1011.101)_2 = 1\times2^3 + 0\times2^2 + 1\times2^1 + 1\times2^0 + 1\times2^{-1} + 0\times2^{-2} + 1\times2^{-3}$

任意进制可以转换为二进制。

二进制的基本加法规则是逢二进一，基本减法规则是借一当二。

2. 八进制

八进制，基数为 8，数码有八个，分别是 0、1、2、3、4、5、6、7。一个八进制位能对应 2 个二进制位，这在早期的计算机系统中很常见，因此，偶尔我们还能看到人们使用八进制表示法。八进制适用于 12 位和 36 位计算机系统（或者其他位

数为 3 的倍数的计算机系统）。但是，对于位数为二的幂（8 位、16 位、32 位与 64 位计算机系统）的计算机系统来说，八进制就不算很好了。因此，在过去几十年里，八进制渐渐地淡出了人们的视野。不过，还是有一些程序设计语言提供了使用八进制符号来表示数字的能力，而且还有一些比较古老的 Unix 应用在使用八进制。

八进制的计数规则为“逢八进一”，其权系数展开可表示为

$$N_8 = \pm \sum_{i=-m}^{n-1} C_i\, 8^i \tag{2-3}$$

其中，N_8 表示 N 为八进制数，N 是含有 m 位小数和 n 位整数的数。C_i表示原数值的某位数码，取值范围｛0，1，2，3，4，5，6，7｝。i 表示 C_i的数位，整数数位 i 的取值从最低位到最高位依次为 0、1、2、…、n，小数数位 i 的取值从最高位到最低位依次为-1、-2、-3、…、$-m$。8^i是 C_i的位权。

比如，八进制数 512. 607 按位权展开式为

$(512.607)_8=5\times8^2+1\times8^1+2\times8^0+6\times8^{-1}+0\times8^{-2}+7\times8^{-2}$

八进制的基本加法规则是逢八进一，基本减法规则是借一当八。

3. 十进制

十进制是当前我们生活中最常见的数制，共有 0、1、2、3、4、5、6、7、8、9 十个数码。对于任何一个十进制，均可以 10 为权，展开式用公式描述如下。

$$N_{10} = \pm \sum_{i=-m}^{n-1} C_i\, 10^i \tag{2-4}$$

其中，N_{10} 表示 N 是十进制数，N 是含有 m 位小数和 n 位整数的数。C_i表示原数值的数码，取值范围｛0，1，2，3，4，5，6，7，8，9｝。i 表示 C_i的数位，整数数位 i 的取值从最低位到最高位依次为 0、1、2、…、n，小数数位 i 的取值从最高位到最低位依次为-1、-2、-3、…、$-m$。10^i是 C_i的位权。

比如，十进制数 296. 735 按位权展开式为

$(296.735)_{10}=2\times10^2+9\times10^1+6\times10^0+7\times10^{-1}+3\times10^{-2}+5\times10^{-3}$

十进制的基本加法规则是逢十进一，基本减法规则是借一当十。

4. 十六进制

十六进制在我国的应用可追溯至东汉末年的《九章算术》和南宋的《数书九章》等数学著作。据研究，当时的数学家使用四符（吉、凶、寒、热）来表示0~15这 16 个数。他们发现使用十六进制数制进行计算更加高效和方便，因而这种数制逐渐得到推广。尤其在我国古代科技领域，如在天文学领域中，古代观测者使用十六进制数来计算太阳、月亮和星星的位置和运动；在农学中，人们使用十六进制数来计算农田的面积和粮食的收成。

十六进制，即逢十六进一，使用阿拉伯数字 0~9，英文字母 A~F 分别表示十六个数码，其中 A、B、C、D、E、F 六个数码分别对应十进制整数 10、11、12、13、14、15。在计算机或者程序设计中，并不区分这六个数码的大小写。十六进制展开

式以 16 为权值，公式描述如下：

$$N_{16} = \pm \sum_{i=-m}^{n-1} C_i 16^i \quad (2-5)$$

其中，N_{16}表示 N 是十六进制数，N 是含有 m 位小数和 n 位整数的数。C_i表示原数值的某位数码，取值范围｛0、1、2、3、4、5、6、7、8、9、A、B、C、D、E、F｝。i 表示 C_i数位，整数数位 i 的取值从最低位到最高位依次为 0、1、2、…、n，小数数位 i 的取值从最高位到最低位依次为-1、-2、-3、…、$-m$。16^i是 C_i的位权。

比如，十六进制数 A8C4.5D 按位权展开式为

$(A8C4.5D)_{16}=A\times16^3+8\times16^2+C\times16^1+4\times16^0+5\times16^{-1}+D\times16^{-2}$

十六进制的基本加法规则是逢十六进一，基本减法规则是借一当十六。

一个数如果不进行标识，就很难判断是哪个数制，比如 101.11，可以是二进制数，也可以是八进制数、十进制数或者十六进制数。为了便于区分各种进制数，科学家在每一种进制数的最右边分别设置了标志符号——十进制数的标志符号是 D，二进制数的标志符号是 B，八进制数的标志符号是 Q，十六进制数的标志符号是 H。其中，八进制数的标志符号原来是 O，但是手写的 O 和 0 难以区分，所以后来习惯使用 Q 表示。比如，110.101B、210.603Q、61.37D、A5.0BH 分别是二进制数、八进制数、十进制数、十六进制数。常用的几种进制的比较如表 2-1 所示。

表 2-1　常用进制的比较

数制	二进制	八进制	十进制	十六进制
基数	2	8	10	16
基本数码	0，1	0，1，2，3，4，5，6，7	0，1，2，3，4，5，6，7，8，9	0，1，2，3，4，5，6，7，8，9，A，B，C，D，E，F
位权	2^i	8^i	10^i	16^i
基本运算规则	逢二进一，借一当二	逢八进一，借一当八	逢十进一，借一当十	逢十六进一，借一当十六
标志符号	B	Q	D	H

2.2.2　进制转换

不同的进制之间是可以通过某种法则进行转换的，除了以上进制外，还存在其他进制，比如计时器的 12/24 进制。计算机中常用的是二进制、八进制、十进制、十六进制，本书主要介绍以上四种常见进制间的转换方法，各个进制之间的对应关系如表 2-2 所示。

表 2-2 常用进制数码对应关系表

二进制	八进制	十进制	十六进制
0	0	0	0
1	1	1	1
10	2	2	2
11	3	3	3
100	4	4	4
101	5	5	
110	6	6	6
111	7	7	7
1000	10	8	8
1001	11	9	9
1010	12	10	A
1011	13	11	B
1100	14	12	C
1101	15	13	D
1110	16	14	E
1111	17	15	F

二进制与八进制、十六进制存在指数的关系，1 位八进制位对应 3 位二进制位，1 位十六进制位对应 4 位二进制位，因此二进制与八进制、十六进制之间的转换只需要按位对应即可。二进制转换成十进制较其他进制相对复杂，但都有迹可循，下面，以举例的形式介绍二进制与八进制、十进制、十六进制及其任意进制的转换。

1. 十进制数与其他进制数的转换

（1）十进制整数转成任意进制整数

十进制数可以转换成其他任意进制数，但是整数与小数的转换方法不同。

十进制整数通常采用“除基取余法”转换为其他进制数，即将十进制数除以基数取余数，直到商为 0。例如，十进制数转换为二进制数，将十进制数除以二进制的基数“2”，然后不断取余，直到商为 0。十进制转换为八进制、十六进制的步骤也是一样的。十进制整数转成任意进制整数具体步骤如下：

步骤 1：将十进制数不断除以要转换的进制的基数，不断取余，直到商为 0。

步骤 2：将每次相除取的余数依次按照从右到左，即低位向高位的顺序排列，即为转换后的数。

【例 2-1】将十进制整数 1234D 分别转成二进制数、八进制数、十六进制数。

计算过程如表 2-3、表 2-4、表 2-5 所示。需要注意的是，每一步的商作为下一步被除数，直到商为0。

表2-3 十进制转二进制

计算步骤	被除数	除数（基数）	商	余数	备注
1	1234	2	617	0	最低位
2	617	2	308	1	
3	308	2	154	0	
4	154	2	77	0	
5	77	2	38	1	
6	38	2	19	0	
7	19	2	9	1	
8	9	2	4	1	
9	4	2	2	0	
10	2	2	1	0	
11	1	2	0	1	最高位
12	得出结果：1234D = 10011010010B				

表2-4 十进制转八进制

计算步骤	被除数	除数（基数）	商	余数	备注
1	1234	8	154	2	最低位
2	154	8	19	2	
3	19	8	2	3	
4	2	8	0	2	最高位
5	得出结果：1234D = 2322Q				

表2-5 十进制转十六进制

计算步骤	被除数	除数（基数）	商	余数	备注
1	1234	16	77	2	最低位
2	77	16	4	13	D
3	4	16	0	4	最高位
4	得出结果：1234D = 4D2H				

（2）十进制小数转任意进制小数

十进制小数可以转换为任意进制的小数。一个十进制的小数转换为 q 进制的小数，只需要将十进制的小数乘以 q 进制数的“基数”，取出乘积的整数部分，将余下小数部分继续乘以 q 进制数的“基数”，再取出乘积的整数部分，小数的部分积继续乘以 q 进制数的“基数”。如此辗转相乘并取整，直到其小数部分积为 0 或满足计算精度要求即可。最后将各次乘积的取出的整数位按照先大后小的顺序排列，即得到 q 进制小数。

【例 2-2】将十进制整数 0.71875D 分别转换二进制数、八进制数、十六进制数。

计算过程如表 2-6、表 2-7、表 2-8 所示。需要注意的是，每一步的乘积的小数部分作为下一步的被乘数，直到乘积为 0 或者运算达到要求的精度为止。

表 2-6 转成二进制数

计算步骤	被乘数	乘数（基数）	乘积	整数部分	备注
1	0.71875	2	1.4375	1	最高位
2	0.4375	2	0.875	0	
3	0.875	2	1.75	1	
4	0.75	2	1.5	1	
5	0.5	2	1.0	1	最低位
6	0	2	0		
7	得出结果：0.71875D = 0.10111B				

表 2-7 转成八进制数

计算步骤	被乘数	乘数（基数）	乘积	整数部分	备注
1	0.71875	8	5.75	5	最高位
2	0.75	8	6.0	6	最低位
3	0	8	0		
4	得出结果：0.71875D = 0.56Q				

表 2-8 转成十六进制数

计算步骤	被乘数	乘数（基数）	乘积	整数部分	备注
1	0.71875	16	11.5	11（即 B）	最高位
2	0.5	16	8.0	8	最低位
3	0	16	0		
4	得出结果：0.71875D = 0.B8H				

十进制数可以转为任意进制，整数部分都是“除基数”取余，直到商为 0，余数倒排。比如十进制转换为二进制，那么就是“除 2”取余，直到商为 0，余数倒排；小数部分都是“乘基数”取整，直到小数部分为 0，整数顺排。小数部分“乘

基数”取整的过程中，有可能小数部分一直不为 0，那么此时只需满足题目要求的精度位数即可。

（3）任意整数进制转十进制数

任何进制转换为十进制数，通常采用“按权展开法”，将需要转换的数按照公式（2-1）将多项式展开后相加，所得到的结果即为十进制数。实际上，将二进制转换成八进制、十六进制的过程中，也涉及十进制的转换。

$$N_q = \pm \sum_{i=-m}^{n-1} C_i\, q^i \tag{2-6}$$

【例 2-3】将二进制数 11101.101B 转换成十进制数。

解：

$$\begin{aligned}11101.101B &= 1\times2^4+1\times2^3+1\times2^2+0\times2^1+1\times2^0+1\times2^{-1}+0\times2^{-2}+1\times2^{-3}\\&= 16+8+4+0+1+0.5+0+0.125\\&= 29.625D\end{aligned}$$

【例 2-4】将八进制数 745.2Q 转换成十进制数。

解：

$$\begin{aligned}745.2Q &= 7\times8^2+4\times8^1+5\times8^0+2\times8^{-1}\\&= 448+32+5+0.25 = 485.25D\end{aligned}$$

【例 2-5】将十六进制数 6AD.3H 转成十进制数。

解：

$$\begin{aligned}6AD.3H &= 6\times16^2+A\times16^1+D\times16^0+3\times16^{-1}\\&= 1536+160+13+0.1875\\&= 1709.1875D\end{aligned}$$

2. 二进制与八进制、十六进制相互转换

（1）二进制数与八进制数之间的转换

将需要转换的二进制数以小数点为界，分为整数部分与小数部分，整数部分从低位起，每三位二进制位划分为一段，每段对应一位八进制位，不足三位的向高位补 0 凑足三位；小数部分是从高位起每三位二进制位对应一位八进制位，不足三位的向低位补 0 凑足三位。然后每段二进制位按照二进制展开式求和分别得出数值。最后把这些数值按顺序组合起来就得到结果。需要注意的是，小数点位置不变。

【例 2-6】将二进制数 1110000101.0101111B 转换成八进制。

解：

转换过程如下：

补0　　　　　　　　　　补0

步骤1分段补零：**00**1 110 000 101 . 010 111 1**00**

↓　↓　↓　↓　↓　↓　↓

步骤2计算数值：1　6　0　5 . 2　7　4

整数部分：

001B=1D　高位
110B=6D
000B=0D
101B=5D　低位

小数部分：

010B=2D　高位
111B=7D
100B=4D　低位

即该二进制数对应的八进制数为 1605. 274Q。

由于三位二进制数能表示八进制数的所有数码状态，所以若需要将八进制数转换为二进制数，只需要将所求八进制数的每一位数展开成三位二进制数并依次组合，去除无效位（整数部分最高部位为 0，或小数部分最低位为 0，称为无效位），即可得到结果。可推导计算，也可查表 2-2 常用进制数码对应关系表。下面以例题形式展示。

【例 2-7】将八进制数 2073. 164Q 转换为二进制数。

解：

转换过程如下：

八进制数：2　0　7　3 . 1　6　4

↓　↓　↓　↓　↓　↓　↓

二进制数：**0**10 000 111 011 . 001 110 1**00**

去掉最高位和最低位无意义的 0，得到 2073. 164Q ＝ 10000111011. 0011101B。

（2）二进制数与十六进制数之间的转换

二进制数转换成十六进制数与二进制数转换为八进制数相似，即将需要转换的二进制数以小数点为界，分为整数部分与小数部分。整数部分从低位起，每四位二进制数为一段，每段对应一位十六进制位，不足四位的向高位补 0 凑足四位；小数部分是从高位起每四位二进制位对应一位十六进制位，不足四位的向低位补 0 凑足四位。然后每段按照二进制展开式求和分别得出数值，再将整数部分按照从低位到高位顺序排列、小数部分按照从高位到低位的方式排列。

【例 2-8】将二进制数 1110100101. 1101011B 转换成十六进制数。

解：

转换过程如下：

```
              补0                                 补0
步骤1分段补零： 0011 1010 0101 . 1101 0110
                ↓    ↓    ↓      ↓    ↓
步骤2计算数值：  3    A    5   .  D    6
```

整数部分：

0011B=3D　　　　　高位
1010B=10D=AH　　↓
0101B=5D　　　　　低位

小数部分：

1101B=13D=DH　　高位
0110B=6D　　　　↓低位

即该二进制数对应的十六进制数为 3B5. 56H。

四位二进制数能表示十六进制数的所有数码状态，所以若需要将十六进制数转换为二进制数，只需要将所求十六进制数的每一位数展开成四位对应的二进制数即可。若小数与整数部位存在无效位（整数部分最高部位为 0，或小数部分最低位为 0，称为无效位），每一段的数值可以通过查表 2-2 得到，也可通过分解推导。例题求解展示如下。

【例 2-9】将十六进制数 2B6C. D4H 转换为二进制数。

解：

```
十六进制数：  2    B    6    C  .  D    4
              ↓    ↓    ↓    ↓     ↓    ↓
二进制数：  0010 1011 0110 1100 . 1101 0100
```

去掉无意义的 0，得到 2B6C. D4H = 10101101101100. 110101B。

在日常生活中，人们习惯使用十进制计数方式，而在计算机科学、电子工程、数学等领域中，二进制、八进制、十六进制及其他进制使用的情况更多，尤其是二进制数。上述示例说明，任意不同进制之间的转换是可以通过直接转换的方式实现的，比如，任意进制转换为十进制，可以通过加权多项式展开直接获得；也可以通过间接转换的方式实现，例如八进制与十六进制的转换需要以十进制数与二进制数为桥梁。

2.3 数值信息的表示

在计算机中，常采用数字化的方式来表示数据，数据又分为带符号数和无符号数。其中，带符号数即带+、-号的数，也即正数与负数；无符号数就是整个机器字长的全部二进制位均表示数值位（无符号），相当于数的绝对值。计算机中的数值信息通常以二进制形式表示，这是因为计算机的硬件基于电子电路，只能识别两种状态——有电流即逻辑状态为真、无电流即逻辑状态为假。因此为了抽象表达计算机的状态变化，常用二进制形式来描述，即 1 表示逻辑状态为“真”，而 0 表示逻辑状态为“假”。通常在计算机中大量用到的还是带+、-号的数，常用二进制 0、1 来表示数据的符号位。

2.3.1 机器码的表示

机器码，也称为机器语言或机器指令或机器数，是计算机 CPU 可以直接理解和执行的二进制指令集，例如加法操作、数据移动、跳转指令等。机器码由符号和数值构成二进制编码，根据编码的不同有原码、补码、反码三种表现形式。在编写高级语言程序中，会使用某种编程语言的语法来表达逻辑，这种源代码需要经过编译器或解释器的翻译，被编码成相应的机器指令序列，转换成机器码，也就是目标代码，被计算机硬件直接执行。

1. 原码表示法

在计算机科学中，原码（sign and magnitude）是一种带符号二进制数的表示方法。其编码规则简单直观，即用一个二进制数的最高位（最左边的一位）来表示这个数的符号：0 表示正数符号位，1 表示负数符号位，剩下的位表示数值大小。表 2-9所示为原码数据的表示方法。表中，x_n 取 {0，1}，n 表示二进制数的顺序值。

表 2-9 原码数据的表示方法

机器码	整数		小数	
	正数	负数	正数	负数
真值数	$+x_1x_2x_3\cdots x_n$	$-x_1x_2x_3\cdots x_n$	$+0.x_1x_2x_3\cdots x_n$	$-0.x_1x_2x_3\cdots x_n$
原码	$0x_1x_2x_3\cdots x_n$	$1x_1x_2x_3\cdots x_n$	$0.x_1x_2x_3\cdots x_n$	$1.x_1x_2x_3\cdots x_n$

若 X 为整数 $x_1x_2x_3\cdots x_n$，则其原码形式为$\mathbf{x_0}x_1x_2x_3\cdots x_n$，若为纯小数，则原码$\mathbf{x_0}.x_1x_2x_3\cdots x_n$，$\mathbf{x_0}$则为符号位，取值为 0、1，0 表示正号“+”，1 表示负号“-”，整数的取值范围为（-2^n，2^n），小数的取值范围（-1，1）。则机器数为纯小数与整数的原码可表示为

$$[X]_{原} = \begin{cases} X & 0 \leqslant X < 1, X \in R \\ X & 0 \leqslant X < 2^n, X \in Z \\ 1 + |X| & -1 \leqslant X < 0, X \in R \\ 2^n + |X| & 0 \leqslant X < 2^n, X \in Z \end{cases}$$

【例 2-10】请将 5、-5、+0.312 5、-0.321 5 分别转换为二进制真值数，并求

其原码。

解：

（1）5 的真值数 X=+0101，则 $[X]_{原}$=00101。

（2）−5 的 X=−0101，则 $[X]_{原}$=10101。

（3）+0.3125 的真值数 X=+0.0101，则 $[X]_{原}$=0.0101。

（4）−0.3125 的真值数 X=−0.0101，则 $[X]_{原}$=1.0101。

需要注意的是，计算机内部没有小数点的表示，但是书写时仍保留小数点，以区别整数和小数。本书中均如此处理。

原码的优点是表示方法简单、直观、方便，只需要将符号位加上二进制数的绝对值即可，乘除运算规则简单。但缺点是其加减法运算相对复杂，符号位不能直接参与运算，加法需要“同号求和，异号求差”，减法需要“同号求差，异号求和”，求差时用大数减小数，最后结果的符号选择也要具体分析。

2. 反码表示法

反码是计算机内用于表示有符号数的一种方式，与原码和补码共同构成了计算机内定点数的三种表示法。反码主要用于简化负数的表示和运算，特别是在早期的计算机系统中。

正数的反码与原码一样，负数的反码在原码的基础上，符号位不变，数值部分取反（即 0 变为 1，1 变为 0）。如表 2-10 所示，表中 $\overline{x_i}$ 是对 x_i 的取反。

表 2-10　反码数据表示法

机器码	整数		小数	
	正数	负数	正数	负数
真值数	$+x_1x_2x_3\cdots x_n$	$-x_1x_2x_3\cdots x_n$	$+0.x_1x_2x_3\cdots x_n$	$-0.x_1x_2x_3\cdots x_n$
原码	$0x_1x_2x_3\cdots x_n$	$1x_1x_2x_3\cdots x_n$	$0.x_1x_2x_3\cdots x_n$	$1.x_1x_2x_3\cdots x_n$
反码	$0x_1x_2x_3\cdots x_n$	$1\overline{x_1x_2x_3}\cdots\overline{x_n}$	$0.x_1x_2x_3\cdots x_n$	$1.\overline{x_1x_2x_3}\cdots\overline{x_n}$

【例 2-11】求机器数 0.1011，−0.1011，1010，−1010 的原码和反码。

解：

真值数	原码	反码
0.1011	0.1011	0.1011
−0.1011	1.1011	1.0100
1010	01010	01010
−1010	11010	10101

对于一个 n 位的二进制数，其反码表示如下：

$$[X]_{反}=\begin{cases} X & 0\leqslant X<1,\ X\in R \\ (2-2^{-n})+X & -1<X\leqslant 0,\ X\in R \end{cases}\Bigg\}(\bmod\ 2-2^{-n}) \\ \begin{cases} X & 0\leqslant X<2^{n},\ X\in Z \\ (2^{n+1}-1)+X & -2^{n}<X\leqslant 0,\ X\in Z \end{cases}\Bigg\}(\bmod\ 2^{n+1}-1)$$

需要注意的是，在反码表示中，存在两个零的表示方式：正零（+0）和负零（-0）。正零的反码表示为 00000000，而负零的反码表示为 11111111，这与补码表示法不同，在补码中零只有一种表示方式。由于反码表示法中存在两个零，在做算术运算时需要额外的逻辑来处理溢出和进位问题，因此补码表示法成为更优的选择，被广泛用于现代计算机系统中。

3. 补码表示法

补码是一种在计算机系统中表示有符号整数的方法，广泛应用于现代计算机架构中。补码的主要优点是它简化了加法和减法操作，使得这两个操作可以统一处理，同时避免了原码中正零和负零的问题。为了理解补码的表示法，首先引入模与同余的概念。

（1）模的概念

模（或称为模数）是一个数值计量系统的计量范围，记作 mod 或者 M。时钟是说明模的概念的最好例子。如图 2-1 所示，钟表时针的最大刻度是 12，故 12 就是时针的模，有效值为计量范围内的值，若超过模数需要舍弃模数取余下的数，可以简称“舍模取零”，模数与“零”等价。一天共有 24 个小时，钟表转动两圈表示 24 个小时。例如 24 时制中 17 点与下午 5 点是等价的，换算关系如下：

12+5=17

17 mod 12=5

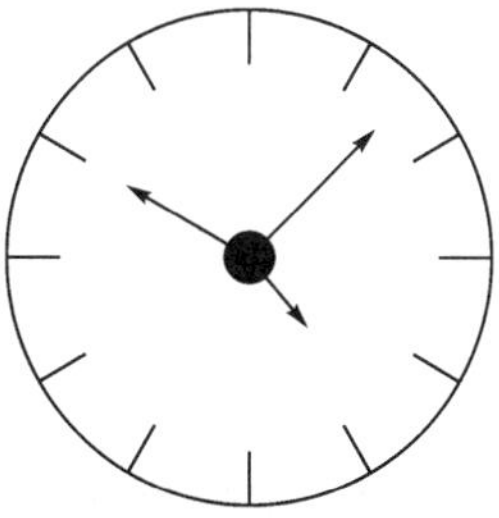

图 2-1 钟表计数表示

假设钟表上显示 10 点整，而正确时间是 3 点整，为将时间调整到 3 点，顺时针拨 5 小时，与逆时针拨 7 小时，都能将 10 点变为 3 点。若将逆时针方向拨动时针记为负、顺时针方向拨动时针记为正，则-7 与+5 相对模 12 是等效的。

-7=12-7=+5

-7 mod 12=+5

也可以说-7 与 5 对模 12 是互补的，也可以说当模为 12 时，-7 与 5 互为补码。同理，-9 的补码为 12-9=3，-4 的补码为 12-4=8，-1 的补码为 12-1=11，因此只要确定了模，就可以找到一个与负数等价的正数来代替此负数。因此补码可用如下公式描述：

$$[X]_{补} = \begin{cases} X & 0 \leqslant X < M \\ M + X & -M \leqslant X < 0 \end{cases} (\bmod M) \tag{2-7}$$

负数的补码可以用模加上该负数获得，采用补码表示后减法运算可用加法运算代替，且符号位也可直接参与运算。例如，计算 5-9 与 7-4。

①可以直接相减，若为负数，需求其补码，若为正数则值不变。

5-9=-4<0，12+（-4）=8，即得出结果为 8。

7-4=3>0，即结果为 3。

②也可先计算负数的补码，再相加，然后对模取余。

例如-9 的补码为 12-9=3，-4 的补码为 12-4=8，分别带入计算得

5+（12-9）=8，8 mod 12=8

7+（12-4）=15，15 mod 12=3

（2）二进制补码

与二进制原码和反码表示一样，二进制的补码的最高位是符号位，用 0 表示正数，用 1 表示负数。对于正数，补码与原码和反码相同；对于负数，是将其原码的数值按位取反，并在最低位（最末位）上加 1。

对于一个 n 位的二进制数，其补码的计算方法如下：

①正数补码：正数的补码与原码相同，即直接使用该数的二进制表示。

②负数补码：求法步骤主要分为 3 步。

步骤 1：求该数的原码。

步骤 2：求该数的反码（原码的符号位不变，数值部分取反）。

步骤 3：在该数反码的最低位加 1。

负数补码的另外一种求法：

步骤 1：首先找到该数的绝对值的原码表示。

步骤 2：将该原码表示的每一位取反（0 变成 1，1 变成 0），称为"按位取反"，有时也称为 1 的补码。

步骤 3：将上一步得到的结果加 1，最终得到的就是该负数的补码。

【例 2-12】求十进制数+5，-5 的补码，使用 8 位（含符号位，数值部分 7 位）二进制数来表示二进制整数。

解：

①十进制数 +5 的补码表示为 00000101。

②十进制数 -5 的补码表示计算过程如下：

步骤 1：-5 的绝对值 5，用原码表示为 00000101；

步骤 2：按位取反得到 11111010；

步骤 3：末位加 1 得到 11111011，这就是 -5 的补码表示。

【例 2-13】假设机器数为 5 位，求机器数 0.0110，-0.0110 的补码。

解：二进制小数的模为 2，有

①$X = 0.1110$，$[X]_{补}=0.1110$

②$X = -0.1110$，$[X]_{补}= [2]_{10}+ [-0.1110]_2= [10]_2- [0.1110]_2=1.0010$

由此，可以引出机器数为纯小数与整数的补码的定义，若机器数为 X，则补码可表示为

$$[X]_{补}=\begin{cases} X & 0 \leqslant X < 1,\ X \in R \\ 2+X=2-|X| & -1 < X \leqslant 0,\ X \in R \end{cases}\ (\bmod 2) \qquad \begin{cases} X & 0 \leqslant X < 2^n,\ X \in Z \\ 2^{n+1}+X=2^{n+1}-|X| & -2^n < X \leqslant 0,\ X \in Z \end{cases}\ (\bmod 2^{n-1}) \tag{2-8}$$

2.3.2　定点数的表示

在定点数表示中，符号位用于表示数的正负，小数点位置是固定不变的，但小数点并不实际出现在计算机存储的二进制数中，而是由系统或程序员预设。虽然小数点在计算机中没有数字化，就好像是隐藏的，但是在书写小数时仍然要标出小数点，以区别整数。定点数可以分为定点整数与定点小数两种类型。

1. 定点整数

定点整数即为纯整数，设定点整数 $X=x_0x_1x_2x_3\cdots x_{n-1}x_n$，其中 x_0 为符号位。定点整数在计算机中的表现形式如图 2-2 所示，其由符号位 x_0、数值位 $x_1\sim x_n$、小数点位构成，最高位 x_1，最低位 x_n，小数点的位置隐含于有效数值位最低位数位之后。在 C 语言中，int、long、char、short 均属于定点整数。

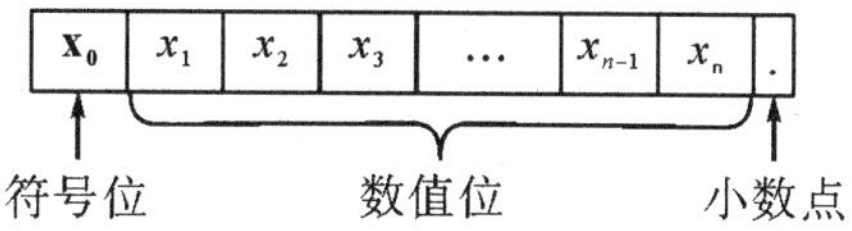

图 2-2　定点整数格式

关于定点整数的值的范围，探讨如下：

当 $x_0=0$ 时，$x_0=0$，$x_1=1$，$x_2=1$，$x_3=1$，…，$x_{n-1}=1$，$x_n=1$ 时，X 为最大正整数，其真值为 $X_{最大正整数}=2^n-1$。

当 $x_0=0$ 时，$x_0=0$，$x_1=0$，$x_2=0$，$x_3=0$，…，$x_{n-1}=0$，$x_n=1$ 时，X 为最大正整数，其真值为 $X_{最小正整数}=1$。

当 $x_0=1$ 时，表示 X 为负数。计算机中带符号数可用补码表示，也可以用原码表示，但原码与补码的表示方式有一定差异：

用原码表示时，$x_0=1$，$x_1=1$，$x_2=1$，$x_3=1$，…，$x_{n-1}=1$，$x_n=1$ 时，X 为绝对值最大负整数，其真值为：$X_{最绝对值最大负数}=-(2^n-1)$；

用补码表示时，$x_0=1$，$x_1=0$，$x_2=0$，$x_3=0$，…，$x_{n-1}=0$，$x_n=0$ 时，X 为绝对值最大负整数，其真值为 $X_{最绝对值最大负数}=-2^n$。

综上所述，若机器字长为 $n+1$ 位，原码的定点整数的表示范围为（-（2^n-1），（2^n-1）），补码定点整数的表示范围（-2^n，2^{n-1}）。若机器数字长为 8 位，原码定点整数的表示范围为（-127，127），补码定点整数的表示范围为（-128，127）。

2. 定点小数

定点小数即纯小数，小数点的位置固定在最高有效数位之前、符号位之后，假设 $X=x_{0.}x_1x_2x_3\cdots x_{n-1}x_n$，则其表示方法如图 2-3 所示。$x_0$是符号位，$x_1\sim x_n$是数值的有效部分，$x_1$为最高位，$x_n$为最低位，小数点就是固定隐于 x_0、x_1之间。

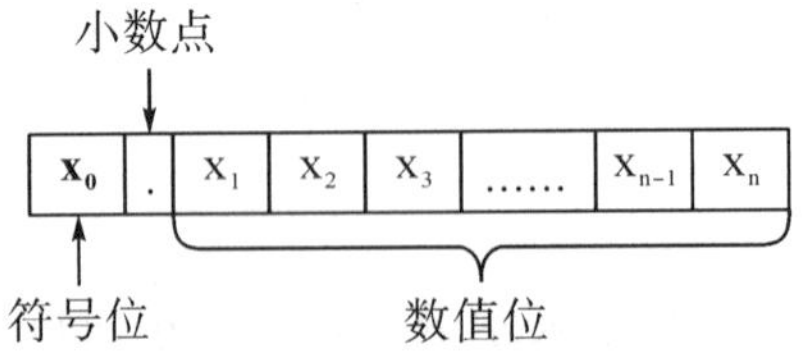

图 2-3　定点小数表示

关于定点小数的取值范围，分情况探讨如下：

当 $x_0=0$ 时，$x_0=0$，$x_1=1$，$x_2=1$，$x_3=1$，…，$x_{n-1}=1$，$x_n=1$ 时，X 为最大正整数，其真值为 $X_{最大正整数}=1-2^{-n}$。

当 $x_0=0$ 时，$x_0=0$，$x_1=0$，$x_2=0$，$x_3=0$，…，$x_{n-1}=0$，$x_n=1$ 时，X 为最大正整数，其真值为 $X_{最小正整数}=2^{-n}$。

与定点整数一样，当 $x_0=1$ 时，表示 X 为负数。计算机中带符号数可用补码表示，也可以用原码表示，但原码与补码的表示方式有一定差异：

用原码表示时，$x_0=1$，$x_1=1$，$x_2=1$，$x_3=1$，…，$x_{n-1}=1$，$x_n=1$ 时，X 为绝对值最大负整数，其真值为 $X_{最绝对值最大负数}=-（1-2^n）$；

用补码表示时，$x_0=1$，$x_1=0$，$x_2=0$，$x_3=0$，…，$x_{n-1}=0$，$x_n=0$ 时，X 为绝对值最大负整数，其真值为 $X_{最绝对值最大负数}=-1$。

综上所述，若机器字长为 $n+1$ 位，原码的定点小数的表示范围为（-（$1-2^{-n}$），（$1-2^{-n}$）），补码定点小数的表示范围（-1，-（$1-2^{-n}$））。

在定点数运算中，必须保证结果落在该定点数的数值范围内，否则会出现数据“溢出”。上溢和下溢统称为溢出，当数据小于定点数能表示的最小值时，计算机将它们作 0 处理，称为下溢；当数据大于定点数能表示的最大值时，计算机将无法表示，称为上溢。当发生数据溢出情况时，计算机将终止运算操作，而进行溢出处理。通常，定点数比浮点数占用更少的处理器资源，但代价是可能有较有限的动态范围和精度。

如果需要改变定点数的小数点位置，可以通过移位运算来实现。移位运算包括左移运算和右移运算，从而分别实现小数点右移和左移。

2.3.3 浮点数的表示

在科学计算机对实数的表示方法中，除了定点数表示法外，还有浮点数表示法。浮点数的表示基于科学计数法的概念，与定点数表示不同的是，浮点数的小数点的位置是可以浮动的，并不固定。

1. 浮点数的科学计数法表示

浮点数表示法适合表示具有广泛动态范围的数值，包括非常大或非常小的数。在现实中，任意一个十进制浮点数 N 使用科学计数法表示为

$$N = m \times 10^{e} \tag{2-9}$$

其中，m 表示尾数，e 表示指数，10 为底数表示十进制数。

同样，任意一个 R 进制数 N 可以写成

$$N = m \times R^{e} \tag{2-10}$$

其中，m 是尾数，是一个纯小数。e 是指数，是一个整数，在计算机中称为“阶码”。R 是基数，是一个常数，一般规定 R 为 2、8 或 16，分别表示二进制、八进制和十六进制。

浮点数中的小数点，会随着阶码的增加而左移，也会随阶码的减少而右移。浮点数的小数点移位，就是尾数的小数点移位。和十进制数一样，二进制浮点数的小数点左移 1 位，阶码加 1，小数点右移 1 位，阶码减 1。

【例 2-14】任意一个二进制数 N=0.01101B，请将该浮点数的小数点向右移动 2 位和向左移动 3 位，给出其科学计数法表示的浮点数。

解：

由于 N 的初始表示没有阶码，因此其阶码 e=0，因此有

$$N=0.01101\times 2^{0}$$

将 N 的小数点向右移动 2 位，即是把尾数 m=0.01101 的小数点右移 2 位，因此需要阶码 e 需要减 2，因此有

$$N=1.101B\times 2^{-10B}$$

如果把 N 的小数点右移 3 位，则 e 的值需要加 3，有

$$N=0.00001101B\times 2^{11B}$$

2. 二进制的浮点数表示

通过分析上面使用科学计数法标识的浮点数，可以看出，其起关键作用的是位数和指数（计算机中称为阶码）。因此，计算机中的二进制浮点数由阶码和尾数组成，如图 2-4 所示。

二进制浮点数

阶 码	尾 数

图 2-4 二进制浮点数组成

阶码使用定点整数表示，它确定了浮点数的范围；尾数使用定点小数表示，它确定浮点数的精度。由于计算机中二进制浮点数的位数是有限的，如果需要表示更大范围的浮点数，需要增加阶码的位数，减少尾数的位数，因此会降低数据的精度；如果需要更大的精度，则增加尾数的位数，减少阶码的位数，因此会缩小浮点数的范围。因此当设计计算机时，需要综合实际需求，在阶码和尾数的位数上取得一个合理的平衡点。

3. 浮点数的规格化

浮点数的规格化的对象是非规格化的浮点数。非规格化浮点数是未经规格化的浮点数，即虽然尾数 m 是小数，但是最高有效位无其他限制。为了提高浮点数的精度，同时使浮点数有统一的表示形式，需要对非规格化的浮点数进行规格化处理。规格化浮点数是提高运算精度的一种有效方式，规格化浮点数要求将尾数 m 的绝对值限定在规定的数值范围之内，通过左移或者右移运算使尾数为规格化数的过程。对于一个 R 进制，其尾数规格化是指尾数的绝对值在以下范围内：

$$\frac{1}{R} \leqslant |m| < 1 \tag{2-11}$$

即尾数真值最高有效位为 1，如果 R=2，对于二进制，R=2，因此有 $1/2 \leqslant |m| < 1$，即 $|m| = 0.1*\cdots\cdots$ 的形式。

【例 2-15】 $x=+0.000101101B \times 2D^{-1001B}$，规格化尾数。

解：

m=+0.000101101B，小数点需要右移 3D 位，阶码需要减 3D，因此有

m=+0.101101B，e=-1001B-11B=-1100B

$x=+0.101101B \times 2D^{-1100B}$

4. IEEE 754 标准

20 世纪 70 年代，电气和电子工程师协会（IEEE）成立委员会专门研究浮点数标准，1985 年发布了浮点数标准 IEEE 754，该标准至今仍被主流计算机所采用。IEEE 754 标准是描述浮点数表示的最常见标准，它定义了 32 位单精度和 64 位双精度浮点数的格式，分别对应 C 语言中的 float 型和 double 型数据，以及一些规则来处理特殊值如无穷大和 NaN（非数字）。2008 年该标准重新进行了修订，不同的浮点数数据格式规范如表 2-11 所示。

表 2-11　IEEE 754 数据格式规范

标准	C 语言类型	位宽	基数	阶码位数	阶码偏移值	尾数位数	最大值量级
半精度*	_float16	16	2	5	15	10	105
单精度	float16	32	2	8	127	23	1 038
扩展单精度		≥43	2	≥11		≥31	

表2-11(续)

标准	C 语言类型	位宽	基数	阶码位数	阶码偏移值	尾数位数	最大值量级
双精度	double	64	2	11	1 023	52	10 308
扩展双精度	浮点运算器内部	≥79	2	≥15		≥63	
四精度*	long double	128	2	15	16 383	112	104 932
八精度*	暂未支持	256	2	19	262 143	236	1 078 913
Decimal 32*	_Decimal32	32	10	6	101	20	1 098
Decimal 64*	_Decimal64	64	10	8	398	50	10 384
Decimal 128*	_Decimal128	128	10	12	6 176	110	106 144

注：标“＊”的浮点数格式为 IEEE 754—2008 新增标准。

因为 IEEE 754 标准的各个类型都是一样的，本书以 32 位 IEEE 754 标准浮点数格式来讲解 IEEE 754 标准的使用。

（1）32 位 IEEE 754 标准

目前常用的 32 位 IEEE 754 标准，其尾数为 24 位，采用原码表示；阶码为 8 位，采用移码表示。尾数的符号即是浮点数的符号。由于习惯数据的最左边一位为符号位，所以 IEEE 754 标准将浮点数的符号放在最左边，因此 32 位 IEEE 754 标准的格式如图 2-5 所示。

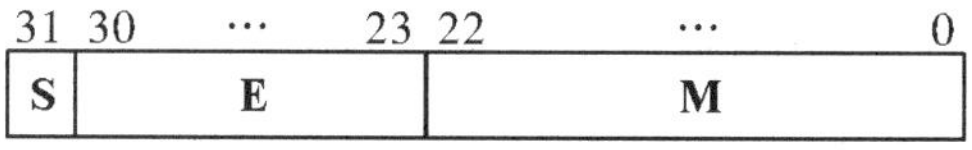

图 2-5　32 位 IEEE 754 标准浮点数格式

其中 S 是数符，也是尾数的符号。E 是表示阶码 e 的移码。M 表示尾数的有效数值位，23 位。

在 32 位 IEEE 754 标准中，8 位阶码 e 的偏移值为 127D，所以阶码的移码 E=127D+e。E 的编码范围为 00000000B ~11111111B，由于 E 中的 0D（00000000B）和 255D（11111111B）有特殊用途，所以 E 的实际范围为 00000001B~11111110B（1D~254D）。把 E 还原为 e（e=E−127D），即得 e 的取值范围为−126D~+127D。

（2）IEEE 754 标准的浮点数的规格化

尾数 m 采用原码表示。因为尾数的最高有效位始终为 1，所以，这一位数通常不予以存储，而认为隐藏在小数点的左边，因而尾数的格式实际是±1. ＊＊＊。所以，阶码的移码求法和尾数的规格化都和前面介绍的有所不同，具体参照以下计算过程：

●尾数规格化；

●求阶码的移码 E；

●求尾数的有效位 M；

●给出浮点数。

【例 2-16】X=85.6875D，求 X 的 32 位 IEEE 754 标准的浮点数。

解：X = 85.6875D = 1010101.1011B

①规格化：X = +1010101.1011B $\times 2^{0B}$ = +1.0101011011$\times 2^{+110B}$

②求阶码的移码 E

e = +6D = +110B = 0000 0110B

E = 127D+e = 127D+6D = 133D = 10000101B = 10000101B

(E = 01111111B + 00000110B = 10000101B = 10000101B)

③求尾数的有效位 M

M 的有效位= 01010110110000000000000B

④因为 X 是正数，S=0，因此 X 的 32 位 IEEE 754 标准的浮点数为

$[X]_{浮}$=**010000101**01010110110000000000000B=42AB6000H

如果要计算机中的浮点数输出，就需要把浮点数转换为十进制数，转换方法见下面的例子。

【例 2-17】现有 32 位 IEEE 754 标准的浮点数 X=C2B36000H，求其对应的十进制数。

解：C2B36000H = 11000010101100110110000000000000B

Sf = 1，E = 10000101B，M = 01100110110000000000000B

e = E- 127D = 10000101B-127D = +6D=+110B（二进制真值数）

m =-1.0110011011B（二进制真值数）

X =-1.0110011011B$\times 2^{+110B}$ = -1011001.1011B = -89.6875D

【例 2-18】现有 32 位 IEEE 754 标准的浮点数 X=430AD000H，求其对应的十进制数。

解：C2B36000H=01000011000010101101000000000000B

Sf = 0，E = 10000110B，M = 00010101101000000000000B

e = E-127D = 10000110B - 127D = +7D = +111B（二进制真值数）

m = +1.00010101101B（二进制真值数）

X = +1.00010101101B$\times 2^{+111B}$ = -10001010.1101B = 138.8125D

2.4 非数值信息的表示

在计算机中，非数值数据又称为字符数据，主要是字符、字符串、图形符号、汉字等没有数值大小区分的数据。一般情况下，非数值数据均不参与数值运算。

2.4.1 字符与字符编码

广义上的字符是人们用于表达语言、思想和传递信息的基本单位，它是文化和技术交汇的产物。在不同的文化、历史时期，字符的形式和功能可能有所不同，但它们共同构成了人类交流的基础，如拉丁字母、汉字、阿拉伯字母、西里尔字母等。它们可以单独或组合使用来表示音节、单词、概念或指令，例如，在英语中，字母 a 可以与其他字母组合形成单词，而在中文中，单个汉字就能代表一个完整的概念或词。字符不仅具有表面的视觉形态，还承载着深层的符号学和语义学含义，涉及符号与其所指事物之间的关系。在计算机和电子通信中，字符被编码成数字形式，以便于存储和传输。最常用的编码标准有 ASCII（美国信息交换标准代码）和 Unicode。其中 Unicode 支持全球几乎所有书写系统的字符。在编程中，字符是字符串和文本文件的基本组成部分，而字符串是由多个字符组成的序列。在大多数编程语言中，字符串被视为一个整体的数据类型。程序员经常需要进行字符级别的操作，如查找、替换、排序等。下面将介绍几种常用的字符编码方式。

1. ASCII 码

在计算机中，通过键盘可以实现字符信息的输入，编码电路根据字符键的要求给出字符对应的二进制数码串，再将这些码串按照统一标准转换成字符输出显示，ASCII 码便是国际上广泛采用的字符表示标准。ASCII 码选用了 128 个常用的字符，其中包括 33 个控制符、10 个十进制数码（0~9）、52 个英文大小写字母（a~z，A~Z）、33 个专用符号，并用 7 位二进制位分别表示它们。由于计算机中数据存储以二进制表示，故 ASCII 码的最高位用“0”来表示。

表 2-12 展示了 ASCII 的字符编码。

表 2-12 ASCII 字符编码表

二进制	字符	二进制	字符	二进制	字符	二进制	字符	二进制	字符	二进制	字符
0000000	NULL	0010110	SYN	0101100	,	1000010	B	1011000	X	1101110	n
0000001	SOH	0010111	ETB	0101101	-	1000011	C	1011001	Y	1101111	o
0000010	STX	0011000	CAN	0101110	.	1000100	D	1011010	Z	1110000	p
0000011	ETX	0011001	EM	0101111	/	1000101	E	1011011	[	1110001	q
0000100	EOT	0011010	SUB	0110000	0	1000110	F	1011100	\	1110010	r
0000101	ENQ	0011011	ESC	0110001	1	1000111	G	1011101	]	1110011	s
0000110	ACK	0011100	FS	0110010	2	1001000	H	1011110	↑	1110100	t
0000111	BEL	0011101	GS	0110011	3	1001001	I	1011111	_	1110101	u
0001000	BS	0011110	RS	0110100	4	1001010	J	1100000	`	1110110	v
0001001	HT	0011111	US	0110101	5	1001011	K	1100001	a	1110111	w
0001010	LF	0100000	SP	0110110	6	1001100	L	1100010	b	1111000	x
0001011	VT	0100001	!	0110111	7	1001101	M	1100011	c	1111001	y

表2-12(续)

二进制	字符	二进制	字符	二进制	字符	二进制	字符	二进制	字符	二进制	字符
0001100	FF	0100010	"	0111000	8	1001110	N	1100100	d	1111010	z
0001101	CR	0100011	#	0111001	9	1001111	O	1100101	e	1111011	{
0001110	RO	0100100	$	0111010	:	1010000	P	1100110	f	1111100	|
0001111	SI	0100101	%	0111011	;	1010001	Q	1100111	g	1111101	}
0010000	DLE	0100110	&	0111100	<	1010010	R	1101000	h	1111110	~
0010001	DC1	0100111	′	0111101	=	1010011	S	1101001	i	1111111	DEL
0010010	DC2	0101000	(	0111110	>	1010100	T	1101010	j		
0010011	DC3	0101001	)	0111111	?	1010101	U	1101011	k		
0010100	DC4	0101010	*	1000000	@	1010110	V	1101100	l		
0010101	NAK	0101011	+	1000001	A	1010111	W	1101101	m		

2. Unicode 编码

Unicode 是一种由 Unicode 联盟维护的一个开放标准，也是一种支持世界上几乎所有语言的字符，包括汉字、日文、韩文等的国际标准的字符编码方案，最初定义的字符超过 11 万个。当前它的最新版本 Unicode 15.0 于 2023 年 9 月发布，其继续扩展了字符集，新增了大量字符，包括新的表情符号、历史脚本、数学符号等，以支持更多的语言和书写系统。其实现方式多样，如 UTF-8、UTF-16 和 UTF-32，其中 UTF-8 是最常用的一种，它对常见字符使用较少的字节进行编码，而对不常见的字符使用更多的字节。Unicode 的主要目标是实现文本的通用性和互操作性，使得不同语言和书写系统能在计算机和互联网上无缝地显示、处理和交换。Unicode 主要有以下特点和优势：

（1）唯一性：每个字符在 Unicode 中都有一个唯一的代码点，避免了不同编码系统之间的冲突。

（2）全面性：Unicode 支持从拉丁字母、希腊字母、西里尔字母到汉字、日文假名、韩文、阿拉伯文、希伯来文等多种书写系统，还支持包括表情符号、数学符号、箭头、几何图形等在内的特殊符号。

（3）可扩展性：Unicode 的设计允许在未来添加新的字符和符号，以适应新的书写系统。

（4）一致性：Unicode 遵循一致性的原则，相似的字符会分配在相近的位置，方便记忆和使用。

（5）多字节编码：Unicode 使用变长编码方案，常见的有 UTF-8、UTF-16 和 UTF-32 等。UTF-8 是最广泛使用的格式，它兼容 ASCII 并在大多数情况下节省存储空间。表 2-13 显示了 Unicode 编码方式。

表 2-13 Unicode 编码方式

类别	属性	
	单个字符字节数	备注
UTF-8	1~4	相较于 ASCII 字符，UTF-8 编码与 ASCII 相同，而相较于其他字符，它使用更多的字节
UTF-16	2~4	对于大部分字符，UTF-16 使用 2 个字节，而对于一些较新的或较少使用的字符，则使用 4 个字节
UTF-32	4	使用 4 个字节固定长度编码每个字符，简单但效率较低

Unicode 编码在网页、操作系统、数据库、编程语言、文本编辑器、搜索引擎、移动设备等各种场合都得到了广泛应用，确保了文本在不同平台和设备间的正确显示和处理。Unicode 通过提供一种通用的字符编码方式，极大地促进了全球范围内的信息交流和共享，是现代信息技术中不可或缺的一部分。

Unicode 编码和 ASCII 码之间有着密切的关系，Unicode 编码完全兼容 ASCII 码。这意味着 ASCII 字符在 Unicode 中的编码与其在 ASCII 中的编码完全相同。具体来说，在 Unicode 的 UTF-8 编码中，ASCII 字符仍然只占用一个字节，而且这个字节与 ASCII 编码完全一样。也就是说，对于 ASCII 字符集中的 128 个字符，Unicode 编码与 ASCII 编码是相同的，它意味着现有的 ASCII 文本可以直接在 Unicode 系统中使用，无须任何转换，从而保证了向后兼容性和文本的平滑过渡。例如，字符 A 在 ASCII 中的编码是 65（十进制），在 Unicode 的 UTF-8 编码中，A 也是 65。这意味着如果一个程序处理的是纯英文文本，使用 UTF-8 编码并不会增加额外的存储开销，因为每个字符仍然只占用一个字节。

3. 汉字编码

汉字编码是指在计算机系统中，将汉字转换为可以存储、处理和传输的数字形式的过程。由于汉字数量庞大、结构复杂，因此汉字编码比拉丁字母等其他书写系统的编码更为复杂。常用的汉字编码有 GB 2312、GBK、GB 18030、BIG 5、Unicode 等几种编码方式，每种编码方式都有其各自的特点。

GB 2312 是中国大陆最早使用的汉字编码标准之一，定义了大约 7 000 个常用汉字和 682 个图形符号。它使用双字节编码，每个汉字占用两个字节，每个字节的取值范围是 0xA1 到 0xFE。

GBK 是 GB 2312 的扩展，包含了约 21 000 个汉字和符号，同时也兼容GB 2312。GBK 支持繁体字和一些少数民族的文字，同样使用双字节编码。

GB 18030 是中国国家标准，进一步扩展了 GBK，包含了超过 27 000 个汉字，以及更多的符号和少数民族文字。它采用变长编码，可以使用单字节、双字节、四字节等多种编码方式。

BIG 5 是台湾、香港和澳门地区广泛使用的汉字编码标准，包含了 13 000 多个汉字和符号。其同样使用双字节编码，但与 GB 2312 和 GBK 不完全兼容。

Unicode 是一个国际标准，称为统一编码，又称万国码，为每个字符（包括汉字）提供了唯一的编码，支持全球几乎所有书写系统。截至 2024 年 8 月底，Unicode 已经发布了多个版本，最新的版本是 Unicode 15.0，该版本于 2023 年 9 月发布。汉字在 Unicode 中通常使用 UTF-8、UTF-16 或 UTF-32 等编码方式表示，其中 UTF-8 是最常见和最节省空间的编码方式。CJK Unified Ideographs 是 Unicode 标准中的一部分，专门用于编码汉字，包含了数以万计的汉字，覆盖中文简体、繁体以及日本和韩国的汉字。

每种汉字编码方式都有其适用场景和局限性。在现代互联网和软件开发中，Unicode 因其广泛的兼容性和国际标准化而成为首选的编码方式，特别是在 Web 开发、数据库存储和国际化的应用程序中。Unicode 的 UTF-8 编码尤其受欢迎，因为它与 ASCII 兼容，且对于大多数汉字只需使用 3 个字节进行编码，既节省空间又便于处理。

4. BCD 码

BCD 编码是一种将十进制数转换为二进制数的特殊编码方式，它将每个十进制数转换为四位的二进制数。例如，数字 3 在 BCD 中表示为 0011，9 表示为 1001。一个十进制数在 BCD 中是每一位数字的 BCD 编码连接起来的。例如，数字 123 在 BCD 中表示为 000100100011。BCD 编码既具有二进制数的形式，又保持了十进制数的特点。表 2-14 给出了几种常见的 BCD 码。

表 2-14　常见的 BCD 编码

十进制数	8421 码	2421 码	余 3 码	Gray 码
0	0000	0000	0011	0000
1	0001	0001	0100	0001
2	0010	0010	0101	0011
3	0011	0011	0110	0010
4	0100	0100	0111	0110
5	0101	1011	1000	1110
6	0110	1100	1001	1010
7	0111	1101	1010	1011
8	1000	1110	1011	1001
9	1001	1111	1100	1000

8421 码，也称自然 BCD 码（nature binary-coded decimal，NBCD），是一种将十进制数字转换为二进制形式的编码方式。在 8421 码中，每一位十进制数字（0 至 9）都被编码为四位二进制数，这四位二进制数分别对应着十进制数的 8、4、2、1

位的权重，因此得名 8421 码。它是一种有权码，设其各位的值为 $b_3b_2b_1b_0$，则它所表示的十进制数 $D=8b_3+4b_2+2b_1+b_0$，每个代码与它所代表的十进制数之间符合二进制和十进制数的相互转换规则。1010～1111 这 6 个代码在 8421 中是违反规则的。

2421 码在早期的计算机系统和数字电路设计中曾被广泛使用，尤其是在需要进行十进制算术运算的场合。与常见的 8421 码不同，2421 码的每一位二进制数代表的权重分别为 2、4、2 和 1，这也是其名字的来源。若设其各位的值为 $b_3b_2b_1b_0$，则它所表示的十进制数 $D=2b_3+4b_2+2b_1+b_0$。2421 码是一种对 9 的自补码，即某数的 2421 码，只要自身按位取反，就能得到该数对 9 的补数的 2421 码。由于 2421 码这一自补特质，它可以用于进行十进制加法而不需要额外的校正步骤。例如，4 的 2421 码为 0100，4 对 9 的补数是 5，而 5 的 2421 码为 1011。这一特性简化了十进制加法器的设计，因为可以使用类似于二进制加法器的逻辑电路，通过检测进位来自动纠正溢出。

余 3 码（excess-3 code）是一种非加权的二进制编码，每个十进制数字的余 3 码是将该数字的 8421BCD 码（二进制编码十进制）加上 3（即二进制的 0011）得到的结果。换句话说，余 3 码实际上是将十进制数字的 8421BCD 码向高位进位 3。它也是一种对 9 的自补码。

格雷码（Gray code），又称循环二进制单位距离码，是一种特殊的二进制数字编码方式，其特点在于两个连续的数值之间仅有一位二进制数不同，它也是一种无权码。格雷码广泛运用于多个领域。例如在数字电路设计中，格雷码可以用于减少逻辑电路中的竞争冒险现象，提高电路的稳定性；在通信系统的某些通信协议中，格雷码可以减少数据传输中的错误；在图像处理的编码和解码算法中，格雷码可以用于提高处理速度和减少错误传播；在算法设计中，格雷码可以用于生成遍历所有可能的组合，而每次仅改变一个变量，这在搜索算法和组合优化问题中很有用。将一个普通的二进制数转换为格雷码，可以使用下面的公式：

$$G(i)=B(i)\oplus B(i+1) \tag{2-12}$$

其中 G（i）是格雷码的第 i 位，B（i）是二进制数的第 i 位，⊕ 表示异或操作。

2.4.2 布尔值

布尔值是计算机科学和逻辑学中的基本数据类型之一，来源于英国数学家乔治·布尔的研究。布尔值表示的是逻辑上的真或假，通常在编程语言中表现为两个状态："真"（true）和"假"（false）。在不同的编程语言中，布尔值的表示可能稍有不同，但基本概念是相同的。

布尔值在计算机编程中扮演着核心角色，主要用于以下几个方面：

（1）条件判断：在 if 语句、while 循环和其他控制流结构中，布尔表达式用于决定程序的执行路径。

（2）比较操作：当判断两个值是否相等、比较大小关系等时，结果通常是一个布尔值。

（3）逻辑操作：使用逻辑运算符（如 AND、OR、NOT）来组合或反转布尔值，用于更复杂的决策逻辑。

（4）数组和集合：在某些语言中，可以创建布尔类型的数组或集合，用于存储和处理一系列的真/假值。

布尔值也与布尔代数紧密相关，这是一种处理逻辑变量的数学系统，其中变量只能取两个值：0（假）或 1（真）。布尔代数中的基本运算包括以下几种。

AND（与）运算：只有所有输入均为真时，结果才为真，见表 2-14。

表 2-14　逻辑 AND

A	*B*	*A* AND *B*
0	0	0
0	1	0
1	0	0
1	1	1

OR（或）运算：只要有一个输入为真，结果就为真，见表 2-15。

表 2-15　逻辑 OR

A	*B*	*A* AOR *B*
0	0	0
0	1	1
1	0	1
1	1	1

NOT（非）运算：反转输入的真假状态，见表 2-16。

表 2-16　逻辑 NOT

A	NOT *A*
0	1
1	0

在编程语言中，布尔运算符通常用关键字或符号表示，如 &&（AND）、| |（OR）和!（NOT）。布尔值表示逻辑上的“真”和“假”，在计算机中通常用 1 位二进制数表示，其中 0 代表“假”，1 代表“真”。布尔值在处理逻辑问题和控制程序流程时极为有用，是编程和算法设计中不可或缺的部分。

2.4.3 多媒体数据

图像通常以像素矩阵的形式存储，每个像素的颜色信息可以用 RGB 值表示，更复杂的情况可能还会包含 alpha 透明度通道。音频数据则通常被转换为波形图，然后以一系列的数字样本存储。

1. 图形图像数据

从要素构成的角度来看，图形与图像是不同的概念。图形是以几何线条、几何符号等形式表示物体的轮廓，而图像由点排列而成，每个点就是图像的一个像素，也是一种颜色。而在数据表达上，图形与图像可以被认为是同类，指用于描述和表示视觉内容的数据类型，这些内容可以是照片、绘图、图表、动画或者任何其他形式的视觉信息，而且许多专业软件也兼顾了图形与图像的处理，因此常常将二者视为一体。计算机的色彩显示是基于光的三基色与二进制编码实现的。例如任何颜色均可由 R、G、B 三种原色调组合而成，而黑白图像就是由黑白像素点构成，这时用 0、1 表示黑白像素的两种状态。

图像具有分辨率、色彩深度、尺寸、格式 4 个属性。其中分辨率用于描述图像清晰度的指标，通常用每英寸的像素数（DPI）或每厘米的像素数（DPC）来衡量，通常分辨率越高，图像越精细清晰；色彩深度指图像能表示的颜色数量，通常以二进制位（bits）为单位，存储的图像数据量是像素数量乘上色彩深度；尺寸是指图像的宽度和高度，基本单位是像素；不同图像有不同存储格式，不同的存储格式有不同的压缩方式和质量表现，如 JPEG 适用于照片，而 PNG 适合带有透明背景的图像。在计算机中，图像通常以数字形式存储，可以分为两大类：点位图形和矢量图形。

（1）点位图形

点位图形（bitmap images），通常也被称为位图图像或像素图，是一种在计算机中表示图像的方式，其中图像由一个二维矩阵的像素点组成。每个像素（pixel）都代表图像中的一个点，并且拥有特定的颜色值。点位图形的分辨率定义了图像的清晰度，即单位长度内有多少像素，分辨率越高，图像越清晰，但也意味着文件体积越大。点位图形具有分辨率依赖性，它的外观会随显示或打印分辨率的变化而变化，如果将一张高分辨率的点位图像放大到超出其原始尺寸，图像会变得模糊或像素化，因为像素被拉伸到了更大的物理尺寸。点位图形具有色彩深度特性，每个像素可以有不同数量的色彩信息，色彩深度决定了每个像素可以表示多少种不同的颜色。例如，8 位色彩深度可以表示 256 种颜色，而 24 位色彩深度（真彩色）可以表示 1 670万种颜色。

点位图形可以保存为多种文件格式，每种格式都有其特点，常见的点位图形格式包括 JPEG、PNG、BMP、GIF。其中 JPEG 适合照片和连续色调的图像，采用有损压缩，可以调整压缩比率；PNG 适合需要透明背景的图像，使用无损压缩，保持图像质量；BMP 是一种未压缩的图像格式，通常用于 Windows 操作系统，文件体积较大；GIF 支持动画和透明度，但色彩深度受限，最多只能表示 256 种颜色。点位图数据存储形式如图 2-6 所示。点位图形广泛应用于数字图像处理领域，例如数字摄影、网页设计、数字艺术和绘画、视频和动画等。处理点位图形的软件工具可以进行多种操作，包括调整大小、裁剪、旋转、添加效果、调色等。常见的图像编辑软件有 Adobe Photoshop、GIMP（GNU Image Manipulation Program）、Paint.NET 等。

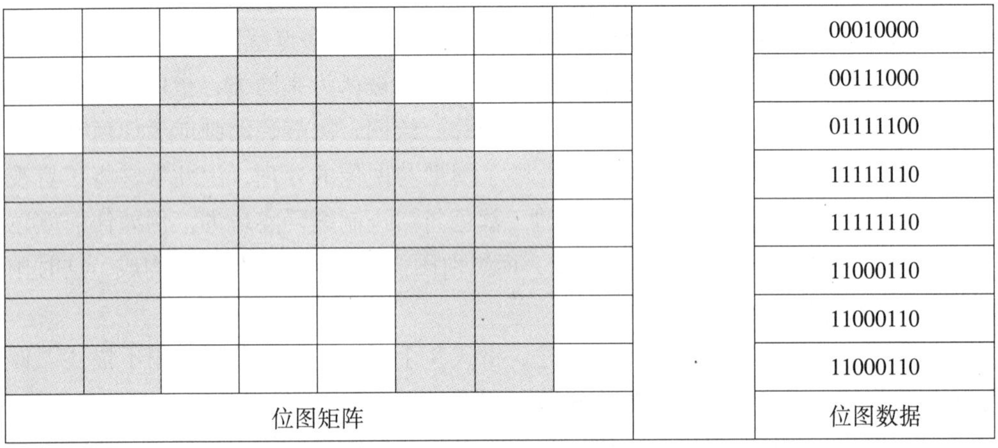

图 2-6　点位图数据存储形式

（2）矢量图形

矢量图形（vector graphics）是由数学方程定义的线条和形状组成的图像。矢量图形在放大或缩小的过程中不会失真。常见的矢量图形格式有 SVG、EPS 等。矢量图形是一种基于数学方程来描绘图像的数字图形表示方法，其分辨率是独立的。与点位图形（位图）不同，矢量图形不会因为放大或缩小而失去细节或降低清晰度，因为它们是由线、曲线、形状和填充组成的，而不是由像素网格构成的。这意味着矢量图形在任何分辨率下都能保持其清晰度和可读性，这使得它们非常适合于标志设计、插图、图表和其他需要高分辨率输出的设计工作。矢量图形的特点为：矢量图形可以无限放大而不失真，因为它们的形状是由数学公式定义的，而不是由固定数量的像素点组成的。当图形放大时，系统只是通过重新计算这些公式的值来绘制新的图像，从而保持清晰度。相比于点位图形，矢量图形通常具有更小的文件大小，特别是复杂的几何图案或文字，因为它们不需要存储大量的像素数据。矢量图形的元素是独立的对象，可以单独编辑。例如，可以改变线条的颜色、形状的大小或者文本的字体，而不影响整个图像的其他部分。矢量图形可以使用纯色、渐变色或图案作为填充，而且这些属性都可以在不失真的情况下进行修改。常见的矢量图形文件格式包括 SVG、EPS、AI。其中 SVG 是一种开放标准的矢量图形格式，由 W3C 制定，广泛用于 Web 开发和图形设计；EPS 是常用于专业印刷和排版的一种通用的矢量图形格式；AI 即 Adobe Illustrator 的原生文件格式，用于复杂的矢量图形设计。矢量图形高质量、可缩放、可编辑，无论在创建商标、制作图表、绘制插画还是设计用户界面元素方面，矢量图形都有不可比拟的优势。

2. 视频数据

视频数据是指以数字形式记录的一系列连续图像帧，通常伴随着音频信息，用于再现动态视觉场景。视频数据被广泛应用于各种领域，例如影视、通信、监控、教育、医学以及科学研究等。

视频数据主要由视频流、音频流、元数据、字幕流构成。其中，视频流由一系列连续的图像帧组成，每一帧都是一张静态图片，帧率（每秒显示的帧数，FPS）决定了视频的流畅度，是视频数据的主要部分；音频流与视频流同步，用于提供声音效果，包括对话、背景音乐和音效；元数据是与视频有关的额外信息，如标题、作者等；字幕流是可选的文本信息，用于显示对话、歌词或其他屏幕上的说明。

由于原始视频数据量非常庞大，因此通常需要进行编码和压缩以便于存储和传输。常见的视频编码格式包括 H.264、H.265（HEVC）、VP9、AV1 等，这些编码方式通过不同的算法减少数据量，同时尽量保持视频质量。

3. 音频数据（将计算机语音总结在内）

音频数据是指以数字形式记录的声音信息，它涵盖了从人类语言、音乐到自然界的声音等各种声学现象。音频数据的数字化和处理是现代通信、娱乐、教育和科学研究等领域的重要组成部分。图 2-7 是音频数据产生过程。

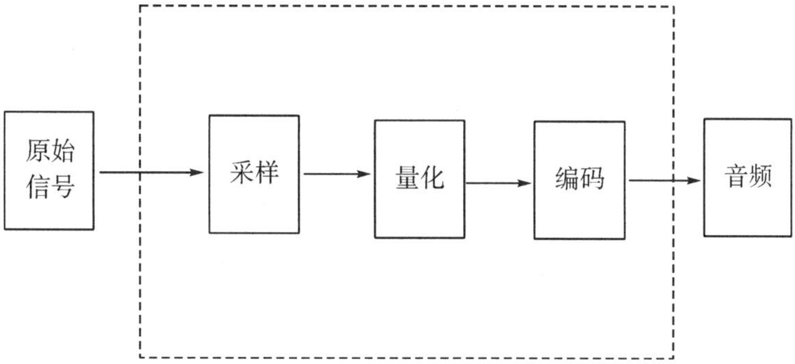

图 2-7　音频数据产生过程

采样（sample）：音频信号的数字化始于采样过程，即将连续的模拟音频信号转化为离散的时间序列。采样频率（如 44.1kHz、48kHz）决定了每秒采集的样本数，采样频率越高，音频的还原度越高。

量化（quantify）：每个采样点的音频振幅会被转换为数字值，这一过程称为量化。量化位数（如 16 位、24 位）决定了每个样本可以表示的振幅范围和精度。

编码（coding）：将量化值用某种编码来表示，例如可将量化值用二进制编码来表示。音频数据可以通过不同的编码方式存储，分为无损编码和有损编码。无损编码（如 FLAC、ALAC）保留了全部原始音频信息，而有损编码（如 MP3、AAC）通过丢弃人耳不易察觉的信息来减小文件大小。

音频文件可以采用多种格式存储，常见的有 WAV、MP3、AAC、FLAC、OGG。WAV 是一种无压缩的音频文件格式，通常用于专业音频制作；MP3 是一种流行的有损压缩音频格式，广泛应用于音乐分享和流媒体服务；AAC 是高级音频编码，较 MP3 能够提供更好的音质和更高的压缩率；FLAC 是无损音频压缩格式，适合音乐爱好者和专业人士；OGG 是开放标准的音频格式，支持多种编码方式。音频数据在声乐学、通信、教育、健康、科研等众多领域都发挥着重要作用。

随着人工智能和机器学习技术的进步，音频数据分析和处理的能力不断提升，推动了智能语音助手、虚拟现实和增强现实等新兴应用的发展。音频数据的高效管理、保护和利用对于维护隐私、促进创新和提高生活质量具有重要意义。

2.4.4 数据压缩

数据压缩是在不丢失重要信息的前提下，减少数据存储量的技术。它在计算机科学和信息理论中占有重要地位，尤其在数据传输、存储和处理领域。数据压缩的目标是提高数据存储效率和传输速度，同时降低存储成本和网络带宽使用。数据压缩的原理通常在于消除冗余信息。压缩算法通过编码、量化、熵编码等技术来实现上述目标。例如，哈夫曼编码利用概率权重来优化字符的编码长度；而 JPEG 使用离散余弦变换（DCT）来去除图像中的冗余信息。数据压缩可以分为两大类：无损压缩和有损压缩。

1. 无损压缩

无损压缩方法在解压后能完全恢复原始数据，没有信息损失。这种压缩适用于不能容忍任何信息丢失的情况，如文本文件、源代码、图片配置文件或某些音频和视频格式。常见的无损压缩算法包括哈夫曼编码（Huffman coding）、行程长度编码（run-length encoding，RLE）、LZ 算法压缩家族群和 Deflate。

（1）哈夫曼编码

哈夫曼编码是一种广泛使用的前缀编码（prefix code）技术，用于无损数据压缩。它是由哈夫曼在 1952 年提出的，当时他还是麻省理工学院的一名研究生。哈夫曼编码的核心思想是通过变长编码表对源数据进行编码，编码表的特性是出现频率较高的字符使用较短的位序列编码，而出现频率较低的字符使用较长的位序列编码。这种方法可以显著提高编码效率，减少对存储空间或对传输带宽的需求。哈夫曼编码常用于文件压缩（如在 GIF、JPEG 和 PNG 等图像格式中）、数据传输，以及任何需要高效存储和传输数据的地方。

哈夫曼编码的基本步骤如下。

步骤 1：频率统计。统计出待编码文本中每个字符的出现频率。

步骤 2：构建哈夫曼树。创建一个优先队列（通常是一个最小堆），其中每个元素都是一个只包含单个字符的二叉树，该树的权重等于该字符的频率。在每一步中，从队列中取出两个具有最低频率的树，并创建一个新的二叉树，该二叉树的根节点的权重等于这两个树的权重之和，且左子树和右子树分别是这两个树。

将新创建的二叉树重新插入队列。重复此步骤，直到队列中只剩下一个树为止，这个树就是哈夫曼树。

步骤 3：生成编码表。从哈夫曼树的根节点开始遍历到每个叶子节点，将从根到叶子节点的路径转换为二进制编码，左分支代表 0，右分支代表 1。这样，每个字符都有了一个唯一的二进制编码。

步骤 4：编码数据。使用生成的编码表对原始数据进行编码，将每个字符替换成对应的二进制编码。

哈夫曼编码具有高效性与无损性。由于频繁出现的字符编码较短，因此编码后的数据长度通常小于原始数据长度，尤其当数据集中的字符分布不均匀时，效果更为明显。哈夫曼编码是一种无损编码方式，解码后可以完全恢复原始数据。

但是在编码和解码过程中，接收方和发送方都需要知道哈夫曼树的结构，否则无法正确解码。因此，在实际应用中，哈夫曼树的信息通常需要与编码后的数据一起传输。哈夫曼编码是基于特定数据集的统计特性生成的，如果数据集的特性发生变化，原有的哈夫曼树就可能不再是最优的，需要重新构建哈夫曼树。

（2）行程长度编码

行程长度编码是一种非常简单的无损数据压缩算法，主要用于压缩具有大量连续重复数据的数据流或数据文件。这种编码方法尤其适用于图形图像数据，例如扫描的黑白文档或者某些类型的雷达图像，其中经常会遇到大片单一颜色或值的区域。RLE 编码常用于压缩具有大量重复像素的图像，如传真文档、地图、MRI 图像等。它也常用于早期的视频游戏，这是因为其具有简单性和速度优势。此外，在某些通信协议中，RLE 也被用来减少数据传输量，尤其是在带宽受限的环境中。值得注意的是，RLE 通常与其他压缩算法结合使用，比如在一些图像和视频压缩标准中，RLE 可能作为预处理步骤，先减少数据冗余，然后再应用更复杂的压缩算法，如 JPEG 或 H.264 中的 DCT 和熵编码。

在编码过程中，连续相同的值被一个计数值（即重复次数）和一个该值的样本所代替。例如，如果有一串数据是 AAAAABBBCCDDDD，使用 RLE 编码后则会变成（5，A）（3，B）（2，C）（4，D）。这里的（n，value）表示有 n 个 value 连续出现。RLE 编码的过程描述如下。

步骤 1：遍历数据。从头到尾遍历原始数据。

步骤 2：计数。当遇到连续的相同值时，开始计数。

步骤 3：记录。当遇到不同的值时，记录之前连续相同值的数量和值本身。

步骤 4：重复执行步骤 1 至步骤 3。继续遍历并重复上述过程，直到所有数据都被处理完毕。

RLE 编码和解码实现简单，计算速度快，几乎不需要额外的计算资源。它是无损压缩，编码过程中不会丢失任何信息，解码后可以完美恢复原始数据。但是压缩效率依赖于数据特点，对于具有大量重复数据的文件，压缩率很高；但对于没有或很少重复数据的文件，压缩效果不佳，有时甚至会导致数据膨胀。其对随机访问不友好，如果需要读取编码后的数据的某个特定部分，可能需要解码整个数据流直至到达所需位置。

2. 有损压缩

有损压缩方法在压缩过程中会舍弃一些被认为对感知质量影响较小的信息。这种压缩通常用于多媒体数据，如图像、音频和视频，因为在很多情况下，人眼或耳朵无法察觉压缩过程中的微小损失。常见的有损压缩标准包括 JPEG（图像）、MPEG（视频）和 MP3（音频）。有损压缩应用广泛，例如，ZIP、RAR 和 7z 等格式使用无损压缩来减小文件大小；JPEG 和 MPEG 分别用于压缩静态图像和动态视频，以减少存储空间和传输时间；MP3 和 AAC 等格式通过有损压缩来实现高质量音频的小文件尺寸；HTTP/2 和 HTTP/3 协议利用数据压缩来加快网页加载速度。

数据压缩是一个复杂的领域，涉及信号处理、信息论、编码理论等多个学科的知识。合适的压缩算法和参数需要根据具体应用场景和数据类型来决定。

2.5 信息的校验

在计算机系统中，数据信息在读取、发送的过程中被外界环境干扰（如信号干扰、硬件故障等）或其他原因影响，存在数据误码、缺失的可能。为提高数据信息在计算机系统中的准确性与完整性，减少误码、码元丢失现象的发生，除了提高硬件本身的可靠性外，还可为传送的数据信息添加数据校验位，以提高数据编码的准确性，让数据编码具有检错、纠错的能力。

数据校验码的实现原理为，在编码中，除去合法的码字外，再加进一些校验码字，当某个合法的码字出现错误时就变成了非法码字。合理的安排非法码字的数量和编码规则就能提高纠错检错的能力。校验码是具有发现错误和纠正错误能力的数据编码，校验码是用于提升数据在时间（存储）和空间两个维度上的传输可靠性的机制。本节将分别介绍奇偶校验、海明校验码、循环冗余校验三种信息校验的方法。

2.5.1 奇偶校验

1. 奇偶校验的概念

奇偶校验（parity check）是一种古老简单的错误检测方法，常用于数据传输和存储中，用来检查数据在传输或存储过程中是否发生了单比特错误。发送端在数据位后面附加一个校验位，使得数据加上校验位后的 1 的总数成为奇数（奇校验）或偶数（偶校验）。接收端收到数据后检查这个条件是否满足，如果不满足，则说明数据在传输过程中发生了错误。奇偶校验有两种类型：奇校验和偶校验。

奇校验即加上了校验码后的整个信息编码（有效信息位+校验位）中 1 的个数为奇数。

偶校验即加上了校验码后的整个信息编码（有效信息位+校验位）中 1 的个数为偶数。

若有一组数据信息码元为 k_1，k_2，k_3，…，k_{n-1}，奇偶校验编码中附加校验码元为 k_n，则 k_n与 k_{n-1}的关系可用公式描述如下：

$$k_n = \left(\sum_{i=1}^{n-1} k_i\right)\text{mod}2 \tag{2-13}$$

$$\left(\sum_{i=1}^{n} k_i + k_n\right)\text{mod}2 = \begin{cases} 1(\text{奇校验}) \\ 0(\text{偶校验}) \end{cases} \tag{2-14}$$

上述两式体现了奇偶校验的编码过程，该过程也说明了奇偶校验只有在出错码元个数是奇数的情况下才有效。它的检错率只有 50%，当出错码元成对出现时，是无法检验错误的，但奇偶校验仍然在很多场合下被使用，尤其是在那些对实时性和成本敏感的应用中，如早期的计算机内存、硬盘驱动器以及一些通信协议中。在实际应用中，奇偶校验又可分为水平奇偶校验、垂直奇偶校验以及垂直水平奇偶校验。本书将水平奇偶校验与垂直奇偶校验均认为是单向奇偶校验，将水平垂直奇偶校验称为交叉奇偶校验。表 2-17 显示了几个字节的奇偶校验码的编码结果。

表 2-17　奇偶校验码编码

有效信息（8 位）	奇校验码（9 位）	偶校验码（9 位）
00000000	1 00000000	0 00000000
00010010	1 00010010	0 00010010
01010010	0 01010010	1 01010010
00110101	1 00110101	0 00110101

2. 单向奇偶校验

单向奇偶校验即水平奇偶校验与垂直奇偶校验。水平奇偶校验也称为横向奇偶校验，是将传输的信息字符分为若干个信息码组，对同一码组内的各字符的同一位进行奇偶校验，从而形成一个校验字符。垂直奇偶校验也称为纵向奇偶校验或字符奇偶校验，是指（n-1）位的字符信息码元后面再附加一个第 n 位的校验码元。这两种方式都能检测出奇数个差错，水平奇偶校验检还能测出突发长度小于（n-1）

和 n 的全部突发差错。

3. 交叉奇偶校验

交叉奇偶校验即垂直水平奇偶校验法，是将传输的字符分成若干信息码组，并对每一组内的各个字符同时进行垂直和水平奇偶校验。其不仅能检测出奇数个差错，还能检测出突发长度小于（$n-1$）和 n 的全部突发差错。表 2-18 显示了交叉奇偶校验方式。

表 2-18　交叉奇偶校验

符	字															水平校验	
	C_1	C_2	C_3	C_4	C_5	C_6	C_7	C_8	C_9	C_{10}	C_{11}	C_{12}	C_{13}	C_{14}	C_{15}	偶	奇
b_1	0	1	0	1	1	1	1	1	1	1	0	0	0	1	1	0	1
b_2	1	1	0	1	0	1	1	1	1	1	0	1	0	1	1	1	0
b_3	0	1	1	0	1	1	0	1	1	0	0	0	0	0	0	0	1
b_4	1	1	0	1	1	0	1	0	0	1	0	1	0	1	0	0	1
b_5	0	0	0	1	0	0	0	0	0	1	1	0	0	1	1	1	0
b_6	1	0	1	0	0	0	1	0	1	0	0	1	0	1	0	0	1
b_7	0	0	0	0	0	0	0	0	0	0	0	0	0	0	0	0	1
垂直校验（偶）	1	0	0	0	1	1	0	1	0	0	1	1	0	1	1	0	
垂直校验（奇）	0	1	1	1	0	0	1	0	1	1	0	0	1	0	0		1

2.5.2　海明校验码

奇偶校验只设置一位校验位，检错率只有 50%，而且无纠错能力。1950 年，理查德·海明提出了海明校验码（简称海明码），它既能检测也能纠错。其通过在数据位中插入额外的校验位，可以检测出错误并确定错误的具体位置，从而进行纠正。

1. 基本原理

海明校验码的基本原理：将 k 位数据分为 r 组进行偶校验（或者奇校验），产生 r 位校验位。k 位数据与 r 位校验位按一定编码顺序组成海明校验码。接收方收到海明码后，将数据重新生成新的 r 位校验码，与收到的海明码中原有的校验码按位进行异或运算（或者同或运算，）生成 r 位指误字，指出数据是否在传送过程中出错。

海明校验码其实是一种多重奇偶校验法。其原理是在数据信息中加入若干校验位，使码距均匀拉大。当某一位出错后，就会引起有关的几个校验位的值发生变化。这不但可以发现错误，还能发现错误的位置，为自动纠错提供了依据。

k 位数据与 r 位校验位如果满足下面的不等式 $k + r \leq 2^r - 1$，则根据这个不等式产生的海明码，在只有一位出错的情况下，能指出哪一位出错并予以纠正。

k 位数据与 r 位校验位如果满足下面的不等式 $k+r\leqslant 2^{r-1}-1$，则根据这个不等式产生的海明码，可以指出多位出错，但是也只能纠正一位。

本书介绍的海明校验码使用不等式 $k+r\leqslant 2^{r}-1$，根据这个不等式，k 与 r 的对应关系如表 2-19 所示。

表 2-19　数据信息位 k 值与校验 r 值的对应关系

k	1	2~4	5~11	12~26	27~57	58~120	…
r	2	3	4	5	6	7	…
编码效率	33%	40%~57%	56%~73%	71%~84%	82%~90%	89%~95%	…

从表 2-19 可以看出，数据的位数越多，海明码的编码效率就越高。这个特性使得海明码在内存和磁盘存储中的应用非常广泛，也就产生了 ECC 纠错码。

2. 海明编码

设 k 个数据位分别为 D_{k-1}、D_{k-2}、…、D_1、D_0，r 个校验位为 P_r、P_{r-1}、…、P_1，对应的海明编码为 H_{k+r}、H_{k+r-1}、…、H_2、H_1，那么，其海明码的编码规则如下。

（1）P_i在海明码$H_{2^{i-1}}$的位置，比如 P_1，$2^{1-1}=1$，所以 P_1在 H_1的位置；再比如，P_3，$2^{3-1}=4$，所以 P_3在 H_4的位置。

（2）海明码中的任何一位都是由若干个校验位来校验的。其对应关系如下：被校验的海明码的下标等于所有参与校验该位的校验位的下标之和，而校验位由自身校验。比如海明码中的 H_{12}，其下标为 12，等于 8+4，所以是海明码的第 8、第 4 位校验位来检测的。

（3）当增大码距时，应使得所有的编码的码距尽量均匀增大，以保证对所有代码的检错能力有所提高。

为了描述方便，这里将 H_{k+r}、H_{k+r-1}、…、H_2、H_1称为海明编码，其值称为海明码。

【例 2-19】设数据为 8 位，数据位数 k 与校验位数 r 按照不等式 $k+r\leqslant 2^{r}-1$，请给出其海明编码。

解：根据不等式 $k+r\leqslant 2^{r}-1$，$r\geqslant 4$，取 $r=4$，因此海明编码位数为 8+4=12 位。设数据为 D_8、D_7、D_6、D_5、D_4、D_3、D_2、D_1，校验位为 P_4、P_3、P_2、P_1，海明码编码为 H_{12}、H_{11}、H_{10}、H_9、H_8、H_7、H_6、H_5、H_4、H_3、H_2、H_1。

由于 P_i在海明码 $H_{2^{i-1}}$ 位置，根据这个计算，P_4在 H_8位置，P_3在 H_4位置，P_2在 H_2位置，P_1在 H_1位置。然后，将数据编码从高位到低位依次填入海明编码的非校验位（即数据位）中，如表 2-20 所示。

表 2-20　8位数据的海明编码

海明编码	H_{12}	H_{11}	H_{10}	H_9	H_8	H_7	H_6	H_5	H_4	H_3	H_2	H_1
数据位	D_8	D_7	D_6	D_5		D_4	D_3	D_2		D_1		
校验码					P_4				P_3		P_2	P_1
海明码	D_8	D_7	D_6	D_5	P_4	D_4	D_3	D_2	P_3	D_1	P_2	P_1

因此海明码为：$D_8D_7D_6D_5P_4D_4D_3D_2P_3D_1H_2H_1$。

3. 校验分组

(1) 校验分组方法一

这里以校验位编码为每一个校验分组的组名，若某个数据被某些校验位校验，则该数据位就分配到以这些校验位为组名的校验组。具体方法如下：

P_1组：从P_1所在位置H_1起，读一位，隔一位，重复此操作，直到最后得到它校验的位置是H_1、H_3、H_5、H_7、H_9、H_{11}，对应数据位分别有P_1、D_1、D_2、D_4、D_5、D_7。

P_2组：从P_2所在位置H_2起，读两位，隔两位，重复此操作，得到它校验的位置是H_2、H_3、H_6、H_7、H_{10}、H_{11}，对应数据位分别有P_2、D_1、D_3、D_4、D_6、D_7。

P_3组：从P_3所在位置H_4起，读四位，隔四位，重复此操作，得到它校验的位置是H_4、H_5、H_6、H_7、H_{12}，对应数据位分别有P_3、D_2、D_3、D_4、D_8。

P_4组：从P_4所在位置H_8起，读八位，隔八位，重复此操作，它检验的位置是H_8、H_9、H_{10}、H_{11}、H_{12}，对应的数据位有P_4、D_5、D_6、D_7、D_8。

以此类推，就可以轻易得知，第P_i组包括的数据位，从所在P_k位置$H_{2^{i-1}}$开始，读2^{i-1}位，隔2^{i-1}位，直到读到尽头。

如果每个分组采取偶校验，则校验位的值等于组中所有数据位的异或：

$P_1=D_1\oplus D_2\oplus D_4\oplus D_5\oplus D_7\oplus\cdots$

$P_2=D_1\oplus D_3\oplus D_4\oplus D_6\oplus D_7\oplus\cdots$

$P_3=D_2\oplus D_3\oplus D_4\oplus D_8\oplus\cdots$

$P_4=D_5\oplus D_6\oplus D_7\oplus D_8\oplus\cdots$

…………

如果每个分组采取奇校验，则校验位的值等于组中所有数据位的同或：

$P_1=D_1\odot D_2\odot D_4\odot D_5\odot D_7\odot\cdots$

$P_2=D_1\odot D_3\odot D_4\odot D_6\odot D_7\odot\cdots$

$P_3=D_2\odot D_3\odot D_4\odot D_8\odot\cdots$

$P_4=D_5\odot D_6\odot D_7\odot D_8\odot\cdots$

…………

【例2-20】将【例2-19】中的海明码进行分组，若分组采取偶校验，对计算机校验位的值，给出海明码。

解：根据表 2-20 的海明码，其分组如下：

P_1组：D_1、D_2、D_4、D_5、D_7

P_2组：D_1、D_3、D_4、D_6、D_7

P_3组：D_2、D_3、D_4、D_8

P_4组：D_5、D_6、D_7、D

各个校验位的值为：

$P_1 = D_1 \oplus D_2 \oplus D_4 \oplus D_5 \oplus D_7$

$P_2 = D_1 \oplus D_3 \oplus D_4 \oplus D_6 \oplus D_7$

$P_3 = D_2 \oplus D_3 \oplus D_4 \oplus D_8$

$P_4 = D_5 \oplus D_6 \oplus D_7 \oplus D_8$

在上述四个公式中，不同数据信息位出现在 P_i的项中的次数是不一样的，其中 D_4、D_7出现三次，D_1、D_2、D_3、D_5、D_6、D_8仅出现两次，此时不同码组的海明码码距不等，因此补充 P_5：

$P_5 = D_1 \oplus D_2 \oplus D_3 \oplus D_5 \oplus D_6 \oplus D_8$

（2）校验分组方法二

第二种校验分组方法是根据数据位所在的海明编码的下标值来确定该数据位分到哪个组，将海明编码的下标值分解为若干个数相加，这些数都是 2^i，且不重复。然后以这些数作为海明编码的下标，找到相应的海明编码，在这些海明编码下的都是校验位，该数据位就分配到这些校验分组中。下面以一个实例来讲解该校验分组方法。

【例 2-21】数据为 8 位，按照不等式 $k + r \leqslant 2^r - 1$ 为其进行校验分组。

解：根据【例 2-19】，海明编码如表 2-21 所示。

表 2-21　8 位数据的海明编码

海明编码		H_{12}	H_{11}	H_{10}	H_9	H_8	H_7	H_6	H_5	H_4	H_3	H_2	H_1
海明码		D_7	D_6	D_5	D_4	P_4	D_3	D_2	D_1	P_3	D_0	P_2	P_1
校验分组	P_1组												
	P_2组												
	P_3组												
	P_4组												

从数据最高位开始，数据位 D_7所在的海明编码为 H_{12}，其下标 $12 = 2^3 + 2^2 = 8+4$，以 8 和 4 为下标的海明编码为 H_8和 H_4，其下为校验位 P_4和 P_3，因此数据位 D_7分配到 P_4组和 P_3组。

同理，数据位 D_6所在的海明编码为 H_{11}，其下标 $11 = 2^3 + 2^1 + 2^0 = 8+2+1$，以 8、

2 和 1 为下标的海明编码为 H_8、H_2和 H_1，其下为校验位 P_4、P_2和 P_1，因此数据位 D_6分配到 P_4组、P_2组和 P_1组。

数据位 D_5所在的海明编码为 H_{10}，其下标 $10=2^3+2^1=8+2$，以 8 和 2 为下标的海明编码为 H_8和 H_2，其下为校验位 P_4和 P_2，因此数据位 D_5分配到 P_4组和 P_2组。

依次类推，数据 D_7~ D_0的校验分组如表 2-22 所示。

表 2-22　8 位数据的校验分组

海明编码		H_{12}	H_{11}	H_{10}	H_9	H_8	H_7	H_6	H_5	H_4	H_3	H_2	H_1
海明码		D_7	D_6	D_5	D_4	P_4	D_3	D_2	D_1	P_3	D_0	P_2	P_1
校验分组	P_1组		D_6		D_4		D_3		D_1		D_0		
	P_2组		D_6	D_5			D_3	D_2			D_0		
	P_3组	D_7					D_3	D_2	D_1				
	P_4组	D_7	D_6	D_5	D_4								

【例 2-22】设数据 10 位，数据位与校验位按不等式 $k+r \leqslant 2^r-1$，校验分组采取偶校验，求数据 1010110101 的海明码。

解：数据位数 $k=10$，根据不等式 $k+r \leqslant 2^r-1$，$r \geqslant 4$，取 $r=4$，因此海明编码位数=14，根据海明编码方法和校验分组方法，校验分组如表 2-23 所示。

表 2-23　10 位数据 1010110101 的校验分组

海明编码		H_{14}	H_{13}	H_{12}	H_{11}	H_{10}	H_9	H_8	H_7	H_6	H_5	H_4	H_3	H_2	H_1
海明码		1	0	1	0	1	1	P_4	0	1	0	P_3	1	P_2	P_1
校验分组	P_1组		0		0		1		0		0		1		
	P_2组	1			0	1			0	1			1		
	P_3组	1	0	1					0	1	0				
	P_4组	1	0	1	0	1	1								

将每个分组的数据位进行异或运算可得校验位的值，如表 2-24 所示。

表 2-24　求校验位的值

海明编码		H_{14}	H_{13}	H_{12}	H_{11}	H_{10}	H_9	H_8	H_7	H_6	H_5	H_4	H_3	H_2	H_1	校验位
海明码		D_9	D_8	D_7	D_6	D_5	D_4	P_4	D_3	D_2	D_1	P_3	D_0	P_2	P_1	
数据		1	0	1	0	1	1		0	1	0		1			
校验分组	P_1组		0		0		1		0		0		1			0
	P_2组	1			0	1			0	1			1			0
	P_3组	1	0	1					0	1	0					1
	P_4组	1	0	1	0	1	1									0

$P_4P_3P_2P_1=0100$，因此数据 1010110101 的海明码为 10101100101100。

求校验位值的技巧：校验分组采用偶校验，如果分组中 1 的个数为偶数，则校验为 0，否则分组中 1 的个数为奇数，校验位为 1。

4. 差错校验

生成海明码后，发送方将海明码作为发送码发送给接收方，发送码在传输过程中可能产生错误，接收方需要对接收到的接收码进行校验。接收方需要把接收码生成指误字，指出接收码是否发送错误。

生成指误字的方法是：将接收码中的数据重新生成新的校验码，与接收码中原有的校验码进行异或运算，生成指误字。如果指误字全为 0，则接收码没有发送错误，否则，在只有一位出错的情况下，指误字指出是哪一位出错。将指误字转换为十进制数，把这个数作为海明编码的下标，得到的海明编码就是发送错误的位置。

设指误字为 $E_r \cdots E_2E_1$，接收码中的校验码为 $P_r \cdots P_2P_1$，重新生成的校验码为 $P'_k \cdots P'_2 P'_1$，则有

$$E_r = P'_k \oplus P_r,\ \cdots,\ E_2 = P'_2 \oplus P_1,\ E_1 = P'_1 \oplus P_1$$

指误字的生成过程如表 2-25 所示。

表 2-25 指误字生成表

海明编码		…	H_{11}	H_{10}	H_9	H_8	H_7	H_6	H_5	H_4	H_3	H_2	H_1	校验位	指误字	
海明码		…	D_6	D_5	D_4	P_4	D_3	D_2	D_1	P_3	D_0	P_2	P_1			
接收码		…	*	*	*	*	*	*	*	*	*	*	*			
校验分组	P'_1组		*		*		*		*		*			P'_1	$P'_1 \oplus P_1$	E_1
	P'_2组		*	*			*	*			*			P'_2	$P'_2 \oplus P_2$	E_2
	P'_3组						*	*	*					P'_3	$P'_3 \oplus P_3$	E_3
	P'_4组		*	*	*									P'_4	$P'_4 \oplus P_4$	E_4

【例 2-23】设数据 8 位，数据位数与校验位数采用不等式 $k + r \leqslant 2^r - 1$。现有接收码 011101100011，假设只有一位发送错误，请校验其是否发送错误？如是，请指出是哪一位出错。

解：数据 8 位，$k=8$，根据不等式 $k + r \leqslant 2^r - 1$，$r \geqslant 4$，取 $r=4$，则校验分组、新的校验位值、指误字如表 2-26 所示。

表 2-26 接收码指误字的生成表

海明编码		H_{12}	H_{11}	H_{10}	H_9	H_8	H_7	H_6	H_5	H_4	H_3	H_2	H_1	校验位	指误字	
海明码		D_7	D_6	D_5	D_4	P_4	D_3	D_2	D_1	P_3	D_0	P_2	P_1			
接收码		0	1	1	1	0	1	1	0	0	0	1	1			
校验分组	P'_1组		1		1		1		0		0			1	0	E_1
	P'_2组		1	1			1	1			0			0	1	E_2
	P'_3组	0					1	1	0					0	0	E_3
	P'_4组	0	1	1	1									1	1	E_4

根据表 2-26 可得 $E_4E_3E_2E_1=1010$，1010B = 10D，所以，接收码的 H_{10}位的 D_5 发送错误，将其进行纠正：

错误码：011101100011

纠正码：010101100011

去掉校验位，得接收的正确数据是 01011100。

2.5.3 循环冗余校验（CRC）

循环冗余校验（cyclic redundancy check，CRC）是一种广泛使用的数据校验方法，由于它可生成一种高性能的检错、纠错码，检错能力强，故在计算机网络、同步通信以及磁表面存储器中均得以广泛使用。CRC 通过计算得到一个校验码并附加到数据后面，有严密的数学结构。

CRC 是通过除法运算来建立有效信息位和校验位之间的约定关系的。假设代编码的有效信息以多项式 $Q(x)$ 表示，将它左移若干位后，用另外一个约定的多项式 $P(x)$ 去除，所产生的余数 $R(x)$ 就是校验位。有效信息位和校验位直接拼接就构成了 CRC 码。当整个 CRC 码被接收后，仍然用约定的多项式 $p(x)$ 去除，若余数为 0，表明该代码是正确的；若余数不为 0，则表明某一位出错，再进一步由余数确定出错的位置，以便进行纠正。

生成多项式的选取对 CRC 的检错能力有很大影响。本书将介绍 CRC 的相关概念原理，而不进行详细的数学分析。

1. 模 2 运算

（1）模 2 加减运算

模 2 加减运算是没有进位和借位的二进制加法和减法运算：

$$0\pm0=0,\ 0\pm1=1,\ 1\pm0=1,\ 1\pm1=0$$

相同的两个二进制数的模 2 加法与模 2 减法的结果相同，采用异或门就可以实现。

（2）模 2 乘法运算

模 2 乘法运算是根据模 2 加法运算求部分积之和，运算过程不考虑进位。

【例 2-24】按模 2 乘法运算法则求 1011 与 101 之积。

解：模 2 乘法运算过程如下：

```
      1011      被乘数
  ×    101      乘数
  ----------
      1011      部分积1
     0000       部分积2
    1011        部分积3
  ----------
    100111      部分积之和
```

（3）模 2 除法运算

模 2 除法运算是根据模 2 减法求部分余数，上商的原则是：

① 部分余数首位为 1 时，上商 1，按模 2 运算减除数；

② 部分余数首位为 0 时，上商 0，减 0；

③ 部分余数位数小于除数的位数时，该余数为最后的余数。

【例 2-25】被除数 110010，除数 1011，按模 2 除法规则完成除法运算。

解：模 2 除法运算过程如下：

```
            1001        商
      ___________
1011 / 1010100          首位为1
       1011             模2减除数，商1
       ----
        0011            首位为0
        0000            减1，商0
        ----
         0110           首位为0
         0000           减1，商0
         ----
          1100          首位为1
          1011          模2减除数，商1
          ----
           111          最后余数
```

2. CRC 的编码方法

设 CRC 码长度为 n 位，其中 k 位数据信息，$n-k$ 位校验位。CRC 就是由 k 个信息码元和 r 个校验码元构成的一个线性码码组，也说明，循环冗余码是线性码的一个子集。假设待编码 k 位信息的码组为

$$Q = (q_{k-1}, q_{k-2}, q_{k-3}, \cdots, q_2, q_1, q_0)$$

它所对应的码的多项式为

$$Q(x) = q_{k-1}x^{k-1} + q_{k-2}x^{k-2} + \cdots + q_2x^2 + q_1x^1 + q_0x^0$$

用 x^{n-k} 乘以 $Q(x)$，得

$$x^{n-k} \cdot Q(x) = q_{k-1}x^{n-1} + q_{k-2}x^{n-2} + \cdots + q_2x^{n-k+2} + q_1x^{n-k+1} + q_0x^{n-k}$$

再用给定的（n，k）循环码的生成多项式 p（x）除 $x^{n-k}\cdot Q$（x），得

$$x^{n-k}\cdot Q(x)=p(x)\cdot C(x)+R(x)$$

式中 C（x）与 R（x）分别是商式和余式，$x^{n-k}\cdot Q$（x）的最高次幂为（$n-k$）+（$k-1$）$=n-1$；p（x）的最高次幂为 $n-k$；所以，C（x）最高次幂是（$n-1$）-（$n-k$）$=k-1$；R（x）的最高次就是 $n-k-1$. 即 C（x）的幂次与码组中的信息码元相对应，R（x）的幂次与码组中的校验码元相对应。

按模 2 运算规则，加与减是相同的，故将上式移项得

$$x^{n-k}\cdot Q(x)+R(x)=p(x)\cdot C(x)$$

此式表明，$x^{n-k}\cdot Q(x)+R(x)$ 是 p（x）的倍式，是一个（n-1）次多项式，$x^{n-k}\cdot Q(x)$ 对应编码组中的信息码元，$R(x)$ 为校验码元。将其展开，便得

$$x^{n-k}Q(x)+R(x)=q_{k-1}x^{n-1}+q_{k-2}x^{n-2}+\cdots+q_1x^{n-k+1}+q_0x^{n-k}$$
$$+r_{n-k-1}x^{n-k-1}+r_{n-k-2}x^{n-k-2}+\cdots+r_1x^1+r_0$$

它所对应的码组为

$$(q_{k-1},\ q_{k-2},\ \cdots,\ q_1,\ q_0,\ r_{n-k-1},\ r_{n-k-2},\ \cdots,\ r_1,\ r_0)$$

【例 2-26】已知信息码元 Q = 110，利用生成多项式 p = 11101，生成（7，3）的循环码。

解法一：由题可知，待编信息码元的多项式 Q（x）$=x^2+x$，生成多项式 p（x）$=x^4+x^3+x^2+1$，采用长除法，将 $x^4\cdot Q$（x）$=x^6+x^5$ 除以生成多项式 p（x）。

$$\begin{array}{r|l}
 & x^2 \qquad +1 \qquad\qquad \text{商式} C(x)=x^2+1 \\
x^4+x^3+x^2+1 & x^6+x^5 \\
 & \underline{x^6+x^5+x^4+x^2} \\
 & \qquad x^4+x^2 \\
 & \qquad \underline{x^4+x^3+x^2+1} \\
 & \qquad\qquad x^3+1 \qquad \text{余式R}(x)=x^3+1
\end{array}$$

由此可知生成多项式

$$x^{n-k}Q(x)+R(x)=(x^6+x^5)+(x^3+1)$$

所对应的码组为 1101001。

解法二：已知信息码元 Q = 110，生成多项式 p = 11101，$x^4\cdot Q(x)=x^6+x^5=$ 1100000（空出 4 个 0 用于存放校验码）。

按模 2 除法：

```
          101      商式=101
  11101 ) 1100000
          11101
          -------
           10100
           11101
           -----
            1001   余式R=1001
```

因此最后得到 CRC 码为 $x^4 \cdot Q(x) + R(x) = 1100000 + 1001 = 1101001$。

3. CRC 的校验与纠错

如前所述，由于循环码编码器的输出为

$$Q'(x) = x^{n-k} \cdot Q(x) + R(x)$$

信息在传输过程中受到各种干扰影响，真正接收到的信息码组为 $Q''(x)$，$Q'(x)$ 与 $Q''(x)$ 之差就是引起差错的多项式 E（x），即

$$Q''(x) = E(x) + Q'(x)$$

CRC 作为一种可靠的数据校验机制，为数据传输和存储的可靠性提供了重要保障。然而，它并不能纠正错误，仅能检测错误，一旦检测到错误，通常需要重新传输数据，或者使用海明码的纠错原理，对信息码组进行纠错。

本章小结

数据是原始的事实、数值或符号，是未经加工的材料。信息是经过处理和解释的数据，具有一定的意义和价值，可以被用来做出决策或完成任务。数据信息是计算机使用二进制数系统（由 0 和 1 组成）来表示所有类型的数据，包括数值表示、字符编码、文本表示、图形图像表示、音频表示、视频表示、逻辑值表示、日期表示、地理信息等。

数制也称为计数体制或进制，是指多位数中遵循从低位向高位进位规则的数据构成方法。计算机常见的进制有二进制、八进制、十进制和十六进制，它们之间可以通过一定规则进行转换。

机器码由符号和数值构成二进制编码，根据编码的不同有原码、补码、反码三种表现形式。定点整数的小数点位于最右边，定点小数的小数点位于符号位和最高数值位之间。浮点数包括阶码和尾数两部分，阶码确定数的范围，尾数确定数的精度。在浮点数的 IEEE 754 标准中，阶码使用移码表示，尾数使用原码表示，并且把数符放在最左边。

字符被编码成数字形式，以便于存储和传输。最常用的编码标准有 ASCII（美

国信息交换标准代码）和 Unicode。常用的汉字编码有 GB 2312、GBK、GB 18030、BIG 5、Unicode 等几种编码方式。BCD 编码是一种将十进制数转换为二进制数的特殊方式。布尔值表示的是逻辑上的真或假。多媒体数据包括图形数据、视频数据、音频数据等。数据压缩是在不丢失重要信息的前提下，减少数据存储量的技术。

奇偶校验只有在出错码元个数是奇数的情况下才有效，并且不能纠正。海明校验码是一种可以检测一位出错并且可以予以纠正的数据校验方法，其原理是将数据分为若干组进行奇偶校验，并通过指误字指出数据传输过程中是否发送错。循环冗余校验码是通过除法运算来建立有效信息位和校验位之间的约定关系，可生成一种高性能的检错、纠错码，检错能力强。

习题

2.1 在计算机中，什么是数据？什么是信息？它们的区别是什么？

2.2 什么是智慧信息？举例说明智慧信息的应用。

2.3 常用的进制数有二进制数、八进制数、十进制数和十六进制等，它们的加法规则和减法规则分别是什么？

2.4 将下面十进制数转换为二进制数、八进制数和十六进制数。

（1）35.6875D （2）-77.3125D （3）+0.34375D

2.5 将下面的十进制数转为二进制数，并给出其 8 位的原码、反码和补码。

（1）-88D （2）+93D （3）-0.40625D

2.6 给出下面十进制数的 32 位 IEEE 754 标准的浮点数，要求给出计算过程。

（1）45.3125D （2）-0.40625D （3）+0.271875D

2.7 下面是十六进制的 32 位 IEEE 754 标准的浮点数，求其十进制数，要求给出计算过程。

（1）C2ACC000H （2）42B76000H （3）C19C8000H

2.8 简要概述 ASCII 码和 Unicode 编码。

2.9 简要概述多媒体数据。

2.10 求下面各数的奇校验码和偶校验码。

（1）1011 0100B （2）0110 1110B （3）1001 1101B

2.11 某机器的数据采用海明校验码，数据位和校验位使用不等式 $k+r \leqslant 2^r-1$，求下面各数的海明校验码。

（1）1010110110B （2）11000101B （3）011110011101B

2.12 某机器的数据采用海明校验码，数据位和校验位使用不等式 $k+r \leqslant 2^r-1$，下面是接收码，请指出数据是否出错，如果有错，并且只有 1 位出错，是哪一位出错。

（1）10101101011B　（2）110110010011B　（3）0110001110B

2.13 已知信息码元 Q = 1010001101B，利用生成多项式 p = 110101，生成（16，6）的循环码。

2.14 已知信息码元 Q = 10011101B，利用生成多项式 p = 1001，生成（12，4）的循环码。

3　数字逻辑电路基础

数字逻辑电路基础是数字电子技术的核心内容，涵盖了数字系统中用于处理和存储数字信号的电路和组件。本章主要介绍逻辑代数基础、逻辑电路、组合逻辑电路和时序逻辑电路。

3.1　逻辑代数基础

逻辑代数是一种数学方法，用于处理逻辑运算，类似于代数处理数值运算。在数字电路设计和计算机科学中，逻辑代数尤其重要，因为它提供了一种分析和简化逻辑电路的方法。

3.1.1　逻辑常量与逻辑变量

1. 逻辑常量

逻辑常量在逻辑运算中扮演着固定数值的角色，构成了逻辑运算的基础框架。这类常量主要在逻辑代数中应用，其中最常用的有两种形式。逻辑常量确保了逻辑表达式和逻辑函数的稳定性和可预测性，对于计算机科学、数学等领域具有重要意义。

●逻辑 1（true）：表示真值或肯定状态，通常用数字 1 表示。

●逻辑 0（false）：表示假值或否定状态，通常用数字 0 表示。

逻辑常量在电路设计中起到简化表达式和分析电路逻辑的作用。

2. 逻辑变量

在数字电路设计中，逻辑变量是逻辑表达式中的未知数，用于表示电路的输入信号或是其内部的状态，它们可以取逻辑 1 或逻辑 0 的值，分别对应于电路中的低电平和高电平。逻辑变量通常用字母表示，例如 A、B、C 等。

逻辑变量的值可以由外部信号决定，也可以由其他逻辑门的输出决定。逻辑变量是构建复杂逻辑表达式和电路的基础。

3.1.2　逻辑代数的基本运算

逻辑代数是构建复杂逻辑表达式的基石，其基本运算有与、或、非等。此外，还有由这些基本运算组合而成的与非、或非、异或、同或等复合运算。这些运算符用于连接和变换逻辑变量，实现不同的逻辑功能。通过这些基本及复合运算，可以设计出复杂的逻辑电路和算法。

1. 与运算

与运算的基本规则是：只有当所有输入均为逻辑 1 时，输出才为逻辑 1；若任一输入为逻辑 0，则输出为逻辑 0。这一运算在逻辑电路设计中极为重要，能够帮助实现条件判断等功能。与运算的运算符号是“·”“∧”，有时也省略，比如：$Y = A \cdot B = AB$。每种运算都有其特定的真值表，定义了输入值与输出值之间的关系，与运算的真值表如表 3-1 所示。

表 3-1　与运算真值表

A	B	$A \cdot B$
0	0	0
0	1	0
1	0	0
1	1	1

2. 或运算

或运算遵循这样的规则：只要有一个或多个输入为逻辑 1，输出即为逻辑 1；仅当所有输入均为逻辑 0 时，输出才为逻辑 0。这种运算在逻辑表达式和电路设计中常用于实现多条件满足其中之一即可触发的功能。或运算的运算符号是“+”“∨”等，比如：$Y=A+B$，$F=AB+C$。或运算的真值表如表 3-2 所示。

表 3-2　或运算真值表

A	B	$A+B$
0	0	0
0	1	1

表3-2(续)

A	B	$A+B$
1	0	1
1	1	1

3. 非运算

非运算的作用是反转输入的逻辑状态：如果输入是逻辑 1，则输出为逻辑 0；反之，如果输入是逻辑 0，则输出为逻辑 1。这种运算在逻辑处理中用于实现信号的反相，是构建各种逻辑电路不可或缺的一部分。非运算的运算符号是“¯”“¬ ”等，比如：$Y=\overline{A}$，$F=\overline{AB}$等。非运算的真值表如表 3-3 所示。

表 3-3　非运算真值表

A	$\overline{A}$
0	1
1	0

4. 与非运算

与非运算的定义是：与运算后取反。与非运算是一种复合运算，没有且不需要专门的运算符，比如：$Y=\overline{AB}$。与非运算的真值表如表 3-4 所示。

表 3-4　与非运算真值表

A	B	$\overline{AB}$
0	0	1
0	1	1
1	0	1
1	1	0

5. 或非运算

或非运算的定义是：或运算后取反。或非运算是一种复合运算，也不需要专门的运算符，比如：$Y=\overline{A+B}$。或非运算的真值表如表 3-5 所示。

表 3-5　或非运算真值表

A	B	$\overline{A+B}$
0	0	1
0	1	0

表3-5(续)

A	B	$\overline{A+B}$
1	0	0
1	1	0

6. 异或运算

异或运算的规则是：如果两个输入相同，则输出为逻辑 0；如果两个输入不同，则输出为逻辑 1。这种运算在数据比较和加密算法中非常有用，能够有效地检测两个位是否不同。异或虽然也是复合运算，但是它有自己的运算符“⊕”，比如：$Y=A\oplus B$。异或运算的真值表如表 3-6 所示。

表 3-6　异或运算真值表

A	B	$A\oplus B$
0	0	0
0	1	1
1	0	1
1	1	0

7. 同或运算

同或运算与异或运算相对，其规则为：当两个输入相同时，输出为逻辑 1；而当两个输入不同时，输出为逻辑 0。这种运算常用于需要确认两个位是否一致的场景中。同或运算也是复合运算，有自己的运算符“⊙”，比如：$Y=A\odot B$。同或运算的真值表如表 3-7 所示。

表 3-7　同或运算真值表

A	B	$A\odot B$
0	0	1
0	1	0
1	0	0
1	1	1

3.1.3　运算优先级

在逻辑代数领域，运算符的优先级直接关系到逻辑表达式的解析和计算方式。掌握这些优先级有助于准确无误地构建和解读逻辑表达式。通常情况下，括号和非（NOT）运算拥有最高的优先级，这意味着它们会被最先处理。接下来是与（AND）

运算，其后是异或（XOR）运算。值得注意的是，或（OR）、同或（XNOR）运算的优先级较低，其中异或和同或运算的优先级相同，位于整个优先级列表的底部。运算符的优先级从高到低排列如图 3-1 所示。

括号运算符 / 非运算符 ⟶ 与运算符 ⟶ 或与运算符 ⟶ 异或运算符 / 同或运算符

高 -------------- 优先级 -------------- 低高

图 3-1　运算符优先级的高低排列

为了确保表达式的清晰性和准确性，特别是在涉及多个运算符的情况下，使用括号来明确指定某些操作的优先执行是非常有用的。通过合理运用括号，可以改变默认的运算顺序，使逻辑表达式的意图更加明确，避免因运算顺序不当导致的错误结果。例如，在一个包含多种运算符的表达式中，如果希望某个部分先被计算，可以通过添加括号来实现，从而确保逻辑表达式按照预期的方式进行计算。总之，理解并正确应用运算符的优先级规则，是进行有效逻辑设计和分析的关键。

【例 3-1】基本运算应用：给定逻辑表达式 $F=AB+\bar{A}$，如果 $A=1$，$B=0$，求 F 的值。

解：由于与运算的优先级高于或运算，因此在表达式中会首先计算与运算部分。所以首先计算 $AB=1\cdot 0=0$，然后计算 $\bar{A}=\bar{1}=0$，最后计算 $F=0+0=0$。

3.1.4　基本逻辑公式、定理和规则

逻辑代数中的公式、定理和规则对于理解和操作逻辑表达式至关重要。这些基础工具不仅帮助我们简化和转换逻辑表达式，还能够在设计和分析数字电路时提供重要的指导，帮助我们简化复杂的逻辑电路，优化设计。通过熟练掌握这些知识，可以更高效地解决逻辑设计中的问题，并确保逻辑运算的正确性。

基本逻辑规则：

①**交换律：**允许交换逻辑运算的顺序。

$A\cdot B=B\cdot A$

$A+B=B+A$

②**结合律：**允许改变逻辑运算的分组方式，而不影响最终结果。

$(A\cdot B)\cdot C=A\cdot(B\cdot C)$

$(A+B)+C=A+(B+C)$

③**分配律：**允许分配逻辑运算。

$A\cdot(B+C)=(A\cdot B)+(A\cdot C)$

$A+(B\cdot C)=(A+B)\cdot(A+C)$

④德摩根定律：反转逻辑运算并分配非运算。

$\overline{A \cdot B} = \bar{A} + \bar{B}$

$\overline{A + B} = \bar{A} \cdot \bar{B}$

⑤双重否定律：非运算的反转。

$\bar{\bar{A}} = A$

基本逻辑公式：

①幂等律：一个逻辑值与其自身的运算结果不变。

$A \cdot A = A$

$A + A = A$

②恒真律和恒假律：恒真律描述的是一个始终为真的命题，任何条件都不会改变其真值。恒假律则与恒真律相反，它描述的是一种逻辑状态，即不论原命题的真值如何，复合命题总是假的。

$A + \bar{A} = 1$

$A \cdot \bar{A} = 0$

③自等律：逻辑 1 与任何值·或逻辑 0 与任何值+的结果。

$A \cdot 1 = A$

$A + 0 = A$

④吸收律：一个逻辑运算可以被其更简单的形式所替代。

$A + AB = A$

$A \cdot (A + B) = A$

$(A + B)(A+\bar{B}) = A$

$AB + A\bar{B} = A$

$A(A + B) = A$

$A +\bar{A}B = A + B$

⑤多余项定律：如果在一个布尔表达式中，某个项的出现与否不影响该表达式的真值结果，则这个项就是多余的。

$(A + B)(\bar{A} + C)(B + C) = (A + B)(\bar{A} + C)$

$AB +\bar{A}B + BC = AB + \bar{A}B$

总之，计算机技术已经成为现代社会基础设施的重要组成部分，无论是在宏观层面的国家治理、经济发展，还是微观层面的个人生活方面，都有着广泛而深刻的应用。

3.1.5 逻辑函数

在逻辑代数中，逻辑函数是一个或多个逻辑变量的映射，它将输入的逻辑值转换为一个输出的逻辑值。逻辑函数构成了数字电路设计的基石，因为它精确描述了电路的工作方式。作为逻辑代数的一个核心概念，逻辑函数明确了输入与输出变量间的逻辑联系。这种关系可以通过多种方式表达，包括真值表、逻辑表达式以及图形化表示（例如逻辑图）。每种表示方法都有其独特的优势，适用于不同的设计和分析阶段，它们共同促进了对复杂逻辑系统的理解和优化。

1. 逻辑函数的定义

逻辑函数 F 是一个映射函数，它将一组逻辑变量 $\{A1, A2, \ldots, An\}$ 的值映射到一个单一的逻辑值 Y。

2. 逻辑函数的表示方法

（1）真值表

真值表是展示逻辑函数所有可能输入组合及其对应输出的一种表格形式。它是表示逻辑函数最直观的方法之一，尤其适合用于二变量或三变量的情况。通过真值表，可以清晰地看到每个输入组合对应的输出结果，以便于理解和分析逻辑关系。

示例：假设有一个二变量逻辑函数 $F = A\bar{B}$，其真值表如表 3-8 所示。

表 3-8　函数 $F = A\bar{B}$ 的真值表

A	B	$F(A \cdot \bar{B})$
0	0	0
0	1	0
1	0	1
1	1	0

（2）逻辑表达式

逻辑表达式通过逻辑运算符来描述逻辑函数的数学结构，能够表示任意复杂程度的逻辑关系。这种表达方式不仅简洁明了，而且便于进行逻辑函数的分析和简化，是逻辑设计中不可或缺的工具。

示例：逻辑函数 F 的逻辑表达式为 $F=A\bar{B}+B\bar{C}+\bar{A}C$。

（3）波形图

波形图是显示输入和输出随时间变化的图形表示，是由输入变量的所有可能取值组合的高、低电平及其对应的输出函数值的高、低电平所构成。函数表达式 $F=A+B$ 的波形图如图 3-2 所示。

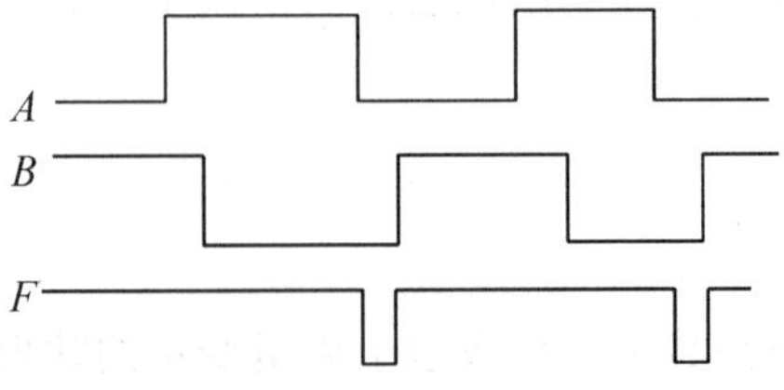

图 3-2　波形图示例

（4）卡诺图

卡诺图是一种高效的图形工具，主要用于简化逻辑表达式。它通过一系列小方格来表示逻辑变量的所有可能取值组合。具体来说，卡诺图将逻辑函数真值表中的最小项重新排列成矩阵形式，其中矩阵的行和列分别代表各逻辑变量的不同取值。这些取值按照格雷码的顺序排列，确保相邻小方格间仅有一位发生变化，从而便于识别逻辑上的相邻性。

每一个逻辑函数都可以表示为其最小项的“或”表达式，即最小项标准形式。这种形式是唯一的，意味着每个逻辑函数都有一个特定的最小项组合。通过卡诺图，可以直观地识别出哪些最小项可以合并，进而简化逻辑表达式，减少所需的逻辑门数量，优化电路设计。卡诺图不仅简化了逻辑表达式的处理过程，还提高了设计的效率和可靠性，是数字逻辑设计中的一个重要工具。图 3-3 所示是二变量、三变量和四变量的卡诺图的结构。

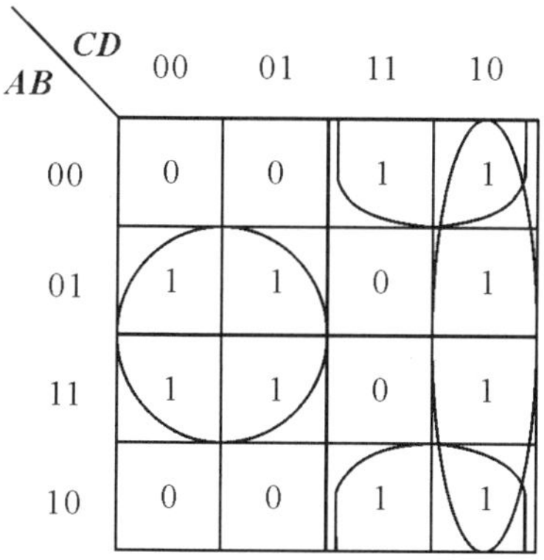

（a）二变量卡诺图

A \ BC	00	01	11	10
0	m_0	m_1	m_3	m_2
1	m_4	m_5	m_7	m_6

（b）三变量卡诺图

AB \ CD	00	01	11	10
00	m_0	m_1	m_3	m_2
01	m_4	m_5	m_7	m_6
11	m_{12}	m_{13}	m_{15}	m_{14}
10	m_8	m_9	m_{11}	m_{10}

（c）四变量卡诺图

图 3-3　卡诺图表示

【例 3-2】 试画出逻辑函数 $Y=\sum m(1, 5, 6, 7)$ 的卡诺图。

解： 因为最小项表达式中最小项的最大下标为 7，所以变量最少为 3 个。画出三变量卡诺图，并在最小项 m_1、m_5、m_6、m_7所对应的小方格内填入“1”，其余小

方格填“0”，如图 3-4 所示，

A \ BC	00	01	11	10
0	0	1	0	0
1	0	1	1	1

图 3-4　函数 Y 为三变量的卡诺图

3. 逻辑函数的属性

（1）完备性

完备性是指任何逻辑函数都可以使用基本的逻辑门（如 NAND 或 NOR）来实现。这意味着通过组合这些基本逻辑门，可以构建出任何复杂的逻辑电路，以满足不同的功能需求。这一特性在数字电路设计中具有重要意义，简化了电路的实现和优化。

（2）单调性

单调性指的是增加输入的逻辑 1 的数量不会减少输出的逻辑值。

（3）可逆性

可逆性指的是每个逻辑函数都存在一个对应的反函数。这意味着对于给定的逻辑函数，总能找到另一个函数，使其输出与原函数的输出完全相反。这一特性在逻辑设计和密码学等领域中有着重要应用，能够实现数据的逆向处理和恢复。

4. 逻辑函数的分类

●一元逻辑函数：只包含一个逻辑变量。

●二元逻辑函数：包含两个逻辑变量。

●多元逻辑函数：包含两个以上的逻辑变量。

【例 3-3】逻辑函数的完备性：证明任何逻辑函数都可以只用与非门来实现。

解答：

使用与非门实现非函数：$\bar{A} = \overline{A \cdot A}$。

使用与非门实现与函数：$A \cdot B = \overline{\overline{A \cdot B}}$。

使用与非门实现或函数：$A + B = \overline{\bar{A} \cdot \bar{B}}$。

非运算、与运算和或运算是逻辑代数中的基本运算。通过这些基本运算的组合，可以实现任何复杂的逻辑函数。这些基本运算构成了构建复杂逻辑表达式和电路的基础，使得逻辑设计变得更加灵活和高效。

3.1.6　逻辑函数化简

逻辑函数化简是数字电路设计中的一个关键步骤。它有助于减少所需的逻辑门数量，降低电路的复杂性，减少功耗，并提高电路的性能。

化简逻辑表达式的方法主要包括以下三种。

一是代数方法，即利用布尔代数的规则和定理，通过手动推导和变换来简化逻辑表达式。这种方法需要熟悉布尔代数的各种定律，如分配律、结合律、德摩根定律等，适用于简单的逻辑表达式。

二是图形方法，即借助真值表和卡诺图等图形工具来简化逻辑函数。真值表列出所有可能的输入组合及其对应的输出，而卡诺图则将这些组合以矩阵形式排列，便于识别和合并相邻的最小项，从而简化表达式。图形方法特别适用于二变量或三变量的逻辑函数，能够直观地显示逻辑关系。

三是计算机辅助设计（CAD）工具，即利用专业的软件工具自动简化逻辑表达式。这些工具通常具备强大的算法，能够处理非常复杂的逻辑函数，并提供优化后的电路设计方案。CAD 工具不仅提高了化简的效率，还能减少人为错误，适用于大型和复杂的逻辑设计项目。

每种方法都有其适用场景和优势，选择合适的方法可以更高效地完成逻辑表达式的化简工作。下面介绍代数化简法和图形化简法（卡诺图化简）。

1. 代数化简法

代数化简法（公式法）是通过应用逻辑代数的定律、定理及规则来简化已有的逻辑表达式。这种方法最常见的技术包括以下四种。

并项法：将具有相同因子的项合并，减少表达式的复杂度。

吸收法：利用吸收定律（$A+AB=A$）去除多余的项。

配项法：通过添加或删除某些项来简化表达式，使表达式更容易进一步化简。

消去冗余项法：识别并移除不影响最终结果的冗余项，从而简化表达式。

代数化简法不仅能够提高逻辑表达式的清晰度，还能优化电路设计，减少所需逻辑门的数量，从而提高电路的效率和可靠性。这种方法适用于各种复杂度的逻辑表达式，是逻辑设计中的基本技能之一。

【例 3-4】有表达式 $F = AD + A\overline{D} + AB + \overline{A}C + BD + ACEG + \overline{B}EG + DEGH$，使用代数方法化简。

解：

$F = \underline{AD + A\overline{D}} + AB + \overline{A}C + BD + ACEG + \overline{B}EG + DEGH$

（利用公式 $AB + A\overline{B} = A$）

$= \underline{A + AB} + \overline{A}C + BD + ACEG + \overline{B}EG + DEGH$ （利用公式 $A + AB = A$）

$= \underline{A + \overline{A}C} + BD + ACEG + \overline{B}EG + DEGH$ （利用公式 $A + \overline{A}B = A + B$）

$= A + C + ACEG + BD + \overline{B}EG + DEGH$ （利用公式 $A + AB = A$）

$= A + C + BD + \overline{B}EG$

2. 图形化简法（卡诺图化简）

卡诺图化简是由美国工程师 Maurice Karnaugh 提出的一种图形化简法，具有直观、简单易行的特点。这种方法特别适用于简化二变量至四变量的逻辑函数。卡诺图通过将逻辑函数的真值表转换成一种特殊的二维图形表示，使得逻辑函数的化简过程变得更为直观和简便。

卡诺图由一系列小方格组成，每个小方格代表逻辑函数的一个最小项。对于一个 n 变量的逻辑函数，卡诺图包含 2^n 个小方格。每个小方格对应于真值表中的一行，即一组变量取值组合。卡诺图的行和列按照格雷码排列，确保相邻的小方格之间只有一个变量的取值不同。这种排列方式有助于识别和合并相邻的最小项，从而简化逻辑表达式。

最小项是指在一个给定变量数目的逻辑函数中，所有变量都参与“与运算”的项。在最小项中，每个变量只能以原变量或反变量的形式出现一次。每个最小项对应于真值表中的一行，表示一种特定的输入组合。一个变量有 2（2^1）个最小项：A、$\bar{A}$。两个变量 AB 有 4（2^2）个最小项：AB、$A\bar{B}$、$\bar{A}B$、$\bar{A}\cdot\bar{B}$。三个变量 ABC 有 8（2^3）个最小项：$\bar{A}\cdot\bar{B}\cdot\bar{C}$、$\bar{A}\cdot\bar{B}C$、$\bar{A}\cdot B\cdot\bar{C}$、$\bar{A}BC$、$A\bar{B}\cdot\bar{C}$、$A\bar{B}C$、$AB\bar{C}$、$ABC$。依此类推。

最小项表达式是指如果一个表达式由最小项组成“与或”式，则该表达式就是最小项表达式。比如：$F(AB)=A\bar{B}+\bar{A}B$，$F(ABC)=\bar{A}\cdot\bar{B}C+\bar{A}\cdot B\cdot\bar{C}$、$\bar{A}BC+A\bar{B}\cdot\bar{C}$。

若逻辑函数表达式为标准与或式（最小项表达式），则在卡诺图中与给定的最小项相对应的小方格内填“1”，其余小方格内填“0”。

使用卡诺图化简逻辑函数的步骤如下。

（1）将函数化为“与或”形式或者“或与”形式。

（2）构造卡诺图，在每个格子中填入“0”或“1”。

如果逻辑函数是以真值表的形式给出，则将真值表中每组变量取值组合所对应的函数值填入卡诺图中对应的小方格内。通常，函数值为 1 的项用 1 表示，函数值为 0 的项用 0 或留空表示。

（3）识别和找出相邻项，圈卡诺圈。

在卡诺图中，相邻的小方格（包括水平、垂直和对角线相邻）可以合并。相邻的两个小方格可以合并成一个矩形，消除一个变量的变化。四个相邻的小方格可以合并成一个更大的矩形，消除两个变量的变化，依此类推。合并的目的是找到最大的矩形区域，这些区域内的最小项可以合并成一个更简单的项。

（4）写出化简后的逻辑表达式。

根据合并后的矩形区域，写出对应的逻辑表达式。每个矩形区域对应一个简化后的项，这些项通过“或运算”组合起来，形成最终的简化逻辑表达式。

【例 3-5】 试用卡诺图将逻辑函数 $F=A\bar{B}CD+\bar{A}\bar{B}CD+B\bar{C}+C\bar{D}$ 化简。

解：

①画出相应方格数的卡诺图；

②把逻辑函数表示在卡诺图的方格中，如图 3-5 所示；

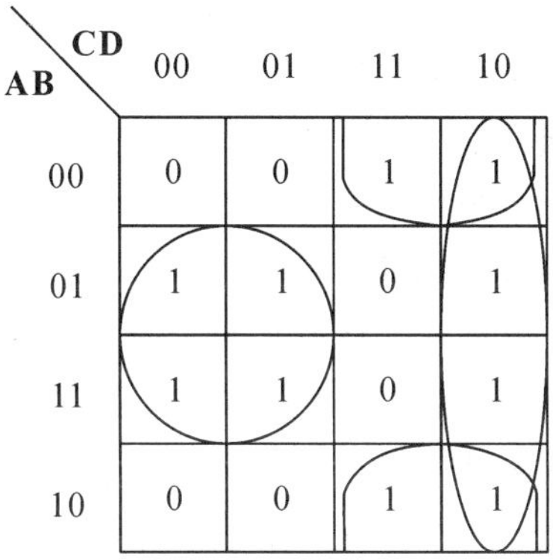

图 3-5 【例 3-5】的卡诺图化简拖车

③按最大化原则圈定卡诺圈；

④消去卡诺圈中互非变量后得最简式。

$$F = \bar{B}C + B\bar{C} + C\bar{D}$$

3.2 逻辑电路

逻辑电路是实现逻辑函数的物理装置，主要由逻辑门组成。这些电路是数字电子系统的基本构建块，用于执行各种逻辑运算，是现代电子设备中不可或缺的组成部分。

3.2.1 逻辑门电路符号

1. 正负逻辑

在数字逻辑中，根据高电平和低电平的表示方式，可以分为正逻辑和负逻辑两种体制。

（1）正逻辑

在正逻辑体制中，逻辑“1”表示高电平，逻辑“0”表示低电平。这是最常见的逻辑表示方式，广泛应用于各种数字电路中。

例如，在正逻辑下，与门的输出为高电平（逻辑“1”），当且仅当所有输入均为高电平（逻辑“1”）。

（2）负逻辑

在负逻辑体制中，逻辑“0”表示高电平，逻辑“1”表示低电平。这种逻辑表示方式虽然不常见，但在某些特殊应用场景中可能会使用。

例如，在负逻辑下，与门的输出为低电平（逻辑“1”），当且仅当所有输入均为低电平（逻辑“1”）。

（3）正逻辑与负逻辑的转换

①与门：在正逻辑下，与门实现的是“与”运算。在负逻辑下，与门实现的是“或”运算。这是因为在负逻辑中，高电平表示逻辑“0”，低电平表示逻辑“1”。因此，当所有输入均为低电平（逻辑“1”）时，与门的输出也为低电平（逻辑“1”），相当于“或”运算的结果。

②或门：在正逻辑下，或门实现的是“或”运算。在负逻辑下，或门实现的是“与”运算。同样地，在负逻辑下，高电平表示逻辑“0”，低电平表示逻辑“1”。因此，当所有输入均为高电平（逻辑“0”）时，或门的输出也为高电平（逻辑“0”），相当于“与”运算的结果。

③非门：在正逻辑和负逻辑下，非门的功能保持不变，始终实现“非”运算。无论是在正逻辑还是负逻辑中，非门都会将输入的逻辑值取反。

理解正逻辑和负逻辑的区别及其转换关系，对于设计和分析数字电路具有重要意义，尤其是在处理不同标准和协议时。

2. 基本门电路的逻辑符号

（1）与门即实现“与”逻辑运算的门电路。当所有输入均为高电平时，输出为高电平，否则输出低电平。二输入端与门的国标符号如图 3-6 所示。

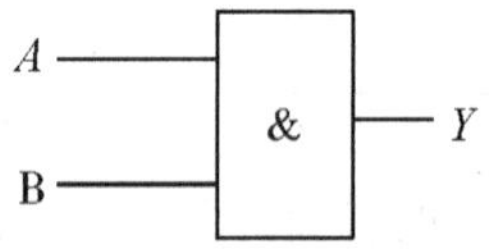

图 3-6 二输入端与门的国标符号

（2）或门即实现“或”逻辑运算的电路。当任一输入为高电平时，输出为高电平，否则输出低电平。二输入端或门的国标符号如图 3-7 所示。

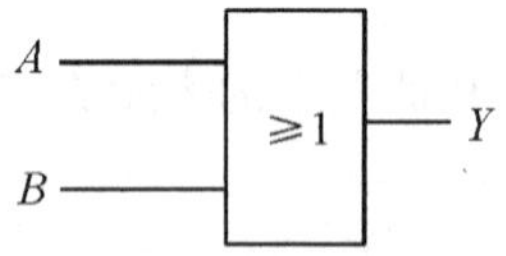

图 3-7 二输入端或门的国标符号

（3）非门即实现“非”逻辑运算的电路，也称为反相器，用于将输入信号取反。非门的国标符号如图 3-8 所示。

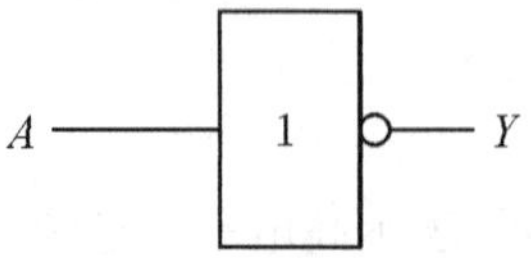

图 3-8 二输入端非门的国标符号

3. 复合逻辑门电路符号

三种基本逻辑运算可以组合成多种复合逻辑运算，因此也产生了相应的复合逻辑门电路。

（1）与非门：$Y=\overline{AB}$，与非门的国标符号如图 3-9 所示。

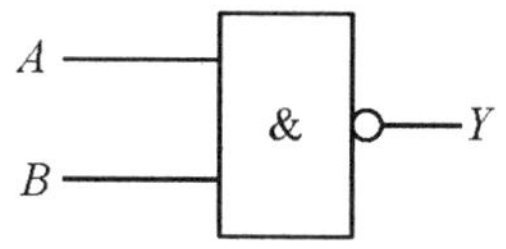

图 3-9　与非门的国标符号

（2）或非门：$Y=\overline{A+B}$，或非门的国标符号如图 3-10 所示。

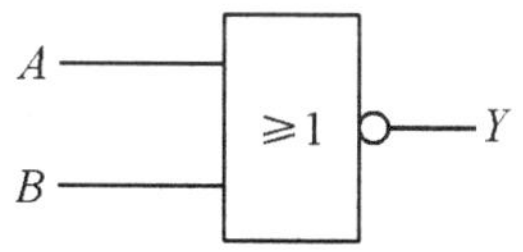

图 3-10　或非门的国标符号

（3）异或门：$Y=A\oplus B$，异或门的国标符号如图 3-11 所示。

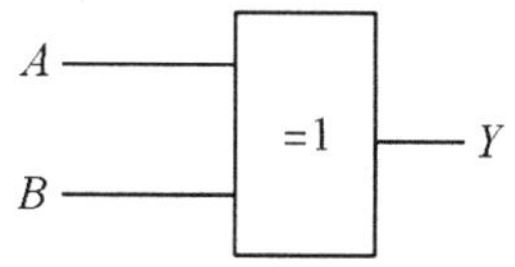

图 3-11　异或门的国标符号

（4）同或门：$Y=A\odot B$，同或门的国标符号如图 3-12 所示。

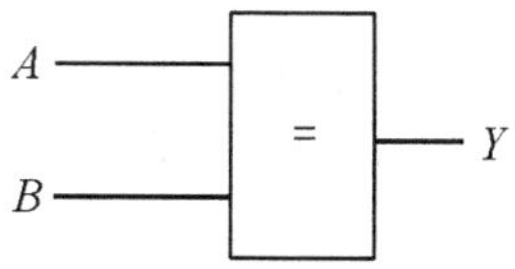

图 3-12　同或门的国标符号

（5）与或非门：$Y=\overline{AB+CD}$，与或非门的国标符号如图 3-13 所示。

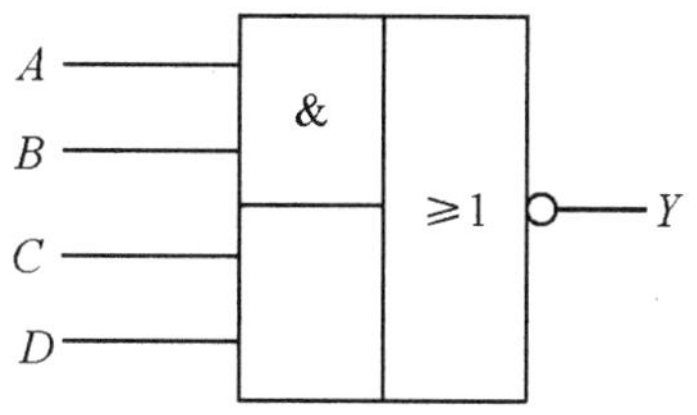

图 3-13　与或非门的国标符号

3.2.2 集成电路

集成电路（integrated circuit，IC）是将大量电子元件（如晶体管、电阻、电容等）及其互连线路集成在一块小芯片上的技术。这项技术显著减小了电子设备的体积和成本，同时大幅提高了其可靠性和性能。集成电路在现代电子设备中扮演着核心角色，广泛应用于计算机、通信设备、消费电子等多个领域。

1. 集成电路的类型

（1）小规模集成电路（small-scale integration，SSI）

SSI 通常包含几十个电子元件，如单个门电路（与门、或门、非门等）和触发器。在早期的数字电路设计中，SSI 器件被广泛用于构建基本的逻辑功能模块。尽管现在大多数应用已经转向更大规模的集成电路，但在一些特定场合，SSI 器件仍因其简单和灵活性而被使用。

（2）中规模集成电路（medium-scale integration，MSI）

MSI 包含几百个电子元件，能够实现更复杂的逻辑功能，如计数器、寄存器、编码器和解码器等。MSI 器件在 20 世纪 70 年代和 80 年代广泛应用于各种数字系统，如计算器、小型计算机和通信设备中。它们提供了比 SSI 器件更高的集成度和功能复杂度，但仍保持了一定的灵活性和可扩展性。

（3）大规模集成电路（large-scale integration，LSI）

LSI 包含数千个电子元件，能够实现整个数字系统或其子系统的功能，如微处理器、存储器和复杂的控制逻辑。LSI 技术的出现标志着数字电子技术的重大突破，使得计算机和其他复杂电子设备的体积大幅减小，性能大幅提升。现代计算机中的 CPU 和内存芯片就是典型的 LSI 器件。

（4）超大规模集成电路（very-large-scale integration，VLSI）

VLSI 包含数十万到数百万个电子元件，能够实现极其复杂的数字系统，如高性能微处理器、图形处理器和专用集成电路（ASIC）。VLSI 技术是现代电子技术的基石，广泛应用于计算机、通信、医疗和消费电子等领域。VLSI 器件的高集成度和高性能使得现代电子设备更加小型化、高效化和智能化。

2. 数字电路的设计方法

（1）基于 SSI 的经典设计方法

基于 SSI 的经典设计方法是使用小规模集成电路器件（如单个门电路和触发器）来构建复杂的数字电路。其步骤如下：

逻辑设计：根据功能要求，设计逻辑电路的真值表和逻辑表达式。

电路实现：使用 SSI 器件实现逻辑表达式，通过连接多个门电路和触发器来构建完整的电路。

测试与调试：对电路进行测试和调试，确保其功能正常。

（2）采用中、大规模集成电路进行逻辑设计的方法

这种方法使用中规模集成电路（MSI）和大规模集成电路（LSI）器件来实现逻辑功能，减少了所需的器件数量，提高了电路的集成度和可靠性。其步骤如下：

逻辑设计：根据功能要求，设计逻辑电路的真值表和逻辑表达式。

模块化设计：将复杂的逻辑功能分解为多个模块，每个模块使用 MSI 或 LSI 器件实现。

系统集成：将各个模块连接起来，形成完整的数字系统。

测试与调试：对系统进行测试和调试，确保其功能正常。

3. 中、大规模集成电路的分类

（1）非用户定制集成电路

非用户定制集成电路，也称为通用集成电路或通用芯片，是预先设计和制造好的集成电路，适用于多种应用场合。其特点如下：

通用性：适用于多种不同的应用，如计数器、寄存器、译码器等。

标准化：遵循行业标准，便于采购和使用。

成本效益：由于批量生产，成本相对较低。

（2）用户定制集成电路

用户定制集成电路（application-specific integrated circuit，ASIC）是根据特定应用需求设计和制造的集成电路。其特点如下：

专属性：针对特定应用进行优化，提供最佳性能和最高效率。

高集成度：可以集成更多的功能和更高的性能，减少外部组件的使用。

开发成本：由于需要专门设计和制造，开发成本较高，但批量生产后单位成本较低。

集成电路是现代电子技术的重要基石，通过集成大量的电子元件和电路，实现了电子设备的小型化、低成本化和高性能化，极大地推动了科技的发展和应用。未来，随着技术的不断进步，集成电路将继续在各个领域发挥重要作用，为人类社会带来更多的便利和创新。

3.2.3 可编程逻辑电路

可编程逻辑电路是一种特殊的集成电路，它允许用户通过软件编程的方式，自定义其内部的逻辑运算规则。这种灵活性使得同一块电路板可以适用于多种不同的应用场合，大大提高了电路的多功能性和适应性。在电子设计自动化领域，可编程逻辑电路的应用非常广泛，能够快速实现复杂的数字系统设计。类型包括：

●可编程逻辑阵列（PLA）

●可编程阵列逻辑（PAL）

●通用可编程逻辑器件（GAL）

●现场可编程门阵列（FPGA）

其中，FPGA 以其高度的灵活性和可编程性著称，适合构建复杂的数字系统。相比之下，PAL 作为一类较为简单的可编程逻辑设备，主要用于实现基本的逻辑功能，虽然在特定应用场景中依然非常有用，但在灵活性和可编程性方面不及 FPGA。两者各有千秋，适用于不同复杂度的项目。可编程逻辑电路在现代电子设计中扮演着非常重要的角色，它具有高度的灵活性和可重用性，允许设计者根据特定需求进行快速原型设计和修改。可编程逻辑电路的主要应用领域包括：

●通信系统：FPGA 的并行处理能力非常适合执行重复的数字信号处理任务，例如实现 FIR 滤波器。与通用 DSP 处理器的串行处理方式相比，FPGA 具有更优的性能表现，尤其在需要高速处理大量数据的应用场景下，这一优势更为明显。

●数字信号处理：该电路主要应用在处理大数据量和需要快速响应的应用中。

●高速接口设计：FPGA 的高速处理能力和丰富的 IO 资源使其在高速接口设计领域具有独特优势，可以简化硬件外部设备的复杂性，提高数据交互的效率。

●人工智能：该电路在人工智能系统的前端信息处理中发挥着重要作用。例如在自动驾驶和智能机器人中，其可以用于传感器数据的采集、融合处理以及图像和声音信号的处理。

●IC 设计验证：在集成电路设计领域，FPGA 被用于验证 IC 设计的正确性，通过将 IC 的代码移植到 FPGA 上进行测试，可以减少风险和成本。

●工业控制：该电路在工业控制领域中用于实现复杂的控制算法和逻辑，提供定制化的解决方案，以满足特定工业应用的需求。

●军事和航空航天：该电路在这些领域中用于实现高可靠性和高性能的电子系统，如雷达、卫星和制导系统。

3.3 组合逻辑电路

任何时刻组合逻辑电路的输出仅仅取决于该时刻电路的输入，与电路原来的状态无关。

3.3.1 加法器

加法器是数字电路中不可或缺的基本算术逻辑单元，主要负责执行二进制数的加法操作。作为构建更复杂算术运算电路（比如减法器、乘法器及除法器）的核心组件，加法器的设计遵循二进制加法规则，涵盖了无进位和有进位两种情形。其中，进位信号在加法器设计中扮演着至关重要的角色。

根据是否考虑进位，加法器可以被分类为以下三种类型。

半加器：专门用于处理两个单比特数字的加法，不涉及任何进位处理。因此，半加器只能用于最基础的加法计算，无法单独完成多位数的加法运算。

全加器：除了能够处理两个单比特数字的加法外，还能接收来自低位加法的进位输入，并产生可能的进位输出。这使得全加器成为多位数加法运算中不可或缺的组成部分。

多位加法器：通过将多个半加器或全加器串联起来，可以形成多位加法器，以支持多位二进制数之间的加法运算。这种结构不仅扩大了加法器的适用范围，还保证了高效率的数据处理能力。

1. 半加器

当对两个二进制数的某一位进行加法运算时，如果只考虑该位的两个加数，而不涉及来自低位的进位，那么实现这一功能的组合逻辑电路被称为半加器。半加器主要用于执行最基本的加法操作，不具备处理进位的能力。设 A_i 为被加数，B_i 为加数，S_i 为和，C_i 为进位，则半加器真值表如表 3-9 所示。

表 3-9　半加器真值表

输入		输出	
A_i	B_i	S_i	C_i
0	0	0	0
0	1	1	0
1	0	1	0
1	1	0	1

其逻辑表达式为

$$\begin{cases} S_i = A_i\bar{B}_i + \bar{a}_iB_i \\ C_i = A_iB_i \end{cases}$$

根据逻辑表达式，可以画出半加器逻辑电路图，如图 3-14（a）所示；其逻辑图符号如图 3-14（b）所示。

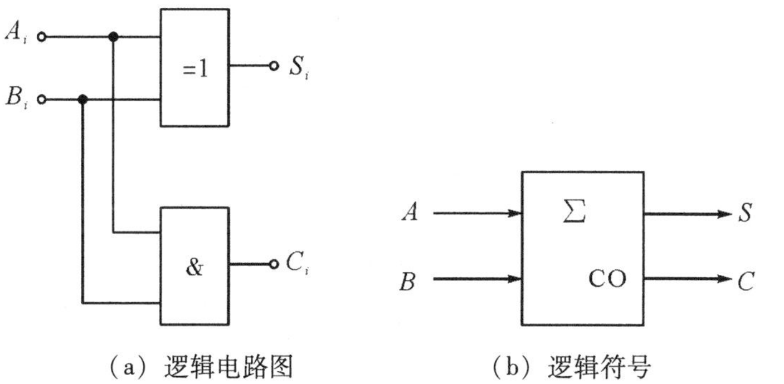

（a）逻辑电路图　　（b）逻辑符号

图 3-14　半加器

2. 全加器

全加是指在对两个一位二进制数进行加法运算时，不仅要考虑本位的两个加数，还要加上来自低位的进位值。这种加法方式确保了多位数加法的准确性。实现全加功能的组合逻辑电路被称为全加器。全加器能够同时处理本位加法和进位输入，同时还可产生向更高位的进位输出，是构建多位数加法器的关键组件。

全加器真值表如表 3-10 所示。

表 3-10　全加器真值表

输入			输出	
A_i	B_i	C_{i-1}	S_i	C_i
0	0	0	0	0
0	0	1	1	0
0	1	0	1	0
0	1	1	0	1
1	0	0	1	0
1	0	1	0	1
1	1	0	0	1
1	1	1	1	1

其逻辑表达式为

$$\begin{cases} S_i = A_i \oplus B_i \oplus C_{i-1} \\ C_i = A_iB_i + (A_i \oplus B_i)C_{i-1} \end{cases}$$

根据上面的逻辑表达式，可以给出全加器逻辑电路图，如图 3-15（a）所示；其逻辑图符号如图 3-15（b）所示。

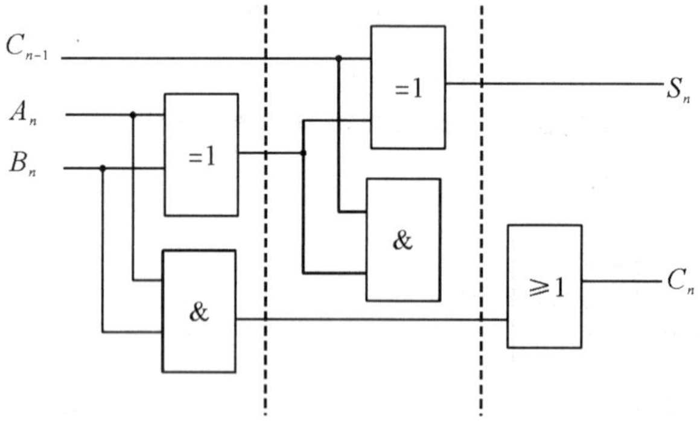

（a）逻辑电路图

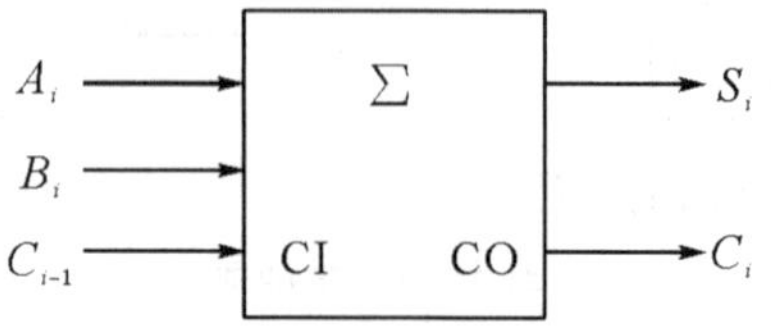

（b）逻辑符号

图 3-15　全加器

3. 多位加法器

多为加法器可以通过串行进位的方式来实现，也可以通过先行进位的方式来实现。

（1）串行进位加法器

串行进位加法器利用全加器来实现，其原理是将低位运算产生的进位作为高位进位输入端，如图 3-16 所示。

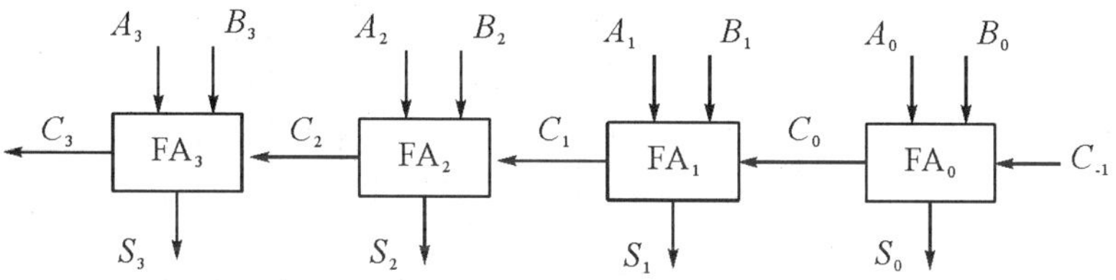

图 3-16　串行进位的四位加法器

串行进位加法器的电路设计相对简单，但它在执行加法运算时速度较慢，尤其是随着位数的增加，这种延迟会更加明显。这是因为每位的加法都需要等待来自低位的进位信号，从而逐位顺序计算。

（2）超前进位加法器

超前进位加法器也被称为先行进位加法器或并行进位加法器，其特点是能够根据输入信号计算出每一位向更高位的进位。这种方式显著提高了加法运算的速度，尤其是在处理多位数加法时，避免了传统串行进位方式带来的延迟问题。

根据全加器的逻辑表达式，可以推导出下面的表达式：

$$C_0=\overline{\overline{A_0+B_0}+\overline{A_0B_0}\cdot\overline{C_{-1}}}$$

$$C_1=\overline{\overline{A_1+B_1}+\overline{A_1B_1}\cdot\overline{A_0+B_0}+\overline{A_1B_1}\cdot\overline{A_0B_0}\cdot\overline{C_{-1}}}$$

$$C_2=\overline{\overline{A_2+B_2}+\overline{A_2B_2}\cdot\overline{A_1+B_1}+\overline{A_2B_2}\cdot\overline{A_1B_1}\cdot\overline{A_0+B_0}+\overline{A_2B_2}\cdot\overline{A_1B_1}\cdot\overline{A_0B_0}\cdot\overline{C_{-1}}}$$

$$C_3=\overline{\overline{A_3+B_3}+\overline{A_3B_3}\cdot\overline{A_2+B_2}+\overline{A_3B_3}\cdot\overline{A_2B_2}\cdot\overline{A_1+B_1}}$$

$$\overline{+\overline{A_3B_3}\cdot\overline{A_2B_2}\cdot\overline{A_1B_1}\cdot\overline{A_0+B_0}\cdot\overline{A_3B_3}\cdot\overline{A_2B_2}\cdot\overline{A_1B_1}\cdot\overline{A_0B_0}\cdot\overline{C_{-1}}}$$

$$S_0=\left(\overline{A_0B_0}\cdot\overline{\overline{A_0+B_0}}\right)\oplus C_{-1}$$

$$S_1=\left(\overline{A_1B_1}\cdot\overline{\overline{A_1+B_1}}\right)\oplus C_0$$

$$S_2=\left(\overline{A_2B_2}\cdot\overline{\overline{A_2+B_2}}\right)\oplus C_1$$

$$S_3=\left(\overline{A_3B_3}\cdot\overline{\overline{A_3+B_3}}\right)\oplus C_2$$

根据上面的表达式，可以画出四位超前进位加法器，其电路结构图如图 3-17 所示。

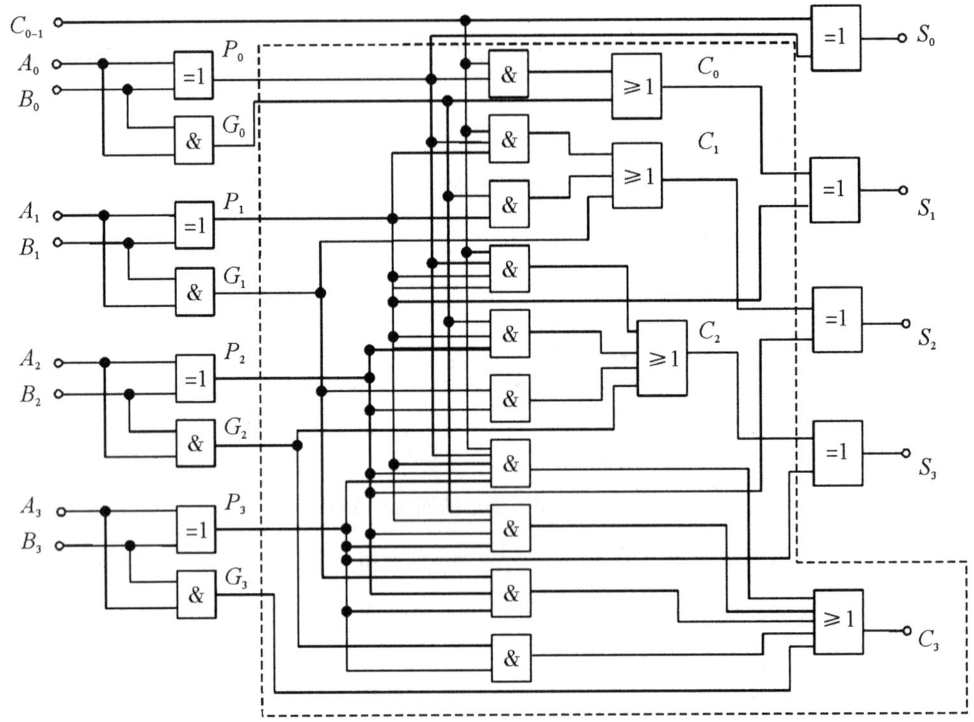

图 3-17 超前加法器逻辑电路图

3.3.2 数据比较器

在数字系统和计算机中，运算功能是必不可少的，其中包括比较两个数 A 和 B 的大小，这是一种基础运算。通过比较结果，系统可以决定后续的操作方向。实现这一功能的电路被称为数值比较器。对于两个一位二进制数 A 和 B 的比较，数值比较器会产生三种可能的结果：A 小于 B、A 等于 B 或 A 大于 B。这些结果对于控制流程、条件判断等操作至关重要，使得数值比较器成为数字电路设计中的一个关键组件。

1. 一位数值比较器

设 A_i 为被操作数，B_i 为操作数。如果 $A_i<B_i$，则输出 $Y_{A<B}=1$，否则 $Y_{A<B}=0$。如果 $A_i=B_i$，则输出 $Y_{A=B}=1$，否则 $Y_{A=B}=0$。如果 $A_i>B_i$，则输出 $Y_{A>B}=1$，否则 $Y_{A>B}=0$。一位数值比较器的真值表如表 3-11 所示。

表 3-11 一位数值比较器真值表

A_i	B_i	$Y_{A<B}$	$Y_{A=B}$	$Y_{A>B}$
0	0	0	1	0
0	1	1	0	0

表3-11(续)

A_i	B_i	$Y_{A<B}$	$Y_{A=B}$	$Y_{A>B}$
1	0	0	0	1
1	1	0	1	0

显然，根据真值表可得 $Y_{A<B}=\bar{A}B$，$Y_{A=B}=\bar{A}\cdot\bar{B}+AB$，$Y_{A>B}=A\bar{B}$。

根据输出端的函数表达式，可以画出一位数值比较器的逻辑电路图，如图 3-18 所示。

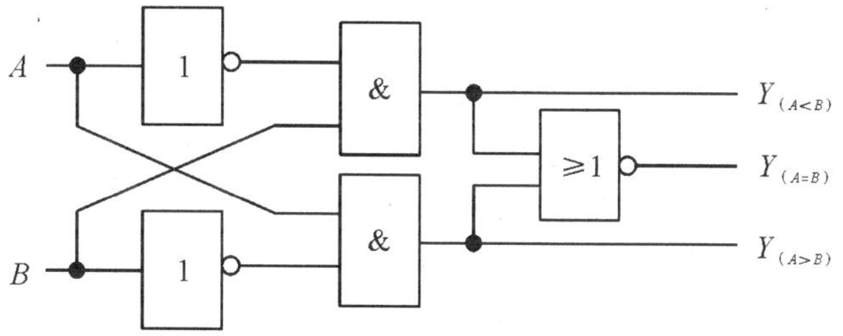

图 3-18　一位数值比较器逻辑电路图

2. 两位数值比较器

设计用于比较两个二位二进制数大小的电路，其核心原理在于首先比较这两个数的最高位（A_1、B_1）。如果最高位不相同，则可以直接根据最高位得出两个数的大小关系，无须进一步比较低位（A_0、B_0）。然而，若最高位相等，则需要继续比较低位来确定最终的比较结果。这种比较方式有效地简化了电路设计，同时保证了准确的比较输出。两位数值比较器的工作原理可通过真值表详细描述，该表列出了所有可能的输入组合及其对应的输出结果，帮助我们理解电路在不同情况下的行为，如表 3-12 所示。

表 3-12　两位数值比较器真值表

输入				输出		
A_1	B_1	A_0	B_0	$Y_{A>B}$	$Y_{A<B}$	$Y_{A=B}$
$A_1>B_1$		×		1	0	0
$A_1<B_1$		×		0	1	0
$A_1=B_1$		$A_0>B_0$		1	0	0
$A_1=B_1$		$A_0<B_0$		0	1	0
$A_1=B_1$		$A_0=B_0$		0	0	1

根据表 3-12 所示的真值表可知输出端信号的函数表达式：

$$Y_{A>B}=Y_{A_1>B_1}+Y_{A_1=B_1}Y_{A_0>B_0}$$

$$Y_{A<B} = Y_{A_1<B_1} + Y_{A_1=B_1} Y_{A_0<B_0}$$

$$Y_{A>B} = Y_{A_1=B_1} Y_{A_0=B_0}$$

根据上面的输出端信号的函数表达式，可以画出两位数值比较器的逻辑电路图，如图 3-19 所示。

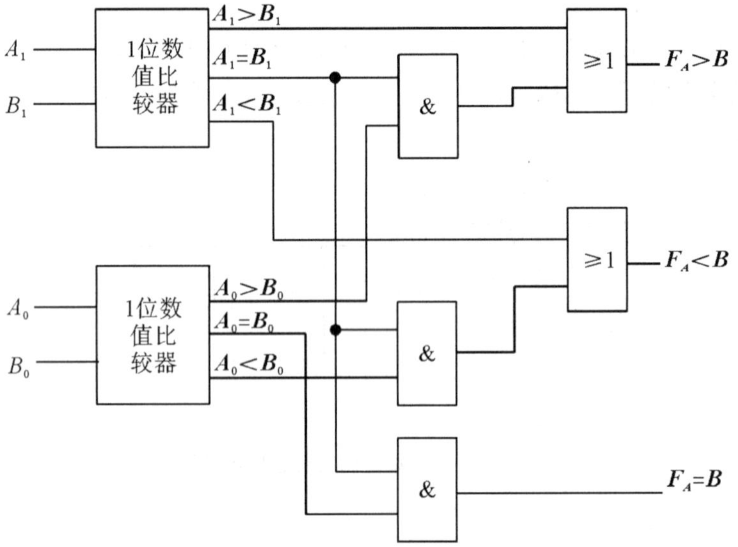

图 3-19　两位数值比较器逻辑电路图

3. 集成数值比较器

74LS85 是一款四位数值比较器，其工作原理与两位数值比较器相似，通过逐位比较输入的二进制数来确定大小关系。由最高位开始比较，如果最高位不同，则最高位的比较结果就是最终结果；如果最高位相同，则比较次高位，逐级比较；如果全部相同，则最终结果由低位输入信号决定，即由更低的位决定。四位数值比较器的真值表如表 3-13 所示。

表 3-13 四位数值比较器真值表

比较输入				级联输入			输出		
A_3 B_3	A_2 B_2	A_1 B_1	A_0 B_0	$A'>B'$	$A'<B'$	$A'=B'$	$Y_{(A>B)}$	$Y_{(A<B)}$	$Y_{(A=B)}$
$A_3>B_3$	×	×	×	×	×	×	1	0	0
$A_3<B_3$	×	×	×	×	×	×	0	1	0
$A_3=B_3$	$A_2>B_2$	×	×	×	×	×	1	0	0
$A_3=B_3$	$A_2<B_2$	×	×	×	×	×	0	1	0
$A_3=B_3$	$A_2=B_2$	$A_1>B_1$	×	×	×	×	1	0	0
$A_3=B_3$	$A_2=B_2$	$A_1<B_1$	×	×	×	×	0	1	0
$A_3=B_3$	$A_2=B_2$	$A_1=B_1$	$A_0>B_0$	×	×	×	1	0	0
$A_3=B_3$	$A_2=B_2$	$A_1=B_1$	$A_0<B_0$	×	×	×	0	1	0
$A_3=B_3$	$A_2=B_2$	$A_1=B_1$	$A_0=B_0$	1	0	0	1	0	0
$A_3=B_3$	$A_2=B_2$	$A_1=B_1$	$A_0=B_0$	0	1	0	0	1	0
$A_3=B_3$	$A_2=B_2$	$A_1=B_1$	$A_0=B_0$	0	0	1	0	0	1

图 3-20 为四位数值比较器的逻辑符号。

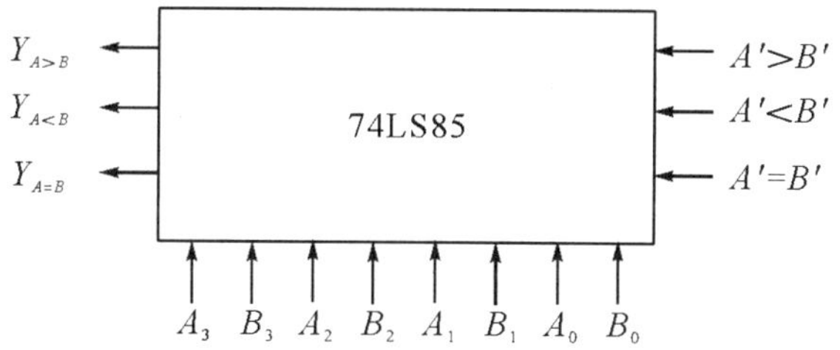

图 3-20 四位数值比较器逻辑符号

3.3.3 译码器

译码器是数字逻辑系统中常用的多输入多输出设备，其主要功能是将输入的二进制编码转换成特定的输出信号。这个过程的反向操作称为编码。译码器通过内部的逻辑网络，根据输入的二进制代码激活相应的输出线路。例如，一个 3 线-8 线译码器能够根据 3 个输入信号的不同组合，激活 8 个输出线中的某一条，其他输出线则保持非激活状态。

1. 常见的译码器类型

二进制译码器：这类译码器的功能是将一组二进制代码转换成与之对应的输出信号。最常见的形式是 n 线-2^n 线译码器，如上述提到的 3 线-8 线译码器。

BCD 译码器：BCD（binary-coded decimal）译码器专门用于将二-十进制编码转换成对应的十进制数字输出，常用于数字显示设备。

显示译码器：这类译码器通常用于驱动七段显示器、LED 显示器等，其将数字信号转换为可见的字符或数字。

2. 译码器的应用场景

数字显示设备：在数字钟表、计算器等设备中，译码器用于将内部的数字信号转换为屏幕上的可视数字。

存储器寻址：在计算机内存系统中，译码器可以将地址信号转换为选通特定存储单元的选择信号，以实现数据的读写操作。

数据分配和多路选择：在多路复用或多路分配系统中，译码器可以根据外部的选择信号，将数据流导向不同的通道或从多个通道中选择一路数据输出。

3. 74LS138 译码器

74LS138 是一款常用的 3 线-8 线译码器，它能够根据 3 位输入的二进制编码激活 8 个输出端中的一个，其余输出端则处于非激活状态。例如，当输入信号为 000 时，Y_0 输出端会被设置为低电平，表示激活；而其他输出端则保持高电平，表示非激活。74LS138 译码器的管脚配置和真值表提供了详细的输入输出关系，方便工程师在实际应用中进行电路设计。通过查阅 74LS138 的真值表，可以清楚地了解每个输入组合对应的输出状态，这对于确保电路正确工作至关重要。

74LS138 译码器的真值表如表 3-14 所示。

表 3-14　74LS138 译码器真值表

输入					输出							
使能		选择										
E_1	E_2+E_3	A_2	A_1	A_0	$\overline{Y}_7$	$\overline{Y}_6$	$\overline{Y}_5$	$\overline{Y}_4$	$\overline{Y}_3$	$\overline{Y}_2$	$\overline{Y}_1$	$\overline{Y}_0$
×	1	×	×	×	1	1	1	1	1	1	1	1
0	×		×	×	1	1	1	1	1	1	1	1
1	0	0	0	0	1	1	1	1	1	1	1	0
1	0	0	0	1	1	1	1	1	1	1	0	1
1	0	0	1	0	1	1	1	1	1	0	1	1
1	0	0	1	1	1	1	1	1	0	1	1	1
1	0	1	0	0	1	1	1	0	1	1	1	1
1	0	1	0	1	1	1	0	1	1	1	1	1
1	0	1	1	0	1	0	1	1	1	1	1	1
1	0	1	1	1	0	1	1	1	1	1	1	1

74LS138 译码器的管脚如图 3-21 所示。

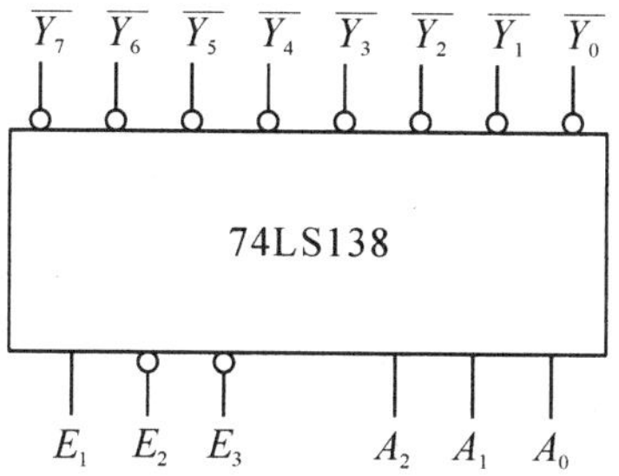

图 3-21 译码器管脚

3.3.4 数据选择器

数据选择器是一种用于在多个数据源之间进行选择，并将选定的数据传输到单一输出的逻辑电路。它又被称为多路开关或选择器，主要由地址译码器和一系列数字开关构成。工作原理是通过接收地址选择信号来确定从多个输入中挑选哪一个作为输出。这种电路广泛应用于计算机系统和通信设备中，以实现数据的有效管理和传输。简而言之，数据选择器能够根据控制信号灵活地切换不同的数据输入，确保所需信息准确无误地传递到指定位置。数据选择器原理如图 3-22 所示。

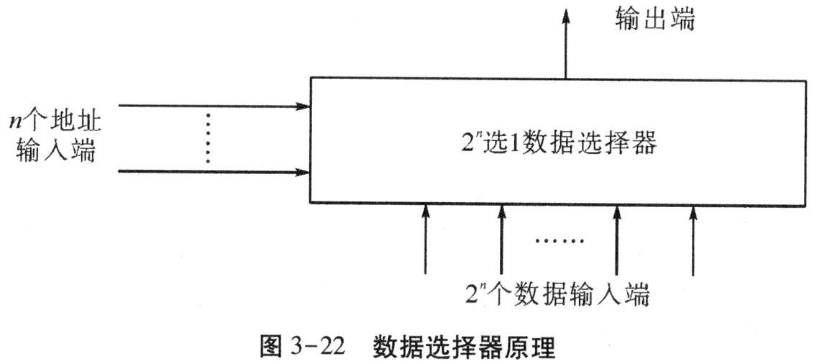

图 3-22 数据选择器原理

数据选择器基本原理如下：

（1）数据选择器由多个输入信号、一组地址选择输入信号、一个输出信号和使能端组成。

（2）地址选择输入信号决定了哪个输入信号被选中并传送到输出端。

（3）使能端决定了数据选择器的工作状态，一般在低电平下激活。

选择信号的数量则定义了数据选择器的具体类型，如二选一、四选一等，表示可以从两个或四个输入中选择一个输出。其类型包括：

- 二选一选择器：根据一位选择信号从二个输入中选择一个。
- 四选一选择器：根据二位选择信号从四个输入中选择一个。
- 多路选择器：根据多位选择信号从多个输入中选择一个。

1. 四选一数据选择器

四选一数据选择器的功能真值表如表 3-15 所示。

表 3-15 四选一数据选择器真值表

输入			输出
D	A_1	A_0	Y
D_0	0	0	D_0
D_1	0	1	D_1
D_2	1	0	D_2
D_3	1	1	D_3

根据表 3-15，可知输出端信号的函数表达式为

$$Y = D_0 \overline{A_1} \cdot \overline{A_0} + D_1 \overline{A_1} A_0 + D_2 A_1 \overline{A_0} + D_3 A_1 A_0$$

根据上面的输出端信号的函数表达式，可以给出四选一数据选择器的逻辑电路图，如图 3-23 所示。

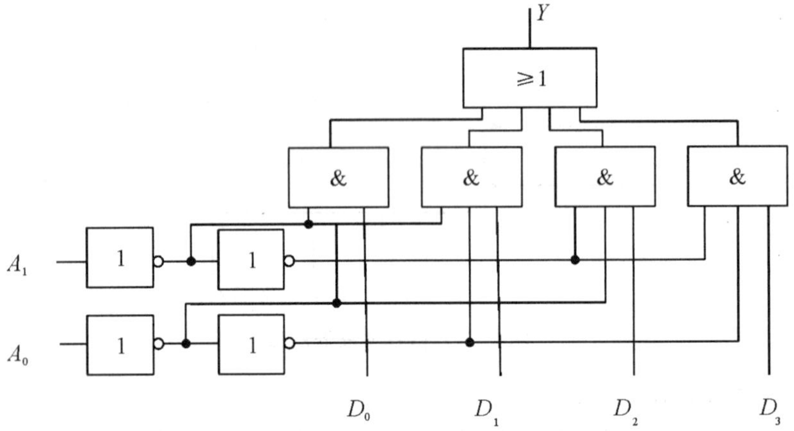

图 3-23 四选一数据选择器逻辑电路图

2. 集成多路数据选择器

集成多路数据选择器种类繁多，常见的包括 74LS151、CT4138 这类八选一选择器，以及 74LS153、CT1153 这样的双四选一选择器。74LS153 选择器管脚如图 3-24 所示。这些选择器的管脚布局和功能真值表可以在电子手册中找到。要正确使用这些器件，关键是理解其功能真值表，掌握其逻辑操作方式，从而根据具体需求选择合适的型号。正确解读真值表有助于确保在设计电路时能够准确无误地实现所需的功能。

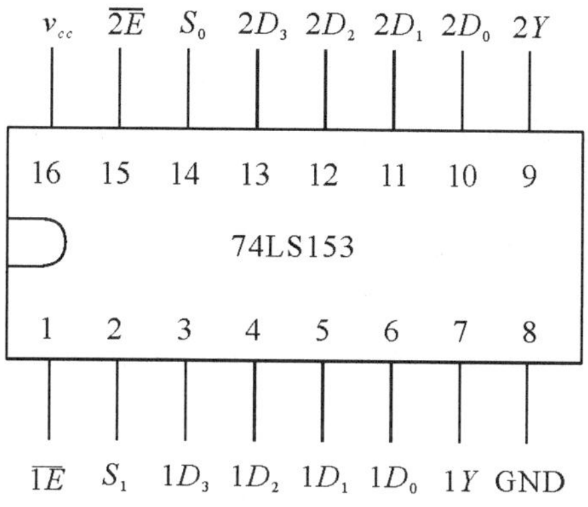

图 3-24 选择器管脚图

在集成多路数据选择器中，$D_0 \sim D_3$ 代表四个输入信号，A_0 和 A_1 为地址选择控制端，S 为选通控制端，而 Y 则是输出端。通过控制 A_0 和 A_1，可以选择 $D_0 \sim D_3$ 中的任意一路信号作为输出 Y。选通控制端 S 用于启用或禁用选择器的功能。

集成多路数据选择器应用场景主要包括：

- 在数据路由中，根据地址或控制信号选择数据路径；
- 在多输入设备，如键盘扫描中，选择不同的按键输入；
- 在模拟开关应用中，选择不同的模拟信号进行处理。

3.4 时序逻辑电路

时序逻辑电路是一种包含存储组件的数字电路，其特点在于输出不仅受当前输入的影响，还与之前的输入历史相关。这类电路在数字系统中扮演着存储和控制的重要角色。具体来说，时序逻辑电路在任何给定时刻的输出，不仅依赖于当时的输入信号，还受到电路先前状态的影响。这一特性使得时序逻辑电路能够执行更为复杂的任务，如记忆数据、产生定时信号或根据特定条件触发事件。

常见的时序逻辑电路包括寄存器、计数器、顺序脉冲发生器和序列脉冲检测器等。寄存器用于临时存储数据，计数器则用来记录事件的发生次数或生成计时信号。顺序脉冲发生器和序列脉冲检测器分别用于生成或识别特定序列的脉冲信号，这在通信协议和数据处理中尤为重要。总之，时序逻辑电路通过结合当前输入与过去状态来决定输出，实现了数字系统中的关键功能。

3.4.1 触发器概述

触发器是构成时序逻辑电路的基础单元，具备存储一位二进制信息的能力。其状态变化不仅受输入信号的影响，还依赖于自身的初始状态，并且这种变化是在时钟信号的控制下发生的。简而言之，触发器能够在时钟信号的驱动下，根据输入信号和当前状态来更新自身状态，从而实现信息的存储与处理。触发器能够在每个时钟周期存储并更新信息，其通常由组合逻辑和存储元件（如双稳态电路）组成。

1. 触发器的分类

根据电路结构和工作特点，触发器可以分为基本 RS 触发器、钟控 RS 触发器、主从触发器、维持阻塞触发器和边沿触发器等多种类型。

按激励方式的不同，触发器又可细分为 RS 触发器、D 触发器、JK 触发器、T 触发器和 T′触发器等。

依据控制方式的不同，触发器还可以分为基本触发器和钟控触发器两大类。

每种类型的触发器都有其独特的特性和应用场景，能满足于不同的数字电路设计需求。

2. 触发器的操作特性

同步操作：所有触发器同时在时钟信号的上升沿或下降沿更新其状态。

边沿触发：状态的变化仅在时钟信号的特定边沿（如上升沿或下降沿）出现时发生。

触发器的触发方式逻辑符号如图 3-25 所示。

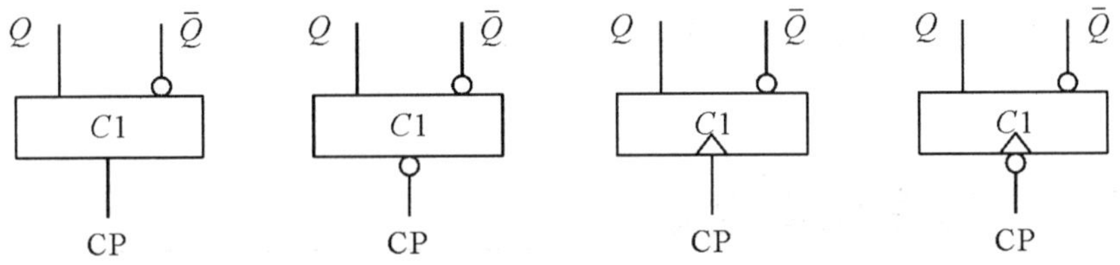

（a）高电平触发　（b）低电平触发　（c）上升沿触发　（d）下降沿触发

图 3-25　触发器的触发方式逻辑符号

触发器的各种触发方式说明如表 3-16 所示。

表 3-16　触发器触发方式表

触发方式		标记	逻辑符号	说明
电平触发	高电平	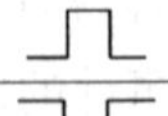	图（a）	$CP=1$ 期间均可触发
	低电平	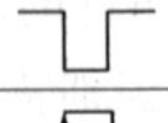	图（b）	$CP=0$ 期间均可触发
边沿触发	上升沿	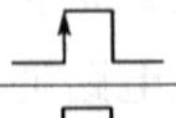	图（c）	CP 由 0 变为 1 时触发
	下降沿	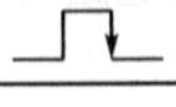	图（d）	CP 由 1 变为 0 时触发

3. 触发器的设计方法

（1）使用逻辑门来构建触发器的组合逻辑部分，这决定了触发器如何响应输入信号。

（2）利用正反馈机制和存储元件来实现触发器的记忆功能，确保即使在输入信号消失后，触发器仍能保持其状态。这种方法使得触发器能够在适当的条件下存储一位二进制信息。通过组合不同的逻辑门和巧妙运用正反馈，可以设计出多种类型的触发器，以满足不同的应用需求。

4. 触发器的特点

（1）拥有一对互补输出端 Q 和 Q^{-}。其中 Q 代表当前状态，而 Q^{-} 则是 Q 的逻辑反状态。

（2）具备两个稳定的存储状态。当输出 Q 为 0 时，表示触发器存储了“0”状态；当 Q 为 1 时，则表示存储了“1”状态。

（3）即便输入信号不再存在，触发器也能保持其最新的状态不变，这得益于内部的正反馈机制和存储元件。

（4）可以通过不同的输入信号将触发器设置为“0”状态或“1”状态，即实现状态的翻转或保持。

（5）部分触发器还配备有时钟输入端（CP），用于控制状态变化的时间点，确保状态转换仅在时钟信号的特定边沿发生，这有助于实现同步操作。

5. 触发器的应用场景

（1）作为寄存器、计数器、移位寄存器等存储设备的核心组件，用于保存数据状态。

（2）在同步计数器、序列检测器和状态机中实现精确的时序控制，确保电路按预定的顺序和时间点工作。通过这些应用，触发器帮助实现了数据的可靠存储与处理，以及复杂逻辑功能。

3.4.2 基本 RS 触发器和 D 触发器

1. 基本 RS 触发器

基本 RS 触发器在触发信号的作用下，可以从一个稳定状态转换到另一个稳定状态。一旦触发信号消失，它仍能保持触发后的状态不变。根据所使用的组成元器件不同，基本 RS 触发器可以分为多种类型，例如使用逻辑门（如 NAND 或 NOR 门）构建的触发器。这种特性使得基本 RS 触发器非常适合用于简单的存储和记忆功能，其是构建更复杂时序逻辑电路的基础。

（1）用与非门构成的基本 RS 触发器

电路结构及逻辑符号如图 3-26 所示。

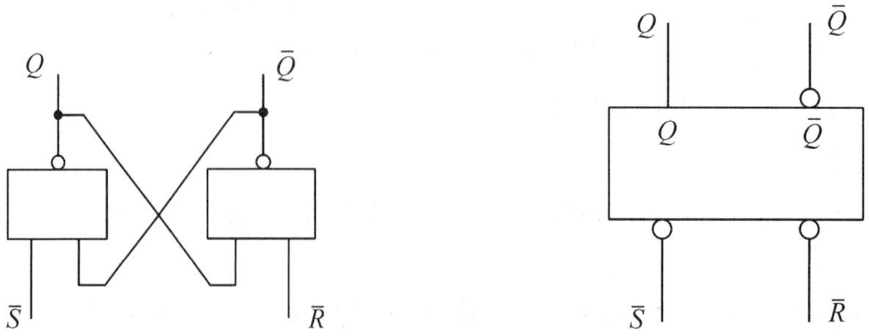

（a）电路结构　　　　　　（b）逻辑符号

图 3-26　与非门构成的基本 RS 触发器

工作特性：当输入端 R 处于有效状态时，不论当前输出状态如何，触发器都会被置 0。当输入端 S 处于有效状态时，不论当前输出状态如何，触发器都会被置 1。如果两个输入端 R 和 S 都处于无效状态，触发器则会保持当前状态不变。若两个输入端 R 和 S 同时处于有效状态，则属于禁止状态，这种情况应避免，因为可能导致不确定的行为。

用与非门构成的基本 RS 触发器状态转换如图 3-27 所示。

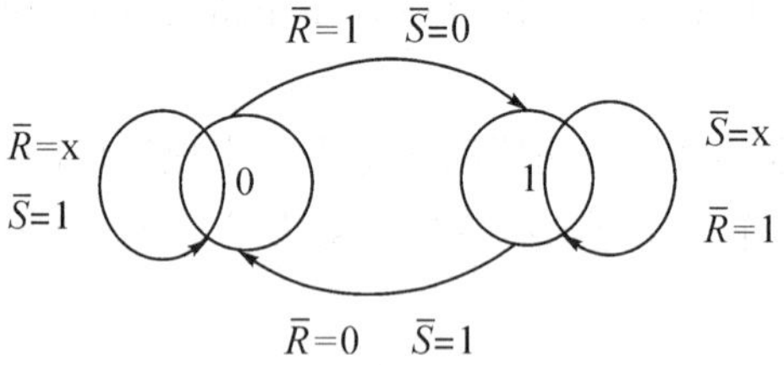

图 3-27　与非门构成的基本 RS 触发器状态转换

RS 触发器的功能真值表如表 3-17 所示。

表 3-17　基本 RS 触发器真值表

$\bar{R}$	$\bar{S}$	Q^n	Q^{n+1}
0	0	0	禁止态
0	0	1	禁止态
0	1	0	0 置“0”
0	1	1	0 置“0”
1	0	0	1 置“1”
1	0	1	1 置“1”
1	1	0	0 保持
1	1	1	1 保持

特征方程可表示为

$$Q^{n+1} = S + \bar{R} \cdot Q^n$$

$$\bar{S} + \bar{R} = 1 \text{ 约束条件}$$

（2）用或非门构成的基本 RS 触发器

电路结构及逻辑符号如图 3-28 所示。

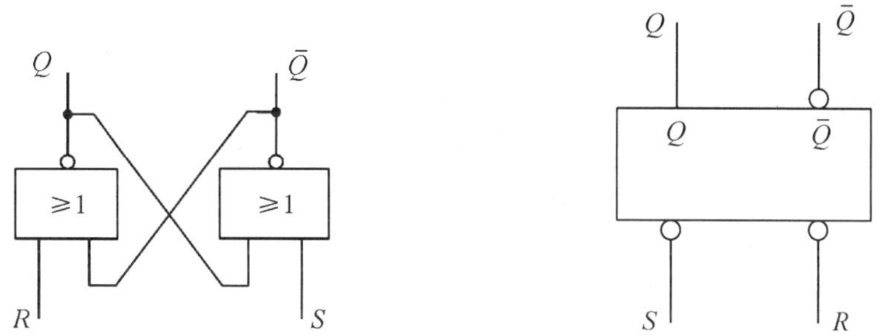

（a）电路结构 （b）逻辑符号

图 3-28 非门构成的基本 RS 触发器

工作情况特性：$R=0$、$S=1$ 时，触发器置 1。$R=1$、$S=0$ 时，触发器置 0。$R=0$、$S=0$ 时，触发器的状态不会改变，具有保持功能。$R=1$、$S=1$ 时，触发器处于禁用状态。

特征方程可表示为

$$Q^{n+1} = S + \bar{R} \cdot Q^n$$

$$\mathrm{SR}=0 \text{ 约束条件}$$

基本 RS 触发器的主要特点是，电路设计简单，通常由两个逻辑门交叉连接而成。具备置 0、置 1 和保持功能，能够根据输入信号直接控制输出状态。输出状态直接受输入电平控制，但这种直接控制方式不便于同时管理多个触发器的输入。输入信号之间存在约束关系，必须遵循特定规则以避免不确定状态。例如，使用与非门时，两个输入端不能同时为低电平；使用或非门时，两个输入端不能同时为高电平。

基本 RS 触发器通常有两种构成方式。一种形式是由两个与非门交叉连接组成，这也是最常见的形式。这种配置下的 RS 触发器具有置 1、置 0 和保持功能，但其约束条件是两个输入端不能同时为低电平，否则会导致不确定状态。另一种形式是由两个或非门交叉连接组成。这种配置下的 RS 触发器同样具有置 1、置 0 和保持功能，但其约束条件是两个输入端不能同时为高电平，否则也会导致不确定状态。两种构成方式都能实现基本的存储和记忆功能，但需要严格遵守各自的输入约束条件，以确保电路的稳定和可靠。

2. D 触发器

D 触发器（data flip-flop）是一种边沿触发的存储设备，它在数字电子学中非常常见。D 触发器的主要功能是存储一位二进制数据，并能够在时钟信号的边沿（上升沿或下降沿）上更新其状态。

基本原理：

●D 触发器有一个数据输入端（D），一个时钟输入（CLK），以及两个输出端 Q 和其反相 Q'。

●在时钟信号的上升沿（或下降沿，取决于设计），如果 $D=1$，则触发器的输出 Q 将被设置为 1，如果 $D=0$，则 Q 将被清除为 0。

D 触发器的操作特性主要有两个方面。一是同步更新：D 触发器通常设计为同步更新其状态，即所有由多个 D 触发器组成的寄存器或计数器在时钟信号的每个边沿同时更新。二是锁存器模式：在没有时钟信号变化的情况下，D 触发器可以作为数据锁存器工作，保持其输出状态不变。

D 触发器根据触发类型可以分为以下两种。

●正沿触发：在时钟信号的上升沿更新状态。

●负沿触发：在时钟信号的下降沿更新状态。

其设计方法主要通过使用逻辑门构建 D 触发器的内部逻辑，包括时钟控制逻辑和数据存储逻辑。利用反馈网络确保输出 Q 和 Q' 总是 D 的反相。

D 触发器的电路组成及逻辑符号如图 3-29 所示。

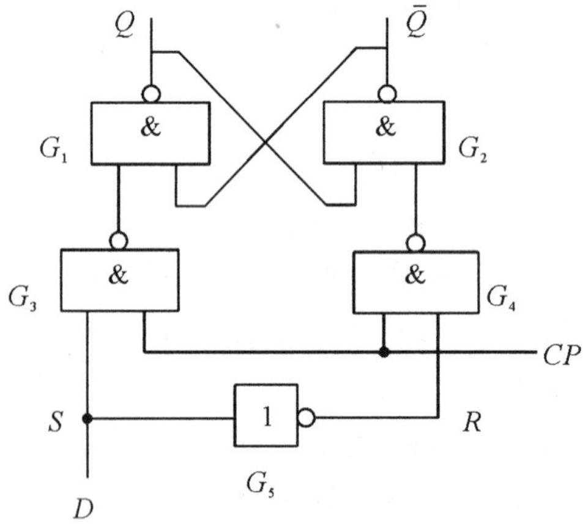

（a）电路结构

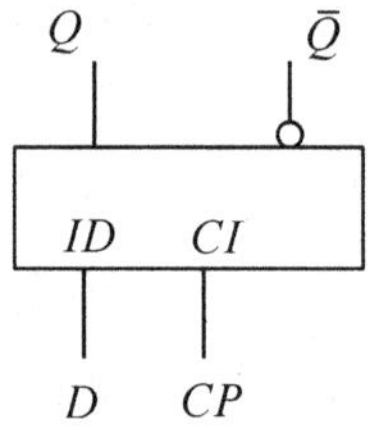

（b）逻辑符号

图 3-29　D 触发器

D 触发器的特性如表 3-18 所示。

表 3-18　D 触发器的特性表

CP	D	Q^{n+1}	备注
0	×	Q^n	保持
1	0	0	置 0
1	1	1	置 1

D 触发器应用场景：

●在寄存器、计数器、移位寄存器等存储设备中作为核心组件；

●在同步序列识别器和状态机中实现数据的同步传输和状态控制。

3.4.3　时序逻辑电路的结构与分类

时序电路的稳态输出不仅取决于当前的输入信号状态，还与电路当前的输出状态有关。因此，时序电路在结构上存在反馈机制，包含具有记忆功能的存储器件。时序逻辑电路通常由组合逻辑电路和存储电路两部分组成，其中存储电路是必不可少的。存储电路的输出状态会反馈到组合逻辑电路的输入端，与输入信号共同决定组合逻辑电路的输出。这种设计使得时序电路能够根据历史状态和当前输入来做出决策，实现复杂的功能。

1. 时序逻辑电路的结构模型

图 3-30 所示为时序逻辑电路的一般结构模型。需要注意的是，并非任何时序电路都具有图示的完整电路形式。在实际应用中，有的没有组合电路部分，有的没有外部输入，但只要具备时序电路的基本特点，就属于该类电路的范畴。

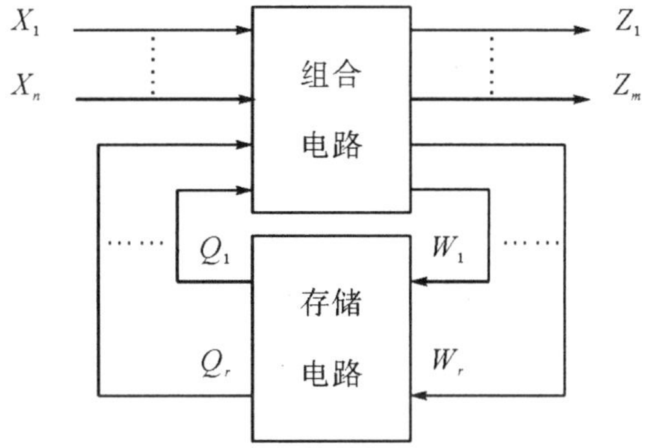

图 3-30　时序逻辑电路的一般结构模型

2. 时序逻辑电路的分类

时序逻辑电路可以根据不同的标准进行分类，以下是主要的分类方式。

（1）按功能分类

计数器：用于记录脉冲数量或生成计时信号。

寄存器：用于存储数据，常见的有 D 寄存器、JK 寄存器等。

移位寄存器：用于数据的串行或并行转换，支持数据的左移或右移。

读/写存储器：用于数据的存储和读取，如 RAM 和 ROM。

顺序脉冲发生器：用于生成特定序列的脉冲信号，常用于通信和控制领域。

（2）按电路中触发器状态变化是否受同一时钟脉冲控制分类

同步时序电路：所有触发器的状态变化都在同一个时钟脉冲的控制下进行，以确保电路的各个部分同步工作。

异步时序电路：触发器的状态变化不受同一时钟脉冲的控制，各部分可以独立工作，但可能导致竞争和毛刺问题。

（3）按输出信号的特性分类

米莱型（Mealy）：输出不仅取决于当前状态，还取决于当前输入。

莫尔型（Moore）：输出仅取决于当前状态，与当前输入无关。

（4）按能否编程分类

可编程时序逻辑电路：可以通过编程来改变其功能，如 PLD（可编程逻辑器件）和 FPGA（现场可编程门阵列）。

不可编程时序逻辑电路：功能固定，无法通过编程改变，如固定的计数器和寄存器。

（5）按集成度的不同分类

小规模集成（SSI）：包含少量逻辑门，如单个触发器。

中规模集成（MSI）：包含几十个逻辑门，如计数器和寄存器。

大规模集成（LSI）：包含几百到几千个逻辑门，如微处理器和存储器芯片。

超大规模集成（VLSI）：包含数十万到数百万个逻辑门，如现代微处理器和复杂系统芯片（SoC）。

（6）按使用开关元件类型分类

TTL 型：使用晶体管-晶体管逻辑（transistor-transistor logic），适用于高速应用。

CMOS 型：使用互补金属氧化物半导体（complementary metal-oxide-semiconductor），功耗低，适用于低功耗应用。

这些分类方式帮助设计者根据具体需求选择合适的时序逻辑电路，以确保在不同的应用场景中实现最佳性能和功能。

3.4.4 寄存器

寄存器是计算机中的重要组件，用于存储二进制数代码、运算结果或指令。它通常由多个具有存储功能的触发器组成。每个触发器可以存储一位二进制代码，因此，存储 n 位二进制代码的寄存器需要 n 个触发器。根据功能的不同，寄存器主要分为两类：数码寄存器和移位寄存器。数码寄存器用于存储二进制数据，可以接收并保持一组二进制代码。移位寄存器不仅可以存储二进制数据，还能实现数据的串行或并行转换，支持数据的左移或右移操作。

1. 基本寄存器

基本寄存器是数字电子系统中用于存储数据的电路，能够存储一定位数的二进制信息。在计算机架构、数字信号处理和通信系统中，寄存器扮演着重要角色。寄存器通常由多个触发器（如 D 触发器）串联组成，每个触发器存储一位数据。数据可以并行输入到寄存器中，然后在时钟信号的控制下同步更新。使用 D 触发器构建寄存器时，每个触发器对应寄存器的一个位。时钟信号用于同步触发器的数据更新。

（1）类型

并行输入寄存器：数据通过多个输入端并行输入到寄存器中。每个输入端对应一个触发器，数据在时钟信号的控制下同时加载到所有触发器中。这种方式适合快速加载大量数据。

串行输入寄存器（移位寄存器）：数据通过单个输入端串行输入，并在内部逐级移动。每次时钟脉冲到来时，数据从一个触发器传到下一个触发器，直到所有位都被加载。移位寄存器常用于数据的串行传输和位操作。

（2）操作特性

同步操作：寄存器内部的所有触发器在时钟信号的上升沿或下降沿同步更新状态。这种方式确保了数据的一致性和同步性，适用于需要精确时序控制的场合。

异步操作：某些寄存器设计允许在没有时钟信号的情况下异步加载数据。这种方式提供了更大的灵活性，但可能引入竞争和毛刺问题，需要谨慎使用。

（3）应用场景

微处理器中的通用寄存器：在微处理器中，寄存器用于存储指令和数据，作为 CPU 内部的高速缓存。通用寄存器可以快速访问和处理数据，从而提高计算效率。

数字系统中的缓冲器或数据暂存区：在数字系统中，寄存器常作为缓冲器或数据暂存区，用于暂时存储数据，以便数据在不同的处理阶段传递。这有助于协调不同模块之间的数据传输速率。

数据转换和通信中的同步数据流：在数据转换和通信系统中，寄存器用于同步数据流，以确保数据的正确传输和处理。移位寄存器特别适用于将并行数据转换为串行数据，或反之。

基本寄存器是数字电子系统中不可或缺的组件，通过多个触发器的组合实现数据的存储和传输。根据不同的输入方式和操作特性，寄存器可以分为并行输入寄存器和串行输入寄存器。在各种应用场景中，寄存器提供了较高的数据管理和处理能力，是现代数字系统设计的重要基础。

2. 移位寄存器

移位寄存器不仅具有存储二进制代码的功能，还具备移位功能。在移位指令脉冲的作用下，寄存器中存储的代码可以向左或向右移动。在数字系统中，经常需要进行串行数据和并行数据之间的转换和传输，这些操作通常由移位寄存器来完成。为了确保移位寄存器在进行数据移位时的可靠性，其存储单元通常采用边沿触发器。边沿触发器能够在时钟信号的上升沿或下降沿精确地更新状态，从而避免了时钟信号不稳定导致的错误操作。这种设计确保了数据在移位过程中的一致性和准确性，使得移位寄存器在各种数字系统中广泛应用。

3.4.5 计数器

1. 二进制计数器

当时序逻辑电路的触发器位数为 n，电路状态按二进制数的自然态序循环，经历的独立状态为 2^n 个时，此类电路称为二进制计数器。二进制计数器根据触发器是否共用一个 CP 脉冲，可分为同步二进制计数器和异步二进制计数器。同步计数器中，所有触发器共享同一个时钟脉冲，确保状态同步更新。异步计数器中，各触发器的时钟脉冲依次传递，导致状态更新有延迟。根据计数规律，二进制计数器还可分为加计数器（递增）、减计数器（递减）和可逆计数器（既能递增也能递减）。

2. 十进制计数器

进行十进制计数时，必须满足构成十进制计数的规则。十进制计数器基于 8421BCD 码（二-十进制编码）实现，因此也称为二-十进制计数器。8421BCD 码使用四位二进制代码表示一位十进制数，即从 0000 到 1001 分别对应十进制数 0 到 9。二进制数 1010 到 1111 在 8421BCD 码中被视为无效码。当使用 8421BCD 码进行计数时，计数器在接收到第十个时钟脉冲后，输出应从“1001”跳变到“0000”，完成一次有效的十进制数循环。这种设计确保了十进制计数的准确性和可靠性。

3. 集成计数器

集成计数器是以计数为目的的集成电路，主要用于数字系统中对脉冲数量进行计数，实现测量、计数和控制功能，同时具有分频功能。计数单元通常由具有存储功能的各种触发器构成。集成计数器是时序逻辑电路的具体应用，根据工作方式的不同，可分为同步计数器和异步计数器。同步计数器中，所有触发器共享同一个时钟脉冲，确保状态同步更新；异步计数器中，各触发器的时钟脉冲依次传递，导致状态更新有延迟。根据进位制的不同，计数器可分为二进制计数器、十进制计数器和 N 进制计数器。根据功能的不同，计数器又可分为加法计数器、减法计数器和加/减可逆计数器等。这些不同类型的计数器在各种数字系统中发挥着重要作用。

74LS161 是一个 16 脚的集成电路芯片，上升沿触发。具有异步清零、同步预置数、进位输出等功能，管脚排列如图 3-31 所示。

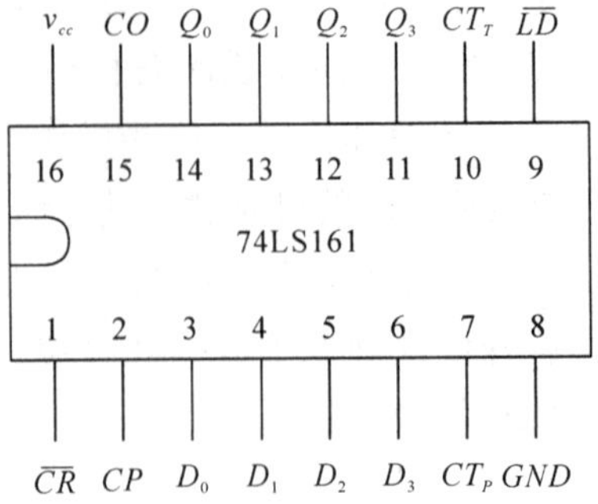

图 3-31 74LS161 管脚排列

74LS161 的管脚 1 是清零端；2 脚是时钟脉冲输入端；管脚 3、4、5、6 是预置数据信号输入端 A、B、C、D，是直接清零端；管脚 7 和 10 是输入使能端；管脚 16 是电源端；管脚 8 是“地”端；管脚 9 是同步预置数控制端；管脚 15 是进位输出端；管脚 11~14 是由高到低的数据输出端。

本章小结

在本章中，我们探讨了数字逻辑电路的基本概念、原理和应用，这些是构建现代计算机硬件系统的基础。以下是本章的主要内容和小结。

数字信号：数字信号有两大基本状态，即高电平和低电平，通常分别表示逻辑 1 和逻辑 0。

逻辑运算：基本的逻辑运算包括以下几种。与（AND）：只有所有输入都为 1 时，输出才为 1。或（OR）：只要有一个输入为 1，输出就为 1。非（NOT）：输入为 1 时，输出为 0；输入为 0 时，输出为 1。异或（XOR）：当输入不同时，输出为 1；当输入相同时，输出为 0。同或（XNOR）：当输入相同时，输出为 1；当输入不同时，输出为 0。

组合逻辑电路的输出仅依赖于当前的输入，不涉及存储或时序。其特点是即时响应输入变化，没有记忆功能。组合逻辑电路设计是使用逻辑门（如与门、或门、非门等）来设计组合逻辑电路，从而实现特定的逻辑功能。

逻辑函数的表示方法包括：真值表、卡诺图和逻辑表达式。真值表列出所有可能的输入组合及其对应的输出。卡诺图以图形化表示逻辑函数，用于简化逻辑表达式。逻辑表达式是用逻辑运算符表示输入和输出之间的关系。

与时序逻辑电路相比，组合逻辑电路不包含存储元素。时序逻辑电路包含存储元素，其输出不仅依赖于当前输入，还依赖于电路的先前状态。

触发器是时序逻辑电路的基本单元，用于存储一位二进制信息。常见的触发器类型包括：RS 触发器、D 触发器、JK 触发器和 T 触发器。RS 触发器具有置 0、置 1 和保持功能，但两个输入不能同时为有效状态。D 触发器在时钟信号的控制下，输出跟随输入 D 的状态。JK 触发器具有更复杂的控制功能，可以实现置 0、置 1、保持和翻转功能。T 触发器在时钟信号的控制下，实现输出的翻转或保持功能。

寄存器用于存储二进制数据，通常由多个触发器组成。数据可以并行或串行输入，并在时钟信号的控制下更新。

计数器用于对脉冲数量进行计数，实现测量、计数和控制功能。根据工作方式的不同，可分为同步计数器和异步计数器；根据进位制的不同，可分为二进制计数器、十进制计数器和 N 进制计数器；根据功能的不同，可分为加法计数器、减法计数器和加/减可逆计数器。

本章为对数字逻辑电路基础知识进行了概述，包括基础理论、电路设计等。通过学习这些内容，我们能够理解数字逻辑电路在计算机组成中的核心作用，并能够设计和分析基本的数字逻辑电路。

习题

3.1 试把下列逻辑函数式表示在卡诺图中。

(1) $F = AB\bar{C} + A\bar{B}C + \bar{A}C$

(2) $F = A\bar{B}CD + B\bar{C} + C\bar{D}$

3.2 用代数法（公式法）化简下列逻辑函数式。

(1) $F = ABC + \bar{B}C$

(2) $F = A\bar{B}(A + B)$

(3) $F = AB + \bar{A}C + BC$

(4) $F = \bar{A}BD + A\bar{B}C + A$

3.3 试用卡诺图化简下列逻辑函数。

(1) $F = A\bar{B}C + ABC\bar{D} + A(B + \bar{C}) + B\bar{C}$

(2) $F(A、B、C、D) = \sum m(0, 1, 4, 5, 6, 12, 13)$

(3) $F = \bar{A}B\bar{C} + \bar{A}BC + AC$

3.4 利用 4 位数值比较器和逻辑门设计输血指示器。若绿灯亮，表明血型匹配可以输血；若红灯亮，说明血型不匹配。

3.5 试用 3 线-8 线译码器 74LS138 和与非门实现一位全加器。

3.6 试用数据选择器 74LS153 实现逻辑函数 $F = \bar{A}\bar{B}C + \bar{A}B\bar{C} + AB$ 。

3.7 试画出输入信号所对应的输出信号的波形。

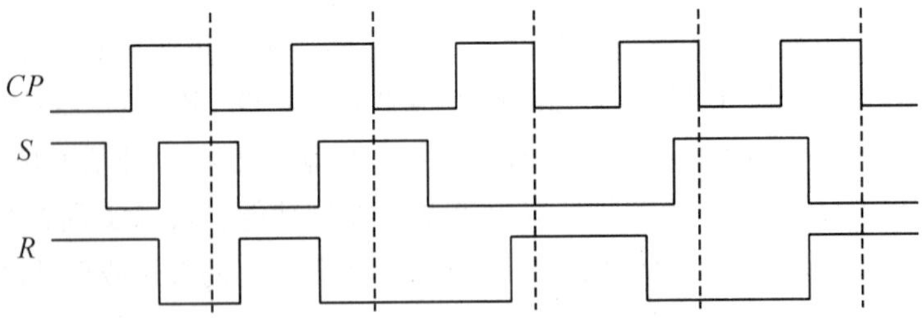

3.8 什么叫半加器？什么叫全加器？它们的特点有什么不同？

3.9 什么叫数值比较器？对二进制数值大小的比较，为什么要从高位到低位逐位进行？

3.10 由两个与非门构成的基本 RS 触发器，有几种功能？约束条件是什么？

3.11 触发器和门电路有何联系和区别？在输出形式上有何不同？

4 运算方法与运算器

运算方法与运算器是计算机体系结构中的重要组成部分，主要涉及如何有效地执行各种计算任务，以及运算器的组成结构。其具体包括：

- 二进制运算的基本规则；
- 定点原码、补码加减法运算及其溢出检测，定点加减法器；
- 定点乘除法运算与阵列乘除法器；
- 定点运算器的组成结构；
- 浮点加减法运算，浮点乘除法运算。

4.1 二进制运算的基本规则

4.1.1 二进制加减运算的基本规则

1. 加法运算的基本规则

二进制加法遵循与十进制加法类似的基本原则，但其只使用两个数字：0 和 1。二进制加法的基本规则是逢二进一，一位二进制数的加法规则具体如下：

0 + 0 = 0

0 + 1 = 1

1 + 0 = 1

1 + 1 = 10（向高位进位 1）

二进制加法遵循模 2 运算规则，也就是说，当两个位相加的和超过 1 时，结果会回绕到 0 并产生一个进位。二进制加法表是一个用于展示二进制数相加结果的表格，它类似于大家熟悉的十进制加法表，但只使用 0 和 1 这两个数字。表 4-1 是二进制基本加法表。

表 4-1　二进制基本加法表

A	B	Sum	Carry
0	0	0	0
0	1	1	0
1	0	1	0
1	1	0	1

表 4-1 展示了两个二进制位（A 和 B）相加的所有可能情况，以及它们的和（Sum）和可能产生的进位（Carry）。在实际的计算机运算中，这种加法操作会扩展到多位数字，并且进位会逐位传递。

上面的运算只单纯考虑两个二进制位的加法运算，实际上，除了最低位，其他每一位的加法都要考虑低位产生的进位。即使是最低位，也可以考虑一个进位，这样做可以扩展运算。比如，运算器只能运算 4 位，但是数据是 8 位，这时，就可以把运算分为两次运算，先相加低 4 位，再相加高 4 位，低 4 位中最高位产生的进位可以用于高 4 位的最低位的进位。再比如，要把两个 4 位运算器扩展为 8 位运算器，就可以把一个运算器的最高位进位接入另外一个运算器的最低位进位。

设 A_i 为被加数 a 中的任意一位数字，B_i 为加数 b 中的任意一位数字，C_{i-1} 为低位产生的进位，S_i 为 $A_i+B_i+C_{i-1}$ 产生的和，C_i 为 $A_i+B_i+C_{i-1}$ 产生的进位，则有如表 4-2 所示的所有可能的加法情况。

表 4-2　任意一位二进制位相加的情况

A_i	B_i	C_{i-1}	S_i	C_i
0	0	0	0	0
0	0	1	1	0
0	1	0	1	0
0	1	1	0	1
1	0	0	1	0
1	0	1	0	1
1	1	0	0	1
1	1	1	1	1

例如，有两个二进制数 $a=A_3A_2A_1A_0=0101$ 和 $b=B_3B_2B_1B_0=0110$，它们相加的过程如下：

$$\begin{array}{r} 0\ 1\ 1\ 0 \\ +\quad 0\ 1\ 1\ 1 \\ \hline 1\ 1\ 0\ 1 \end{array}$$

具体运算步骤如下：

（1）从最低位开始，此时没有更低位的进位，设 $C_{-1}=0$，则有

$A_0+B_0+C_{-1}=0+1+0=1$（进位 $C_0=0$，和 $S_0=1$）

（2）次低位相加，有

$A_1+B_1+C_0=1+1+0=10$（进位 $C_1=1$，和 $S_1=0$）

（3）第三位相加，有

$A_2+B_2+C_1=1+1+1=11$（进位 $C_2=1$，和 $S_2=1$）

（4）最高位相加，有

$A_3+B_3+C_2=0+0+1=01$（进位 $C_3=0$，和 $S_3=1$）

最终结果是 $a+b=0110+0111=1101$。如果加法运算的最高位产生进位，则需要将其保存到 CPU 中状态条件寄存器中的进位标志位 CF 中。

位加运算是逐位进行的，从最低位（最右边的位）开始，然后向左移动到更高位。以下是位加运算的步骤：

（1）最低位相加：首先将最低位的两个数字相加，此时 $C_{-1}=0$，根据加法规则确定和 S_i 和进位 C_i；

（2）进位处理：不管进位是 0 还是 1，都将其加到更高一位的加法运算中；

（3）逐位相加：继续将更高一位的数字与进位相加，重复上述步骤，直到所有位都被加完。

2. 减法运算的基本规则

减法运算的基本运算规则是借一当二，一位二进制数的减法运算规则具体如下：

$0-0=0$

$0-1=1$（从上一位借 1，借 1 当 2，$2-1=1$）

$1-0=1$

$1-1=0$

为了扩展多位数的减法运算，也要考虑最低位的借位。比如，机器只能进行 4 位减法运算，但是数据是 8 位减法运算，可以考虑分两次减法运算来实现。首先进行低 4 位的减法运算，再进行高 4 位的减法运算。当进行低 4 位的减法运算时，如果低 4 位的最高位减法运算产生了借位，则需要作为高 4 位的最低位运算的借位。因此设计减法运算时，最低位也要考虑对其的借位情况。

设 A_i 为被减数 a 中的任意一位数字，B_i 为减数 b 中的任意一位数字，C_{i-1} 为低位对其的借位，D_i 为 $A_i-B_i-C_{i-1}$ 产生的差，C_i 为 $A_i-B_i-C_{i-1}$ 产生的借位，则有如表 4-3 所示的所有可能的减法情况。

表 4-3　任意一位二进制位相减的情况

A_i	B_i	C_{i-1}	D_i	C_i
0	0	0	0	0
0	0	1	1	1
0	1	0	1	1
0	1	1	0	1
1	0	0	1	0
1	0	1	0	0
1	1	0	0	0
1	1	1	1	1

例如，有两个二进制数 $a=A_3A_2A_1A_0=1101$ 和 $b=B_3B_2B_1B_0=0110$，它们相减的过程如下：

$$\begin{array}{r} 1\ 1\ 0\ 1 \\ -\quad 0\ 1\ 1\ 0 \\ \hline 0\ 1\ 1\ 1 \end{array}$$

具体运算过程如下：

（1）从最低位开始，此时没有更低位的借位，设 $C_{-1}=0$，则有

$A_0-B_0-C_{-1}=1-0-0=1$（借位 $C_0=0$，差 $D_0=1$）

（2）次低位相减，有

$A_1-B_1-C_0=0-1-0=1$（借位 $C_1=1$，差 $D_1=1$）

（3）第三位相减，有

$A_2-B_2-C_1=1-1-1=1$（借位 $C_2=1$，差 $D_2=1$）

（4）最高位相减，有

$A_3-B_3-C_2=1-0-1=0$（借位 $C_3=0$，差 $D_3=0$）

最终结果是 $a-b=1101+0110=0111$。如果加法运算的最高位产生借位，则需要将其保存到 CPU 中状态条件寄存器中的进位标志位 CF 中。

4.1.2 二进制乘除运算的基本规则

1. 乘法运算的基本规则

二进制乘法比十进制乘法简单得多，因为只涉及 0 或 1。一位二进制数的乘法规则如下：

$$0 \times 0 = 0$$

$$0 \times 1 = 0$$

$$1 \times 0 = 0$$

$$1 \times 1 = 1$$

一位二进制数的乘法运算结果和逻辑运算中的“与”运算结果相同，因此可以使用一个与门来实现一位二进制数的乘法运算。

多位数的二进制乘法运算与十进制乘法类似，这在后文中有具体介绍。

2. 除法运算的基本规则

二进制除法同样遵循简单的规则，与十进制除法相似，但更简单：

$$0 \div 1 = 0$$

$$1 \div 1 = 1$$

任何数除以 0 是未定义的。

4.1.3 进位与溢出

1. 无进位和有进位的情况

无进位：当两个位相加的和小于 2 时，不产生进位。例如，0+0 或 1+0。

有进位：当两个位相加的和等于或大于 2 时，会产生进位。例如，1 + 1 会产生一个进位。

这里通过一个具体的例子来演示位加运算：假设有两个二进制数“1101”和“1011”，将它们相加：

$$\begin{array}{r} 0\ 1\ 1\ 0 \\ +\quad 0\ 1\ 1\ 1 \\ \hline \cdots\cdots \end{array}$$

从最低位开始：

第 1 位：0 + 1 = 1（1 写在当前位，0 作为进位）

第 2 位：1 + 1 + 进位（0） = 10（0 写在当前位，1 作为进位）

第 3 位：1 + 1 + 进位（1） = 11（1 写在当前位，1 作为进位）

第 4 位：0 + 0 + 进位（1） = 1（1 写在当前位，0 作为进位）

最终结果：

```
      0 1 1 0
+     0 1 1 1
-------------
      1 1 0 1
```

这个例子演示了在二进制加法中如何处理进位，以及如何逐位计算结果。

2. 进位和溢出的概念

进位（carry）：进位是二进制加法中一个基本的概念。当两个二进制位相加的结果超过1时，就会有一个进位产生。例如，1+1=10，这里的10实际上是0（写入结果）和进位1。进位必须被加到下一个更高位的加法运算中。

溢出（overflow）：溢出是定点数运算中可能发生的一种情况，表示运算结果超出了表示该数的位数所能容纳的范围。溢出分为两种类型：算术溢出和逻辑溢出。

算术溢出指的是当两个正数相加时，结果应该是正数，但最高位的进位改变了符号位，表明结果应该是负数；当两个负数相加时，结果应该是负数，但最高位的进位改变了符号位，表明结果应该是正数。

逻辑溢出指的是当二进制数的运算结果超出了其位数所能表示的范围，但不考虑正负号时，就会发生逻辑溢出。

3. 处理溢出

硬件处理：在某些硬件设计中，会有专门的溢出标志位来指示溢出的发生。

软件处理：在软件层面，可以通过检查溢出标志位来确定是否发生了溢出，并采取相应的措施，如错误处理或结果调整。

这里通过以下示例来说明溢出的检测。假设我们使用4位定点数进行加法运算：

```
      0 1 1 1     （十进制的7）
+     0 0 0 1     （十进制的1）
-------------------------------
      1 0 0 0    （理论上应该8）
```

在这个例子中，理论上的结果是8，但由于只使用4位表示，所以无法表示8。最高位的1通常表示负数，但在此处，它是错误的，因为我们实际上是在加两个正数。这表明发生了算术溢出。

在实际的计算机系统中，当检测到溢出时，处理器会设置一个状态寄存器中的溢出标志，或者触发一个异常，以通知操作系统或执行程序处理溢出情况。

4.2　定点加减法运算与加减法器

4.2.1　原码加减法运算

原码加减法运算是计算机中处理带符号数的一种基本运算方式，适用于定点数的数值处理。原码加减法的运算规则相对直观，但需要注意符号位的处理和数值位的运算。在原码表示法中最高位是符号位，0 代表正数，1 代表负数，其余位表示数值本身。

设两个操作数为 X 和 Y，$[Z]_{原}=[X]_{原}\pm[Y]_{原}$，$S_X$、$S_Y$、$S_Z$分别表示 X、Y、Z 的符号，$|X|$、$|Y|$、$|Z|$ 分别表示 X、Y、Z 的绝对值，不含符号。原码加减法的基本规则如下：

（1）符号位不参与计算：当进行原码加减法时，符号位（即最高位）不参与数值位的计算，只用于表示结果的符号。

（2）数值位进行加减：根据两个操作数的符号，对它们的数值位进行相应的加减运算。加法运算的规则是“同号求和，异号求差”，减法运算的规则是“异号求和，同号求差”。

（3）求和的方法：两操作数的数值位直接相加，即 $|X|+|Y|$，如果最高位产生进位，则有溢出（超出了数据所能表示的范围）；如果最高位无进位，则运算结果正常，和的符号取第一操作数的符号，$S_Z=S_X$。

（4）求差的方法：将减法变为加法，将第一操作数的数值位加上第二操作数的数值位的补码，即 $|X|-|Y|=|X|+|Y|_{补}$，$|Y|_{补}$表示 $|Y|$ 所有数值位变反末位加 1。此时运算结果有两种情况：

①最高数值位有进位，表明加法结果正确，即 $|Z|=|X|-|Y|=|X|+|Y|_{补}$，结果的符号取第一操作数的符号，$S_Z=S_X$；

②最高数值位无进位，表明结果为负（补码形式），应对其求补码，还原位绝对值形式的数值位，即 $|Z|=[|X|-|Y|]_{补}=[|X|+|Y|_{补}]_{补}$，结果的符号取第一操作数的相反符号，$S_Z=\overline{S_X}$。

【例 4-1】已知 $[X]_{原}=01001$，$[Y]_{原}=11011$，求：

（1）$[Z]_{原}=[X+Y]_{原}$

（2）$[W]_{原}=[X-Y]_{原}$

解：根据题意可得 $|X|=1001$，$|Y|=1011$，$|Y|_{补}=0101$。

（1）求 $[Z]_{原}=[X+Y]_{原}$

由于 $[X]_{原}$和 $[Y]_{原}$符号相反，根据运算规则需要求数值位之差，即

$$|X| - |Y| = |X| + |Y|_{补} = 1001 + 0101 = 1110$$

运算结果无进位，结果为负，需对 1110 求补码，即 $|Z| = |1110|_{补} = 0010$，第一操作数的符号 $S_X=0$，则结果的符号 $S_Z=\overline{S_X}=1$，因此有

$$[Z]_{原}=[X+Y]_{原}=10010$$

（2）求 $[W]_{原}=[X-Y]_{原}$

由于 $[X]_{原}$和 $[Y]_{原}$符号相反，根据规则需要求数值位之和，即

$$|X| + |Y| = 1001 + 1011 = 10110$$

运算结果有进位，根据运算规则，运算结果产生溢出。

【例 4-2】已知 $[X]_{原}=11011$，$[Y]_{原}=1\ 1110$，求：

（1）$[Z]_{原}=[X+Y]_{原}$

（2）$[W]_{原}=[X-Y]_{原}$

解：根据题意可得 $|X| = 1011$，$|Y| = 1110$，$|Y|_{补} = 0010$。

（1）求 $[Z]_{原}=[X+Y]_{原}$

由于 $[X]_{原}$和 $[Y]_{原}$符号相同，根据规则需要求数值位之和，即

$$1011 + 1110 = 11001$$

最高位有进位，运算结果产生溢出。

（2）求 $[W]_{原}=[X-Y]_{原}$

由于 $[X]_{原}$和 $[Y]_{原}$符号相同，根据规则需要求数值位之差，即

$$1011 + 0010 = 1101$$

无进位，根据运算规则，运算结果为负（补码形式），需对其再求一次补，即 $|W| = |1101|_{补}=0011$，符号为第一操作数的相反符号，即 $S_Z=\overline{S_X}=0$，所以运算结果为

$$[X-Y]_{原}=00010$$

原码加减运算直观且易于理解，但运算比较复杂，存在一些局限性，如对溢出的检测不如补码直观，且在硬件实现上不如补码高效。尽管如此，原码运算在某些特定场景下仍然有其应用价值，尤其是在需要符号位直接参与运算的场合。在下一节中，我们将探讨补码加减运算方法，它在计算机系统中更为常见，因为它简化了加法和减法的硬件实现。

4.2.2 定点补码加减法运算

定点补码加减法运算用于有符号定点数的加法和减法运算，它简化了运算过程，不需要考虑操作数的正负，操作数的符号参与运算，从而使得加法和减法运算可以统一处理，简化了硬件设计。补码加减运算的逻辑实现主要依赖于加法器，无论是加法还是减法，都可以通过加法器来完成。补码的优势在于简化了计算机中加法和减法的运算，使得正数和负数的运算可以在硬件上使用相同的加法和逻辑电路来处理。

1. 定点补码加法运算

定点补码加法运算是指两个用补码表示的定点数进行加法运算的过程。在运算中，符号位和数值位一起参与运算，且符号位产生的进位要自然丢掉。

设操作数 X 和 Y 是两个定点数，用 $[X]_{补}$ 表示 X 的补码，$[Y]_{补}$ 表示 Y 的补码，$[X+Y]_{补}$ 表示 $X+Y$ 的补码，则有补码加法运算公式：

$$[X+Y]_{补}=[X]_{补}+[Y]_{补}$$

根据 X 和 Y 的取值和补码的定义规则，分四种情况证明上面公式的正确性。设 M 是 X 和 Y 的模，则证明如下：

（1）$X>0$ 和 $Y>0$ 的情况

因为 $X>0$ 和 $Y>0$，则有 $(X+Y)>0$。

根据补码的定义规则可知：$[X]_{补}=X$，$[Y]_{补}=Y$，所以

$[X]_{补}+[Y]_{补}=X+Y=[X+Y]_{补}$

（2）$X<0$ 和 $Y<0$ 的情况

因为 $X<0$，$Y<0$，所以 $(X+Y)<0$。

根据补码的定义规则可知：$[X]_{补}=M+X$，$[Y]_{补}=M+Y$，所以

$$\begin{aligned}[X]_{补}+[Y]_{补}&=M+X+M+Y=[X+Y]_{补}\\&=M+(M+X+Y)\\&=M+[X+Y]_{补}\\&=[X+Y]_{补}\end{aligned}$$

（3）$X>0$ 和 $Y<0$ 的情况

根据补码的定义规则可知：$[X]_{补}=X$，$[Y]_{补}=M+Y$，所以

$[X]_{补}+[Y]_{补}=X+M+Y=M+X+Y$

此时，$(X+Y)$ 的值有两种情况：

① $(X+Y)>0$，此时，模 M 被丢掉，所以有

$$\begin{aligned}[X]_{补}+[Y]_{补}&=M+X+Y=X+Y\\&=[X+Y]_{补}\end{aligned}$$

② $(X+Y)<0$，此时，根据补码的定义规则有

$[X]_{补}+[Y]_{补}=M+X+Y=[X+Y]_{补}$

（4）$X<0$ 和 $Y>0$ 的情况

这种情况与（3）的情况相似，把 X 和 Y 兑换位置即可证明。

有时需要求某个定点数补码的原码，因此还需要一个计算公式：

$$[[X]_{补}]_{补}=X$$

这个公式在于，已知一个数的补码，若求其原码，则对其补码再求一次补码，即可得到其原码。比如 $X_{补}=10101$，则对 $X_{补}$ 再求一次补码，即可到 $X=[X_{补}]_{补}=[10101]_{补}=11011$。

【例 4-3】已知 $X=10101$，$Y=01001$，求 $X+Y$。

解：根据题意可知 $[X]_{补}=11011$，$[Y]_{补}=01001$，则 $[X+Y]_{补}=[X]_{补}+[Y]_{补}$ 的运算过程如下：

$$\begin{array}{lr} & [X]_{补} \quad 1\ 1\ 0\ 1\ 1 \\ + & [Y]_{补} \quad 0\ 1\ 0\ 0\ 1 \\ \hline & [X+Y]_{补} \quad 1\ \ 0\ 0\ 1\ 0\ 0 \end{array}$$

所以，$[X+Y]_{补}=00100$，$X+Y=[[X+Y]_{补}]_{补}=00100$。

注意：符号位产生的进位将被丢掉，因为运算是在模的意义下进行的，模的意思就是超过模的数将被丢掉。

2. 定点补码减法运算

二进制数的补码表示方法，它使得减法运算可以转换为加法运算，补码减法运算公式如下：

$$[X-Y]_{补}=[X]_{补}+[-Y]_{补}$$

这个公式的证明简单，令 $Z=-Y$，则有

$[X-Y]_{补}=[X+Z]_{补}=[X]_{补}+[Z]_{补}=[X]_{补}+[-Y]_{补}$

【例 4-4】已知 $X=00101$，$Y=01110$，求 $X-Y$。

解：根据题意可知 $[X]_{补}=00101$，$[-Y]_{补}=10010$，则 $[X-Y]_{补}=[X]_{补}+[-Y]_{补}$ 的运算过程如下：

$$\begin{array}{lr} & [X]_{补} \quad 0\ 0\ 1\ 0\ 1 \\ + & [-Y]_{补} \quad 1\ 0\ 0\ 1\ 0 \\ \hline & [X-Y]_{补} \quad 1\ 0\ 1\ 1\ 1 \end{array}$$

所以，$[X-Y]_{补}=10111$，$X-Y=[[X-Y]_{补}]_{补}=11001$。

4.2.3 溢出检测方法与溢出处理

溢出的概念前面已经给出，这里主要讲定点补码运算的检测方法。溢出分为正溢（或者上溢）和负溢（或者下溢）。正溢是指运算结果大于所能表示的最大数，负溢是指运算结果小于所能表示的最小数。

【例 4-5】$X=01010$，$Y=01011$，求 $X+Y$。

解：$[X]_{补}=01010$，$[Y]_{补}=01011$，则 $[X+Y]_{补}=[X]_{补}+[Y]_{补}$ 的运算过程如下：

$$\begin{array}{lr} & [X]_{补} & 0\ 1\ 0\ 1\ 0 \\ + & [Y]_{补} & 0\ 1\ 0\ 1\ 1 \\ \hline & [X+Y]_{补} & 1\ 0\ 1\ 0\ 1 \end{array}$$

运算结果显示，两个正数相加的结果是负数，显然是错误的。同号相加或者异号相减均可能产生溢出。既然运算可能产生溢出，就需要进行检测，将溢出的结果告知系统进行处理。

溢出的检测有两种方法：双符号位法和单符号位法。

1. 溢出的双符号位检测方法

在双符号位法中，即在运算过程中，将操作数的符号扩展为两位，正数的符号为00，负数的符号为11，这样数的范围就增加了一倍，操作数的补码也称为变形补码。

检测方法是，运算结果也保留两位符号，最高位符号产生的进位仍然丢掉。然后根据运算结果的符号判断是否溢出：如果运算结果的符号是00或者11，说明运算结果正确，00表示结果为正，11表结果为负；如果运算结果的符号是01表示运算产生了正溢；如果运算结果的符号是10，表示运算产生了负溢。

【例4-6】$X=00110$，$Y=11101$，求$X+Y$，$X-Y$。

解：

（1）求解$X+Y$

$[X]_{补}=00110$，$[Y]_{补}=10011$，则$[X+Y]_{补}=[X]_{补}+[Y]_{补}$的运算过程如下：

$$\begin{array}{lr} & [X]_{补} & 0\ 0\ 0\ 1\ 1\ 0 \\ + & [Y]_{补} & 1\ 1\ 0\ 0\ 1\ 1 \\ \hline & [X+Y]_{补} & 1\ 1\ 1\ 0\ 0\ 1 \end{array}$$

运算结果的符号为11，运算结果正确，输出结果只需给出一位符号就可以了。所以，$[X+Y]_{补}=11001$，$X+Y=[[X+Y]_{补}]_{补}=10111$。

（2）求解$X-Y$

$[X]_{补}=00110$，$[-Y]_{补}=01101$，则$[X-Y]_{补}=[X]_{补}+[-Y]_{补}$的运算过程如下：

$$\begin{array}{lr} & [X]_{补} & 0\ 0\ 0\ 1\ 1\ 0 \\ + & [-Y]_{补} & 0\ 0\ 1\ 1\ 0\ 1 \\ \hline & [X-Y]_{补} & 0\ 1\ 0\ 0\ 1\ 1 \end{array}$$

运算结果的符号为01，产生了正溢，需要报告系统进行处理。

双符号的检测方法可以使用一个异或门来实现。运算结果的两位符号输入异或门：当异或门的输出为0时，表示运算结果正常，无须报告系统；当异或门的输出为1时，表示产生了溢出，需报告系统进行处理。

2. 溢出的单符号位法检测方法

符号位的溢出检测方法是，数据采用一位符号，根据数值最高的进位和符号位的进位来判断是否有溢出。设数值最高位的进位为 C_n，符号位的进位为 C_f，则 $V=C_f \oplus C_n$，如果 $V=0$，则运算结果正常，无异常；如果 $V=1$，则运算结果溢出。如果 $C_f C_n=01$，则产生正溢。如果 $C_f C_n=10$，则产生负溢。因此溢出检测也可以使用一个异或门来实现。

3. 溢出的处理

（1）硬件处理

计算机硬件通常提供标志位来指示是否发生了溢出，例如在x86架构中，有专门的溢出标志位（OF）。溢出标志位会在算术运算后被设置，程序员可以通过检查这个标志位来判断是否发生了溢出。

（2）编程语言级别的处理

静态类型检查：一些编程语言（如Java、C#）在编译时会对可能发生的溢出进行检查，并在编译阶段报错。

动态检查：一些编程语言（如Python）在运行时会自动处理溢出，例如通过调整整数的大小。

手动检查：在C/C++等语言中，程序员需要自己检查溢出情况，通常通过检查硬件标志位或者通过条件语句来实现。

（3）安全编程实践

使用更大范围的数据类型：如果预期的数据范围可能超过当前数据类型的表示范围，则可以使用更大范围的数据类型来存储数据。

验证输入：当接收外部输入时，对输入数据进行有效性检查，防止非法输入导致溢出。

使用安全库函数：一些库函数提供了溢出检查功能，例如在C语言中可以使用intadd宏来进行安全的整数加法。

4.2.4 基本的加/减法器

1. 一位全加器

基本的加/减法器是由一位全加器（full adder）构建的，一位全加器用于执行二进制数的某一位数字的加法运算，同时加上低位产生的进位。其真值表如表4-2所示。根据真值表，可以得出运算结果“和”和“进位”的输出函数表达式：

$$S_i = A_i \oplus B_i \oplus C_{i-1}$$

$$C_i = A_i B_i + (A_i \oplus B_i) C_{i-1}$$

根据表达式，可以给出一位全加器的电路图，如图 4-1 所示。

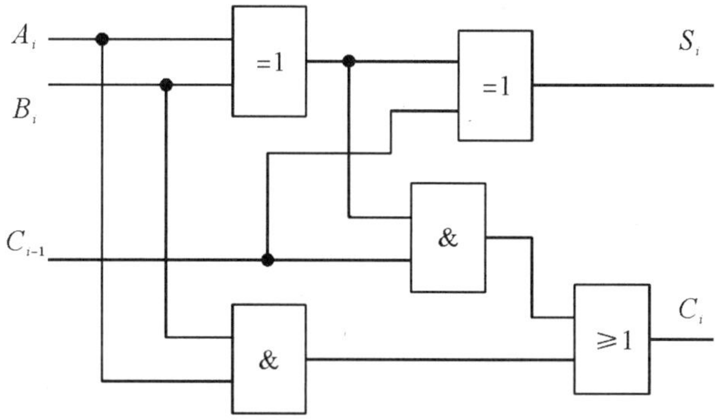

图 4-1　一位全加器电路图

一位全加器的逻辑符号可以用图 4-2 所示的两种方式表示。第一种可以用于构建阵列乘法器，第二种可以用于构建串行进位加法器。

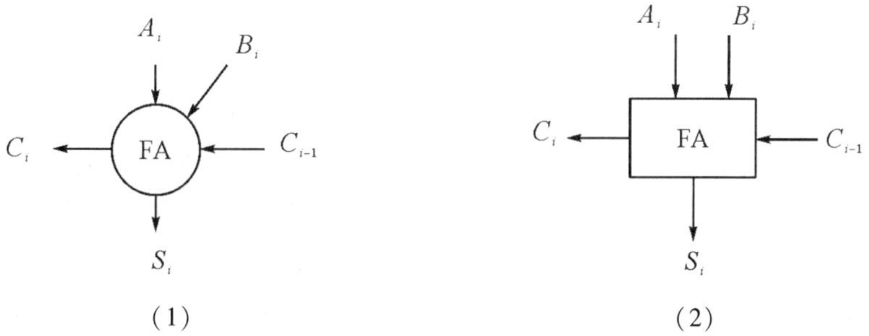

图 4-2　一位全加器的逻辑符号

2. 串行进位加法器

串行进位加法器（carry-ripple adder 或 serial carry adder）是一种多位加法器，它由多个一位全加器级联而成。在串行进位加法器中，每一位的进位输出传递给下一位作为进位输入。这种结构是最简单的多位加法器实现方法，但它的缺点是在进行多位加法时会产生较长的延时，因为每一位的进位都需要等待前一位的进位结果。比如四位串行进位加法器如图 4-3 所示。

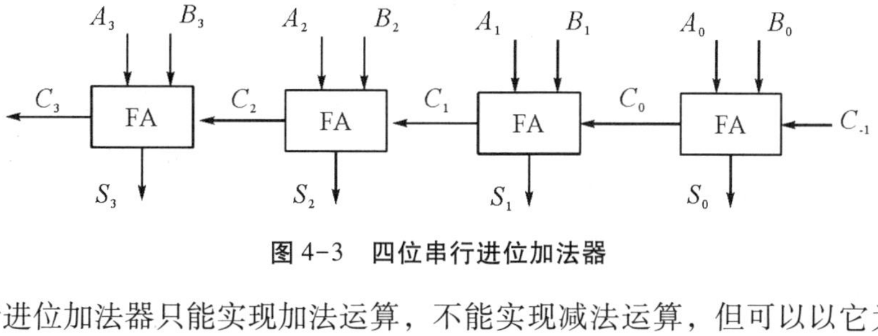

图 4-3　四位串行进位加法器

串行进位加法器只能实现加法运算，不能实现减法运算，但可以以它为基础加上一些辅助电路来实现加法运算和减法运算。

3. 加/减法器

将减法变为加法，是加上减数相反数的补码，即将减数各位数字变反再在末位加 1。在使用加法器来实现减法时，需要将减数变反并在末位加 1，如图 4-4 所示。

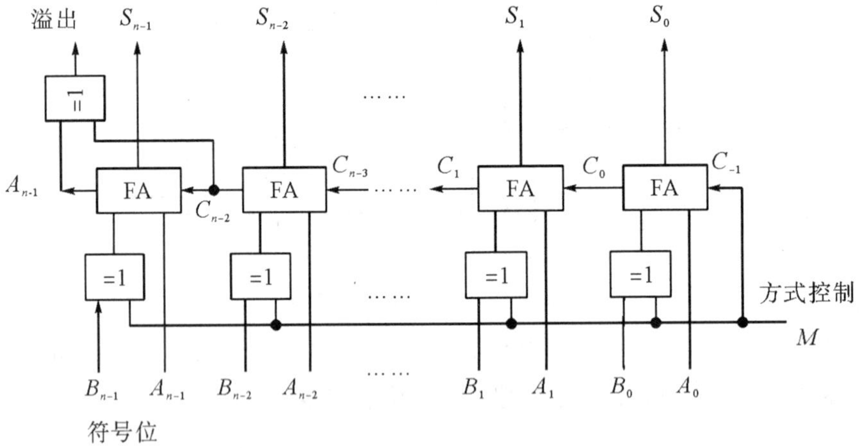

图 4-4　n 位加/减法器

在图 4-4 中，$A_{n-1}\cdots A_1A_0$是被加数（或者被减数），$B_{n-1}\cdots B_1B_0$是加数（或者减数），M 端是加法和减法的控制端。当 $M=0$ 时，$B_{n-1}\cdots B_1B_0$通过异或门后未被变反，所以电路执行的是加法运算。当 $M=1$ 时，$B_{n-1}\cdots B_1B_0$通过异或门后将被变反，并且在最低位的进位输入端输入 1，所以电路执行的是减法运算。电路采用单符号位法来检测是否溢出，即将数值最高位的进位和符号位的进位输入异或门，若异或门输出 0，则没有溢出，若异或门输出 1，则有溢出。

4.3　定点乘法运算与阵列乘法器

从计算机硬件设计的角度来看，乘法运算的实现方法有以下两种。

一是利用加法器进行多次循环加法运算和移位运算来实现乘法运算。这种方法硬件设计简单，但必须有时序电路来控制运算的每一步操作，需要使用多个时钟周期才能运算出结果，因而运算速度慢。

二是以纯组合逻辑电路的方式来实现乘法运算，即依据人工乘法的过程，使用一位全加器构成阵列组合逻辑电路来实现乘法运算。这种电路实现的乘法运算只需一个时钟周期，运算速度快，但是硬件设计复杂。

4.3.1　人工乘法运算的启示

计算机中的乘法运算实现是依据人工乘法过程和规律来实现的，因此有必要了解人工乘法的运算过程和规律。

两个原码定点数的乘法规则是：乘积的符号由两个操作数的符号进行异或运算得到，乘积的数值部分由两数的数值部分相乘得到。

现在以一个实例来看看人工乘法的过程和规律。

【例 4-7】设 $X=X_f.\ X_1X_2X_3X_4=1.1011$，$Y=Y_f.\ Y_1Y_2Y_3Y_4=0.1101$，求 $Z=X\times Y$。

说明，X_f和 Y_f分别是 X 和 Y 的符号，X_1到 X_4是 X 的各个位置上的数字，同样 Y_1到 Y_4是 Y 的各个位置上的数字。

解：

（1）符号运算：$Z_f=X_f\oplus Y_f=1\oplus 0=1$

（2）数值部分运算：

	|X|				1	0	1	1
	|Y|			×	1	1	0	1
					1	0	1	1
				0	0	0	0	
			1	0	1	1		
	+	1	0	1	1			
0.	1	0	0	0	1	1	1	1

上面的运算过程与十进制类似，其过程如下：

①从乘数的最低位 Y_4开始，$Y_4=1$，将被除数 1011 写下，最低位与 Y_4对齐；

② $Y_3=0$，写下 0000，其最低位与 Y_3对齐；

③ $Y_2=1$，写下被乘数 1011，其最低位与 Y_2对齐；

④ $Y_1=1$，写下的被乘数 1011，其最低位与 Y_1对齐；

⑤ 把①~④写下的数相加，就得到乘积 Z 的数值部分。

上面的运算过程有这样的特点：被乘数乘以每一位乘数的数字，得到的值按权值大小错开写，权值大的左移，权值大 2^1则左移 1 位，权值大 2^2就左移 2 位。比如，被乘数乘以 Y_2的值要比被乘数乘以 Y_4的值左移 2 位，因为 Y_2 的权值比 Y_4大 2^2。

需要注意的是，被乘数 X 的小数部分是 4 位，乘数 Y 的小数部分是 4 位，因此乘积的小数数值部分应该是 8 位。

所以 $Z=Z_f.\ Z_1Z_2\cdots Z_8=1.10001111$。

人工乘法运算中，常常采用分解数字为更小的单位（如十进制下的个位、十位等）来进行逐位相乘，然后再通过累加或进位得到最终结果。这种分解与迭代的思想同样适用于计算机乘法运算。计算机可以利用类似的策略，将大数乘法分解为多个小数乘法，再通过并行处理或优化算法来提高运算效率。根据人工计算过程，就可以设计计算机的运算过程。因为在计算机运算中，小数点是固定的，同时一次只能两个数相加，不能多个数同时相加，因此，计算机运算需要进行多次错位加法运算和移位运算，以通过移位实现错位相加。

4.3.2 定点原码乘法运算

1. 定点原码乘法运算

定点原码乘法运算基于人工乘法运算，分为符号运算和数值运算两部分。符号运算是被乘数的符号异或乘数符号。数值部分的运算采用下面的方法。

（1）初始部分积为0。因为运算是通过多次相加和多次移位来完成的，所以把每次相加的结果称为部分积，第一次相加之前的部分积称为初始部分积，因此未开始运算前，初始部分积是0。

（2）设数据的数值部分为n位，最高位为Y_1，最低位为Y_n。根据乘数最末一位Y_n的值来确定部分积加0还是加被加数的绝对值$|X|$。如果$Y_n=1$，则部分积加$|X|$；如果$Y_n=0$，则部分积加0。

（3）部分积和乘数同时右移一位。乘数的最末一位移出丢掉，乘数右移一位后最左边留下一位空缺位，使用部分积右移后移出的一位来填补，而部分积右移后最左边留下一位空缺位填补0。

（4）一共进行n次加法和n次右移。运算过程中，部分积和所加的$|X|$，均写两位符号00。最后一次右移后得到数值部分的乘积。

根据上面的方法，可以梳理出原码一位乘法的流程。设初始部分积为$|Z|$，循环次数为i，则原码一位乘法的流程如图4-5所示。

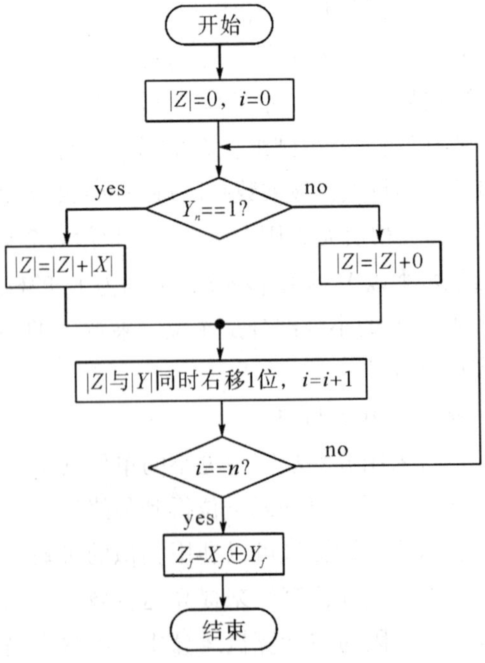

图4-5 原码一位乘法的运算流程

【例 4-8】已知 $X=+0.1001$，$Y=-0.1101$，使用原码一位乘法求 $Z=X\times Y$。

解：根据题意，有 $[X]_{原}=0.1001$，$[Y]_{原}=1.1101$，$|X|=0.1001$，$|Y|=0.1101$，运算过程如下：

（1）符号运算：$Z_f=X_f\oplus Y_f=0\oplus 1=1$

（2）数值部分的运算过程如表 4-4。

表 4-4　数值部分的运算过程

部分积		乘数 $\|Y\|$	说明
	0 0. 0 0 0 0	1 1 0 1	$\|Z\|=0$
+ $\|X\|$	0 0. 1 0 0 1		$Y_n=1$，部分积加 $\|X\|$
	0 0. 1 0 0 1		得部分积
→	0 0. 0 1 0 0	1 1 1 0	部分积和乘数右移 1 位
+ 0	0 0. 0 0 0 0		$Y_n=0$，部分积加 0
	0 0. 0 1 0 0		得部分积
→	0 0. 0 0 1 1	0 1 1 1	部分积和乘数右移 1 位
+ $\|X\|$	0 0. 1 0 0 1		$Y_n=1$，部分积加 $\|X\|$
	0 0. 1 1 0 0		得部分积
→	0 0. 0 1 1 0	0 0 1 1	部分积和乘数右移 1 位
$\|X\|$	0 0. 1 0 0 1		$Y_n=1$，部分积加 $\|X\|$
	0 0. 1 1 1 1		得部分积
→	0 0. 0 1 1 1	1 0 0 1	得乘积的数值部分

运算结果：$Z=X\times Y=1.0111\ 1001$。

2. 原码一位乘法的硬件逻辑

原码一位乘法的硬件逻辑如图 4-6 所示。图中 R_0 保存部分积，包括两位符号位；R_1 保存被乘数，包括两位符号位；R_2 保存乘数，不包括符号位。R_0 和 R_2 均具有右移功能。通过触发器 Cr 启动运算后，运算器开始进行累加，R_0 和 R_2 进行移位移位运算。累加次数和移位次数取决于计数器 CR 的初始值。因此 CR 的初值设置为操作数数值部分的位数。部分积是加 $|X|$ 还是加 0，取决于 Y_n 的值。符号运算通过一个异或门来实现。当 CR 的计数值为 0 时，停止运算。

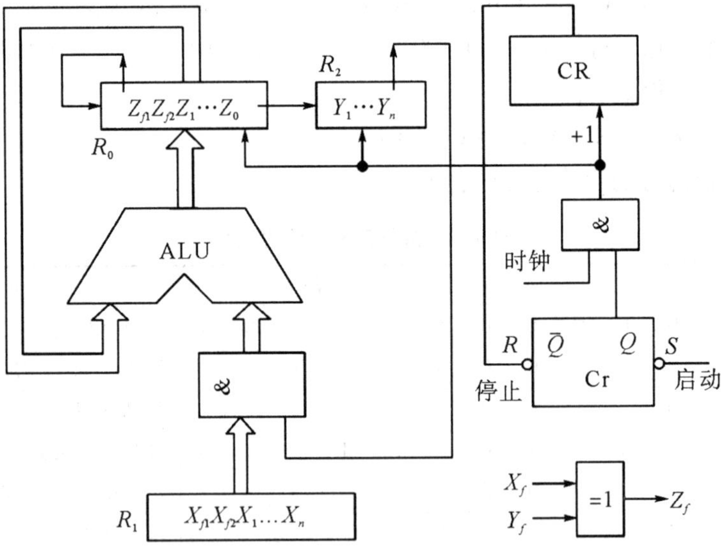

图 4-6　原码一位乘法硬件逻辑

在原码一位乘法运算中，每次加法运算是根据乘数最末一位的值来决定部分积加 $|X|$ 还是加 0 的，所以这种方法称为原码一位乘法。如果每次加法根据乘数的最末两位来决定部分积相加的数，则称为原码两位乘法。

4.3.3　定点补码一位乘法运算

计算机内部采用补码表述数据，如果乘法采用原码乘法运算，则运算前后需要进行补码和原码之间的转换。为了减少处理环节，英国人布斯提出了补码乘法，因此也称为 Booth 算法。

1. 补码一位乘法运算方法

设被乘数 X 的补码 $[X]_{补}=X_f.\ X_1X_2\cdots X_n$，乘数 Y 的补码 $[Y]_{补}=Y_f.\ Y_1Y_2\cdots Y_n$，乘积 Z 的补码 $[Z]_{补}=Z_f.\ Z_1Z_2\cdots Z_{2n}$，则补码一位乘法运算方法如下：

（1）参加运算的数用补码表示，部分积和被乘数的符号位扩展为相同的 2 位，正数的符号为 00，负数的符号为 11；乘数的符号使用一位。

（2）初始部分积为 $P_0=00.0\cdots0$（小数点后有 n 位），乘数最低位后面增加一位附加位 Y_{n+1}，其值为 0，即 $[Y]_{补}=Y_f.\ Y_1Y_2\cdots Y_n\ Y_{n+1}=Y_f.\ Y_1Y_2\cdots Y_n0$。

（3）根据乘数末尾两位 Y_nY_{n+1} 的值决定部分积所相加的数，相加的规则如下：①$Y_nY_{n+1}=00$ 或 $Y_nY_{n+1}=11$，部分积均加 0。②$Y_nY_{n+1}=01$，部分积加 $[X]_{补}$。③$Y_nY_{n+1}=10$，部分积加 $[-X]_{补}$。

（4）符号位一起相加，所得新的部分积和乘数同时右移 1 位，乘数最末一位移出 Y_{n+1} 的值丢掉，部分积最右边一位 Z_n 的值移出填补乘数右移产生的空缺位 Y_f，部分积右移产生的空缺位补原来的数字。

（5）如此循环，部分积进行 $n+1$ 次相加，部分积和乘数进行 n 次右移。最后一次相加不右移。

（6）最后所得部分积和移入乘数中的部分为乘积，乘积的数值部分为 $2n$ 位，即部分积移出并填补到乘数中的值都是乘积的一部分。部分积第一次右移移出的数字为 Z_{2n}，第二次右移移出的数字为 Z_{2n-1}，第 n 次右移移出的数字是 Z_{n+1}，最后一次相加得到部分积是 $Z_f Z_f.\ Z_1 \cdots\cdots Z_n$。

【例 4-9】设 $X=-0.1011$，$Y=+0.1001$，求 $Z=X\times Y$。

解：

$[X]_补=1.0101$，$[Y]_补=0.1001$，$[-X]_补=0.1011$，运算过程如表 4-5 所示：

表 4-5　运算过程

部分积	乘数	说明
00.0000 + 00.1011	0.10010	部分积为 0，$Y_{n+1}=0$ $Y_nY_{n+1}=10$，+ $[-X]_补$
00.1011 → 00.0101 + 11.0101	1 01001	得部分积 P_1 部分积和乘数右移 1 位，得 Z_8 $Y_nY_{n+1}=01$，　$+X_补$
11.1010 → 11.1101 + 00.0000	0 10100	得部分积 P_2 部分积和乘数右移 1 位，得 Z_7 $Y_nY_{n+1}=00$，　+0
11.1101 → 11.1110 + 00.1011	1 01010	得部分积 P_3 部分积和乘数右移 1 位，得 Z_6 $Y_nY_{n+1}=10$，+ $[-X]_补$
100.1001 → 00.0100 + 11.0101 11.1001	1 10101	得部分积 P_4 部分积和乘数右移 1 位，得 Z_5 $Y_nY_{n+1}=01$，　+ $[X]_补$ 得部分积 P_5，最后一次不右移

运算结果：$[X\times Y]_补=1.10011101$，$X\times Y = 1.01100011$（原码）。

2. 补码一位乘法的硬件逻辑

补码一位乘法的硬件逻辑如图 4-7 所示。寄存器 R_0 保存部分积，R_2 保存乘数，R_1 保存被乘数。R_0 和 R_2 均有移位功能，R_0 和 R_1 均有两位符号，R_2 只有一位符号。开始运算时，R_0 的值为 0。根据 Y_nY_{n+1} 的值决定部分积相加的数。要注意的是，Y_nY_{n+1}

=10 时，多路选择器选择$\overline{X}$的值进行相加，同时$Y_n\overline{Y_{n+1}}$输入与门后输出到 *ALU* 的进位输入端，因此实现了加 $[-X]_补$的功能。R_2右移后 Y_{n+1}的值移出丢掉，其最左边的空缺位填补 Z_n（即 R_0中的部分积右移后，移出的 Z_n的值）。*ALU* 的运算次数、R_0和 R_2的移位次数由计数器 *CR* 来控制。运算结果的数值部分的高 *n* 位在 R_0中，低 *n* 位在 R_2中。

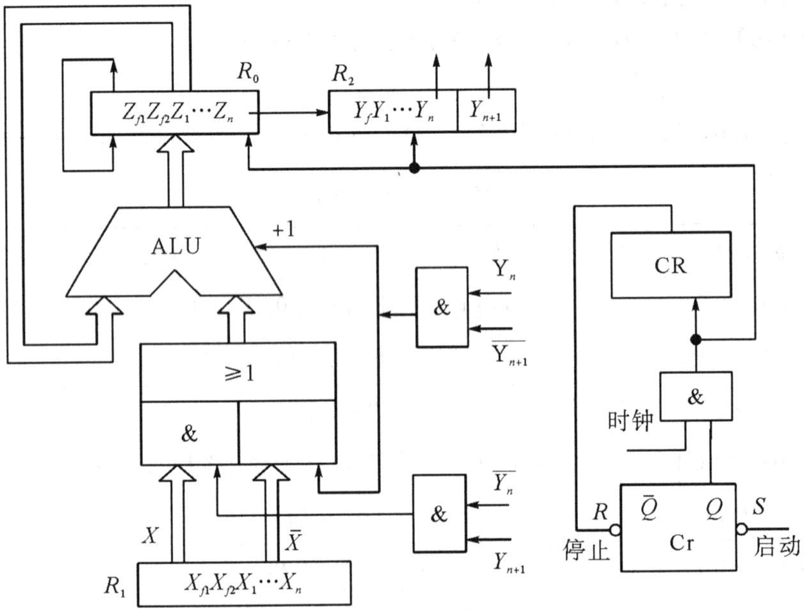

图 4-7　补码一位乘法的硬件逻辑

补码一位乘法的硬件逻辑与原码一位乘法的硬件逻辑有些类似，但在补码一位乘法中，符号参与运算。

4.3.4　阵列乘法器

由于原码乘法和补码乘法需要不断进行累加和移位运算，因此运行速度较慢。为了提高乘法运算的速度，可以采用阵列乘法器。

1. 无符号阵列乘法器

无符号阵列乘法器的设计思想是，根据人工乘法的过程与规律，使用大量的与门与一位全加器来构成阵列乘法器。

设 4 位无符号数 $X=X_3X_2X_1X_0$，$Y=Y_3Y_2Y_1Y_0$，则 $Z=X\times Y$ 的人工乘法如下：

			×	X_3	X_2	X_1	X_0
				Y_3	Y_2	Y_1	Y_0
				X_3Y_0	X_2Y_0	X_1Y_0	X_0Y_0
			X_3Y_1	X_2Y_1	X_1Y_1	X_0Y_1	
		X_3Y_2	X_2Y_2	X_1Y_2	X_0Y_2		
	X_3Y_3	X_2Y_3	X_1Y_3	X_0Y_3			
Z_7	Z_6	Z_5	Z_4	Z_3	Z_2	Z_1	Z_0

上面两个数字的乘积 X_iY_j 可以使用一个与门来实现。四位无符号阵列乘法器如图 4-8 所示，为了简化图形，图中未画出与门。

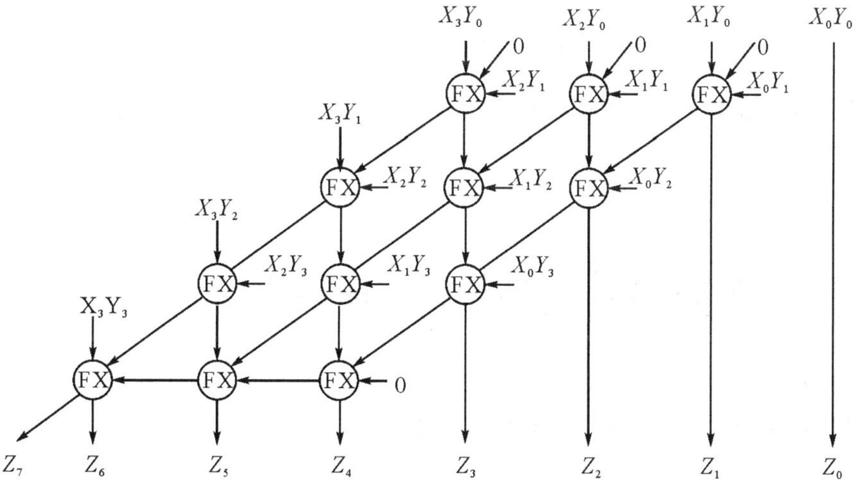

图 4-8　四位无符号阵列乘法器逻辑

图 4-8 所示的阵列乘法器中，全加器总共有 4 行，除了最后一行外，前面 3 行的每一行内可以同时进行相加，但第一行相加后才可以进行下一行的相加。最后一行，最后的全加器运算后，才能依次向左相加。

2. 补码阵列乘法器

补码阵列乘法器是在无符号阵列乘法器的基础上演变而来的，如图 4-9 所示。由于在补码乘法中，被乘数和乘数都是补码，为了能在无符号阵列乘法器中进行运算，需要将被乘数和乘数转换为无符号数。因此，需要在无符号阵列乘法器的运算输入前增加两个求补电路，在无符号阵列乘法器的运算输出后增加一个求补电路。求补电路需要相应的符号作为求补控制信号。

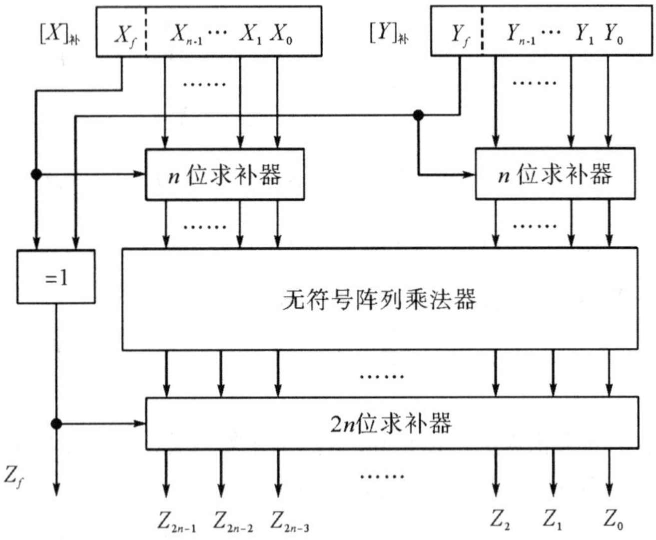

图 4-9　补码阵列乘法器逻辑

补码阵列乘法器也可以直接构建，不用无符号阵列乘法器，读者可以自行查阅相关资料。

4.4　定点除法运算与阵列除法器

定点除法运算与定点乘法运算类似，也是根据人工除法运算的过程和方法，将除法过程转换为若干次加减运算和移位运算的循环操作。

4.4.1　人工除法运算的启示

人工除法与计算机除法虽然在执行方式上有所不同，但它们之间存在着一些共通的原则和理念，这些可以为计算机除法的设计和优化提供一定的启示。

1. 分解与迭代的思想

人工除法通常将被除数分解为多个部分，每部分都与除数进行运算，这是一个典型的分解与迭代过程。计算机除法运算同样可以借鉴这种思想，将复杂的除法问题分解为多个简单的子问题，通过迭代的方式逐步求解。这种方法不仅降低了问题的复杂度，还提高了算法的可实现性和效率。

2. 逻辑判断与条件执行

在人工除法中，我们需要根据当前的运算结果（如余数的大小）来判断下一步的运算策略（如是否继续减去除数）。计算机除法运算也需要进行类似的逻辑判断，并根据判断结果来执行不同的指令。这种逻辑判断与条件执行的能力是计算机算法设计中的重要组成部分，它使得计算机能够根据具体情况灵活调整运算策略，从而得到正确的结果。

3. 精确性与容错性

人工除法对精确性要求较高，任何微小的误差都可能导致结果的偏差。然而，在实际应用中，计算机运算可能会受到各种因素的影响（如硬件故障、软件错误等），导致运算结果出现偏差。因此，在计算机除法运算中，我们需要设计具有容错性的算法，能够在一定程度上容忍运算过程中的微小误差，从而得到相对准确的结果。同时，我们还需要通过精确的算法设计和严格的测试来确保计算机除法运算的准确性和可靠性。

4. 高效性与优化

人工除法运算虽然能够得到准确的结果，但其效率相对较低，尤其是在处理大量数据时。计算机除法运算则可以通过算法优化和硬件加速等手段来提高运算效率。例如，在计算机中，我们可以采用更高效的除法算法（如牛顿迭代法、Goldschmidt算法等）来降低运算复杂度；同时，我们还可以利用并行计算和分布式计算等技术来加速除法运算过程。这些优化手段使得计算机在处理大规模数据时具有更高的效率和更好的性能。

5. 符号处理与类型转换

在人工除法中，我们需要处理正数和负数的情况，并根据需要进行类型转换（如将整数转换为小数进行运算）。在计算机除法运算中，我们同样需要处理这些问题。计算机需要正确地识别和处理不同符号的数，并根据需要进行数据类型转换。此外，计算机还需要处理浮点数运算中的精度问题，以确保运算结果的准确性。

4.4.2 定点原码除法运算

定点原码除法运算有原码恢复余数除法和原码不恢复余数除法两种。原码恢复余数法在运算过程中需要恢复余数，并且恢复余数与具体的运算有关，导致恢复余数的次数不确定，因此运算时间也是不固定，其设计电路也相对复杂。

原码不恢复余数除法运算是对原码恢复余数除法运算的改进，其主要特点是不够减时不需要恢复余数，而是根据余数的符号进行不同的运算处理，运算步数固定，运算时间固定，控制简单，运算效率高于原码恢复余数除法。因此本书只讲原码不恢复余数除法运算。

设 $X=X_f.\ X_1X_2\cdots X_n$，$Y=Y_f.\ Y_1Y_2\cdots Y_n$，$Z=X/Y=Z_f.\ Z_1Z_2\cdots Z_n$，$|Z|=Z_0.\ Z_1Z_2\cdots Z_n$，$R_i$（$0<=i<=n+1$）表示余数。原码不恢复余数除法运算的前提条件是 $|X|<|Y|$，运算规则如下：

（1）尾数运算

①初始余数 $R_0=|X|$，初始商 $|Z|=0.00\cdots0$，$R_1=R_0+[-|Y|]_{补}$，$i=1$。

② 如果 $R_i>0$，则上商 1（即 $Z_{i-1}=1$），余数 R_i 和商 $|Z|$ 左移 1 位，余数 R_i 加 $[-|Y|]_{补}$（$R_{i+1}=R_i+[-|Y|]_{补}$）；如果 $R_i<0$，则上商 0（即 $Z_{i-1}=0$ 的值），余数 R_i 和商 $|Z|$ 左移 1 位，余数 R_i 加 $[|Y|]_{补}$（$R_{i+1}=R_i+[|Y|]_{补}$）。余数最左边一位左移后移出丢掉，商的最左边一位移出后填补余数左移后最右边的空缺位，上商的值填补商左移后最右边的空缺位，即上商的值在商的末位置入。

③ i++。

④ 如果 $i>n$，转入第⑤步；否则转入第②步。

⑤ 如果 $R_i>0$，上商 1，商左移 1 位，结束尾数运算；否则，上商 0，商左移 1 位，进行一次恢复余数，R_i 加 $[|Y|]_{补}$（$R_i=R_i+[|Y|]_{补}$），结束尾数运算。

（2）符号运算：$Z_f=X_f\oplus Y_f$

原码不恢复余数除法运算的流程如图 4-10 所示。

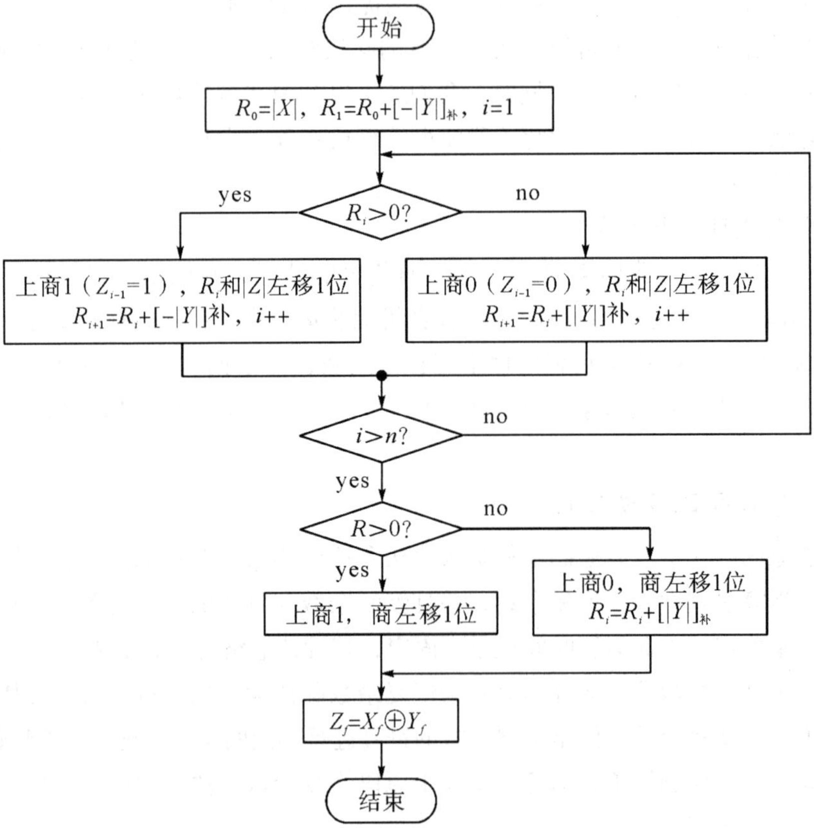

图 4-10 原码不恢复余数除法运算流程

【例 4-10】$X=0.1011$，$Y=-0.1101$，使用原码不恢复余数法计算 $[Z]_{原}=[X]_{原}\div[Y]_{原}$。

解：$[X]_{原}=0.1011$，$[Y]_{原}=1.1101$，$[|Y|]_{补}=0.1101$，$[-|Y|]_{补}=1.0011$，原码不恢复余数运算过程如表 4-6 所示。

表 4-6　运算过程

余数 R_i	商 $\|Z\|$	说明
00.1011	0.0000	初始余数 $R_0=0$，商 $\|Z\|=0$
$+[-\|Y\|]_{补}$　11.0011		$R_0>0$，加 $[-\|Y\|]_{补}$
11.1110		得 R_1，$R_1<0$，上商 0
←　11.1100	0.0000	R_1 和商左移 1 位
$+[\|Y\|]_{补}$　00.1101		$R_1<0$，加 $[\|Y\|]_{补}$
100.1001		得 R_2，$R_2>0$，上商 1
←　01.0010	0.0001	R_2 和商左移 1 位
$+[-\|Y\|]_{补}$　11.0011		$R_2>0$，加 $[-\|Y\|]_{补}$
100.0101		得 R_3，$R_3>0$，上商 1
←　00.1010	0.0011	R_3 和商左移 1 位
$+[-\|Y\|]_{补}$　11.0011		$R_3>0$，加 $[-\|Y\|]_{补}$
11.1101		得 R_4，$R_4<0$，上商 0
←　11.1110	0.0110	R_4 和商左移 1 位
$+[\|Y\|]_{补}$　00.1101		$R_4<0$，加 $[\|Y\|]_{补}$
00.1011		得 R_5，$R_5>0$，上商 1
	0.1101	商左移 1 位
		$R_5>0$，无需恢复余数

$|Z|=0.1101$，余数 $R=0.1011\times2^{-4}$。

$Z_f=X_f\oplus Y_f=0\oplus1=1$，所以 $[Z]_{原}=[X]_{原}\div[Y]_{原}=1.1101$，余数 $R=0.1011\times2^{-4}$。

4.4.3　定点补码除法运算

不用于原码不恢复余数除法运算，补码除法运算讲符合位一起运算，商和余数也要补码表示。

设被除数为 X，除数为 Y，商为 Z，余数为 R，数值部分为 n 位，则补码除法运算规则如下：

① 初始余数 $[R_0]_{补}=[X]_{补}$，$[Z]_{补}=0$。如果 R_0 与 Y 同号，则 $[R_1]_{补}=[R_0]_{补}+[-Y]_{补}$；如果 R_i 与 Y 异号，则 $[R_1]_{补}=[R_0]_{补}+[Y]_{补}$。$i=1$。

② 如果 R_i 与 Y 同号，则上商 1，R_i 和 $[Z]_{补}$ 左移 1 位，$[R_{i+1}]_{补}=[R_i]_{补}+[-Y]_{补}$；上如果 R_i 与 Y 异号，则上商 0，R_i 和 $[Z]_{补}$ 左移 1 位，$[R_{i+1}]_{补}=[R_i]_{补}+[Y]_{补}$。

③ i++。

④ 如果 $i>n$，转入第⑤步；否则转入第②步。

⑤ 商末位恒置 1。

补码除法的流程如图 4-11 所示。

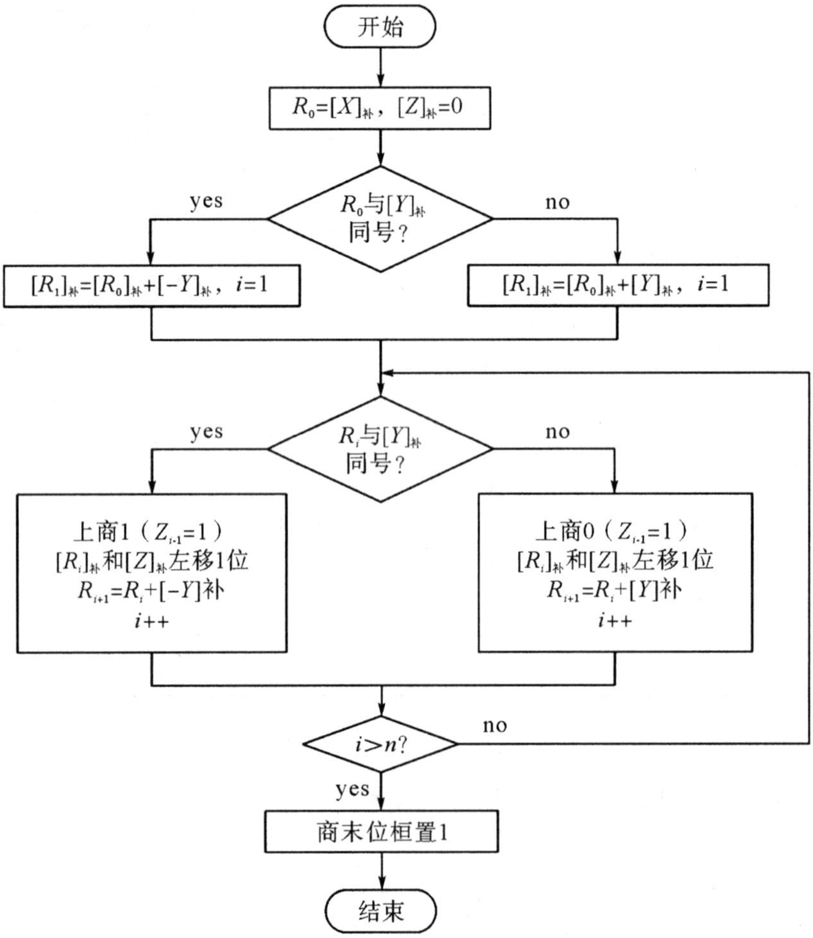

图 4-11　补码除法运算流程

【例 4-11】$X=-0.1001$，$Y=0.1011$，使用补码除法计算 $[Z]_补=[X]_补\div[Y]_补$。

解：$[X]_补=1.0111$，$[Y]_补=0.1011$，$[-Y]_补=1.0101$，补码除法运算过程如表 4-7 所示。

表 4-7　运算过程

说明	余数 $[R_i]_补$	商 $[Z]_补$
1 1 . 0 1 1 1	0 . 0 0 0 0	初始余数 $[R_0]_补=[X]_补$，商 $[Z]_补=0$
+ $[-\mid Y\mid]_补$　0 0 . 1 0 1 1		$[R_0]_补$与 $[Y]_补$异号，加 $[Y]_补$
1 0 0 . 0 0 1 0		得 $[R_1]_补$，$[R_1]_补$与 $[Y]_补$同号，上商 1
←　0 0 . 0 1 0 0	0 . 0 0 0 1	$[R_1]_补$和商左移 1 位
+ $[\mid Y\mid]_补$　1 1 . 0 1 0 1		加 $[-Y]_补$

表4-7(续)

说明		余数 $[R_i]_补$	商 $[Z]_补$
	1 1 . 1 0 0 1		得 $[R_2]_补$，$[R_2]_补$与 $[Y]_补$异号，上商0
←	1 1 . 0 0 1 0	0 . 0 0 1 0	$[R_2]_补$和商左移1位
+ $[-\|Y\|]_补$	0 0 . 1 0 1 1		加 $[Y]_补$
	1 1 . 1 1 0 1		得 $[R_3]_补$，$[R_3]_补$与 $[Y]_补$异号，上商0
←	1 1 . 1 0 1 0	0 . 0 1 0 0	$[R_3]_补$和商左移1位
+ $[-\|Y\|]_补$	0 0 . 1 0 1 1		加 $[Y]_补$
	0 0 . 0 1 0 1		得 $[R_4]_补$，$[R_4]_补$与 $[Y]_补$同号，上商1
←	0 0 . 1 0 1 0	0 . 1 0 0 1	$[R_4]_补$和商左移1位
+ $[\|Y\|]_补$	1 1 . 0 1 0 1		加 $[-Y]_补$
	1 1 . 1 1 1 1		得 $[R_5]_补$，末位恒置1
		1 . 0 0 1 1	商左移1位

$[Z]_补=[X]_补\div[Y]_补=1.0011$，余数 $[R]_补=1.1111\times2^{-4}$。

4.4.4 阵列除法器

1. 可控加减法单元CAS

阵列除法器需要可控加减法单元CAS来构成。可控加减法单元CAS的逻辑符号如图4-12所示。在输入端中，A_i为被操作数（被加数/被减数），B_i为操作数（加数/减数），C_i为低位的进位或者借位，M为运算方式控制信号；$M=0$则CAS进行加法运算，$M=1$则CAS进行减法运算。在输出端中，C_{i+1}为进位/借位输出端，S_i为运算输出的和/差，输出的M用于下一位的加减运算控制，输出的B_i用于下一级的操作数（加数/减数）。

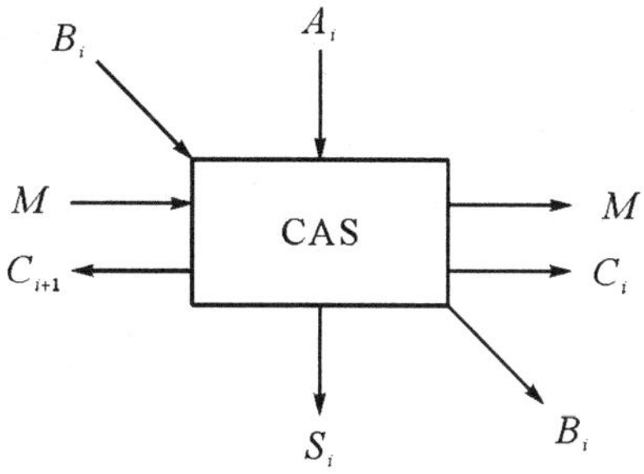

图4-12 可控加减法单元逻辑符号

2. 加减交替除法阵列器

设被除数的绝对值$|X|=0.x_1x_2x_3x_4x_5x_6$，除数的绝对值$|Y|=0.y_1y_2y_3$，商的绝对值$|Z|=0.z_1z_2z_3$，余数$R=0.r_1r_2r_3r_4r_5r_6$，则该除法运算的加减交替除法阵列器如图4-13所示。

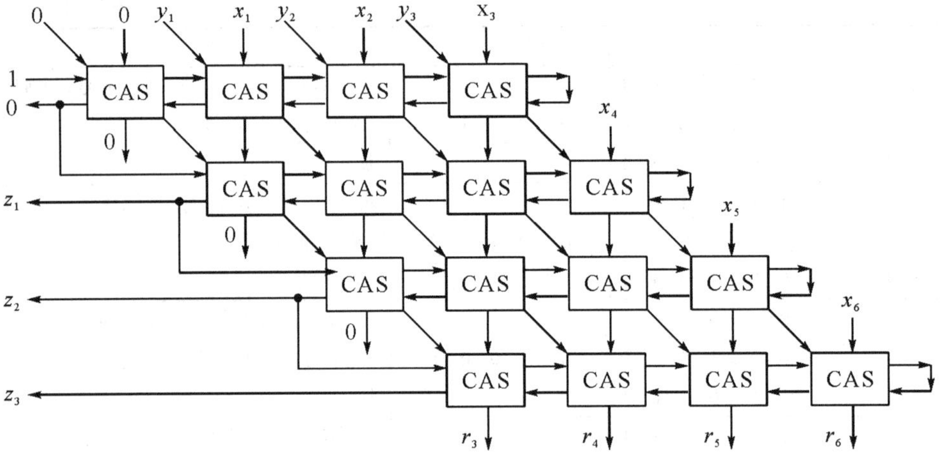

图 4-13 加减交替除法阵列器

在图 4-13 中，第一行（次）进行减法运算，因此第一行的 CAS 的 $M=1$。每一行的最高位运算产生的进位/借位控制下一行的运算方式（加法/减法）。从第二行开始，每一行最高位运算产生的进位/借位都是商的数值部分。最后一行运算的和/差都是余数的最后几位。因此，商 $|Z|=0.z_1z_2z_3$，余数 $R=0.00r_3r_4r_5r_6$。

4.5 定点运算器

运算器是计算机的数据处理部件，在控制器的控制下执行算术运算和逻辑运算。

4.5.1 定点运算器的基本组成

定点运算器的组成包括算术逻辑运算单元 ALU、寄存器组、多路开关、三态缓冲器、数据总线等，如果实现了乘除法运算的，还有阵列乘除法器。将这些部件连接成一个整体时，为 ALU 提供操作数的方式有两种：一种是使用多路选择器，另一种是使用锁存器。

连接运算器各部件的只有数据总线，与下一章讲的系统总线不同，不包括地址总线。

1. 采用多路选择器的运算器

如图 4-14 所示，因为 ALU 有两个数据输入端，因此需要两个多路选择器。因为通用寄存器为 4 个（R0～R3），所以多路选择为 4 选 1 选择器。每个多路选择器都可以根据需要选择任意一个通用寄存器的内容输入 ALU。两个多路选择器可以选择同一个寄存器输入 ALU，也可以选择不同的寄存器输入 ALU。ALU 的运算结果可以存入任意一个通用寄存器。通用寄存器 R0～R3 的数据输出无须控制，即数据一旦写入，立即输出给多路选择器。

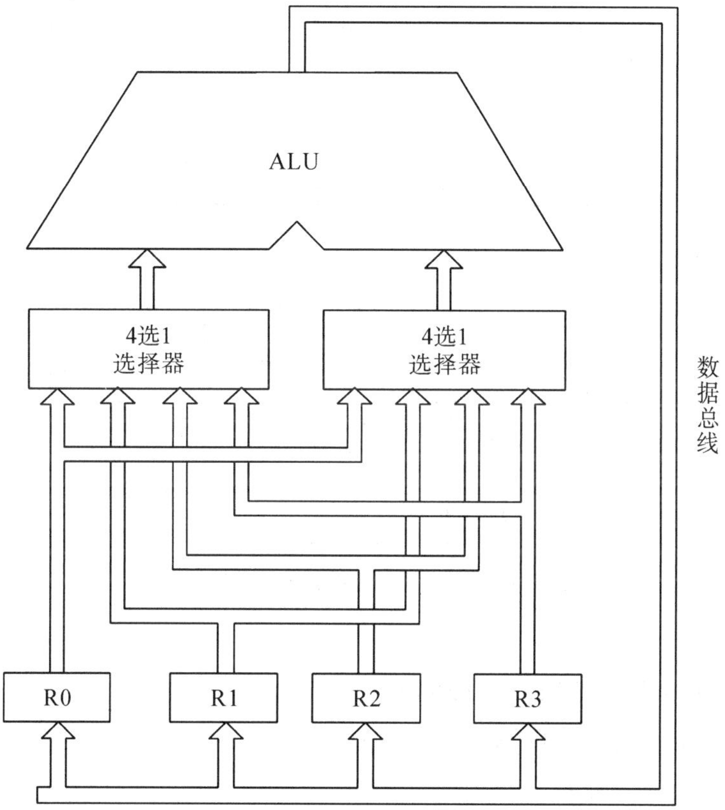

图 4-14 采用多路选择器的运算器

2. 采用锁存器的运算器

如图 4-15 所示，通用寄存器 R0~R3 的数据输出需要控制，一个时刻只能由一个寄存器输出给某个锁存器。两个锁存器保存了运算器所需要的操作数，先将一个操作数写入一个锁存器，再将另外一个操作数写入另外一个锁存器，然后再进行运算，运算结果写入任意一个寄存器。

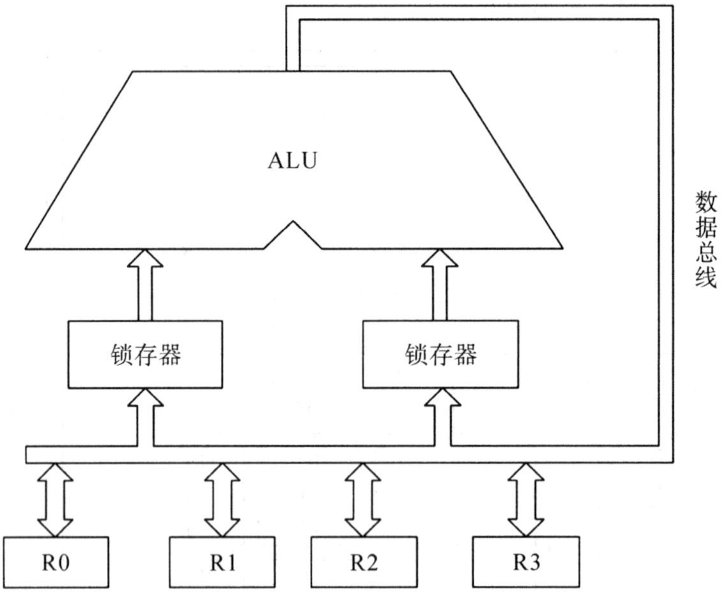

图 4-15　采用锁存器的运算器

4.5.2　定点运算器的内部总线结构

运算器内部的数据总线大体有三种结构形式。

1. 单总线结构运算器

图 4-15 就是一种单总线结构的运算器，这种运算器速度慢，一次运算需要几步操作才能实现。比如，一个双操作数的运算，第一步先将一个操作数写入一个锁存器，第二步将另外一个操作数写入另外一个锁存器，第三步进行运算并将结果写入某个寄存器。

2. 双总线结构运算器

双总线结构的运算器可以分别传送两个操作数给 ALU，因此可以不使用多路选择器或者锁存器，如图 4-16 所示。两个操作数可以直接通过两个总线传送给 ALU，可以直接运算得到结果。但是运算结果不能直接传送到总线上，因为此时总线被两个操作数占用了，因此需要设置一个缓冲器来保存运算结果，然后再通过一个总线传送给某个寄存器。双总线结构运算器比单总线结构的运算器操作步骤要少，运行速度更快。

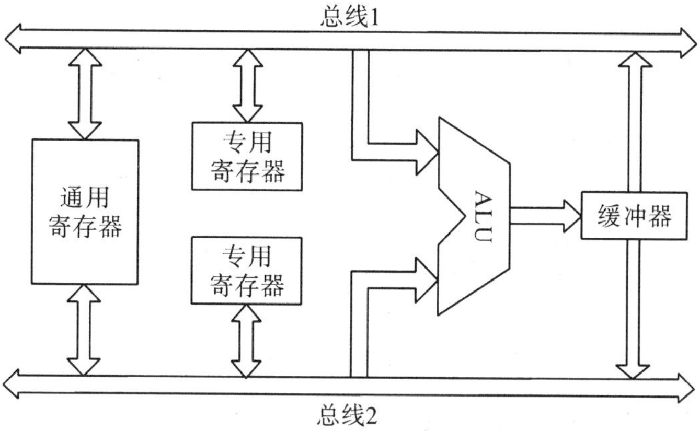

图 4-16 双总线结构运算器

3. 三总线结构运算器

三总线结构的运算器如图 4-17 所示，运算所需的两个操作数通过总线 1 和总线 2 分别传送给 ALU，运算结果通过总线 3 直接传送给某个寄存器，因此一次运算可以一步完成，速度更快。如果数据需要在两个寄存器之间进行传送，可以先传送到总线 2，再通过总线旁路器传送到总线 3，最后传送到目的寄存器。

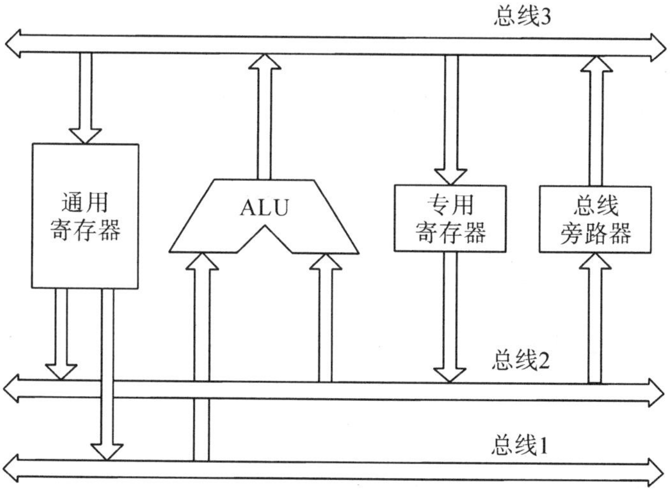

图 4-17 三总线结构运算器

4.5.3 74181ALU 芯片

74181ALU 芯片是可以完成 4 位二进制数据运算的运算器，在进行加减法运算时，4 位二进制数据位可以同时相加（或者相减）。74181ALU 的工作模式有正逻辑和负逻辑两种，图 4-18 是正逻辑 74181ALU 的外特性。

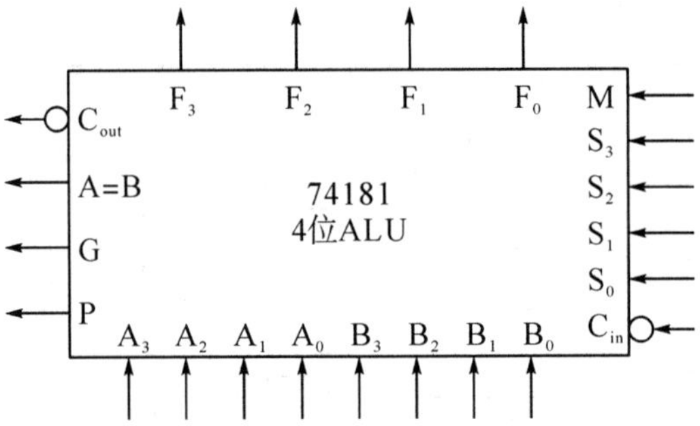

图 4-18 正逻辑 74181ALU 外特性

正逻辑 74181ALU 的引脚信号及其功能如表 4-8 所示。

表 4-8 74181ALU 引脚信号功能表

信号	功能说明
A_3	A 口数据（被操作数）输入端，比如被加数，被减数等
A_2	
A_1	
A_0	
B_3	B 口数据（操作数）输入端，比如加数、减数等
B_2	
B_1	
B_0	
M	运算模式信号，M=1，进行逻辑运算；M=0，进行算术运算
S_3	具体运算方式控制信号，具体运算方式如表 4-9 所示
S_2	
S_1	
S_0	
C_{in}	进位输入端
C_{out}	进位输出端
F_3	运算结果输出端，$F= F_3\ F_2\ F_1\ F_0$
F_2	
F_1	
F_0	
$A=B$	如果 A 口和 B 口数据相等，该信号为 1，否则为 0
P	低位进位输出（半进位）
G	高位进位输出（全进位）

正逻辑 74181ALU 可以进行 16 种算术运算和 16 种逻辑运算，其具体运算由 S_3～S_0和 M 共同控制，具体运算功能如表 4-9 所示。

表 4-9 正逻辑 74181ALU 运算功能表

$S_3S_2S_1S_0$	逻辑运算（$M=1$）	算术运算（$M=1$）	
		$C_{in}=1$（无进位）	$C_{in}=0$（有进位）
0000	$\bar{A}$	A	A 加 1
0001	$\overline{A+B}$	$A+B$	（$A+B$）加 1
0010	$\bar{A}B$	$A+\bar{B}$	（$A+\bar{B}$）加 1
0011	0	减 1	0
0100	$\overline{AB}$	A 加 $A\bar{B}$	A 加 $A\bar{B}$ 加 1
0101	$\bar{B}$	（$A+B$）加 $A\bar{B}$	（$A+B$）加 $A\bar{B}$ 加 1
0110	$A\oplus B$	A 减 B 减 1	A 减 B
0111	$A\bar{B}$	$A\bar{B}$ 减 1	$A\bar{B}$
1000	$\bar{A}+B$	A 加 AB	A 加 AB 加 1
1001	$\overline{A\oplus B}$	A 加 B	A 加 B 加 1
1010	B	（$A+\bar{B}$）加 AB	（$A+\bar{B}$）加 AB 加 1
1011	AB	AB 减 1	AB
1100	1	$A+A^{*}$	A 加 A 加 1
1101	$A+\bar{B}$	（$A+B$）加 A	（$A+B$）加 A 加 1
1110	$A+B$	（$A+\bar{B}$）加 A	（$A+\bar{B}$）加 A 加 1
1111	A	A 减 1	A

表中的“+”表示逻辑或运算，变量之间无运算符表示逻辑与运算，“加”表示算术加运算，“减”表示算术减运算，“ * ”表示 $A+A=2A$，即 A 算术左移 1 位。

4.5.4 74182 四位先行进位产生器

74181 提供了 4 位先行进位运算，如果需要更多位数的运算，则可以选择多片 74181 芯片来组装。如果芯片之间采用串行进位方式，则把低位芯片的 C_{out} 连接在高位芯片的 C_{in} 端，因此只有低位芯片计算完了才能进行高位芯片计算，会有时间延迟。如果 74181 芯片之间也要先行进位，则需要使用 74182 芯片来进行扩展连接。

74182 是一种集成的 4 位先行进位产生器，常与 4 位算术逻辑单元 74181 配合使用。在多位数字的加法运算中，随着位数的增加，进位的计算时间会成为影响运算速度的关键因素。74182 的作用就是快速产生进位信号，以提高加法运算的速度。

74182 芯片的外特性如图 4-19 所示。

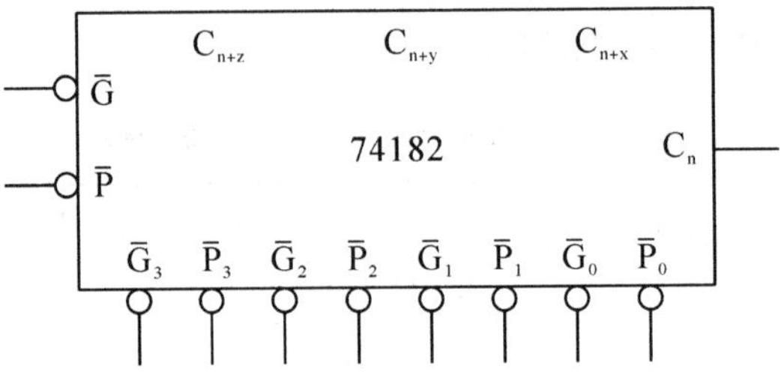

图 4-19　74182 芯片外特性

各个 74181 芯片的 G 端和 P 端接入 74182 的 $\bar{G}_i$ 和 $\bar{P}_i$，而 74182 的 C_{n+z}、C_{n+y}、C_{n+x} 为 74181 的进入输入端，$\bar{G}$ 和 $\bar{P}$ 可作为更高一级的 74182 的输入端。图 4-20 是 8 片 74181 和 2 片 74182 共同组装的 32 位 ALU 运算器。

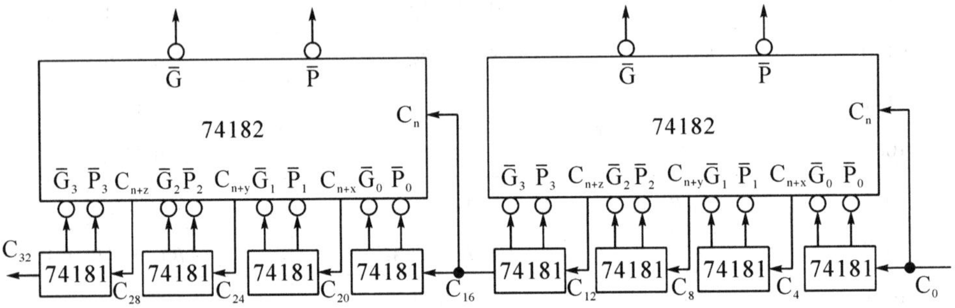

图 4-20　32 位两级行波 ALU

4.6　浮点运算

浮点运算，作为计算机运算的重要组成部分，主要涉及小数的计算。与定点运算相比，浮点运算更加复杂，需要考虑小数点的位置、精度控制以及舍入方式等多个因素。在计算机科学中，浮点运算能力直接影响到图形处理、科学计算、金融分析等多个领域的应用效果。

浮点运算包括浮点数加减乘除等运算。浮点运算能力是指计算机系统进行浮点数运算的速度和效率，是衡量计算机性能的一个重要指标，尤其对于科学计算、图形处理、机器学习等领域来说至关重要。因此，深入理解和分析计算机的浮点运算能力，对于优化程序性能、提高计算精度具有重要意义。

4.6.1　浮点加减法运算

浮点数的加减法运算是计算机中处理浮点数时的基础操作之一，其运算过程类似于十进制中科学计数法的数据运算过程。由于浮点数的表示方式（基于 IEEE 754 标准）涉及符号位、指数部分和尾数部分，因此浮点数的加减法运算相对于整数运算来说要复杂一些。

1. 浮点加减运算的规则

设 $X=m_X\times2^{E_X}$，$Y=m_Y\times2^{E_Y}$，则 $Z=X\pm Y=m_X\times2^{E_X}\pm m_Y\times2^{E_Y}$。如果 $E_X>E_Y$，则有

$Z=X\pm Y=m_X\times2^{E_X}\pm m_Y\times2^{E_Y}=(m_X\pm m_Y\times2^{E_Y-E_X})\times2^{E_X}$

如果 $E_X<E_Y$，则有

$Z=X\pm Y=m_X\times2^{E_X}\pm m_Y\times2^{E_Y}=(m_X\times2^{E_X-E_Y}\pm m_Y)\times2^{E_Y}$

因此，要进行浮点数的加减运算，需要使两个操作数的阶码相等。使两个操作数的阶码相等的过程叫对阶。对阶时，应该使小阶向大阶看齐，即将阶码小的操作数的尾数右移运算，使其阶码和大阶一样。如果反过来，大阶向小阶看齐，则大阶的操作数的尾数需要进行左移运算，会尾数出现整数。阶码对齐后，尾数就可以进行加减运算。

2. 浮点加减法的基本步骤

（1）对阶

由于两个浮点数的指数部分可能不同，因此在进行加减法之前，需要先将它们调整到相同的指数上，即对阶。这通常是将较小的数（即指数较小的数）的尾数向右移动（即乘以 2 的某个幂次），同时相应地增加其指数值，直到两个数的指数相等为止。

（2）尾数加减

在对阶完成后，两个浮点数的尾数部分就可以进行加减运算了。这通常是一个简单的二进制数加减运算。

（3）规格化

在尾数进行加减运算后，得到的结果可能不是一个规格化的浮点数（即尾数的最高有效位不是 1）。为了保持浮点数的标准形式，可能需要进行规格化处理，即将尾数左移（并相应地减少指数值），直到尾数的最高有效位变为 1。

（4）舍入

由于浮点数的表示是近似的，因此在进行尾数加减运算后，可能需要进行舍入操作，以将结果舍入到最近的浮点数表示。IEEE 754 标准定义了多种舍入模式，如向最近的值舍入（默认模式）、向零舍入、向正无穷大舍入和向负无穷大舍入。

（5）溢出判断

在规格化后，还需要检查指数部分是否超出了浮点数能表示的范围。如果超出了范围，则需要进行溢出处理，这通常意味着结果将表示为正无穷大、负无穷大或 NaN（不是一个数）。

（6）给出运算结果

如果无溢出，则给出运算结果。

3. 基于 IEEE 754 标准浮点数的加减运算

尾数的加减结果不一定符合 IEEE 754 标准浮点数对尾数规格化的要求，即不符合不等式 $1\leq|m_Z|<2$。如果尾数加减结果不符合 IEEE 754 标准浮点数对尾数规格化的要求，则需要进行规格化处理。需要注意的是，进行尾数规格化，需要相应调整阶码的值。

为了设计硬件电路以检测尾数加减结果是否满足 IEEE 754 标准浮点数对尾数规格化的要求，同时也使得尾数运算不会溢出，可以让尾数的左边增加一位 0，即尾数小数点左边有两位整数。将尾数左边两位整数分别用 m_{i1} 和 m_{i2} 表示，并且采用原码加减运算方法，如果运算结果的 $m_{i1}m_{i2}=01$，则尾数运算结果是规格化的数，不需要进行规格化处理；否则 $m_{i1}m_{i2}=00$，或者 $m_{i1}m_{i2}=10$，或者 $m_{i1}m_{i2}=11$ 均不是规格化的数，需要进行规格化处理。

如果 $m_{i1}m_{i2}=10$，或者 $m_{i1}m_{i2}=11$，则尾数需要右移 1 位，此时尾数的规格化称为右规。右规只需要右移 1 位，使 m_{i1} 成为需要隐藏的位，使 m_{i2} 成为数值部分的最高位。如果 $m_{i1}m_{i2}=00$，则尾数需要左移，左移的尾数不固定，需要使 $m_{i1}m_{i2}=01$。

【例 4-12】$X=53.6875$，$Y=23.375$，数据采用 32 位 *IEEE* 754 标准浮点数格式，尾数运算采用原码加减法，请计算 $[Z]_{浮}=[X+Y]_{浮}$。

解：先把 X 和 Y 转换为浮点数格式

$[X]_{真}=110101.1011B=1.101011011B\times2^{101B}$

$[Y]_{真}=10111.11B=1.011111\times2^{100B}$

$[X]_{浮}=01000010010101101100000000000000B$

$[Y]_{浮}=01000001101111100000000000000000B$

$S_X=0$，$S_Y=0$

$E_X=10000100B$，$E_Y=10000011B$

$|m_X|=1.10101101100000000000000B$

$|m_Y|=1.01111100000000000000000B$

运算过程如下：

（1）对阶

因为 $\Delta E=E_X-E_Y=00000001B$，因此 m_Y 需要右移 1 位（$E_X-E_Y=00000001B$），得 $m_Y=0.101111100000000000000000B$，$E_Y=10000100B$

（2）尾数相加

尾数左边增加 1 位，运用原码加减法进行运算：

$|m_X|=01.10101101100000000000000B$

$|m_Y|=00.10111110000000000000000B$

$|m_Z|=|m_X|+|m_Y|=10.01101011100000000000000B$

根据原码加减法运算规则，最高位无进位，结果正常，尾数符号为第一操作数符号，所以 $S_Z=S_X=0$。

（3）规格化

$|m_Z|$ 的 $m_{i1}m_{i2}=10$，因此需要进行右规，同时阶码加 1，得

$|m_Z|$ = 1.00110101110000000000000B，E_Z= 10000101B

（4）舍入处理：无舍入

（5）溢出检查

$1<=E_Z<254$，因此无溢出。

（6）给出运算结果

因为无溢出，所以

$[Z]_{浮}$= 01000010100110101110000000000000B = 429AE000H

【例 4-13】$X=-19.6875$，$Y=-19.375$，数据采用 32 位 IEEE 754 标准浮点数格式，尾数运算采用原码加减法，请计算 $[Z]_{浮}=[X-Y]_{浮}$。

解：先把 X 和 Y 转换为浮点数格式

$[X]_{真}$= −10011.1011B = $-1.00111011\text{B}\times2^{100\text{B}}$

$[Y]_{真}$= −10011.011B = $-1.0011011\times2^{100\text{B}}$

$[X]_{浮}$= 11000001100111011000000000000000B

$[Y]_{浮}$= 11000001100110110000000000000000B

S_X= 1，S_Y= 1

E_X= 10000011B，E_Y= 10000011B

$|m_X|$ = 1.00111011000000000000000B

$|m_Y|$ = 1.00110110000000000000000B

运算过程如下：

（1）对阶

因为 $\Delta E=E_X-E_Y$= 00000000B = 0，说明两个操作数得阶码相等，因此无须对阶。

（2）尾数相加

尾数左边增加 1 位，运用原码加减法进行运算：

$|m_X|$ = 01.00111011000000000000000B

$|m_Y|$ = 01.00110110000000000000000B

$|m_Z|=|m_X|-|m_Y|=|m_X|+|m_Y|_{补}$ = 100.00000101000000000000000B

根据原码加减法运算规则，最高位有进位，结果正常，尾数符号为第一操作数符号，所以 $S_Z=S_X=1$，$|m_Z|$ = 00.00000101000000000000000B。

（3）规格化

$|m_Z|$ 的 $m_{i1}m_{i2}=00$，因此需要进行左规，左移运算 6 位，得

$|m_Z| = 1.01000000000000000000000B$，$E_Z = 01111101B$

（4）舍入处理：无舍入

（5）溢出检查

$1<=E_Z<254$，因此无溢出。

（6）给出运算结果

因为无溢出，所以

$[Z]_{浮} = 10111110101000000000000000000000B = BEA00000H$

4.6.2　浮点乘法运算

浮点乘法运算是在计算机中处理浮点数的乘法操作。浮点乘法运算的结果可能受到计算机硬件和浮点运算库的实现方式的影响。浮点运算的精度有限，因此当进行浮点乘法运算时，需要注意结果的精度损失和舍入误差。对于需要高精度计算的场景，可能需要使用专门的数值计算库或算法来避免浮点运算的误差。

浮点乘法运算的基本规则是尾数相乘，指数相加，下面介绍基于 IEEE 754 标准的浮点数乘除法运算。

1. 浮点乘法运算的规则

设 $X=m_X \times 2^{E_X}$，$Y=m_Y \times 2^{E_Y}$，则有

$Z=X \times Y= m_X \times 2^{E_X} \times m_Y \times 2^{E_Y} = m_X \times m_Y \times 2^{E_X+E_Y}$

因此浮点数的乘法运算规则可以简单归结为“尾数相乘，阶码相加”。

2. 浮点乘法运算的步骤

设 $X_{浮}=S_X E_X M_X$，$Y_{浮}=S_Y E_Y M_Y$，$Z_{浮}=X_{浮} \times Y_{浮}$，其中 S_X 和 S_Y 分别为 $X_{浮}$ 和 $Y_{浮}$ 的数符，E_X 和 E_Y 分别为 $X_{浮}$ 和 $Y_{浮}$ 的阶码，M_X 和 M_Y 分别为 $X_{浮}$ 和 $Y_{浮}$ 的尾数有效数值位，则浮点乘除法运算的过程如下。

（1）符号运算

乘法运算中的符号运算规则是：正正得正、负负得正、正负得负。所以计算机中的符号运算可以采用逻辑运算中的异或运算得到，即 $S_Z=S_X \oplus S_Y$。

（2）阶码运算

因为 IEEE 754 标准浮点数的阶码采用移码，因此，对于乘法运算，乘积的阶码不等于两个阶码的直接相加，即 $E_Z \neq E_X+E_Y$。

设 E_Z 表示阶码的移码，e_Z 表示阶码的原码，则对于乘法的阶码运算，有

$E_Z=e_Z+127D$，$e_Z= e_X+e_Y$，$E_X= e_X+127D$，$E_Y= e_Y+127D$

$E_Z=e_X+e_Y+127D = e_X+127D+e_Y+127D-127D=E_X+E_Y-127D$

$=E_X+E_Y-128D+1$

之所以将 E_X+E_Y-127D 改为 $E_X+E_Y-128D+1$，是因为 8 位二进制数减去 $128D$，等于是将最高位取反，这样比较方便运算。

（3）尾数运算

因为尾数的符号即是数据的符号（数符），但是又因为数符单独运算，所以尾数的运算只是尾数绝对值的运算。

对于乘法的尾数绝对值的运算，有 $|m_X| = 1.M_X$，$|m_Y| = 1.M_Y$，于是有

$|m_Z| = |m_Y| \times |m_X| = 1.M_X \times 1.M_Y$

（4）尾数规格化

上一步的尾数运算得到的 $|m_Z|$ 值不一定是规格化的数，需要将其进行规格化处理，才能得到 M_Z。

（5）溢出检查

阶码相加的结果可能产生溢出。如果发生正溢出（即结果超出可表示的阶码范围），则需要报告浮点数溢出错误。如果发生负溢出（即结果小于可表示的最小阶码），则通常将结果置为机器零（即最小的非零浮点数）。

如果若 $1 <= E_Z <= +254D$，或 $-126D <= e_Z <= +127D$，则无溢出；否则溢出。

（6）尾数舍入处理

对于尾数运算结果，可以采用 0 舍 1 入的方式处理。浮点乘法运算的结果可能产生舍入误差。这种误差在大多数情况下是可以接受的，但在某些高精度要求的场合下可能需要特别注意。

（7）给出运算结果

将符号运算结果、阶码运算结果和尾数运算结果拼合在一起，就可以得到浮点除法运算结果。

【例 4-14】操作数 X 和 Y 均采用 32 为 IEEE 754 标准浮点数格式，$[X]_{浮} = C19A0000$，$[Y]_{浮} = 415C0000H$，求 $[Z]_{浮} = [X]_{浮} \times [Y]_{浮} = ?$

解：先将 X 和 Y 的浮点数的符号、阶码、尾数的绝对值写出来。

$[X]_{浮}$ = C19A0000H = 11000001100110100000000000000000B

$[Y]_{浮}$ = 415C0000H = 01000001010111000000000000000000B

$S_X = 1$，$E_X = 10000011B$，$|m_X| = 1.00110100000000000000000B$

$S_Y = 0$，$E_Y = 10000010B$，$|m_Y| = 1.10111000000000000000000B$

（1）符号运算

$S_Z = S_X \oplus S_Y = 1 \oplus 0 = 1$

（2）阶码运算

$E_Z = E_X + E_Y - 128D + 1 = 10000110B$

（3）尾数运算

$|m_Z| = |m_X| \times |m_Y| = 10.0001000101100000000000000000B$

（4）规格化

$|m_Z|$ 的值不是规格化的数，所以需要规格化，$|m_Z|$ 需要右移 1 位，因此有

$|m_Z| = 1.00001000101100000000000B$

E_Z= 10000111B

（5）舍入处理：无舍入。

（6）溢出检查：1 <= E_Z<= +254D，无溢出。

（7）给出结果：

$[Z]_{浮}$= 11000011100001000101100000000000B = C3845800H

4.6.3 浮点除法运算

浮点除法运算是计算机中常见的数值运算操作之一，它涉及两个浮点数相除的过程。由于浮点数的表示是有限的，因此浮点除法运算的结果可能产生舍入误差。这种误差在大多数情况下是可以接受的，但在某些高精度要求的场合下可能需要特别注意。当进行浮点除法运算时，需要特别注意除数为 0 的情况以及阶码相减可能产生的溢出情况。这些异常情况需要进行特殊处理，以避免程序崩溃或产生错误的结果。

浮点除法运算的基本规则是尾数相除，指数相减。下面介绍基于 IEEE 754 标准的浮点数除法运算。

1. 浮点除法运算的规则

设 $X=m_X \times 2^{E_X}$，$Y=m_Y \times 2^{E_Y}$，则有

$Z=X \div Y=(m_X \times 2^{E_X}) \div (m_Y \times 2^{E_Y}) = (m_X \div m_Y) \times 2^{E_X-E_Y}$

因此浮点数的除法运算规则可以简单归结为“尾数相除，阶码相减”。

2. 浮点除法运算的步骤

设 $X_{浮}=S_X E_X M_X$，$Y_{浮}=S_Y E_Y M_Y$，$Z_{浮}=X_{浮} \times Y_{浮}$，其中 S_X 和 S_Y 分别为 $X_{浮}$ 和 $Y_{浮}$ 的数符，E_X 和 E_Y 分别为 $X_{浮}$ 和 $Y_{浮}$ 的阶码，M_X 和 M_Y 分别为 $X_{浮}$ 和 $Y_{浮}$ 的尾数有效数值位，则浮点除法运算的过程如下。

（1）操作数检查

当除数为 0 时，浮点除法运算将报告除法错误，或者返回无穷大作为结果（这取决于具体的实现方式）。当被除数为 0 时，浮点除法运算的结果将为 0（假设除数不为 0）。

为了防止尾数除法结果产生溢出，因此要求被除数的尾数小于除数的尾数。又由于尾数都是规格化的数，因此如果被除数的尾数大于除数的尾数，则只需将被除数的尾数右移运算一位（即小数点左移一位），同时将被除数的阶码加 1。

（2）符号运算

除法运算的符号运算与乘法运算中的符号运算是一样的，即正正得正、负负得正、正负得负，所以计算机中的符号运算可以采用逻辑运算中的异或运算得到，即 $S_Z=S_X \oplus S_Y$。

（3）阶码运算

因为 IEEE 754 标准浮点数的阶码采用移码，因此，对于除法运算，商的阶码不等于两个阶码直接相减，即 $E_Z \neq E_X - E_Y$。

设 E_Z 表示阶码的移码，e_Z 表示阶码的原码，则对于除法的阶码运算，有

$E_Z = e_Z + 127D$，$e_Z = e_X - e_Y$，$E_X = e_X + 127D$，$E_Y = e_Y + 127D$

$$\begin{aligned} E_Z &= e_X - e_Y + 127D = e_X + 127D - e_Y - 127D + 127D \\ &= e_X + 127D - (e_Y + 127D) + 127D = E_X - E_Y + 127D \\ &= E_X - E_Y + 128D - 1 \end{aligned}$$

之所以将 $E_X - E_Y + 127D$ 改为 $E_X - E_Y + 128D - 1$，是因为 8 位二进制数加上 128D，等于是将最高位取反，这样比较方便运算。

（4）尾数运算

因为尾数的符号即是数据的符号（数符），但是又因为数符单独运算，所以尾数的运算只是尾数绝对值的运算。

对于除法的尾数绝对值的运算，有 $|m_X| = 1.M_X$，$|m_Y| = 1.M_Y$，于是有

$|m_Z| = |m_Y| \div (|m_Y| < |m_X|)$

对于除法的尾数绝对值的运算，一般要求被除数的绝对值小于除数的绝对值，使得除法运算不产生整数部分，否则可能会产生整数，使运算复杂硬件难以实现。

尾数的除法运算可以采用定点原码除法运算的方法来进行计算。

（5）尾数规格化

上一步的尾数运算得到的 $|m_Z|$ 值不一定是规格化的数，需要将其进行规格化处理，才能得到 M_Z。

（6）溢出检查：如果若 $1 <= E_Z <= +254D$，或 $-126D <= e_Z <= +127D$，则无溢出；否则溢出。

（7）尾数舍入处理

对于尾数运算结果，可以采用 0 舍 1 入的方式处理。浮点除法运算的结果可能产生舍入误差。这种误差在大多数情况下是可以接受的，但在某些高精度要求的场合下可能需要特别注意。

（8）给出运算结果

将符号运算结果、阶码运算结果和尾数运算结果拼合在一起，就可以得到浮点除法运算结果。

【例 4-15】操作数 X 和 Y 均采用 32 为 IEEE 754 标准浮点数格式，$[X]_{浮}$ = BB6A0000H，$[Y]_{浮}$ = 3D900000H，求 $[Z]_{浮} = [X]_{浮} \div [Y]_{浮}$ = ?

解：先将 X 和 Y 的浮点数的符号、阶码、尾数的绝对值写出来。

$[X]_{浮}$ = BB6A0000H = 10111011011010100000000000000000B

$[Y]_{浮}$ = 3D900000H = 00111101100100000000000000000000B

$S_X = 1$，E_X = 0111 0110B，$|m_X|$ = 1.11010100000000000000000B

$S_Y = 0$，$E_Y = 01111011B$，$|m_Y| = 1.00100000000000000000000B$

（1）操作数检查

操作数 $[X]_{浮}$和 $[Y]_{浮}$均不为 0，因为 $|m_X| > |m_Y|$，所以 $|m_X|$ 需要右移 1 位，阶码加 1，有

$|m_X| = 0.11101010000000000000000B$，$E_X = 01110111B$

（2）符号运算

$S_Z = S_X \oplus S_Y = 1 \oplus 0 = 1$

（3）阶码运算

$E_Z = E_X - E_Y + 128D - 1 = 11111101B + 128D - 1 = 01111011B$

（4）尾数运算

$|m_Z| = |m_X| \div |m_Y| = 0.11010000000000000000000000B$

（5）规格化

$|m_Z|$ 的值不是规格化的数，所以需要规格化，$|m_Z|$ 需要左移 1 位，E_X需要减 1，因此有

$|m_Z| = 1.10100000000000000000000B$

$E_Z = 01111010B$

（6）舍入处理：无舍入。

（7）溢出检查：$1 <= E_Z <= +254D$，无溢出。

（8）给出结果：

$[Z]_{浮} = 10111101010100000000000000000000B = BD500000H$

4.6.4 浮点运算器

浮点运算器（floating point unit，FPU），有时也被称为数学协处理器，是计算机硬件中专门用来执行浮点数运算的部件。浮点运算器的组成结构较为复杂，它由多个子模块协同工作，共同完成浮点数的各种运算。虽然前面已经提到了算术逻辑单元（ALU），但浮点运算器通常被视为一个更高级别的组件，它包含了执行浮点运算所需的所有硬件资源，包括多个 ALU、寄存器组和控制逻辑，以支持更复杂的浮点运算。

在实际设计中，为了提高运算速度，浮点运算器通常采用流水线技术。流水线将浮点运算过程分解为多个阶段，每个阶段负责一部分运算操作。这样，多个浮点运算可以同时进行，从而提高运算效率。在现代处理器中，浮点运算器往往与其他计算资源（如整数运算单元、内存访问单元等）紧密结合，形成了高度集成的计算架构。

Intel 公司的 80x87 浮点运算器是一款专门用于处理浮点数的协处理器，可以与 80x86 CPU 协同工作。80x87 浮点运算器具有 80 位字长的内部结构，并包含多个 80 位字长的寄存器组。它可以处理包括二进制浮点数、二进制整数和压缩十进制数串等多种数据类型，并支持 IEEE 754 标准的浮点数格式。

本章小结

本章首先介绍了二进制运算的基本规则，即二进制加减乘除运算的基本规则，以及二进制的进位和溢出概念。

定点原码加减法运算中，符号位不参与运算。加法运算的规则是“同号求和，异号求差”，减法运算的规则是“异号求和，同号求差”。求和的结果最高位有进位则溢出，否则结果正常，此时 $S_Z = S_X$。求差的方法是，将减法变为加法，即 $|X| - |Y| = |X| + |Y|_{补}$。此时，若最高数值位有进位，则 $|Z| = |X| - |Y| = |X| + |Y|_{补}$，$S_Z = S_X$；若最高数值位无进位，则 $|Z| = [|X| - |Y|]_{补} = [|X| + |Y|_{补}]_{补}$，$S_Z = \overline{S_X}$。

定点补码运算中，符号位参与运算。补码加法运算公式：$[X + Y]_{补} = [X]_{补} + [Y]_{补}$。补码减法运算公式：$[X - Y]_{补} = [X]_{补} + [-Y]_{补}$。补码加减法运算的溢出检测有双符号位法和单符号位法。加减法器可以进行加法运算和减法运算。

定点乘法运算是根据人工乘法运算的原理来设计的，有原码乘法和补码乘法，它们利用多次加法和移位的循环运算来实现乘法运算，其电路实现相对简单。阵列乘法器以纯组合逻辑电路的方式来实现乘法运算，运算速度快。定点除法运算与定点乘法运算类似，也是根据人工除法运算的过程和方法，将除法过程转换为若干次加减运算和移位运算的循环操作。

定点运算器的组成包括算术逻辑运算单元 ALU、寄存器组、多路开关、三态缓冲器、数据总线等。74181ALU 芯片是可以完成 4 位二进制数据运算的运算器，可以进行 16 种算术运算和 16 种逻辑运算，在进行加减法运算时，4 位二进制数据位可以同时进行相加（或者相减）。74182 是一种集成的 4 位先行进位产生器，常与 4 位算术逻辑单元 74181 配合使用，比如 8 片 74181 和 2 片 74182 可以共同组装成 32 位 ALU 运算器。

习题

4.1 二进制加法运算和二进制减法运算的基本规则分别是什么？

4.2 什么是进位和溢出？计算机是如何处理溢出的？

4.3 简述原码加减法的基本规则和运算规则。

4.4 已知下面各小题 X 和 Y，请采用原码加减法计算 $[Z]_{原} = [X]_{原} + [Y]_{原}$：

（1）$X = +1010$，$Y = +0101$

（2）$X = +1001$，$Y = -1101$

（3）$X = -0101$，$Y = +1100$

（4）$X = -0111$，$Y = -1110$

4.5 已知下面各小题 X 和 Y，请采用原码加减法计算 $[Z]_{原} = [X]_{原} - [Y]_{原}$：

（1）$X = +0110$，$Y = +1101$

（2）$X = +1000$，$Y = -0101$

（3）$X = -1101$，$Y = +0111$

（4）$X = -1111$，$Y = -1010$

4.6 已知下面各小题 X 和 Y，请采用补码加减法计算 $[Z]_{补} = [X]_{补} + [Y]_{补}$，并检测是否溢出。

（1）$X = +1110$，$Y = +1001$

（2）$X = +1010$，$Y = -0111$

（3）$X = -0.1101$，$Y = +0.0111$

（4）$X = -0.0111$，$Y = -0.1011$

4.7 已知下面各小题 X 和 Y，请采用补码加减法计算 $[Z]_{补} = [X]_{补} - [Y]_{补}$，并检测是否溢出。

（1）$X = +1010$，$Y = +1110$

（2）$X = +1011$，$Y = -1100$

（3）$X = -0.0101$，$Y = +0.0110$

（4）$X = -0.1101$，$Y = -0.1001$

4.8 简述原码乘法运算方法和补码一位乘法运算方法。

4.9 已知下面各小题 X 和 Y，请采用原码乘法计算 $[Z]_{原} = [X]_{原} \times [Y]_{原}$：

（1）$X = +0.1010$，$Y = +0.1110$

（2）$X = +0.1011$，$Y = -0.1100$

（3）$X = -0.0101$，$Y = +0.0110$

（4）$X = -0.1101$，$Y = -0.1001$

4.10 已知下面各小题 X 和 Y，请采用补码一位乘法计算 $[Z]_{补} = [X]_{补} \times [Y]_{补}$：

（1）$X = +0.1110$，$Y = +0.1001$

（2）$X = +0.1010$，$Y = -0.0111$

（3）$X = -0.1101$，$Y = +0.0111$

（4）$X = -0.0111$，$Y = -0.1011$

4.11 试比较运算器中三种内部总线结构的特点及优劣。

4.12 $X = +23.8125$，$Y = -29.3125$，数据采用 32 位 IEEE 754 标准浮点数格式，下面是计算 $[Z]_{浮} = [X+Y]_{浮}$ 的过程，其中尾数采用原码加减法运算，请在空白处补充完整。

计算过程：

$[X]_{浮}=$ ______________________________ B

$[Y]_{浮}=$ ______________________________ B

$S_X=$ __________，$S_Y=$ __________

$E_X=$ ____________________ B，$E_Y=$ ____________________ B

$|m_X|=$ ______________________________ B

$|m_Y|=$ ______________________________ B

$[Z]_{浮}=[X+Y]_{浮}$的运算过程如下：

（1）对阶

$\Delta E=E_X-E_Y=$__________ B，因此__________需要右移__________位，得

$(m_X, m_Y)=$ ______________________________ B，$(E_X, E_Y)=$ __________ B

（2）尾数相加

尾数左边增加 1 位，运用原码加减法进行运算：

$|m_X|=$ ______________________________ B

$|m_Y|=$ ______________________________ B

因为 m_X和 m_Y符号相反，所以

$|m_Z|=|m_X|+|m_Y|_{补}=$ ______________________________ B

根据原码加减法运算规则，最高位（无进位、有进位）__________，（若无进位，运算结果为负，需对其再求一次补，$|m_Z|=$__________），$S_Z=$__________。

（3）规格化

$|m_Z|$的 $m_{i1}m_{i2}=$__________，因此需要（或无需）进行（右规、左规、规格化）__________，得$|m_Z|=$ ______________________________ B，$E_Z=$ __________ B

（4）舍入处理：无舍入

（5）溢出检查：__________$<=E_Z<=$__________，因此无溢出

（6）给出运算结果

$[Z]_{浮}=$ ______________________________ B

$=$__________ H

4.13 $X=+12.8125$，$Y=-7.3125$，数据采用 32 位 IEEE 754 标准浮点数格式，尾数运算采用原码加减法，请根据题 4.12 的运算过程计算 $[Z]_{浮}=[X+Y]_{浮}$。

4.14 $[X]_{浮}=$C0FC0000H，$[Y]_{浮}=$41EE8000H，数据采用 32 位 IEEE 754 标准浮点数格式，下面是计算 $[Z]_{浮}=[X]_{浮}\times[Y]_{浮}$的过程，请在空白处补充完整。

计算过程：

（1）符号运算：$S_Z=S_X\oplus S_Y=$__________

（2）阶码运算：$E_Z=E_X+E_Y-128D+1=$ ______________________________ B

（3）尾数运算：

$|m_Z| = |m_X| \times |m_Y|$ = ______________________________ B

（4）尾数规格化：

M_Z = ______________________ B

E_Z = ________ B

（5）溢出检查：________ <= E_Z <= ________，无溢出

（6）舍入处理：无舍入

（7）运算结果：

$[Z]_浮$ = ______________________________ B

= ________ H

4.15 $[X]_浮$ = 3DA00000H，$[Y]_浮$ = BD400000H，数据采用 32 位 IEEE 754 标准浮点数格式，请根据题 4.14 的运算过程计算 $[Z]_浮 = [X]_浮 \times [Y]_浮$。

5 总线系统

总线技术是计算机系统中的关键技术之一。总线不仅要传输数据信息、地址信息和控制信息，还需要传输状态信息。它允许多个外部设备与 CPU 或主存通过这些总线进行交叉信息传输。因此，总线设计的质量对 I/O 系统的性能有显著影响。良好的总线设计可以提高数据传输的效率和可靠性，减少数据传输延迟，优化系统整体性能。相反，设计不佳的总线可能会导致数据冲突、传输错误和系统性能下降。总线技术在计算机系统中起着至关重要的作用，其设计直接影响到系统的稳定性和效率。本章首先讲述总线系统的一些基本概念和基本技术，在此基础上，介绍总线总裁、总线定时，最后介绍各种总线标准。

5.1 总线概述

5.1.1 总线的基本概念

数字计算机由多个系统功能部件组成，这些部件协同工作，形成一个完整的计算机系统。要将各个功能部件连接成一个整体，关键在于总线。总线负责在各个部件之间传输数据、地址和控制信号，确保系统的协调运行。

1. 总线的概念

总线是计算机系统中的互联机构，用于多个系统功能部件之间的信息传输。它是一条公共传输线，通过总线连接，计算机可以在各功能部件之间实现地址、数据和控制信息的交换。在资源争用的情况下，总线确保各部件有序地进行信息传输，从而协调整个系统的运作。这种设计使得计算机系统能够高效、可靠地进行数据交换和处理。总线连接如图 5-1 所示。

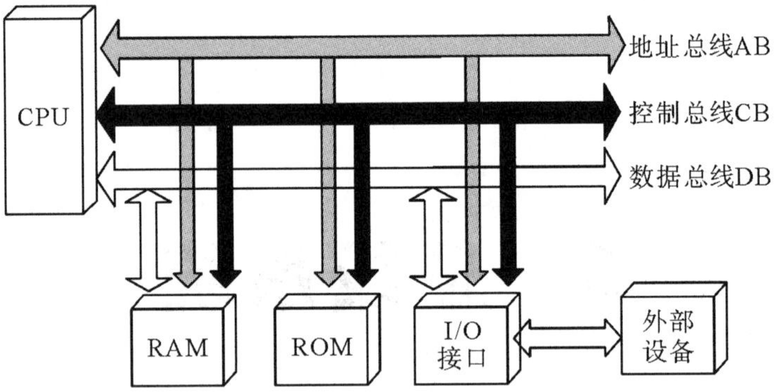

图 5-1　总线连接

2. 接口

接口是连接总线和外部设备的标准化逻辑部件，也叫适配器。外部设备并不能直接连接在总线上，而需要通过接口连接在总线上。

I/O 接口，也称为适配器，是连接 CPU、主存和外部设备的标准化逻辑部件。广义上讲，I/O 接口在动态连接的两个部件之间起到“转换器”的作用，确保信息在不同部件之间顺利传输。图 5-2 展示了 CPU、I/O 接口和外部设备之间的连接关系。

外部设备通常带有自己的设备控制器，这是控制外部设备操作的部件。设备控制器通过 I/O 接口接收来自 CPU 的各种信息，并根据设备的具体要求将这些信息传送到设备，或者从设备中读取信息并传送到 I/O 接口，最终再由 I/O 接口将信息传递给 CPU。由于外部设备种类繁多且速度各异，每种设备都有适应其工作特点的设备控制器。外部设备的连接方法如图 5-2 所示。

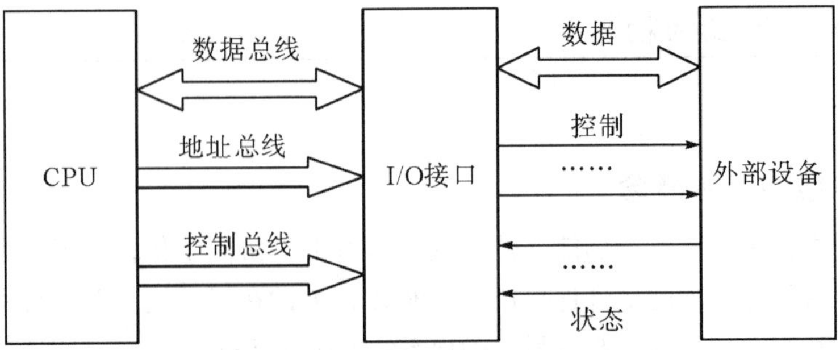

图 5-2　外部设备的连接方法

为了确保所有外部设备能够协同工作，CPU 规定了不同的信息传送控制方法。无论何种外部设备，只要选择合适的数据传送控制方法，并按照规定通过总线与主机连接，就可以进行信息交换。通常，总线和每个外部设备的设备控制器之间使用一个适配器（接口）电路来解决兼容性问题，从而确保外部设备以符合计算机系统要求的形式发送和接收信息。因此，接口逻辑必须标准化。

I/O 接口模块的两个接口包括与系统总线的接口和与外部设备的接口。与系统总线的接口负责与 CPU 和系统总线进行数据交换。CPU 和 I/O 接口模块之间的数据交换通常是并行的，以确保高速传输。与外部设备的接口负责与外部设备进行数据交换。根据外部设备的需求，数据交换可以是并行的，也可以是串行的。因此，I/O 接口模块分为两种类型——串行数据接口和并行数据接口。串行数据接口用于与需要串行数据传输的外部设备连接；并行数据接口用于与需要并行数据传输的外部设备连接。

为了确保不同设备之间的兼容性和互操作性，I/O 接口的逻辑必须标准化。标准化的接口逻辑使得不同厂商的设备能够无缝集成到计算机系统中，提高了系统的灵活性和扩展性。通过标准化接口，开发人员和用户可以更容易地添加和更换外部设备，而不必担心兼容性问题。

3. 总线的特性

（1）物理特性

物理特性也称为机械特性，是指总线的物理连接方式，具体包括总线的尺寸、形状、管脚数、排列顺序等。这些因素决定了总线接口的物理结构，如插头、插座的形状和管脚排列方式，以确保设备之间的正确连接。

（2）功能特性

功能特性定义了每根线的功能，即这些线用于传输什么类型的信息。在计算机系统中，总线通常被细分为地址总线、数据总线和控制总线。地址总线用于传输设备的地址信息；数据总线用于传输实际的数据信息；控制总线则用于传输控制信号，如读/写信号、中断信号等。

（3）电气特性

电气特性定义每一根线上信号的传递方向及有效电平范围，这包括信号的电压水平、电流强度以及信号的传输方式（如单向传输或双向传输）。一般规定送入 CPU 的信号叫输入信号（IN），从 CPU 发出的信号叫输出信号（OUT）。例如地址总线是输出线，数据总线是双向传送的信号线，这两类信号线都是高电平有效。控制总线中各条线一般是单向的，有 CPU 发出的，也有进入 CPU 的。总线的电平都符合 TTL 电平的定义。

电气特性的定义确保了信号在总线上的有效传输和接收。

（4）时间特性

时间特性规定了每根总线在什么时间有效，即信号的时序关系。它包括信号的上升时间、下降时间、持续时间以及信号之间的同步关系等。时间特性的设定确保了总线上的设备能够按照预定的时序进行通信，避免了信号冲突和数据错误。

4. 总线的标准化

不同厂家生产的各功能部件在实现方法上几乎没有相同的，但各厂家生产的相同功能的部件却可以互换使用，其原因何在呢？就是因为它们都遵守了相同的系统总线的要求，这就是系统总线的标准化问题。

例如微型计算机系统中采用的标准总线，从 ISA 总线（16 位，带宽 8 MB/s）发展到 EISA 总线（32 位，带宽 33.3 MB/s），又发展到 VESA 总线（32 位，带宽 132 MB/s），最后又进一步过渡到 PCI 总线（64 位，100 MHz）。

5. 三态门

三态门是一种电子器件，它是电子设计中用于控制信号传输和防止干扰的关键元件，它通过高阻态机制实现了多路信号的同步和隔离。其特点是具有三种状态：高电平、低电平以及高阻态。如果要在一条信号线上连接多个触发器，而每个触发器可以根据需要与信号线连通或断开，当连通时可以传送“0”或“1”，断开时对信号线上的信息不产生影响，就需要一个特殊的电路加以控制，此电路即为三态输出电路，又称为三态门。其逻辑符号如图 5-3 所示。

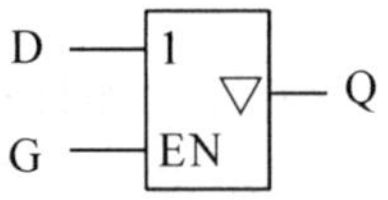

图 5-3　三态门逻辑符号

三态门真值表如表 5-1 所示。

表 5-1　三态门真值表

控制端 G	输入端 D	输出端 Q
0	X	高阻
1	0	0
1	1	1

除了图 5-3 所示的三态门，还有三种变种的三态门，如图 5-4 所示。它们的真值表可以根据表 5-1 推理得到。

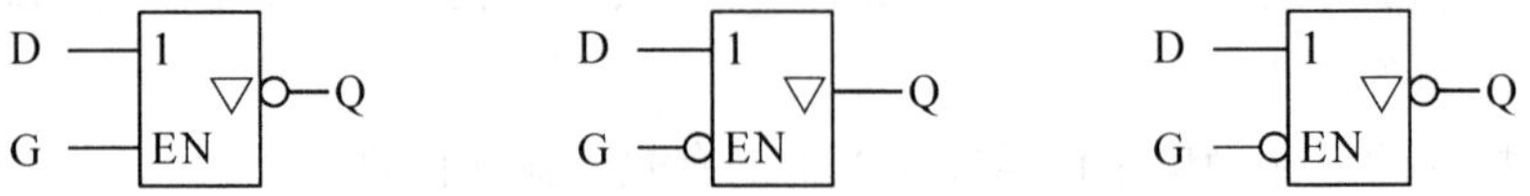

图 5-4　三种三态门的变种

三态门可以控制电路信息的传输方向，使其单向传输或双向传输，如图 5-5 所示。

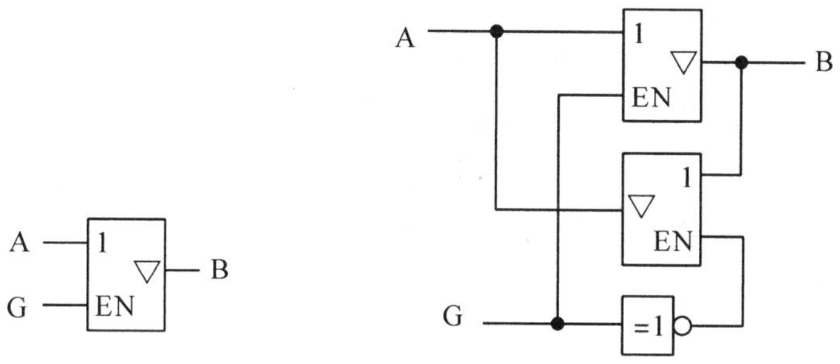

（a）AB 之间单向传输　　（b）AB 之间双向传输

图 5-5　信息的传输方向

单向传输：当 G=1 时，A 向 B 传输信息。双向传输：当 G=1 时，A 向 B 传输信息；当 G=0 时，B 向 A 传输信息。

6. 信息传送方式

数字计算机使用二进制数，它们或用电位的高、低来表示，或用脉冲的有、无来表示。

在前一种情况下，如果电位高时用数字“1”表示，那么电位低时则用数字“0”表示。在后一种情况下，如果有脉冲时用数字“1”表示，无脉冲时就用数字“0”表示。

计算机系统中，传输信息采用三种方式：串行传送、并行传送和分时传送。但是出于速度和效率上的考虑，在系统总线上传送信息必须采用并行传送方式。

5.1.2　总线的分类

1. 按总线的位置分类

按总线的位置可将总线分为机内总线和机外总线。

（1）机内总线

机内总线是指计算机内部各功能部件之间进行数据传输和通信的通道，是 CPU、内存、输入设备、输出设备传递信息的公用通道。机内总线分为片内总线和片外总线。片内总线指 CPU 内部连接寄存器、ALU、控制部件等的传输线。片外总线指 CPU 外部连接 CPU、内存和外部设备（接口）之间的总线。

（2）机外总线

机外总线是指连接外部设备接口的总线，其实质上是一种外部设备的接口标准，比如 IDE、SCSI、USB 和 IEEE 1394 等。

2. 按总线在系统中连接的主要部件分类

按总线在系统中连接的主要部件可将总线分为局部总线（前端总线）、系统总线、存储总线、DMA 总线和 I/O 总线。

（1）局部总线（前端总线）

局部总线是在 ISA 总线和 CPU 总线之间增加的一级总线或管理层，用于将一些高速外部设备（如图形卡、硬盘控制器等）从低速总线上卸下，并通过局部总线直接挂接到 CPU 总线上，使之与高速 CPU 总线相匹配。局部总线的设计旨在提高数据传输的效率和速度，以减少数据传输的瓶颈。例如，VESA 总线和 AGP 总线都是局部总线的典型代表。

（2）系统总线

系统总线是 CPU 与各个部件之间交换数据、地址和控制信息的通信线路。它连接了 CPU、内存、I/O 设备等主要部件，是计算机内部数据传输的主要通道。系统总线包括数据总线、地址总线和控制总线三类，分别用于传输数据、地址和控制信号。这种结构称为单总线结构，特点是结构简单，扩充容易，但缺点是每一个时刻只允许一个设备占有总线，向总线上发送数据，这可能成为计算机传送数据的瓶颈。

（3）存储总线

存储总线是 CPU 与主存储器之间传输数据的通道。它负责将指令和数据从主存储器传输到 CPU，或从 CPU 传输到主存储器。存储总线通常由许多条并行排列的传输数据的线路组成，包括数据总线、地址总线和控制总线。这些总线协同工作，确保数据在 CPU 和主存储器之间的高效传输。

（4）DMA 总线

DMA 总线，即直接存储器访问总线，是一种允许外部设备和内存之间直接传输数据而无须 CPU 干预的总线。DMA 传输方式通过硬件为 RAM 和 I/O 设备开辟一条直接传输数据的通道，从而大大提高了 CPU 的效率。DMA 总线通常与 DMA 控制器一起使用，DMA 控制器负责管理和控制数据传输的过程。

（5）I/O 总线

I/O 总线是连接 CPU、内存和各类 I/O 设备（如打印机、键盘、鼠标等）的一组公用信号线。它负责在 CPU 和 I/O 设备之间传输数据和控制信号。I/O 总线的设计旨在提高数据传输的效率和速度，同时支持多个 I/O 设备的并行工作。常见的I/O 总线类型包括 ISA、EISA、PCI、PCI-X 和 PCI-E 等。

3. 按数据的传输方式分类

按数据的传输方式可将总线分为串行总线和并行总线。

（1）串行传送

在串行传输方式中，信息通过单一的传输线进行传送，利用脉冲作为载体。这种方式逐个传送一个数码的所有二进制位（bit），每次仅传送一位。传输顺序通常从最低有效位开始，首个脉冲信号即代表此位，直至最高有效位，由最后一个脉冲信号表示。这种传输模式简单且高效，尤其适用于数据速率要求不高或传输距离较长的场景。尽管每次只能传输少量信息，但通过连续发送，可以完整、准确地传达整个数据序列。图 5-6 为信息的传送方式。其中，图 5-6（a）是串行传送过程。

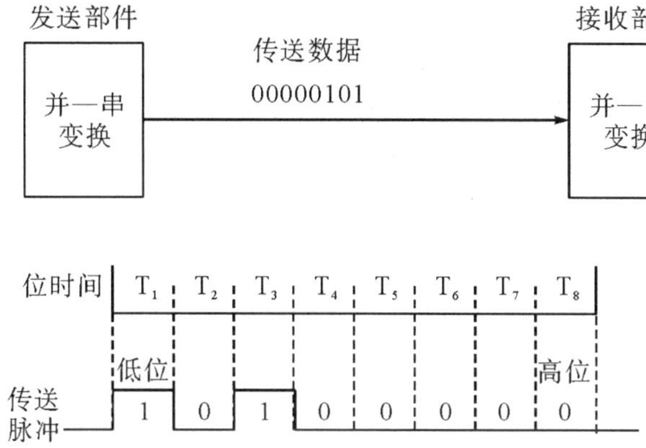

（a）串行传送

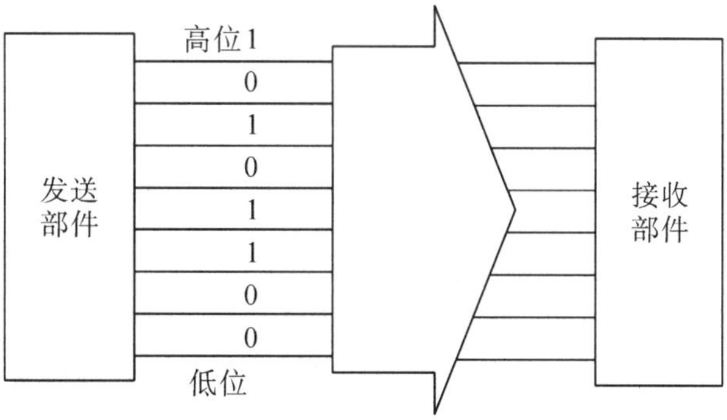

（b）并行传送

图 5-6　信息的传送方式

当串行传送时，有可能按顺序连续传送若干个“0”或若干个“1”。如果在编码时用有脉冲表示二进制数“1”，无脉冲表示二进制数“0”，那么当连续出现几个“0”时，则表示一段时间间隔内传输线上没有脉冲信号。为了确定传送了多少个“0”，必须采用某种时序式，以便使接收设备能加以识别。通常采用的方法是指定位时间，即指定一个二进制位在传输线上占用的时间长度。显然，位时间是由同步脉冲来体现的。

假定串行数据是由位时间组成的，那么传送 8 个比特需要 8 个位时间。例如，如果接收备在第一个位时间和第三个位时间接收到一个脉冲，而其余的 6 个位时间没有收到脉冲，那么就会知道所收到的二进制信息是 10110100。需要注意的是，串行总线在传送数据时，低位数据在前，高位数据在后。

在串行传送过程中，发送端需先将数据由并行转为串行，此步骤称为“拆卸”；接收端则相反，需将串行数据恢复为并行，即“装配”。串行传送的核心优势在于仅需一条传输线，这对于长距离数据传输尤为重要。无论数据量大小，仅需单一线路即可完成，从而极大地降低了成本。这种传输方式不仅简化了线路布局，还提高了资源利用效率，尤其适合对成本有严格要求或需跨越较长距离传输数据的场景。

【例 5-1】利用串行方式传送字符（如图 5-7 所示），每秒钟传送的比特（bit）位数常称为波特率。假设数据传送速率是 120 个字符/秒，每一个字符格式规定包含 10 个比特位（起始位、停止位、8 个数据位），问传送的波特率是多少？每个比特位占用的时间是多少？

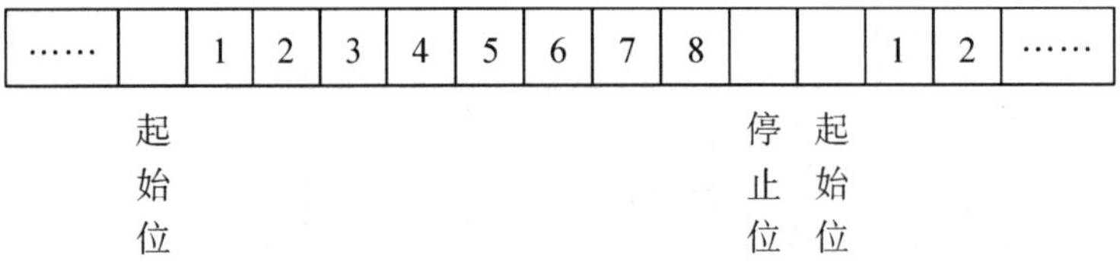

图 5-7　串行方式传送字符结构

解：波特率为

10 位×120 个字符/秒＝1 200 波特

每个比特位占用的时间 T_d是波特率的倒数：

$T_d=1/1\ 200=0.833\times10^{-3}\ \mathrm{s}=0.833\ \mathrm{ms}$

（2）并行传送

当采用并行方式传输二进制信息时，每位数据均通过独立的传输线进行传送。具体而言，信息的二进制位数决定了所需传输线的数量，确保每个“0”或“1”都能在不同的线路上同步传输。这种方法的特点是，信息位数与传输线数量一一对应，实现了数据的并行处理，提高了传输效率。尽管这种方式会占用较多的硬件资源，即传输线数量随信息位数线性增长，但在追求高速数据传输的场景下，其并行处理的优势仍然显著。

并行传送过程如图 5-6（b）所示。如果要传送的数据由 8 位二进制位组成（一个字节），那么就使用 8 条线组成的扁平电缆，每一条线分别代表了二进制数的不同位值。例如，最上面的线代表最高有效位，最下面的线代表最低有效位，因而图中正在传送的二进制数是 10100100。

并行传送一般采用电位传送。由于所有的位被同时传送，所以并行数据传送比串行数据传送快得多。例如，使用 32 条单独的地址线，可以从 CPU 的地址寄存器同时传送 32 位地址信息给主存储器。

5.1.3　总线的结构

数字计算机的用途很大程度上取决于它所能连接的外部设备的范围。遗憾的是，由于外部设备种类繁多，速度各异，不可能简单地把外部设备连接在 CPU 上。因此必须寻找一种方法，以便将外部设备同某种计算机连接起来，使它们可以在一起正常工作。通常，这项任务用适配器部件来完成。通过适配器可以实现高速 CPU 与低速外部设备在工作速度上的匹配和同步，并完成计算机和外部设备之间的所有数据传送和控制。适配器通常简称为接口。

大多数总线都是以相同方式构成的，其不同之处仅在于总线中数据线和地址线的宽度不同、控制线的数量不同及其功能不同。然而，总线的排列布置与其他各类部件的连接方式对计算机系统的性能起着十分重要的作用。根据连接方式的不同，单机系统中采用的总线结构有三种基本类型：单总线结构、双总线结构和多总线结构。

1. 单总线结构

在许多单处理器的计算机中，使用单一的系统总线来连接 CPU、主存和 I/O 设备，叫作单总线结构，如图 5-8 所示。

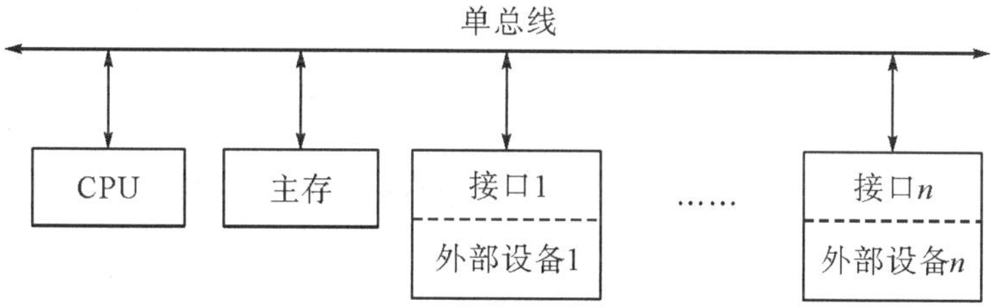

图 5-8　单总线结构

在单总线结构中，要求连接到总线上的逻辑部件必须高速运行，以便在某些设备需要使用总线时，能迅速获得总线控制权；而当不再使用总线时，能迅速放弃总线控制权。否则，一条总线由多种功能部件共用，可能导致时间延迟。

在单总线系统中，当 CPU 获取一条指令时，首先把程序计数器 PC 中的地址和控制信息一起送至总线上。该地址不仅加至主存，同时也加至总线上的所有外部设备。然而，只有与出现在总线上的地址相对应的设备时，才执行数据传送操作。我们知道，在“取指令”情况下的地址是主存地址，所以，此时该地址所指定的主存单元的内容一定是一条指令，而且将被传送给 CPU。取出指令之后，CPU 将检查操作码。操作码规定了对数据要执行什么操作，以及数据是流进 CPU 还是流出 CPU。

在单总线系统中，对输入/输出设备的操作，和主存的操作方法一样。这样，当 CPU 把指令的地址字段送到总线上时：①如果该地址字段对应的地址是主存地址，则主存予以响应，从而在 CPU 和主存之间发生数据传送，而数据传送的方向由指令操作码决定；②如果该指令地址字段对应的是外部设备地址，则外部设备译码器予以响应，从而在 CPU 和与该地址相对应的外部设备之间发生数据传送，而数据传送的方向由指令操作码决定。

我们发现，单总线结构容易扩展成多 CPU 系统，但容易成为计算机性能提高的瓶颈。

2. 双总线结构

双总线结构保留了单总线系统的简洁性和易扩展性，同时进行了优化：在 CPU 与主存间增设了一组高速存储总线。这一设计使 CPU 能通过专用通道与存储器高效交换数据，有效减轻了系统总线的压力。此外，主存依旧能够借助系统总线直接与外部设备执行 DMA 操作，无须 CPU 介入。这种改进既提升了数据传输速度，又保证了系统资源的灵活分配与高效利用，实现了性能与扩展性的平衡。双总线结构如图 5-9 所示。

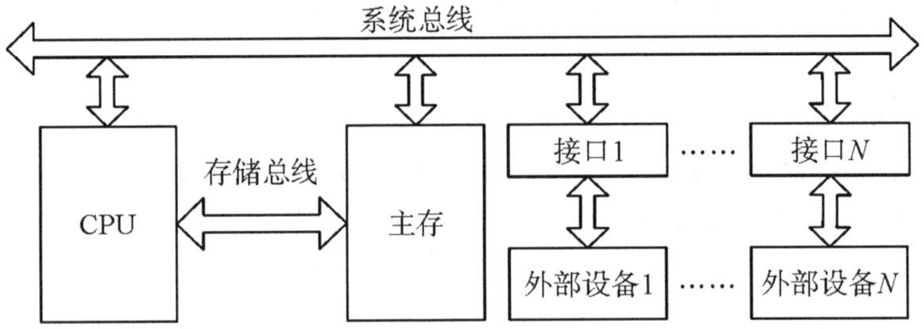

图 5-9　双总线结构（1）

图 5-10 为另外一种双总线结构。此双总线结构的特点在于，它将速度较慢的 I/O 设备从单一总线中独立出来，构建了主存总线与 I/O 总线分离的系统结构。这样的设计优化了总线使用效率，提升了系统性能。图中通道是一个具有特殊功能的处理器，CPU 将一部分功能下放给通道，使其对 I/O 设备具有统一管理的功能，以完成外部设备与主存之间的数据传送，其系统的吞吐能力相当大。这种结构大多用于大、中型计算机系统。

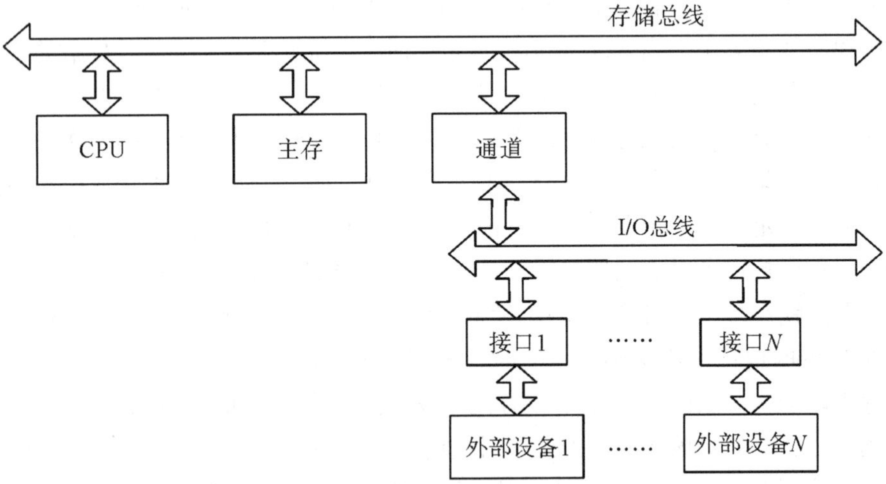

图 5-10　双总线结构（2）

3. 多总线结构

在单总线系统中，所有高速与低速设备共享同一总线，总线以分时方式运作，意味着同一时刻只允许一对设备进行数据传输。这种设计极大地制约了信息传输效率和系统吞吐量。为了解决这一问题，图 5-11 所展示的多总线系统结构应运而生。该结构通过分离不同速度的设备到独立总线，实现了更高效的数据传输和更强的系统处理能力，从而显著提升了整体性能。

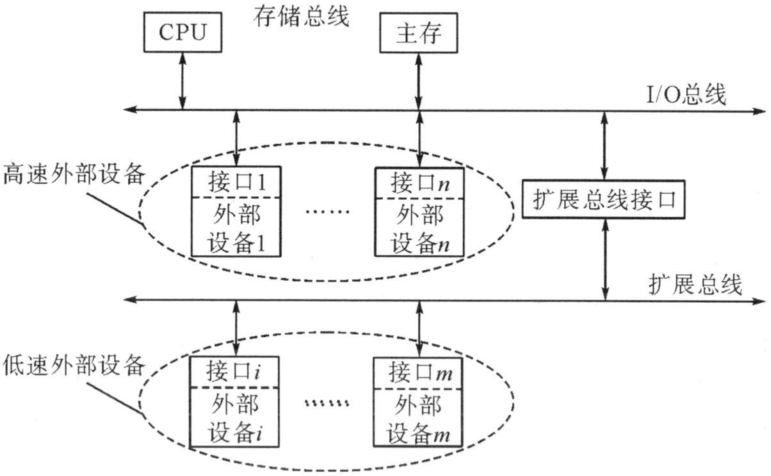

图 5-11 多总线结构

图中的 CPU 和 cache 之间采用高速的 CPU 总线。主存连在存储总线上，外部设备通过接口连在 I/O 总线或扩展总线上，使不同速度的设备彼此相连。

多总线结构体现了高速、中速、低速设备连接到不同总线上同时进行工作，提高了总线的效率和吞吐量，而且处理器结构的变化不影响高速总线。

4. 总线结构实例

大多数计算机采用了分层次的典型主板总线结构，如图 5-12 所示。在这种结构中，速度差异较大的设备模块使用不同速度的总线，而速度相近的设备模块使用同一类总线。显然，这种结构的优点是不仅解决了总线负载过重的问题，而且使总线设计简单，并能充分发挥每类总线的效能。

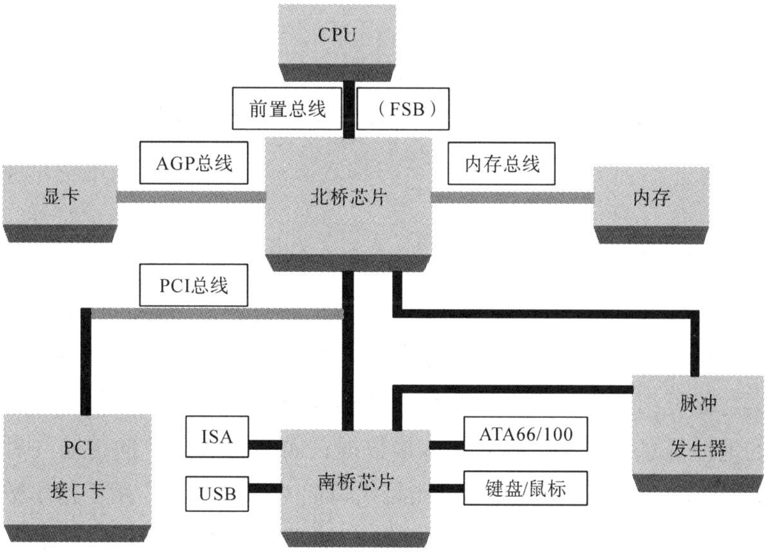

图 5-12 计算机典型主板总线结构

可以看出，它是一个三层次的多总线结构，即 CPU 总线、PCI 总线和 ISA 总线。

CPU 总线：也称 CPU-存储器总线，它是一个 64 位数据线和 32 位地址线的同步总线。总线时钟频率为 65.6 MHz（或 60 MHz），CPU 内部时钟是此时钟频率的倍频。此总线可连接 4～128MB 的主存。主存扩充容量是以内存条形式插入主板有关插座来实现的。CPU 总线还接有 L2 级 cache。主存控制器和 cache 控制器芯片用来管理 CPU 对主存和 cache 的存取操作。CPU 是这条总线的主控者，但必要时可放弃总线控制权。从传统的观点看，CPU 总线可以是 CPU 引脚信号的延伸。

PCI 总线：用于连接高速的 I/O 设备模块，如图形显示器适配器、网络接口控制器、硬盘控制器等。通过“桥”芯片，上面与高速的 CPU 总线相连，下面与低速的 ISA 总线相接。PCI 总线是一个 32 位（或 64 位）的同步总线，32 位（或 64 位）数据/地址线是同一组线，分时复用。总线时钟频率为 33.3 MHz，总线带宽是 132 MB/s。PCI 总线采用集中式仲裁方式，有专用的 PCI 总线仲裁器。主板上一般有 3 个 PCI 总线扩充槽。

ISA 总线：Pentium 机使用该总线与低速 I/O 设备连接。主板上一般留有 3～4 个 ISA 总线扩充槽，以便使用各种 16 位/8 位适配器卡。该总线支持 7 个 DMA 通道和 15 级可屏蔽硬件中断。另外，ISA 总线控制逻辑还通过主板上的片级总线与实时钟/日历、ROM、键盘和鼠标控制器（8042 微处理器）等芯片相连接。

CPU 总线、PCI 总线与 ISA 总线通过两个桥芯片相互连接，桥芯片扮演了重要角色，它不仅对信号速度进行缓冲，还负责电平转换和控制协议的转换，确保各总线间的顺畅通信和协同工作。CPU 总线-PCI 总线的桥称为北桥，PCI 总线-ISA 总线的桥称为南桥。当 CPU 芯片升级时，只需改变 CPU 总线和北桥芯片，全部原有的外部设备就可自动继续工作。

Pentium 计算机的总线结构分为三个层级：CPU 总线、PCI 总线及 ISA 总线，它们通过北桥与南桥芯片实现相互连接。这种三层设计优化了数据传输路径，提升了系统整体性能。

5.1.4 总线的内部结构

早期总线的外部结构如图 5-13 所示，它本质上是处理器芯片引脚的扩展，充当处理器与 I/O 设备适配器之间的通信桥梁。这种基础总线通常由 50～100 条线路构成，根据功能可细分为三类：地址线、数据线及控制线。地址线负责单向传输主存与设备的地址信息；数据线则双向传输数据；而控制线则单向传输（针对每根线而言，可能是 CPU 向接口发送，也可能是接口向 CPU 发送），用于指示数据传送方向（如存储器读写、I/O 读写）、中断控制（请求与识别）及定时控制等。从宏观角度看，控制总线具备双向通信能力。

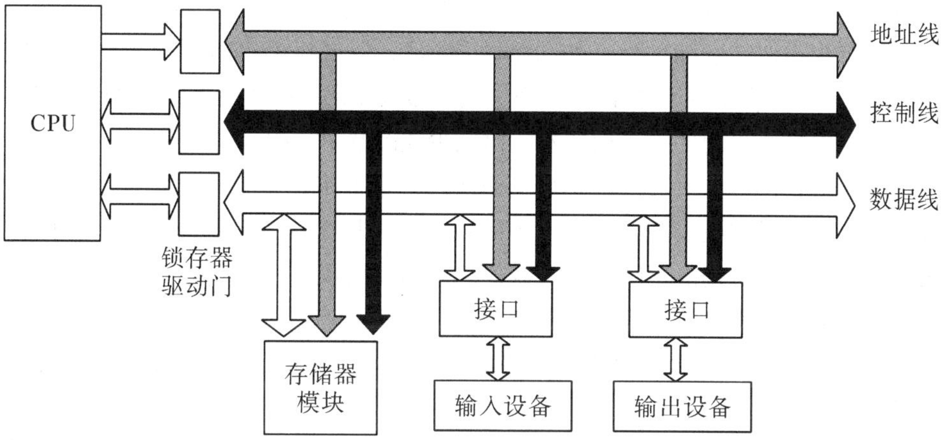

图 5-13 早期总线的内部结构

早期总线结构的缺陷主要包括：其一，CPU 作为总线上的唯一主控者，限制了系统的并行处理能力，即便后来引入了带简单仲裁逻辑的 DMA 控制器来支持 DMA 传输，但在多 CPU 环境下仍显不足；其二，总线信号直接源自 CPU 引脚信号的延伸，这导致总线结构与特定 CPU 紧密绑定，缺乏通用性，难以适应不同型号的 CPU。这些局限性迫使总线技术进一步发展，以寻求更高效、更灵活的解决方案。

图 5-14 展示了当代流行的总线内部结构，它是一些标准总线，追求与结构、CPU、技术无关的开发标准，并满足包括多个 CPU 在内的主控者环境需求。

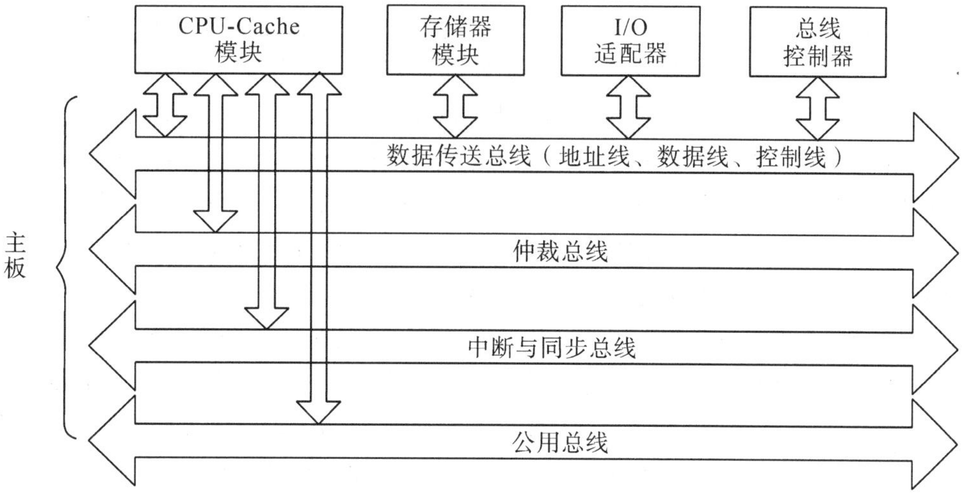

图 5-14 当代总线的内部结构

现代总线结构中，CPU 与其专属缓存被整合为一个模块接入总线系统，且系统支持多个此类处理器模块并存。此时，总线控制器承担起协调与仲裁多个总线请求的重任，确保各模块间通信顺畅、资源分配合理，从而提升系统的整体性能和效率。总线系统通常包含以下四个关键组成部分。

数据传送总线：这一部分是总线系统的核心，由地址线、数据线和控制线共同构成。其结构类似于基础总线（如图 5-4 所示），但规格上有所不同，通常配备 32 条地址线以及 32 条或 64 条数据线。为了优化布线布局，64 位数据中的低 32 位数据线往往会与地址线采用多路复用技术，以减少线路数量、提高空间利用率。

仲裁总线：该部分负责处理总线上的访问请求冲突，主要由总线请求线和总线授权线组成。通过这些线路，各个设备能够向总线控制器发出访问请求，并由控制器根据一定的仲裁机制决定哪个设备获得总线的使用权。

中断与同步总线：这一组成部分专门用于处理具有优先级的中断操作。它包含中断请求线和中断认可线，确保系统能够及时响应并处理各种中断事件，同时保持各个设备之间的同步运行。

公用线：作为总线系统的辅助部分，公用线包括时钟信号线、电源线、地线、系统复位线以及加电或断电的时序信号线等。这些线路为总线系统提供必要的时钟信号、电源供应、接地保护以及系统复位功能，确保总线系统的稳定运行和可靠启动。

这四个部分共同构成了完整而高效的总线系统，为计算机内部各个设备之间的数据传输和通信提供了坚实的基础。

5.1.5 总线的性能指标

1. 总线带宽

总线性能的关键衡量指标是总线带宽，它表示总线能达到的最大数据传输速度，单位通常为兆字节每秒（MB/s）。然而，实际带宽会受到多种因素的影响，如总线布线的长度、总线驱动器与接收器的性能，以及连接到总线上的模块数量等。这些因素可能导致信号在传输过程中的失真和延迟，从而对总线的最高传输速率构成制约。因此，当设计和应用总线时，需综合考虑这些因素，以确保总线的高效运行。

总线带宽指总线上每秒钟数据传送的字节数。计算公式为 $B=W/t=W/(N\times T)=W\times f/N$。其中 W 表示数据总线宽度（或者完成一次传输的数据字节数）；f 表示总线工作频率；T 表示总线时钟周期；N 表示完成一次数据传输的时钟周期数。

【例 5-2】（1）某总线在一个总线周期中并行传送 4 个字节的数据，假设一个总线周期等于一个总线时钟周期，总线时钟频率为 33 MHz，总线带宽是多少？

（2）如果一个总线周期中并行传送 64 位数据，总线时钟频率升为 66 MHz，总线带宽是多少？

解：（1）设总线带宽用 Dr 表示，总线时钟周期用 $T=\frac{1}{f}$ 表示，一个总线周期传送的数据量用 D 表示，根据定义可得 $D_r=\frac{D}{T}=D\times f=4\text{B}\times 33\times 10^6/\text{s}=132\ \text{MB/s}$。

（2）64 位 = 8B，

$D_r = D \times f = 8B \times 66 \times 10^6/s = 528\ MB/s$。

【例 5-3】设总线的位宽为 32 b，工作频率为 66 MHz，传输一次数据需要 2 个时钟周期，问总线的带宽是多少？

解：根据题意有

$W = 32$，$f = 66$ Mhz，$N = 2$，则

$B = W \times f/\ (8 \times N)\ = 132\ MB/s$

2. 总线复用

总线复用是指总线上同一传输线在不同时刻传输不同信号。

总线复用采用分时传送方式，为此必须划分时间片，以便在不同的时间间隔中完成传送地址和传送数据的任务。

3. 总线猝发传输

总线猝发传输是一种高效的数据传输模式，其核心特点在于能够在一个总线周期内，连续传输存储地址相邻的多个数据字。这种传输方式将多个数据单元视为一个整体（即数据块）进行传送，从而显著提升了数据传输的效率。猝发传输中的连续传输周期数被称为猝发长度（burst lengths，BL），它决定了在一次猝发操作中能够传输的数据量。

猝发传输的优势在于，它能够在短时间内实现相对高带宽的数据传输，这对于需要快速处理大量数据的系统来说尤为重要。在实际应用中，具有猝发传输功能的设备通常能够为成组操作提供最大的吞吐率，从而满足高性能计算和数据处理的需求。

以基于 Intel 芯片的 PC 机扩展工业标准体系结构（EISA）总线为例，该总线支持速率为 33 Mbps 的猝发传输方式。在猝发传送过程中，一次数据移动仅需一个时钟周期，相比通常需要的两个时钟周期，这一特性极大地提高了数据传输的速度和效率。

综上所述，总线猝发传输是一种先进的数据传输模式，它通过优化数据传输方式和提高传输效率，为现代计算机系统提供了更为强大的数据处理能力。

5.2　总线的仲裁

总线连接的功能模块分为主动与被动两类。主动模块，亦称为主模块或主设备，掌握对总线的控制权或使用权。而被动模块，即从模块或从设备，响应主动模块的数据传输请求。以 CPU 模块为例，它在不同时间可以灵活担任主动或被动角色；相比之下，存储器模块则固定扮演被动角色。主动模块能够发起总线周期，而从模块则只能响应主动模块的请求。在每次总线操作中，只有一个主动模块能掌握总线控

制权，但是同一时间内，可以有一个或多个从模块参与响应。这种设计确保了总线系统的高效运行与数据传输的有序进行。

除了 CPU 模块，I/O 模块同样具备提出总线请求的能力。在面临多个主设备同时争取总线控制权的情况下，为了确保总线访问的有序性，必须配备总线仲裁组件。该组件的作用是以特定机制从竞争的主设备中，选择一个作为下一次总线操作的主方。这样的设计旨在解决总线访问冲突，保证总线资源的高效、公平分配，从而维持系统的稳定运行。

总线是一个共享资源，因此在同一时刻可能会有多个主设备希望获得其控制权。当多个主设备竞相请求总线控制权时，总线控制器会采取一定的策略来决定哪个主设备优先获得这一权利，这一过程被称为总线仲裁。通过总线仲裁，可以确保总线资源的有序分配和使用。例如，在多处理器系统中对各 CPU 模块的总线请求采用公平的原则来处理，而对 I/O 模块的总线请求采用优先级策略。被授权的主方在当前总线业务结束时即接管总线控制权，开始新的信息传送。主方持续控制总线的时间称为总线占用期。

总线事务指的是在总线上进行的一次信息交换活动，涵盖了存储器读、存储器写、I/O 读、I/O 写以及中断响应等多种类型。而总线周期，则是完成一次数据传输所需的总时长，它细分为申请、寻址、传数和结束四个阶段。其中，申请阶段的核心任务是进行总线仲裁，旨在决定哪个设备能够使用总线。至于寻址、传数和结束三个阶段，则属于总线定时的范畴，后续将详细阐述。

根据总线仲裁电路所处位置的不同，仲裁方式被划分为集中式仲裁和分布式仲裁两种类型。这两种仲裁方式各有特点，适用于不同的系统架构和应用场景。

5.2.1 集中式总线仲裁

集中式总线仲裁是一种总线仲裁方式，在这种方式中，所有设备都连接到一个中央仲裁电路，该电路负责判断哪个设备有权访问总线。

在集中式仲裁中，每个功能模块有两条线连到总线控制部件：一条是送往仲裁器的总线请求信号线 BR（BR=1 表示有某个主设备发出使用总线的请求，否则无设备发出使用总线的请求）；一条是仲裁器送出的总线授权信号线 BG（BG=1 表示总线仲裁器同意使用总线的申请，BG=0 表示未同意）。

集中式仲裁机制涵盖了链式查询、计数器定时查询以及独立请求三种主要方式。其运作流程概述如下。首先，主设备会发出总线使用请求信号。在多个主设备同时请求使用总线的情况下，总线控制器内部的判优与仲裁逻辑会依据预设的优先级顺序，公正地决定哪个主设备能够获取总线的使用权。一旦某个主设备被赋予了总线使用权，它便可以开始进行数据传送操作。这一流程确保了总线资源的高效、有序分配，从而提升了系统的整体运行效率。

1. 链式查询方式

为减少总线授权线数量，一般采用图 5-15 所示的链式查询方式。其中 ABUS 表示地址总线，DBUS 表示数据总线。BS 表示总线忙信号线，BS=1 时表示总线正在被使用，处于“忙”的状态，BS=0 时表示总线处于空闲状态。

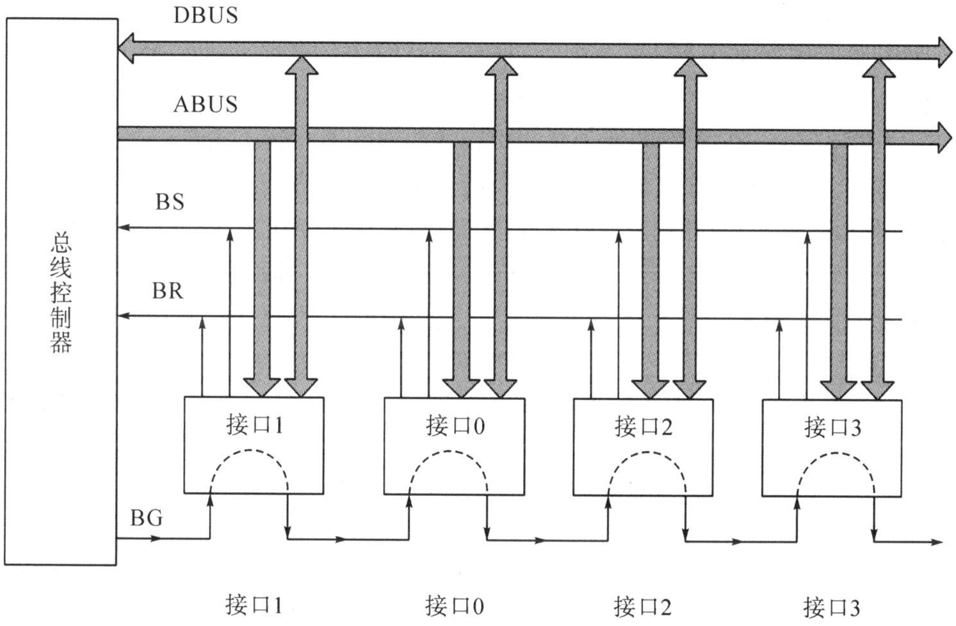

图 5-15　链式查询方式

链式查询方式的仲裁逻辑：BS=0 时，总线仲裁器若收到使用总线的请求信号，便发送同意信号。BG 信号以一种串行的方式，在 I/O 接口之间依次传递（进行查询）。若某个接口未发出总线请求，它会继续将 BG 信号传递给下一个接口；反之，若接口发出了总线请求，则会停止传递 BG 信号，并设置 BS 为 1，表明该 I/O 接口已成功获取总线控制权。这一机制确保了总线资源的合理分配，以及各个接口间的有序通信。

在查询链架构中，设备的优先级与其距离总线仲裁器的远近密切相关：越靠近仲裁器的设备，其优先级越高；反之，则越低。这种优先级排序是通过接口内部的优先级排队电路来实现的，构成了链式查询机制的基础。

链式查询方式具备两大显著优点：其一，结构相对简单；其二，为系统扩展提供了便利，使得新增设备变得容易。

然而，该方式也存在一些不足。首先，它对查询链中的电路故障极为敏感，一旦某个设备的接口电路发生故障，其后的所有设备都无法正常工作。其次，链式查询的平均查询时间较长，这可能影响系统的整体性能。最后，查询链的优先级是固定的，这意味着如果高优先级设备频繁发出请求，则低优先级设备可能会长时间无法获得总线使用权，导致资源分配不均。

2. 计数器定时查询方式

在该方式里，每个设备的接口都被编号，称为设备地址或者设备号。每个设备接口均配备了一个设备地址判别电路，称为设备选择电路。该电路的主要功能是判断设备地址线上传输的地址是否为本设备的地址。图 5-16 详细展示了计数器定时查询方式的基本原理和工作流程。

计数器定时查询方式的仲裁逻辑：在 BS 信号为 0 的情况下，若总线控制单元接收到总线使用请求，则计数器随即启动计数，并将计数值作为设备地址发送给所有设备。如果设备接口收到的设备地址与本设备的地址不一致，或者，设备接口收到地址与本设备的地址一致，但是本设备没有使用总线的请求，那么该设备不做任何动作，计数器继续计数并发送到所有设备，直到有申请使用总线的设备收到地址线上的地址与本设备地址相一致时，置 BS=1。而置 BS=1，即表明该接口获得了总线使用权。总线总裁器收到 BS=1 的信号后，就会中止计数器计数。

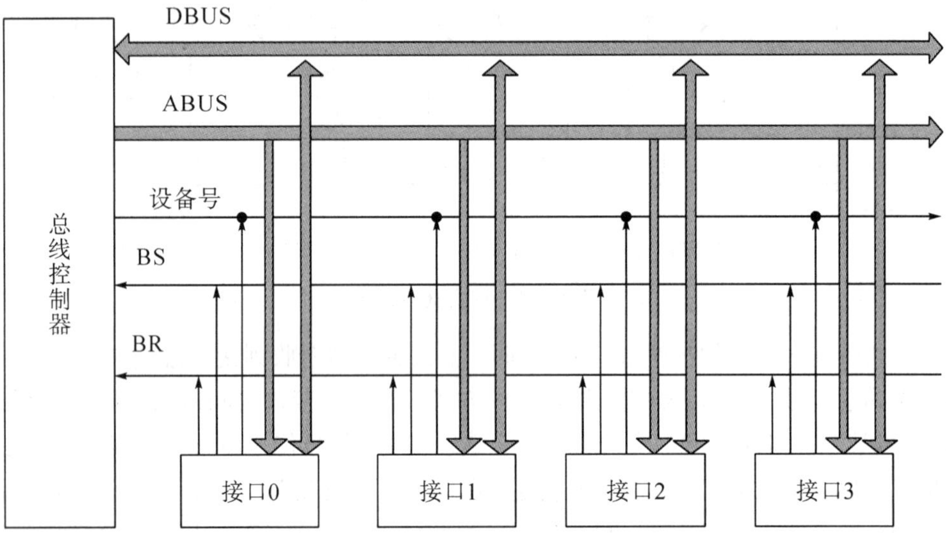

图 5-16　计数器定时查询方式

计数器的起始计数点可以是“0”，也可以是从上一次中断处恢复计数。若从“0”起始，设备的优先级顺序与链式查询法一致，保持固定。而若从中断处恢复计数，则每个设备使用总线的优先级变得相同。此外，计数器的初始值还可以通过程序进行设定，从而灵活地调整设备的优先级顺序。这种灵活性虽然带来了便利，但也相应地增加了线路的数量。

计数器定时查询方式的优点是容易扩充，减少了对电路故障的敏感性；缺点仍然是平均查询时间较长。

3. 独立请求方式

独立请求方式原理示于图 5-17。在此机制中，每个希望共享总线的设备都配备了一对专门的线路：总线请求线 BR_i 和总线授权线 BG_i。如果某个设备需要占用总线，就会通过自己的 BR_i 线发送请求信号。此时，总线仲裁器内的排队电路将介入，其作用是对所有设备的请求进行优先级排序，并决定哪个设备的请求应首先得到满足。一旦决定，仲裁器会通过相应的 BG_i 线向该设备发送授权信号，允许其开始使用总线。

由此，独立请求方式确保了总线资源的有序分配和高效利用，避免了总线冲突和访问延迟，从而提升了系统整体的运行效率和稳定性。整个过程自动化程度高，减少了对人工干预的需要。

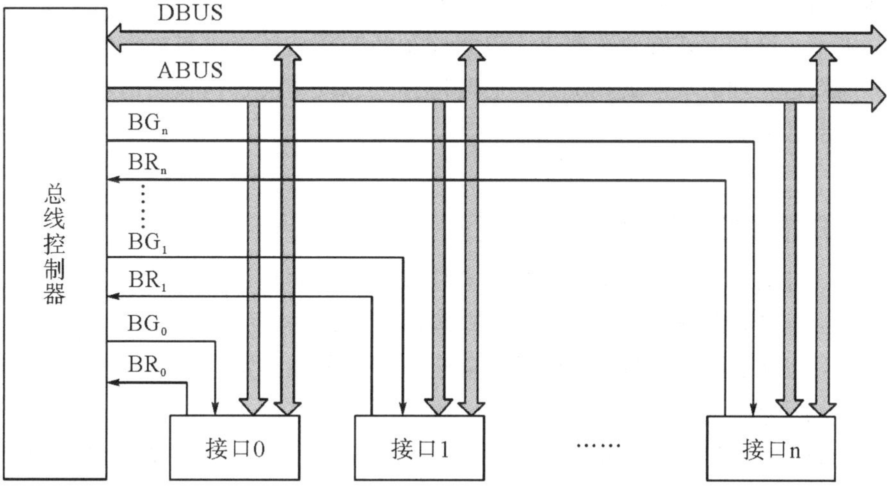

图 5-17　独立请求方式

独立请求方式以其较快的响应速度和高度灵活性著称，允许通过程序灵活设定设备优先权。然而，该方式也存在缺点，即总线仲裁器的电路设计相对复杂，增加了实现的难度和成本。

4. 三种方式的对比

上述三种方式的特点对比如表 5-2 所示。

表 5-2　三种仲裁方式的比较

仲裁方式	链式查询方式	计数器定时查询方式	独立请求方式
优点	结构简单，扩充容易	结构简单，扩充容易	响应速度快
缺点	对电路故障敏感，平均查询时间长	平均查询时间长	控制线多，控制复杂
优先权	优先权固定	程序可以修改计数器的起始值，优先权具有一定的灵活性	程序可以自由修改优先权的顺序，优先级灵活

三种方式的效率分析如下。

链式查询方式的效率：链式查询方式在总线访问上具有较高的效率。由于设备按照顺序进行查询，避免了冲突和竞争，可以实现较高的利用率。此方式的效率优势在于，当总线上的设备数量较少且访问模式相对稳定时，链式查询方式可以提供高效的总线访问。

计数器定时查询的效率：计数器定时查询方式通过设定计数器来控制设备的访问时间，可以根据设备的优先级和访问需求进行调整，提供一定的灵活性。这种方式的效率取决于计数器的设置和调整，以及设备之间的优先级关系。当设备的优先级和访问需求差异较大时，计数器定时查询方式可以提供较高的效率。

独立请求方式的效率：独立请求方式允许设备独立发送请求，但需要总线控制器进行决策。这种方式的效率取决于总线控制器的算法和决策过程。如果总线控制器能够高效地处理请求冲突和决策，适时地分配总线访问权，独立请求方式就可以提供较高的效率。

5.2.2 分布式总线仲裁

分布式仲裁机制无须依赖中央化的总线仲裁器，而是让每个可能成为主方的功能模块各自配备仲裁号和仲裁器。当这些模块有总线访问需求时，它们会将自身独特的仲裁号发送到共享的仲裁总线上。随后，每个仲裁器都会将接收到的仲裁号与自身的仲裁号进行对比。如果仲裁总线上的号大于自己的号，该仲裁器就会忽略自身的总线请求，并撤回自己的仲裁号。在这一过程中，较小的仲裁号逐步被淘汰，最终，仲裁总线上留下的将是优先级最高的仲裁号，也就是获胜者的仲裁号。

简而言之，分布式仲裁是分布式系统中解决资源访问冲突的一种有效方式。在多个节点或进程同时竞争有限资源的情况下，分布式仲裁通过优先级仲裁策略，确保了资源访问的有序性和公平性，从而提高了系统的整体性能和稳定性。

1. 分布式总线仲裁的特点

它摒弃了中央仲裁器的设计，转而让每个潜在的主模块都配备了自己的仲裁器和独一无二的仲裁号。当多个仲裁器同时竞争总线使用权时，这一设计显得尤为重要。

当某个部件需要访问总线时，它会将自己的仲裁号发送到共享的仲裁总线上。随后，每个仲裁器都会将这个号码与自己的仲裁号进行对比。如果仲裁总线上的号码大于自己的号码，该仲裁器就会忽略自己的总线请求，并撤销自己的仲裁号。这一过程会持续进行，直到仲裁总线上只留下一个号码，也就是获胜者的仲裁号。

这种机制不仅提高了总线访问的效率，还确保了资源分配的公平性，使得分布式系统中的各个模块能够有序地访问总线资源。

常用的分布式总线仲裁主要有自举式、冲突检测式和并行竞争式。

（1）自举分布式仲裁

在自举分布式仲裁机制中，各设备均配备一根专属的总线请求线，并预设固定的优先级。设备在需要访问总线时，会独立判断自身是否为最高优先级请求者。

具体实现上，设备会在各自的总线请求线上发送请求信号。在裁决阶段，每个设备都会检测比自己优先级高的请求线信号。如果检测到有请求信号存在，则该设备会判定自己无法立即使用总线；若未检测到请求信号，则该设备可立即占用总线，并通过发送总线忙信号来阻止其他设备访问。

值得注意的是，在系统中，最低优先级的设备可以选择不配备总线请求线，因为其即使发出请求，也往往难以获得总线使用权。这种设计在一定程度上简化了系统结构，提高了资源利用效率。

（2）冲突检测分布式仲裁

每个设备均配备一根独立的总线请求线。设备欲使用总线时，会先检查总线状态，确认无其他设备占用后，即设置总线为忙碌状态并开始使用。然而，若两个设备同时检测到总线空闲并尝试访问，则会发生冲突。

为避免此情况，所有设备在数据传输时都会监听总线，一旦发现冲突，立即停止传输。随后，两个冲突的设备会各自等待一个随机时间，再次尝试访问总线。

这种总线访问策略广泛应用于网络通信，如 Ethernet 总线等。它确保了总线资源的高效利用，同时，通过随机延迟重试机制，有效降低了冲突发生的概率，提升了系统的稳定性和数据传输效率。

（3）并行竞争分布式仲裁

在并行竞争分布式仲裁机制中，各设备分别配备独特的仲裁号和仲裁器。一旦设备需要访问总线，其仲裁号就会被发送到共享的仲裁线上。此时，每个设备的仲裁器都会将接收到的仲裁号与自己的仲裁号进行对比。如果仲裁线上的仲裁号大于自己的仲裁号，该设备就会判定自己的总线请求无法被响应，并主动撤销自己的仲裁号。

随着竞争过程的推进，仲裁线上最终只会保留一个仲裁号，即竞争获胜者的仲裁号。这一机制确保了总线访问的有序性和公平性，使得各个设备能够按照优先级顺序访问总线资源，从而提高了系统的整体性能和稳定性。

2. 分布式仲裁的仲裁逻辑

图 5-18 为分布式仲裁器的逻辑结构示意图。其要点如下。

（1）所有参与本次竞争的各主设备（本例中共 8 个）将设备竞争号 CN 取反后打到仲裁总线 AB 上，以实现“线或”逻辑。AB 线低电平时表示至少有一个主设备的 CN_i 为 1，AB 线高电平时表示所有主设备的 CN_i 为 0。

（2）竞争时 CN 与 AB 逐位比较，从最高位（昂）至最低位（b_7）以一维菊花链方式进行，只有上一位竞争得胜者 W_{i+i} 位为 1。当 $CN_i = 1$，或 $CN_i = 0$ 且 AB_i 为高电平时，才使 W_i 位为 1。若 $W_i = 0$ 时，将一直向下传递，使其竞争号后面的低位不能送上 AB 线。

(3) 竞争不到的设备自动撤除其竞争号。在竞争期间，由于 W 位输入的作用，各设备在其内部的 CN 线上保留其竞争号并不破坏 AB 线上的信息。

(4) 由于参加竞争的各设备速度不一致，这个比较过程只有反复（自动）进行，才能得到最后稳定的结果。竞争期的时间要足够，以保证速度最慢的设备也能参与竞争。

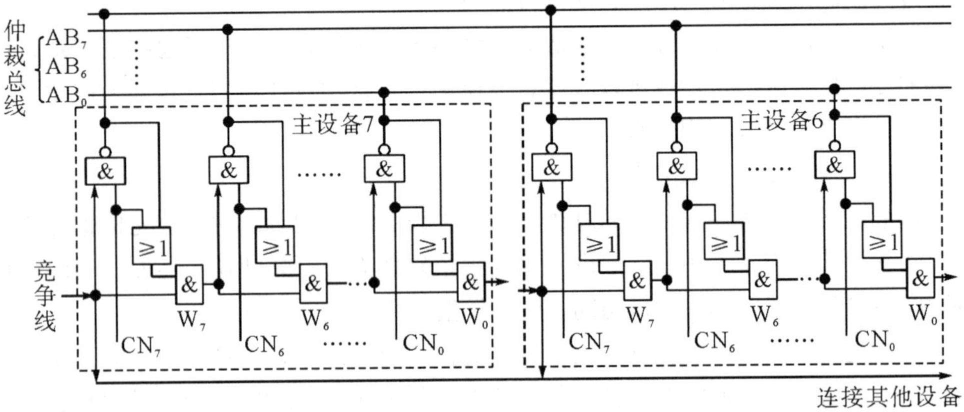

图 5-18　分布式仲裁器的逻辑结构

5.3　总线的定时

为解决通信双方协调配合问题，必须制订定时协议。所谓定时，是指事件出现在总线上的时序关系。

总线的一次信息传送过程，大致可分为如下四个阶段：申请阶段、寻址阶段、传数阶段和结束阶段。申请阶段的主要工作是总线仲裁（前一节已介绍），后面三个阶段属于总线定时；寻址阶段的主要工作是主设备向从设备发出数据地址和操作命令；传数阶段是主从设备双方进行数据传送；结束阶段用于撤销相关命令和回传信息。

下面介绍数据传送过程中采用的四种定时方式：同步定时、异步定时、半同步定时和分离式定时。

5.3.1　同步定时

总线同步定时，也称为总线同步通信或总线同步定时方式，是计算机内部各部件之间通过总线进行信息传送时采用的一种同步方式。在这种方式中，总线上的所有部件都遵循一个公共的时钟信号进行同步操作。在同步定时协议中，事件出现在总线上的时刻由总线时钟信号来确定，所以总线中包含时钟信号线。一次 I/O 传送被称为时钟周期或总线周期。

1. 同步定时的读周期时序

图 5-19 展示了同步定时读周期时序的一个实例，所有相关事件均与时钟信号的前沿同步发生，且多数事件仅占用一个时钟周期。

具体来说，在 T_1 周期内，主设备会向从设备发送一个地址，指示需要从该地址读取数据。在 T_2 周期内，主设备会向从设备发出一个明确的读命令。在 T_3 周期内，从设备会根据之前接收到的地址，将数据放到数据总线上，而主设备则负责从数据总线上读取这些数据。在 T_4 周期内，所有与这次读取操作相关的命令都会被撤销，为下一次操作做好准备。

这种同步定时的读周期时序设计，确保了数据传输的准确性和高效性，是众多数字系统中不可或缺的一部分。

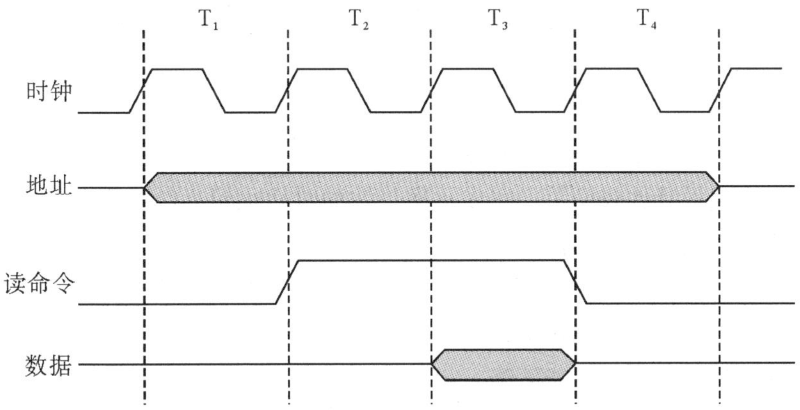

图 5-19　同步定时的读周期时序

2. 同步定时的写周期时序

图 5-20 展示了同步定时的写周期时序实例。在此过程中，T_1 周期标志着主设备开始向从设备发送目标写入数据的地址。在 T_2 周期，主设备将数据放置在数据总线上，准备进行传输。在 $T_{2.5}$周期，主设备向从设备发出写命令，指示其从数据总线上读取数据。在接收到命令后，从设备在 T_3 周期从数据总线上获取数据，并将其存入指定的存储单元。在 $T_{3.5}$周期，主设备撤销写命令，表明数据写入操作已完成。在 T_4 周期，所有与写操作相关的命令都被撤销，系统恢复到初始状态，为下一次操作做好准备。

这种同步定时的写周期时序设计，确保了数据传输的准确性和操作的流畅性，是众多数字系统中不可或缺的一部分。

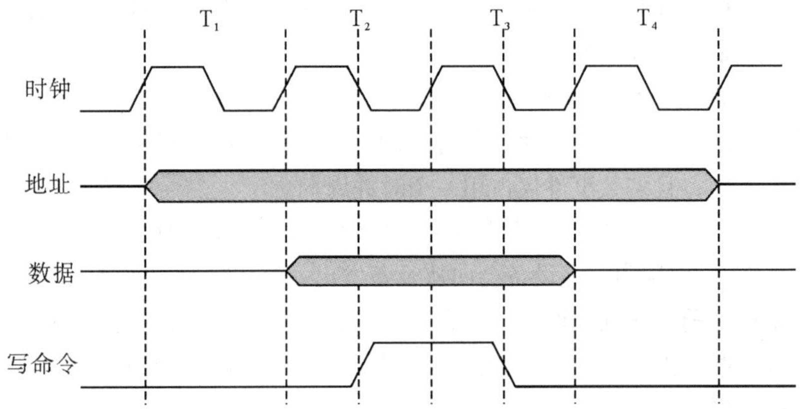

图 5-20　同步定时的写周期时序

3. 同步定时的特点

因为采用统一的时钟进行通信，同步定时具有较高的传输速率。同步定时适用于通信双方速度都比较接近的情况。

现代微机中的 PCI 总线就是同步方式总线。

全部系统模块由单一时钟信号控制。

优点：电路设计比较简单；完成一次传输的时间很短，它不允许主从设备间有等待，适合高速设备的数据传输。

缺点：它不能满足高/低速设备在同一系统中的使用。否则，只能按速度最慢的设备来确定总线周期长短或频带，这样高速设备只能按照低速设备的速度来进行数据传输，这会使整个系统性能下降。

5.3.2　异步定时

总线异步定时是指在计算机系统中，特别是在涉及多个设备通过总线进行通信的情况下，不依赖于共享时钟信号来控制数据传输的一种机制。在异步定时中，每个设备可以独立工作，不需要严格遵循一个统一的时钟信号。这种机制通常用于那些对灵活性和成本敏感的应用场景中。

在异步定时协议中，后一事件出现在总线上的时刻取决于前一事件的出现，即建立在应答式或互锁机制基础上。异步通信中最常见的机制是基于握手协议。握手协议允许发送方和接收方通过交换信号来确认数据的状态。这些信号可以包括请求（request，REQ）、应答（acknowledge，ACK）、忙（busy，BUSY）等。

在异步定时的系统中，因为不需要统一的公共时钟信号，所以总线周期的长度是可变的。

1. 异步定时的互锁方式

异步定时有三种方式：不互锁通信方式、半互锁通信方式和全互锁通信方式。

互锁机制要求，在发送一个信号之后，必须等待并接收到对方的确认回应，才能取消原先发出的信号。这种机制确保了信号传递的可靠性和双方通信的同步性，有效防止了因信号误解或丢失而导致的通信故障。

（1）不互锁通信方式

图 5-21 展示的是不互锁通信方式。在此方式下，主设备发出请求信号后，不会等待从设备的回应，而是会在一段时间后自动撤销请求信号。而从设备在接收到请求信号后，若条件允许，会发出回答信号，并在一段时间后撤销该信号。在这种通信方式中，主设备与从设备之间不存在互锁关系，即一方的动作不会直接影响另一方的信号状态。

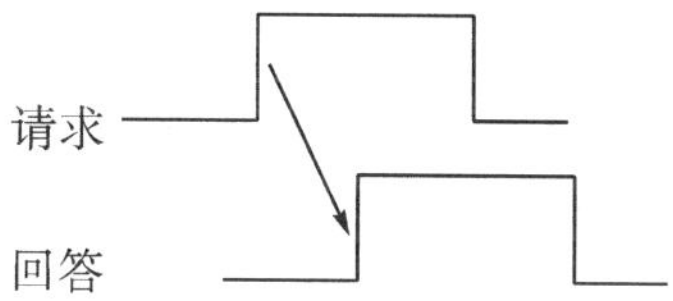

图 5-21　不互锁通信方式

（2）半互锁通信方式

图 5-22 呈现的是半互锁通信方式。在此方式下，主设备在向从设备发出请求信号后，必须等待接收到对方的回答信号，方可撤销自身的请求信号。而从设备一旦接收到主设备的请求信号且条件允许，会立即发出回答信号，并在持续一段时间后主动撤销该信号。这一过程中，主设备的信号撤销受到从设备回答的制约。

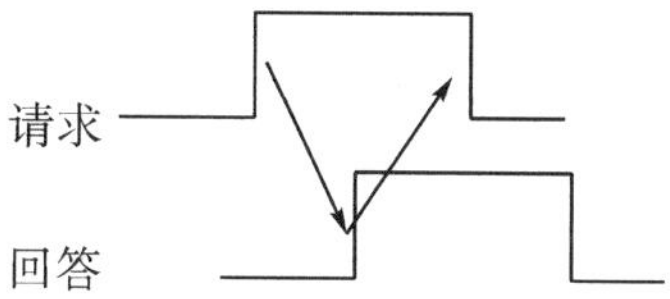

图 5-22　半互锁通信方式

（3）全互锁通信方式

图 5-23 展示了全互锁通信方式。在此方式下，主设备发出请求信号后，必须等待从设备的回答信号，收到信号后才能撤销请求信号。而从设备在接收到请求信号且条件允许时，会发出回答信号，并且只有在确认主设备已经接收到该回答信号后，才会撤销自身的回答信号。这种全互锁的方式确保了双方通信的同步性和可靠性。

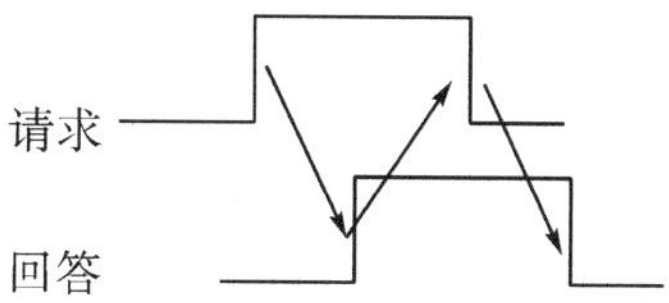

图 5-23　全互锁通信方式

2. 异步定时的读周期时序

异步定时的读周期时序如图 5-24 所示。

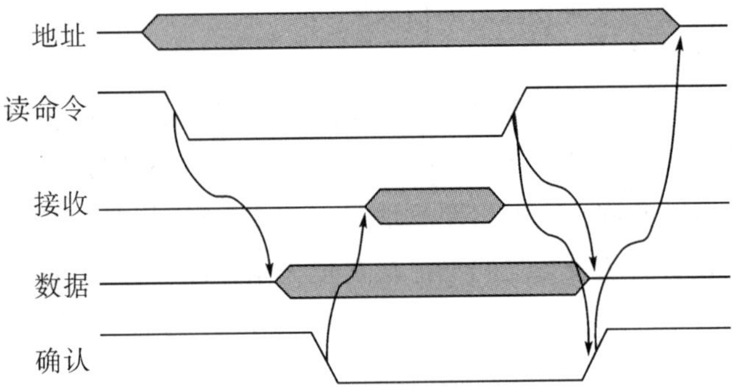

图 5-24　异步定时的读周期时序

异步定时的读周期时序如下：

（1）主设备将地址信号通过地址总线发送到从设备；

（2）待地址信号稳定后，主设备向从设备发送读命令；

（3）从设备收到读命令后，将数据放到数据总线上，待数据信号稳定后，向主设备发出数据已准备好的确认信号；

（4）主设备收到从设备发出的确认信号后，从数据总线上读取数据；

（5）主设备读取数据之后撤销读命令，它引起从设备撤销数据和确认信号，确认信号的撤销使主设备撤销地址信号。

3. 异步定时的写周期时序

异步定时的写周期时序如图 5-25 所示。

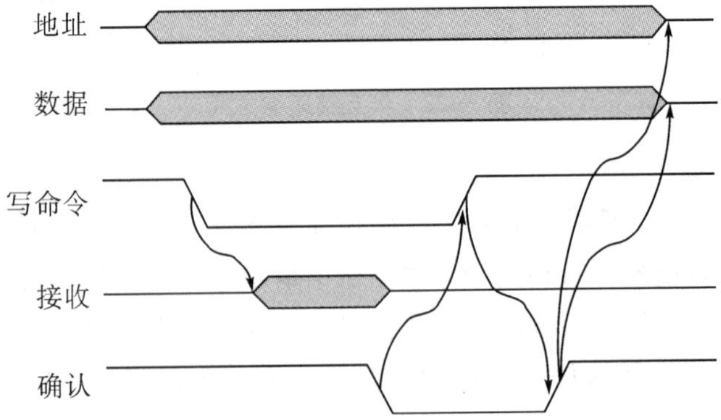

图 5-25　异步定时的写周期时序

异步定时的写周期时序如下：

（1）主设备将地址和数据分别放到地址总线和数据总线上；

（2）待地址和数据信号稳定后，主设备向从设备发送写命令；

（3）从设备收到写命令后，将总线上的数据存入地址指定的存储位置；

（4）当从设备存储好数据之后向主设备发出数据已经存入的确认信号；

（5）主设备收到确认信号后，撤销写命令，它使从设备撤销确认信号，确认信号的撤销，使主设备撤销地址和数据信号。

4. 异步定时的特点

异步定时的优点为总线周期长度可变。其不把响应时间强加到功能模块上，因而允许快速和慢速的功能模块都能连接到同一总线上。

异步定时的缺点为增加总线的复杂性和成本。不论速度从模块的速度如何，每完成一次传输，主、从模块之间的互锁控制信号都要经过 4 个步骤，即请求、响应、撤销请求和撤销响应。它的传输延迟是同步传输的两倍，因此，异步方式比同步方式要慢，总线的频带更窄，总线传输周期更长。

5.3.3 半同步定时

半同步定时综合了同步传送和异步传送的优点，是两者结合的传送方式。

从总体上看，它是一个同步系统，仍用系统时钟来定时，利用某个脉冲的上升沿或下降沿来判断某一个信号的状态，使得传输操作与时钟同步。为了克服同步方式的缺点，它允许两个速度不同的设备使用像异步方式那样的传输。为此，其设置了一条“等待”（WAIT）或“就绪”（READY）信号线。对于可以严格按照时钟规定进行传送的两个高速设备的传输，等待信号无效，依然按照同步方式传输。

如果从模块是慢速设备，没有准备好数据传输，从模块会使得 WAIT 信号有效或 READY 信号无效。系统用一个适当的状态时钟沿检测这个信号线，如果是 WAIT 有效（或 READY 无效），就自动将总线周期延长一个时钟周期，强制主模块等待。下一个时钟周期继续检测这个信号线，直到检测到 WAIT 信号无效（或 READY 信号有效）才不再延长总线周期。这种方法像异步方式那样能使不同速度的设备同时在系统中进行数据传输。

WAIT 信号不是互锁的，而是单方向的状态传递，这是和异步方式相比的不同之处。以输入数据为例的半同步通信时序如图 5-26 所示。T_1 时钟周期主模块发地址。T_2 时钟周期主模块发命令。第一个 T_w 时钟周期，当为低电平时，等待一个 T。下一个 T_w 时钟周期，如果为低电平再等待一个 T，直到为高电平为止。T_3 时钟周期从模块提供数据。T_4 时钟周期从模块撤销数据，主模块撤销命令。

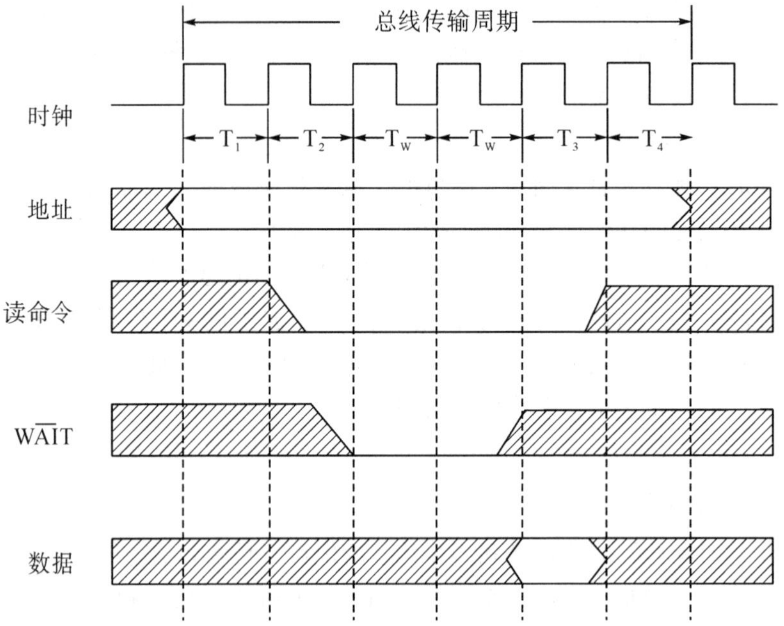

图 5-26　半同步定时

5.3.4　分离式定时

为充分挖掘系统总线每个瞬间的潜力，把一个总线的传输周期分成两个子周期。在第一个子周期中主设备发出地址、发出命令，占用总线。发送地址和命令后主设备和总线断开连接，放弃总线的使用权。第一子周期结束，从设备准备接收数据，或者准备发送数据。如果从设备已经准备好接收或要发送的数据，则从设备发出占用总线的请求，此时从设备已经变为主设备，把各种信息传送到总线上。这避免了前三种方式中，数据准备的过程对总线使用的浪费，提高了总线的有效利用率。

在总线读周期的寻址阶段到数据传送阶段，有一个短暂的时间间隔，用于从模块执行读命令（取出数据）。此时的总线是空闲的。

例如，可将读周期分为两个分离的子周期。

第一个子周期为寻址阶段，当有关的从模块从总线上得到主模块发出的地址、命令及有关信息后，立即和总线断开，以便其他模块可以使用总线。等到从模块准备好数据后，启动第二个子周期，由该模块申请总线，获准后，将数据发送给原来请求数据的主模块。

两个子周期均采用同步传输模式，确保在占用总线期间能够高效地进行信息传输。这种分离式传输方式特别适用于包含多个主模块（例如多个处理器或多个 DMA 设备）的系统。通过分离式传输，各个主模块可以更加灵活和高效地利用总线资源，从而实现更快速的数据传输和更高效的系统性能。这种方式不仅提高了数据传输的速度，还增强了系统的可扩展性和灵活性。

其特点如下：

（1）各模块有权申请占用总线；

（2）采用同步方式通信，不等对方回答；

（3）各模块准备数据时，不占用总线；

（4）总线被占用时，无空闲。

5.4 总线标准

总线标准是一套全面的规范体系，详细定义了总线的设计原理、功能特性、电气参数及与其他组件的交互协议。这些标准化规定为不同制造商生产的组件提供了统一的接口和兼容准则，确保了它们能够在相同的系统中无缝协作、稳定运行。通过遵循这些标准，不同厂商的设备能够实现互操作性，从而促进了系统的集成性和兼容性，为用户提供了更灵活、更可靠的系统解决方案。

5.4.1 系统总线标准

系统总线领域存在着多种主流的总线标准，其中较为常见的有 PC/XT、ISA、EISA、PCI、AGP 以及 PCI Express 等。这些标准各自具有独特的技术特点和适用场景，为不同需求的系统提供了多样化的总线解决方案。通过采用这些标准化的总线，系统能够实现高效的数据传输和组件间的无缝连接，从而提升了整体性能和兼容性，为用户带来了更加稳定和可靠的使用体验。

1. PC/XT 总线

PC/XT 总线作为 PC 发展史上的早期总线架构，具有举足轻重的地位。它采用了 20 位的地址线设计，为系统提供了广阔的寻址空间，同时配备了 8 位数据线，确保了基本的数据传输能力。这一总线结构在当时为 PC 的运算和存储能力奠定了坚实的基础，推动了计算机技术的初步发展。尽管随着技术的进步，它已被更先进的总线架构所取代，但在 PC 的历史长河中，PC/XT 总线依然留下了深刻的印记。

2. ISA 总线

ISA 总线采用独立的时钟信号，不依赖于 CPU 时钟，且未内置总线仲裁控制逻辑。当进行数据传输时，数据需经过 CPU 中转。该总线具备 16 位数据线，支持更宽的数据传输带宽；同时，24 位地址线提供了更大的内存寻址空间。其工作频率为 8 MHZ，确保了数据传输的稳定性；而 16 MB/s 的传输速率，在当时的技术背景下，已能满足多数应用需求。ISA 总线在 PC 发展史上具有重要意义。

3. EISA 总线

EISA 总线是扩展工业标准体系结构的代表，它与 ISA 总线全面兼容，并在此基础上引入了总线仲裁控制逻辑，实现了智能化的数据传输管理。EISA 支持多个主设备并行操作，并具备突发传输模式，显著提升了数据传输效率。其数据线宽度达到 32 位，地址线同样为 32 位，提供了更大的数据传输带宽和寻址空间。这些特性使得 EISA 总线在当时的计算机系统中具有显著优势。

4. PCI 总线

PCI 总线作为一种专为连接各类高速外部设备而设计的重要接口，扮演着重要角色。它不仅是一条与处理器无直接关联的高速外围总线，更是系统中不可或缺的层间数据传输通道。

PCI 总线遵循局部并行总线标准，这一特性使其能够高效地处理大量数据的传输任务。其工作频率高达 33 MHz，确保了数据传输的迅速和稳定。此外，PCI 总线作为一种独立于 CPU 的总线结构，为系统提供了更强的灵活性和扩展性。它允许系统在不依赖 CPU 的情况下，独立地进行数据传输和外部设备的管理，从而提升了系统的整体性能和稳定性。

值得注意的是，在 PCI 总线系统中，只允许存在一个 PCI 主设备。这一设计确保了数据传输的有序性和高效性，避免了因多个主设备竞争总线资源而导致的性能下降。PCI 主设备主要负责连接和管理系统中的关键外部设备，如显示卡、网卡、声卡等。这些外部设备通过 PCI 总线与系统进行数据传输和交互，从而实现了系统的高效运行和用户的良好体验。

综上所述，PCI 总线以其高效、稳定、灵活的特点，在连接高速外部设备和提升系统性能方面发挥着不可替代的作用。

5. AGP 总线

AGP 总线是专为显卡设计的局部总线，也被广泛称为加速图形端口，它在图形处理领域里举足轻重。其显著的特点之一便是高工作频率，达到了 66 MHz，这一特性为图形数据的快速传输提供了有力保障。

此外，AGP 总线还具备多种工作模式，以满足不同性能需求的显卡。这些模式包括 AGP 1X、AGP 2X、AGP 4X 和 AGP 8X，它们分别具有不同的数据传输速率。具体来说，AGP 1X 的速率为 266 MB/s，而 AGP 2X 则提升至 533 MB/s，AGP 4X 更是达到了 1 066 MB/s 的高速率，至于 AGP 8X，其速率更是达到了惊人的 2 133 MB/s。这些不同速率的模式，使得 AGP 总线能够灵活适配各种性能的显卡，从而确保图形处理的流畅性和高效性。

AGP 总线的这些特性，使得它成为显卡与主板之间数据传输的理想选择。通过 AGP 总线，显卡能够高效地接收和处理来自 CPU 的图形指令和数据，从而为用户呈现出更加逼真、细腻的图形效果。因此，在图形处理领域，AGP 总线无疑是一项不可或缺的重要技术。

6. PCI Express

PCI Express，这一高速串行计算机扩展总线标准其前身名为“3GIO”，由英特尔公司于 2001 年提出，旨在革新并取代传统的 PCI、PCI-X 及 AGP 总线标准。PCI Express 采用了先进的高速串行点对点双通道传输技术，每个连接的设备都能享受到独立的通道带宽，无须与其他设备共享总线带宽，这一特性极大地提升了数据传输的效率和稳定性。

在功能方面，PCI Express 支持多项先进技术，包括主动电源管理、错误报告、端对端的可靠性传输、热插拔以及服务质量（QOS）等。这些功能的加入，使得 PCI Express 能够更好地满足现代计算机系统的复杂需求，从而提升系统的整体性能和稳定性。

为了满足不同速度设备的需求，PCI Express 提供了多种规格，从 PCI Express x1 到 PCI Express x32 不等。这些规格能够覆盖从低速到高速的各类设备，确保系统能够充分利用 PCI Express 的高带宽特性。特别是 PCI-Express 的接口——PCIe 3.0 接口，其比特率高达 8 Gbps，几乎是上一代产品带宽的两倍。此外，PCIe 3.0 接口还引入了一系列重要的新功能，如发射器和接收器均衡、PLL 改善以及时钟数据恢复等，这些功能进一步提升了数据传输的准确性和保护性能。

与传统的 PCI 总线相比，PCI Express 采用了所谓的“端对端连接”方式。在这种连接方式下，每个设备都能独享总线带宽，无须与其他设备竞争资源。这一特性使得 PCI Express 在数据传输速度、带宽利用率以及系统稳定性方面都远超传统的 PCI 总线。

总的来说，PCI Express 凭借其高速串行传输、独立通道带宽、丰富的功能支持以及多种规格选择等优势，已经成为现代计算机系统中的重要组成部分。它不仅能够满足当前各类设备的需求，还为未来的技术发展预留了足够的空间。随着技术的不断进步，PCI Express 有望在更多领域发挥更大的作用，为计算机系统的性能提升和稳定性保障做出更大的贡献。

5.4.2 外部总线标准

外部总线标准是连接计算机主机与外部设备，或不同计算机系统间传输数据与指令的关键规范。其详细规定了物理接口的形式、电气特性的要求、信号传输的协议，以及数据传输的速率和模式等核心要素。这些标准为计算机与外部设备的无缝对接、高效的数据交换及资源共享奠定了坚实基础。遵循这些标准，能够确保不同厂商生产的设备实现互操作，提升系统的兼容性和扩展性。因此，外部总线标准在推动计算机技术发展、促进设备互联互通方面发挥着至关重要的作用。

以下是一些常见的外部总线标准。

1. 通用串行总线（universal serial bus，USB）

USB，作为一种应用广泛的串口总线标准及输入输出接口技术规范，在计算机外部设备连接领域具有举足轻重的作用。作为最常用的外部总线标准之一，USB 凭借其强大的功能特性，如即插即用、热插拔以及电源管理等，为用户带来了前所未有的便捷体验。

USB 接口几乎成为各类计算机外部设备的标准配置，无论是鼠标、键盘这类基本输入设备，还是打印机、摄像头、移动硬盘等多媒体和存储设备，都能通过 USB 接口与计算机实现高效、稳定的连接。从 USB 1.0 的初露锋芒，到如今 USB 4.0 的横空出世，USB 标准在数据传输速率上实现了质的飞跃，同时保持了良好的兼容性和易用性，使得用户能够轻松享受科技进步带来的便利。

USB 技术的应用范围远不止于此，它已经广泛地渗透到信息通信产品的各个领域中，如个人电脑、移动设备等，甚至扩展至摄影器材、数字电视（机顶盒）、游戏机等其他相关领域。USB 技术的广泛应用，不仅提升了设备的连接效率，更推动了相关产业的蓬勃发展。

自 1994 年年底由英特尔等多家国际知名公司联合研发，并在 1996 年正式推出以来，USB 技术以其独特的优势迅速替代了传统的串口和并口，成为当今电脑与大量智能设备的必配接口。USB 技术的每一次迭代升级，都为用户带来了更加出色的使用体验。以最新一代 USB 为例，其传输速度高达 40 Gbit/s，最大供电功率可达 100 W，同时采用了新型 Type C 接口设计，支持正反盲插，进一步提升了用户的便捷性和使用体验。

USB 设备之所以深受用户喜爱，主要得益于其以下优点。

首先，USB 设备支持热插拔功能。这意味着用户在使用外接设备时，无须进行关机、开机等繁琐操作，只需在电脑工作时，直接将 USB 设备插上。这一特性极大地提升了用户的工作效率和使用体验。

其次，USB 设备便于携带。随着移动办公和远程办公的兴起，用户需要随身携带大量数据。此时，使用 USB 硬盘等存储设备无疑是一个明智的选择。USB 设备的小巧轻便，使得用户能够轻松携带并随时访问所需数据。

最后，USB 接口具有强大的扩展性。在个人电脑上，USB 接口往往具有多个，可以同时连接多个设备。这一特性使得用户能够根据自己的需求，灵活配置和使用各种外接设备，从而满足不同的工作和学习需求。

综上所述，USB 作为一种高效、便捷、易用的外部总线标准，已经深深地融入人们的日常生活和工作中。随着技术的不断进步和应用领域的不断拓展，USB 技术将继续为用户带来更加出色的使用体验。

2. IEEE 1394（FireWire/i. LINK）

IEEE 1394 是一种高效的高速串行总线标准，其起源可追溯到苹果公司。经过发展，它已成为一项国际标准，广泛应用于各种需要高速数据传输的场景。该标准支持的数据传输速率极高，能够达到数百兆甚至数千兆位每秒，这一特性使其特别适合于连接数字摄像机、外部硬盘等高性能设备。然而，随着科技的不断进步和市场的变化，IEEE 1394 在某些领域的应用受到了挑战。特别是随着 USB 技术的普及和性能的不断提升，越来越多的设备开始采用 USB 接口进行数据传输。USB 接口的广泛应用和兼容性优势，使得它在市场上占据了主导地位。

尽管如此，IEEE 1394 仍然在某些特定领域发挥着重要作用。由于其卓越的数据传输性能，仍然是许多高性能设备和专业领域的首选接口。特别是在需要处理大量数据或追求极致传输速度的应用中，IEEE 1394 的优势依然明显。

综上所述，IEEE 1394 作为一种高速串行总线标准，在数据传输领域具有重要地位。虽然受到 USB 技术普及的挑战，但它在特定领域的应用仍然广泛且不可或缺。随着技术的不断发展，IEEE 1394 也有望在未来继续发挥其独特优势，为用户提供更加高效、便捷的数据传输体验。

3. Thunderbolt

Thunderbolt 是一种外部总线标准，由英特尔与苹果公司携手共创，巧妙融合了 PCI Express 与 DisplayPort 两大技术，为用户带来了前所未有的高速数据传输与高清视频传输体验。这一接口设计独特，不仅支持多个设备的并行连接，还展现出了卓越的兼容性和出色的可扩展性，满足了用户对于多样化连接需求的高度期待。

Thunderbolt 接口凭借其强大的数据传输能力，能够轻松应对大量数据的快速传输任务，为用户带来更加流畅、高效的工作体验。同时，它还支持高清视频信号的传输，使得用户能够享受到更加逼真、细腻的视觉体验。

在高端笔记本电脑和台式机上，Thunderbolt 接口已经得到了广泛的应用。许多知名品牌的旗舰产品都纷纷采用了这一接口，以提供更加出色的性能和更加丰富的连接选项。随着科技的不断进步，Thunderbolt 接口的应用范围也在不断扩大，越来越多的设备开始支持这一接口，其为用户带来了更加便捷、高效的连接体验。

总之，Thunderbolt 作为一种集高速数据传输与高清视频传输于一体的外部总线标准，凭借其出色的性能和广泛的应用范围，已经赢得了广大用户的青睐和认可。未来，随着技术的不断发展，Thunderbolt 接口有望为用户带来更加出色的性能和更加丰富的功能。

4. 串行高级技术附件（serial advanced technology attachment，SATA）

SATA 接口虽然主要被应用于内部存储设备，如硬盘驱动器，但在某些外部存储解决方案中，如外置硬盘盒，它也扮演着外部总线标准的角色。相较于传统的并行 ATA 接口，SATA 提供了更为出色的数据传输速率和更高的可靠性，这使得它在数据存储领域备受青睐。

为了满足外部存储设备的连接需求，eSATA（外部串行高级技术附件）应运而生。作为 SATA 接口的外部版本，eSATA 不仅继承了内部 SATA 的高性能和可靠性，还为用户提供了更加灵活的存储解决方案。通过 eSATA 接口，用户可以将存储设备放置在计算机外部，不仅便于携带，还方便与其他设备或用户进行数据共享。

eSATA 接口的出现，进一步拓宽了 SATA 技术的应用范围。它使得用户能够轻松地将内部存储设备的优势扩展到外部环境中，实现数据的便捷存储和高效传输。同时，eSATA 接口还支持热插拔功能，用户可以在不关闭计算机的情况下，随时连接或断开外部存储设备，从而进一步提升了使用的便捷性。

综上所述，SATA 及其外部版本 eSATA，在数据存储领域发挥着重要作用。它们不仅提供了高效、可靠的数据传输解决方案，还为用户带来了更加灵活、便捷的存储体验。随着技术的不断发展，SATA 和 eSATA 接口有望在更多领域得到广泛应用，为用户创造更多价值。

5. 小型计算机系统接口（small computer system interface，SCSI）

SCSI 是一种重要的并行外部总线标准，它在连接高速外部设备方面发挥着关键作用。这些设备包括但不限于硬盘驱动器、磁带机以及扫描仪等，它们均能通过 SCSI 接口实现高效的数据传输。

SCSI 的一大优势在于其支持多个设备的并行连接。这意味着用户可以同时连接多个外部设备，而不必担心数据传输速度受到影响。这一特性使得 SCSI 在需要处理大量数据或追求极致传输速度的应用场景中表现出色。

然而，随着科技的进步和串行总线技术的快速发展，SCSI 在某些市场上的应用逐渐受到了挑战。相比传统的并行总线，串行总线在数据传输速率、能耗以及成本等方面具有显著优势。因此，越来越多的设备开始采用串行总线接口，如 USB、SATA 等。

尽管如此，SCSI 在某些特定领域仍然保持着不可替代的地位。例如，在需要处理大量数据或追求极高数据传输稳定性的场景中，SCSI 仍然是一个值得考虑的选择。此外，随着技术的不断进步和应用的不断深化，SCSI 也有望在未来继续发挥其独特优势，为用户提供更加高效、稳定的数据传输解决方案。

综上所述，SCSI 作为一种重要的并行外部总线标准，在连接高速外部设备方面发挥着关键作用。虽然受到串行总线技术的挑战，但它在特定领域的应用仍然广泛且不可或缺。

6. 高清多媒体接口（high-definition multimedia interface，HDMI）

HDMI 作为一种广泛应用于视频与音频信号传输的技术，实际上也扮演着外部总线标准的角色。它搭建了计算机与外部显示设备（诸如电视、投影仪等）之间高清视频与音频传输的桥梁。通过 HDMI 接口，用户可以获得清晰细腻、音质纯正的视听体验。

HDMI 接口的优势显著，首先体现在其传输速度上。HDMI 标准支持高速数据传输，确保视频与音频信号能够实时、准确地传达至外部显示设备，为用户带来流畅无卡顿的视听体验。

HDMI 接口的信号质量也堪称一流。得益于其先进的传输技术和严格的质量控制标准，HDMI 接口能够有效减少信号衰减和干扰，确保视频与音频信号的清晰度和保真度。

此外，HDMI 接口还具备小巧便携的特点。它体积小巧，不仅节省了设备空间，还便于用户携带和连接。这一特性使得 HDMI 接口在各类电子设备中得到了广泛应用，成为连接计算机与外部显示设备的首选接口之一。

综上所述，HDMI 不仅是一种视频和音频信号的传输技术，更是一种重要的外部总线标准。它凭借传输速度快、信号质量高、接口小巧等优点，在计算机与外部显示设备之间搭建起了高效、稳定的连接桥梁，为用户带来了更加优质、便捷的视听体验。

本章小结

总线是计算机系统中的关键互联结构，负责在系统各功能部件间传输数据。它作为一个公共通道，在资源竞争的环境下工作，确保各个部件能够顺畅地进行数据交流，共同支持计算机系统的正常运行。

总线有物理特性、功能特性、电气特性、机械特性，因此必须标准化。微型计算机系统的标准总线从 ISA 总线（16 位，带宽 8 MB/s）发展到 EISA 总线（32 位，带宽 33.3 MB/s）和 VESA 总线（32 位，带宽 132 MB/s），又进一步发展到 PCI 总线（64 位，带宽 264 MB/s）。总线带宽是衡量总线性能的一个至关重要的指标，它直接反映了总线本身所能达到的最高数据传输速率。

现代标准总线致力于实现与开发结构、CPU 及技术无关的统一标准。其内部结构涵盖数据传送总线（含地址、数据、控制线）、仲裁总线、中断同步总线及公用线（如电源、地线、时钟、复位信号）等关键组成部分。

计算机系统中，根据应用条件和硬件资源的不同，信息的传输方式可采用：①并行传送；②串行传送；③复用传送。

外部设备需通过 I/O 接口与总线相连。I/O 接口是连接 CPU、主存与外部设备的逻辑部件，通过总线实现互连。该接口在连接的两个功能部件间充当缓冲器和转换器，以确保信息能够顺利传递，实现设备的协同工作。

总线仲裁是总线系统的关键问题，旨在解决多个主设备竞争总线控制权的问题。为此，需设置总线仲裁部件，采用优先级或公平策略选定下一个主设备接管总线。根据仲裁电路位置，总线仲裁分为集中式与分布式。集中式仲裁依赖中央仲裁器，受理所有总线请求，按原则排队后授权单一模块。分布式仲裁则不需要中央仲裁器，各功能模块自备仲裁号和仲裁器，实现自主仲裁。这些机制确保总线系统高效、有序运行。

总线定时是总线系统的又一核心问题之一。为了同步主方、从方的操作，必须制订定时协议，通常采用同步定时与异步定时两种方式。在同步定时协议中，事件出现在总线上的时刻由总线时钟信号来确定，总线周期的长度是固定的。在异步定时协议中，后一事件出现在总线上的时刻取决于前一事件的出现，即建立在应答式或互锁机制基础上，不需要统一的公共时钟信号。

通过遵循总线标准，不同厂商的设备能够实现互操作性，从而促进了系统的集成性和兼容性，为用户提供了更灵活、更可靠的系统解决方案。PCI Express 凭借其高速串行传输、独立通道带宽、丰富的功能支持以及多种规格选择等优势，已经成为现代计算机系统中的重要组成部分。外部总线标准在推动计算机技术发展、促进设备互联互通方面发挥着至关重要的作用。

习题

5.1 比较单总线、多总线结构的性能特点。

5.2 说明总线结构对计算机系统性能的影响。

5.3 用异步通信方式传送字符“A”和“8”，数据有 7 位，偶校验 1 位，起始位 1 位，停止位 1 位，请分别画出波形图。

5.4 总线上挂两个设备，每个设备能收能发，还能从电气上和总线断开，画出逻辑图，并作简要说明。

5.5 画出链式查询方式的优先级判决逻辑电路图。

5.6 画出独立请求方式的优先级判决逻辑电路图。

5.7 说明存储器总线周期与 I/O 总线周期的异同点。

5.8 PCI 总线中三种桥的名称是什么？它们的功能是什么？

5.9 总线的一次信息传送过程大致分哪几个阶段？若采用同步定时协议，请画出读数据的同步时序图。

5.10 某总线在一个总线周期中并行传送 8 个字节的信息，假设一个总线周期等于一个总线时钟周期，总线时钟频率为 100 MHz，总线带宽是多少？

6　存储系统

存储器是计算机中的“记忆”部件，用来存放程序和数据，是现代计算机结构的核心。本章内容包括：

●存储器的分类、主存单元的编制与信息存储；

●存储层次体系结构；

●半导体存储器的结构与工作原理，包括静态随机存储器（SRAM）和动态随机存储器（DRAM）的结构与读写时序；

●主存器的组织，包括主存储器与 CPU 的连接、主存容量扩展技术等；

●并行存储器，包括双端口存储和多模块交叉存储器；

●高速缓冲存储器的结构与工作原理，主要介绍了缓存的结构和工作原理，重点介绍了主存地址与缓存地址之间的地址映射；

●虚拟存储器的工作原理，主要介绍了页式虚拟存储器、段式虚拟存储器和段页式虚拟存储器。

6.1　存储器概述

6.1.1　存储器的分类

随着计算机体系结构和存储技术的发展，存储器按不同的标准和特征逐渐分为不同的种类。

1. 按存储器在计算机系统中的作用分类

（1）高速缓冲存储器（cache）

高速缓冲存储器简称缓存。在计算机存储系统的层次结构中，缓存位于主存与CPU之间，由静态随机存储芯片（SRAM）构成。因为静态随机存储芯片的成本高、集成度低，所以缓存的容量较小，但速度比主存快，接近于CPU的速度。缓存主要用于解决CPU对存储器的高速存取需求，是CPU对指令和数据的主要存取部件。因为缓存的容量较小，所以只存放了部分程序段和部分数据。虽然缓存只存放了部分程序和部分数据，但如果算法得当，CPU读取的指令和读写的数据绝大部分仍然在缓存中进行，只有少部分在主存中进行。

（2）主存储器（main memory）

主存储器简称主存，用来存放计算机运行期间所要执行的程序和所要处理的数据，也是CPU可以直接进行读/写访问的存储器。主存的容量远大于缓存的容量。虽然主存具有一定的存取速度，但是仍然影响计算机系统性能，所以CPU对指令和数据的读/写访问主要在缓存中进行，只有CPU所要读取的指令或者所要读写的数据不在缓存中时，CPU才访问主存。因为主存通常与CPU位于同一主机范畴之内，所以也常常称为内存（internal memory）。

（3）外部存储器（external memory）

外部存储器简称外存，也称为辅助存储器（auxiliary memory），简称辅存。由于缓存和主存容量小，不能永久存放程序和数据，所以需要外存来存放大量的程序和数据，这是对主存和缓存的补充。但是CPU不能直接访问外存，如果需要执行程序或者处理数据，就需要把它们从外存调入主存，把部分程序和数据再调入缓存。

外存因为位于传统主机范畴之外而得名。

2. 按存取方式分类

（1）随机存取存储器（random access memory，RAM）

随机存取存储器中的内容可以随机存取。随机存取的意思有两点：一是按地址可以直接访问任何一个存储单元，即给定某个地址，就可以存取该地址单元中的内容；二是任何一个存储单元的存取时间都相同，存取时间和位置无关。随机存取存储器又可以分为静态随机存取存储器（SRAM）和动态随机存取存储器（DRAM）。缓存属于SRAM，主存属于DRAM。随机存取存储器中的信息需要电源来维持，如果断电，其中的信息就会全部消失。

（2）只读存储器（read only memory，ROM）

只读存储器在正常工作中只能读出，不能写入。主存中常用一分部ROM来固化系统软件中的核心部分、已调试完毕不再更改的应用软件，以及汉字字库一类的信息。CPU中也常用ROM保存解释执行指令的微指令。ROM中信息写入需要特殊的方式。

（3）顺序存取存储器（sequential access memory，SAM）

顺序存取存储器不能随机存取访问，它是按存储介质的物理位置顺序存取访问的，存取时间与位置有关。磁带就是典型的随机存取存储器。

（4）直接存取存储器（direct access memory，DAM）

直接存取存储器介于随机存取存储器和顺序存取存储器之间，当存取信息时，其先指向存储器的某个区域，然后再在这个区域内顺序存取信息。磁盘存储器就是典型的直接存取存储器。

3. 按介质分类

（1）磁介质存储器

以磁性材料作为介质存储信息的存储器称为磁介质存储器，它可以分为磁芯存储器和磁表面存储器。磁芯存储器是早期的存储器，由于容量小、速度慢、破坏性读出等缺点，早已被淘汰。磁表面存储器是在金属或塑料基体上涂上一层磁性材料，用磁层记录信息。常见的磁表面存储器有磁盘和磁带。

（2）半导体存储器

使用半导体材料作为介质存储信息的存储器称为半导体存储器。半导体材料有金属氧化物半导体 MOS 和双极型等，因此半导体存储器可以分为 MOS 存储器和双极型存储器。MOS 存储器具有集成度高、功耗低、成本低的优点，但存取速度相对双极型存储器慢。双极型存储器具有集成度低、功耗高、成本高等缺点，但是相比 MOS 存储器，具有速度快的优点。

（3）光介质存储器

光介质存储器利用激光照射介质发生某种变化来存储信息，常见的有只读光盘（CD-ROM）、一次写入式光盘（CD-R）、可改写式光盘（CD-RW）和只读型数字视盘（DVD-ROM）。

6.1.2 存储系统的层次结构

计算机的工作原理是，CPU 不断地从存储器取指令和数据，然后执行指令来处理数据，并将数据处理结果回存存储器，因此 CPU 与存储器之间要进行大量的程序和数据传送。而随着 CPU 总体性能的提高、软件体量的增大，CPU 与存储器之间的程序和数据传送量会更加庞大，因此对储存器的速度和容量要求更高。但是计算机系统要求控制总体成本，以期获得最优的性价比，因此对存储器也要求控制成本。然而，容量大、速度快和成本低这三者是矛盾的，速度快的存储器单价高，因此大容量而快速的存储器必然是高价的。为了解决这一问题，多级存储系统被提出。

1. 多级存储系统的组成

现代计算机系统的经典存储体系结构是三级存储体系结构：高速缓冲存储器—主存储器—外部存储器，如图 6-1 所示。

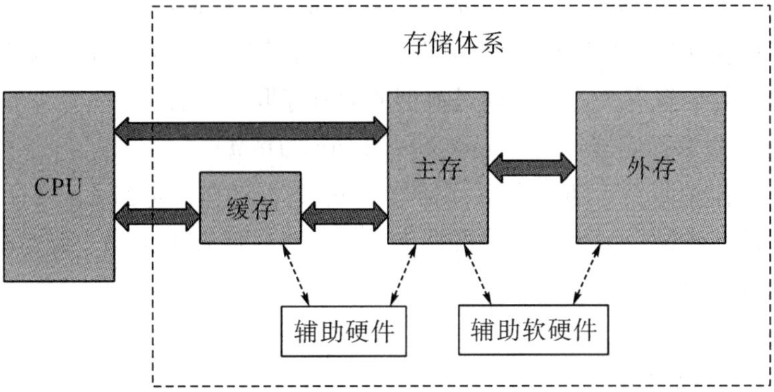

图 6-1 存储系统的层次结构

在存储层次的三级结构中，缓存容量小但速度最快，可以满足 CPU 对速度的要求；主存容量比缓存大但速度没有缓存快，能够保存计算机运行期间所需要的程序和数据，兼顾 CPU 对速度和容量的要求；外存的容量最大但是速度最慢，可以满足计算机系统对容量和永久性存储的要求。

缓存和主存储器之间信息的调度和传送是由硬件自动进行的。为了进一步提高系统性能，现在把缓存集成在 CPU 芯片中。在高性能 CPU 中，缓存还分 L1 cache、L2 cache 和 L3 cache 三级缓存。

2. 程序执行的局部性原理

计算机系统是利用程序执行的局部性原理来满足 CPU 对存储器速度的要求。程序执行的局部性原理是指在程序执行中的某一段时间内，频繁访问程序和数据的某一局部存储区域，而对此区域之外的区域很少访问的现象。

时间局部性：最近被访问的存储区域可能还要被访问。

空间局部性：最近被访问的存储区域的附件区域也可能被访问。

利用程序执行的局部性原理，将被访问的程序和数据及其附件区域调入缓存，使得 CPU 对主存的存取访问变为对缓存的存取访问。如果算法得当，CPU 对缓存的访问率可以达到 99%以上，只有少量访问主存，从而满足了 CPU 对存储器速度的要求。

6.1.3 主存单元的编址与信息存储

1. 主存单元的编址与主存寻址

位是二进制信息的最小单位，也是存储器存储信息的最小单位。在主存储器中，存储体由若干存储位元组成，每个存储位元存储一个二进制信息。主存储器需要把一定数量的存储位元作为一个整体给定一个编号，这个编号称为地址。普通计算机按一个字节（8 位）来编址，即 8 个存储位元作为一个存储单元给定一个地址，该地址的存储单元可以保存 8 位信息。大型计算机按机器字长来编址，即将其字长作为一个存储单元信息位数进行编址，一个地址单元可以保存一个单字数据。本书讲的主存最小编址单位为字节。主存的地址编号采用线性编址，即所有存储单元可以分布在不同的存储芯片中，但是它们都统一编址，即所有存储单元是一个线性存储空间。

主存寻址是指只要将地址发送给主存，就可以存取主存中该地址对应存储单元中的信息（指令或者数据）。

2. 端模式

当一个数据的长度大于主存的最小编址单位时，该数据需要存储在多个主存编址单元内。其在主存中的存放顺序称为端模式，端模式分为大端模式和小端模式。

大端模式中，高位数据存放在低地址单元，低位数据存放高地址单元。小端模式正好与大端模式相反，高位数据存放在高地址单元，低位数据存放在低地址单元。比如，有大小为 1 MB 的主存，按字节编址，整型数据 a 占 4 个字节，数据 a 的值为 10100011000001111100101101100001，则大端模式存储情况如图 6-2（a）所示，小段模式存储情况如图 6-2（b）所示。

地址	字节单元
20000H	1010 0011
20001H	0000 0111
20002H	1100 1011
20003H	0110 0001

（a）大端模式

地址	字节单元
30000H	0110 0001
30001H	1100 1011
30002H	0000 0111
30003H	1010 0011

（b）小端模式

图 6-2　端模式中数据的存储顺序

虽然一个数据占用多个编址存储单元，但是数据只有一个地址，均以连续存储单元的起始地址作为数据的地址。图 6-2（a）中的数据地址为 20000H，图 6-2（b）中的数据地址为 30000H。

3. 各种数据在主存中的存储情况

机器字长是运算器一次处理二进制数据的位数，数据的长度以机器字长为单位，数据长度有字节、半字、单字和双字等。主存的一次存取信息并不是按数据的长度来读取的，而是有自己的存取长度。主存一次读取信息的长度称为存储字长，它和机器字长不同。主存按存储字长存取的存储单元称为存储字，存储字的地址末尾若干位为 0。比如，存储字为 64 位即 8 个字节，则存储字地址的低 3 位为 0。如果存储字为 32 位即 4 个字节，则存储字地址的低 2 位为 0。

比如，4 KB 的主存，按字节编址，存储字为 8 字节，则存储字地址末尾 3 位均为 0，如图 6-3 所示。

存储字地址　　方格内是字节地址

存储字地址								
000H	000H	001H	002H	003H	004H	005H	006H	007H
008H	008H	009H	00AH	00BH	00CH	00DH	00EH	00FH
010H	010H	011H	012H	013H	014H	015H	016H	017H
018H	018H	019H	01AH	01BH	01CH	01DH	01EH	01FH
020H	020H	021H	022H	023H	024H	025H	026H	027H
028H	028H	029H	02AH	02BH	02CH	02DH	02EH	02FH
030H	030H	031H	032H	033H	034H	035H	036H	037H
038H	038H	039H	03AH	03BH	03CH	03DH	03EH	03FH
……	……	……	……	……	……	……	……	……
FF0H	FF0H	FF1H	FF2H	FF3H	FF4H	FF5H	FF6H	FF7H
FF8H	FF8H	FF9H	FFAH	FFBH	FFCH	FFDH	FFEH	FFFH

图 6-3　存储字地址

不同长度的数据在主存中的存储具有三种方式。

第一种存储方式是任何长度类型的数据均以任何地址作为数据地址。这种存取方式空间利用率最高，但是存储效率低，很多数据需要多次存取。比如，4 KB 的主存，按字节编址，存储字为 8 字节，数据存储情况如图 6-4 所示。

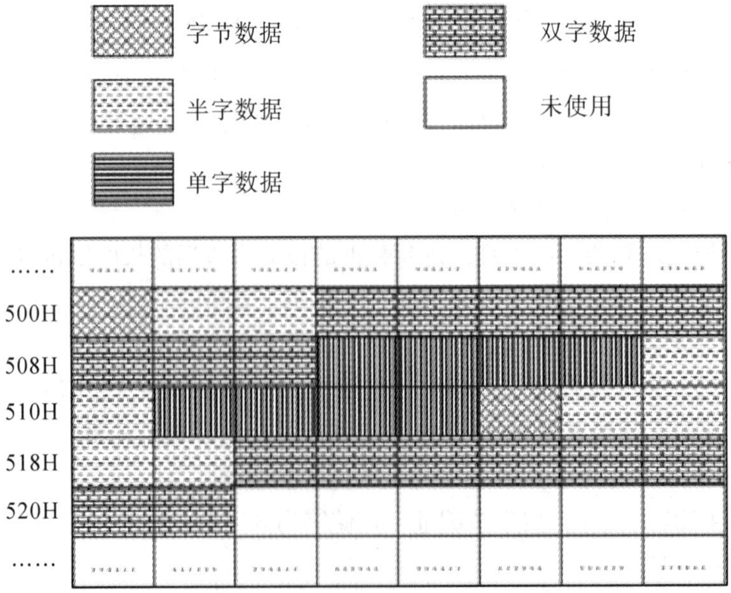

图 6-4　第一种主存数据存储方式

第二种存储方式是任何长度类型的数据均以存储字地址为数据地址，每一次存取均能存取一个数据。这种存取方式效率高，但是存储空间利用率低，浪费十分严重。比如，4 KB 的主存，按字节编址，存储字为 8 字节，数据存储情况如图 6-5 所示。

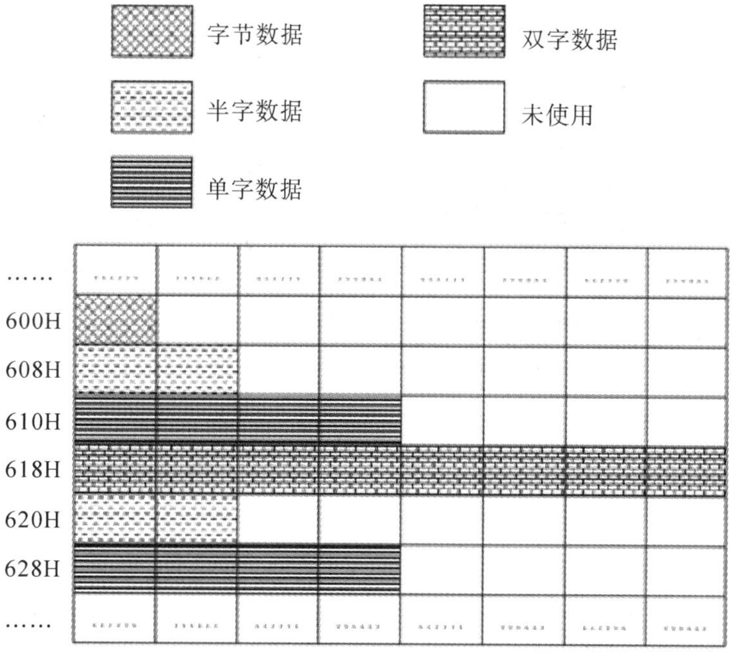

图 6-5　第二种主存数据存储方式

第三种存储方式是前面两种方式的结合。假设字长为 32 位即 4 字节，存储字长为 64 位即 8 字节，则字节数据可以使用任何地址，半字数据必须使用最低位为 0 的地址，单字数据必须使用最低两位为 0 的地址，双字数据必须使用最低三位为 0 的地址。采用这种方式时，每个数据只需存取一次，空间浪费不严重。数据存储情况如图 6-6 所示。

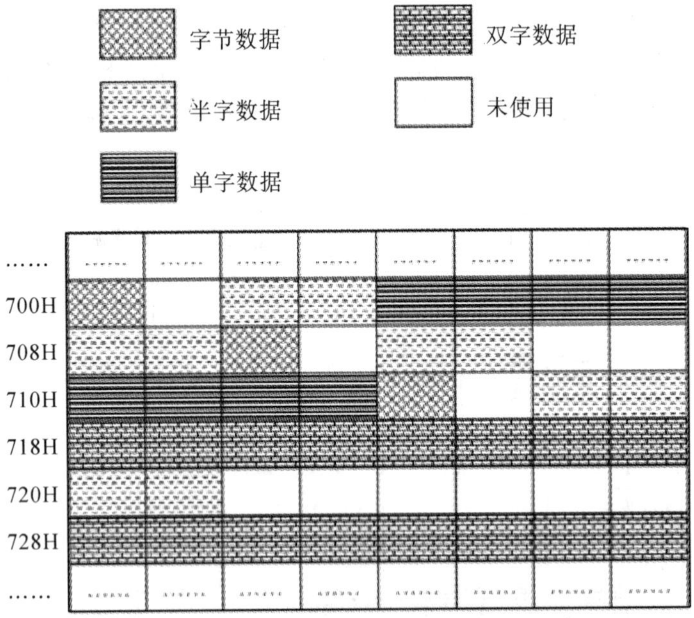

图 6-6 第三种主存数据存储方式

6.1.4 存储器的性能指标

存储器的性能指标主要是存储容量和存取速度。其中，判断存取速度的指标包括存取时间、存取周期和存取带宽。

1. 存储容量

存储容量表示存储器能存储信息的多少，基本单位是字节，更大的单位还有KB、MB、GB、TB、PB 等。单位之间的换算有 1 KB = 2^{10} B，1 MB = 2^{10} KB，1 GB = 2^{10} MB，1 TB = 2^{10} GB，1 PB = 2^{10} TB。为了体现主存的容量与编址单位，主存存储容量也采用两个数乘积的格式来表示：存储字数×编址单位比特数。例如，某主存的存储字数为 4 M，每个编址单位的比特数为 16，则该主存的存储容量可以表示为 4 M×16 bit 或者 4 M×16 b。

在本书中，有关存储单位的换算均使用 1 K = 2^{10}，1 M = 2^{10} K，1 G = 2^{10} M，1 T = 2^{10}G，1 P = 2^{10} T。

2. 存取速度

（1）存取时间

从存储器收到读（或写）命令到从存储器读出（或写入）信息所需的时间，称为存取时间，也称为访问时间（memory access time），用 T_A 表示。存取时间反映了存储器存取信息的频率，它取决于存储介质的物理特效和访问机制的类型，决定了进行一次信息存取必须等待的时间。

对于随机存储器，存储时间一般是指从地址传送给存储器时开始，到数据已经读出到总线或者数据被写入存储器时所用的时间。

（2）存取周期

存取周期（T_M）表示存储器连续两次完整地进行存取操作所需最小时间的间隔。存取周期主要针对随机存储器，具体是指从本次存取开始到下一次存取开始前之间的时间间隔，$T_M = T_A$+传输、复原等时间，因此有 $T_M > T_A$。有些存储器的读操作是破坏性的，比如动态随机存储器 DRAM，读取信息后原来的信息被破坏，因此，在读出信息的同时要立刻将其重新写回到原来的存储单元中，然后才能进行下次操作。即使是非破坏性读出，比如静态随机存储器，读出后也不能立刻进行下一次读写操作，因为读出的数据存在传输延迟，同时电路恢复也需要时间。因此，存储周期应该被理解为存储器进行连续两次读写操作的时间间隔。

存取周期是反映存储器性能的一个重要指标，常被标记在内存芯片上，如“-7”“-15”“45”等，表示为 7 ns、15 ns、45 ns，数值越小表示存取速率越高。

（3）存取带宽

存取带宽是指单位时间内存取信息的数量，以 B/s 为基本单位，更大的单位还有 KB/s、MB/s、GB/s 等。存储器的存取带宽也常称为存储器的传输带宽，或者数据传输率等。

用 R 表示存取带宽，用 W 表示进行一次存取的信息位数，T_M表示存取周期，则有公式：

$$R = \frac{W}{T_M} \tag{6-1}$$

其单位是 bit/s，如果要以 B/s 表示单位，需要再除以 8，因为 1B = 8bit。

用 f 表示存储器的工作频率，如果存取周期 T_M 使用存储器的时钟周期数来表示，则有公式：

$$R = \frac{W \cdot f}{T_M} \tag{6-2}$$

其单位是 bit/s，如果要以 B/s 表示单位，需要再除以 8。

等效工作频率是指单位时间内具有的存取周期数量，如果把 f_M 作为存储器的等效工作频率，$f_M = f/T_M$，则有：

$$R = \frac{W \cdot f}{T_M} = W \cdot f_M \tag{6-3}$$

【例 6-1】显示器显示的图形信息来源于显存的输出，假设显示器的分辨率是 1 024×768，像素颜色 24 位，屏幕刷新率 80 Hz，计算显示器要正常显示图像，需要显存具备多大的带宽？如果某显存的工作频率为 200 MHz，存取周期需要 4 个时钟周期，存储字长位 64 位，则该显存的传输带宽是否满足显示器的正常需求？

解：

（1）计算显示器需要显存具备的带宽

一个像素需要的数据量：24/8=3 B

显示器一帧图像需要的数据量：1 024×768×3 B

屏幕刷新率表示显示器 1 秒钟需要显示图像的帧数量，所以该显示器需要显存具备的带宽是：1 024×768×3 B×80 Hz≈180 MB/s

（2）计算显存的带宽

根据题意，W=64bit=8B，T_M=4，f=200 MHz，根据公式（6-2），则有

$R=W \cdot f/T_M$=8 B×200 MHz/4=400 MB/s

该显存的传输带宽大于显示器所需的带宽，所以显存满足显示器的要求。

6.2 半导体存储器的结构与工作原理

主存储器使用的主要是半导体存储器，包括随机存取存储器 RAM 和只读存储器 ROM。随机存取存储器使用的半导体有双极型晶体管和金属氧化物（metal-oxide semiconductor，MOS）型晶体管，因此随机存取存储器分为双极型存储器和 MOS 型存储器。双极型存储器工作速度快，但是功耗高、集成度低、成本高，适合用作缓存和寄存器组（堆）。MOS 型存储器具有功耗低、集成度高、成本低的优点，但存取速度比双极型存储器慢。虽然半导体存储器有多种类型，但 MOS 型存储器凭借自身优势成为主存储器的主流类型选择。

随机存取存储器分为静态随机存取存储器（SRAM）和动态随机存取存储器（DRAM）。SRAM 的速度比 DRAM 快，但功耗高、集成度低。DRAM 比 SRAM 的集成度高，比 SRAM 的功耗低。SRAM 中存储的信息稳定，而 DRAM 中存储的信息在读出时具有破坏性，需要重新写回原来的信息。

6.2.1 静态 MOS 存储器 SRAM

1. 静态 MOS 存储位元

（1）MOS 管的特性

在 MOS 管中，如图 6-7 所示，当 C 处于端高电位（即信号为 1）时，MOS 管导通，即 AB 通电；当 C 处于端低电位（即为信号 0）时，MOS 管截止，即 AB 不通电。

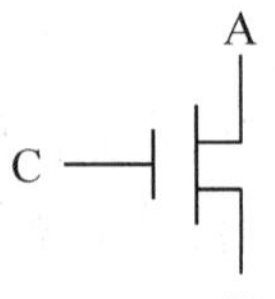

图 6-7　MOS 管

（2）信息的保存

MOS 存储器中，两个 MOS 管通过交叉耦合的连接方式来保存信息，如图 6-8 所示。要求 A 点和 B 点的电位必须相反，即 A 点和 B 点的信号相反。信息可以保存在 A 点或者 B 点，但要求 A 点和 B 点的信号必须稳定。

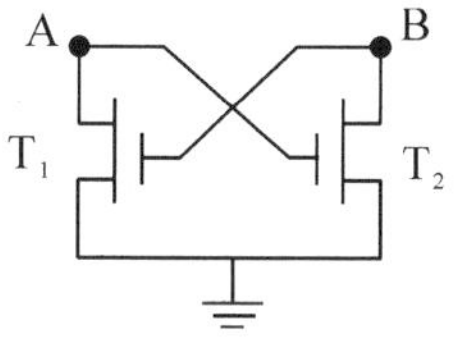

图 6-8　信息的保存

当 A=1 时，B=0。A 点为 1，使 T_2 管导通，T_2 管的导通使 B 点与接地联通，从而使 B 点还是为 0。而 B 点的 0 使 T_1 管截止，T_1 管的截止使 A 点不与接地端联通，使 A 点还是 1，因此 A 点与 B 点处于稳定的状态。

当 A=0 时，B=1。A 点为 0，使 T_2 管截止，T_2 管的截止使 B 点与接地不联通，从而使 B 点还是为 1。B 点的 1 使 T_1 管导通，T_1 管的导通使 A 点与接地端联通，使 A 点还是 0，因此 A 点与 B 点处于稳定的状态。

因此，只要 A 点和 B 点的信号相反，它们就都处于稳定的状态，就都可以用来保存信息，但是必须进行封装并提供电源，否则信息会外泄和流失。

（3）六管静态 MOS 存储位元

存储一位二进制信息的记忆电路称为存储位元。图 6-9 所示的是六管静态 MOS 存储位元电路，信息存放在 A 点，B 点存放与 A 点相反的信息。T_1、T_2 管是工作管，用于保存信息；T_3、T_4 管是负载管，用于提供电源；T_5、T_6、T_7、T_8 管是开关管，或者控制管，用于封装信息。当需要存取信息时，要使行选通线和列选通线同时为 1，使 T_5、T_6、T_7、T_8 管导通，使得 A 点信息从 I/O 端输出，或者使 I/O 端的信息存入 A 点（B 点必须同时存入相反的信息）。

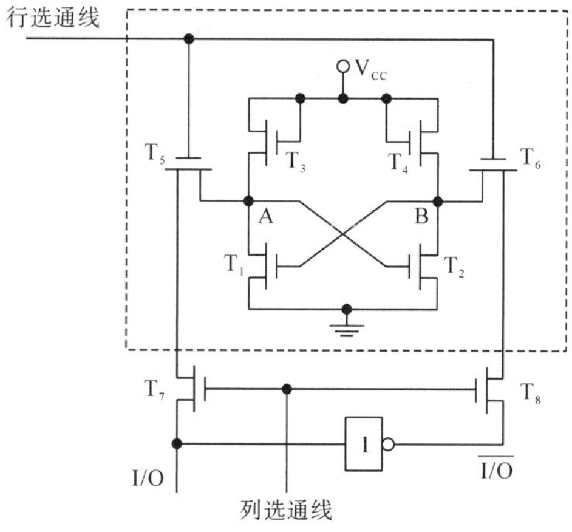

图 6-9　六管静态 MOS 存储位元电路

在静态 MOS 存储位元电路中，行选通线也称为 R 选通线，列选通线也称为 C 选通线。静态 MOS 存储位元电路之所以称为六管，是因为 T_7、T_8管负责一列若干个存储位元的纵向选通信号，所以并不属于某一个存储位元。

（4）静态 MOS 存储位元的逻辑符号

如图 6-10 所示，在 MOS 存储位元的符号中，只有当行选通线和列选通线同时为 1 时，才可以读写信息。数据端需要通过读写控制电路才能连接到数据总线上，由读写控制电路接收 CPU 的读写控制命令后控制信息的读写，读写控制电路还要对输出信号进行放大处理。数据端传输的信息包括指令和数据，但习惯命名为数据端，所以不能理解为数据端只传送数据。

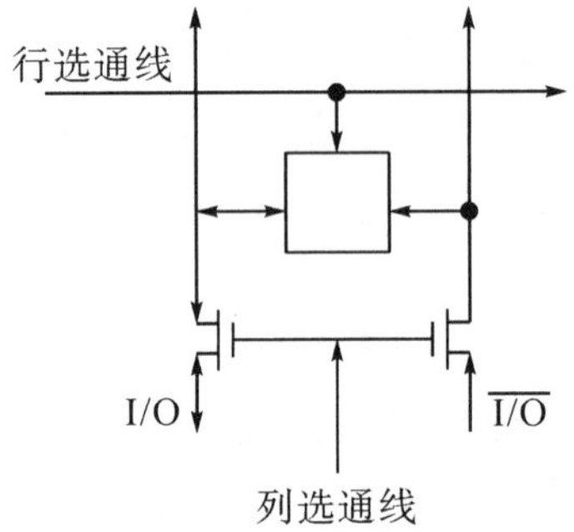

图 6-10　MOS 存储位元的逻辑符号

行选通线和列选通线相当于数据输入输出的开关，那么为什么需要两个开关呢？这是为了减少地址选择线，详情见“地址译码器”内容。

2. 静态 MOS 存储器的结构组成

静态 MOS 存储器的逻辑结构由存储体、地址译码器和读写控制电路三部分组成，图 6-11 为 1 K×8 bit 的存储器逻辑结构。1 K 个存储单元需要 10 根地址线，地址编号分别是 $A_9 \sim A_0$。地址线中的高五位地址输入行地址译码器，该行地址译码器有 $2^5=32$ 根输出端，其编号依次是 $Y_{31} \sim Y_0$，分别连接到行选通线 $R_{31} \sim R_0$。地址线中的低五位输入列地址译码器，该列地址译码器有 $2^5=32$ 根输出端，其编号依次是 $Y_{31} \sim Y_0$，分别连接到列选通线 $C_{31} \sim C_0$。每个存储单元有 8 位数据线，因此存储阵列有 8 根数据线，其编号依次是 $I/O_7 \sim I/O_0$；控制信号由片选信号$\overline{CS}$、写信号$\overline{WE}$、读信号$\overline{OE}$组成。

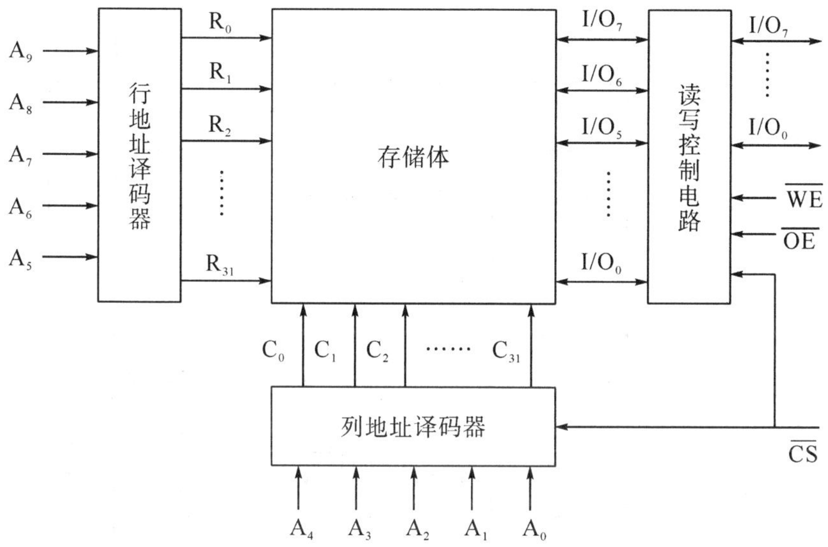

图 6-11　静态 MOS 存储器的逻辑结构

（1）存储体

存储位元能够存储一位二进制信息，存储位元通过行选通线、列选通线和数据线连接成矩阵结构，称为存储阵列。图 6-12 是 1 K×1 bit 的存储阵列。1 K 个存储位元是 1 024 个，等于 32×32，所以存储阵列排列为 32 行和 32 列。一根行选通线负责传输一行存储位元的行选通信号，32 行的行选通线编号依次是 $R_{31} \sim R_0$。一根列选通线负责传输一列存储位元的列选通信号，32 列的列选通线的编号依次是 $C_{31} \sim C_0$。因为每个存储位元都有一个独一无二的地址，给定一个地址只能访问一个存储位元，即一次读写操作只能存取一位二进制信息，因此一片存储阵列只需要一根数据线。每个存储位元只有当行选通信号和列选通信号都为 1 时，该存储位元才能通过 I/O 端输出信息，或者通过 I/O 端输入并存储信息。

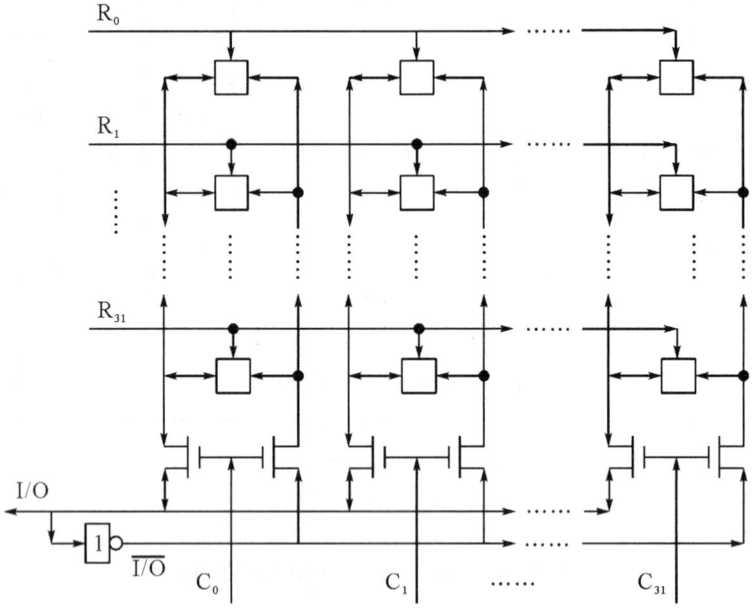

图 6-12　1 K×1 bit 的存储阵列结构

在图 6-12 的存储阵列中，给定一个地址，只能存取一位二进制信息。如果需要存取更多的信息，就要使用多片存储阵列来组装。比如，如果需要按字节编址，则需要用 8 片存储阵列来组装。组装后，每一根行选通线负责传输 8 片中同一位置上的行选通信号，每一根列选通线负责传输 8 片中同一位置上的列选通信号，每一片存储阵列具有一根数据线，一共有 8 根数据线 $I/O_7 \sim I/O_0$，如图 6-13 所示。

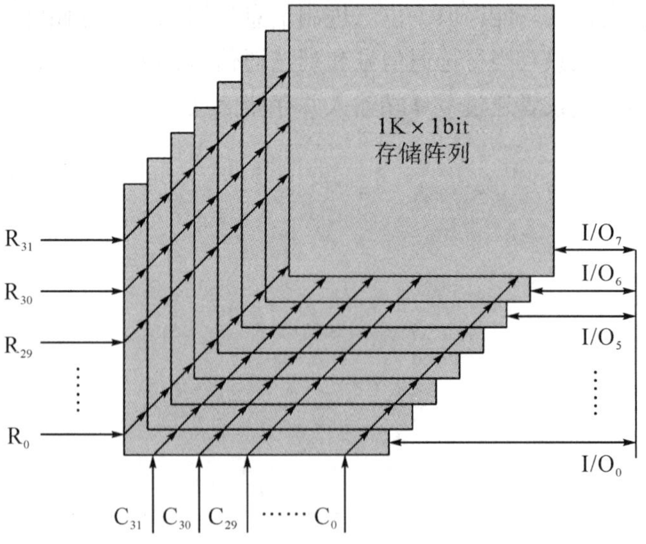

图 6-13　1 K×8 bit 存储体的组装结构图

图 6-13 中组装 8 片 1 K×1 bit 存储阵列后，构成 1 K×8 bit 的存储体。存储体的

每个存储单元都是 8 位，其 8 个存储位元分别位于 8 个存储阵列中的同一位置。

那么，存储阵列组装成存储体后，存储体中的每个存储单元是如何给定一个地址编码的呢？答案是使用地址译码器来给每个存储单元进行地址编码。

（2）地址译码器

地址译码器的作用是根据输入的地址编码，选择相应的存储单元，使其可以进行读写。也可以这么说，存储单元靠地址译码器来完成地址编码，使得 CPU 可以向该存储器发送地址来访问该存储单元。那么地址译码器是如何确定存储单元的地址呢？

地址译码器使用正逻辑译码器，如果有 n 位地址输入，则有 2^n 个输出端。比如 3：8 译码器的逻辑图如图 6-14 所示，有 3 个地址输入端 $A_2 \sim A_0$，8 个输出端 $Y_7 \sim Y_0$，$\bar{E}$ 为使能控制端。

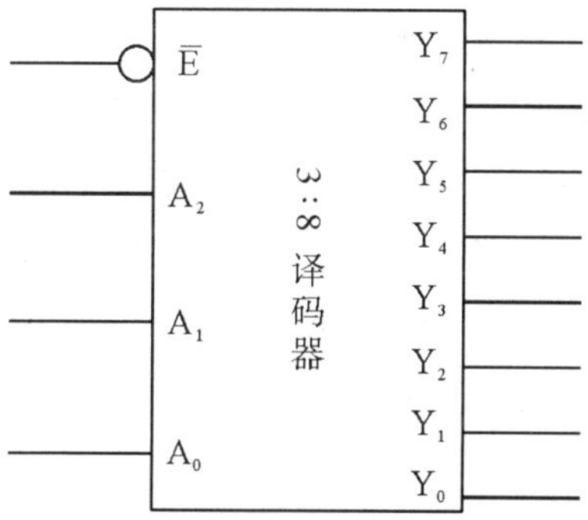

图 6-14　3：8 译码器逻辑

在地址译码器中，在使能端有效的情况下（$\bar{E}=0$），一个输入编码使一个输出端输出 1，其他输出端输出 0。n 位地址则有 2^n 个编码，对应 2^n 个输出端。如果使能控制端 $\bar{E}=1$，则所有输出端输出 0。比如，3：8 译码器的真值表如表 6-1 所示。

表 6-1　3：8 译码器的真值表

输入端				输出端							
使能端	输入编码										
$\bar{E}$	A_2	A_1	A_0	Y_7	Y_6	Y_5	Y_4	Y_3	Y_2	Y_1	Y_0
1	*	*	*	0	0	0	0	0	0	0	0
0	0	0	0	0	0	0	0	0	0	0	1
0	0	0	1	0	0	0	0	0	0	1	0
0	0	1	0	0	0	0	0	0	1	0	0
0	0	1	1	0	0	0	0	1	0	0	0
0	1	0	0	0	0	0	1	0	0	0	0
0	1	0	1	0	0	1	0	0	0	0	0
0	1	1	0	0	1	0	0	0	0	0	0
0	1	1	1	1	0	0	0	0	0	0	0

在表 6-1 中，每个输出端对应一个使其为 1 的输入编码，比如，使 Y_6为 1 的输入编码是 110，使 Y_2为 1 的输入编码使 010。

静态 MOS 存储器一般采用双地址译码器，包括行地址译码器和列地址译码器。行地址译码器的每一个输出端连接一根行地址选择线，把使该行地址选择线为 1 的输入编码称为该行地址选择线的地址编码。列地址译码器的每一个输出端连接一根列地址选择线，把使该列地址选择线为 1 的输入编码称为该列地址选择线的地址编码。而存储单元的地址就由行地址选择线的地址编码加列地址选择线的地址编码组合而成。

比如，如图 6-15 所示，假设有 64 个存储位元的存储阵列，需要 6 位地址，高位到低位依次是 A5~A0，高 3 位连接行地址译码器的输入编码端，低 3 位连接列地址译码器的输入编码端。行地址译码器的输出端 $Y_7 \sim Y_0$依次连接到行地址选择线 $R_7 \sim R_0$，列地址译码器的输出端 $Y_7 \sim Y_0$依次连接到列地址选择线 $C_7 \sim C_0$。图中的黑色方块是存储位元，其行地址选择线 R_5连接行地址译码器的 Y_5，Y_5对应的输入编码是 101，所以 R_5地址编码是 101。黑色方块存储位元的列地址选择线 C_4连接列地址译码器的 Y_4，Y_4对应的输入编码是 100，所以 C_4的地址编码是 100。由此，黑色方块存储位元的地址是 R_5的地址编码加 C_4的地址编码，即 101100。

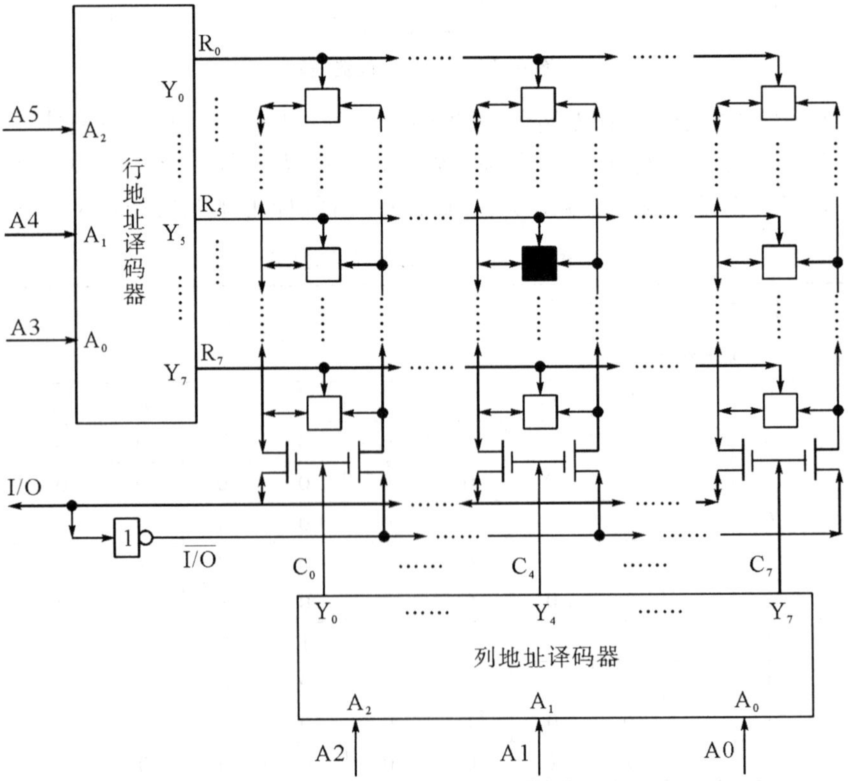

图 6-15　地址译码器与存储阵列的连接

图 6-16 中的一个存储单元只有一个存储位元，即只能存储一位二进制信息。如果需要存储更多的二进制信息，可以按图 6-13 中的连接方法增加更多的存储阵列。

为什么前面要使用两个地址译码器呢？如果只有一个地址译码器，假如存储容量为 1 K，则地址线为 10 根，地址译码器的输出端有 $2^{10}=1\ 024$ 根线，需要连接 1 024根地址选择线（此时，不再区分行地址选择线和列地址选择线）。而 1 K 的存储器，如果采用双地址译码器，每个地址译码器的地址输入端为 5 根地址线，则每个地址译码器的输出端为 $2^5=32$ 根线，两个地址译码器的输出端共有 $32+32=64$ 根线，只需连接 64 根地址选择线（行地址选择线 32 根，列地址选择线 32 根）。如图 6-11、图 6-12、图 6-13 所示。所以，采用双地址译码器的好处是能够减少地址选择线，这与单地址译码器是指数级的差别。这就是存储位元需要两根地址选择线的原因。当然，采用双地址译码器减少了地址选择线，但是增加了每个存储位元的地址选择线。

需要特别注意的是，地址译码器的输出端不是直接连接到行（列）选通线上的，而是增加一个驱动器部件。因为一根行选通线负责选通一行每个存储位元的门控管，一根列选通线负责选通一列存储位元的门控管，负载较大，因此需要在地址译码器的输出端与行（列）选通线上直接增加一个驱动器部件，以增强行（列）选通线的负载能力。

（3）读写控制电路

图 6-16 是具有 8 位数据线的静态 MOS 存储器的读写控制电路结构，外部数据线编号习惯使用 Di（或者 DUBSi）来命名，内部数据线编号习惯使用 I/Oi 来命名。总线 $D_7 \sim D_0$上的数据在读写控制信号的控制下，经过输入三态门和输入控制后写入存储体。存储体中的数据在读写控制信号的控制下，通过输出控制、输出三态门后，输出到数据线上 $D_7 \sim D_0$。

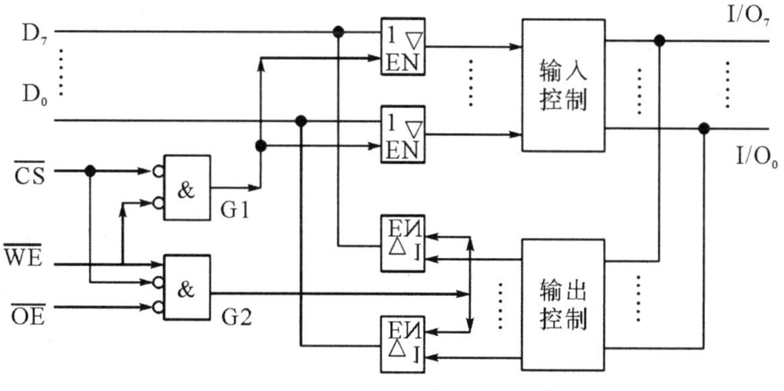

图 6-16　读写控制电路结构

在图 6-16 中，信号 G_1控制输入三态门，G_2控制输出三态门。当 $G_1=1$ 时，输入三态门打开，数据线 $D_7 \sim D_0$上的数据便可以输入内部。当 $G_2=1$ 时，输出三态门打开，内部数据经过信号放大等处理后经过打开的输出三态门输出到数据线 $D_7 \sim D_0$ 上。G_1和 G_2信号不能同时为 1。

控制数据输入和输出的信号 G_1和 G_2是由片选信号$\overline{CS}$、写信号$\overline{WE}$和读信号$\overline{OE}$等控制信号产生的。G_1和 G_2的函数表达式为

$$G_1 = \overline{\overline{CS}} \cdot \overline{\overline{WE}} \tag{6-4}$$

$$G_2 = \overline{\overline{CS}} \cdot \overline{WE} \cdot \overline{\overline{OE}} \tag{6-5}$$

根据 G_1和 G_2的函数表达式可以得到他们的功能真值表，如表 6-2 所示。

表 6-2　G_1 和 G_2 的功能真值表

输入端信号			输出端信号		功能
$\overline{CS}$	$\overline{WE}$	$\overline{OE}$	G_1	G_2	
1	*	*	0	0	不读不写
0	0	*	1	0	写
0	1	0	0	1	读

根据表 6-2 可知，当$\overline{CS}=1$ 时，无论写信号$\overline{WE}$和读信号$\overline{EO}$的值如何，G_1和 G_2的值都为 0，即不能写也不能读。当$\overline{CS}=0$ 时，如果$\overline{WE}=0$，则 $G_1=1$，$G_2=0$（无论$\overline{OE}$为 0 还是为 1）。$G_1=1$ 使输入三态门打开，实现数据写入的功能。当$\overline{CS}=0$ 时，如果$\overline{WE}=1$ 且$\overline{OE}=0$，则 $G_1=0$，$G_2=1$。$G_2=1$ 使输出三态门打开，实现数据读出的功能。也可以看出，当$\overline{CS}=0$ 时，无论$\overline{WE}$和$\overline{OE}$值如何，都能保证读写互斥，即写时不读，读时不写。$\overline{CS}$也可以连接到列地址译码器的使能控制端，控制对存储单元的寻址访问。当$\overline{CS}=1$ 时，无论其他信号如何取值，都不能选通任何存储单元，因此也不能访问任何存储单元。

当使用存储芯片进行存储容量扩展时，片选信号起到存储芯片中所有存储单元高位地址的作用，详见“存储容量扩展”。

3. 静态 MOS 存储器的读写时序

对存储器的操作就两个：写和读。因此读写数据的时序也分为两个：读时序和写时序。存取周期是主设备对存储器完成一次存取操作的全部时间，一个读写时序是在一个存取周期内完成。需要注意的是，在不同的技术方法中，读写时序可能不同，关键是如何保证可靠的读写。主存一般采用同步定时方式传输数据，在存取周期内，使用统一的时钟对各种操施加时间标志，使得主设备对存储器的读写数据操作能够正确进行。这里不给定具体的时钟周期，主要给出保证数据正确读写的操作次序关系。

（1）静态 MOS 存储器的读时序

读时序反映了主设备对存储器读取数据的各种操作次序关系，只有按照存储器的读时序去访问，才能保证各种操作的正确性，从而保证主设备从存储器读取所需数据的任务能够完成。图 6-17 是静态 MOS 存储器的读时序。

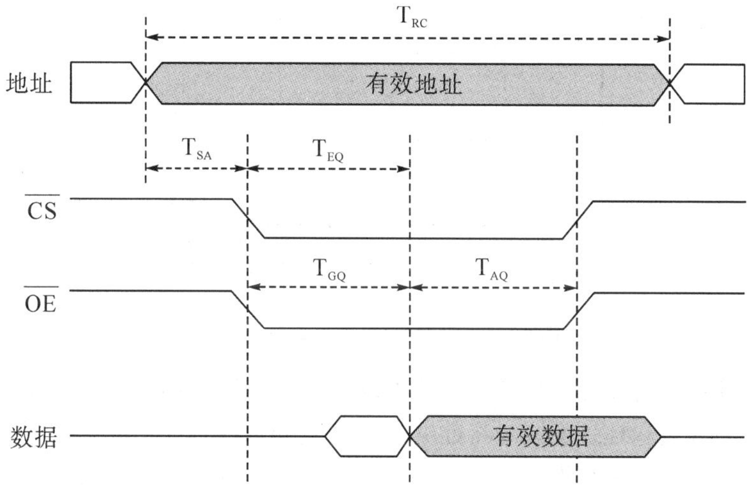

图 6-17　静态 MOS 存储器的读时序

在读时序中，首先是主设备对存储器发送数据地址，用于指明要读取的数据所在的存储单元，地址在整个存取周期 T_{RC} 内都有效。主设备发出地址后，经过 T_{SA} 时间地址信号稳定后，主设备向主存发送片选信号 $\overline{CS}=0$ 和读信号 $\overline{OE}=0$。片选信号 $\overline{CS}=0$ 发出 T_{EQ} 时间后，信号稳定以确保选片正确。读信号 $\overline{OE}=0$ 发出 T_{GQ} 时间后，信号稳定以确保读操作正确。$\overline{CS}=0$ 和 $\overline{OE}=0$ 信号稳定后，经过 T_{AQ} 时间，读出的数据传输到数据总线上并且信号稳定，在数据稳定出现在数据总线上之前，$\overline{CS}=0$ 和 $\overline{OE}=0$ 信号不能撤销，以确保读出的数据正确。

信号撤销后（即 $\overline{CS}=1$ 和 $\overline{OE}=1$），数据信号会保持一段时间。

（2）静态 MOS 存储器的写时序

写时序反映了主设备对存储器写入数据的各种操作次序关系，只有按照存储器的写时序去访问，才能保证各种操作的正确性，从而保证主设备将数据写入存储器的任务能够完成。图 6-18 是静态 MOS 存储器的写时序。

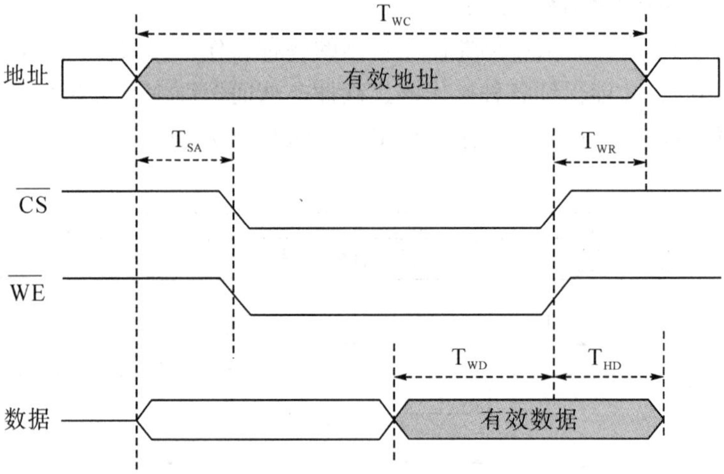

图 6-18　静态 MOS 存储器的写时序

在写时序中，首先是主设备向存储器发送地址，用以确定数据所要保存的存储单元。主设备在发送地址的同时将数据发送到数据总线上，用以保证写入之前数据信号是稳定的。地址和数据在总线上在 T_{WC}时间内始终有效，以保证数据能够正确写入地址制定的存储单元，因为地址信号稳定之前，可能产生错误的地址信号。在地址和数据发出 T_{SA}时间后，待地址和数据信号稳定后，主设备发出片选信号$\overline{CS}=0$和写信号$\overline{WE}=0$。待片选信号$\overline{CS}=0$ 和写信号$\overline{WE}=0$ 稳定后，在写数据的有效时间 T_{WD}内，$\overline{CS}=0$ 和$\overline{WE}=0$ 不能撤销，即不能使$\overline{CS}=1$ 和$\overline{WE}=1$。在写数据有效时间之后，在撤销$\overline{CS}=0$ 和$\overline{WE}=0$（即$\overline{CS}=1$ 和$\overline{WE}=1$）后，地址和数据需要维持一段时间 T_{HD}，以避免写入错误数据或者数据写入错误存储单元。

6.2.2　动态 MOS 存储器 DRAM

SRAM 的存储位元需要 6 个 MOS 管才能保存一位二进制信息，存储密度低。同时，即使存储位元没有进行数据读写，功耗管和工作管之间也有电流存在，其功耗大。为了提高集成度，降低功耗，人们尝试去掉静态 MOS 存储位元中的功耗管，利用存储电容具有暂时存储电荷的特点将其引入来保持信息。因此，出现了 4 管 2 电容的 DRAM 存储位元，之后又出现 3 管 1 电容的 DRAM 存储位元，目前常见的是单管 1 电容的 DRAM 存储位元。

信息保存在电容上，由于电容上的电荷会随时间逐渐消失，所以需要每隔一段时间对电容进行充电，这个过程称为刷新。因为存储电路需要不断地刷新，所以其也称为动态存储器。

1. 单管动态 MOS 存储位元

DRAM 存储器的存储位元是由一个 MOS 晶体管和一个电容器组成的记忆电路，如图 6-19 所示。单管动态 MOS 存储位元利用存储 C 是否带有电荷来表示数据，有电荷用数据“1”表示，无电荷用数据“0”表示。读写数据时，使选通线为 1，T 管导通，存储电容上的数据就通过 T 管读出到数据线 D，或者数据线 D 上的数据通过 T 管写入存储电容 C。

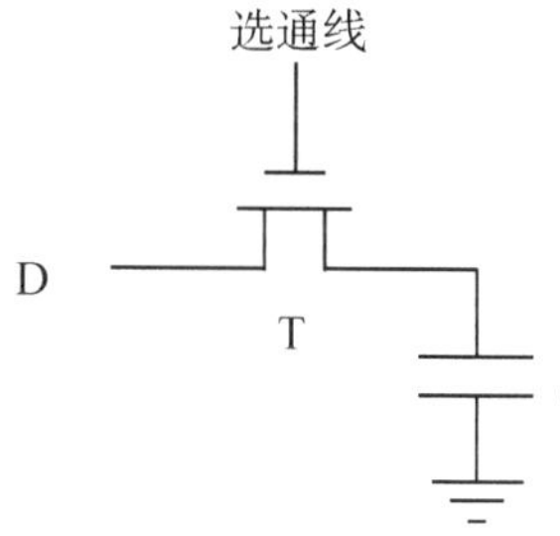

图 6-19 单管动态 MOS 存储位元

单管动态 MOS 存储位元采用两根选通线：行选通线和列选通线，如图 6-20 所示。一根行选通线负责连接一行存储位元的行选通端，但是用于选通的 MOS 管属于存储位元。一根列选通线连接一个 MOS 管，该管负责选通一列的数据线，所以该管并不属于存储位元，所以存储位元是单管的。

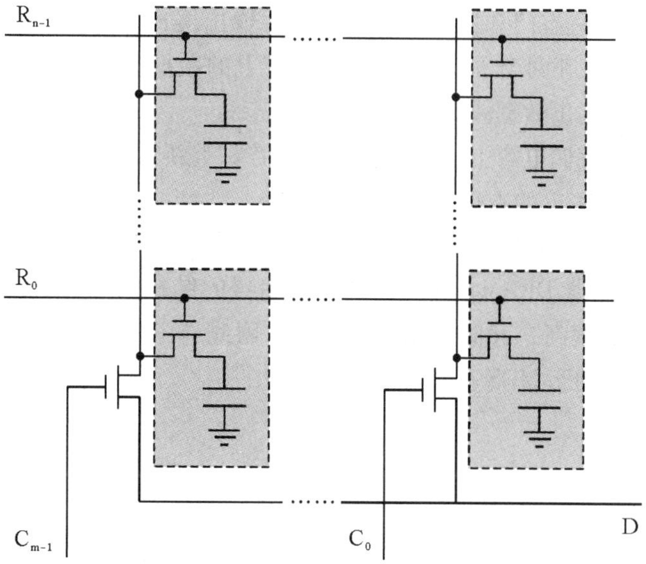

图 6-20 单管动态 MOS 存储位元组成的存储矩阵

2. 单管动态 MOS 存储位元读写原理

图 6-21 是单管动态 MOS 存储位元的读写工作原理。D_k 是数据线，R_i 是行选通线，C_j 是列选通线，$R/\overline{W}$ 是读写控制线。当 $R/\overline{W}=1$ 时，为读操作；当 $R/\overline{W}=0$ 时，

为写操作。

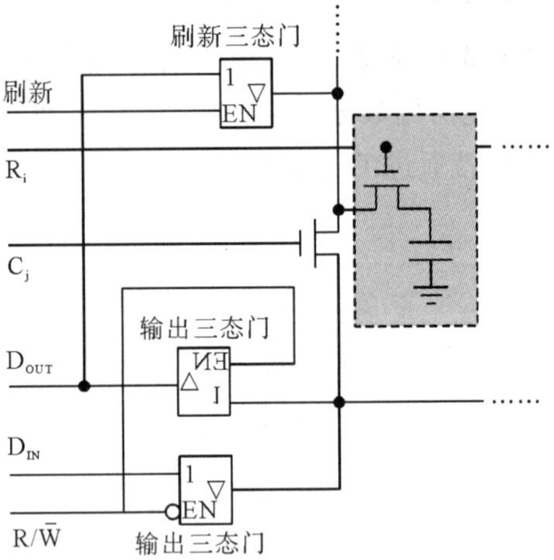

图 6-21　单管动态 MOS 存储位元的读写工作原理

（1）写原理

$R/\overline{W}=0$，输出三态门和刷新三态门关闭，输入三态门打开；行选通线 R_i 和列选通线 C_j 均为 1，打开两个 MOS 管，输入数据线 D_{IN} 上的数据经过输入三态门后再通过两个 MOS 管写入电容。

（2）读原理

$R/\overline{W}=1$，输入三态门和刷新三态门关闭，输出缓冲器打开；行选通线 R_i 和列选通线 C_j 均为 1，打开两个 MOS 管，存储电容上的数据通过两个 MOS 管后再经过输出三态门输出到输出数据线 D_{OUT} 上。

数据读出后，存储电容上的电荷会减少，需要重新写入。读出数据后，刷新三态门打开，数据线 D_k 上的数据会被送到电容上。

3. 动态 MOS 存储器 DRAM 的逻辑结构

动态 MOS 存储器 DRAM 与静态 MOS 存储器的结构大致相同。但是由于动态 MOS 存储器的集成度高，存储位元需要刷新，因此外围电路要复杂一些。图 6-22 所示是 64 K×4 bit 动态 MOS 存储器的逻辑结构。

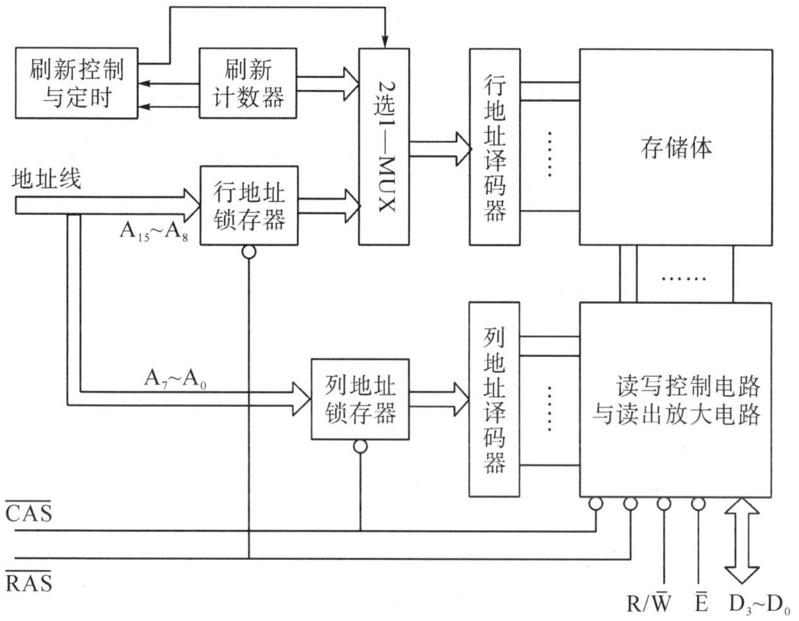

图 6-22　64 K×4 bit DRAM 逻辑结构

为了减少芯片引脚线的数量，地址线采用复用技术，即地址线只有 8 位，16 位地址分两次传送，因此需要 2 个锁存器来分别存储行地址和列地址。片选信号分为行地址选通信号$\overline{RAS}$和列地址选通信号$\overline{CAS}$。$R/\overline{W}$ 为读写控制信号，$R/\overline{W}=0$ 时进行写操作，$R/\overline{W}=1$ 时进行读操作。

DRAM 的刷新按行进行，因此刷新计数器只需给出行地址即可。

4. 动态 MOS 存储器的读写时序

由于 DRAM 的工作原理与 SRAM 存在一定的差异，因此，他们在读写时序上具有不同的特点。

（1）DRAM 的读时序

图 6-23 为 DRAM 的读时序，各信号需要一定的时序关系，即需相互满足一定的约束。行地址必须于行地址选通信号$\overline{RAS}$有效前送到地址输入端，并在$\overline{RAS}$有效后存储行地址锁存器。由于地址线复用，列地址选通信号$\overline{CAS}$必须滞后于$\overline{RAS}$信号，直到列地址送入地址输入端为止，在$\overline{CAS}$信号有效后列地址存入列地址锁存器。$\overline{RAS}$和$\overline{CAS}$必须保持一定的宽度。读写控制信号 $R/\overline{W}=1$，且必须在$\overline{CAS}$信号有效前发送。

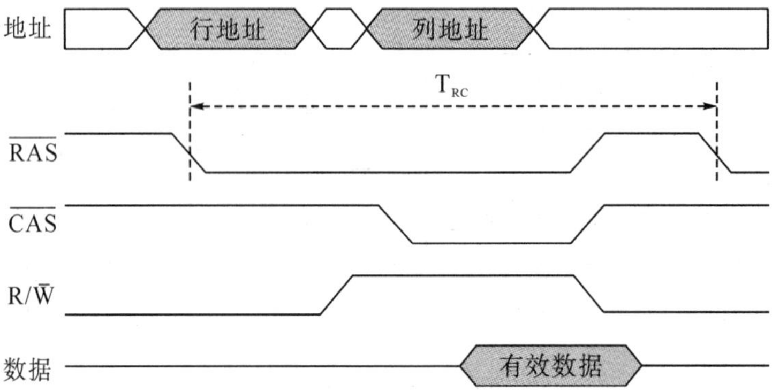

图 6-23　DRAM 读时序

（2）DRAM 的写时序

DRAM 的写时序中各信号之间的时序关系和读时序基本相同，但不同的是，读写信号 $R/\overline{W}=1$ 必须在列地址选通信号$\overline{CAS}$有效之前建立，写入数据必须在$\overline{CAS}$信号有效之前出现在数据线上，如图 6-24 所示。

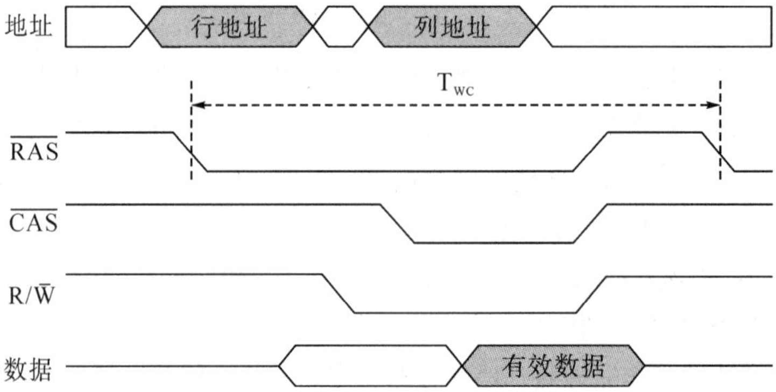

图 6-24　DRAM 的写时序图

从图 6-23 和图 6-24 中可以看出，每个读周期或者写周期都是从行地址选通信号$\overline{RAS}$下降沿开始，到下一个$\overline{RAS}$信号的下降沿为止，也就是连续两个读（写）周期的时间间隔。通常为了控制方便，取读周期和写周期时间相等。

6.2.3　只读存储器 ROM

计算机系统中有一些程序一经存入就不需修改，比如微程序、子程序、基本输入输出系统 BIOS 等，这些程序保存在一个称为只读存储器 ROM 的部件中。ROM 具有非易失性的特点，即使断电，存储的信息也不会消失。

按照制造工艺的不同，ROM 可以分为：掩膜式只读存储器、可编程只读存储器、可擦除可编程只读存储器。

1. 掩膜式只读存储器

掩膜式只读存储器（mask ROM，MROM）的存储位元由一个 MOS 管 T_1 和一个开关 S 组成，如图 6-25（a）所示。MOS 管 T_2 为共享的功耗管，其为电阻作用。选通线为 1 时，T_1 管导通，此时，如果 S 断开，则 D 线和 V_{CC} 电势相同，为高电平，D 线输出 1；如果 S 关闭，则 D 线与接地端相通，D 线的电势为 0，D 线输出 0。

MROM 存储位元也可以采用矩阵结构组成大容量存储器，但是其中的信息厂家在生产时就写入，用户不能修改，所以灵活性差，但是可靠性高。

2. 可编程只读存储器

可编程只读存储器（programmable ROM，PROM）是一种用户可写一次的 ROM，其存储位元的结构如图 6-25（b）所示。与 MROM 相比，PROM 使用熔丝代替了开关。出厂时熔丝是连接的状态，即存储的信息是 0。用户购买后，使用编程器对其进行改写，即通过辅助电路选择需要写“1”的存储位元将其熔丝高压烧断。

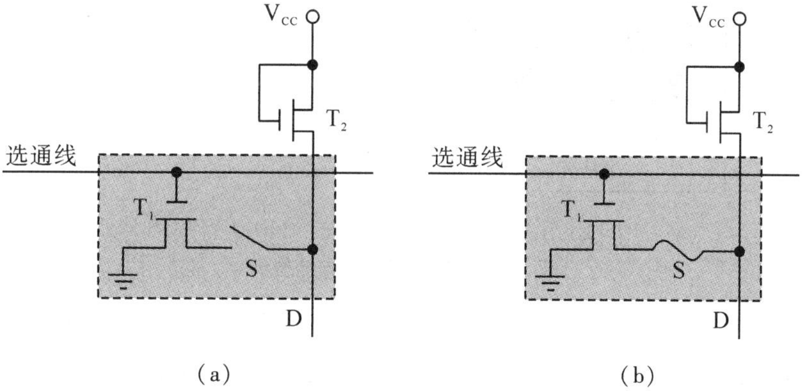

图 6-25　MROM 和 PROM 的存储位元结构

除了熔丝型 PROM 外，还有采用高压反向二极管的 PROM。反向二极管默认状态是不导通的，即存储信息为“1”。如果需要改写，则采用高压将其永久击穿，变成导通状态，存储的信息改为“0”。

PROM 解决了 MROM 用户不能改写的问题，但用户不能多次改写，灵活性较差。

3. 可擦除可编程只读存储器

可擦除可编程只读存储器（erasable programmable ROM，EPROM），是一种可多次改写信息的 ROM。写入的信息可以长期保存，不需要的信息可以擦除，也可以擦除后重新写入新的信息。出厂时全为 1，用户可以根据自己的需要将某些位改写为 0。若要重新改写信息，则需要擦除原来的信息，即将需要改写的部分恢复为 1，然后再重新写入新的信息。

按照擦除方式，EPROM 可以分为以下两种。

（1）紫外线可擦除可编程只读存储器

紫外线可擦除可编程只读存储器（ultra violet erasable programmable ROM，UVEPROM）的存储位元由金属氧化物半导体场效应晶体管（metel-oxide-semiconductor field effect，MOSFET）构成，如图 6-26（a）所示。在 UVEPROM 的存储位元中，以 MOSFET 管中浮栅是否带电来表示存储 1 或者存储 0。MOS 管的栅极被埋入二氧化硅（SiO_2）中并且浮空与外界绝缘，称为“浮栅”。浮栅初始状态无电荷，MOSFET 管截止，D 端处于高电平而输出“1”，如图 6-26（b）所示。写入信息时，在源极 S 和漏极 D 上加上编程电压，MOSFET 管在高压作用下被瞬间击穿，高压撤除后，因为浮栅被绝缘体包围，浮栅滞留的电荷无法泄露，它使 MOSFET 管导通，D 端与接地端导通而处于低电平，信息“0”被存入。

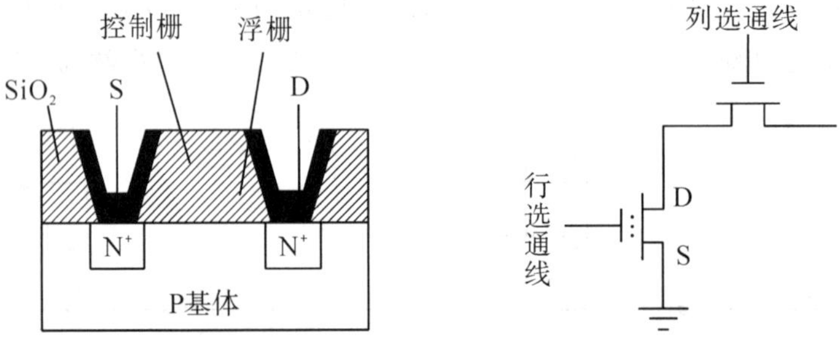

（a）MOSFET 管结构　　（b）UVPROM 等效电路

图 6-26　UVEPROM 存储位元

当需要擦除信息时，即需要清除浮栅中的电子时，可以利用紫外线进行照射，给电子足够的能量。这时会形成光电导现象，使电子逃逸出浮栅，浮栅就不带电了，存储位元恢复到原始状态。

UVEPROM 的擦除使用紫外线，会将存储芯片的所有信息全部擦除，不能精准擦除指定位置的信息，并且紫外线擦除时间较长。

（2）电可擦除可编程只读存储器

如图 6-27（a）所示，电可擦除可编程只读存储器（electrically erasable programmable ROM，EEPROM）是在 EPROM 基本单元电路的控制栅 G_2 上面引出一个电极，使其连接某一电源 VG。如图 6-27（b）所示，若 VG 为正电压，G_1 与漏极 D 产生隧道效应，使电子注入浮栅 G_1，使 D 端与接地联通，D 端为低电平，D 端信息为“0”。如图 6-27（c）所示，若 VG 为负电压，则浮栅电子消失，即擦除，D 端与接地断开，D 端为高电压，D 端信息为 1。

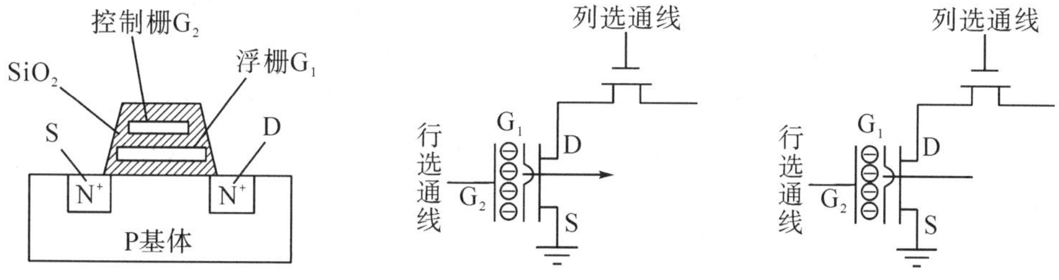

（a）元件结构　　（b）写 0 电路　　（c）全抹成 1

图 6-27　EEPROM 存储位元

6.2.4　快闪存储器

快闪存储器，简称闪存，是现代数据存储领域的一颗璀璨明珠，它以电子式可擦除可编程只读存储器（EEPROM）为基础，却超越了传统 EEPROM 的限制，实现了更加灵活与高效的数据存储与传输。闪存的核心优势在于其多次擦写能力，这一特性使得它成为连接计算机与各类数字产品的桥梁，广泛应用于储存卡、U 盘等便携式存储设备。

1. 闪存的基本构造与工作原理

闪存的基本单元电路与 EEPROM 相似，核心在于双层浮空栅 MOS 管的设计。这种特殊结构的 MOS 管，通过控制第一层极薄的隧道氧化层，使得电子能够在第二级浮空栅与第一级浮空栅之间自由穿梭。写入时，施加正电压于第二级浮空栅，引导电子穿越隧道氧化层进入第一级浮空栅，从而改变其电荷状态，以数据“0”或“1”表示。读出过程则与 EPROM 类似，即通过检测浮空栅中的电荷状态来判定数据值。

擦除操作是闪存技术中的一大亮点，它巧妙地利用源极加正电压产生的隧道效应，将第一级浮空栅中的负电荷吸引回源极，实现数据的清除。这一机制使得闪存能够反复使用，极大地提升了存储介质的实用性和经济性。

随着半导体技术的飞速发展，闪存设计也不断优化，从最初的双层浮空栅结构逐步演进至单晶体管（1T）设计。这种新型设计在原有的晶体管基础上增加了浮动栅和选择栅，通过控制栅极电压来调节源极与漏极之间的电流传导，进而实现数据的存储与读取。浮动栅作为电荷存储的关键部分，其上的电子存在与否直接决定了数据的“0”或“1”状态。

2. NOR 型与 NAND 型闪存的差异与应用

闪存市场上，NOR 型与 NAND 型两大阵营各具特色，应用场景也不尽相同。NOR 型闪存因其独立的地址线和数据线设计，更接近于内存的操作方式，适合频繁随机读写的场合。其价格相对较高，但读取速度较快，因此常被用于存储程序代码并直接在闪存内运行，如智能手机中的系统存储便是典型应用。

相比之下，NAND 型闪存则更接近硬盘的存储模式，地址线和数据线共用 I/O 线，成本更低且容量更大。这种设计使得 NAND 型闪存成为大数据存储的理想选择，广泛应用于闪存盘、数码存储卡等存储设备中。然而，NAND 型闪存的操作效率相对较低，尤其是在处理小数据块时表现尤为明显，但在处理大数据块时则能发挥出较大的性能优势。

3. 闪存技术的未来展望

随着科技的不断进步，闪存技术也在持续创新与发展。从最初的简单存储功能到如今的多层次存储、高速读写等高级特性，闪存已经成为现代信息社会不可或缺的一部分。未来，随着半导体制造工艺的进一步提升和新型存储材料的不断涌现，闪存技术有望在存储容量、读写速度、耐用性等方面实现新的突破。同时，随着物联网、大数据、云计算等技术的快速发展，闪存技术也将迎来更加广阔的应用前景和市场空间。

6.2.5 DRAM 的发展

自 20 世纪 70 年代以来，主存储器的基本构件主要是 DRAM 芯片，由于制造工艺、元件材料、工作时序和访问控制方式等方面的改进，其速度虽然有了较大提高，但是相对于 CPU 的速度，依然慢了不少。为了增加主存储器的带宽，一些先进的 DRAM 开始出现，下面分别介绍它们的特点。

1. FPM DRAM

FPM（fast page mode）DRAM 称为快速页模式动态存储器。传统 DRAM 采用二维译码方式，读写时必须提供两次地址，分别是行地址和列地址，这会耗费一定时间。根据程序访问的局部性，即在一个相对较短的时间间隔内，CPU 对存储器中程序的访问是局限在一个相对较小的局部存储空间内的。因此，当程序连续运行时，由于程序在存储器中是连续存储的，其行地址可以只传输一次，并保持不变，而列地址可以连续变化，除了第一次需要传输行地址以外，后面每次都只需要传输一个列地址即可。FPM DRAM 即采用这种寻址操作方式，触发一次行地址后，连续输出列地址，从而使用较少的时钟周期读出较多的数据，此时，页是指一个唯一行地址和该行中所有的列地址确定的若干存储单元的组合，称为快速页。

2. EDO DRAM

EDO（extended data out）DRAM 称为扩展数据输出 DRAM，是在 FPM DRAM 基础上改进而来的。FPM DRAM 在存储每一个数据时，必须等到行地址和列地址输入稳定以后，才能有效读写数据，而下一个地址必须等待这次读写周期完成才能输出。而 EDO DRAM 输出数据在整个 $\overline{CAS}$ 周期都是有效的（包括预充电时间在内），EDO DRAM 不需要等待当前读写周期结束即可启动下一个读写周期，即可以在输出一个数据的过程中准备下一个数据的输出。这种设计节省了重新生成地址的时间，提高了访问速度。

3. SDRAM

SDRAM（synchronous dynamic random access memor）于前面几种非同步存储的存储器而言，由于在系统时钟不同步的情况下进行存储，因此需要等待若干个时钟周期进行协调才能继续进行存储器的存储。例如，FPM DRAM 需要等待至少 3 个时钟周期，EDO DRAM 需要等待至少 2 个时钟周期，这种等待机制严重影响了存储系统的数据吞吐率。所以 EDO DRAM 和 FPM DRAM 的工作速度都不超过 66 MHz。

SDRAM 的操作要求与系统时钟同步，这种同步操作是由系统的同步脉冲来控制的，换句话说，主存储器与 CPU 的数据交换同步于系统时钟信号，并且以 CPU/主存储器总线的最高速度运行，无须等待周期。正是由于取消了等待机制，减少了等待时间，减少了数据传送的延时，SDRAM 的存储系统运行速度提高了很多。

SDRAM 同步 CPU 与 RAM 时钟，确保两者共频工作，初期需同步耗时，但随后每周期可完成一次数据读写。在 66 MHz 系统时钟下，其与 EDO DRAM 相比优势不明显；然而，一旦系统时钟跃升至 100 MHz 以上，其速度优势显著增强。

4. DDR SDRAM

DDR SDRAM 是 SDRAM 的进阶版，实现了双数据速率传输。其核心在于同步电路的升级，让数据读写不再局限于时钟脉冲的单一沿（上升或下降），而是同时利用两者，从而在不增加时钟频率的前提下，实现了速度翻倍。DDR 的频率表述分为工作频率与等效传输频率，后者因双沿传输特性而翻倍。又因数据总线宽达 64 位，数据传输率（带宽）则进一步通过等效频率乘以 8 计算得出，数据处理能力极大提升。

5. DDR2 SDRAM 和 DDR3 SDRAM

DDR2 SDRAM 作为内存技术的革新者，其核心亮点在于其预读取能力的飞跃，较 DDR 翻倍至 4 位数据预读，实现了时钟周期内数据读写速度的四倍提升。在相同的 100 MHz 工作频下，DDR2 的实际传输效能跃升至 400 MHz，同时，其工作电压降至 1.8V，显著优化了功耗与散热表现。

DDR3 SDRAM 承接 DDR2 精髓，进一步深化技术革新。其预取位数增至 8 位，使 DRAM 内核频率仅为接口频率的 1/8，从而在相同核心频率下，数据传输效率再翻一倍，达至 DDR2 的两倍。架构上，DDR3 引入点对点或点对双点拓扑，简化内存控制器与模组间的通信路径，极大地减轻了总线负担。此外，生产工艺精进至 100 nm以下，工作电压进一步降至 1.5 V，不仅提升能效约 16%，还新增异步重置与 ZQ 校准功能，增强了系统稳定性与兼容性。

综上，DDR2 与 DDR3 通过优化预读取机制、革新架构设计及采用先进生产工艺，实现了数据传输速度与能效的双重飞跃，为计算机性能提升与节能减排贡献了重要力量。

6. RDRAM

RDRAM，即 RAMBUS DRAM，由 RAMBUS 公司于 2000 年研发，其采用了独特的串行传输模式，与 DDR、SDRAM 显著不同。其架构核心包括 RDRAM 芯片、RAMBUS 接口及通道，接口负责芯片与通道的连接，通道则负责数据至内存控制器的传输。RDRAM 的创新之处在于引脚功能的动态变换，依据命令灵活定义为地址或控制线，引脚数量大幅缩减至传统 DRAM 的 1/3，在无须增加引脚的情况下便于容量扩展。此设计优化了线路布局，减少了电磁干扰，将工作频率提升至 400 MHz 外频，并借助时钟信号的上升沿与下降沿实现双倍数据传输，速率高达 800 MHz。结合 16 位数据总线，RDRAM 的实际传输率可达 1.6 GB/s，展现了卓越的性能优势。

6.3 主存储器的组织

从计算机组成原理的角度看，我们更关心如何用存储芯片组成一个实际的存储器。现在，主存储器是用半导体存储器构成的，其中可能使用 SRAM 芯片，也可能使用 DRAM 芯片。如果主存中有固化区，就需部分使用只读存储器，如 EPROM 等。主存储器的组织涉及如下问题：

（1）半导体存储器的逻辑主要是寻址逻辑，那么如何按地址选择芯片与片内存储单元？

（2）如果采用 DRAM，如何考虑存储器的动态刷新问题？

（3）所构成的主存如何与 CPU 连接、匹配？

（4）主存校验，如何保证存取信息的正确性？

6.3.1 主存储器的设计原则

当设计和组成计算机系统中的主存储器时，往往需要选择一种或几种存储器芯片构成主存系统，并通过总线把 RAM、ROM 芯片与 CPU 连接起来，并使之协调工作。CPU 对主存储器进行读、写时，总是先输出地址，然后送出读/写命令，最后才能通过数据总线进行信息交换。所以 CPU 与存储器之间连接，必须考虑信号线的连接、时序配合、驱动能力等问题。

存储器与 CPU（或总线控制器）的连接主要由三部分组成：地址总线的连接、数据总线的连接和控制总线的连接。

1. 驱动能力

当与总线连接时，先要考虑 CPU（或总线控制器）驱动能力方面的问题。对于 CPU（或总线控制器）而言，一般输出线的直流负载能力都是很有限的，尽管可能经过了驱动放大，且现代存储器都是直流负载很小的 CMOS 或 CHMOS 电路，但由于分布于总线和存储器上的负载电容总是存在的，所以要保证所设计的存储系统稳定工作，就必须考虑输出端能负载的最大能力。若负载太重，则必须增加信号的缓冲驱动。

2. 存储器芯片类型选择

由于主存储器各区域的应用不同，当构成主存储器系统时，应选择适当的存储器芯片。如前所述，半导体存储器可分成 RAM 和 ROM 两大类。RAM 最大的特点是其存储的信息可以在程序中用读/写指令以随机存取的方式读写。但掉电时信息会丢失，所以 RAM 一般用于存储用户的程序、程序的中间运算结果及掉电时不需要保存的 I/O 数据等。

ROM 中的内容掉电时不易失，但不能随机写入，故一般用于存储系统程序、初始化参数和不需要在线修改的参数等。其中，掩膜 ROM 和 PROM 用于大批量生产的计算机产品。当需要多次修改程序或用户自行编程时，宜选用 EPROM 等芯片。EEPROM 多用于保存在系统工作过程中被写入而又需要掉电保护的数据。

3. 存储器芯片与 CPU 的时序配合

存储器的存取时间是反映其工作速率的重要指标，选用存储芯片时，必须考虑它的存取时间和 CPU 工作速率的匹配问题，即时序配合问题。

当 CPU 进行读操作时，什么时候送地址信号，什么时候从数据线上读数据，其时序是固定的，而存储器芯片从外部输入地址信号有效，到内部数据送至数据总线上的时序也是固定的，并由存储芯片的内部结构和制造工艺决定。因此把它们连接在一起时，必须注意这两种时序的配合，即当 CPU 发出读数据信号的时候，存储器要把数据输出并稳定在数据总线上，这样读操作才能顺利进行。

如果存储器芯片读或写周期的工作速率不能满足 CPU 的要求，则可在 CPU 的相应周期内插入一个或数个 T_W 延迟周期，人为延长 CPU 读写时间，使二者相匹配。

为简化外围电路及充分发挥 CPU 的工作速率，应尽可能选择与 CPU 时序相匹配的芯片。

4. 存储器的地址分配和片选译码

微型计算机中的存储器系统通常由 SRAM 类型的 Cache、存储永久信息的只读存储器、保存大量信息的 DRAM 三部分组成。按空间范围的使用类型来分，存储器系统又包括：操作系统保留区域、系统数据区域、设备设置区域、主存储区域和存储扩展区域等。因此，内存的地址分配是一个较为复杂又必须弄清的问题。另外，由于生产出的存储器的单片容量一般来说总是小于微处理器（或总线控制器）所能寻址的地址的容量，因此总是要由许多单片的存储芯片才能组成一个整体的存储系统，这就需要弄清存储芯片之间是如何连接的，也就是弄清关于如何分配芯片地址、如何产生片选信号的问题。

5. 行选信号$\overline{RAS}$和列选信号$\overline{CAS}$的产生

为了减少芯片的引脚数量，DRAM 存储芯片的地址输入常常采用分时复用方式，把输入的目标地址分成了两部分。高位地址作为行地址，在$\overline{RAS}$的控制下首先送入芯片；然后是低位地址，在$\overline{CAS}$的控制下通过相同的引脚送入芯片。但 CPU 发出的地址码是通过地址总线同时送到存储器的，因此，为了达到芯片地址引脚分时复用的目的，需要专门的存储控制器来控制这种复用操作。

存储器控制器从总线接收地址码和控制信号 R/$\overline{W}$，将行列地址存储在缓冲器中，并产生$\overline{RAS}$和$\overline{CAS}$信号，因此由该控制单元提供 RAS-CAS 的时序和地址复用功能，也由该控制器向存储器发出 R/W 信号和 CS 信号。

对于同步动态存储器芯片，控制单元还要提供时钟信号。一般的动态存储器都没有自刷新的能力，因此存储器控制单元还要提供刷新所需的所有信号，如行地址计数等。

6.3.2 主存储器与 CPU 的连接

主存储器与外部的连接方式，主要考虑它与 CPU 及总线的连接。在具体逻辑形态上，连接和控制方式可能会有多种变化，但从原理上来讲大致需考虑以下几方面。

1. 系统的结构模式

在不同的硬件系统架构中，主存与 CPU 的连接模式，主要有下列 3 种。

（1）直连接模式

将微处理器与半导体存储器集成在一块插件上做成 CPU 卡，可以作为模块组合式大型计算系统中的核心部件，或是多机系统（如超算）中的一个节点。又如，智能型（可编程控制）设备控制器或接口包含微处理器与半导体存储器。在这些情况下，CPU 芯片与存储芯片直接相连，如图 6-28 所示。CPU 输出地址线直接送往存储器，数据线也直接与存储芯片相连，CPU 还发出读写等控制命令送往主存，这就是直连接模式。在这种模式下，主存是 CPU 的局部存储器，仅能在节点模块内使用，不能全局共享。

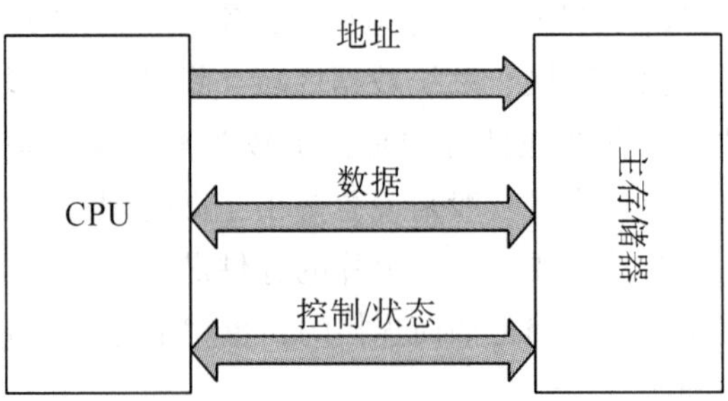

图 6-28　CPU 与主存的直连接

(2) 通过系统总线连接

稍具规模的计算机系统，都设置了一组甚至多组系统总线供部件共享使用，通常包括地址线、数据线及控制信号线。如图 6-29 所示，CPU 通过数据收发缓冲器、地址锁存器、总线控制器等接口芯片，与系统总线进行信息交互。主存储器与其他部件共享、竞争使用总线，并通过系统总线来实现与 CPU 的连接及信息交互。

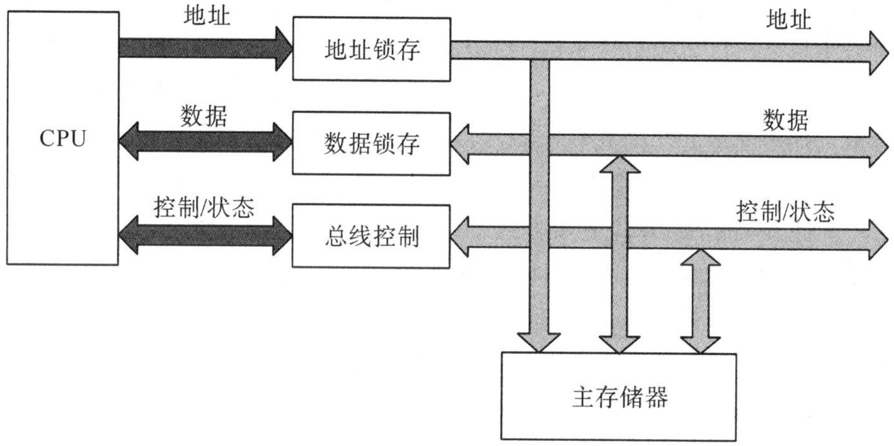

图 6-29 CPU 与主存的总线连接

(3) 通过存储专线连接

如果系统规模较大（所带外部设备多）且要访存速率要求很高，此时 CPU 还是仅仅通过系统总线与主存来交互数据，就很难满足要求。如图 6-30 所示，更高效的策略是在 CPU 与主存之间增设专用的高速存储通路，以专门承担主存和 CPU 之间的高速通信。增加了专用存储总线后，CPU 主要通过这组通路来实现对主存的高速访问，在要求不高的场合当然也可以通过系统总线去访问存储器。采用这种连接模式，能显著提高 CPU 访存的可靠性和读写效率。

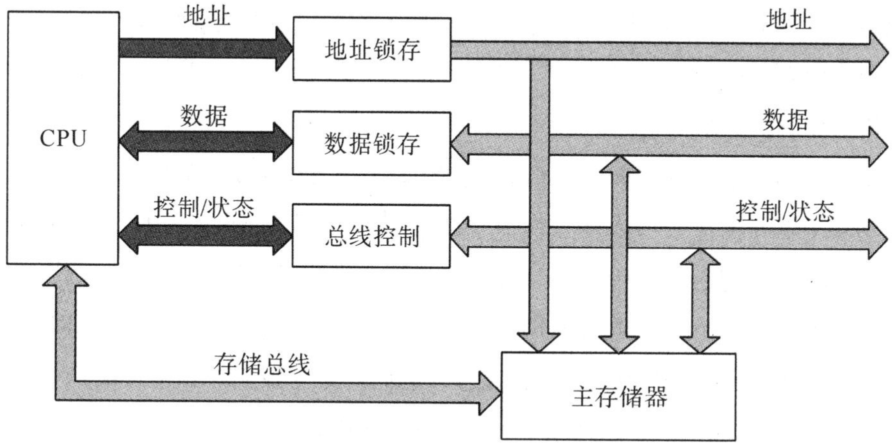

图 6-30 CPU 与主存的专线连接

2. 速率匹配与时序控制

早期的计算机常为 CPU 内部操作和访存操作设置统一的时钟周期，称为节拍，即以一次访存所需时间为一拍的宽度。CPU 内部操作也是每节拍执行一步。由于 CPU 的执行速率往往高于主存，对 CPU 内部操作来说，时间利用率较低。

现在，大多数计算机对这两类操作设置不同的时间周期。CPU 内将操作时间划分为时钟周期，每个时钟周期完成一步 CPU 内部操作，如一次传输或一次相加。可让时钟频率提高，以适应 CPU 的高速操作。而通过系统总线的一次访存操作，则占用一个总线周期。在同步方式中，一个总线周期可由数个时钟周期组成。大多数主存的存取周期是固定的，因此一个总线周期包含的时钟周期数可以事先确定不变。特殊情况下，也可以安排基本时钟周期数，如果来不及完成读/写，则插入等待（延长）周期。有的系统采用异步方式访存。根据实际需要来确定总线周期的长短，当存储器完成操作时发出一个就绪信号 READY，总线周期需长则长，能短则短，与 CPU 时钟周期没有直接关系。高速系统中还采取一种覆盖并行地址传输技术，即在现行总线周期结束之前，提前送出下一总线周期的地址和操作命令。

3. 数据通路匹配

数据总线一次能并行传输的位数，称为总线的数据通路宽度，常见的有 8 位、16 位、32 位、64 位等。大多数主存储器常采取按字节编址的方式，每次访存读/写 8 位，以适应对字符类信息的处理。这就存在一个主存与数据总线之间的宽度匹配问题。

4. 有关主存的控制信号

如前所述，存储芯片本身只需要最基本的控制命令，如 $R/\overline{W}$、$\overline{CS}$，或者为实现地址的分时输入将片选分解为$\overline{RAS}$和$\overline{CAS}$。为了实现对存储器的选择、容量扩展、速率匹配，系统总线可能引申出一些控制和应答信号。不同的系统总线有其自身的约定标准，规定了一些与主存相关的控制信号，从而在某种程度上影响了主存储器的整体组织与访存工作方式。下面将提及一些可能遇到的控制信号设置情况。

有的系统总线设置了选择命令 $\overline{M}/IO$，低电平时选中主存，高电平时选中外部设备。相应地，可将该控制信号引入主存。有的计算机将这一选择信号称为$\overline{MREQ}$，典型的做法是将该信号引至片选译码器的使能端。当$\overline{MREQ}$为高时，片选译码器的输出无效（即所有片选均无效，没有一个存储芯片被选中），存储器不工作。当$\overline{MREQ}$为低时，片选译码器有一个片选输出有效，存储器工作。

有的系统总线将存储器选中信号与读写命令结合起来，分为两个控制信号：$\overline{MEMW}$（存储器写）、$\overline{MEMR}$（存储器读），它们将参与控制片选信号的产生，并形成存储芯片所需的 $R/\overline{W}$，或者$\overline{WE}$（写）和 RD（读）。

为了扩展存储器容量，有的系统允许设置一个基本存储器模板和一个扩展存储器模板，称为存储器重叠。相应地，系统总线送出存储器扩展信号 MEMEX——为低电平时，选择基本存储器模板；为高电平时，选择扩展存储器模板。

16 位系统中常设置字节控制信号$\overline{BHE}$，为高电平时选中高字节。

主存储器的存取周期一般是已知而且固定的，因此可用固定的时序信号完成读写，不需要应答信号。某些特殊情况下，主存与外部设备之间的直接传输，其操作完成时间有可能不固定，因此需要设置应答信号，如就绪信号 READY 或传送应答信号 XACK 等。

在最小系统中，主存直接与 CPU 相连，控制信号简单。在较大系统模式中，CPU 将读/写控制命令送往总线控制器（如 8288 一类芯片），再由总线控制器送出系统总线信号，连接到主存中。在有的系统中使用 8203 一类存储器控制器芯片，总线控制器 8288 产生系统总线控制信号，送往 8203，8203 再输出控制信号到存储器。

6.3.3 主存容量的扩展

单个存储芯片的容量受到集成度的限制，不可能提供给主存储器所需要的大容量。因此，往往是由若干个小容量的存储芯片进行组装扩展形成大容量的主存储器，然后与 CPU 连接。在扩展存储容量的时候，需要考虑存储单位位数和存储单元个数的变化情况，还要考虑数据线、地址线和控制线的连接。

存储芯片大小和计算机系统字长不同，扩展方式也不同。

1. 对存储芯片的描述

存储芯片大小通常描述为 A×B，第一个数字表示存储芯片的存储单元个数，第二个数字表示每个存储单元所能存取的数据位数。假设存储芯片有 n 位地址线，则每个地址为 n 位二进制编码。n 位地址有 2^n 个地址编码，因此有 2^n 个存储单元。存储单元的个数通常数量比较大，常采用的较大存储单位有 K、M、G、T、P 等。$1K=2^{10}$，$1M=2^{10}K$，$1G=2^{10}M$，$1T=2^{10}G$，$1P=2^{10}T$。

图 6-31 是一个大小为 32 K×4 b 的存储芯片，表示有 32 K 个存储单元，每个存储单元所能存取的数据位数是 4 位。存储单元的个数与地址线数量的关系是：$32\ K=32\times1\ K=2^5\times2^{10}=2^{15}$，则该存储芯片有 15 根地址线，它们的编号分别是 A_{14}、A_{13}、…、A_1、A_0。4 位的数据线编号分别是：D_3、D_2、D_1、D_0。控制信号有$\overline{CS}$和 $R/\overline{W}$，$\overline{CS}$为片选控制信号，$R/\overline{W}$ 为读写控制信号。$\overline{CS}=1$ 表示该存储芯片不能进行读写，$\overline{CS}=0$ 表示可以对存储芯片进行读写。$R/\overline{W}=1$ 表示读，$R/\overline{W}=0$ 表示写。

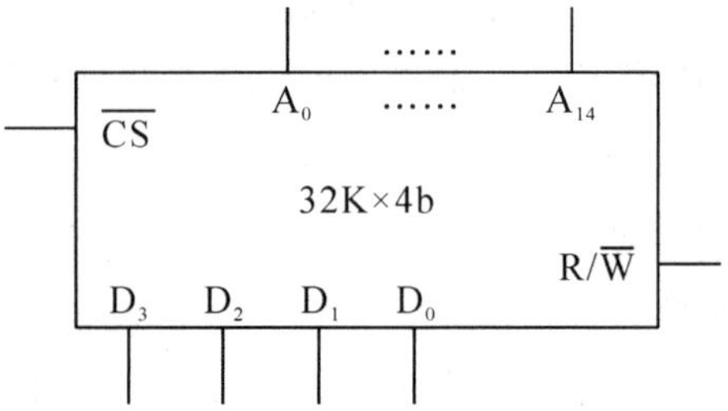

图 6-32　存储芯片的逻辑

32 K × 4 b 有 15 根地址线，其二进制地址范围是 000000000000000 ~ 111111111111111，用十六进制表示为 0H~7FFFH。了解存储芯片大小与地址范围之间的关系，是后面进行位扩展和字扩展的基础。

2. 位扩展

位扩展又称为字长扩展或者数据线扩展，即当存储芯片每个编址存储单元的数据位数少于读写所需的数据位数时，需要将每个存储单元的数据位数进行扩展。位扩展后的存储单元个数没有变，但是每个存储单元的数据位数增加了。扩展后的每个存储单元并不在一个存储芯片中，而是分布在各个存储芯片中，即各个存储芯片中相同地址单元合并为一个新的大存储单元。

位扩展方法如下：

（1）计算所需的存储芯片数量：总的所需数据位数除以每片存储芯片的数据位数，所得的商就是所需的存储芯片的数量。

（2）地址线的计算与连接：根据存储芯片的单元个数来计算，存储单元个数等于 2 的多少次方，就有多少根地址线。n 根地址线的编号为 A_{n-1}，…，A_0。所有存储芯片的地址线连接在一起，因为扩展后数据分布在每个存储芯片中相同地址的存储单元中，因此输入一个地址，需要把该地址都输入到每个存储芯片中。

（3）数据的连接：各个芯片的数据线是统一编号的。假设扩充后的数据位数是 k 位，则 k 位数据线的编号分别是 D_{k-1}，…，D_0，把这 k 位数据编码按顺序分配给各个存储芯片。

（4）控制线的连接：各个存储芯片的片选信号线 $\overline{CS}$ 和读写线 R/$\overline{W}$ 都连接在一起。因为扩展的各个存储芯片属于一个整体，它们同时选中后同时进行访问（读或写），或者同时不选中后都不能进行访问。

（5）给出地址范围：若为 n 位地址，则起始地址是 n 个 0 的二进制编码，末尾地址是 n 个 1 的二进制编码。

【例 6-2】请将 2 K×4 b 位存储芯片扩展为 2 K ×8 b 位的存储器。

分析：扩展前是 2 K 个存储单元，扩展后还是 2 K 个存储单元；扩展前存储单元的数据位数是 4 位，扩展后的存储单元的位数是 8 位。因此，使用位扩展方法来进行扩展。

解：

（1）计算所需的存储芯片数量：8÷4=2（片）。

（2）地址线的计算：$2K=2^{11}$，因此需要 11 根地址线，编号依次是 A_{10}，…，A_0，两片存储芯片的 11 根地址线都连接在一起。

（3）数据的连接：扩展后的数据线是 8 位，依次是 D_7，…，D_0，其中 $D_7D_6D_5D_4$分配给保存高 4 位数据的芯片，$D_3D_2D_1D_0$分配给保存低 4 位的存储芯片。

（4）控制线的连接：两片存储芯片的片选信号线$\overline{CS}$和读写线 $R/\overline{W}$ 都连接在一起。

扩展后的连接图如图 6-32 所示。

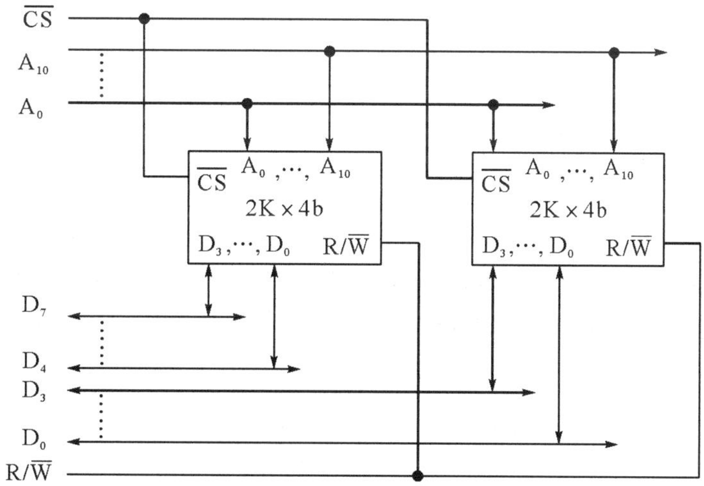

图 6-32 位扩展连接

（5）地址范围：二进制表示为 00000000000B～11111111111B，十六进制表示为 0H～7FFH。

3. 字扩展

字扩展是扩展存储单元的个数，即字数，也叫地址线扩展。进行字扩展后，因为字数增加了，所需地址编码位数也要增加，从而需要更多的地址线，但是每个存储芯片本身的地址线并没有改变。解决办法是，扩展后的低位地址依然连接在每个存储芯片的地址端，高位地址控制各个芯片的片选端，或者说，各个芯片的片选端作为本芯片的高位地址编码输入端。因为扩展后各芯片的地址范围不同，各个芯片的片选信号最多只能有一个有效，所以需要把所有芯片的片选信号集中统一进行控制。

负逻辑译码器的输出端，对于不同的输入编码，仅有一端输出 0，其他端输出 1。因为存储芯片的片选控制为 0 时有效，从而可以使用负逻辑译码器来完成所有存储芯片片选的集中统一控制。负逻辑译码器的编码输入端作为扩展后的最高地址输入，而使能控制端作为存储容量扩展后的主存访问控制。常用的负逻辑译码器有

2：4译码器 74HC139 和 3：8 译码器 74138。

表 6-3 是 74HC139 译码器的功能真值表。其中，使能控制端 $\bar{E}$ 可以作为扩展后的主存访问控制端，BA 两端可以作为最高两位地址的输入端，每个输出端控制一个（组）芯片，从而实现最多 4 倍存储单元数量的扩展。

表 6-3　74HC139 译码器功能真值表

输入端			输出端			
$\bar{E}$	B	A	$\overline{Y_0}$	$\overline{Y_1}$	$\overline{Y_2}$	$\overline{Y_3}$
1	*	*	1	1	1	1
0	0	0	0	1	1	1
0	0	1	1	0	1	1
0	1	0	1	1	0	1
0	1	1	1	1	1	0

表 6-4 是 74138 译码器的功能真值表。其中使能控制信号 $\bar{E}$ 是原来三个使能控制端合并后形成的使能控制信号，作为扩展后的主存访问控制端，CBA 三端可以作为最高三位地址的输入端，每个输出端控制一个（组）芯片，从而实现最多 8 倍存储单元数量的扩展。

表 6-4　74138 译码器功能真值表

输入端				输出端							
$\bar{E}$	C	B	A	$\overline{Y_0}$	$\overline{Y_1}$	$\overline{Y_2}$	$\overline{Y_3}$	$\overline{Y_4}$	$\overline{Y_5}$	$\overline{Y_6}$	$\overline{Y_7}$
1	*	*	*	1	1	1	1	1	1	1	1
0	0	0	0	0	1	1	1	1	1	1	1
0	0	0	1	1	0	1	1	1	1	1	1
0	0	1	0	1	1	0	1	1	1	1	1
0	0	1	1	1	1	1	0	1	1	1	1
0	1	0	0	1	1	1	1	0	1	1	1
0	1	0	1	1	1	1	1	1	0	1	1
0	1	1	0	1	1	1	1	1	1	0	1
0	1	1	1	1	1	1	1	1	1	1	0

字扩展的方法如下：

（1）计算所需存储芯片数量：扩展后的存储单元数量除以单个存储芯片的存储单元数量，所得的商就是所需的存储芯片的数量。

（2）地址线的计算与地址范围分配：根据存储单元个数计算地址线数量的方法，参考前面的位扩展。根据扩展后存储器的存储单元个数计算出所需地址位数后，给出每个存储芯片的地址范围。第一片的起始地址是 0，末尾地址是芯片存储单元个数减 1；第二片的起始地址是第一片末尾地址加 1，第二片的末尾地址是第一片末尾地址加第二片的存储单元个数；后面的芯片地址范围依此类推。

（3）地址连接：根据存储芯片的存储单元个数计算每个存储芯片所需的地址线数。根据存储芯片所需的地址线数，将扩展后存储器所需地址线的低位部分连接在存储芯片的地址输入端，然后把所剩的高位地址部分连接在负逻辑译码器的编码输入端，负逻辑译码器的输出端连接在各个存储芯片的片选端$\overline{CS}$上。

（4）数据线的连接：因为扩展各个芯片的地址范围不同，因此它们之间的数据读写不会同时进行，数据线可以连接在一起，即各个芯片的数据线都连接在共同的数据线上。

（5）控制线的连接：所有读写控制线连都接在一起，因为发出的读写控制信号只对片选有效的存储芯片有用。

【例 6-3】设 CPU 访问主存的控制信号为访存信号$\overline{MERQ}$、读写控制信号 $R/\overline{W}$，请用 32 K×8 b 位存储芯片组装成 128 K ×8 b 位的主存储器。

解：

（1）计算所需存储芯片数量：128 K÷32 K=4（片）。

（2）地址线的计算、地址范围分配与地址连接。

组装后的主存存储器的大小为 128 K，128 K=2^{17}，所以需要 17 根地址线，编号是 $A_{16}\sim A_0$。

因为每个存储芯片的大小为 32 K，32 K=2^{15}，所以每个存储芯片本身的地址线只需要 15 根。而主存储器的地址位数是 17 位，低 15 位 $A_{14}\sim A_0$接入存储芯片的地址端 $A_{14}\sim A_0$，剩下的高两位地址线 $A_{16}A_{15}$用于控制每个存储芯片的片选功能。

所以，第一片存储芯片的起始地址是 00000000000000000，末尾地址为32 K-1，转换为 17 位地址是 00111111111111111；第二片存储芯片起始地址是第一片末尾地址加 1，即 01000000000000000，末尾地址是第一片末尾地址加芯片大小，即加 32 K，转换为 17 位地址是 01111111111111111；第三片存储芯片起始地址是第二片末尾地址加 1，即 01000000000000000，末尾地址是第二片末尾地址加芯片大小，即加 32 K，转换为 17 位地址是 10111111111111111；第四片存储芯片起始地址是第三片末尾地址加 1，即 11000000000000000，末尾地址是第三片末尾地址加芯片大小，即加 32 K，转换为 17 位地址是 11111111111111111。所有芯片的地址范围如表 6-5 所示。

表 6-5　构成主存储器的各个芯片的地址范围

序号	芯片大小	起始地址（$A_{16} \sim A_0$）	末尾地址（$A_{16} \sim A_0$）
1	32 K×8 b	00 000000000000000	00 111111111111111
2	32 K×8 b	01 000000000000000	01 111111111111111
3	32 K×8 b	10 000000000000000	10 111111111111111
4	32 K×8 b	11 000000000000000	11 111111111111111

从表 6-5 中可以知道，每个存储芯片的每个存储单元地址的高两位地址都相同，正好用于控制每个存储芯片的片选功能。设 4 片存储芯片的片选端信号依次是 $\overline{CS_0}$、$\overline{CS_1}$、$\overline{CS_2}$、$\overline{CS_3}$，将访存控制信号 $\overline{MERQ}$ 用于控制所有芯片的片选信号，即 $\overline{MERQ}=1$ 时，所有芯片的片选功能不可使用，而 $\overline{MERQ}=0$ 时，每个存储芯片的片选功能有由高两位地址 $A_{16}A_{15}$ 来控制。因此可以得到每个存储芯片的片选功能真值表，如表 6-6 所示。

表 6-6　存储芯片的片选端的功能真值表

输入端			输出端			
$\overline{MERQ}$	A_{16}	A_{15}	$\overline{CS_0}$	$\overline{CS_1}$	$\overline{CS_2}$	$\overline{CS_3}$
1	*	*	1	1	1	1
0	0	0	0	1	1	1
0	0	1	1	0	1	1
0	1	0	1	1	0	1
0	1	1	1	1	1	0

根据表 6-6 可以得到各个片选端的函数表达式：

$$\overline{CS_0}=\overline{\overline{\overline{MREQ}}\cdot\overline{A_{16}}\cdot\overline{A_{15}}},\quad \overline{CS_1}=\overline{\overline{\overline{MREQ}}\cdot\overline{A_{16}}\cdot A_{15}}$$

$$\overline{CS_2}=\overline{\overline{\overline{MREQ}}\cdot A_{16}\cdot\overline{A_{15}}},\quad \overline{CS_3}=\overline{\overline{\overline{MREQ}}\cdot A_{16}\cdot A_{15}}$$

因为有两位高位地址 $A_{16}A_{15}$，可以将它们接入 2∶4 负逻辑译码器的 BA 输入端，同时将访存控制信号 $\overline{MERQ}$ 接入译码器的使能输入端 $\bar{E}$，因此片选信号的函数表达式变为

$$\overline{CS_0}=\overline{Y_0},\ \overline{CS_1}=\overline{Y_1},\ \overline{CS_2}=\overline{Y_2},\ \overline{CS_3}=\overline{Y_3}$$

（4）数据线的连接：4 片存储芯片的数据连接在数据总线上。

（5）控制线的连接：所有读写控制线都接在 CPU 发出的读写控制线 $R/\overline{W}$ 上。

连接后图形如图 6-33 所示。

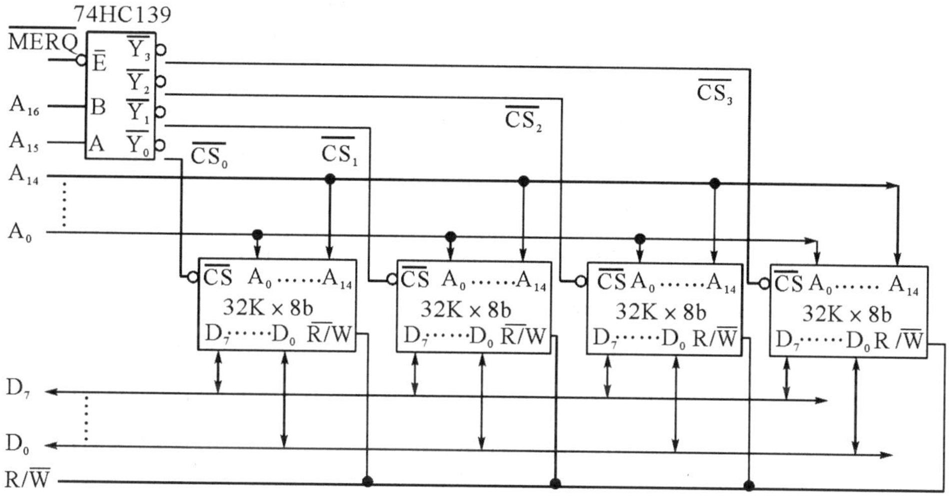

图 6-33 字扩展连接

4. 字位扩展

当存储芯片的存储单元数据位数和存储单元个数均不满足需求时，既需要进行位扩展，也需要进行字扩展，这个方法称为字位扩展。其方法是，先进行位扩展，得一个芯片组，再使用该芯片组进行字扩展。

【例 6-4】设 CPU 访问主存的控制信号为访存信号$\overline{MERQ}$、读写控制信号 $R/\overline{W}$，现提供 64 K×4 b 的存储芯片，请用其组装成 512 K×8 b 的主存储器，可自行选用任何译码器或者其他门电路。

分析：提供的存储芯片不满足数据位数的要求，同时存储单元的个数也不满足要求，因此需要进行字位扩展。可以先将 64 K×4 b 的存储芯片按照位扩展的方法组装成 64 K×8 b 的芯片组，再将 64 K×8 b 的芯片组按照字扩展的方法扩展为 512 K×8 b 的主存储器。

解：

（1）计算芯片所需数量：将存储芯片从 4 位扩展为 8 位的芯片组，需要两片。将 8 位的芯片组从 64 K 扩展为 512 K，需要 8 组。2×8 = 16（片），因此主存储器总共需要 16 片存储芯片。

（2）计算地址线：512 K = 2^{19}，因此主存储器地址线为 19 根（$A_{18} \sim A_0$），而每个芯片组 64 K = 2^{16}，只需要 16 根地址线（$A_{15} \sim A_0$），因此最高三位地址线（$A_{18}A_{17}A_{16}$）用于控制每个芯片组的片选功能。

（3）芯片组的地址范围：根据第（2）步的计算，主存储器的地址位数为 19 位（$A_{18} \sim A_0$），各个芯片组的地址范围如表 6-7 所示。

表 6-7　构成主存储器的各个芯片的地址范围

序号	芯片组大小	起始地址（A_{18}~A_0）	末尾地址（A_{18}~A_0）
1	64 K×8	000 0000000000000000	000 1111111111111111
2	64 K×8	001 0000000000000000	001 1111111111111111
3	64 K×8	010 0000000000000000	010 1111111111111111
4	64 K×8	011 0000000000000000	011 1111111111111111
5	64 K×8	100 0000000000000000	100 1111111111111111
6	64 K×8	101 0000000000000000	101 1111111111111111
7	64 K×8	110 0000000000000000	110 1111111111111111
8	64 K×8	111 0000000000000000	111 1111111111111111

（4）芯片组片选端功能真值表：根据第（2）步的计算，每个芯片组只需 16 根地址线（A_{15}~A_0），因此最高三位地址线（A_{18} A_{17} A_{16}）用于控制各个芯片的片选功能。设控制各个芯片组片选功能的信号依次是$\overline{CS_0}$、$\overline{CS_1}$、$\overline{CS_2}$、$\overline{CS_3}$、$\overline{CS_4}$、$\overline{CS_5}$、$\overline{CS_6}$、$\overline{CS_7}$，将访存控制信号$\overline{MERQ}$用于控制所有的片选信号，各个芯片组的片选端功能真值表如表 6-8 所示。

表 6-8　存储芯片的片选端的功能真值表

输入端				输出端							
$\overline{MERQ}$	A_{18}	A_{17}	A_{16}	$\overline{CS_0}$	$\overline{CS_1}$	$\overline{CS_2}$	$\overline{CS_3}$	$\overline{CS_4}$	$\overline{CS_5}$	$\overline{CS_6}$	$\overline{CS_7}$
1	*	*	*	1	1	1	1	1	1	1	1
0	0	0	0	0	1	1	1	1	1	1	1
0	0	0	1	1	0	1	1	1	1	1	1
0	0	1	0	1	1	0	1	1	1	1	1
0	0	1	1	1	1	1	0	1	1	1	1
0	1	0	0	1	1	1	1	0	1	1	1
0	1	0	1	1	1	1	1	1	0	1	1
0	1	1	0	1	1	1	1	1	1	0	1
0	1	1	1	1	1	1	1	1	1	1	0

（5）各个芯片组的片选信号的函数表达式：根据第（4）步，可以得到各个芯片组片选信号的函数表达式，如下：

$$\overline{CS_0}=\overline{\overline{\overline{MREQ}}\cdot\overline{A_{18}}\cdot\overline{A_{17}}\cdot\overline{A_{16}}},\quad \overline{CS_1}=\overline{\overline{\overline{MREQ}}\cdot\overline{A_{18}}\cdot\overline{A_{17}}\cdot A_{16}}$$

$$\overline{CS_2}=\overline{\overline{\overline{MREQ}}\cdot\overline{A_{18}}\cdot A_{17}\cdot\overline{A_{16}}},\quad \overline{CS_3}=\overline{\overline{\overline{MREQ}}\cdot\overline{A_{18}}\cdot A_{17}\cdot A_{16}}$$

$$\overline{CS_4}=\overline{\overline{\overline{MREQ}}\cdot A_{18}\cdot\overline{A_{17}}\cdot\overline{A_{16}}},\quad \overline{CS_5}=\overline{\overline{\overline{MREQ}}\cdot A_{18}\cdot\overline{A_{17}}\cdot A_{16}}$$

$$\overline{CS_6}=\overline{\overline{\overline{MREQ}}\cdot A_{18}\cdot A_{17}\cdot\overline{A_{16}}},\quad \overline{CS_7}=\overline{\overline{\overline{MREQ}}\cdot A_{18}\cdot A_{17}\cdot A_{16}}$$

选择 3 : 8 负逻辑译码器，将 A_{18} A_{17} A_{16}接入译码器的 CBA 输入端，同时将访存控制信号$\overline{MERQ}$接入译码器的使能输入端 $\bar{E}$（这里将 74138 译码器的 3 个使能控制端合并为 1 个），因此各个芯片组片选信号的函数表达式变为

$$\overline{CS_0}=\overline{Y_0},\quad \overline{CS_1}=\overline{Y_1},\quad \overline{CS_2}=\overline{Y_2},\quad \overline{CS_3}=\overline{Y_3}$$

$$\overline{CS_4}=\overline{Y_4},\quad \overline{CS_5}=\overline{Y_5},\quad \overline{CS_6}=\overline{Y_6},\quad \overline{CS_7}=\overline{Y_7}$$

（6）将数据总线 $D_7\sim D_0$连接到各个芯片组的数据端。

（7）将读写控制线 $R/\overline{W}$ 连接到各个芯片组的读写控制端。

扩展后的主存储器的连接如图 6-34 所示。因为版面大小的关系，以及各个芯片组的连接方法都一样，所以中间 5 组芯片省略了。

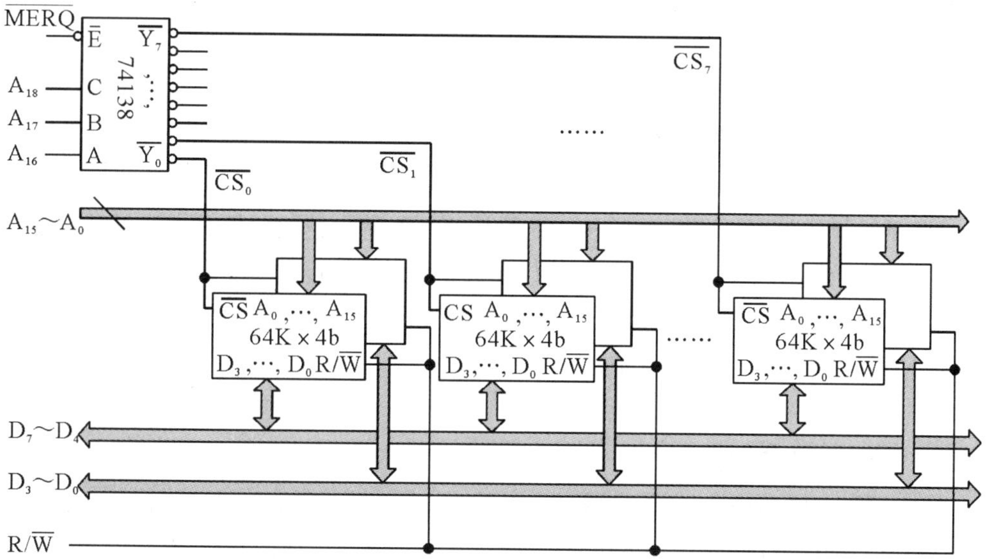

图 6-34　字位扩展逻辑电路连接

6.3.4　主存储器的校验

主存与 CPU 之间存在频繁往来的数据，由于各种原因，主存在数据存储的过程中，难免会发生错误。而对于稳定性要求高的用户来说，主存错误可能会引起致命的问题。

在过去，主存采用的校验是奇偶校验，即在 1 个字节的数据中增加 1 为校验位，

因此当存储 1 个字节的数据时，其实际存储了 9 位二进制信息。数据量越大，需要的校验位就越多。并且奇偶校验只能检测 1 位出差错但不能纠正，因此，主存的校验发展到采用 ECC 校验来校验存储的数据。

ECC（error correction code），即错误检查与纠正机制，通过向数据位中嵌入额外的校验位来实现。随着数据位数的倍增，ECC 所需的校验位仅线性增加一位，如 8 位数据需 5 位校验，而 16 位数据则仅需 6 位检验，以此类推至 64 位数据对应 8 位校验，有效平衡了错误检测能力与数据容量。此机制赋予内存自我修复能力，即便面对错误也能确保系统稳定运行，避免中断，展现了其强大的自动纠错功能。

ECC 内存，在数据存储层面引入了加密代码的额外存储策略。数据写入的同时，相应的 ECC 代码也被同步保存。数据读取时，新生成的 ECC 代码会与存储的原始代码进行比对，以验证数据的完整性。一旦发现差异，即启动解码流程，精准定位错误位并予以剔除，随后由内存控制器输出正确数据，整个过程几乎无须人工干预。值得注意的是，纠正后的数据不常回写内存，以减轻系统负担；若相同错误再现，则重复纠错流程。尽管此机制可能增加处理开销、影响系统性能，但针对非硬件缺陷引起的随机错误，它能通过数据替换有效避免错误累积，保障内存数据的长期可靠性。

6.4 并行存储器

随着计算机技术的不断进步，CPU 的处理速度越来越快，但是主存的速度提升赶不上 CPU 的速度，主存的速度成了计算机系统性能提高的一个瓶颈。为了提升主存的运行性能，除了提升主存元器件的速度外，还可以通过主存的存储体并行工作来提升其访问效率，从而提升主存工作性能。

6.4.1 双端口存储器

双端口存储器是指一个存储器具有两个独立的端口，每个端口具有各自独立的数据端口、地址端口、读写控制电路，每个端口可以独立地进行读写操作。图 6-35 是双端口存储器结构。

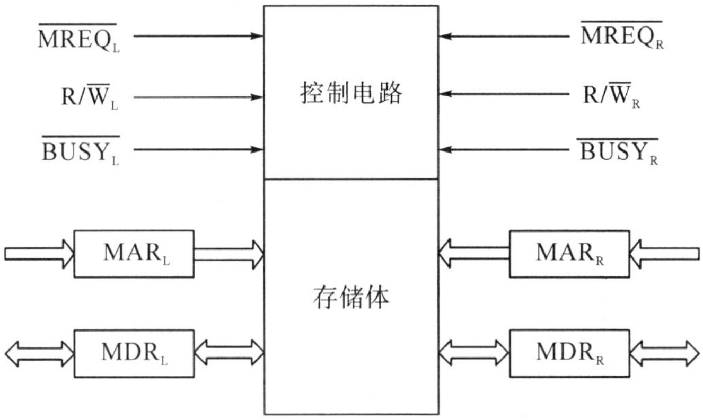

图 6-35 双端口存储器结构

当两个端口存取同一个存储单元，且至少有一个端口进行写操作时，发生读写冲突。为了解决这个问题，特别设置了$\overline{BUSY}$信号。控制电路根据优先策略决定谁优先进行写操作（相应的$\overline{BUSY}$信号为 1，而对另外一个$\overline{BUSY}$信号置 0）。一旦优先端口完成写操作，被延迟端口的$\overline{BUSY}$信号复位（置 1），开放端口，运行读写操作。

6.4.2 多模块交叉存储器

主存储器的地址编码是线性编址的，一般由若干个模块组成。地址编码在各个模块之间进行分配，具有两种方式：顺序方式和交叉方式。

1. 主存储器的多模块顺序组织

主存储器的多模块顺序组织，是指组成主存储器的多个存储模块中，每个模块内部的地址编码是顺序的，将一个地址编码范围分配给一个存储模块后，再把接下来的地址范围分配给另外一个存储模块，直到分配完为止。

在主存储器的多模块顺序组织结构中，模块的数量一般都是 2^i（i 为自然数）个，每个地址编码包括两部分：模块地址+块内地址。模块地址为 i 位，用于控制各个模块的片选功能。如果每个模块的大小相同，则它们内部的地址范围都相同。主存储器的多模块顺序组织结构参考前面的字扩展和字位扩展。

图 6-36 是大小为 256 个字的主存储器顺序地址编码，分为 4（$=2^2$）个存储模块（M_0，M_1，M_2，M_3），每个模块 64 个字。因为模块数量为 $4=2^2$，所以模块地址为 2 位，M_0的模块地址为 00，M_1的为 01，M_2的为 10，M_3的为 11。因为每个模块大小为 64 个字，$64=2^6$，所以每个模块的块内地址为 6 位，每个模块块内的二进制地址范围都是 000000～111111。

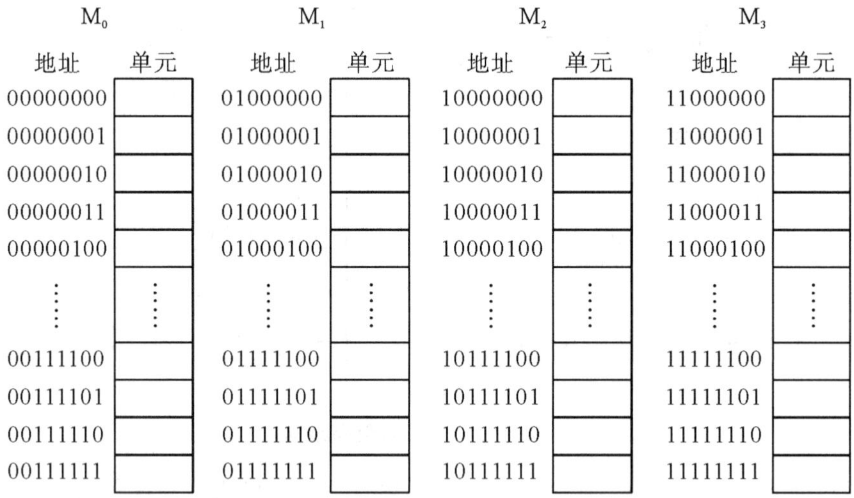

图 6-36　主存多模块顺序地址编码

在主存储器的多模块顺序组织结构中进行存取工作时，只对某个模块进行存取工作，其他模块不工作。因此该方式具有一个优点：当某个存储模块损坏时，其他存储模块也可以正常工作。但各个存储模块之间是串行工作的，因此主存储器的带宽受到了限制。因此催生了可以进行并行工作的多模块交叉存储器。

2. 主存储器的多模块交叉组织

多模块交叉是一种用于提高主存储器数据传输速率的组织方式。它通过将单一大容量存储器分割成多个独立的、容量相同的存储模块，并利用并行技术同时访问这些模块，从而在不显著提高存储器芯片速度的情况下增加整体系统的带宽。

多模块交叉存储器必须有 2^i（i 为自然数）个存储模块，连续地址分布在不同模块内，同一模块内地址是不连续的。图 6-37 是模块数为 4、大小为 256 个字的主存多模块交叉地址编码。主存地址在各个模块之间连续编码，比如，第一个地址编码 00000000 分给 M_0模块，第二个地址编码 00000001 分配个 M_1模块，第三个地址编码 00000010 分配给 M_2，第四个地址编码 00000011 分配个 M_3；然后又从 M_0开始，如此循环。

M₀ 地址	M₀ 单元	M₁ 地址	M₁ 单元	M₂ 地址	M₂ 单元	M₃ 地址	M₃ 单元
00000000	0	00000001	1	00000010	2	00000011	3
00000100	4	00000101	5	00000110	6	00000111	7
00001000	8	00001001	9	00001010	10	00001011	11
00001100	12	00001101	13	00001110	14	00001111	15
00010000	16	00010001	17	00010010	18	00010011	19
⋮	⋮	⋮	⋮	⋮	⋮	⋮	⋮
11110000	240	11110001	241	11110010	242	11110011	243
11110100	244	11110101	245	11110110	246	11110111	247
11111000	248	11111001	249	11111010	250	11111011	251
11111100	252	11111101	253	11111110	254	11111111	255

图 6-37 主存多模块交叉地址编码

在主存的多模交叉组织结构中，每个地址编码包括两部分：块内地址+模块地址。如果存储模块数为 2^i（i 为自然数）个，则低位的模块地址为 i 位，用于控制各个模块的片选功能。高位的地址连接到模块内部的地址。图 6-38 是大小为 256 个字、模块数为 4 的主存多模块交叉组织结构，每个模块的大小为 256 个字。

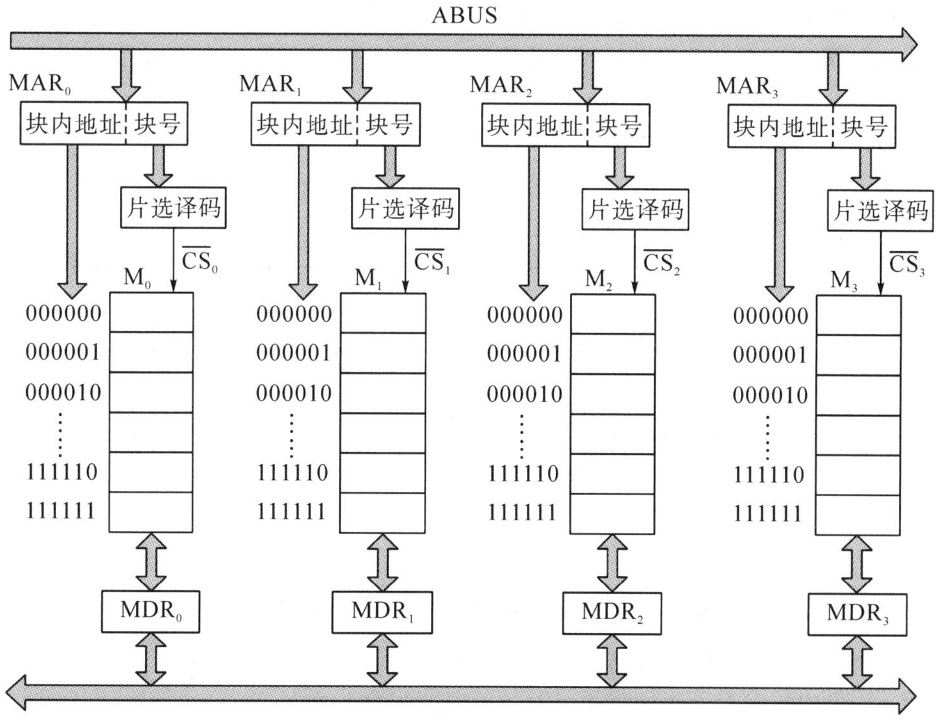

图 6-38 主存多模块交叉组织结构

每个存储模块都有自己独立的地址寄存器、读写控制电路和数据寄存器，它们可以并行工作，以流水线方式进行存取工作。当 CPU 发出一个连续地址访问请求时，地址译码器会将连续的逻辑地址按照某种模式分配给各个模块，使得不同模块可以并行读取或写入数据。例如，在交叉方式中，地址的高位用于选择模块，低位用于选择字的位置，这样可以保证虽然在物理位置上数据可能不在连续的存储单元内，但在逻辑上它们是连续的。每个存储模块都能够在同一周期内对各自的数据进行读写，因此总的数据传输率可以达到单个模块的倍数。例如，如果有四个模块，理论上可以实现四倍速的读写速率。

3. 多模块交叉存储器的定量分析

如果存储模块数量为 m，设每个模块的存取周期为 t_m，总线传送周期为 τ，则有

$$t_m \leqslant m\tau \tag{6-6}$$

满足该式子意味着每个存储模块再次启动时，它的上一次存取操作已经完成。这样，连续存取 m 个字所需时间为

$$t=t_m+(m-1)\tau \tag{6-7}$$

如果采用顺序方式存取 m 个字，则所需时间为

$$t=mt_m \tag{6-8}$$

图 6-39 是 4 模块交叉存储器的流水式并行访问的时序图，设 T 是时钟周期，t_m = 4T 是存取周期，$\tau=T$ 是数据总线传输周期，则 $t_m=4\tau$ 满足公式（6-6）。

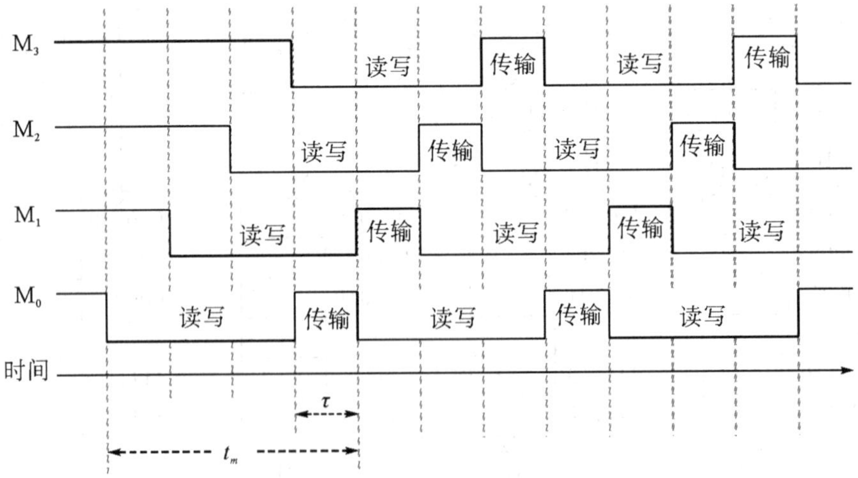

图 6-39　多模块交叉存储系统的流水式并行访存

【例 6-5】设存储模块数量为 4，存取周期为 4 T，传送周期为 1 T，问：

（1）采用顺序方式传送 100 个字的数据需要多少 T？

（2）采用流水式并行传送 100 个字的数据需要多少 T？

解:

（1） $t=100\times4\ T=400\ T$。

（2）采用流水式并行方式，第一个字需要 4 T，后面 99 个字每个字需要 1 T，则有 $t=4\ T+99\times1\ T=103\ T$。

【例 6-6】某多模块交叉存储器的存储模块数量为 4，存取周期为 40 ns，传送周期为 10 ns，采用流水式并行传送 500 个字的数据需要多少时间？如果存取字长为 64 位，数据总线 64 位，则存储器的带宽是多少？如果存储器支持连续突发读写，则存储器的带宽是多少？（结果按 4 舍 5 入取整，设 $2^{10}\approx10^3$）

解:

（1） $t=40\ ns+(500-1)\times10\ ns=530\ ns$。

（2）数据量 $W=\frac{64}{8}\times4=32\ B$，

存取所需时间 $t=40\ ns+(4-1)\times10\ ns=70\ ns=7\times10^{-8}\ ns$，

存储器的带宽是 $W/t=457\ MB/s$。

（3）如果存储器支持连续突发读写，则第一个字的读写时间相对于整个过程所需时间来说很短，可以忽略不计，所以每个字的传输时间只需计总线传输周期的时间，因此有存储器的带宽 $=\frac{64}{8}\ B\div10\ ns=8\ B\div10^{-8}s=800\ MB/s$。

6.5 高速缓冲存储器 Cache

CPU 的工作就是不断取指令和执行指令（包括读写数据操作），其读取的指令和读写的数据均来源于主存。为了控制成本，主存仍然使用集成度高、功耗低和成本低的动态随机存储器 DRAM，但是其速度的提升越来越跟不上 CPU 的速度提升。如果主存全部采用高速的静态随机存储器 SRAM，则成本比较高。为了解决 CPU 与主存之间的速度不匹配问题，人们利用程序执行的局部性原理，在 CPU 和主存之间设置小容量的高速缓冲存储器 Cache（简称缓存），以满足 CPU 对主存的速度要求。

6.5.1 Cache 的基本原理

1. 程序执行的局部性原理

程序执行的局部性包括时间局部性和空间局部性。时间局部性是指一个存储单元被访问，该单元可能很快就会被再次访问，因此程序有循环结构，部分程序（循环体）会被反复执行。空间局部性是指一个单元被访问，该单元邻居的单元也可能会很快被访问，因为程序中大部分程序段是顺序存储和顺序执行的。虽然有部分数据是离散存放的，但是像图形、图像、声音、视频等多媒体数据，以及数据库数据一般都是以向量、数组、树、表等形式存储在一起的。

高速缓存技术就是利用程序执行的局部性原理，把程序中正在执行的程序段和处理的数据复制到一个高速的容量小的 Cache 中，使 CPU 读取的指令和读写的数据大部分集中在 Cache 中进行。

2. Cache 的工作原理

CPU 把对主存的访问改为对缓存的访问。当 CPU 要访问的指令或者数据在缓存中时，CPU 直接访问缓存。当 CPU 要访问的指令或者数据不在缓存中时，CPU 直接访问主存，同时把指令或者数据所在的存储块复制到缓存中。

主存和缓存都划分为大小相同的存储块，当 CPU 访问的指令或者数据不在缓存中时，需要把指令或者数据所在主存的存储块整体复制到缓存中。将主存内容复制到缓存中时，并不是一个数据一个数据的调入，而是一块一块的调入。如果缓存已满，就需要替换缓存中的某一存储块。如果替换算法得当，CPU 访问缓存的命中率可以高达 99%以上。

缓存的读操作：当 CPU 要读取的数据或者指令在缓存中时，称为读命中，CPU 直接从缓存读取。当 CPU 要读取的数据或者指令未在缓存中时，称为读未命中，CPU 直接从主存读取，同时把要读取的数据或者指令所在的块调入缓存。

缓存的写操作：写命中可以既写缓存，又写入主存；也可以只写缓存，当被替换时才写入主存。写未命中可以只写入主存，也可以在写入主存的同时读出到缓存。

6.5.2 Cache 的结构

缓存设计需要尽可能高的命中率，同时缓存对 CPU 来说是透明的，即无论是否存在缓存，CPU 的访存方法都是一样的。当设计缓存结构时，需要解决的问题有：缓存的内容与主存之间的映射关系；地址变换问题，即如何使 CPU 访存的主存地址转换为缓存地址；缓存的读出与写入方式；缓存更新的替换算法。

缓存的基本结构如图 6-40 所示。

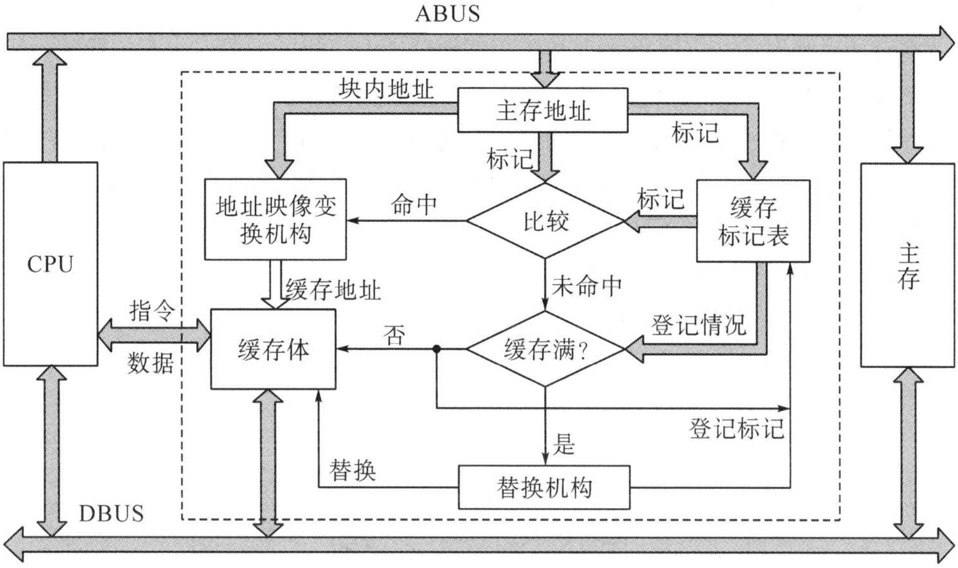

图 6-40 缓存基本结构

缓存体是高速且小容量的存储器，缓存标记表记录了主存中存储块与缓存中存储块之间的映射关系。虽然 CPU 大部分是访问缓存，但是 CPU 发出的地址不是缓存的地址，而是主存的地址，因此缓存需要把主存地址转换为缓存地址，负责这个任务的部件是地址映像变换机构。当缓存已满时，由替换结构按照一定的替换算法对缓存体中某个存储块进行替换。

当 CPU 发出主存地址后，把主存地址中的标记与缓存标记表中的标记进行比较。如果缓存标记表中存在主存地址中的标记，表明读写的指令或者数据存在于缓存中，即命中，地址映像变换机构把主存地址转换为缓存地址，并访问缓存体。如果缓存标记表中没有主存地址中的标记，表明读写的指令或者数据不存在于缓存中，即未命中，此时 CPU 访问主存，并把访问主存的块调入缓存，同时把该块的标记登记到缓存标记表中。当把主存的块调入缓存中时，要判断缓存是否已满。如果未满，则直接调入缓存；如果已满，则需要进行替换。

缓存中的地址映像和存储块替换都是由硬件直接完成，如果采用软件方式，就会降低处理速度，则缓存用来提高 CPU 访存速度的功能就不存在了。

6.5.3 地址映射

缓存对于 CPU 来说是透明的，即 CPU 在执行程序中读取指令和读写数据时，发出的地址是主存地址，好像缓存不存在一样。但是，系统需要从缓存中读取指令和读写数据，因此需要把主存地址转换为缓存地址，称为地址映射。地址映射有三种方式：全相联映射、直接映射和组相联映射。

1. 全相联映射

在全相联映射中，需要将主存和缓存都划分为大小相同的段，主存的段称为块，缓存的段称为行。全相联映射是指主存中某一块数据可以映射到缓存的任意一行中。主存的每一块都有一个标记，缓存的每一行都有一个保存标记的地方。当将主存的块调入缓存的某一行后，需要将主存块的标记存入该缓存行中保存标记的地方，这样主存块和缓存行就建立了联系，即产生了“映射”关系。

全相联映射是指主存任意一块数据可以映射到缓存的任意一行，主存与缓存之间的全相联映射如图 6-41 所示。

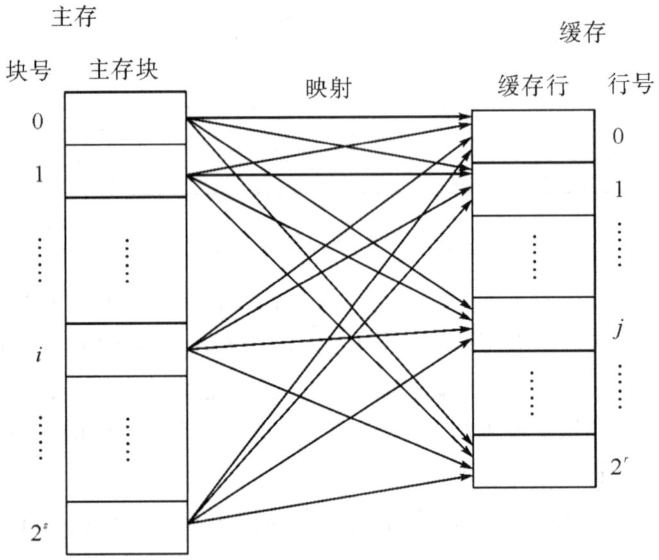

图 6-41　全相联映射

每一个主存块都有一个编号称为块号。主存块内部每一个编址单元在块内都有一个编号称为块内地址。因此主存地址分为两部分——块号和块内地址，即主存地址=块号+块内地址。这里的“+”是连接或者拼合的意思，不是算术加法。在一个主存块内，所有编址单元的相同的高位地址编码就是该主存块的块号，不相同的低位地址编码就是该单元的块内地址。

每一个缓存行都有一个编号称为行号。缓存行内部每一个编址单元在行内都有一个编号称为行内地址。因此缓存地址包括两部分——行号和行内地址。即缓存地址=行号+行内地址，这里的“+”是连接的意思，不是算术加法。在一个缓存行内，所有编址单元的相同的高位地址编码就是该缓存行的行号，不相同的低位地址编码就是该单元的行内地址。图 6-42 是全相联映射中主存地址和缓存地址的组成情况。

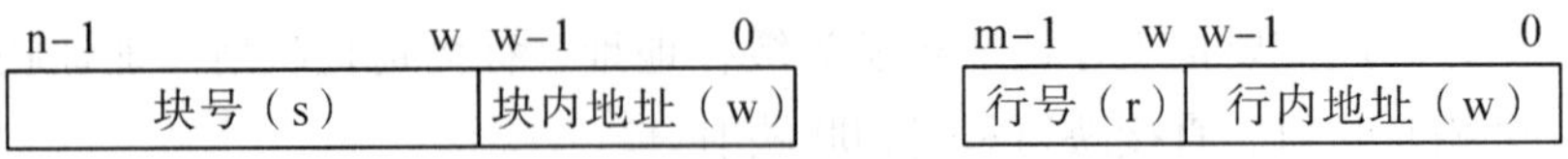

图 6-42　全相联映射中主存地址与缓存地址

设主存的地址为 n 位，缓存的地址为 m 位，块号为 s 位，行号为 r 位，块内地址和行内地址均为 w 位，则有 n=s+w，m=r+w。

在本书中，设符号 W 为存储字。

【例 6-7】假设主存大小为 256 W，缓存大小为 64 W，主存块和缓存行的大小均为 8 W。试分析在全相联映射中，主存与缓存的分段（块和行）情况，主存地址和缓存地址中块号、行号、块内地址和行内地址的位数。

解：

因为 $256=2^8$，所以主存地址的位数 n=8。

因为 $64=2^6$，所以缓存地址的位数 m=6。

因为 $8=2^3$，所以块内地址和行内地址的位数 w=3。

所以块号的位数 s=n−w=8−3=5（位），行号的位数 r=m−w=6−3=3（位）。

所得结果如图 6-43 所示。

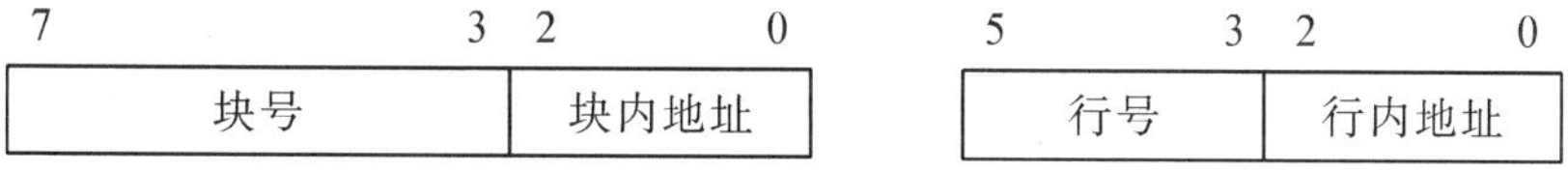

图 6-43 主存地址与缓存地址的组成情况

因为主存块的块号是 5 位，所以主存块的数量是 $2^5=32$ 块，其二进制块号是 00000B~11111B（或者十进制块号是 0D~31D）。

因为缓存行的行号是 3 位，所以缓存行的数量是 $2^3=8$ 行，其二进制行号是 000B~111B（或者十进制行号是 0D~7D）。

因为块内地址和行内地址都是 3 位，因此它们的二进制数范围都是 000B~111B（或者十进制数范围 0D~31D）。

全相联映射中主存与缓存的分段情况如图 6-44 所示。

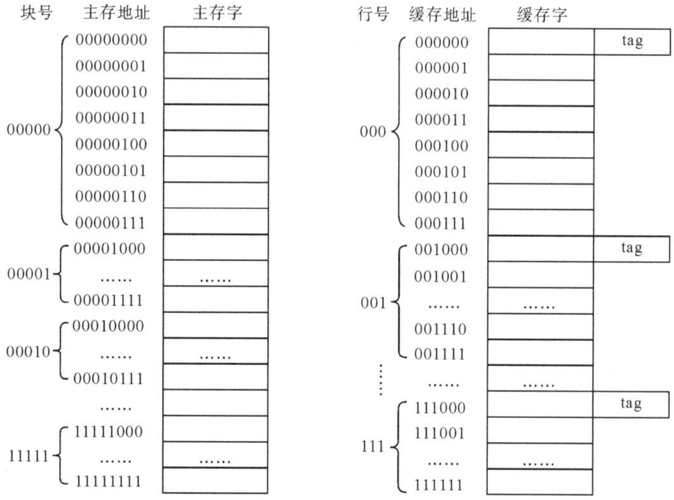

（a）主存分块　　（b）缓存分行

图 6-44 主存与缓存的分段情况

当将主存块写入缓存行时，还要将主存块的块号作为标记存入缓存行相应行的标记中。CPU 发出访问的主存地址后，比较电路将该主存地址中的块号与缓存中的所有行存放的标记进行比较。如有该主存地址中的块号与某个缓存行中的标记相同，则命中，表明该主存地址的内容在缓存中。此时，该主存地址对应的缓存地址为该缓存行的行号加主存地址中的块内地址，即缓存地址=缓存行号+主存块内地址。如果主存地址中的块号与缓存中所有行的标记都不相同，则未命中，表明该主存地址的内容不在缓存中，CPU 直接访问主存，并将被访问主存单元所在的主存块复制到缓存中某一行。主存与缓存之间的全相联映射的映射过程如图 6-45 所示。

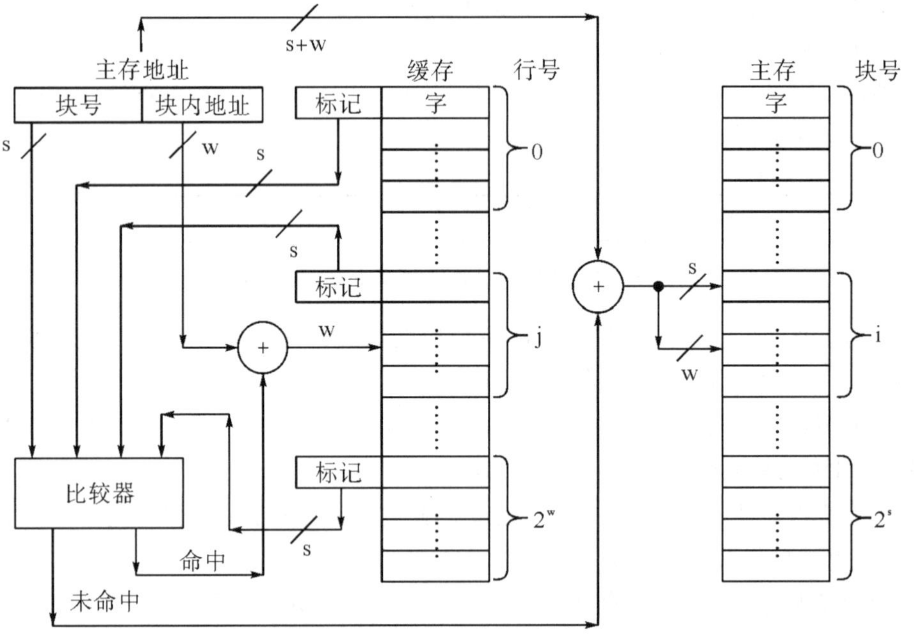

图 6-45　全相联映射的映射过程

由于主存块可以调入缓存任意一行，因此全相联映射冲突概率小，Cache 的利用率高。但由于主存地址中的块号需要与所有缓存行中的标记进行比较，为了速度更快，缓存有多少行就需要多少个比较器，如果缓存行比较多，则比较器难于实现或者实现的代价比较大，因此全相联映射只适用于小容量的缓存。

【例 6-8】有一机器，主存大小为 8 K 个字，缓存大小为 512 个字，缓存的行大小和主存的块大小均为 64 个字，主存与缓存之间采用全相联映射，各缓存行与其保存的标记如表 6-9 所示。

表 6-9　缓存行号及其保存的标记

Tag	行号
011 1010	000
101 0011	001
110 0111	010
001 1001	011
000 1100	100
101 0101	101
100 0001	110
000 1000	111

请计算：

（1）主存地址的位数，其块号的位数和块内地址的位数；

（2）缓存地址的位数，其行号的位数和行内地址的位数；

（3）主存地址 1010101101101，其对应的缓存地址是多少？

解：

（1）∵ $8K=2^{13}$，∴ 主存地址的位数 n 是 13 位；

∵ $64=2^6$，∴ 块内地址的位数和行内地址的位数 w 都是 6 位；

∵ n=s+w，∴ s=n−w=13−6=7，主存块号的位数 s 是 7 位。

（2）∵ $512=2^9$，∴ 缓存地址的位数 m 是 9 位；

∵ m=r+w，∴ r=m−w=9−6=3，缓存行号的位数 r 是 3 位。

（3）在主存地址中，左边 7 位 1010101 是块号，右边 6 位 101101 是块内地址。查找表 6-9，该块号保存在行号 101 的标记中，该主存地址的内容事先调入了缓存，其缓存地址=行号+块内地址=1000101+101101=1000101101101。

2. 直接映射

直接映射是指主存中的某一块数据只能映射到缓存中的某一行，图 6-46 是直接映射的示意图，其中主存 16 块，缓存 4 行。

在直接映射中，主存与缓存的分段情况与全相联映射一致，即主存划分为若干块，缓存划分为若干行，主存的块大小与缓存的行大小必须相同，主存地址包括块号和块内地址，缓存地址包括行号和行内地址。不同的是，直接映射不把块号作为标记，而是把块号对缓存行数的余数作为标记，即块号包括两部分——标记和行号。块号中的行号是该主存块只能映射到的缓存行的行号。

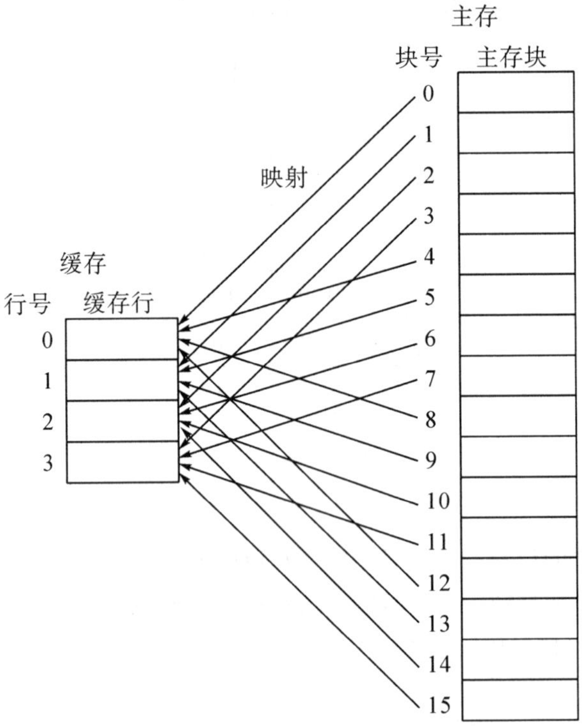

图 6-46　直接映射示意图

设主存地址 n 位，缓存地址 m 位，块号 s 位，行号 r 位，块内地址和行内地址 w 位，标记 t 位，则有 $s=t+r$，$n=s+w=t+r+w$，$m=r+w$。图 6-47 为直接映射中主存地址和缓存地址的组成情况。

n−1　　w+r	w+r−1　　w	w−1　　　0
标记（t）	行号（r）	块内地址（w）

（a）主存地址

m−1　　w	w−1　　　0
行号（r）	行内地址（w）

（b）缓存地址

图 6-47　直接映射中的主存地址和缓存地址

设缓存行数为 x，若主存块号为 i，其所能映射的行号为 j，则有

$$j=i\%x \tag{6-9}$$

【例 6-9】主存大小为 32 KW，缓存大小为 1 KW，主存块大小和缓存行大小均为64 W，试分析主存地址 101110100100101 中块号、块内地址、标记以及该地址所在的主存只能映射的缓存行号。

解：

$\because$ $32K=2^{15}$，$\therefore$ 主存地址的位数 $n=15$；

$\because$ $1K=2^{10}$，$\therefore$ 缓存地址的位数 $m=10$；

$\because$ $64=2^{6}$，$\therefore$ 块内地址和行内地址的位数 $w=6$；

$\because$ n=s+w，$\therefore$ s=n-w=15-6=9；

$\because$ m=r+w，$\therefore$ r=m-w=10-6=4；

$\because$ s=t+r，$\therefore$ t=s-r=9-4=5；

主存地址 101110100100101 的组成情况如图 6-48 所示。

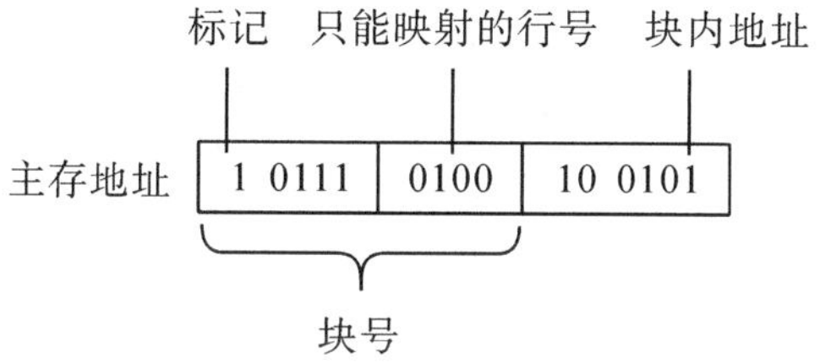

图 6-48 主存地址的组成情况

当 CPU 发出主存地址后，从中取出标记，与其所在主存块所能映射的缓存行中保存的标记进行比较，如果相同，则命中，该主存地址对应的缓存地址=行号+块内地址。如果主存地址中的标记与该主存地址所在主存块所能映射的缓存行中保存的标记不相同，则未命中，需要把该主存地址所在的主存块调入缓存。直接映射的映射过程如图 6-49 所示。

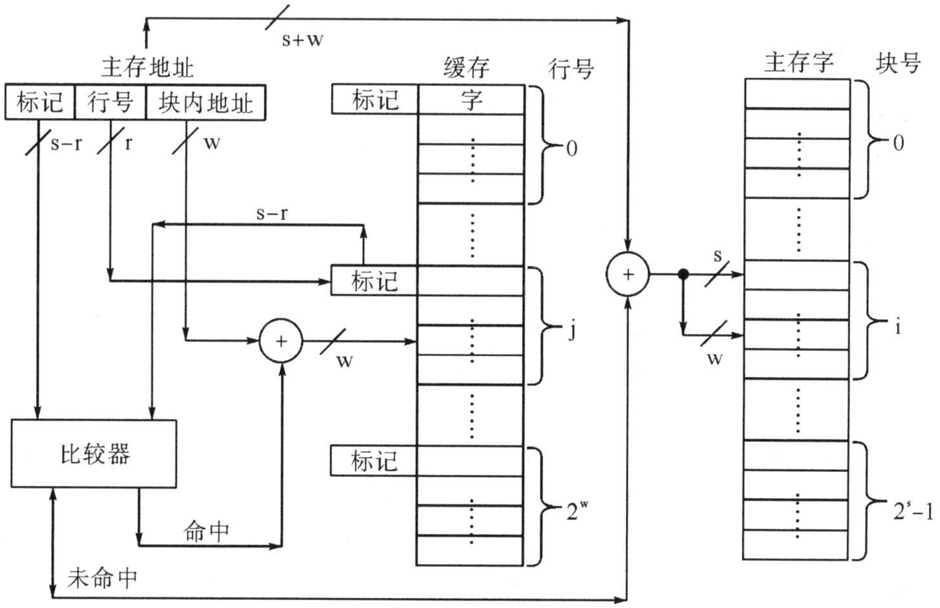

图 6-49 直接映射的映射过程

【例 6-10】有一机器的主存大小为 2 KW，缓存大小为 256 W，主存的块大小和缓存的行大小均为 32 W，主存与缓存之间采用直接映射。缓存的行号与其标记如表 6-10 所示。

表 6-10 行号及其保存的标记

行号	Tag
000B	010B
001B	000B
010B	001B
011B	011B
100B	111B
101B	110B
110B	101B
111B	110B

问：

（1）主存地址、缓存地址、块号、块号中的标记、行号、主存块内地址和缓存行内地址分别是多少位？

（2）主存地址 10111010011 的块号、块内地址、标记是多少？其所在的主存块应该映射到缓存中行号为多少的行？其对应的缓存地址是多少？

解：

（1）∵ $2K=2^{11}$，∴ 主存地址的位数 n=11；

∵ $256=2^8$，∴ 缓存地址的位数 m=8；

∵ $32=2^5$，∴ 主存块内地址和缓存行内地址的位数 w=5；

∵ n=s+w，∴ s=n−w=11−5=6；

∵ m=r+w，∴ r=m−w=8−5=3；

∵ s=t+r，∴ t=s−r=6−3=3。

（2）∵ s=6，∴ 主存地址 10111010011 中最左边 6 位 101110 是块号；

∵ w=5，∴ 主存地址 10111010011 中最右边 5 位 10011 是块内地址；

∵ t=3，∴ 主存地址 10111010011 中最左边 3 位 101 是标记；

∵ 块号是 101110，r = 3，∴ 块号 101110 中的右边 3 位 110 是主存地址 10111010011 所在主存块能够映射的行号。

在表 6-10 中，行号 110 中保存的标记是 101，与主存地址 10111010011 中的标记相同，所以命中，该主存地址对应的缓存地址=行号+块内地址=11010011。

3. 组相联映射

因为全相联映射和直接映射的优缺点正好相反，如果将两者结合起来，就正好利用了它们的优点，避免了它们的缺点，这就是组相联映射。其方法是，将缓存分为 U 组，每一组内部都有 V 行，U 和 V 均为 2 的幂，主存块使用直接映射方法映射到某一组，再在该组内使用全相联映射方法映射到某一缓存行。

主存块的块号由标记加组号构成，组号表明了该主存块能够映射到的缓存组。

由于组号=块号%U，标记=块号-组号，所以当确定主存地址并取出块号后，就可以知道该主存地址映射到缓存的哪一组，再查找该组中所有缓存行的标记；如果有与该主存地址标记相同的，则命中，否则不命中。

6.5.4 缓存的读写操作

缓存作为主存内容的子集，需与主存同步。CPU 写入缓存会改变其内容，确保两者一致需采取三种写策略。

1. 写回法

当 CPU 写缓存时，不即时同步主存，仅标记修改缓存行。替换时，依据修改位决定是否写回主存。若写缓存未命中，则先加载主存块至缓存再修改。此策略减少了对主存的直接访问，提升了系统效率。然而，缓存与主存的异步更新机制可能引发数据不一致问题，即缓存中数据已更新而主存尚未同步，存在潜在的数据风险。因此，在追求性能提升的同时，需审慎处理数据一致性问题。

2. 全写法

当 CPU 写缓存时，同时也写主存，因而较好地维护了缓存与主存内容的一致性。当写缓存未命中时，只能直接写主存。

全写法的优点是缓存行无须配置一个修改位，以及相应的逻辑判断电路。缺点是如果多次写缓存未命中，则削弱了缓存的高速缓冲功能，降低了系统性能。

3. 写一次法

写一次法融合了写回法与全写法的精髓：写命中时首次即同步主存，确保数据即时更新，后续处理类同写回法。首次命中触发总线写周期，通知其他缓存更新或失效相应块，以此维护全局缓存一致性。此策略平衡了性能与数据同步的需求，减少了数据不一致带来的风险。

6.5.5 替换策略

CPU 在执行程序的过程中，系统会不断把主存块调入缓存行，因为缓存容量较小，所以很快就会被填满。当需要再调入新的主存块时，就要把原有的某个缓存行替换出来。替换问题与缓存的组织方式紧密相关。对于直接映射来说，因为主存块只能映射到一个缓存行，所以就直接映射，问题简单。对于全相联映射的缓存来说，就需要采用某种替换算法来替换某个缓存行，以提高系统的运行效率。

1. 最不经常使用（LFU）算法

此算法旨在淘汰历史访问频次最低的缓存行。通过为每行配备计数器，记录其被访问次数，并在两次替换间隔内更新计数。然而，该算法的时间窗口限制导致其难以精确捕捉近期访问热度，可能误淘汰近期即将重用的数据。

2. 近期最少使用（LRU）算法

此策略聚焦于淘汰最久未被访问的缓存项。通过为每个缓存行设置计数器，并采用反向逻辑——命中时重置当前行计数器，同时递增其他行计数器。替换时，选择计数器值最大的行，即近期最少被访问的项。此机制有效保护了新调入的数据，提高了缓存命中率和系统效率。

3. 随机替换算法

此策略摒弃了复杂的计数和比较机制，转而采用随机选择的方式替换缓存行。尽管在硬件实现上简便快捷，但其随机性可能导致频繁替换即将被重用的数据，从而降低缓存的命中率和整体性能。然而，随着缓存容量的扩大，这种随机性带来的负面影响逐渐减弱，使得随机替换算法在特定场景下展现出与高级策略相近的性能表现。

6.6 虚拟存储器

在早期的单用户单任务操作系统中，每台计算机只有一个用户，每次只运行一个程序，并且程序不是很大，因此主存的存储空间足够单个程序的运行。但是随着程序的规模逐步增大，多用户多任务系统出现，主存的存储空间已显得不够使用，需要扩展辅存作为主存来使用，于是出现了虚拟存储器。

6.6.1 虚拟存储器的基本概念

1. 虚拟存储器机制

虚拟存储器（简称虚存）是由主存和辅存以及辅助管理的软硬件构成的概念模型，即在硬件的支持下通过操作系统的管理技术来实现的虚拟存储空间。虚拟存储器是由主存和部分辅存共同构成的一个虚拟存储空间。它具有接近主存的速度和扩展后作为主存使用的辅存空间。

程序在编写时必须使用其运行时所存储主存的地址，但是程序在编写时并不知道其在运行时被分配到主存的什么位置，因此编写程序时无法给定主存地址。于是编写程序时，就给定一个虚拟存储空间，编写程序就使用该虚拟存储空间的地址，该地址称为虚地址或逻辑地址。而程序运行时，由操作系统和硬件将编程时使用的虚地址转换为其所分配主存的实际地址，即物理地址。程序运行时，CPU 仍然访问主存。如果程序已经在主存，则直接访问；如果程序不在主存，并且主存空间有限，没有足够的存储空间运行程序，系统就会将部分暂时没有运行的程序调出到辅存，将需要立即运行的程序调入主存运行。

为了实现虚拟存储器，需要将辅存的虚拟存储空间和主存的物理空间分别按既定规则进行组织和管理，比如采用页式管理、段式管理、段页式管理等，并提供虚地址和实地址之间的自动转换，这样才能把用户编程访问辅存的目标地址（逻辑地址）自动转换为主存的实地址（物理地址），也就才能把访问辅存的操作透明地转为访问主存的操作。虽然虚拟存储器对应用程序员是透明的，但是对于设计存储管理软件的系统程序员而言仍然是不透明的。

2. 缓存与虚存的异同

为了提高存储系统的性价比，存储系统采用层次存储体系结构，即使用缓存、主存和辅存等三级体系构成缓存—主存、主存—辅存两个层次结构。

这个两个层次结构具有两个相同点：

（1）目的相同，都是为了提高存储系统的性价比。

（2）原理相同，都是利用程序运行的局部性原理，把最近需要运行的程序段从相对较慢的存储器调入速度相对较快的存储器。

但是缓存—主存、主存—辅存两个层次结构也具有许多不同的地方：

（1）侧重点不同。缓存—主存层次侧重于解决访存速度的问题，而主存—辅存层次侧重于解决存储容量的问题。

（2）数据通路不同。CPU 与缓存和主存均有直接访问通路，CPU 访问缓存不命中时可以直接访问主存；但是虚拟存储器依赖的辅存与 CPU 不存在直接访问的通路，当 CPU 访问主存不命中时，只能通过调页解决，CPU 最终还是要访问主存。

（3）透明度不同。缓存与主存之间的地址映射完全由硬件完成，对系统程序员和应用程序员都是透明的；而虚存由操作系统和硬件共同完成虚地址和实地址的转换，它对应用程序员透明（如果采用段式管理和段页式管理，则对应用程序员“半透明”），但是对系统程序员不透明。

（4）未命中时的损失不同。由于主存存取时间是缓存存取时间的 5~10 倍，而主存的存取速度是辅存的千倍，所以当 CPU 访问缓存未命中的损失要远大于 CPU 访问主存未命中的损失。

3. 虚存机制要解决的问题

虚拟存储机制需要解决一些关键问题。

（1）调度与替换问题。决定哪些程序和数据应该被调入主存，哪些程序和数据被调出到辅存。

（2）地址映射问题。当访问主存时，需要把虚地址转换为主存物理地址（称为内地址变换）；当访问辅存时，需要把虚地址转换为辅存的物理地址（称为外地址变换），以便换页。此外，还需要解决主存分配、存储保护与程序再定位等问题。

（3）数据更新问题。确保主存和辅存中数据的一致性。

上述问题在操作系统的控制下，由硬件和软件协同解决，大大简化了应用程序的编写。

6.6.2 页式虚拟存储器

虚拟存储器以页为单位进行组织，页面大小因计算机而异，常见规格涵盖 512B 至 4 KB 等。此模式下，主存与虚存均被划分为等大的页，分别称为物理页与逻辑页，这种结构便于物理存储与辅助存储间的管理。

当用户编程时，逻辑空间被自然分割为多个页（虚页），虚地址由此分为虚页号和页内偏移。当程序执行时，需将虚地址转换为对应的主存物理地址（实地址），同样分为实页号和页内偏移。为实现这一转换，主存中设有页表，记录虚实地址映射及页面控制信息。

在多任务操作系统下，系统为每个作业维护独立页表，页表基址寄存器持有当前任务页表的起始位置，确保多任务间的地址转换高效且独立。页表条目详尽记录虚页属性，如虚页号、存在标志（即装入位）及对应的实页号等。通过组合页表基址与虚页号生成索引，计算机检索页表获取页面状态。若存在标志为“1”，则虚页已驻留主存，直接拼接实页号与页内偏移得实地址；若标志为“0”，则触发 I/O 操作，从辅助存储器加载缺失页至主存，随后服务于 CPU 请求。这一过程直观展示了页式虚拟存储如何桥接虚拟与物理地址空间，如图 6-50 所示。

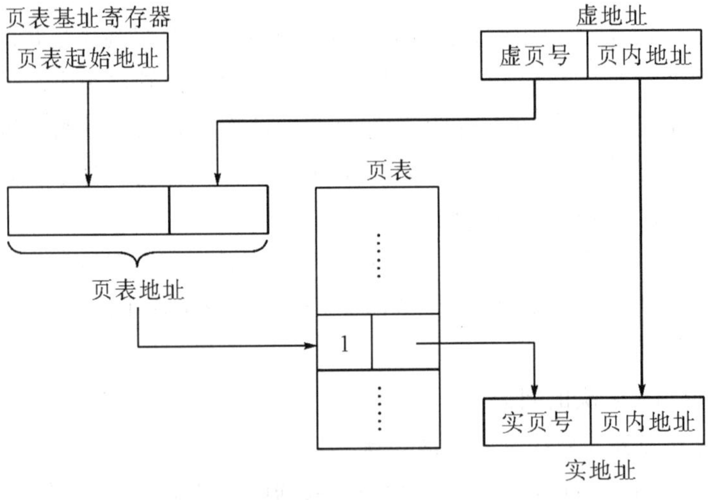

图 6-50 页式虚拟存储器的虚实地址变换过程

从页式虚拟存储器的虚实地址转换过程可知，CPU 访存时首先要查页表，为此需要访问一次主存，若不命中，还要进行页面替换和页表修改，访问主存的次数就更多了。

页式虚拟存储器的页面大小是固定的，页表的建立很方便，新页的调入也容易。但是，由于程序不可能正好是页面的整数倍，所以最后一页的零头将无法利用而造成浪费。同时，页不是逻辑上的独立实体，这使得程序的处理、保护和共享都比较麻烦。

6.6.3 段式虚拟存储器

段式虚拟存储器依据程序逻辑分割为段，段大小依程序而异。为转换虚地址至实地址，引入段表存储每段信息，含段号、加载状态、起始地址及长度。段表常驻主存，加载状态指示段是否已调入主存。鉴于段尺寸可变，段表还记录起始位置与长度，映射程序逻辑段至物理存储位置。此机制建立了程序逻辑结构与其在内存中的实际布局之间的映射关系，有效地支持了地址转换与内存管理。

编程使用的虚地址包含两部分——段号和段内地址。CPU 根据虚地址访问主存时，首先将段号与段表的起始地址相拼接，形成访问段表对应行的地址；其次根据段表内装入位判断该段是否已调入主存。若已调入主存，从段表读出该段在主场中的起始地址，与段内地址相加，得到对应的主存实地址，如图 6-51 所示。

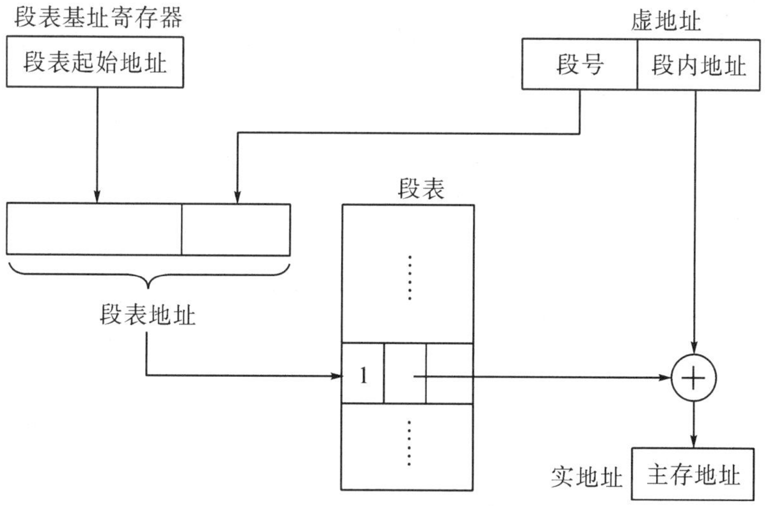

图 6-51 段式虚拟存储器的虚实地址转换过程

段式虚拟存储顺应程序自然结构，具备逻辑独立性，利于编译、管理、修改及保护，同时能够促进多程序共享。然而，段长度不一且位置不固定，导致内存分配复杂化，易产生碎片空间，影响存储效率，造成资源浪费。

6.6.4 段页式虚拟存储器

在页式虚拟存储器中，页的大小固定，且都取 2 的整数次幂字节。所以在页式虚拟存储器中，可以将虚拟空间与实存空间进行静态的固定划分，这与运行程序无关。假定某程序需占用两页半，则可填满前两页，仅第三页留有半页空区，称为零头，其他的程序需从新的页面开始。由于页表可按页表项提供虚实映射关系，所以一个程序所占的各页可以不连续，如某程序占有实页号可以为 0、2、5。当一个程序运行完毕后，所释放的页面空间可以按页为单位分配给其他程序。由此可见，页式虚拟存储是面向存储器自身的物理结构而分页的，有利于存储空间的调度和利用。但是，单靠页面的划分不能反映程序的逻辑结构，一个在逻辑上独立的程序模块本该作为一个整体来处理，但其可能被机械地按固定大小划分在不同的页面里，这给程序的执行、保护和共享带来许多不便。

段式虚拟存储则是按程序的逻辑结构进行段划分，一个在逻辑上独立的程序模块可作为一段，可大可小。因此，存储空间的分段与程序的自然分段相对应，以段为单位进行调度、传送和定位，有利于对程序的编译处理、执行、共享和保护。但段的大小可变，不利于存储空间的管理和调度。一方面，段内必须连续，因各段的首、尾地址没有规律，地址计算比页式管理稍为复杂一些。另一方面，当一个段的程序执行完毕，新调入的程序段可能小于回收的段空间，各段之间会出现空闲区（即所谓零头、碎片），造成存储浪费。

为了综合利用分页和分段两种方式的优点，计算机还可采用段页式虚拟存储技术。在这种混合方式中，将程序先按其逻辑结构分成若干段，每段再分为若干页，主存空间也相应划分为同样大小的若干页。段的长度必须是页长的整数倍，段的起始点必须是某一页的起点。相应地，需要建立段表和页表，分两级查表才能实现虚实地址转换。这样，系统既可以以页为单位的存储器管理，也可以按段来共享和保护程序及数据，如图 6-52 所示。

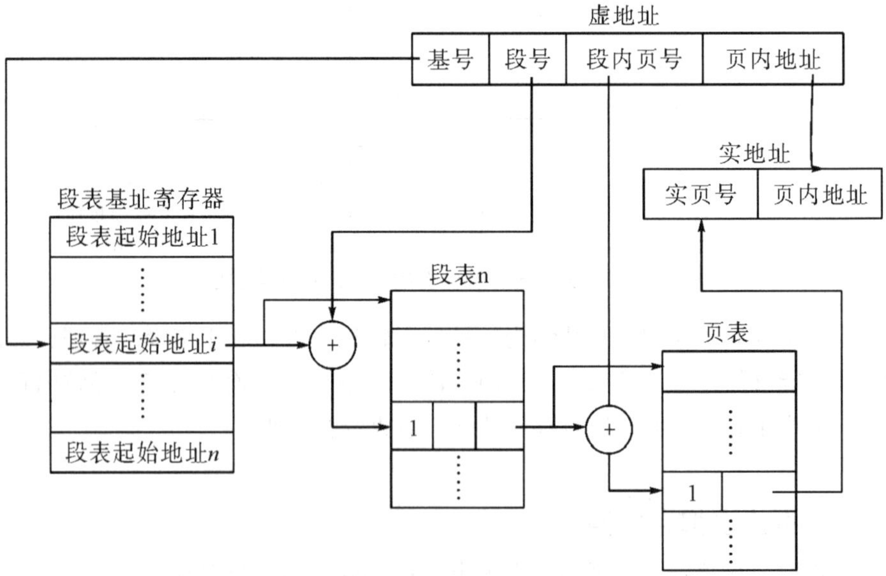

图 6-52　段页式虚拟存储器的虚实地址转换过程

如果计算机是单道程序方式，则虚地址码可被解析成段号、段内的页号和页内地址。如果是多道程序方式，则虚地址码可被解析成基号（用户标志号）、段号、段内的页号和页内地址。每道程序都有自己专属的段表，这些段表的起始地址存放在段表基址寄存器中。虚存与实存之间仍然以页为基本的传送单位，每个程序对应一个段表，每段对应一个页表。CPU 访问时，首先通过基号找到段表起始地址，并与段号结合得到段表地址；其次从段表中取出该段的页表起始地址，与段内地址合成得到页表地址；最后从页表中取出实页号，与页内地址拼接形成主存实地址。

段页式虚拟存储器结合了段式虚拟存储器和页式虚拟存储器的优点，但是要经过两级查表才能完成地址转换，比较费时。

6.6.5 快表与慢表

在虚拟存储器架构中，若缺乏有效优化，访问主存的速度会显著下降，这主要归因于页表或段表的频繁查询，尤其是段页式虚拟存储器还需双重查询。这种性能瓶颈促使了快表（translation lookaside buffer，TLB）技术的诞生。

快表是一种高速缓存机制，专为存储当前最活跃的页表项而设计，其存放于高速存储器中，访问速度极快。它利用程序执行的局部性原理，即程序在一段时间内倾向于访问同一组数据或指令，极大地减少了直接访问主存中页表（慢表）的次数。当 CPU 试图访问一个虚拟地址时，首先查询快表，若命中，则直接获取物理地址，避免了主存访问的延迟。若未命中，则退而求其次，从主存中的慢表中查找，但这一过程相对较慢。

快表虽小（通常仅包含几十个条目），却通过其高速访问能力和内容寻址方式，有效地提升了虚拟存储器的整体性能，使得虚拟存储器的访问速度接近于直接访问主存的速度。这种两级存储系统（快表+慢表）的设计，不仅提高了访问效率，还通过合理的容量分配，实现了速度与容量的平衡。

本章小结

存储器用来存放程序和数据，是现代计算机结构的核心。

按在计算机系统中的作用划分，存储器分为高速缓冲存储器、主存储器、外存储器。按存取方式划分，存储器分为随机存取存储器 RAM、只读存储器 ROM、顺序存取存储器 SAM 和直接存取存储器 DAM。按介质分类，存储器分为磁介质存储器、半导体存储器和光介质存储器，其中半导体存储器又分为 MOS 存储器和双极型存储器。

现代计算机系统的经典存储体系结构是三级存储体系结构：高速缓冲存储器—主存储器—外部存储器。这一体系结构是根据程序执行的局部性原理而设计的。

主存编址可以按字节，也可以字长。主存的存放顺序有大端模式和小端模式。

存储器的性能指标主要是存储容量和存取速度。对存取速度的描述包括存取时间、存取周期和存取带宽。

静态 MOS 存储器的逻辑结构由存储体、地址译码器和读写控制电路三部分组成。存储位元能够存储一位二进制信息，存储位元通过行选通线、列选通线和数据线连接成矩阵结构，称为存储阵列。地址译码器根据输入的地址编码选通相应的存储单元，使得 CPU 可以对该存储单元进行访问。读写控制电路控制访问的操作。主存一般采用同步定时方式传输数据。

动态 MOS 存储器 DRAM 与静态 MOS 存储器的结构大致相同。但是由于动态 MOS 存储器的集成度高，存储位元需要刷新。

按照制造工艺的不同，ROM 可以分为：掩膜式只读存储器 MROM、可编程只读存储器 PROM、可擦除可编程只读存储器 EPROM 等。

在设计和组成计算机系统中的主存储器时，往往需要选择一种或几种存储器芯片构成主存系统。CPU 与存储器之间连接，必须考虑信号线的连接、时序配合、驱动能力等问题。

双端口存储器是指一个存储器具有两个独立的端口，每个端口具有各自独立的数据端口、地址端口、读写控制电路，每个端口可以独立地进行读写操作。

多模块交叉存储器是一种用于提高主存储器数据传输速率的组织方式。它通过将单一大容量存储器分割成多个独立的、容量相同的存储模块，并利用并行技术同时访问这些模块，从而在不显著提升存储器芯片速度的情况下增加整体系统的带宽。

为了解决 CPU 与主存之间的速度不匹配问题，人们利用程序执行的局部性原理，在 CPU 和主存之间设置小容量的高速缓冲存储器 Cache（简称缓存），以满足 CPU 对主存的速度要求。CPU 在执行程序中读取指令和读写数据时，发出的地址是主存地址，但是系统需要从缓存中读取指令和读写数据，因此需要把主存地址转换为缓存地址。

虚拟存储器是由主存和辅存以及辅助管理的软硬件构成的概念模型，即在硬件的支持下通过操作系统的管理技术来实现的虚拟存储空间。虚拟存储器是由主存和部分辅存共同构成的一个虚拟存储空间。虚拟存储器可以分为页式虚拟存储器、段式虚拟存储器和段页式虚拟存储器。

习题

6.1 简述计算机存储器的各种分类。

6.2 计算机的存储系统为什么要设置缓存—主存—外存三级存储体系结构？

6.3 什么是端模式、大端模式、小端模式？

6.4 存储器有哪些性能指标？

6.5 半导体存储器中，地址译码器的作用是什么？为什么要采用双地址译码器？

6.6 比较 SRAM 与 DRAM 之间的异同。

6. 7 设 CPU 访问主存的控制信号为访存信号$\overline{MERQ}$、读写控制信号 $R/\overline{W}$，现提供有 16 K×4 b 的存储芯片若干，请用其组装成 64 K×16 b 的主存储器，可自行选用任何译码器或者其他门电路，要求给出片选端功能真值表以及函数表达式，并画出图形。

6. 8 设 CPU 访问主存的控制信号为访存信号$\overline{MERQ}$、读写控制信号 $R/\overline{W}$，现提供有 4 M×4 b 的存储芯片若干，请用其组装成 32 M×8 b 的主存储器，可自行选用任何译码器或者其他门电路，要求给出片选端功能真值表以及函数表达式，并画出图形。

6. 9 双端口存储器与两个独立的存储器有何不同？

6. 10 某多模块交叉存储器的存储模块数量为 4，存取周期为 80 ns，传送周期为 20 ns，采用流水式并行传送 200 个字的数据需要多少时间？如果存取字长为 32 位，数据总线 32 位，则存储器的带宽是多少？如果存储器支持连续突发读写，则存储器的带宽是多少？（结果按 4 舍 5 入取整，设 $2^{10}\approx10^3$）

6. 11 某多模块交叉存储器的存储模块数量为 8，存取周期为 160 ns，传送周期为20 ns，采用流水式并行传送 100 个字的数据需要多少时间？如果存取字长为 64 位，数据总线 64 位，则存储器的带宽是多少？如果存储器支持连续突发读写，则存储器的带宽是多少？（结果按 4 舍 5 入取整，设 $2^{10}\approx10^3$）

6. 12 计算机设置缓存是依据什么原理？

6. 13 简述缓存的工作原理。

6. 14 有一机器，主存大小为 32 K 个字，缓存大小为 512 个字，缓存的行大小和主存的块大小均为 64 个字，主存与缓存之间采用全相联映射，各缓存行与其保存的标记如下表所示。

行号	Tag
000	100111010
001	011000101
010	110100111
011	000011000
100	001101100
101	110011100
110	101101010
111	0 1110 0100

请计算：

（1）主存地址的位数，其块号的位数和块内地址的位数。

（2）缓存地址的位数，其行号的位数和行内地址的位数。

（3）主存地址 101101010010101B，其对应的缓存地址是多少？

6.15 有一机器的主存大小为 16 KW，缓存大小为 512 W，主存的块大小和缓存的行大小均为 64 W，主存与缓存之间采用直接映射。缓存的行号与其标记如下表所示。

行号	Tag
000	10010
001	01010
010	10110
011	11001
100	00101
101	01100
110	10011
111	01010

问：

（1）主存地址、缓存地址、块号、块号中的标记、行号、主存块内地址和缓存行内地址分别是多少位？

（2）主存地址 00101100110010B 的块号、块内地址、标记是多少？其所在的主存块应该映射到缓存中行号为多少的行？其对应的缓存地址是多少？

6.16 什么是虚拟存储器？简述虚拟存储器的机制。

6.17 在页式虚拟存储器中，虚地址是如何转换为实地址的？

6.18 在段式虚拟存储器中，虚地址是如何转换为实地址的？

6.19 在段页式虚拟存储器中，虚地址是如何转换为实地址的？

6.20 何为慢表和快表？

7 指令系统

指令和指令系统是计算机中最基本的概念，是硬件和软件之间的界面或接口，揭示了计算机如何执行程序的底层机制。学习指令系统对于计算机科学与工程领域的专业人士至关重要，它不仅有助于深化对计算机系统底层原理的理解，而且在实际工作中能提升编程效率、优化程序性能、保障代码安全、促进跨平台开发与移植，以及支持硬件设计与验证等多种任务。同时，学习指令系统有助于理解计算机如何将高级语言编写的程序转化为机器可执行的指令序列，从而深入理解计算机内部的工作原理。

7.1 指令系统概述

7.1.1 基本概念

1. 机器指令

机器指令（machine instructions）是计算机硬件能够直接理解和执行的最基本操作命令，构成了计算机指令系统的基石。它们是构成计算机程序的最底层单位，由一组二进制位编码表示，直接对应于处理器硬件电路的操作。

机器指令是计算机硬件与软件之间的桥梁，是程序执行的最基本单元。通过组合和有序执行各种机器指令，计算机能够完成复杂的计算任务和数据处理。对机器指令及其组成的指令集架构的理解，是深入学习计算机体系结构、编译原理、操作系统、嵌入式系统等的基础。

2. 指令系统

指令系统，也称为指令集架构（instruction set architecture，ISA），是指一台计算机所具有的全部机器指令的集合。指令系统是计算机体系结构的一个重要组成部分，它定义了处理器所能理解和执行的一系列基本操作（指令）。指令系统规定了处理器与软件之间的接口，决定了编程模型、代码的组织方式、硬件支持的数据类型、指令格式、寻址模式、运算操作、控制流转移等关键特性。

指令系统表征了计算机的主要属性，是计算机硬件与软件之间的界面，是计算机硬件的语言。因此，指令系统是处理器与软件之间的桥梁，对软件的开发、编译、优化、移植等过程有深远影响。

学习指令系统的重要性体现在以下几个方面。

第一，理解计算机工作原理。指令系统是计算机硬件与软件交互的基础，它揭示了计算机执行程序的底层机制。学习指令系统有助于理解计算机如何将高级语言编写的程序转化为机器可执行的指令序列，从而深入理解计算机内部的工作原理，包括数据表示、算术逻辑单元（ALU）操作、存储器访问、控制流管理等。

第二，提升编程技能与效率。对指令系统的熟悉使得程序员能够编写出更高效、更贴近硬件的代码，特别是在性能敏感的领域如嵌入式开发、游戏开发、实时系统、操作系统内核、设备驱动等。了解指令集特性可以帮助选择更适合任务的算法和数据结构，避免不必要的内存访问，利用 SIMD 指令加速并行计算，或者利用特定硬件特性（如条件执行、流水线、缓存）进行代码优化。

第三，调试与性能分析。熟悉指令系统有助于深入理解编译器生成的汇编代码，这对于高级语言程序的调试至关重要。通过查看汇编代码，程序员可以定位到潜在的性能瓶颈、理解编译器优化行为、识别低效的内存访问模式、排查硬件相关的错误（如总线冲突、缓存未命中、中断处理问题等）。此外，理解指令系统也有助于使用性能分析工具（如 profilers、tracers）解读分析结果，制定有效的优化策略。

第四，安全编程与逆向工程。熟悉指令系统对于编写安全代码和进行逆向工程分析而言非常重要。理解指令集中的特权级别、保护机制、异常处理等特性有助于编写健壮的代码，避免出现缓冲区溢出、权限提升等安全漏洞。在逆向工程中，理解指令系统是解析二进制代码、分析恶意软件行为、破解软件保护机制的基础。

第五，跨平台开发与移植。不同的处理器架构可能采用不同的指令系统。了解多种指令系统可以帮助开发者进行跨平台开发，理解不同平台间的差异，编写更易于移植的代码，或者针对性地优化特定平台的性能。此外，对于编译器和虚拟机开发者来说，理解和掌握指令系统是设计和实现编译器后端、JIT 编译器、模拟器等工具的基础。

第六，硬件设计与验证。对指令系统的深入理解对于硬件设计工程师和验证工程师也非常重要。他们需要确保设计的处理器正确实现指令系统的各项规范，通过编写和执行指令级别的测试用例来验证处理器的行为，确保其符合预期的性能、功耗、面积等指标。

3. 宏指令

宏指令（macro instruction）是一种编程技术，主要用于简化程序设计并提高代码的可读性和可维护性。宏指令通常被定义为一系列预定义的操作序列，它们可以在编写程序时像单一指令一样使用。根据上下文不同，宏指令可以有不同的实现方式，主要分为以下三种类型。

（1）汇编语言中的宏指令

在汇编语言中，宏指令是一系列汇编语言指令的缩写，可以通过一个简单的名字来调用。宏指令由汇编器处理，在编译时展开成实际的指令序列。例如，在某些汇编语言中，可以定义一个宏来执行常见的初始化任务或执行复杂的算术操作。

（2）预处理器宏

预处理器宏是在编译之前由预处理器扩展的文本替换。在 C 和 C++等语言中，预处理器宏通过#define 指令定义，并在编译前由编译器的预处理器替换为具体的代码。例如，你可以定义一个宏来计算圆的面积：#define PI 3. 14159 和 #define AREA（r）（PI *（r）*（r））。

（3）高级语言中的宏

一些高级编程语言支持宏，这些宏可以在编译时生成代码。例如，Lisp 及其衍生语言（如 Common Lisp 和 Scheme）具有强大的宏系统，允许开发者定义自己的语法结构。Rust 语言也有宏支持，可以通过 macro_rules! 关键字定义模式匹配的宏。

宏指令的主要优点是能够减少重复代码，使程序更加模块化和易于维护。然而，不当使用宏可能会导致代码难以理解和调试，因此在使用宏时需要谨慎。

4. 微指令

微指令（microinstruction）是计算机体系结构中的一个概念，它指的是在计算机的控制单元（control unit，CU）内部使用的低级指令。一条机器指令的执行通常由几条微指令来实现，即将高级别的机器指令分解为一系列更细微的操作步骤，这些步骤由硬件直接执行。

7.1.2 指令系统的性能要求

一个良好的指令系统应具备以下性能要求。

1. 功能性完备

提供足够的指令以支持基本的算术、逻辑、数据移动、控制转移等操作，以及更复杂的浮点运算、向量运算、多媒体处理、并行计算、内存管理等。

适应各类应用领域的需求，如科学计算、人工智能、数据库处理、图形图像处理、网络通信等。

2. 高效性

编码效率：指令格式应简洁，编码方式应经济，以减少程序占用的存储空间。

执行效率：单条指令执行速度快，指令间依赖关系少，利于流水线、超标量、乱序执行等技术提高处理器吞吐率。

数据访问效率：提供高效的寻址模式，支持直接、间接、基址变址、相对寻址等，便于快速访问内存和寄存器。

3. 规整性

对称性：是指所有寄存器和存储器单元在使用上的一致性，即所有指令可以访问任何有效地址，且所有寻址模式可用于所有类型的指令。

匀齐性：是指相似操作性质的指令对各种数据类型的支持程度。例如，加法指令可以应用于整数、浮点数等多种数据类型。

指令格式和数据格式的一致性：是指指令长度与数据长度间的关系，有利于指令的解析和数据的存取。

4. 兼容性

向上兼容：是指新版本的处理器能够无误地执行旧版本处理器上的程序，用以保护用户投资，简化软件升级过程。

向下兼容：是指在高端系统上开发的程序能够适应低端系统（可能需要降级某些特性或性能），能够扩大软件的市场覆盖范围。

综上所述，指令系统的性能指标涵盖了指令集的功能性、执行效率、并行处理能力、稳定性、编程便利性、与既有系统的兼容性以及对未来发展的适应性等多个维度，这些指标共同决定了指令系统对计算机整体性能的影响。设计者在设计指令系统时需综合考虑这些因素，以达到最佳的性能平衡。

7.1.3 指令系统与硬件结构的关系

指令系统与硬件结构是计算机设计中两个密切相关的方面。指令系统定义了硬件需要实现的功能，而硬件结构则决定了指令系统的具体实现形式及实现效率。两者相互影响，共同决定了计算机的性能、功耗、可编程性、兼容性等关键属性。当设计或选择指令系统时，必须充分考虑与其配套的硬件结构，以实现最佳的系统整体性能。

1. 指令集定义硬件功能

指令系统规定了计算机能够执行的所有指令及其操作，这些指令直接对应硬件中的运算器、控制器、存储器等组件的功能。例如，算术逻辑单元（ALU）的设计必须支持指令系统中规定的算术、逻辑运算，而内存控制器则需实现相应的读写指令。

2. 指令格式受硬件限制

指令的长度、格式（如操作码、操作数的组织方式）通常受到处理器字长、寄存器数量、存储器结构等硬件因素的制约。例如，如果处理器采用固定长度的指令字，那么设计指令集时就需要考虑如何在有限的位宽内编码所有必要的信息。

3. 寻址方式与硬件架构匹配

寻址模式（如直接寻址、间接寻址、基址变址寻址等）是指令系统的一部分，它们反映了处理器如何访问内存中的数据。这些寻址方式需要与硬件中的地址生成单元、内存层次结构（如缓存、主存）紧密结合，确保指令能够有效地定位和操作数据。

4. 硬件性能优化

硬件设计会针对指令系统的特性进行优化，以提升执行效率。例如，硬件流水线的深度、宽度、调度策略等都会依据指令间的依赖关系、指令执行周期等因素进行调整。现代处理器还可能包含专门的硬件单元来加速特定类型的指令，如 SIMD（单指令多数据）单元用于并行处理向量数据。

5. 指令集扩展与硬件升级

随着技术进步，硬件结构可能会进行升级或扩展，如增加处理器核心数、引入新的加速器等。为了充分利用这些硬件，指令系统可能需要相应地扩展，添加新指令或增强现有指令以利用新增硬件资源。反之，硬件设计也会考虑对未来指令集扩展的支持，以保持一定的前瞻性。

6. 影响硬件成本与功耗

指令系统的复杂度直接影响硬件实现的成本和功耗。更复杂的指令集可能需要更大的芯片面积、更多的晶体管数量和更复杂的控制逻辑，从而增加制造成本和能耗。相反，精简指令集（RISC）倾向于使用简单、规整的指令，易于硬件实现，有助于降低成本和功耗。

7. 共同决定计算机体系结构

指令系统与硬件结构一起构成了计算机的体系结构。体系结构的选择（如 CISC 与 RISC、VLIW、EPIC 等）决定了指令系统的特性和硬件实现的方式，两者相互制约、协同进化，共同决定了计算机的整体性能、能效比、编程模型等关键特性。

7.2 指令格式

指令格式是计算机硬件和软件交互的基础层面的约定，它描述了机器语言指令在二进制层面的组织结构和编码规则。

7.2.1 机器指令的基本格式

指令格式是指令字用二进制代码表示的结构形式，由操作码字段和地址码字段组成。指令的基本格式如图 7-1 所示。

操作码	地址码

图 7-1 指令的基本格式

在指令的基本格式中，操作码指明了指令的操作性质和功能，地址码指明了参与操作的数据地址。

1. 指令的操作码

操作码（opcode）是指令中最关键的部分，它指定了一条指令所要执行的具体操作类型，如加法、减法、加载、存储、跳转等。不同的操作码代表不同的基本运算或控制转移指令。操作码字段的长度决定了指令集中包含的操作种类数量。操作码在指令格式中占有固定的位置，通常位于指令的起始部分，其长度根据指令集架构（ISA）的设计而有所不同。

操作码的作用与特点如下。

指令识别：当处理器读取到一条指令时，首先识别其操作码，以此判断接下来要执行的操作类型。例如，加法操作码可能编码为“000”，乘法操作码可能编码为“001”，依此类推。

指令分类：操作码将指令集划分为不同的类别，如算术运算指令、逻辑运算指令、数据传输指令、控制转移指令、系统调用指令等。每个类别对应一组特定的操作码值。

指令集大小：操作码的长度直接影响指令集的大小。较短的操作码字段（如 4 位或 8 位）意味着指令集较小，但编码更紧凑；较长的操作码字段（如 16 位或更多）则允许更大的指令集，但可能牺牲编码效率。

指令编码方式：操作码的编码方式可以是固定的（每个操作码对应一个固定数值），也可以是可变长度的（如霍夫曼编码、RISC-V 的压缩指令等）。可变长度编码可以在保持指令集规模的同时，提高常用指令的编码效率。

指令扩展：当设计指令集时，通常会预留一部分操作码空间用于未来的指令扩展。这样，在不改变现有指令格式的前提下，可以通过增加新的操作码来引入新的功能。

指令集兼容性：当指令集升级或更新时，为了保持向前兼容性，原有的操作码通常会被保留。新版本的处理器在接收到旧版本的操作码时，应能正确识别并执行对应的操作。

2. 指令的地址码

地址码（address code / operand field）提供了与指令操作相关联的数据的位置信息，是计算机指令中用来指定数据来源、数据目的地或者控制转移目标地址的部分。地址码包含直接操作数（常数值或立即数）、寄存器编号、内存地址或其他形式的地址信息。

地址码与操作码一样，是构成指令的重要组成部分，但其作用和形式根据指令集架构（ISA）的设计以及指令的具体功能而有所不同。地址码可以指示以下三种地址。

一是操作数地址。其指向参与运算的数据在内存中的存储位置。例如，如果一条加法指令需要从内存加载两个操作数，地址码就会提供这两个操作数的内存地址。根据指令集的不同，地址码可以直接给出绝对地址、相对地址，或者使用寄存器间接寻址、基址变址寻址等。

二是结果存储地址。其指定运算结果应写入内存的位置。在某些指令中，地址码用于指示计算结果应被保存到哪个内存地址或寄存器中。

三是控制转移目标地址。对于条件分支、无条件跳转等控制转移指令，地址码提供目标指令的地址。这可能是绝对地址、相对当前指令位置的偏移量，或者是一个程序计数器（PC）相对偏移量（如 x86 架构中的短跳转和远跳转）。

7.2.2 指令的地址码结构

进一步描述指令地址码与操作码之间的关系，描述方式如下。

如果用 A_0、A_1、A_2……表示内存单元地址，则（A_1）表示地址为 A_1 的内存存储单元中的数据。

如果用 R0、R1、R2、R3、AC 代表寄存器部件，即寄存器的地址，则（R1）表示寄存器 R1 中的数据。

使用 OP 表示操作码的某种具体操作，比如加法、乘法、取数等。

（R0）OP（A_2）→AC：表示将寄存器 R0 中的数据与地址为 A_2 的内存存储单元中的数据进行 OP 操作，结果保存到 AC 中。

根据指令中地址码的数量，可以将指令分为如下五种。

1. 四地址指令

四地址指令是一种指令格式，其中一条指令包含四个独立的地址码字段，每个地址码分别服务于不同的目的。这种指令格式旨在提供高度灵活性和直接性，特别是在需要同时处理多个操作数、存储中间结果以及明确指定下一条要执行指令的地址时。四地址指令格式如图 7-2 所示。

OP	A_1	A_2	A_3	A_4

图 7-2 四地址指令格式

A_1：第一个地址码通常用来指定第一个操作数的地址，即指令执行所需的第一个数据源。

A_2：第二个地址码指定第二个操作数的地址，通常是第二个数据源。

A_3：第三个地址码指定结果存储的位置，即执行操作后产生的结果将被写入这个地址所指示的内存位置。

A_4：第四个地址码通常用来指定下一条待执行指令的地址，即程序计数器（PC）的下一个值。在流水线处理器中，这可能对应于指令指针寄存器（IP）的更新。

指令的含义：

(A_1) OP $(A_2) \rightarrow A_3$

A_4＝下一条待执行指令的地址

四地址指令格式在某些情况下具有简单性和直观性，但因其可能带来的指令长度增加和内存访问次数增多，不太适应现代高性能处理器的设计趋势。

2. 三地址指令

三地址指令包含了三个地址码字段，用于指示操作数、结果存储位置以及可能的控制信息。这种指令格式广泛应用于各种计算机体系结构中，特别是在那些需要同时处理两个操作数并明确存储结果的场合。三地址指令的格式如图 7-3 所示。

OP	A_1	A_2	A_3

图 7-3　三地址指令格式

A_1：第一个地址码通常用来指定第一个操作数的地址，即指令执行所需的第一个数据源。

A_2：第二个地址码指定第二个操作数的地址，通常是第二个数据源。

A_3：第三个地址码指定结果存储的位置，即执行操作后产生的结果将被写入这个地址所指示的内存位置。

指令的含义：

(A_1) OP $(A_2) \rightarrow A_3$

下一条待执行指令的地址由（PC）+1→PC 或者转移指令修改 PC 的内容来实现（详见后面的指令寻址方式）。

三地址指令格式在处理需要两个操作数的复杂算术和逻辑操作时表现出直接性和高效性，但可能带来指令长度增加和内存访问次数增多的问题，因此需要通过其他技术手段（如寻址模式优化、寄存器使用等）来平衡性能与代码密度。

3. 二地址指令

二地址指令包含了两个地址码字段，主要用于指示操作数和结果存储位置。这种指令格式广泛应用于各种计算机体系结构中，特别是在那些需要处理单个操作数并明确存储结果的场合。二地址指令格式如图 7-4 所示。

OP	A_1	A_2

图 7-4　二地址指令格式

A_1：第一个地址码提供被操作数的地址，指令执行操作后将结果也保存在 A_1 中。通常用来指定操作数的地址，即指令执行所需的数据源。

A_2：第二个地址码指定提供操作数的地址。

指令的含义：

$(A_1)\ OP\ (A_2) \rightarrow A_1$

下一条待执行指令的地址由（PC）+1→PC 或者转移指令修改 PC 的内容来实现（详见后面的指令寻址方式）。

二地址指令格式在处理单个操作数的简单算术和逻辑操作时具有直接性和良好的代码密度，但可能无法直接处理需要两个操作数的复杂操作，因此需要通过其他技术手段（如寻址模式优化、寄存器使用等）来平衡性能与代码密度。

4. 一地址指令

一地址指令中只有一个地址码，其指令格式如图 7-5 所示。

OP	A_1

图 7-5　一地址指令格式

A_1提供操作数，被操作数隐含在累加器 AC 中。

指令的含义：

$(AC)\ OP\ (A_1) \rightarrow AC$

下一条待执行指令的地址由（PC）+1→PC 或者转移指令修改 PC 的内容来实现（详见后面的指令寻址方式）。

一地址指令格式在操作数和结果位置可以在其他方式隐式确定的特定场景下具有良好的代码密度和简化硬件设计的优势，但其可能无法直接处理需要多个操作数或结果存储位置不固定的复杂操作，因此需要通过其他技术手段（如寻址模式优化、寄存器使用等）来平衡性能与代码密度。

5. 零地址指令

零地址指令是一种特殊的指令格式，其指一条指令不包含任何地址码字段，仅由操作码组成。这种指令格式主要用于执行不需要直接访问内存中数据的操作，如控制转移、状态修改、系统调用等。

在前面介绍的各种指令中，地址码都是指主存单元的地址，指令在执行中多次访问主存，指令的执行速度大大降低。于是，在 CPU 中设置通用寄存器，指令的地址码可以使用寄存器，这就使指令的执行速度大大提高了。

7.2.3 机器指令的操作数类型与操作类型

1. 机器指令的操作数类型

机器指令的操作数类型主要包括以下四种。

(1) 地址 (address)。其用来定位存储器中数据的地址信息，可以是直接地址、间接地址或是计算得到的地址。

(2) 数字 (numeric)。其包括定点数、浮点数和十进制数，用以表示数值型数据，参与算术运算。

(3) 字符 (character)。在计算机中，字符通常使用 ASCII 码或其他字符编码表示，用于文本处理。

(4) 逻辑数据 (logical data)。其用于逻辑运算，如真/假、0/1 等逻辑状态或条件。

操作数可以是以下四种。

(1) 立即数 (immediate)。操作数直接包含在指令中，表示常量值。

(2) 寄存器 (register)。操作数存放在 CPU 的寄存器中，用于快速访问。

(3) 存储器 (memory)。操作数存储在主存中，指令中可能包含直接地址或通过地址计算来访问。

(4) 堆栈 (stack)。某些操作数可能通过堆栈指针来访问，尤其是在函数调用、返回地址存储等场景中。

根据操作数的数量，机器指令可以分为以下三种。

(1) 单操作数指令。仅有一个操作数，通常目标操作数隐含 (如寄存器) 或指令本身包含 (如立即数)。

(2) 双操作数指令。包含源操作数和目的操作数，分别指出数据的来源和处理后的存放位置。

(3) 多操作数指令。在一些复杂的指令中，可能有三个或更多操作数，这取决于具体的指令集架构。

2. 机器指令的操作类型

机器指令的操作类型涵盖了计算机执行各种基本功能所需的命令，这些类型主要包括但不限于以下十种。

(1) 算术运算类指令。用于执行基本的数学运算，如加法 (ADD)、减法 (SUB)、乘法 (MUL)、除法 (DIV) 等。

(2) 逻辑运算类指令。执行逻辑操作，包括与 (AND)、或 (OR)、非 (NOT)、异或 (XOR) 等，用于数据的按位操作。

(3) 移位操作指令。涉及数据的位移，包括左移 (LSHIFT)、右移 (RSHIFT)、循环移位等，常用于快速的乘除操作或数据格式调整。

（4）数据传输指令。负责数据在存储器和寄存器之间、寄存器与寄存器之间或存储单元之间的移动，如加载（LOAD）、存储（STORE）、交换（SWAP）等。

（5）控制流指令包括：

①条件转移指令。根据条件（如比较结果）改变程序执行顺序，如跳转（JUMP IF）。

②无条件转移指令。直接改变程序执行顺序到指定地址，如绝对跳转（JUMP）。

③子程序调用与返回指令。用于函数或过程的调用（CALL）和返回（RETURN）。

（6）输入输出（I/O）指令。与外部设备通信，包括读取（INPUT）和写入（OUTPUT）数据到外部设备。

（7）字符串操作指令。专门用于处理字符串数据，如复制（MOVSB）、比较（CMPSB）等。

（8）位操作指令。对数据的个别位进行设置、清除、测试等操作，如置位（SET）、清零（CLEAR）、测试位（TEST）。

（9）特权指令。只能在核心态（Kernel mode）下执行，涉及系统管理任务，如修改内存映射、处理中断等。

（10）向量指令。特别用于处理向量数据，即同时对多个数据元素进行相同操作，常见于高性能计算和多媒体处理。

每种操作类型对应不同的操作码和操作数结构，共同构成了计算机能够直接识别并执行的指令集。

7.2.4 指令格式的设计

指令的长度是指一条计算机指令在存储器中占用的位数（通常以字节为单位）。指令长度是计算机体系结构的一个重要特性，它直接影响指令集设计、程序代码大小、存储器利用率、处理器的解码速度以及流水线效率等多个方面。指令长度并非固定不变的，而是受到以下几个因素的影响。

第一，指令集架构（ISA）设计。不同的 ISA 可能会有不同的指令编码方式和指令格式，从而导致指令长度有差异。例如，精简指令集（RISC）架构倾向于使用固定长度的指令，而复杂指令集（CISC）架构则可能包含多种长度的指令。

第二，指令类型与复杂性。简单的指令，如加载、存储、算术运算等，可能只需要用较短的长度来编码。而复杂的指令，如带有多个操作数、多个结果、多个条件码测试、多条微指令合并等，可能需要更长的长度来容纳所有必要的信息。

第三，寻址模式。不同寻址模式对指令长度的影响主要体现在地址码部分。直接寻址、立即寻址通常占用空间较少，而间接寻址、基址变址寻址等可能需要额外的空间来编码偏移量或寄存器信息。

第四，操作码宽度。操作码标识指令的功能，其宽度决定了可定义的指令种类数量。宽操作码可以支持更多指令，但会增加指令长度；窄操作码则可能导致指令种类受限，但能减少指令长度。

第五，字长。计算机系统的字长决定了处理器一次能处理的数据的宽度，也常常影响指令的自然长度。例如，在 32 位系统中，指令长度通常为 2、4 或 8 个字节；在 64 位系统中，指令长度可能为 4、8 或更大字节。

指令长度包括以下三种。

一是固定长度指令。所有指令都具有相同的长度，如许多 RISC 架构。这种设计简化了处理器的指令解码和流水线管理，有利于提高执行效率，但可能牺牲指令编码的紧凑性。

二是可变长度指令。指令长度可以根据指令的复杂性和所需信息量动态变化，如许多 CISC 架构。这种设计允许指令集包含更多功能各异的指令，有助于增加代码密度，但也可能增加处理器解码的复杂性。

三是混合长度指令，即既有固定长度指令，也有可变长度指令。这种设计试图兼顾指令解码的简单性和指令集的灵活性。

【例 7-1】某机器的指令字采用等长指令结构，指令字长度为 16 位，指令有二地址指令、一地址指令和零地址指令三种。操作码至少 6 位，地址码至少 5 位。试分析该机器可以设计多少条二地址指令、一地址指令和零地址指令。

解：本实例使用扩展操作码技术来设计指令格式，如表 7-1 所示。

表 7-1　扩展操作码的指令格式设计

指令类型	OP	A_1	A_0
二地址指令（63 条）	000000 000001 …… 111101 111110		
一地址指令（31 条）	111111 111111 …… 111111 111111	00000 00001 …… 11101 11110	
零地址指令（32 条）	111111 111111 …… 111111 111111	11111 11111 …… 11111 11111	00000 00001 …… 11110 11111

在二地址指令格式中，操作码 6 位，共有 64 个编码（000000~111111），但是

最后编码即 111111 用于扩展其他指令，所以共有 63 个编码（000000~111110）用于二地址指令的操作码，所以有 63 条二地址指令。在一地址指令格式中，高 6 位全为 1，原来的地址码 A_1扩展为操作码，共 5 位，有 32 个编码（00000~11111），但最后一个编码 11111 用于扩展零地址指令，所以有 31 个编码（00000~11110）作为一地址指令的操作码。所以一地址指令的操作码编码为 11 位，高 6 位全为 1，低 5 位为 00000~11110。由于零地址指令不需要操作数，所以指令的 16 位全为操作码，高 11 位全为 1，低 5 位扩展为零地址指令的操作码，共有 32 个编码，所以零地址指令有 32 条。

7.3 寻址方式

寻址方式是计算机系统中关于如何确定指令或数据有效地址的方法。它是计算机体系结构中的关键组成部分，影响着程序的执行效率和灵活性。寻址方式包括指令寻址方式和数据寻址方式。

7.3.1 指令寻址方式

指令寻址方式是计算机体系结构中的一个重要概念，它定义了处理器如何确定要执行的下一条指令的地址。主要的指令寻址方式可以分为两大类——顺序寻址方式和跳跃寻址方式。

1. 顺序寻址方式

指令的顺序寻址方式是指在程序执行过程中，如果没有特别的控制转移指令（如跳转、分支等），处理器就将按照预先确定的顺序来执行存储器中的指令序列。这种方式是最基本也是最常用的指令寻址方式。

在顺序寻址中，每条指令执行完毕后，程序计数器（program counter，PC）会自动增加到下一条指令的地址，从而保证了指令的连续执行。对于大多数计算机体系结构而言，如果当前指令的地址是 A，那么下一条指令的地址通常是 A+n，其中 n 是当前指令的字节数。这种实现方式也经常描述为：指令的顺序寻址方式是通过程序计数器 PC 的自动加“1”的功能来实现的。这里的“1”指的是指令字的字节数，例如在一个指令字长为 32 位的系统中，PC 的值每次增加 4。

2. 跳跃寻址方式

指令的跳跃寻址方式，通常指的是通过特定的转移指令来修改程序执行的正常顺序，使程序计数器指向一个新的地址，从而执行非顺序的指令流。因此，指令的跳跃寻址方式是通过转移指令修改程序计算器的值来实现的。这种寻址方式主要通过各种类型的转移指令来实现，包括无条件转移指令、条件转移指令以及函数调用指令等，从而可以实现程序选择结构或者循环结构。

7.3.2 基本的数据寻址方式

数据寻址是形成操作数的有效地址的方法，它是计算机体系结构中的基础概念之一，确保了程序能够正确、高效地访问内存中的数据。

指令地址码非直接操作数地址，由形式地址与寻址特征位构成。特征位界定寻址模式，处理器据此将形式地址转为有效地址，该地址可直接访问内存数据。简而言之，寻址过程是地址码变换为有效内存访问路径的过程，能确保数据正确存取。数据寻址是处理器在执行内存操作前，根据指令中给出的信息（可能是直接的地址、寄存器内容、偏移量或其他形式的寻址信息）计算出来的实际存储位置的地址。

人和机器确定数据的寻址方式是不同的，人通过地址码的书写方式来确定操作数的寻址方式。编译器根据书写格式判断出寻址方式后，把相应的寻址特征位放入地址码中，处理器执行指令时就能根据寻址特征位确定寻址方式，从而确定有效地址的计算。

在讲解数据寻址方式之前，还需要了解目的操作数和源操作数的概念。目的操作数是提供运算前的一个操作数并保存运算结果的操作数。源操作数是提供运算前的一个操作数但不保存运算结果的操作数。

数据寻址方式多种多样，每种方式都为特定类型的程序控制和数据访问提供了便利。在下面的数据寻址方式描述中，A 表示形式地址，EA 表示有效地址，D 表示操作数。

1. 隐含寻址

在隐含寻址中，指令中不是明显地给出操作数的地址，而是将操作数隐含在某个寄存器中。

【例 7-2】指令“JMP　［200］”的功能描述：

（200）→PC

其中目的操作数 PC 就是隐含寻址方式，其并未在指令中给出。

注：源操作数的形式地址 A=200，其寻址方式是直接寻址，其有效地址 EA=A=200。

2. 立即寻址

立即寻址方式比较独特，地址字段包含了操作数本身，即 D=A。取指即得操作数，省去了对主存的访问，加速了机器的执行。然其局限在于操作数固定于指令，不可改；且受指令字长约束，数值范围有限，灵活性及大数据处理能力受到影响。所以这种寻址方式的灵活性最差，通常用于给某一寄存器或者主存单元赋初值或者提供一个常数。

操作数的立即寻址方式的书写格式是一个数。

【例 7-3】指令“JMP 200”的功能描述：

200→PC

其中源操作数 200 就是立即寻址方式。源操作数的形式地址 A=200，它不是地址，而是操作数本身。

3. 直接寻址

在直接寻址中，指令字中的形式地址 A 就是操作数在主存的有效地址 EA，即 EA=A，D=（A）。直接寻址的寻址过程如图 7-6 所示。

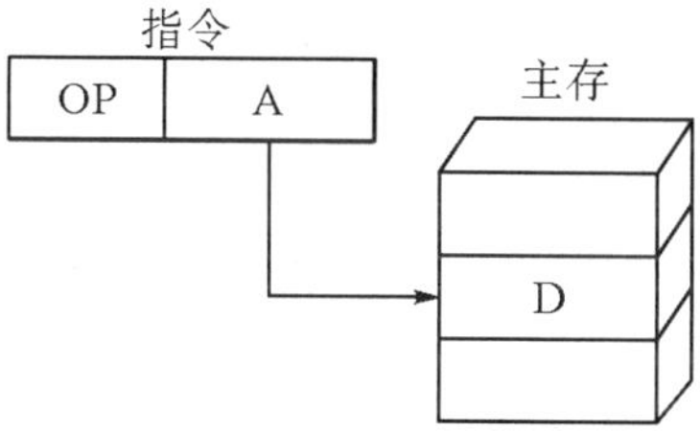

图 7-6 直接寻址

直接寻址方式不需要做任何寻址运算，简单直观，便于硬件实现，但地址空间受到指令中地址码位数的限制。

直接寻址方式的书写格式是一个数值加方括号。

【例 7-4】指令“ADD R1，[100]”的功能描述：

（R1）+（[100]）→R1

R1 为目的操作数，[100] 为源操作数。源操作数的寻址方式是直接寻址，假设主存情况如图 7-7 所示，则源操作数的 A、EA、D 分别是 A=100、EA=A=100、D=（EA）=（100）=5。

地址	内容
99	
100	5
101	
102	

图 7-7 主存的存储情况

4. 间接寻址

在间接寻址中，指令地址字段中的形式地址 A 不是操作数的主存地址，而是操作数主存地址的指示器；（A）单元的内容才是操作数的主存有效地址，即 EA=（A），D=（EA）=（（A））。间接寻址的寻址过程如图 7-8 所示。

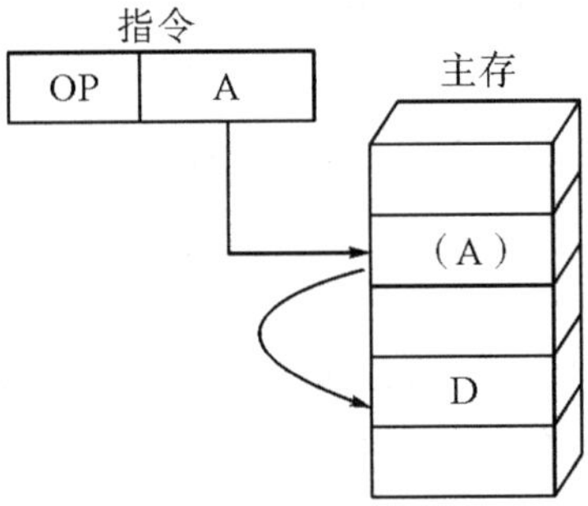

图 7-8　间接寻址

间接寻址有一级间接寻址和多级间接寻址之分，图 7-8 所示的是一级间接寻址，图 7-9 所示的是三级间接寻址。多级间接寻址复杂，需多次访问主存：先寻间接地址，再依此地址访问主存得到有效地址，最终取得操作数。在此过程中，每次访主存单元均设间接地址标志位，设置在主存单元的最高位。标志位 1 表示间接地址需要继续寻址；标志位 0 则表示该地址是有效地址，直取操作数。此法虽增加了访问次数，但通过标志位有效控制寻址流程，确保了数据准确访问，是处理复杂数据结构的重要机制。

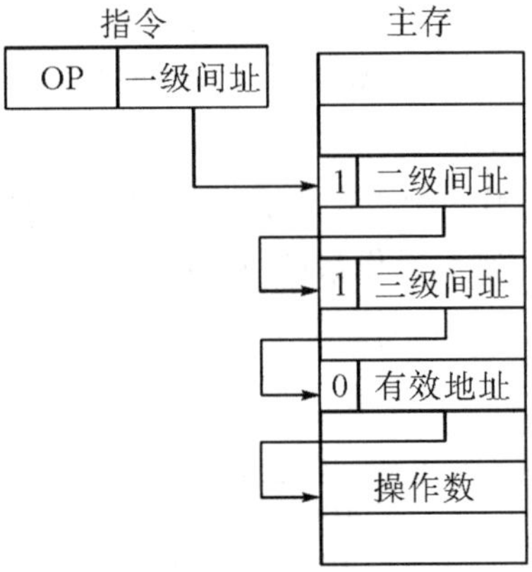

图 7-9　三级间接寻址

间接寻址显著增加了灵活性，不仅扩展了寻址界限，还允许通过简短指令地址触及庞大主存空间。它巧妙地将主存单元用作地址指针，指引操作数位置，便于动态调整。地址变更时，仅需更新相关主存单元内容，无须改动指令本身，维护简便。然而，其代价是若要提取操作数需至少两次访问主存，相对直接寻址而言，执行效率略有折损。

间接寻址方式的书写格式是一个数值加圆括号。

【例 7-5】指令“ADD　R0,(50)”的功能描述：

(R0) + ((50)) →R0

R0 为目的操作数，(50) 为源操作数。源操作数的寻址方式为间接寻址，假设主存情况如图 7-10 所示，则源操作数的 A、EA、D 分别是 A = 50、EA = (A) =

（50）＝81、D＝（EA）＝（81）＝3。

地址	内容
49	
50	81
51	
……	……
80	
81	3

图 7-10　主存的存储情况

5. 寄存器寻址

在寄存器寻址中，操作数不放在内存中，而是放在 CPU 的通用寄存器中。指令中给出的操作数地址不是主存地址，而是通用寄存器的编号，即 EA＝R，D＝（R）。寄存器寻址的寻址过程如图 7-11 所示。

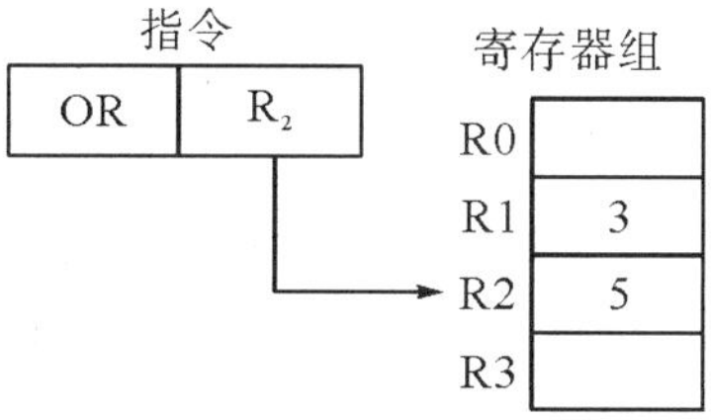

图 7-11　寄存器寻址

由于寄存器距离运算器比较近，因此在寄存器寻址方式中，从寄存器中取出操作数比从主存中取出要快得多。同时，由于寄存器的数量比较少，其地址编码的位数就比主存单元地址的要少得多。因此，寄存器寻址可以提高指令的执行速度，缩短指令字长度。几乎所有的计算机都使用了寄存器寻址方式。

寄存器寻址方式的书写格式就是一个寄存器编号。

【例 7-6】指令“ADD　R2,（70）”的功能描述：

（R2）＋（（70））→R0

R2 为目的操作数，（70）为源操作数。目的操作数的寻址方式是寄存器寻址，假设寄存器的存储情况如图 7-12 所示，则源操作数的 A、EA、D 分别是 A＝R_2、EA＝R_2、D＝（EA）＝（R_2）＝6。

寄存器组	
R0	4
R1	5
R2	6
R3	3

图 7-12　寄存器的情况

6. 寄存器间接寻址

在寄存器间接寻址中，指令格式中的寄存器内容不是操作数，而是操作数在主存中的地址，该地址指明的操作数在主存中，即 EA=（R），D=（（R））。寄存器间接寻址的寻址过程如图 7-13 所示。

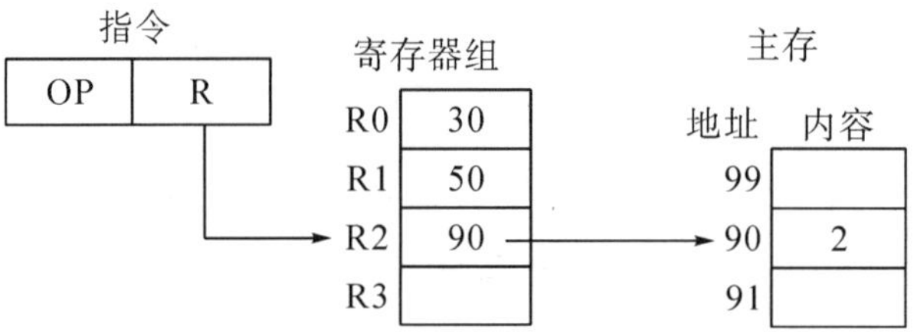

图 7-13　寄存器间接寻址

寄存器间接寻址方式解决了间接寻址方式中多次访问主存而导致指令执行速度下降的缺点，同时也缩短了指令字长度，是一种被广泛采用的寻址方式。

寄存器间接寻址方式的书写格式是在寄存器编号上加圆括号。

【例 7-7】指令“SUB　R0,（R2）”的功能描述：

（R0）+（（R1））→R0

R0 为目的操作数，（R1）为源操作数。源操作数的寻址方式是寄存器间接寻址，假设寄存器组和主持的存储情况如图 7-13 所示，则源操作数“（R1）”的 A、EA、D 分别是 A=R2、EA=（R2）=90、D=（EA）=（90）=2。

7. 基址寻址

基址寻址方式是将基址寄存器 R_b 的内容加上形式地址 A 而得到操作数的主存有效地址。即 EA=（R_b）+A，D=（EA）=（（R_b）+A）。此时，基址寄存器的内容称为基址，它表示某一个主存数据段的起始地址；指令中的形式地址是一个偏移量，它表示与基址之间的距离。基址寻址的寻址过程如图 7-14 所示。

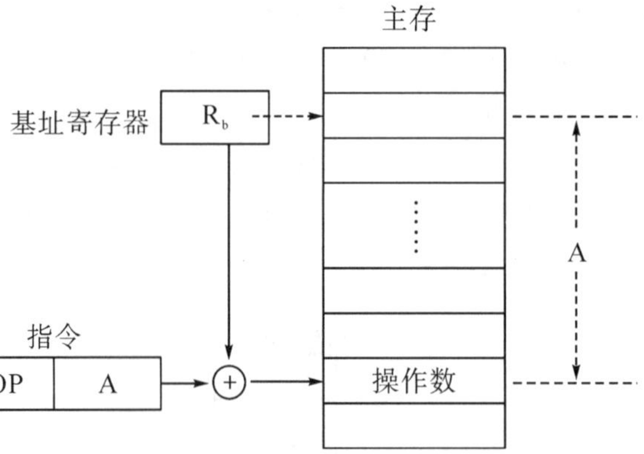

图 7-14　基址寻址

基址寻址是一种计算机内存管理中的地址寻址技术，主要提供一种灵活的方式来定位程序或数据在内存中的位置。这种技术尤其在操作系统管理和程序执行环境中较为常见。基址寻址常与其他寻址方式（如变址寻址、间接寻址等）结合使用，以提供更复杂的内存访问模式，从而满足多样化的程序设计需求。在现代操作系统中，分段机制和分页机制也大量利用了基址寻址的思想来实现虚拟地址到物理地址的转换，其支持内存保护、虚拟内存等功能。

本书中，基址寻址的书写格式为 R_b：A。

8. 变址寻址

变址寻址方式是把变址寄存器 R_x 的内容与形式地址 A 相加得到操作数的主存有效地址，即 EA=（R_x）+A，D=（EA）=（（R_x）+A）。

使用变址寻址方式的目的不在于扩大寻址空间，而在于实现程序块的规律性变化，即操作循环的实现，其特别适用于处理数组、表格或者在执行循环和字符串操作时需要连续访问内存中一系列位置的情况。在变址寻址中，指令中提供的不是一个固定的地址，而是一个偏移量。这个偏移量会与变址寄存器中的值相加，生成最终访问内存的实际地址。通过修改变址寄存器的值，可以轻松地改变数据结构中元素的访问起点，实现对不同数据元素的连续或间隔访问。

变址寻址常用于实现循环和数组遍历，因为它允许程序简单地通过增减变址寄存器的值来依次访问数组或数据结构中的每个元素，而无须在每次迭代中计算或指定新的绝对地址。这种寻址方式大大增强了程序处理动态数据集合的灵活性，提高了效率。

本书中编址寻址的书写格式为 R_x：A。

9. 相对寻址

相对寻址是把程序计数器（PC）的内容加上指令格式中的形式地址 A 而形成操作数的主存有效地址，即 EA=（PC）+A，D=（EA）=（（PC）+A）。

采用相对寻址方式的好处是程序员无须用指令的绝对地址编程，所编程序可以放在内存任何地方。处理器会取指令中给出的形式地址（偏移量），并将其加上当前指令执行完毕后程序计数器（PC）的值，从而计算出下一条指令或数据的实际地址。这种方法使得程序可以在不明确其绝对地址的情况下引用其他指令或数据，从而增加了代码的灵活性和可重定位性。

例如，假设当前指令执行结束后 PC 的值是 2000H，而指令中包含一个相对偏移量为 30H，那么相对寻址会将这两个值相加（2000H + 30H），得到 2030H 作为目标指令或数据的实际地址。

相对寻址广泛应用于跳转指令、子程序调用以及数据访问中，特别是在需要根据当前执行位置动态调整地址引用的场景，它简化了程序对内存地址的管理，提高了程序的可移植性和动态链接的能力。

本书中相对寻址的书写格式为 PC：A。

10. 页面寻址

页面寻址相当于将整个主存空间分成若干个大小相同的区，每个区称为一页，每页有若干个主存单元。例如，1 个 64KB 的存储器被划分为 256 个页面，每个页面中有 256 个字节。每页都有自己的编号，称为页面地址；页面内的每个主存单元也有自己的编号，称为页内地址。这样，主存储器的有效地址就被分为两部分——前部为页面地址（在此例中占 8 位），后部为页内地址（也占 8 位）。页内地址由指令的地址码部分自动直接提供，它与页面地址通过简单的拼装连接就可得到有效地址，无须进行计算，因此寻址迅速。根据页面地址的来源不同，页面寻址又可以分成以下三种不同的方式。

一是基页寻址。基页地址又称零页寻址。由于页面地址全等于 0，所以有效地址 EA＝0+A（+在这里表示简单拼接），操作数 D 在零页面中。基页寻址实际上就是直接寻址。

二是当前页寻址。页面地址就等于程序计数器（PC）的高位部分的内容，所以有效地址 EA＝（PC）$_H$+A（+在这里表示简单拼接）。操作数 D 与指令本身处于同一页面。

三是页寄存器寻址。页面地址取自页寄存器，与形式地址相拼接形成有效地址。

前两种方式因不需要页寄存器，所以用得较多。有些计算机在指令格式中设置了一个页面标志位（Z/C）。Z/C＝0，表示 0 页寻址；Z/C＝1，表示当前页寻址。

怎样才能知道一条指令所采用的是什么寻址方式呢？为了能区分出各种不同的寻址方式，必须在指令中给出标识。标识的方式通常有两种——显式和隐式。显式就是在指令中设置专门的寻址方式字段，用二进制编码来表明寻址方式类型；隐式是由指令的操作码字段说明指令格式并隐含约定寻址方式。

注意：一条指令若有两个或两个以上的地址码时，各地址码可采用不同的寻址方式。例如，源地址采用一种寻址方式，而目的地址采用另一种寻址方式。

【例 7-8】内存和寄存器的情况如图 7-15 所示。

寄存器

R0	1
R1	2
R2	4
R3	6

内存

地址	内容
200	5
201	3
202	300
203	301
204	
……	
300	9
301	8

图 7-15　内存与寄存器的存储情况

现有指令“ADD　R0，(203)”，问：

(1) 操作数“R0”的寻址方式是什么？形式地址是多少？有效地址是多少？

操作数是多少？

（2）操作数“（203）”的寻址方式是什么？形式地址是多少？有效地址是多少？操作数是多少？

解：

（1）根据指令操作码的书写方式可以判断，操作数“R0”的寻址方式是寄存器寻址，因此形式地址 A=R0，有效地址 EA=A=R0，操作数 D=1。

（2）根据指令操作码的书写方式可以判断，操作数“（203）”的寻址方式是间接寻址，因此形式地址 A=203，有效地址 EA=（A）=301，操作数 D=8。

7.3.3 变型与组合寻址方式

前面介绍的寻址方式是基本的寻址方式，还有其他的寻址方式，它们是根据基本寻址方式组合或者变型而形成的寻址方式。

1. 自增寻址

当自增寻址时，寄存器 R_i 的内容是有效地址，按照这个有效地址从主存取数后，寄存器的内容自动加“1”，这里的“1”是指数据包含的字节数。比如，一个字的数据包含 4 个字节，则寄存器 R_i 自动加“1”的实际效果是寄存器 R_i 的内容加 4。

自增寻址操作的含义为 $EA=(R_i)$，$R_i \leftarrow (R_i)+d$。其中，EA 是有效地址，d 是修改量，通常记作 $(R_i)+$。加号在括号之后，形象地表示先操作后修改。

2. 自减寻址

自减寻址是先对寄存器（R_i）的内容自动减“1”，修改后的内容才是操作数的有效地址。同样，这里的“1”是指一个数据包含的字节数。

自减寻址操作的含义为 $R_i \leftarrow (R_i)-d$，$EA=(R_i)$。通常记作 $-(R_i)$，减号在括号之前，形象地表示先修改后操作。

自增自减寻址一起，可以使任何一个寄存器作为堆栈指针。自增自减寻址最灵活的当属 MC68000 机，它采用字节、字、双字的自增自减寻址方式。

3. 先变址后间址寻址

先进行变址运算，其运算结果作为间接地址，间接地址指出的主存单元内容是有效地址。所以，有效地址 $EA=((R_x)+A)$，操作数 $D=(EA)=(((R_x)+A))$。

4. 先间址后变址寻址

先进行一次间址运算，然后再与变址值进行运算。有效地址 $EA=(R_x)+(A)$，操作数 $D=(EA)=((R_x)+(A))$。

5. 基址变址寻址

基址变址寻址是最灵活的一种寻址方式，此时有效地址是由基址寄存器、变址寄存器和偏移量三者相加而得到的。除了偏移量在指令一旦确定后就不再修改外，基址寄存器和变址寄存器中的内容都可以改变。有效地址 EA= $(R_d)+(R_x)+A$，其中 R_d 为基址寄存器，R_x 为变址寄存器，A 为偏移量，即指令中给出形式地址。

基址变址寻址方式在 Intel80x86 中是最基本的寻址方式，其他多种方式可由它派生而来。基址寄存器（BX 或 BP）、变址寄存器（SI 或 DI）及偏移量都可以缺省，偏移量允许是 8 位或者 16 位的带符号数。

$$EA=\begin{Bmatrix}(BX)\\(BP)\end{Bmatrix}+\begin{Bmatrix}(SI)\\(DI)\end{Bmatrix}+A$$

7.3.4 堆栈寻址

堆栈寻址是一种特殊的寻址方式，其遵循后进先出（LIFO）或者先进后出（FILO）原则的线性数据结构，广泛应用于函数调用、中断处理、数据存储和检索等场景。堆栈有寄存器堆栈和主存储器堆栈两种形式。

1. 寄存器堆栈寻址

计算机中设有硬堆栈，由专用寄存器构成，栈顶固定。寄存器间相互连接，支持自动位推移功能，能将一寄存器内容移至相邻寄存器，实现高效数据流转。此设计简化了堆栈操作，提高了数据处理的灵活性与效率。当执行压入操作（进栈）时，一个压入信号将使所有寄存器的内容依次向下推移一个位置，即寄存器 i 的内容被传送到 i+1，同时一个 n 位的数据被压入栈顶（寄存器 0）。在执行弹出操作（出栈）时，一个弹出信号将把所有寄存器的内容依次向上推移一个位置，即寄存器 i 的内容被传送到寄存器 i−1，栈顶（寄存器 0）的内容被弹出。

k 个寄存器组成的堆栈中最多只能压入 k 个数据，否则信息将丢失。这种堆栈的工作过程很像子弹夹的弹仓，由于栈顶位置固定，故不必设置堆栈的栈顶指针。

2. 主存储器堆栈寻址

寄存器堆栈的成本比较高，不适于作为大容量的堆栈，而从主存中划出一段区域来作为堆栈是最合算且最常用的方法。这种堆栈又称为软堆栈，堆栈的大小可变，栈底固定，栈顶浮动，故需要一个专门的硬件寄存器作为堆栈栈顶指针，简称栈指针（SP）。栈指针所指定的存储单元就是堆栈的栈顶。存储器堆栈又可分为两种：自底向上生成的堆栈和自顶向下生成的堆栈。假设栈指针始终指向栈顶的满单元，且压入和弹出的数据为一个字节，则：

（1）自底向上生成（向低地址方向生成）堆栈

这种堆栈的栈底地址大于栈顶地址，进栈时，堆栈指针 SP 的内容需要先自动减 1，然后再将数据压入堆栈；出栈时，需要先将堆栈中的数据弹出，然后 SP 的内容再自动加 1。进、出栈的过程可描述如下。

进栈：

（SP）-1→SP；修改栈指针

（A）→（SP）；将 A 中的内容压入栈顶单元

出栈：

（（SP））→A；将栈顶单元内容弹出送入 A 中

（SP）+1→SP；修改栈指针

其中，A 为寄存器或主存单元地址；（SP）表示堆栈指针的内容，即栈顶单元地址；（（SP））表示栈顶单元的内容。

（2）自顶向下生成（向高地址方向生成）堆栈

这种堆栈与自底向上生成的堆栈正好相反，它的栈底地址小于栈顶地址。进栈时，先令（SP）+1→SP，然后再压入数据；出栈时，先将数据弹出，然后（SP）-1→SP。

软堆栈的容量可以很大，而且可以在整个主存中浮动，但是速度比较慢，每访问一次堆栈实际就是访问一次主存。一些大型的计算机系统要求堆栈的容量大、速度快，故将前述两种堆栈组合起来构成软、硬结合的堆栈。在这样的堆栈中，一般压入、弹出操作在小容量的硬堆栈中进行，这样可保证访问速度快。当硬堆栈已满之后，每向硬堆栈压入一个数据，总是将其栈底寄存器中的数据压入软堆栈中，使堆栈总容量有效扩大；同样，数据出栈时，不断将软堆栈中栈顶的内容上移至硬堆栈的栈底寄存器中。显然它集中了硬堆栈速度快、软堆栈容量大的优点，只是在控制上稍复杂些，但这是完全可以实现的。

3. 堆栈操作

数据进栈时使用 PUSH 指令，堆栈指针 SP 先减 1（或者加 1），然后数据压入栈顶位置。数据出栈时使用 POP 指令，数据先从栈顶弹出，然后堆栈指针 SP 加 1（或者减 1）。

7.4 汇编语言

汇编语言（assembly language）是一种低级编程语言，它使用助记符（mnemonics）来表示计算机硬件的机器语言指令，用于与计算机的硬件进行直接交互。每个汇编语言的助记符对应一条机器语言指令，这让程序员能够以更易读和更易记忆的方式编写程序，而不是直接使用二进制或十六进制编码的机器码，从而编写出高效且紧凑的代码。

汇编语言通常与特定的计算机架构和操作系统紧密相关，不同的计算机架构有着不同的汇编语言。

7.4.1 汇编语言的特点

学习汇编语言有助于深入理解计算机底层工作原理，虽然在日常软件开发中不常直接使用汇编语言，但它仍然是计算机科学教育中的重要组成部分。

1. 与硬件密切相关

汇编语言提供了对计算机硬件的直接控制，允许程序员执行如读写内存、控制输入输出设备等操作。每种类型的处理器架构都有其特定的指令系统，因此其有自己相对应的汇编语言，因为不同的处理器理解不同的机器指令集。

2. 低级控制

汇编语言提供了对计算机硬件操作的直接控制，因此，汇编语言程序可以直接访问和控制内存、寄存器和其他硬件资源，这对于需要高度优化或者与硬件直接交互的程序非常有用。

3. 高效执行

由于汇编语言直接操作硬件，因此编写的程序通常执行效率很高。

4. 平台依赖性与非移植性

由于汇编语言与特定的计算机架构紧密相关，不同的架构有不同的指令集和语法，因此，用一种处理器的汇编语言编写的程序不能直接在另一种处理器上运行，除非通过交叉编译器转换。

5. 编译过程

汇编语言程序通过汇编器（assembler）转换成机器语言。这个过程包括将助记符翻译成对应的二进制代码，并进行地址解析、符号定义等。

6. 难度和复杂性

相比于高级语言，汇编语言编程更为复杂，要求程序员对计算机体系结构有深入的理解。因此，汇编语言的代码通常很难编写和理解，因为每条指令都直接对应于硬件操作，这使得代码的可读性和可维护性较差。

7.4.2 应用场景

1. 系统编程

操作系统内核开发：操作系统的内核部分是与硬件最直接接触的部分，包括中断处理、设备驱动、进程调度等核心功能。由于这些功能涉及大量的底层硬件操作，如 CPU 指令集、中断向量表管理、内存管理等，因此通常采用汇编语言编写，以实现最高程度的性能优化和灵活性。

硬件抽象层（HAL）：当开发硬件抽象层时，汇编语言可以用来编写与特定硬件紧密相关的代码，以确保软件能够充分利用硬件的特性。

2. 嵌入式系统开发

嵌入式设备通常资源有限，对性能和资源要求非常苛刻。使用汇编语言可以更有效地利用硬件资源，实现对内存和处理器的精确控制。例如，控制 LED 灯的亮灭、编写嵌入式系统的核心驱动程序和硬件控制程序等。

3. 性能优化

在需要极致性能的应用程序中，如高性能计算、图形处理、实时系统等，汇编语言可以帮助开发者优化算法，减少指令执行时间。通过直接操作底层硬件，汇编语言可以进行更为细致和精确的性能优化。

4. 逆向工程

在软件安全领域，汇编语言是分析和理解未知二进制代码（如病毒、恶意软件）的重要工具。逆向工程师通过分析程序的汇编代码，可以理解程序的内部工作原理、漏洞和安全性问题。对于加密算法和安全软件的破解，汇编语言也是必备技能之一。

5. 教育和学习

汇编语言是学习计算机工作原理和硬件架构的好工具，它可以帮助学生理解程序是如何在硬件层面上执行的。对于计算机科学专业的学生和从事底层开发的工程师来说，掌握汇编语言是一项重要的技能。

6. 游戏开发

在某些情况下，游戏开发者可能会使用汇编语言来优化关键的游戏循环，以提高帧率和响应速度。尤其是在需要处理大量图形渲染和物理模拟的高性能游戏中，汇编语言可以发挥重要作用。

7. 加密和安全

在加密算法的实现中，汇编语言可以用来实现高效的加密和解密过程，尤其是在资源受限的环境中。由于其低级别抽象的特点，汇编语言允许程序员充分利用硬件特性来增加加密强度和提高运算速度。

8. 其他特定场景

编译器和解释器的后端：在编译器或解释器的核心部分，即生成机器码的过程中，代码生成阶段需要使用汇编语言。汇编语言可以将高级语言编译/解释后的中间代码精准地转化为目标机器的可执行代码，从而确保程序在运行时有最优的性能表现。

网络通信：实现简单的网络通信程序，进行基本的数据传输和接收。

文件操作：如文件复制程序，使用汇编语言编写，实现将一个文件的内容复制到另一个文件中的功能。

综上所述，汇编语言在需要精确控制硬件和性能优化的应用领域中发挥着重要作用。尽管现代软件开发通常更倾向于使用高级编程语言，但在特定场景下，汇编语言仍然是不可或缺的工具。

7.4.3 常用汇编语言

1. x86 汇编语言

应用：广泛应用于基于 Intel 和 AMD 处理器的个人计算机上。

特点：指令集丰富，支持多种数据类型和操作，是学习和研究汇编语言的基础。

编译器：常见的 x86 汇编器有 MASM（microsoft macro assembler）、NASM（net-wide assembler）等。

2. ARM 汇编语言

应用：广泛应用于嵌入式系统、移动设备（如智能手机和平板电脑）和某些服务器处理器。

特点：具有多种指令集架构（如 32 位 ARM 和 64 位 AArch64），支持高效的电源管理和低功耗设计。

编译器：常见的 ARM 汇编器有 GNU Assembler（GAS）等。

3. MIPS 汇编语言

应用：曾广泛用于某些工作站、服务器和嵌入式系统，近年来其市场份额有所下降。

特点：指令集设计简洁，易于理解和实现，适合教学和学术研究。

编译器：MIPS 汇编器通常与 MIPS 处理器一起提供，也支持第三方工具链。

4. PowerPC 汇编语言

应用：主要用于某些高端服务器、工作站和嵌入式系统。

特点：支持复杂的数据类型和指令集，适用于需要高性能计算的应用场景。

编译器：PowerPC 汇编器通常与 IBM 和其他 PowerPC 处理器一起提供。

7.4.4 Intel 8086 汇编语言

Intel 8086 汇编语言是与 Intel 8086 微处理器紧密相关的一种低级编程语言。Intel 8086 是 Intel 于 1978 年设计的一款 16 位微处理器芯片，作为 x86 架构的鼻祖，它广泛应用于早期的个人计算机。

1. 基础概念

机器语言：机器语言是机器指令的集合，由一串二进制数表示，是计算机可以直接识别和执行的语言。

汇编语言：汇编语言是机器语言的助记符表示，每一条汇编指令都对应一条或多条机器指令。汇编语言比机器语言更易于人类理解和编写。

汇编指令：有对应的机器码，是 CPU 可以直接执行的指令。

伪指令：没有对应的机器码，由编译器执行，用于控制汇编过程，如定义变量、分配存储空间等。

2. 汇编语言的组成

汇编指令：如 MOV、ADD、SUB 等，用于执行数据传送、算术运算、逻辑运算等操作。

伪指令：如 DB、DW、DD 等，用于定义数据、分配存储空间。

其他符号：如+、-、*、/等，用于表示数学运算和逻辑运算。

3. Intel 8086 CPU 特性

（1）总线结构

地址总线：宽度为 20 位，决定了 CPU 的寻址能力为 1 MB（2^{20}字节）。

数据总线：宽度为 16 位，决定了 CPU 单次数据传送的最大量为 2 个字节。

控制总线：传输控制信息，决定了 CPU 的控制能力。

（2）寄存器组

通用寄存器：AX、BX、CX、DX，用于保存操作数或运算结果，可拆分为高 8 位（AH、BH、CH、DH）和低 8 位（AL、BL、CL、DL）寄存器。

段寄存器：CS（代码段寄存器）、DS（数据段寄存器）、SS（堆栈段寄存器）、ES（扩展段寄存器），用于存放段地址。

指令指针寄存器（IP）：用于存放下一条指令的偏移地址。

标志寄存器（FLAGS）：用于存放控制标志和反映 CPU 运行的状态特征，如溢出标志（OF）、方向标志（DF）、中断标志（IF）等。

（3）寻址方式

Intel 8086 CPU 通过段地址和偏移地址合成 20 位的物理地址来访问内存单元。物理地址=段地址×16+偏移地址。

4. 汇编语言程序结构

汇编语言程序通常由多个段组成，包括代码段、数据段、堆栈段等。每个段都有自己的段地址和偏移地址。

段定义：Intel 8086 内存管理使用段寄存器（如 CS、DS、ES、SS）来指定内存段的基地址，因此程序通常以段定义开始，例如数据段（.data）、代码段（.code 或.text）。

标号：汇编语言允许使用标号来标记代码位置，便于跳转或调用。

注释：以分号“;”开始的文本是注释，用于解释代码功能。

程序执行时，CPU 通过 CS：IP 寄存器指向当前要执行的指令地址（CS×16+IP），并从内存中读取指令执行。

5. 指令示例

（1）数据传送指令（MOV）：将数据从一个位置复制到另一个位置。

MOV AX，5；将立即数 5 送入 AX 寄存器

MOV BX，AX；将 AX 寄存器的内容送入 BX 寄存器

(2) 算术运算指令（ADD）：执行基本的数学运算。

ADD AX, BX; 将 AX 和 BX 中的值相加，结果存入 AX

(3) 条件跳转指令（JE）：根据之前指令设置的标志位决定是否跳转。

CMP AX, BX; 比较 AX 和 BX

JE label; 如果相等，则跳转到 label 处

6. 汇编语言程序实例

一个简单的"Hello, World!" 程序示例（实际输出需要依赖操作系统提供的中断调用）：

```
.model small
.stack 100h
.data
msg db 'Hello, World!', '$'
. code
main proc
    mov ax, @ data
    mov ds, ax
    lea dx, msg
    mov ah, 9
    int 21h
    mov ah, 4Ch
    int 21h
main endp
end main
```

这段代码定义了一个数据段包含字符串"Hello, World!"，然后在代码段中通过 DOS 中断调用显示该字符串，并最后退出程序。

7.4.5 ARM 汇编语言

ARM 汇编语言是针对 ARM 架构处理器编写的一种低级编程语言。ARM 架构广泛用于各种嵌入式系统和移动设备，如智能手机、平板电脑、电子阅读器等。ARM 汇编语言允许开发者直接控制硬件，执行诸如数据处理、内存访问和程序控制等任务。

1. ARM 汇编语言的特点

寄存器丰富：ARM 架构拥有多个通用目的寄存器（如 R0-R15），以及一些特殊用途的寄存器，如 PC（程序计数器）、SP（堆栈指针）、LR（链接寄存器）等。丰富的寄存器使得它在执行指令时能够更快地访问数据。

指令集简洁：相较于其他架构，ARM 指令集较为简洁，这有助于减少程序的复杂性和提高执行效率。

加载/存储架构：ARM 处理器采用加载/存储架构，意味着数据处理指令只针对寄存器中的内容进行操作，而不直接对内存进行操作。

条件执行：ARM 指令可以附带条件码，使得指令只有在满足特定条件时才执行，这有助于减少代码量和提高执行速度。

支持多种寻址模式：ARM 汇编语言支持多种寻址模式，包括立即寻址、寄存器寻址、寄存器间接寻址等，这为数据操作提供了灵活性。

2. ARM 汇编语言的语法

ARM 汇编语言的基本构成元素包括标签（labels）、指令（instructions）、操作数（operands）和注释（comments），以下是一些基本的语法元素。

指令：执行特定操作的代码，如数据移动、算术运算等。

标签：用于标识代码中的位置，常用于跳转和循环控制。

伪指令：用于指导编译器如何处理代码，如定义常量、宏等。

注释：注释通常以井号“#”或分号“;”开始，用于解释代码含义。

3. 常见指令示例

（1）数据处理指令

ADD r0, r1, r2：将 r1 和 r2 寄存器中的值相加，结果存入 r0。

（2）加载/存储指令

LDR r0, [r1]：从内存中 r1 指向的地址加载一个字到 r0 寄存器。

STR r0, [r1]：将 r0 寄存器中的值存储到 r1 指向的内存地址。

（3）分支指令

B label：无条件分支到标签 label 指定的位置。

BNE label：如果 Z（零）标志为 0（即结果不为零），则分支到 label。

（4）状态寄存器操作

MRS r0, CPSR：将当前程序状态寄存器（CPSR）的值复制到 r0。

MSR CPSR_c, r0：将 r0 寄存器的部分位设置到 CPSR 的条件码字段。

4. ARM 汇编语言程序示例

以下是一个简单的 ARM 汇编语言示例，用于实现两个数的加法：

```
AREA RESET, CODE, READONLY
ENTRY
START
    MOV R0, #10         ; 将 10 移动到寄存器 R0
    MOV R1, #20         ; 将 20 移动到寄存器 R1
    ADD R2, R0, R1      ; 将 R0 和 R1 的值相加，结果存储在 R2
    END                 ; 指示程序结束
```

在这个示例中，MOV 指令用于将数据移动到寄存器，ADD 指令用于执行加法操作。AREA、ENTRY、START 和 END 是伪指令，用于定义程序的结构。

7.5 指令系统的发展

指令系统的发展历程与计算机处理器架构的演进紧密相关，经历了从简单到复杂，再到根据实际需求不断优化的过程。

7.5.1 指令系统发展历程

以下是指令系统发展的主要阶段和特点。

1. 早期发展阶段

20 世纪中叶，计算机硬件构造简约，多采用分立晶体管或电子管，体积庞大且造价高昂。受限于技术，其指令系统精简至极，仅涵盖数十条基础指令，如定点算术、逻辑处理、数据传输及跳转等，且寻址机制单一。这一时期，计算机性能虽有限，却为后续技术飞跃奠定了基石。

2. 扩展与复杂化阶段

20 世纪 60 年代中期至 70 年代，随着集成电路技术的兴起，计算机硬件迎来革新，功耗、体积与成本显著下降，功能显著增强。在这一背景下，指令系统迎来扩张，融入乘除、浮点、十进制运算及字符串处理等复杂指令，总数攀升至一二百条，寻址模式亦趋多元化。

20 世纪 70 年代，高级语言在各类计算机系统中占据主导地位，推动应用广泛普及。然而，软件迅猛发展的步伐超前于设计理论，复杂系统缺乏坚实的理论指导，软件质量面临挑战，引发“软件危机”。

为应对此危机，计算机设计者融合微程序与 VLSI 技术，引入专为高级语言设计的复杂指令。指令体系愈发庞大，旨在通过技术创新优化软件设计，提升整体效能与质量。

3. 精简与优化阶段

从 20 世纪 70 年代后期开始，为了提高指令的执行速度和简化硬件设计，精简指令集计算机（RISC）开始兴起。RISC 的核心思想是减少指令种类和简化指令功能，提高指令的执行速度。典型的 RISC 架构包括 MIPS 和 ARM。

目前，复杂指令集计算机（CISC）与 RISC 仍然并存。尽管 RISC 架构在计算机设计中逐渐占据重要地位，但 CISC 仍然在某些领域（如高端服务器和个人电脑市场）保持优势。CISC 架构的典型代表是 x86 架构。

随着应用需求的不断变化，无论是 CISC 还是 RISC 架构，都在不断扩展其指令集以支持新的计算任务和性能要求。例如，x86 架构推出了 SSE、AVX 等扩展指令集以支持多媒体和并行计算；RISC 架构也通过增加自定义指令等方式来优化性能。

近年来，开源指令集如 RISC-V 逐渐受到关注。RISC-V 具有指令精简、模块化、可扩展、开源、免费等优点，为芯片设计提供了更多的灵活性和自主性。RISC-V 的发展迅速，已经在多个领域得到应用，并有望在未来成为重要的竞争力量。

4. 未来发展趋势

（1）云端迁移与容器化

随着云计算技术的发展，指令系统架构正在向云端迁移，以提供更大的灵活性和可扩展性。同时，容器化技术也将得到更广泛的应用，以提高资源利用率和环境隔离能力。

（2）微服务与无服务器架构

微服务架构和无服务器架构正在成为新的趋势，这些架构将推动指令系统架构进一步发展和优化。

（3）人工智能与机器学习

人工智能和机器学习技术将在指令系统架构中发挥越来越重要的作用，以提高系统的自动化程度和智能化水平。

综上所述，指令系统的发展是一个不断适应和优化的过程。随着技术的不断进步和应用需求的不断变化，指令系统将继续朝着更高效、更灵活、更智能的方向发展。

7.5.2 X86 架构的扩展指令集

X86 架构的扩展指令集是指在基本的 x86 指令集基础上，为了提升特定类型计算的效率，比如多媒体处理、浮点运算、向量运算等，而添加的一系列附加指令。这些扩展极大地丰富了处理器的功能，提升了其在特定应用场景下的性能。以下是一些重要的 X86 架构扩展指令集。

1. 多媒体扩展指令集（multiMedia extension，MMX）

MMX 由 Intel 在 1996 年引入，主要面向多媒体应用，提供了 SIMD（单指令多数据）技术，主要用于提高图形图像和多媒体应用程序的性能。MMX 能够同时对多个数据进行相同的操作，提升了图像、视频处理等的效率。

2. 流 SIMD 扩展指令集（streaming SIMD extensions，SSE）

Intel 从 Pentium III 处理器开始引入，进一步扩展了 SIMD 能力，增加了更多的寄存器和指令，支持更多的数据类型（如 128 位），通过 128 位 XMM 寄存器实现数据的并行处理，极大地提高了浮点运算和数字信号处理的性能。SSE 适用于浮点运算、图形处理和科学计算。

3. SSE2. x, SSE3. x, SSE4. x

这些是 SSE 的后续版本，每一代都在原有基础上增加了更多指令，支持更复杂的数据处理能力，如 SSE4. 2 包含了字符串处理和加速的 CRC 计算等特性。

4. 3DNow!

其由 AMD 开发，最初是为了增强游戏和 3D 图形处理的性能，也支持 SIMD 技术，但后来被 SSE 取代，逐渐不再被广泛支持。

5. AVX (advanced vector extensions)

首次在 Intel 的 Sandy Bridge 处理器和 AMD 的 Bulldozer 架构处理器中引入，AVX 将 SIMD 寄存器的宽度扩展到 256 位，提供了更强的向量处理能力，适用于高性能计算、科学模拟、图像处理等。

6. AVX2

AVX2 是 AVX 的扩展，增加了更多指令，提高了数据处理的灵活性和效率，支持整数向量操作等。

7. AVX-512

在某些高端 Intel 处理器中引入，其将 SIMD 寄存器宽度增加到 512 位，显著增强了并行处理能力，适用于深度学习、大数据分析、高性能计算等场景。

8. FMA (fused multiply-add)

这不是一个独立的指令集，但在 AVX 和后续版本中作为重要特性出现，其允许在一个指令中同时完成乘法和加法操作，提升了浮点运算的效率。

这些扩展指令集的引入，使得 X86 架构处理器能够更好地满足不断变化的计算需求，特别是在高性能计算和多媒体处理领域。不同的处理器型号可能支持上述指令集的不同子集，开发者在编写代码时需考虑目标平台的具体支持情况。

7.5.3 CISC 与 RISC

1. CISC 复杂指令集计算机

CISC，即复杂指令集计算机 (complex instruction set computer) 的缩写，其是一种处理器设计哲学，强调在一个单一指令中实现更复杂的功能。与之相对的是 RISC，即精简指令集计算机 (reduced instruction set computer)，RISC 倾向于使用简单、基本的指令。

CISC 架构的设计目标是增加程序的密度，减少代码长度，以及通过硬件直接支持高层语言，从而提升早期计算机系统性能，增加编程便利性。它的特点包括以下几种。

指令多样性：CISC 处理器通常提供大量的指令，包括复杂的多周期指令，可以直接完成诸如乘法、除法、字符串处理、加载存储带自动增量/减量等操作。

指令长度可变：指令长度不固定，根据需要可以非常短或非常长，以便在一个指令中编码更多的操作信息。

寻址模式丰富：支持多种寻址模式，比如立即数、寄存器直接寻址、寄存器间接寻址、基址加变址寻址等，为程序员提供了灵活的内存访问方式。

单指令多数据（SIMD）：某些 CISC 架构还支持 SIMD 指令，允许一条指令同时对多个数据元素进行相同的操作，从而提高数据处理速度。

然而，CISC 架构也存在一些缺点，如指令解码复杂，导致处理器设计复杂度高，难以高效流水线化，且在某些情况下其可能不如 RISC 架构处理器的能效比高。

X86 架构是 CISC 的典型代表，现代 X86 处理器通过微操作译码等技术，在硬件层面上结合了 CISC 的指令集优势与 RISC 的执行效率，形成了混合型设计。

总的来说，CISC 计算机在指令集的复杂性和执行速度之间做出了权衡。虽然其执行速度可能不如 RISC 计算机，但由于其指令集的丰富性，使得程序员在编写程序时更为方便。在实际应用中，选择 CISC 还是 RISC 计算机，需要根据具体的任务需求和性能要求来决定。

2. RISC

RISC，精简指令集计算机（reduced instruction set computer），是一种计算机处理器架构设计理念，与 CISC（复杂指令集计算机）相对。RISC 架构起源于 20 世纪 80 年代，其核心思想是通过简化处理器的每条指令功能，使指令执行得更快，从而提升整体性能。RISC 设计原则如下。

简化指令：RISC 架构使用较少的、简单的指令，每条指令的执行周期通常相同，这减少了指令集的复杂性，使得处理器设计更为简单，易于实现流水线和超标量技术。

固定长度指令：大多数 RISC 架构采用固定长度的指令格式，简化了指令的解码过程，有助于提高指令预取和解码的效率。

使用频率高的指令：重点优化常用的简单指令，如加载（LOAD）、存储（STORE）、算术逻辑运算（ADD、SUB、AND、OR 等），确保这些指令能快速执行。

限制或避免使用复杂指令：避免在硬件层面实现复杂的多周期指令，如乘法、除法等，这些操作可以通过简单指令的组合来完成。

大量寄存器：RISC 架构通常配备较多的通用寄存器，以减少对慢速内存的访问，提升数据处理速度。

单周期执行：力求使大部分指令能在一个时钟周期内完成，减少指令之间的延迟。

硬连线控制：相对于 CISC 中复杂的微代码控制，RISC 架构倾向于使用硬连线逻辑来控制指令执行，从而提高执行速度。

RISC 架构的优势在于其高效能和低功耗，其特别适合移动设备和嵌入式系统。著名的 RISC 架构包括 ARM、MIPS、PowerPC 等。随着技术的发展，现代处理器设计往往融合了 RISC 和 CISC 的特点，形成混合型设计，以适应更广泛的应用场景。

7.5.4 VLIW 与 EPIC

1. 超长指令字（very long instruction word，VLIW）

VLIW 是一种超长指令字的处理器架构，这是一种采用多个算术逻辑单元（arithmetic logic unit，ALU），用并行处理来加速指令执行速度的处理器设计，属于一种静态指令级并行（ILP）实现方式。VLIW 架构的设计初衷是通过提升处理器的并行处理能力来提高指令的执行速度。VLIW 设计的核心理念是在单个指令周期内执行多个操作，通过编译器在编译时期安排指令的并行执行，从而充分利用处理器的资源，提高计算效率。

VLIW 处理器的指令通常包含多个操作字段，每个字段代表一个独立的操作，如算术运算、逻辑运算、加载、存储等。这些操作可以在一个时钟周期内并行执行，前提是它们之间没有数据依赖关系。VLIW 的“超长”体现在单个指令可以编码多个操作上，相比传统的 RISC 或 CISC 架构，VLIW 指令要长得多。

VLIW 架构的主要特点如下。

静态调度：与依赖硬件动态调度的操作相比，VLIW 依赖编译器在编译时确定指令间的并行性，这要求编译器具有高度优化的能力，能够识别并安排指令的并行执行。

简化硬件：由于调度工作交给了编译器，VLIW 处理器的硬件设计可以相对简化，无须复杂的指令调度逻辑，这有利于减少芯片面积和功耗。

指令打包：编译器将一系列基本操作打包成一个单一的指令字，每个操作占用指令字中的一个槽位，每个槽位对应处理器中的一个功能单元。

并行度可变：VLIW 指令的长度（即包含的操作数量）可以根据具体需求变化，从而适应不同水平的并行计算。

对编译器的依赖：VLIW 架构的成功极大程度上依赖于高质量的编译器，编译器必须能够有效地分析程序，以最大化指令级并行性，否则无法充分发挥 VLIW 处理器的性能潜力。

尽管 VLIW 架构在理论上提供了高效执行的可能性，但由于其对编译器技术和程序的并行性有较高要求，实际应用中有时难以实现理想的性能提升，尤其是在面对非高度并行化的代码时。知名的 VLIW 处理器包括 Intel 的 Itanium 系列以及部分 DSP 和 GPU 架构。

2. 显式并行指令计算（explicitly parallel instruction computing，EPIC）

EPIC 是一种处理器架构设计理念，它结合了 VLIW（超长指令字）和更传统的 ISA（指令集架构）设计原则。EPIC 架构的目标是通过编译器指导的并行性来提升处理器的效率，同时保持一定程度的硬件灵活性和向前兼容性。

EPIC 架构的核心特点如下。

显式并行指令：类似于 VLIW，EPIC 架构下的处理器也能够在单个时钟周期内执行多个操作，但与 VLIW 不同的是，它并不依赖于固定的指令格式。这意味着，并行性不是通过超长指令字的硬编码来实现的，而是通过编译器分析来明确指出哪些指令可以并行执行。

编译器优化：EPIC 架构非常依赖于高度优化的编译器，这些编译器需要能够识别潜在的指令级并行性，并生成相应的代码来指导处理器如何并行执行指令。这种编译器驱动的方法旨在减少硬件复杂性，同时最大化性能。

指令集灵活性：EPIC 架构设计更加灵活，支持更多类型的指令和操作数，不像 VLIW 那样严格受限于固定的指令格式。这为软件提供了更强的表达力，同时也允许硬件设计上有更多创新。

推测执行与动态调度：虽然强调编译器的静态并行化，但 EPIC 架构也支持一定程度的硬件级推测执行和动态调度，以应对编译时无法预测的并行机会或数据依赖问题，这一点与纯 VLIW 架构有所不同。

IA-64 架构的实例：Intel 的 Itanium 处理器系列是 EPIC 架构最著名的实例。Itanium 处理器设计用于高性能计算和服务器市场，试图通过 EPIC 设计理念来实现高性能和高效率，但最终市场接受度有限，部分原因是它与传统的 x86 软件有兼容性问题以及面临与 x86-64 架构的竞争。

总的来说，EPIC 架构代表了一种尝试通过高级编译器技术和指令级并行来提升处理器性能的设计思路，虽然在特定领域有所应用，但并未成为主流的处理器架构。

本章小结

机器指令是计算机硬件能够直接理解和执行的最基本操作命令，构成了计算机指令系统的基石。机器指令是计算机硬件与软件之间的桥梁，是程序执行的最基本单元。指令系统是指一台计算机所具有的全部机器指令的集合。指令系统表征了计算机的主要属性，是计算机硬件与软件之间的界面，是计算机硬件的语言。一个良好的指令系统应具备功能完备性、高效性、规整性和兼容性四个方面的性能要求。指令系统定义了硬件需要实现的功能，而硬件结构则决定了指令系统的具体实现形式及其实现效率。

指令格式是指令字用二进制代码表示的结构形式，由操作码字段和地址码字段组成。操作码指明了指令的操作性质和功能，地址码指明了参与操作的数据地址。根据指令中地址码的数量，可以将指令分为四地址指令、三地址指令、二地址指令、一地址指令和零地址指令。根据操作类，机器指令可以分为算术运算类指令、逻辑运算类指令、移位操作指令、数据传输指令、控制流指令、输入输出（I/O）指令、字符串操作指令、位操作指令、特权指令、向量指令。机器指令的操作数类型主要包括地址、数字、字符、逻辑数据。

寻址方式是计算机系统中关于如何确定指令或数据有效地址的方法。寻址方式包括指令寻址方式和数据寻址方式。指令寻址方式定义了处理器如何确定要执行的下一条指令的地址。指令寻址方式可以分为两大类：顺序寻址方式和跳跃寻址方式。指令的顺序寻址方式是通过程序计数器 PC 的自动加“1”的功能来实现的。指令的跳跃寻址方式是通过转移指令修改程序计算器 PC 的值来实现的。

数据寻址是形成操作数的有效地址的方法，确保了程序能够正确、高效地访问内存中的数据。基本的数据寻址方式有隐含寻址、立即寻址、直接寻址、间接寻址、寄存器寻址、寄存器间接寻址、相对寻址、基址寻址、变址寻址等。在基本寻址方式的基础上，还可以组合或者变型而形成新的寻址方式。堆栈寻址是一种特殊的寻址方式，遵循后进先出或者先进后出原则的线性数据结构。

汇编语言是一种低级编程语言，它使用助记符来表示计算机硬件的机器语言指令，用于与计算机的硬件进行直接交互。Intel 8086 汇编语言和 ARM 汇编语言是常见的两种汇编语言。

指令系统的发展经历了从简单到复杂，再到根据实际需求不断优化的过程。随着技术的不断进步和应用需求的不断变化，指令系统将继续朝着更高效、更灵活、更智能的方向发展。

习题

7.1 名词解释：机器指令、指令系统、宏指令、微指令、寻址方式、指令寻址、数据寻址。

7.2 一个良好的指令系统应具备哪些性能要求？

7.3 简述指令系统与硬件结构的关系。

7.4 一种单地址指令格式如下图所示：

OP	I	X	A

其中 I 为间接寻址特征，I=0 表示未间接，I=1 表示间接；X 为寻址模式，A 为形式地址。I、X、A 组成该指令的操作数有效地址 EA。设 R2 为基址寄存器，R3 为变址寄存器，PC 为程序计数器，请在下表中第一列位置填入相应的寻址方式名称。

寻址方式名称	I	X	有效地址 EA
①	0	00	EA=A
②	0	01	EA=（PC）+A
③	0	10	EA=（R2）+A
④	0	11	EA=（R3）+A
⑤	1	00	EA=（A）
⑥	1	11	EA=（（R3）+A），A=0

7.5 指令的寻址方式有哪些？它们分别是怎么实现的？

7.6 简述数据的基本寻址方式。

7.7 寄存器和内存的情况如下表所示：

寄存器		内存地址	内存内容
R0	100	400	5
R1	178	401	3
R2	401	402	2
R3	209	403	6
		404	9
		405	4

现有指令“ADD　R1，(R2）”，问：

（1）操作数“R1”的寻址方式是什么？形式地址是多少？有效地址是多少？操作数是多少？

（2）操作数“（R2）”的寻址方式是什么？形式地址是多少？有效地址是多少？操作数是多少？

7.8 寄存器和内存的情况如下表所示：

寄存器		内存地址	内存内容
R0	2	500	5
R1	7	501	3
R2	4	501	2
R3	9	503	6
		504	9
PC	500	505	4

现有指令“ADD　PC：5，R0”，问：

（1）操作数“PC：5”的寻址方式是什么？形式地址是多少？有效地址是多少？操作数是多少？

（2）操作数“R0”的寻址方式是什么？形式地址是多少？有效地址是多少？操作数是多少？

7.9 CISC 是什么？它的特点是什么？

7.10 RISC 是什么？它的设计原则是什么？

7.11 VLIW 是什么？它的特点是什么？

7.12 EPIC 是什么？它的特点是什么？

8　中央处理器

中央处理器（central processing unit，CPU）是一块超大规模的集成电路，是一台计算机的运算核心和控制核心。计算机的性能在很大程度上由 CPU 的性能决定，而 CPU 的性能主要体现在其运行程序的速度上。影响运行速度的性能指标包括 CPU 的工作频率、Cache 容量、指令系统和逻辑结构等参数。随着技术的不断发展，现代 CPU 还具备了许多先进的技术特性，如多核技术、超线程技术、动态加速技术等，这些技术可以进一步提高 CPU 的性能和效率。

本章的主要内容有：

- 中央处理器的功能和组成、数据通路、处理器的发展历程；
- 典型指令在指令周期的执行过程；
- 计算机的时序系统与控制方式；
- 组合逻辑控制器的设计；
- 微程序控制器的设计；
- 典型的处理器架构。

8.1　中央处理器的功能和组成

CPU 是计算机系统的核心组件，负责执行大部分计算和控制任务。它是电子计算机的主要设备之一，是运算核心和控制核心，其性能直接影响计算机的整体性能和运行速度。

8.1.1 中央处理器的功能

CPU 的功能主要包括指令控制、操作控制、时间控制、数据加工以及对系统进行中断处理。

1. 指令控制

指令控制是指管理程序中指令的执行顺序，确保计算机系统按预定的方式运行。在程序中，各指令之间有严格的顺序关系，必须严格按照程序规定的顺序执行，以保证计算的正确性。在冯·诺依曼计算机中，程序指令通常按顺序执行，但当遇到分支指令且条件满足时，执行顺序会被改变。此时，CPU 必须能够准确地确定下一条指令的地址，以确保程序的正确执行。

简而言之，指令控制的核心在于确保指令按正确的顺序执行，即使当遇到条件分支时也能正确地跳转到下一个指令地址。这有助于维持程序的逻辑性和可靠性。

2. 操作控制

一条指令的功能通常由计算机中的各个部件协同完成。CPU 根据指令的要求，生成相应的控制信号并发送给执行部件，确保这些部件能够按照指令的规定正确执行操作。通过这种方式，CPU 协调各个部件的工作，以实现指令所要求的功能。

3. 时间控制

时间控制也称为时序控制，是指对各种操作进行精确定时。具体来说，就是对每个操作控制信号的开始时间和结束时间进行严格控制，确保各功能部件按预定的时间顺序执行操作。在一条指令的执行过程中，每个操作的执行时间都必须受到严格的控制。只有这样，计算机才能有条不紊地工作。

时序控制的关键在于确保每个操作控制信号的启动和终止时间准确无误。例如，当 CPU 接收到一条指令时，它需要在特定的时间点生成控制信号，这些信号会指导各个部件（如 ALU、寄存器、存储器等）执行相应的操作。如果这些控制信号的时间控制不正确，指令的功能就无法正确实现，可能导致计算错误或系统故障。

对操作控制信号进行时间控制的信号称为时序信号。时序信号通常由系统的时钟信号生成，以确保所有操作都在同步的时间点上进行。通过精确的时序控制，计算机能够高效、可靠地执行复杂的指令序列，以保证系统的稳定性和性能。

总之，时序控制是计算机系统中不可或缺的一部分，它确保了指令的正确执行和系统的有序运行。

4. 数据加工

数据加工也称为数据处理，涉及对数据进行算术运算、逻辑运算或其他信息处理。这是 CPU 的一项基本功能，因为 CPU 必须能够对数据进行加工处理，这样才能顺利完成任务。通过这些运算，CPU 能够执行各种计算和决策，确保系统正常运行。数据处理是计算机系统中最核心的任务之一，确保了数据的准确性和有效性。

5. 中断处理

在计算机运行过程中，可能会出现各种异常情况和特殊请求，需要及时处理。例如，CPU 在执行指令时可能会遇到“未定义指令”、运行时异常（如除数为零）、访问指令或数据时发生“缺页”、外部设备发出中断请求等。这些事件需要立即处理，以确保系统的稳定性和安全性。当这些事件发生时，CPU 必须暂时中断当前程序的执行，转而去处理这些特殊事件。处理完成后，CPU 会返回到被中断的程序，继续执行，这一过程称为中断处理。中断处理过程包括检测中断、保存现场、处理中断、恢复现场和返回中断点。

通过中断处理机制，CPU 能够及时响应和处理各种异常情况和特殊请求，以确保计算机系统稳定运行。这一过程不仅提高了系统的可靠性和安全性，还保证了程序的正常执行。

总的来说，CPU 的主要功能是根据程序计数器（PC）指示的地址，从内存中取出指令，进行译码和执行。在执行指令的过程中，CPU 会按照时间顺序和特定的节拍，向各个部件发出相应的控制信号，以完成指令规定的操作。这一过程确保了计算机能够高效、有序地执行程序，完成各种任务。此外，CPU 还负责处理中断，确保计算机能够及时响应和处理各种异常情况和特殊请求，保证系统的稳定运行。

8.1.2 中央处理器的总体构成

传统的 CPU 包括运算器和控制器两部分。随着技术的演进，现代 CPU 还可能集成更多功能部件，如集成图形处理器（integrated graphics processing unit，iGPU）、高速缓冲存储器等，从而增加了安全特性以及针对特定任务优化的设计等。

为了方便讲解计算机的基本运行原理，本书中的中央处理器组成如图 8-1 所示。图中的主存使用了双端口存储器，一个端口用于读写数据，另外一个端口用于读取指令代码。为了形象化，图中把主存分为数存和指存，数存用于存储数据，指存用于存储指令代码。因此，地址总线也分为数据地址总线 ABUS（D）和指令地址总线 ABUS（I），同时也增加了指令总线 IBUS 用于传输指令。

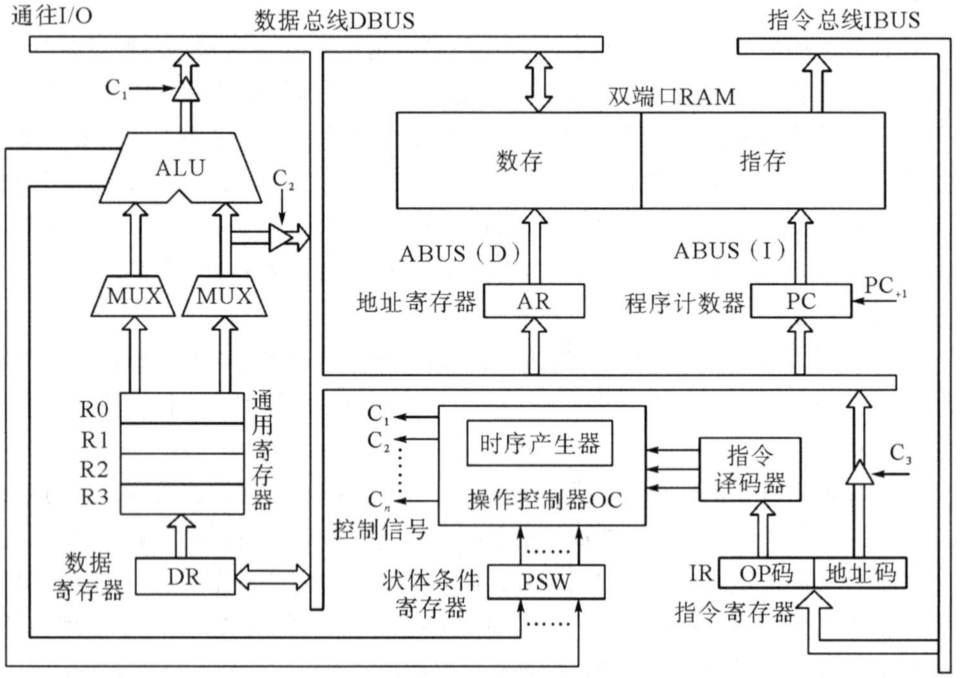

图 8-1　中央处理器的组成

运算器的组成部件包括算术逻辑运算单元（ALU）、通用寄存器（如 R0 至 R3）、数据寄存器（DR）和状态条件寄存器（PWS）等。控制器的组成部件则包括程序计数器（PC）、指令寄存器（IR）、指令译码器（ID）、操作控制器（OC，包括时序产生器）和地址寄存器（AR）等。这些部件协同工作，确保计算机能够高效地执行指令和处理数据。

8.1.3　运算器的功能与组成

1. 运算器的功能

运算器的主要功能是执行算术运算和逻辑运算。具体来说，运算器的功能包括但不限于以下几个方面。

（1）算术运算

加法：执行两个数相加的操作；

减法：执行两个数相减的操作（减法可以通过补码表示的加法来实现）；

乘法：执行两个数相乘的操作；

除法：执行两个数相除的操作。

（2）逻辑运算

位操作：如位与（AND）、位或（OR）、位异或（XOR）等；

移位操作：如左移（Shift Left）、右移（Shift Right）等；

比较操作：用于比较两个值，如大于、小于、等于等。

2. 运算器的组成及其功能

（1）算术逻辑单元

算术逻辑单元（ALU）是运算器的核心部件，负责执行基本的算术运算（如加、减、乘、除）和逻辑运算（如与、或、非、异或）以及移位和求补等操作。ALU 的性能直接影响到计算机的运算速度和精度。通过高效处理这些基本操作，ALU 确保了计算机能够快速、准确地完成复杂的计算任务。

（2）通用寄存器组

通用寄存器组（general purpose register group）又称为寄存器堆。通用的含义是指这些寄存器具有多种用途，可以作为 ALU 的累加器、变址寄存器、基址寄存器、地址指针、数据缓冲，用于存放操作数、中间结果、最终结果以及各种地址信息等。每个寄存器都有编号，比如，在 Intel x86 中称为 AX、BX、CX、DX 等。

通用寄存器组对程序员可见（程序员可以在程序使用它们），可以被软件设计者所访问，是程序执行过程中重要的数据存储单元。通用寄存器组提高了程序的执行效率和灵活性，减少了访问存储器的次数。

（3）数据寄存器

数据寄存器（DR）用于存放操作数，是 CPU 和主存、外部设备之间信息传输的中转站。当 CPU 从主存储器（或外部设备）读取一条指令或一个数据字时，这些数据首先会被存放在 DR 中。同样，当 CPU 需要向主存储器（或外部设备）写入数据时，也会先将数据存放在 DR 中，然后再进行传输。

由于 CPU 和主存、外部设备在操作速度上存在差异，DR 作为中转站，可以暂存数据，从而协调这种速度差异。通过这种方式，DR 确保了数据传输的高效性和稳定性。

在单累加器结构的运算器中，DR 还可以兼作操作数寄存器，直接参与运算过程。这种设计不仅简化了硬件结构，还提高了数据处理的灵活性和效率。

总之，DR 在计算机系统中起着至关重要的作用，它不仅作为数据传输的中转站，还帮助协调不同部件之间的速度差异，确保数据的高效传输和处理。

（4）状态条件寄存器

状态条件寄存器（program status word，PSW）又称为标志寄存器（flags register），是 CPU 中一个重要组成部分，用于记录算术和逻辑运算之后的状态信息。这些状态信息可以帮助处理器判断运算结果的特性，从而决定程序的下一步行动。PSW 中的标志位通常包括以下几种。

零标志（zero flag，ZF）：当算术或逻辑运算的结果为零时，该标志被设置。例如，在执行比较操作后，如果两个操作数相等，则 ZF 会被置位。

进位标志（carry flag，CF）：在加法或减法运算中用于指示最高有效位的进位或借位情况。如果运算结果导致了进位或借位，CF 会被设置。对于无符号数的运算，如果结果超出了最大表示范围，CF 也会被置位。这有助于检测溢出情况，确保计算的准确性。

溢出标志（overflow flag，OF）：当带符号的加法或减法运算结果超过了可表示的最大或最小值时，该标志被设置。溢出发生意味着结果不再正确，这在处理有符号数时尤为重要。

符号标志（sign flag，SF）：表示结果的符号，即正数或负数。在运算结束后，如果结果为负数，则 SF 会被置位。

辅助进位标志（auxiliary carry flag，AF）：在某些架构中，当半字节（通常是 4 位）运算产生进位时，AF 会被置位。主要用于 BCD（binary-coded decimal）运算。

奇偶标志（parity flag，PF）：记录结果中 1 的个数是奇数还是偶数。在某些情况下，这可以用于错误检测。

陷阱标志（trap flag，TF）：用于单步调试模式。当 TF 被置位时，每次指令执行后都会引发一个陷阱，使调试器能够控制程序的执行。

中断允许标志（interrupt enable flag，IF）：控制外部中断的响应。当 IF 被置位时，CPU 可以响应外部中断请求；反之，CPU 会忽略这些中断。这有助于在需要时禁用中断，确保程序的稳定性和安全性。

方向标志（direction flag，DF）：用于控制字符串操作指令的执行方向（向前或向后）。

8.1.4 控制器的功能与组成

1. 控制器的功能

作为计算机的神经中枢，控制器负责确保各个部件能够按照预定的顺序和节奏协同工作，以完成特定的任务。控制器通过发出一系列控制信号来协调其他部件的操作，并通过时序信号控制这些操作的顺序。简而言之，计算机的工作过程是不断取指令和执行指令，周而复始。控制器的主要职责就是完成这一过程，具体包括取指令、解码指令和执行指令。通过这一过程，控制器确保计算机能够有序、高效地运行。

控制器完成指令的取指、解码和执行是通过发出控制信号和时序信号来完成的。每个部件的操作都由特定的控制信号来完成，而时序信号完成这些操作的时间控制，即时序信号为各个部件的操作提供操作的时间标志。

2. 控制器的组成及其功能

（1）程序计数器

程序计数器（program counter，PC），也称为指令指针（instruction pointer），用于保存下一条将要执行的指令的地址，从而决定处理器执行指令的顺序。

PC 所保存的下一条将要执行的指令地址，是通过两种方式来实现的。一是通过

PC 自身自动加“1”的功能来实现，主要用于程序的顺序执行。PC 自动加“1”，这里的“1”代表的是指令所占字节数，比如，指令 4 字节，则 PC 的值加“1”实际是加 4。二是通过转移指令来修改 PC 的值形成下一条指令的地址，主要用于实现程序转移执行，比如程序的分支选择和循环结构的执行。

（2）指令寄存器

指令寄存器（instruction register，IR）的主要功能是存储当前正在执行的指令。指令通常包括操作码和地址码。操作码被送往指令译码器进行解码，而地址码则被送往地址转换部件，形成有效地址后存入地址寄存器。通过这种方式，IR 确保了指令的正确解析和执行。

（3）指令译码器

指令译码器（instruction decoder，ID）主要负责对指令中的操作码进行分析和解释，以确定计算机需要执行的具体操作。指令译码器对操作码的解码结果将被送往操作控制器使用。

（4）操作控制器

操作控制器（operation controller），也称为控制单元（control unit，OC），用于产生各种操作控制信号，以指挥计算机各部件协同工作。操作控制器根据指令译码器的解码结果和各种状态条件产生操作控制信号，操作控制信号送往其他各个部件并控制它们进行操作以完成指令要求的功能。

（5）时序产生器

时序产生器（timing generator）用于产生时序信号，时序信号给计算机或其他系统的各部分提供工作所需的时间标志，确保各项操作在正确的时间点上进行。

（6）地址寄存器（address register，AR）：用于存储 CPU 所访问主存单元的地址。

8.1.5　数据通路

1. 数据通路的概念

数据通路（data path），也称为数据路径或数据流，是指在计算机系统中数据从一个位置移动到另一个位置所经过的路径。这个概念通常用来描述处理器内部数据流动的方式，它涉及数据如何被处理、存储和传输。数据通路的设计对计算机系统的性能有直接影响，合理的数据通路设计可以提高数据传输效率，减少延迟，从而提升整体性能。

【例 8-1】根据图 8-1 所示的 CPU 结构组成，现在要从主存中取一个数据到寄存器 R0 中，试分析其数据通路。

解：

（1）将数据地址写入地址寄存器 AR 中；

（2）将 AR 中的地址输出到数据总线 ABUS（D）上；

（3）在给数存一个写命令后，数存将数据输出到数据总线 DBUS 上；

（4）在给 DR 一个写入命令后，将 DBUS 上数据存入 DR 中；

（5）在给 DR 一个读命令和给 R0 一个写命令后，将 DR 中的数据输出到 R0 中。

2. 数据通路的工作流程

数据通路的工作流程通常遵循以下步骤。

第一步，指令获取（instruction fetch）。控制器从程序存储器中获取下一条指令，通常是根据程序计数器中的地址来读取。

第二步，指令解码（instruction decode）。控制器解析获取到的指令，确定需要执行的操作。这一步包括提取操作码和地址码，并准备后续的执行步骤。

第三步，操作数获取（operand fetch）。根据指令的要求，从寄存器文件或存储器中获取操作数。这可能涉及地址计算和数据读取操作。

第四步，执行（execution）。在算术逻辑单元（ALU）中执行算术或逻辑操作。ALU 根据指令的要求进行加法、减法、逻辑运算等操作。

第五步，结果写回（write back）。将计算结果写回到寄存器文件或存储器中。这一步确保计算结果被正确存储，以便后续指令使用。

第六步，控制转移（control transfer）。如果指令涉及跳转或条件分支，控制器会更新指令指针，以便确定下一步要执行的指令。这可能涉及条件判断和地址更新操作。

通过这些步骤，计算机能够高效地执行程序，确保每条指令都被正确解析和处理。每个阶段的优化和协调对于提高系统的整体性能至关重要。

3. 数据通路的表达式描述

数据通路的表达式描述通常是指使用数学或逻辑表达式来描述数据通路中的各个组件之间的关系和数据流动的过程。数据通路的表达式描述是一种数学化的表示方法，用来清晰地展示数据在各个部件之间的流动路径以及各部件之间的逻辑关系。通过这种描述，可以更容易地理解计算机内部数据处理的过程。

下面是对数据通路的表达式描述的介绍。

在一般的表达式中，有三个元素：箭头、箭头的起点和箭头的终点。箭头表示数据的流向，使用“→”表示。箭头的起点表示数据从哪里来，使用“（部件名称）”来表示，表示该部件中的数据。箭头的终点表示数据的目的地，直接使用部件的名称。比如（DR）→R0，表示将 DR 中的数据读出写入 R0 中，即数据从 DR 流向 R0。需要注意的是，部件名称外面加圆括号，表示这个部件中的数据，部件不加圆括号表示该部件。因此表达式中，箭头起点用于表示数据，需要在部件外面加圆括号。箭头的终点表示数据流向哪里，表示的是目的地，因此不需要在部件的外面加圆括号。

另外，表达式的起点还可以表示某种运算，比如（R0）+（R1）→DR，表示将 R0 和 R1 中的数据送到运算进行加法运算，运算结果写入 DR 中。

其他说明如下。

M：表示存储器；

M（AR）：表示从 AR 中的地址指定主存单元读出的数据；

Ad（IR）：表示 IR 中的地址码；

OP（IR）：表示 IR 中的操作码；

$R/\overline{W}=1$：表示向主存发出读命令；

$R/\overline{W}=0$：表示向主存发出写命令。

需要注意的是，不同结构的机器，具体描述是不一样的。数据通路的表达式描述中，隐藏了一些细节，主要是寄存器的读写操作。

【例 8-2】将【例 8-1】中的数据流使用表达式来表示，假设数据的地址来源于指令寄存器中的地址码。

解：

（1）Ad（IR）→AR

（2）（AR）→ABUS（D），$R/\overline{W}=1$

（3）M（AR）→DR

（4）（DR）→R0

4. 数据通路的设计考虑因素

吞吐量（throughput）：每秒能完成多少个操作。

延时（latency）：完成一个操作所需的时间。

灵活性（flexibility）：能否处理多种类型的操作。

功耗（power consumption）：在执行任务时消耗的能量。

成本（cost）：设计和制造的成本。

8.1.6 处理器的发展历程

处理器的发展历程可以追溯到 20 世纪中叶，从最早的简单微处理器到现代复杂的多核处理器，经历了多个重要的发展阶段。

1. 20 世纪 70 年代——微处理器的诞生

1971 年，英特尔推出了第一款商用微处理器——Intel 4004，这是一款 4 位微处理器，标志着个人计算机时代的开端。1972 年，摩托罗拉发布了 6800 微处理器，这也是一款 8 位微处理器。1974 年，英特尔又推出了 8 位的 8080 微处理器，这款微处理器非常成功，被广泛应用于早期个人电脑的设计中。这些微处理器的推出，为计算机技术的发展奠定了基础，推动了个人计算机的普及。

2. 20 世纪 80 年代——x86 架构的崛起

1981 年，IBM PC 采用了英特尔的 8088 微处理器，这标志着 x86 架构成为个人电脑的标准。1985 年，英特尔发布了 80386 处理器，这是一款 32 位微处理器，支持保护模式下的虚拟内存管理。1989 年，英特尔推出了 80486 处理器，这是第一个内置浮点运算单元的 x86 微处理器。这些微处理器的推出，极大地推动了个人计算机的性能提升和功能扩展。

3. 20 世纪 90 年代——高性能处理器

1993 年，英特尔发布了 Pentium 系列处理器，这标志着高性能计算进入了一个新纪元。1995 年，AMD 推出了 K5 处理器，开始与英特尔展开竞争。1997 年，英特尔发布了 Pentium Pro 和随后的 Pentium II，这些处理器引入了更高级的缓存结构和流水线设计，进一步提升了计算机的性能。这些重要发布推动了个人计算机技术的快速发展。

4. 21 世纪初期——多核时代

2001 年，IBM、苹果和摩托罗拉合作开发了 PowerPC G4 处理器，其具有 AltiVec 向量处理单元。

2003 年，AMD 推出了 Athlon 64，这是第一个基于 64 位架构的 x86 兼容处理器。

2005 年，双核处理器开始普及，如 Intel Core Duo 和 AMD Athlon 64 X2。

2006 年，四核处理器开始出现，比如 Intel Core 2 Quad 和 AMD Phenom。

5. 21 世纪 10 年代——移动与 AI

2010 年，ARM 架构的处理器在移动设备中变得越来越流行，如智能手机和平板电脑。

2011 年，英特乐和 AMD 继续推出新的多核处理器，如 Intel Sandy Bridge 和 AMD Bulldozer 架构。

之后，AI 和机器学习开始影响处理器设计，包括专门针对这些任务而优化的处理器。

6. 21 世纪 20 年代至今

2020 年，5 纳米工艺制程的处理器进入市场，进一步提高了计算机的能效和性能。

2021 年，3 纳米工艺制程的研发和生产开始推进。

2022 年，随着人工智能、云计算和物联网的持续发展，对高性能和低功耗的需求推动了处理器技术的进一步革新。

7. 未来展望

随着技术的进步，处理器将继续朝着更高集成度、更低功耗和更强性能的方向发展。新材料和新技术（如 3D 堆叠技术、新型晶体管设计等）的应用将会使未来的处理器变得更加高效和强大。同时，随着量子计算等领域的研究深入，我们可能会看到全新的处理器架构出现。

8.2 指令周期

计算机的工作就是不断地取指令、解码指令和执行指令。从形式上看，指令和数据都是二进制编码，但是计算机能够准确地识别它们，并且能够根据指令编码来控制相关部件处理数据。为了了解计算机是如何做到的，我们先来了解指令周期及其相关概念，然后通过各条指令的指令周期的数据通路来了解计算机是如何具体完成指令执行的。

8.2.1 基本概念

指令周期是指从取指令开始到指令执行完毕所用的全部时间。由于不同指令的功能各异，它们的指令周期可能不同。即使相同的指令，由于数据寻址方式的不同，指令周期也可能有所差异。这反映了指令执行过程中时间和操作的复杂性。虽然指令周期中包括三个任务——取指令、解码指令和执行指令，但是指令周期分为两个阶段——取指周期阶段和执行周期阶段。

1. 取指周期

取指周期是指从内存中取出一条指令所用的时间。在这个周期内，需要完成取指令、解码指令和确定下一条指令的地址。因为取指周期与具体所取的是什么指令无关，但是需要完成的任务都一样，所以每一条指令的取指周期完全相同。

2. 执行周期

执行周期是指指令取出后，执行该指令所用的时间。由于不同指令的功能不同，其执行周期可能有所差异。

3. 机器周期

机器周期也称为 CPU 周期，因为 CPU 访问主存所花的时间比较长，因此通常用从主存读取一个指令的最短时间来规定机器周期。从机器周期的定义可以看出，机器周期的长度等于取指周期。一个机器周期包括若干个时钟周期。

4. 时钟周期

时钟周期也称 T 周期或节拍脉冲，是计算机处理操作的最基本时间单位。

5. 各种周期之间的关系

一个指令周期包括取指周期和执行周期。取指周期等于一个机器周期，执行周期至少需要一个机器周期，因此一个指令周期至少需要两个机器周期。每个机器周期包含若干个时钟周期，如图 8-2 所示。这种结构确保了指令的顺利取用和执行，保障了计算机的有序运行。

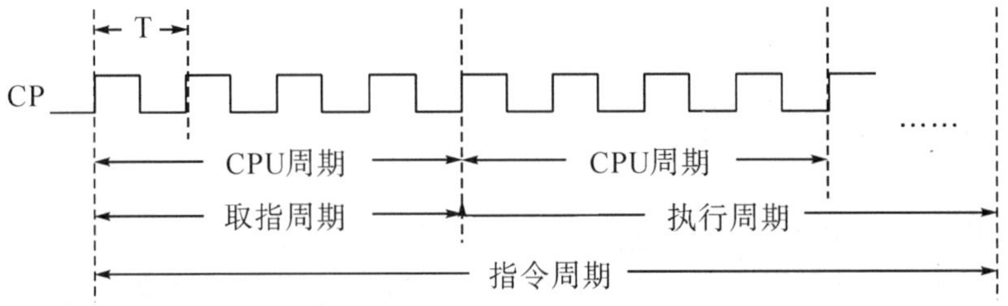

图 8-2　各种周期之间的关系

8.2.2　单周期 CPU 和多周期 CPU

1. 单周期 CPU

单周期 CPU 是指在执行指令时，每个指令都需要一个固定的时钟周期来完成。这个时钟周期被称为一个时钟周期或者一个时钟节拍。

每个指令都需要经过取指令、译码、执行操作、访问存储器和写回等几个操作步骤，这些步骤按照一定的顺序在每个时钟周期内完成。执行指令的步骤相对固定，设计上相对简单，但速度较慢，且不能充分利用硬件资源，这是因为所有指令都在一个固定的时钟周期内完成，无论其实际需要的执行时间是否更短。

在每个时钟周期内，CPU 按照固定的顺序执行指令的各个阶段（取指令、译码、执行、访存、写回）。无论指令的实际需要如何，都必须在同一时钟周期内完成。

单周期 CPU 设计简单，实现容易，适用于对执行速度要求不高，且指令集相对简单的场景。但是单周期 CPU 执行效率低，硬件资源利用不充分。

2. 多周期 CPU

多周期 CPU 是指在执行指令时，每个指令需要若干个时钟周期来完成。每个指令的执行被分解为几个操作步骤，每个操作步骤也需要若干个时钟周期来完成。

多周期 CPU 可以更加充分地利用硬件资源，因为不同指令可以根据其实际需要分配不同数量的时钟周期；执行效率较高，避免了单周期 CPU 中可能存在的时间浪费。其在设计上相对复杂，需要对指令进行分类，以便采用最优的处理方式。

指令的执行被分解为多个阶段，每个阶段在一个或多个时钟周期内完成。不同的指令根据其需要执行的阶段数分配不同的时钟周期数。例如，一条简单的加法指令可能只需要几个时钟周期，而一条复杂的浮点运算指令可能需要更多的时钟周期。

多周期 CPU 执行效率高，硬件资源利用充分，适用于需要高效执行复杂指令集，且对性能要求较高的场景。但是多周期 CPU 设计复杂，实现难度较大。

本书中提到的 CPU 为多周期 CPU。

8.2.3　典型指令的指令周期

这里以实例的方式来介绍几条典型指令的指令周期。这个实例是，分析一段汇编语言程序中每条指令在指令周期的主要任务、数据流、操作与时序，程序代码及其数据的存储情况如图 8-3 所示，程序的第一条指令的地址为 60H，数据通路参见图 8-3 所示的 CPU 组成框图。

地址	数据
80H	2H
81H	3H
	2
82H	6
……	……
90H	81H
91H	

地址	指令
50H	MOV R2,R1
51H	STO R2,(90H)
52H	STP
	LAD R0,[80H]
60H	
61H	LAD R1,(90H)
62H	ADD R1,R0
63H	JMP 50H

图 8-3　程序代码及其数据的存储情况

1. LAD 指令的指令周期

LAD 指令即取数指令，是一种数据传送类的 RS 型指令，其数据传送方向是从内存到寄存器，其将指令中地址指示的主存单元中的数据加载到寄存器中，以便后续程序代码使用。因此，LAD 指令的指令周期需要分别访问指令存储器和数据存储器以完成指令的功能。

现在以一个实例来分析 LAD 指令的取指周期和执行周期的主要任务、数据流、操作与时序。

【例 8-3】根据图 8-3，分析指令“LAD R0，[80H]”在取指周期和执行周期的主要任务、数据流、操作与时序。假设一个机器周期包含 3 个时钟周期，分别是 T0、T1、T2，设当前程序计数器 PC 的内容为 60H。

解：

（1）指令“LAD R0，[80H]”的取指周期分析

指令“LAD R0，[80H]”的在取指周期的主要任务是：

①将指令“LAD R0，[80H]”从主存中读出并存入指令寄存器 IR 中，并将操作码送往指令译码器 ID 中；

②程序计数器的值加 1，以指向下一条指令的存储位置。

指令“LAD R0，[80H]”在取指周期的取指过程如图 8-4 所示。

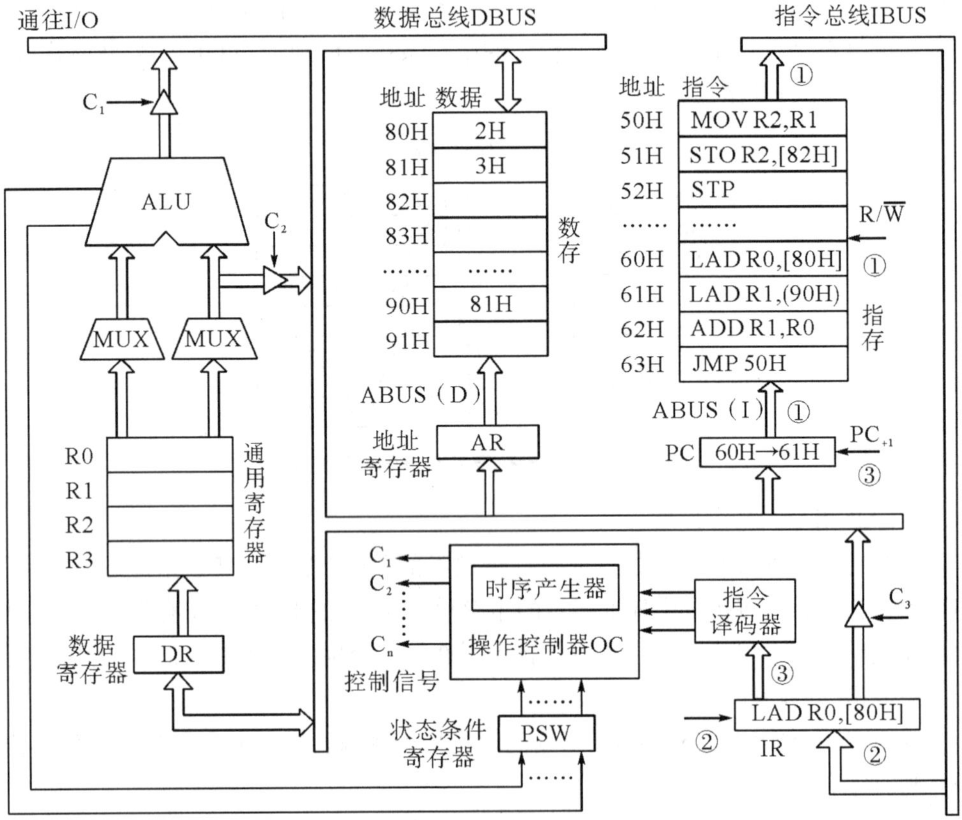

图 8-4 指令“LAD R0，[80H]”的取指过程

根据指令的主要任务，取指周期的数据流如下：

①程序计数器 PC 无需读命令，直接将其中的内容“60H”输出到指令地址总线 ABUS（I），并传送到指存；

②从指存中读出指令“LAD R0，［80H］”输出到指令总线，并写入指令寄存器。

③ PC 自动加 1，指令寄存器中的操作码 OP（IR）输出到指令译码器。

根据数据流的分析，指令“LAD R0，［80H］”在取指周期的操作与时序如下。

T0：PC 中的指令地址 60H 直接输出到 ABUS（I）上；与此同时，OC 向指存发出读命令，指存将地址为 60H 的指存单元中的指令“LAD R0，［80H］”输出到 IBUS 上。

T1：OC 向 IR 发送写命令，将 IBUS 上的指令“LAD R0，［80H］”存入 IR。

T2：OC 向 PC 发出加 1 的命令，使 PC 中的值从 60H 变为 61H；同时操作码 OP（IR）直接输出到指令译码器 ID，ID 对操作码的译码结果送往 OC。

（2）指令“LAD R0，［80H］”的执行周期

指令“LAD R0，［80H］”的主要任务分析：

根据指令译码器的分析结构，指令为取数指令，目的数是寄存器 R0，源操作数的寻址方式是直接寻址，源操作数有效地址 EA＝80H，源操作数 D＝2H。因此指令“LAD R0，［80H］”在执行周期的的主要任务是将操作数 2H 读出并经过传送最终写入 R0。

指令“LAD R0，［80H］”在执行周期的执行过程如图 8-5 所示。

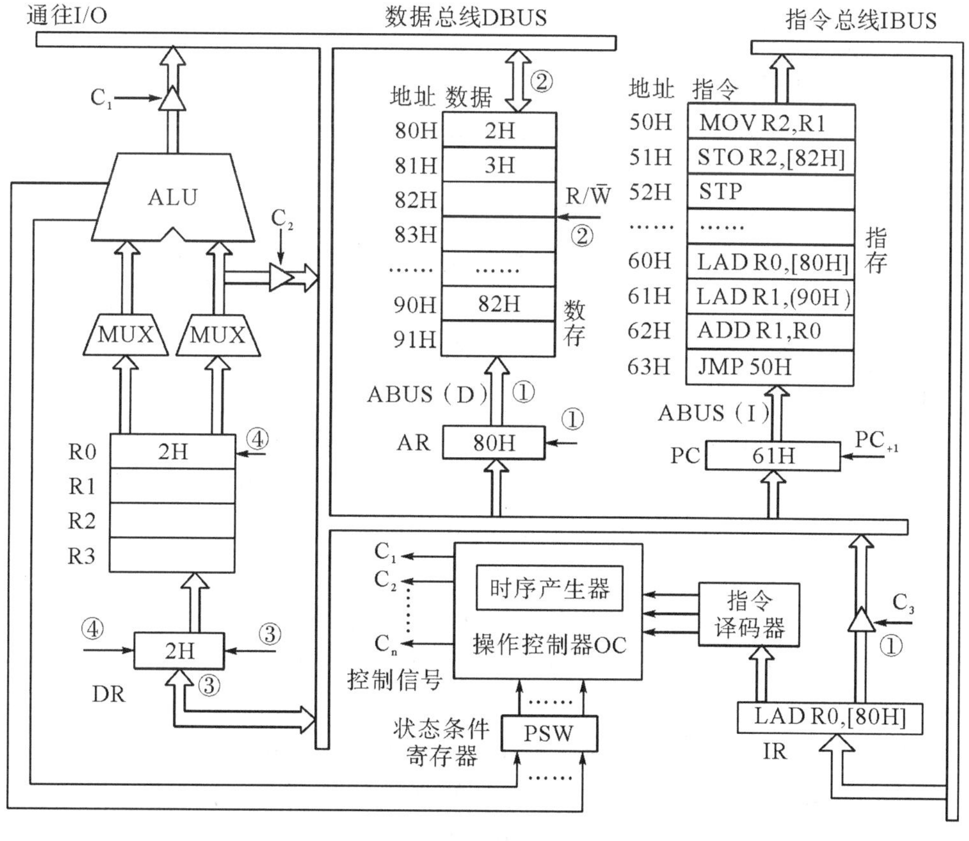

图 8-5 “LAD R0，［80H］”指令的执行过程

数据流分析：

①指令寄存器 IR 中的地址码 80H 经过 IR 输出三态门后输出到数据总线 DBUS 上，并写入地址寄存器 AR；

② 将 AR 中的有效地址 80H 输出到数据地址总线 ABUS（D）上，并传送给数存进行地址译码；

③ 在数存收到读命令后，将地址为 80H 的主存单元中的数据“2H”输出到数据总线 DUBS 上，并写入数据寄存器 DR；

④ 将 DR 中数据 2H 读出并写入 R0。

根据数据流，该指令执行周期的主要任务需要两个 CPU 周期来完成。第一个 CPU 周期的主要任务是将有效地址 80H 的数存单元中的数“2H”取出到数据寄存器 DR 中。第二个 CPU 周期的主要任务是将 DR 中的数据“2H”读出并写入 R0 中。

第一个 CPU 周期的操作与时序：

T0：操作控制器 OC 发出一个选通信号将 IR 输出三态门开关打开，使 IR 中的地址码 Ad（IR）= 80H 输出到地址总线 DBUS 上；同时 OC 向 AR 发出写命令，将 DUBS 上的地址码 Ad（IR）= 80H 存入 AR。

T1：（无任何操作）。

T2：（无任何操作）。

第二个 CPU 周期的操作与时序：

T0：AR 中的地址通过数据地址总线 ABUS（D）直接传送给数存，OC 向数存发出读命令，数存将地址为 80H 的单元中的数据“2H”读出到数据总线上。

T1：OC 向 DR 发出写命令，将 DUBS 上的数据“2H”存入 DR。

T2：OC 向 DR 发出一个读命令，同时，OC 发出一个写命令给 R0，将 DR 读出的数据 2H 存入 R0。

特别说明：第一个 CPU 周期指进行时钟周期的操作，是考虑指令 LAD 可能存在间接寻址，需要一个间址周期，【例 8-4】即能说明这个问题。

【例 8-4】根据图 8-3，分析指令“LAD R1，（90H）”在执行周期的主要任务、数据流、操作与时序。假设一个机器周期包含 3 个时钟周期，分别是 T0、T1、T2，假设指令“LAD R1，（90H）”已经存入 IR。

解：

指令“LAD R1，（90）”的源操作数寻址方式是间接寻址，因此在执行中需要增加一个间址周期，用于完成一个间接寻址。源操作数的有效地址 EA =（90H）= 81H，所以源操作数是 3。

指令“LAD R1，（90H）”的主要任务是将源操作数 3H 读出并写入 R1。

指令“LAD R1，（90H）”在执行周期的数据流是：

① 将 IR 中的地址码 Ad（IR）= 90H 读出并写入 AR；

② 将 AR 中的地址 90H 读出到数据地址总线 ABUS（D）上，并传送给数存；

③数存在收到读命令后将地址为 90H 的单元中的数据 81H 读出到数据总线 DUBS 上，并写入 DR；

④ DR 中的数据 81H 读出到 DUBS 上，并写入 AR；

⑤将 AR 中的地址 81H 读出到 ABUS（D）上，并传送给数存；

⑥数存在收到读命令后将地址为 81H 单元中的数据 3H 读出到数据总线上，并写入 DR；

⑦ 将 DR 中的数据 3H 读出并写入 R1。

这里需要注意的是，有效地址 81H 在写入 AR 之前，可以称为“数据”，在写入 AR 后并传送给数存做地址译码时，它才是真正的地址。

指令“LAD R1，(90H)”的执行过程如图 8-6 所示。

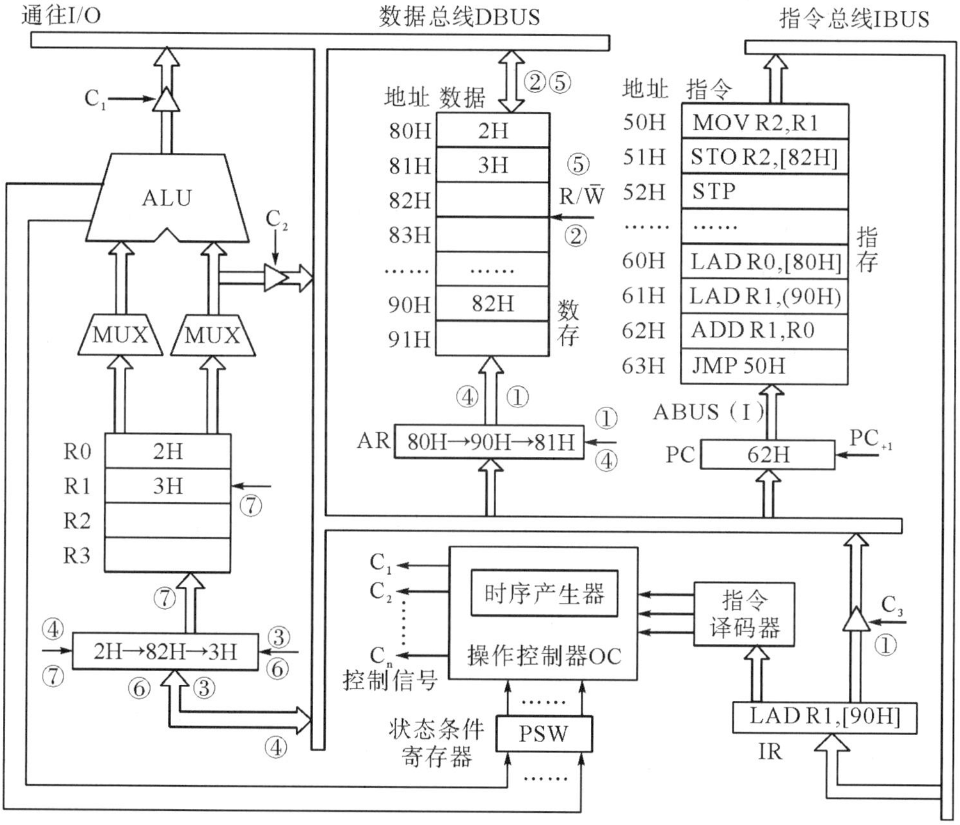

图 8-6　“LAD R1，(90H)”指令的执行过程

指令“LAD R1，(90H)”在执行周期的操作与时序需要 3 个 CPU 周期。

第一个 CPU 周期：

T0：操作控制器 OC 发出一个选通信号将 IR 输出三态门开关打开，使 IR 中的地址码 Ad（IR）= 90H 输出到地址总线；同时 OC 向 AR 发出写命令，数据总线上的地址码 Ad（IR）= 90H 存入 AR。

T1：（无任何操作）。

T2：（无任何操作）。

第二个 CPU 周期，即间址周期：

T0：AR 中的地址 90H 通过地址总线传送给数存，OC 向数存发出读命令，数存将地址为 90H 的单元中的数据 81H 读出到数据总线上。

T1：OC 向 DR 发出写命令，将总线上的数据 81H 存入 DR。

T2：OC 向 DR 发出读命令，将 DR 的数据 81H 读出到 DBUS 上，同时 OC 向 AR 发出写命令，将 DUBS 上的 81H 存入 AR。

第三个 CPU 周期：

T0：AR 中的地址直接读出到 ABUS（D）上，OC 向数存发出读命令，数存将地址为 81H 的单元数据 3H 读出到 DBUS 上。

T1：OC 向 DR 发出写命令，将 DBUS 上的 3H 存入 DR。

T2：OC 向 DR 发出读命令，同时向 R1 发出写命令，将 DR 中读出的数据 3H 写入 R1。

2. ADD 指令的指令周期

ADD 指令即加法指令，是计算机指令集中的一个基本算术指令，用于将两个数（通常是寄存器中的值、内存中的值或立即数）相加，并将结果存储回一个寄存器。

当执行 ADD 指令时，处理器会执行以下步骤。

第一步，读取操作数。从指定的源位置读取两个操作数并送往运算器。

第二步，执行加法。将这两个操作数相加。当执行加法运算时，处理器通常会更新其状态寄存器中的标志位，如零标志（ZF）、符号标志（SF）、进位标志（CF）等，以反映加法操作的结果。

第三步，处理溢出。如果加法结果超出了目标寄存器或存储位置的表示范围（例如，在 8 位寄存器中执行两个大数的加法可能导致溢出），则根据处理器的溢出处理机制（如设置溢出标志）来处理这种情况。

第四步，存储结果。将加法结果存储回指定的目标位置。

对于不同的处理器架构，ADD 指令的用法也有所不同，本书中 ADD 指令的操作数均为寄存器，即 ADD 指令是 RR 型指令，这样设计的目的是加快指令的执行速度。

因为所有指令的取指周期的主要任务、数据流、操作与时序都完全相同，所以后面所有指令的指令周期都只介绍执行周期。现在以一个实例来分析 ADD 指令执行周期的主要任务、数据流、操作与时序。

【例 8-5】根据图 8-3，分析指令“ADD R1，R0”在执行周期的主要任务、数据流、操作与时序。假设一个机器周期包含 3 个时钟周期，分别是 T0、T1、T2，假设指令“ADD R1，R0”已经存入到 IR。

解：

（1）指令“ADD R1，R0”在执行周期的主要任务分析

根据指令“ADD R1，R0”功能和数据寻址方式，其主要任务是将 R1 和 R0 中的数据相加，相加的结果存入 R1。

指令“ADD R1，R0”在执行周期的执行过程如图 8-7 所示。

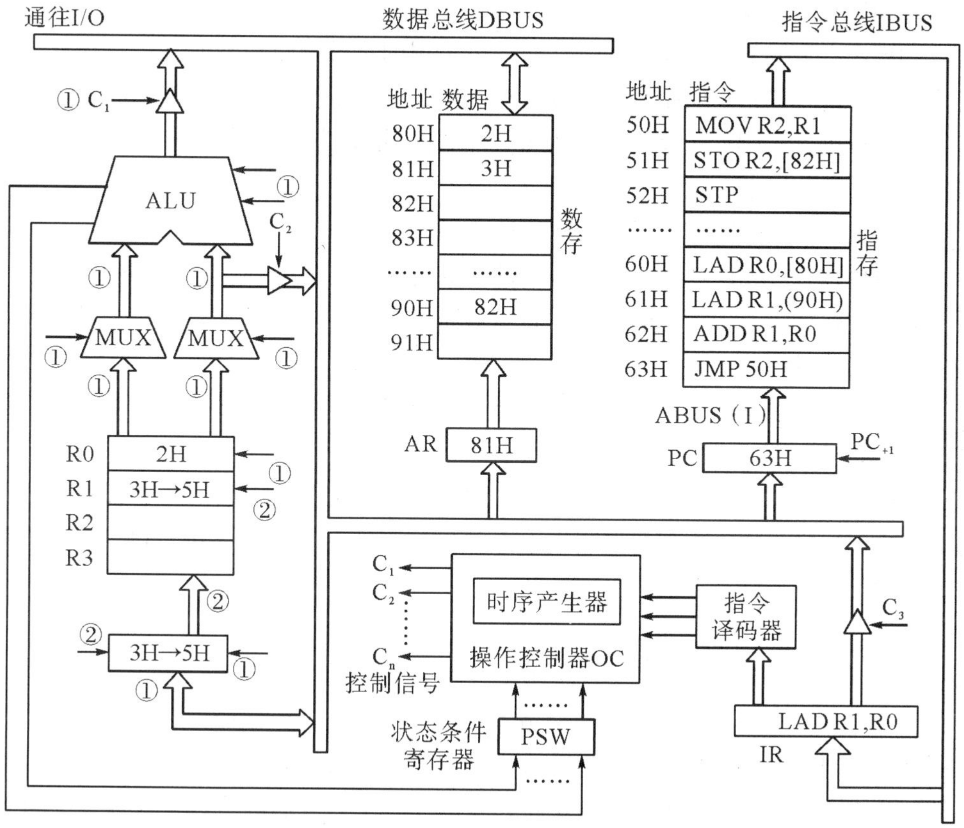

图 8-7 “ADD R1，R0”指令的执行过程

（2）指令“ADD R1，R0”在执行周期的数据流分析

根据指令的主要任务和模型机结构图，该指令的数据流如下：

① R1 和 R0 中的数据通过多路开关后同时送往运算器；

② 算术逻辑运算单元 ALU 执行加法运算；

③ 运算结果存入 R1。

（3）指令“ADD R1，R0”在执行周期的操作与时序分析

该指令的执行只需要一个 CPU 周期，其执行周期的操作与时序如下。

T0：操作控制器 OC 向 R1 和 R0 发出读命令，向多路开关 MUX 发出命令，向 ALU 发出加法命令，向 ALU 输出三态门发出打开命令，向 DR 发出写命令，这些命令使 R1 和 R0 读出数据到 ALU 进行加法运算，运算结果经过三态门后输出到 DBUS 上，并写入 D。

T1：OC 向 DR 发出读命令，同时向 R1 发出写命令，DR 中的数据输出并存入 R1。

T2：（无任何操作）

3. JMP 指令的指令周期

JMP 指令是无条件转移指令，是编程中常用的跳转指令，尤其在汇编语言中扮演着重要角色。它允许程序在执行过程中改变正常的执行流程，跳转到内存中的指定位置继续执行。JMP 指令的灵活性和功能性在分支选择、循环控制、函数调用、程序中断处理等场景中尤为重要。

转移指令根据跳转的方式和目的地址的不同，可以分为多种类型。

无条件跳转：无论任何条件，程序都会从当前位置跳转到指定地址执行代码。

有条件跳转：基于特定的条件是否被满足来进行跳转。例如，只有当某个特定的标志被设置或清除时，程序才会执行跳转。

现在以一个实例来分析无条件转移指令 JMP 执行周期的主要任务、数据流、操作与时序。

【例 8-6】根据图 8-3，分析指令“JMP 50H”在执行周期的主要任务、数据流、操作与时序。假设一个机器周期包含 3 个时钟周期，分别是 T0、T1、T2，假设指令“JMP 50H”已经存入到 IR 中。

解：

（1）指令“JMP 50H”在执行周期的主要任务分析

指令“JMP 50H”是无条件转移指令，源操作数是立即寻址，形式地址 50H 就是操作数本身，目的操作数是隐含寻址，是程序计数器 PC。因此，根据指令“JMP 50H”功能和数据寻址方式，其主要任务是修改程序计数器的值，将立即数 50H 传送到 PC 中。

指令“JMP 50”在执行周期的执行过程如图 8-8 所示。

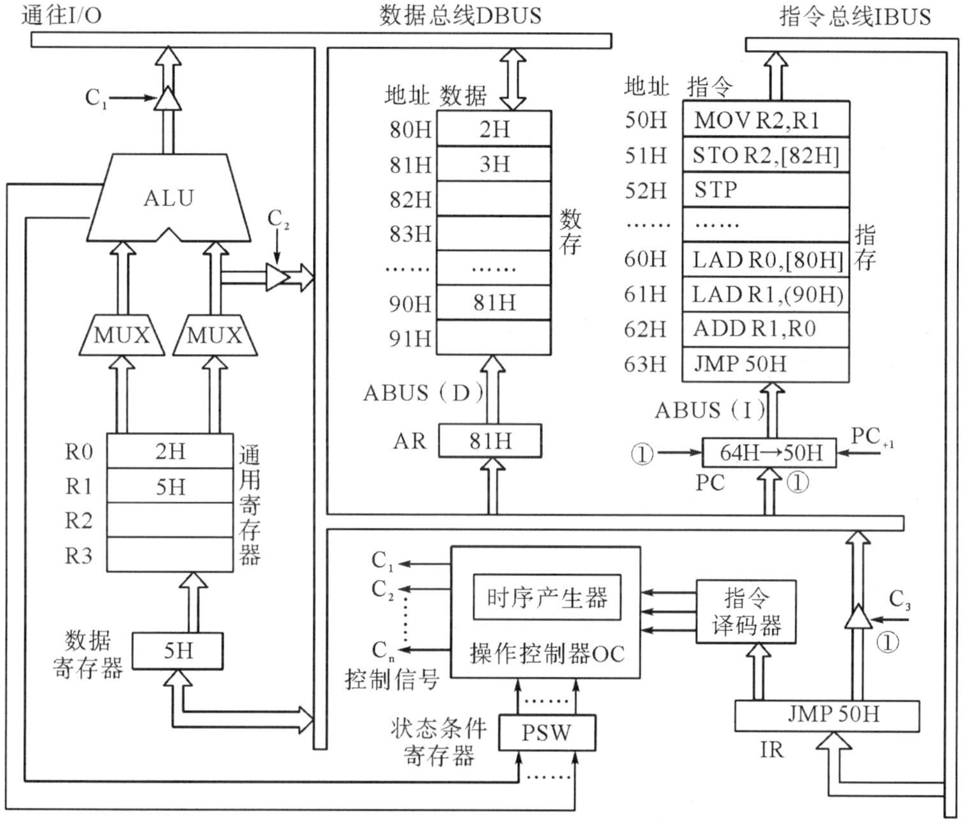

图 8-8 “JMP 50”指令的执行过程

（2）指令“JMP 50”在执行周期的数据流分析

将 IR 中的地址码Ad（IR）= 50H 经过输出三态门送往程序计数器 PC 中。

（3）指令“ADD R1，R0”在执行周期的操作与时序分析

T0：操作控制器 OC 发出命令打开 IR 地址码输出三态门开关，将地址码 Ad（IR）= 50H 送往数据总线 DUBS 上，同时 OC 向 PC 发出写命令，将 DBUS 上地址码 50H 存入 PC。

T1：（无任何操作）。

T2：（无任何操作）。

4. MOV 指令的指令周期

MOV 指令用于在处理器的不同寄存器之间或者从内存到寄存器之间移动数据，它的作用就是复制数据。MOV 指令的基本格式是“MOV DST，SRC”，其中 DST 代表目的操作数，SRC 代表源操作数。这意味着从 SRC 复制数值，然后覆盖 DST。目的操作数和源操作数的类型必须一致或兼容，立即数不能作为目的操作数，不能用立即寻址方式给段寄存器传数，源操作数和目的操作数不能同时为存储器操作数。

不同处理器结构，MOV 指令的具体用法也有所不同。本书讲的 MOV 指令仅在

寄存器之间传送（复制）数据，即 MOV 指令是 RR 型指令。下面以一个实例来讲解 MOV 指令的指令周期。

【例 8-7】根据图 8-3，分析指令“MOV R2，R1”在执行周期的主要任务、数据流、操作与时序。假设一个机器周期包含 3 个时钟周期，分别是 T0、T1、T2，假设指令“MOV R2，R1”已经存入到 IR。

解：

（1）指令“MOV R2，R1”在执行周期的主要任务分析

指令“MOV R2，R1”是传数指令，源操作数的寻址方式是寄存器寻址，由此有效地址 EA=R1，操作数就是 R1 中的内容，即 D=（R1）=5H。目的操作数也是寄存器寻址，因此，根据指令“MOV R2，R1”功能和数据寻址方式，其主要任务是将寄存器 R1 中的数据“5H”传送到寄存器 R2 中。

指令“MOV R2，R1”在执行周期的执行过程如图 8-9 所示。

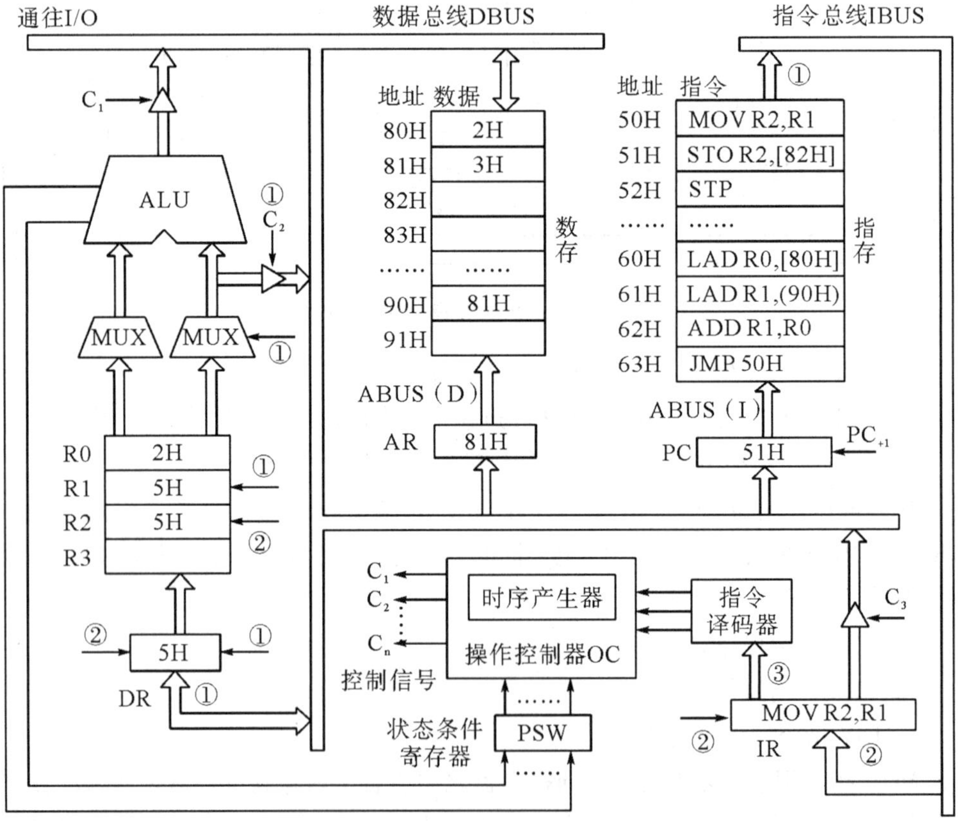

图 8-9 “MOV R2，R1”指令的执行过程

（2）指令“MOV R2，R1”在执行周期的数据流分析

①将 R1 的数据输出，经多路选择器和输出三态门后输出到数据总线上，并写入 DR；

②将 DR 中数据读出并写入 R2。

（3）指令“MOV R2，R1”在执行周期的操作与时序分析

T0：操作控制器 OC 向 R1 发出读命令，向多路选择器和输出三态门发出命令，向 DR 发出写命令，这些命令将 R1 的数据读出到数据总线并存入 DA。

T1：OC 向 DR 发出读命令，向 R2 发出写命令，将 DR 输出的数据存入 R2。

T2：（无任何操作）。

5. STO 指令的指令周期

STO 指令是存数指令，用于将寄存器中的数据存储到内存中的指定位置。STO 指令在不同的处理器架构中可能有不同的名称，但它通常用于从寄存器向主存写入数据。

STO 指令的格式是“STO SRC，DST”，其中 SRC 代表源操作数，一般为某个寄存器；DST 代表目的操作数，一般为主存单元。“STO SRC，DST”指令是将源操作数 SRC 传送到目的操作数 DST 中。

下面以一个实例来讲解指令 STO 在执行周期的执行过程。

【例 8-8】根据图 8-3，分析指令“STO R2，［82H］”在执行周期的主要任务、数据流、操作与时序。假设一个机器周期包含 3 个时钟周期，分别是 T0、T1、T2，假设指令“STO R2，［82H］”已经存入 IR。

解：

（1）指令“STO R2，［82H］”的主要任务

指令“STO R2，［82H］”中的源操作数的寻址方式是寄存器寻址，有效地址 EA=A=R2，D=（R2）=5H；目的操作数的寻址方式是直接寻址，有效地址 EA=A=82H。根据指令“STO R2，［82H］”的功能和数据寻址方式，该指令的主要任务是将 R2 中的数据 5H 存入主存中地址为 82H 的单元。

指令“STO R2，［82H］”在执行周期的执行过程如图 8-10 所示。

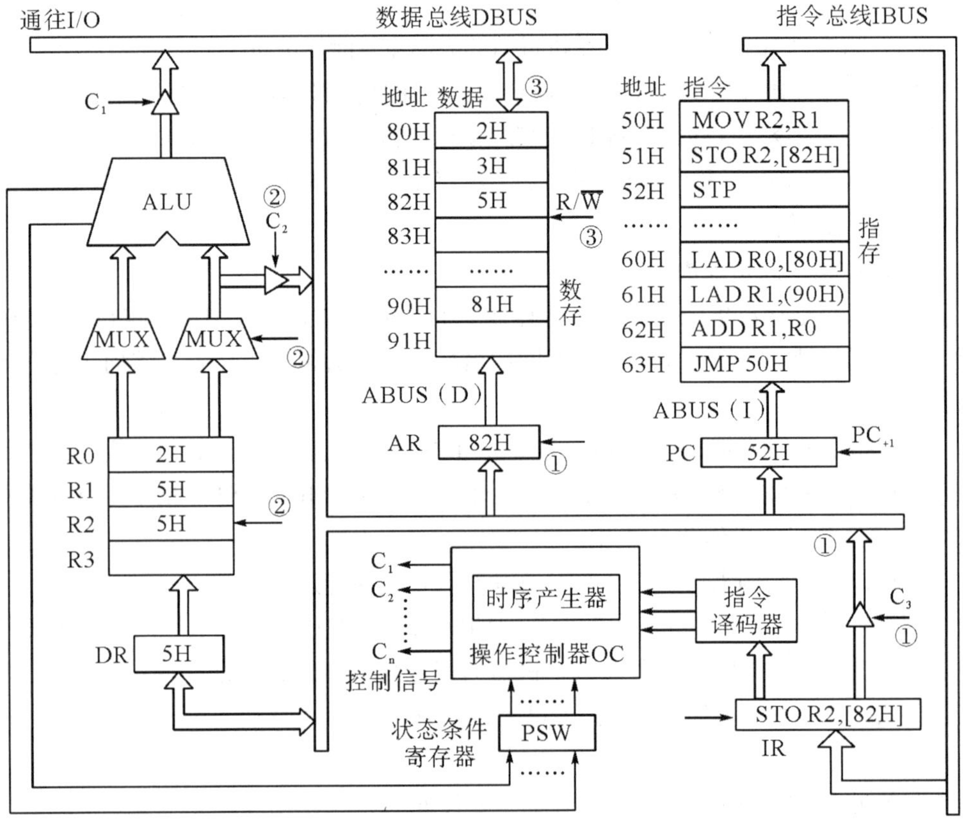

图 8-10 “STO R2，[82H]”指令的执行过程

（2）指令“STO R2，[82H]”在执行周期的数据流

①将 IR 中的地址码 Ad（IR）= 82H 经过输出三态门后输出到数据总线 DBUS 上，并写入 AR；

②将 R2 中的数据 5H 经过多路选择器和输出三态门后输出到数据总线上；

③在数存收到写命令后，数存将数据总线上的数据 5H 写入地址为 82H 的单元。

（3）指令“STO R2，[82H]”在执行周期的操作与时序

T0：操作控制器 OC 发出命令打开 IR 输出三态门，将 IR 中的地址码 82H 输出到数据总线，同时 OC 发出写命令给 AR，将数据总线上的 80H 写入 AR，AR 中的地址直接输出给数存。

T1：OC 向 R2 发出读命令，向多路选择器和输出三态门发出命令，将 R2 中的数据输出到数据总线 DUBS 上。

T2：OC 向数存发出写命令 $R/\overline{W}=0$，将 DBUS 上数据 5H 写入地址为 82H 的存储单元。

在 STO 执行周期的操作与时序分为两个 CPU 周期而不是一个 CPU 周期，是因为考虑到 STO 指令可能存在间接寻址。为了方便插入一个间址周期，也是为了统

一，所以需要两个 CPU 周期。

6. STP 指令的执行周期

STP 指令是停机指令，用于将运行标志触发器置“0”，使机器暂时停止运行。因为不需要操作数，功能比较简单，所以执行周期也比较简单，这里就不再赘述。

8.2.4　使用方框语言表示指令周期

前面通过指令的主要任务、数据流、操作与时序来介绍指令的指令周期，并制作了指令的取指过程和执行示意图，这样做是为了教学，使读者能够容易理解。但这样的方式不合适用来设计计算机，可以使用方框图语言来表示或者描述指令周期。

1. 方框图语言的组成元素

矩形方框：代表一个 CPU 周期（也称为机器周期）。方框内通常填写该 CPU 周期内数据通路的操作信息，而操作控制信息则可能写在方框旁边（如右侧）。

菱形：菱形在方框图中用来表示某种判别或测试，如指令译码、是否间址等。这些操作不会单独占用一个 CPU 周期，而是依附于前面的 CPU 周期进行。

线条：各方框和菱形之间用线条连接起来，表示指令执行过程中各个阶段的顺序和逻辑关系。

形似“~”的符号：共操作符号，表示一条指令执行完毕，进入共操作。共操作是指指令执行完毕后可能需要进行一些公共操作，这些操作主要是 CPU 对外部设备请求的处理，如中断处理、异常处理等。

2. 指令周期的表示

根据前面对指令周期的定义，指令周期分为两个阶段——取指周期阶段和执行周期阶段。取指周期刚好是一个 CPU 周期，而执行周期至少一个 CPU 周期。如果指令涉及主存读写，一般都需要两个 CPU 周期，如果间接寻址，还会增加一个 CPU 周期作为间址周期。

根据前面对指令周期的分析可知，所有指令在取指周期的主要任务、数据流、操作与时序是完全相同的。但是在执行周期，因为各个指令的功能不同，所以不同指令在执行周期的主要任务、数据流、操作与时序是不同的。

为了更清楚而简洁地描述数据通路，做如下规定。

第一，使用英文简称表示部件名称，部件名称没有加圆括号表示某个部件，部件名称外面加了一对圆括号表示该部件中内容。比如，PC 表示程序计数器，（PC）表示程序计数器中的内容。

第二，箭头表示数据的流向，箭头起点表示要流动的数据，箭头终点表示数据要流向的目的地（部件）。比如，（PC）→ABUS（I）表示将 PC 中的内容数存到指存的地址总线上，Ad（IR）→AR 表示将指令寄存器中的地址码输出到地址寄存器中。

前面讲的典型五条指令的指令周期，可以用图 8-11 来表示。

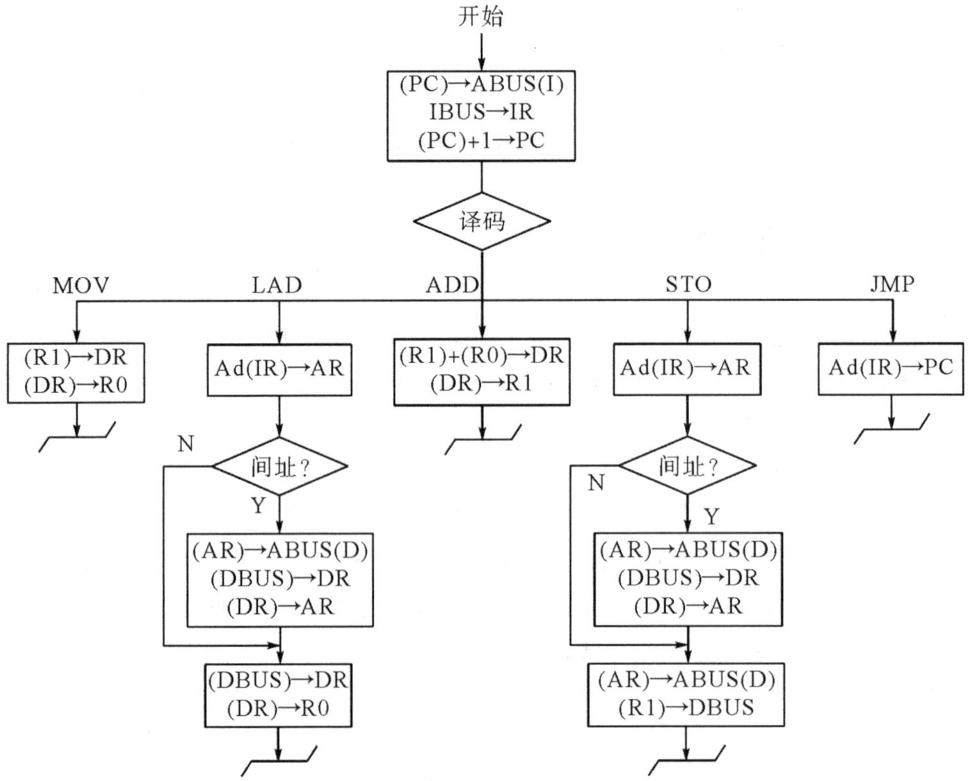

图 8-11　用方框图语言表示指令周期

8.3　时序系统与控制方式

计算机内部有众多的部件，每个部件都有自己的操作和时序。为了保证各个部件操作能够有序顺利进行，计算机需要一个时序系统。

8.3.1　时序系统

时序系统是对计算机内部操作信号进行时间控制的系统，它通过产生和控制各种时序信号，确保计算机各功能部件能够协调、有序地完成指令的执行过程。时序信号为计算机功能部件的操作提供时间标志。

1. 时序系统的作用

（1）控制操作顺序

时序系统为指令的执行提供严格的时间顺序控制，确保每个操作都在正确的时间点发生。

（2）提供时间基准

时序系统为计算机内部的各种操作提供时间基准，如时钟周期、机器周期、指令周期等。

（3）协调部件工作

时序信号协调计算机内部各个部件（如 CPU、内存、外部设备等）的工作，确保它们能够同步或异步地执行各自的任务。

2. 多级时序系统

当完成指令功能时，把指令的功能先划分为若干个（步）功能，比如取指、访存、执行运算、写回等，每个功能又包括若干个更小的操作功能。对于这样的多层级功能划分，有相应的多级时序系统与之对应，它们控制不同层级的功能。

多级时序系统主要有三级时序系统和两级时序系统两种。

三级时序系统的时序信号包括机器周期、节拍电位、工作脉冲，二级时序系统的时序信号包括节拍电位和工作脉冲，图 8-12 是一个典型的三级时序系统，这是一个同步时序系统。M_1和 M_2是机器周期，T_1、T_2、T_3和 T_4是节拍电位，P 是工作脉冲。每个机器周期包括 4 个节拍电位，每个节拍电位包括一个工作脉冲。需要注意的是，机器周期包含的节拍数、节拍包含的脉冲数和具体的计算机架构有关，并不是固定不变的。

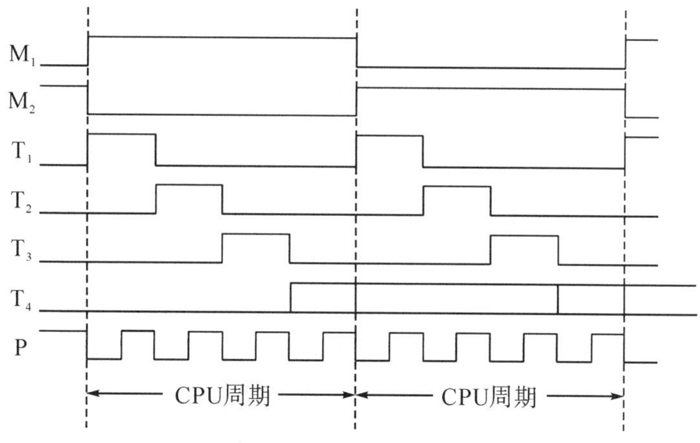

图 8-12　三级时序系统

现代计算机的设计和架构已经发生了显著的变化，其中之一就是不再采用多级时序体制。这种变化反映了计算机技术的发展和进步，以及对于提高计算机性能和可靠性的不断追求。现代计算机采用了更先进的体系结构和技术，以适应不断变化的技术环境和用户需求。

多级时序体制曾经是计算机设计中的一个重要组成部分，但在现代计算机中，这种体制已经被更加高效和灵活的体系结构所取代。现代计算机的设计更加注重于提高处理速度、降低能耗、增强可靠性以及提升用户体验等方面。例如，现代计算机采用了更高效的指令集、更优化的内存管理，以及更先进的散热和能耗管理技术，这些都是多级时序体制所不具备的优势。

本书基于传统的数据通路结构，所提到的时序系统为多级时序系统。

3. 机器周期

机器周期也称为 CPU 周期，由于 CPU 内部速度比较快，而 CPU 访问主存的时间比较长，所以很多计算机都以主存的存取周期作为一个 CPU 周期的长度，以便 CPU 和主存能够协调配合工作。

一个指令周期对应若干个机器周期，一个机器周期完成一个基本功能，比如取指、取数、运算执行等。一般机器的 CPU 周期有取指周期、取数周期、执行周期、中断周期等。

通常，每个机器周期都有一个与之对应的周期状态触发器。机器运算在不同的机器周期时，其对应的周期状态触发器被置“1”。因为任何一个时刻，计算机只能处于一个机器周期状态，因此，只有一个机器周期状态触发器被置“1”。

4. 节拍电位

指令要在一个 CPU 周期内完成操作，就要完成若干个微操作来共同实现。所谓微操作，就是不能再被细分为更小的操作来实现的操作。由于一个 CPU 周期对应若干个微操作，所以一个 CPU 周期需要被划分为若干相等的时间段，每个时间段就是一个电位信号，称为节拍电位信号。节拍电位的宽度取决于 CPU 完成此微操作的时间长度。

由于不同的机器周期内需要完成的微操作内容和个数是不同的，因此，不同机器周期内所需要的节拍数也不相同。节拍的选取一般有以下四种方法。

一是统一节拍法。以最复杂的机器周期为准定出节拍数，每一个节拍时间的长短也以最繁的微操作作为标准。这种方法采用统一的、具有相等时间间隔和相同数目的节拍，使得所有的机器周期长度都是相等的，因此称为定长 CPU 周期。

二是分散节拍法。按照机器周期的实际需要安排节拍数，需要多少节拍就发出多少节拍，这样可以避免浪费，提高时间利用率。由于各机器周期长度不同，故将其称为不定长 CPU 周期。

三是延长节拍法。在照顾多数机器周期要求的情况下，选取适当的节拍数作为基本节拍。如果在某个机器周期内统一的节拍数无法完成该周期的全部微操作，则可以延长一或两个节拍。

四是时钟周期插入法。在一些微型计算机中，时序信号中不设置节拍，而直接使用时钟信号。一个机器周期中含有若干个时钟周期，时钟周期的数目取决于机器周期内完成微操作数目的多少及相应功能部件的速度。一个机器周期的基本时钟周期数确定之后，还可以不断插入等待时钟周期。

5. 工作脉冲

工作脉冲是指系统中各个模块在接收到时钟信号后，根据特定的逻辑运算产生的一个脉冲信号，它是模块内部操作节奏的具体体现。

工作脉冲用于驱动各个模块的具体操作，如数据传输、运算等。在一个复杂的电子系统中，不同的模块可能有不同的工作脉冲频率，以适应各自的数据处理需求和运算复杂度。

在一个节拍内，常常设置一个或者几个工作脉冲作为各种同步脉冲的来源。工作脉冲的宽度只占节拍电位宽度的 $1/n$，并处于节拍的末尾部分，以保证所有的触发器都能可靠、稳定地翻转。

在设置机器周期和时钟周期的微型计算机中，一般不再设置工作脉冲，因为时钟周期既可以作为电位信号，其前、后沿又可以作为脉冲除法信号。

注意工作脉冲与时钟信号的区别。时钟信号是一个周期性的信号，主要作用是同步电路中的各个组件，确保它们按照正确的时间序列执行操作。这里的同步是指确保数据和时钟信号在有效信号边沿发生时是同步的。在数字系统中，时钟信号用于触发触发器、寄存器等设备的翻转，从而实现数据的存储和传输。

6. 节拍电位和工作脉冲的时间配合关系

在计算机中，节拍电位和工作脉冲所起的控制作用是不同的。电位信号是信息的载体，即控制信号，它在数据通路传输中起着开门或关门的作用；工作脉冲则作为打入脉冲加在触发器的脉冲输入端，起到定时触发的作用。通常，触发器使用电位—脉冲工作方式，节拍电位控制信息送到 D 触发器的 D 输入端，工作脉冲送到 CP 输入端。节拍电位和工作脉冲配合关系如图 8-13 所示。

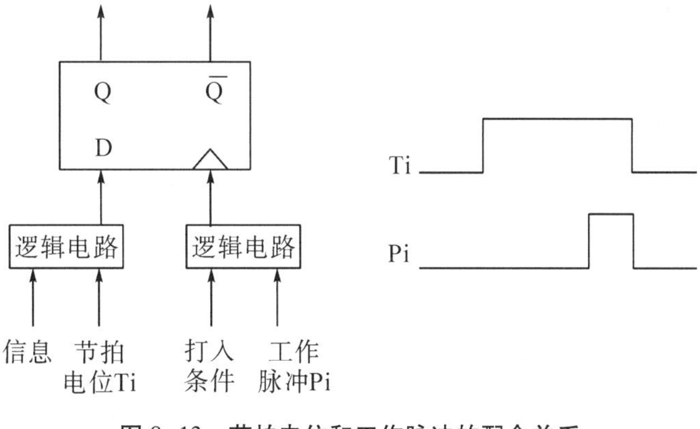

图 8-13 节拍电位和工作脉冲的配合关系

8.3.2 时序产生器

各种计算机的时序信号产生的电路是不尽相同的。大型计算机的时序电路比较复杂，而微型机的时序电路比较简单。如果从控制器的设计方法来讲，硬布线控制器的时序电路比较复杂，而微程序控制器的时序电路比较简单。但不管是哪一类，时序产生器最基本的构成是一样的。

微程序控制器中使用的时序产生器由时钟源、环形脉冲发生器、节拍脉冲和读写时序译码逻辑、启停控制逻辑等部分组成，如图 8-14 所示。

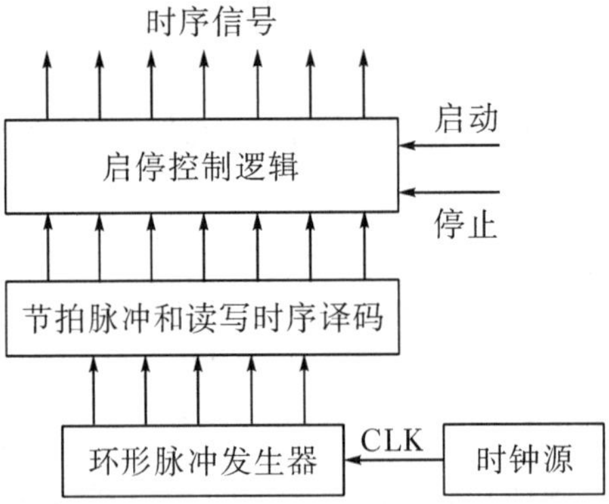

图 8-14　时序产生器组成框图

时钟源用来为环形脉冲发生器提供频率稳定且电平匹配的方波时钟脉冲信号。它通常由石英晶体振荡器和与非门组成的正反馈振荡电路组成，其输出送至环形脉冲发生器。环形脉冲发生器的作用是产生一组有序的间隔相等或不等的脉冲序列，以便通过译码电路来产生最后所需的节拍脉冲。为了使节拍脉冲不带干扰毛刺，环形脉冲发生器通常采用循环移位寄存器形式。一种典型的环形脉冲发生器及其译码逻辑，采用循环移位寄存器形式。节拍脉冲和读写时序译码产生的节拍必须经过启停控制逻辑控制后方能使用。机器一旦接通电源，就会产生节拍信号，但是只有启动机器运行的情况下，才能运行时序产生器发出 CPU 所需的节拍。

8.3.3　控制方式

现代计算机的时序控制方式主要分为三种：同步控制方式、异步控制方式和联合控制方式。

1. 同步控制方式

同步控制方式又称为固定时序控制方式或无应答控制方式。在这种控制方式下，任何指令的执行或指令中每个微操作的执行都受事先安排好的时序信号的控制。每个时序信号的结束就意味着一个微操作或一条指令的完成，随即开始执行后续的微操作或自动转向下一条指令的执行。

同步控制方式设计简单，操作控制容易实现，但可能存在较多空闲节拍和空闲工作脉冲，导致时间浪费。

2. 异步控制方式

异步控制方式又称为可变时序控制方式或应答控制方式。在这种控制方式下，执行一条指令需要多少节拍不作统一规定，而是根据每条指令的具体情况而定。控制器根据指令的需要产生相应的时标信号，指令执行完毕后必须向控制时序部件发回一个回答信号，控制器收到回答信号后才开始下一条指令的执行。

异步控制方式的优点是每条指令都可以在最短的、必需的节拍时间内执行完毕，指令运行效率高；缺点是控制线路比较复杂。

3. 联合控制方式

联合控制方式是同步控制和异步控制相结合的方式。它对不同指令的各个微操作实行大部分统一、小部分区别对待的方法。

一般的设计思想是在功能部件内部采用同步控制方式，而在功能部件之间采用异步控制方式，以充分利用两种控制方式的优点。

8.4 组合逻辑控制器的设计

控制器（control unit，CU）是计算机 CPU 中的一个关键组成部分，它负责管理和协调计算机内部各个部件的工作，确保程序能够按照预定的流程正确执行。

控制器的组合逻辑设计是一种传统的设计方法，它使用组合逻辑电路来直接生成控制信号，而不是依赖于存储的微程序。这种设计方式主要适用于那些不需要太多灵活性的简单处理器，因为它允许更快的指令执行速度。

8.4.1 控制器的外特性

控制器的外特性主要体现在其输入信号和输出信号上，这些信号决定了控制器如何接收指令、产生控制信号，并控制计算机系统的运行。

1. 输入信号

控制器的输入信号主要包括以下四个方面。

（1）时钟信号（clock signal）

时钟信号是控制器工作的基准信号，它决定了控制器发出控制信号的节奏和时序。每个时钟脉冲都可能触发控制器发送一个或多个控制信号。

时钟信号通常由计算机的主振电路（如晶体振荡器）产生，经过整形（或倍频、分频）后送入控制器。

（2）指令寄存器（instruction register）

指令寄存器中存储的是当前正在执行的指令。控制器通过对指令寄存器中的指令进行译码，识别出指令的类型和操作码，从而确定需要执行的操作。

指令的操作码字段是控制器的重要输入信号之一，它直接决定了控制器需要产生哪些控制信号。

（3）标志寄存器（flag register）

标志寄存器中存储了 CPU 执行上一条指令后的状态信息（如 ALU 的运算结果

标志、溢出标志等）。

控制器有时需要根据这些状态信息来产生控制信号。例如在某些条件转移指令中，控制器会根据上一条指令的运算结果（如是否为负、是否为零等）来决定是否发生跳转。

（4）外部控制信号

外部控制信号通常来自系统总线（控制总线），例如中断请求信号（IRQ）、DMA 请求信号等。

这些信号用于告知控制器外部设备或系统的状态变化，控制器需要根据这些信号来调整自己的控制策略。

2. 输出信号

控制器的输出信号主要用于控制计算机内部各个部件的工作，包括以下两个方面。

（1）CPU 内部控制信号

这些信号用于控制 CPU 内部的各个部件（如寄存器、ALU 等）之间的数据传输和操作执行。例如，控制信号可能指示某个寄存器将其内容传输到另一个寄存器，或者指示 ALU 执行某种算术逻辑运算。

（2）系统总线控制信号

这些信号用于控制 CPU 与系统总线（包括数据总线、地址总线和控制总线）之间的数据传输和通信。例如，控制信号可能指示 CPU 从主存中读取数据到某个寄存器，或者将某个寄存器的内容写入主存。

此外，控制信号还可能用于控制外部 I/O 设备的读写操作、中断响应等。

8.4.2　控制器的实现方式

控制器的实现方式可分为组合逻辑设计方法、存储逻辑设计方法以及组合与存储逻辑结合设计方法三种。

1. 组合逻辑设计方法

组合逻辑设计方法是通过逻辑电路来实现控制器的功能。其设计步骤如下：

第一步，列出微操作命令的操作时间表。根据指令的功能和计算机的结构，列出每一条指令在执行过程中所需的所有微操作及其执行的时间顺序。

第二步，写出微操作命令的最简逻辑表达式。根据操作时间表，为每个微操作命令写出其逻辑表达式，并进行化简，以得到最简形式。

第三步，画出组合逻辑电路图。根据最简逻辑表达式，画出相应的组合逻辑电路图，实现控制器的功能。

组合逻辑设计方法的优点是速度快、实现简单，但缺点是灵活性差，一旦设计完成，很难进行修改和扩展。

2. 存储逻辑设计方法

存储逻辑设计方法又称为微程序设计方法，是将控制器的控制逻辑用微程序（即存储在控制存储器中的微指令序列）来实现。其设计步骤如下：

第一步，确定微指令格式。设计微指令的格式，包括操作控制字段和顺序控制字段等。

第二步，编写微程序。根据指令的功能和计算机的结构，编写每一条指令对应的微程序，即微指令序列。

第三步，实现控制存储器。将编写好的微程序存储在控制存储器中，以便在程序执行过程中由控制器读取和执行。

存储逻辑设计方法的优点是灵活性高、可维护性好，可以根据需要修改和扩展微程序来实现新的指令或优化性能。但缺点是执行速度相对较慢，且需要额外的控制存储器来存储微程序。

3. 组合与存储逻辑结合设计方法

组合与存储逻辑结合设计方法结合了组合逻辑技术和存储逻辑技术的优点，既具有较高的灵活性，又能够实现较快的处理速度。

8.4.3 简单的 CPU 模型结构

如果以组合逻辑方式设计图 8-1 的控制器，电路会比较复杂。为了讲解控制器的组合逻辑设计方法，这里将简化 CPU 的内部结构。

用一条总线将运算器、控制器、寄存器等核心部件连接起来，构成单总线结构 CPU，这条总线称为 CPU 内总线，内部使用单总线结构的 CPU 结构，如图 8-15 所示。因为没有通用寄存器，所以使用两个寄存器 AC、DR 来与 ALU 一起参与运算。其他寄存器和部件与前面介绍的一致。

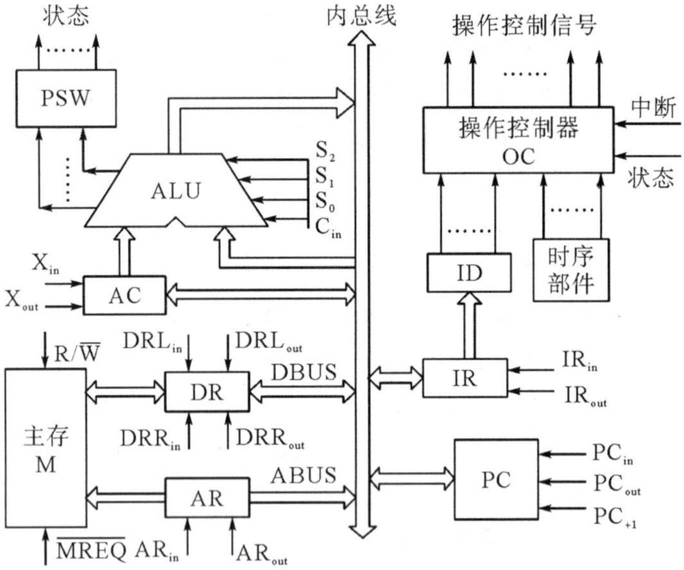

图 8-15　内部单总线结构的 CPU 结构

控制器的设计，主要是操作控制器的设计。而操作控制器的组合逻辑电路，就是设计输出信号的电路，输入信号由其他部件产生，直接接入操作控制器的输入端。

8.4.4　微操作的节拍安排

1. 安排微操作节拍时的注意事项

第一，有些微操作之间是有次序的，安排微操作节拍时必须注意它们的先后顺序。

第二，不同部件之间的微操作，如果没有先后次序，则安排在一个节拍内完成。

第三，如果有些微操作所占时间不长，应该将它们安排在一个节拍内完成，并且允许这些微操作有先后顺序。

假设 CPU 的内部结构如图 8-15 所示，采用同步控制方式，则每个机器周期包含三个节拍。

2. 取指周期微操作的节拍

T0：（PC）→AR，R/$\overline{W}$=1

T1：M（AR）→DR，（PC）+1→PC

T2：（DR）→IR

这里要注意的是，PC 自动加 1 的操作可以安排 T2 节拍。当指令存入 IR 时，操作码是直接输出给指令译码器 ID 的。

3. 间址周期的节拍

下面的 Ad（IR）表示指令寄存器中的地址码，M（AR）表示从主存 M 中读出的数据（地址为 AR 中存储的数据）。

T0：Ad（IR）→AR，$R/\overline{W}=1$

T1：M（AR）→DR

T2：（DR）→Ad（IR）

4. 累加器清零指令 CLA 的执行周期微操作节拍

该指令的微操作只有一个，所以安排在哪个节拍都可以，其他两个节拍没有任何微操作。

T0：

T1：

T2：0→AC

5. 累加器取反指令 COM 的执行周期微操作节拍

AC 取反的微操作只有一个，所以安排在哪个节拍都可以，其他两个节拍没有任何微操作。

T0：

T1：

T2：$\overline{AC}$→AC

6. 加法指令 ADD X 的执行周期微操作节拍

该指令的功能是将累加器中的数据与主存中地址为 X 的单元数据相加，结构保存在 AC 中。

T0：Ad（IR）→AR，$R/\overline{W}=1$

T1：M（AR）→DR

T2：（AC）+（DR）→AC

7. 加法指令 SUB X 的执行周期微操作节拍

该指令的功能是将累加器中的数据与主存中地址为 X 的单元数据相减，结构保存在 AC 中。

T0：Ad（IR）→AR，$R/\overline{W}=1$

T1：M（AR）→DR

T2：（AC）-（DR）→AC

8. 与运算指令 AND X 的执行周期微操作节拍

T0：Ad（IR）→AR，$R/\overline{W}=1$

T1：M（AR）→DR

T2：（AC）∧（DR）→AC

9. 或运算指令 OR X 的执行周期微操作节拍

T0：Ad（IR）→AR，$R/\overline{W}=1$

T1：M（AR）→DR

T2：（AC）∨（DR）→AC

10. 取数指令 LAD X 的执行周期微操作节拍

该指令的功能是将主存中地址为 X 的单元数据取出到 AC 中。

T0：Ad（IR）→AR，$R/\overline{W}=1$

T1：M（AR）→DR

T2：（DR）→AC

11. 存数指令 STO X 的执行周期微操作节拍

该指令的功能是将 AC 中的数据存入地址为 X 的存储单元。

T0：Ad（IR）→AR

T1：AC→（DR），$R/\overline{W}=0$

T2：（DR）→M（AR）

12. 无条件转移指令 JMP X 的执行周期微操作节拍

该指令的功能是修改 PC 的值，实现程序转移执行。JMP 指令的微操作只有一个，所以安排在哪个节拍都可以，其他两个节拍没有任何微操作。

T0：

T1：

T2：Ad（IR）→PC

13. 停机指令 STP 的执行周期微操作节拍

该指令的功能是实现程序的执行，即机器中有一个运行标志寄存器 G，当 G=1 时，表示机器运行；当 G=0 时，表示停机。所以指令 STP 的微操作就一个，就是使 G 为 0。

T0：

T1：

T2：0→G

8.4.5　列出操作命令的时间表

根据微操作的节拍安排，可以列出微操作的时间表，如表 8-1 所示。表中以微操作表达式来表示实现该操作所需要的相关控制信号，因为这些信号可以根据微操作信号来生成。FE、IND、EX 等为 CPU 工作周期标志，FE 为取指周期标志、IND 为间址周期标志、EX 为执行周期标志。T0、T1、T2 表示节拍，I 为间址标志。在取指周期的 T2 时刻，若测得 I=1，则置 IND 触发器为 1，机器进入间址周期；若 I=0，则置 EX 触发器为 0，机器进入执行周期。在间址周期的 T2 时刻，若测得 IND=0（表示一次间址），则置 EX 触发器为 1，进入执行周期；若测得 IND=1（多次间址），则继续间接寻址。在执行周期的 T2 时刻，如果没有中断请求，则 FE 为 1，进入下一条指令的指令周期。表格中，某条指令需要微操作信号，相应的格子为 1，否则为空。表中未列出中断周期标志 INT 和中断周期的微操作。

表 8-1 微操作时间表

周期标志	节拍	状态条件	微操作信号	CLA	COM	ADD	SUB	AND	OR	LAD	STO	JMP	STP
FE（取指）	T0		（PC）→AR	1	1	1	1	1	1	1	1	1	1
			R/$\overline{W}$=1	1	1	1	1	1	1	1	1	1	1
	T1		M（AR）→DR	1	1	1	1	1	1	1	1	1	1
			（PC）+1→PC	1	1	1	1	1	1	1	1	1	1
	T2		（DR）→IR	1	1	1	1	1	1	1	1	1	1
			OP（IR）→ID	1	1	1	1	1	1	1	1	1	1
		I	1→IND			1	1	1	1	1	1	1	
		$\overline{I}$	1→EX	1	1	1	1	1	1	1	1	1	1
IND（间址）	T0		Ad（IR）→AR			1	1	1	1	1	1	1	
			R/$\overline{W}$=1			1	1	1	1	1	1	1	
	T1		M（AR）→DR			1	1	1	1	1	1	1	
	T2		（DR）→Ad（IR）			1	1	1	1	1	1	1	
		$\overline{IND}$	1→EX			1	1	1	1	1	1	1	
EX（执行）	T0		Ad（IR）→AR			1	1	1	1	1	1	1	
			R/$\overline{W}$=1			1	1	1	1	1			
	T1		M（AR）→DR			1	1	1	1	1			
			R/$\overline{W}$=0								1		
			AC→（DR）								1		
	T2		0→AC	1									
			$\overline{AC}$→AC		1								
			（AC）+（DR）→AC			1							
			（AC）-（DR）→AC				1						
			（AC）∧（DR）→AC					1					
			（AC）∨（DR）→AC						1				
			（DR）→AC							1			
			（DR）→M（AR）								1		
			Ad（IR）→PC									1	
			0→G										1

注：空格中省略的值为 0。

8.4.6 写出微操作命令的逻辑表达式

表 8-1 本质是微操作信号的功能真值表，所以可以根据该表写出微操作信号的输出函数表达式。表达式的一般包括以下因素：

微操作信号 = 机器周期 ∧ 节拍 ∧ 脉冲 ∧ 操作码 ∧ 状态条件

比如：

M（AR）→DR＝FE·T1+IND·T1·（ADD+SUB+AND+OR+LAD+STO+JMP）
+EX·T1·（ADD+SUB+AND+OR+LAD）

式子中的 ADD、SUB、AND、OR、LAD、STO、JMP 等来源于指令译码器的移码输出。

8.4.7 画出微操作命令的逻辑电路图

对应于每一个微操作命令的逻辑表达式，都可以画出一个组合逻辑电路，比如，M（AR）→DR 信号表达式的逻辑电路如图 8-16 所示。

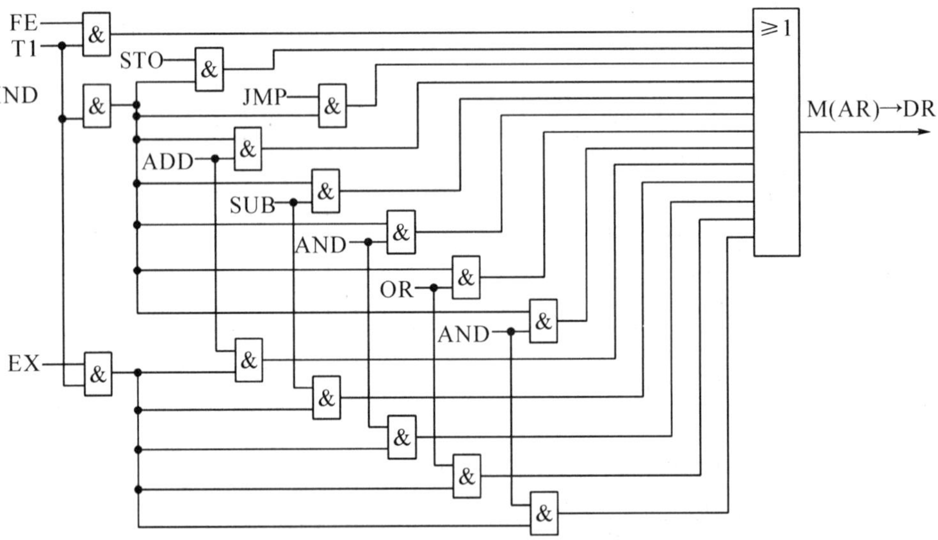

图 8-16 M（AR）→DR 信号表达式的逻辑电路

当设计逻辑电路时，需要考虑门电路的扇入系数和逻辑级数。如果采用现成芯片，还需要选择芯片型号。

采用组合逻辑设计方法设计控制器，思路清晰、简单明了，运行速度快，但是每一个微操作信号都对应一个逻辑电路，因此一旦设计完毕便会发现，这种控制器的线路结构十分复杂，也不规范；而且指令系统功能越全，微操作信号就越多，线路也越复杂，调试就更困难。

8.5 微程序控制器的设计

微程序控制器是计算机中的一种控制器（CU），它使用微程序设计技术来实现指令集架构（ISA）。在微程序控制器中，机器指令的执行过程被分解为一系列更小的、更容易管理的步骤，这些步骤通过微指令序列来实现。

8.5.1 微程序控制器的基本设计思想

1. 微命令与微操作

前面所称的操作控制信号，在微程序控制器的设计中被称为微命令。控制器就是通过发送微命令来控制各个功能部件的操作的。功能部件接收到微命令后所进行的操作称为微操作，微操作是最基本的操作，不可再分为更小的操作。

2. 微指令与微程序

在一个 CPU 周期中，将全机所有微命令组合起来，加上判别信息和直接微地址，就构成一条微指令。特别注明，这里对微指令的定义，是针对采用直接编码方式的微指令格式，方便理解。相关微指令格式，后文有介绍。

直接微地址是指本条微指令执行之后，默认的下一条微指令的地址。在微指令中，有些微命令是有效的，有些微命令是无效的。在一个 CPU 周期对应的微指令中，有效的微命令指示相应的部件进行某种操作，无效的微命令指示相应的部件不进行操作。因此，当编制一个 CPU 周期对应的微指令时，需要控制部件进行微操作的微命令就设置为有效；反之，不需要控制部件进行操作的微命令就设置为无效。

一条指令的执行，需要多个 CPU 周期来完成。一个 CPU 周期的操作任务需要一条微指令的执行来完成，所以，一条指令的执行，需要多条微指令的执行。完成一条指令所需要的多条微指令系列，称为微程序。

3. 微程序控制器的基本设计思想

微程序控制器的基本设计思想是仿照通常的解题程序的方法，在一个 CPU 周期中将机器所有操作控制信号即微命令，加上判别信息和直接地址，编成所谓的“微指令”，存放到一个只读存储器（ROM）里。当机器运行时，一个 CPU 周期读出一条微指令，从而产生全机所需要的各种操作控制信号，它们使相应部件执行所规定的操作，从而实现指令所要的功能。

微程序设计思想是剑桥大学教授 M. V. Wilkes 在 1951 年首先提出来的。但在那个年代电子器件生成水平有限，因此微程序设计思想并未实现。直到 20 世纪 60 年代出现半导体存储器，这个设计思想才成为现实。1964 年 4 月，世界第一台微程序设计的机器 IBM 360 研制成功。

微程序设计省去了组合逻辑设计过程中对逻辑表达式的化简步骤，无须考虑逻辑门的级数和逻辑门的扇入系数，设计更简便；而且由于控制信号以二进制代码的形式存储为微指令，因此只要修改微指令代码，就可以改变操作内容，从而便于调试、修改，甚至增删机器指令，有利于计算机仿真。

8.5.2 微程序控制器的原理框图与工作过程

1. 微程序控制器的组成结构

微程序控制器主要包括控制存储器（CM）、微指令寄存器（μIR）、微地址转移逻辑、微地址寄存器（μAR）、指令译码器（ID）、指令寄存器（IR）、程序计数器（PC）等，如图 8-17所示。为了简化图形结构，图中未给出程序计数器 PC、时序部件等。

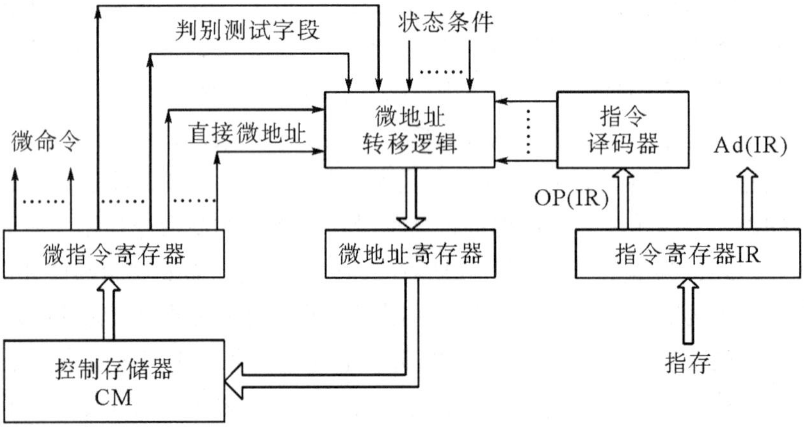

图 8-17 微程序控制器组成

由于指令译码器（ID）、指令寄存器（IR）、程序计数器（PC）已在前面介绍过，这里就不再介绍。

（1）控制存储器（CM）

控制存储器通常是一种只读存储器（ROM），用于存储全机的微指令序列。这些微指令序列是事先设计好的，用于控制 CPU 的各个操作。存储的微指令在 CM 中都有一个地址，称为微地址。在串行方式的微程序控制器中，微指令周期就是只读存储器的工作周期。控制存储器的字长通常等于微指令字的长度，其存储容量取决于机器指令系统的复杂度和微程序的数量。

（2）微指令寄存器（μIR）

微指令寄存器用于存放由控制存储器读出的一条微指令信息。它包括三部分信息：操作控制字段、判别测试字段、直接微地址。

操作控制字段就是微命令信号，用于控制各个功能部件的微操作。

判别测试字段指出微指令执行过程中是否需要根据外部条件更改下一条微指令的地址，因为每一条微指令都包含了下一条微指令的默认地址，但是因为微程序分支、间址等外部条件的变化，默认微地址指示的微指令不一定是下一条需要的微指令，所以需要根据判别测试字段来判断是否需要更改默认的微地址。

直接微地址是本条微指令给出下一条默认的微指令地址。

（3）微地址转移逻辑

微地址转移逻辑用于确定下一条微指令的地址。在正常情况下，下一条微指令的地址由当前微指令的顺序控制字段直接给出。微地址转移逻辑根据判别测试字段、指令移码结果、外部状态条件等信息来确定是否修改直接微地址。如果不需修改，则将它存储在微地址寄存器中。如果需要修改，比如，当微程序发生分支时（如条件转移），微地址转移逻辑会根据判别测试字段的信息、执行部件的状态条件反馈信息以及机器指令的操作码等信息，综合计算出新的微地址，并传送到微地址寄存器中。

（4）微地址寄存器

微地址寄存器保存下一条微指令的地址。

2. 微程序控制器的工作过程

第一步，初始化。微程序计数器（μPC）被设置为初始地址，通常是第一条微指令的地址。

第二步，微指令读取。微地址寄存器（μAR）中的地址被用来从控制存储器中读取一条微指令，并将其加载到微指令寄存器（μIR）中。

第三步，控制信号生成。控制信号发生器根据微指令中的字段生成控制信号，并将这些信号发送到计算机的各个部件。

第四步，执行。根据控制信号，计算机的各个部件执行相应的操作。

第五步，微地址更新。微地址形成逻辑计算出下一个微指令的地址，并将其加载到微地址寄存器（μAR）中。

重复上述步骤，直到执行停机指令的微指令。

3. CPU 周期与微指令周期

在串行方式的微程序控制器中，微指令周期等于读出微指令的时间加上执行该条微指令的时间。它是微程序控制器执行微指令所需的时间单位。微指令周期的时间长度可以恰好等于 CPU 周期的时间长度，以保证整个机器的控制信号的同步。然而，微指令周期与 CPU 周期一样，也可能包含多个时钟周期，具体取决于微指令的复杂性和执行效率，同时，微指令周期需要比 CPU 周期提前一个节拍，即每个 CPU 周期所使用的微指令，需要在上一个 CPU 周期的最后一个节拍读取，如图 8-18 所示。

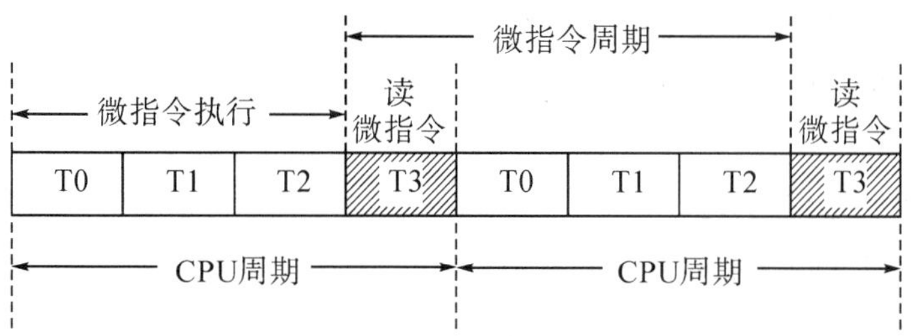

图 8-18　CPU 周期与微指令周期的关系

8.5.3 微指令的编码与格式

微指令的编码方式又称为微指令的控制方式，它主要关注如何对微指令的控制字段进行编码以形成控制信号。编码的目标是在保证速度的同时，尽量缩短微指令字长。

1. 微指令的编码方式

（1）直接编码方式

在直接编码方式中，微指令操作控制字段中的每一位都代表一个微命令。设计微指令时，全机有多少操作控制信号，微指令的操作控制字段就设置多位，每一位对应一个操作控制信号。在该微指令对应的 CPU 周期里面，哪些部件需要进行操作，控制这些部件的微命令就设置为有效；反之，不需要进行操作的部件，控制它们的微命令就设置为无效。

直接编码方式的优点是含义清晰，简单、直观，只要微指令从控制存储器 CM 中读出，就可以发出命令，所以执行速度快，操作并行性好。

直接编码方式的缺点是微指令字长过长，有 n 个微指令就要求微指令的操作字段有 n 位，有些机器的控制信号多达几百位，因此需要的控存容量极大。

（2）字段直接编码方式

在字段直接编码方式中，将微指令的微命令字段分为若干小字段，把互斥性微命令组合在同一字段中，把相容性微命令组合在不同的字段中，每个字段独立编码，每种编码代表一个微命令且各字段编码含义单独定义，与其他字段无关。比如，有 7 个微命令互斥，可以使用 3 位二进制码对它们进行编码，每个微命令一个编码，剩下的一个编码表示这 7 个微命令都不发出。这样 3 位编码表示 7 位微命令，减少了 4 位，缩短了微指令的长度。

至于操作控制字段需要分为几段，与需要并行发出微命令的并行数量有关。比如，如果需要并行发出微命令的并行数量为 6，则操作控制字段至少需要分为 6 段。每段的微命令个数可以不等，与具体互斥的微命令个数有关。设互斥的微命令个数为 n，编码个数为 i，则它们之间的关系是 $n<=2^i-1$。

字段直接编码方式的优点是可以缩短微指令字长。

字段直接编码方式的缺点是需要通过译码电路后再发出微指令，因此比直接编码方式慢。同时，每个小段中包含的信息位不能太多，否则将增加译码线路的复杂性和译码时间。

（3）字段间接编码方式

在字段间接编码方式中，一个字段的某些微操作命令需要由另一个字段中的某些微命令来解释，由于不是靠字段直接译码发出的微命令，故将其称为字段间接编码，又称为隐式编码。

字段间接编码方式优点是可进一步缩短微指令字长。

字段间接编码方式缺点是削弱了微指令的并行控制能力，因此通常作为字段直接编码方式的一种辅助手段。

（4）混合编码方式

混合编码方式结合了直接编码和字段编码的优点，通过灵活划分微指令字段，并结合直接和间接编码方式，以达到优化微指令长度和提高执行效率的目的。

2. 微指令的格式

微指令的格式对于微程序控制器的设计至关重要，因为它直接影响了控制逻辑的复杂性、控制存储器的大小以及指令执行的效率。下面详细介绍几种常见的微指令格式。

（1）水平型微指令格式

水平型微指令也称为并行微指令，它能够在一个微指令中定义并执行多个并行操作。这种微指令格式的优点是并行操作能力强、执行速度快、灵活性高。但是，由于需要同时控制多个操作，微指令的长度可能会较长，编写微程序时可能会相对复杂。

水平型微指令的一般格式包括控制字段、判别测试字段和下地址字段。其中，控制字段用于发出各种控制信号，判别测试字段用于根据条件测试结果决定下一条微指令的地址，下地址字段则直接指出下一条微指令的地址。

由于控制字段的编码方法不同，水平型微指令还可以进一步细分为直接编码、字段直接编码、字段间接编码和混合编码等类型。

（2）垂直型微指令格式

垂直型微指令也称为串行微指令，它与机器指令的结构类似，采用微操作码字段来规定微指令的功能。这种微指令格式的优点是微指令长度短，结构简单，便于编写微程序。但是，由于每次只能执行一个操作，因此执行速度相对较慢，且需要更多的微指令来完成一条机器指令的功能。

垂直型微指令的结构通常包括操作码和操作数两部分。操作码用于指定要执行的操作类型，而操作数则用于指定操作的对象或参数。

3. 两种微指令格式的比较

其一，水平型微指令比垂直型微指令并行操作能力强、效率高、灵活性高。

其二，水平型微指令执行一条机器指令所需的微指令数量少，因此速度比垂直型微指令的速度快。

其三，水平型微指令用较短的微程序结构换取较长的微指令结构，垂直型微指令正好相反，以较长的微程序结构换取较短的微指令结构。

其四，水平型微指令与机器指令差别大，垂直型微指令与机器指令相似。

8.5.4 微指令地址的形成方法

微指令地址的形成方法主要有以下六种。

一是直接由微指令的直接微地址字段给出。

这种方法简单直接，微指令中直接包含了下一个微指令的地址字段，通过读取这个字段即可确定下一条微指令的地址。

二是根据机器指令的操作码字段形成。

某些情况下，微指令的地址可以根据当前执行的机器指令的操作码来确定。这意味着不同的机器指令可能会触发不同的微程序序列，而微指令的地址则根据这些操作码来设置。

三是增量计数器法。

类似于程序计数器在机器指令执行中的作用，可以设置一个微程序计数器（μPC），用于顺序生成微指令的地址。每次执行完一条微指令后，微程序计数器会自动增加一定的量（通常是1），以指向下一条微指令的地址。

四是根据各种标志决定微指令分支转移的地址。

在执行微指令的过程中，可能会根据各种标志（如条件码、状态标志等）的值来决定是否进行分支转移以及转移的目标地址。这种方法允许微程序根据当前的状态或条件来动态地改变执行路径。

五是通过测试网络形成。

测试网络是一种复杂的逻辑电路，用于根据当前的状态或输入信号来生成微指令的地址。通过测试网络，可以实现更复杂的条件判断和地址生成逻辑。

六是由硬件产生微程序入口地址。

在某些情况下，微程序的入口地址可能由专门的硬件电路产生，而不是通过软件或微指令直接指定。这种方法通常用于微程序的初始化或特殊情况的处理。

这些方法各有特点，适用于不同的场景和需求。在实际应用中，可能会根据微程序控制器的具体设计和功能要求来选择合适的微指令地址形成方法。同时，随着技术的发展和微程序控制器设计的不断演进，新的微指令地址形成方法也可能会不断出现。

8.5.5 微程序控制器设计举例

微程序控制器设计是指创建和实现微程序控制器的过程，用于控制计算机硬件执行指令集架构（ISA）中定义的指令。

1. 确定系统主要功能和指令系统

系统功能在运算方面，算数运算有加、减法运算，逻辑运算有与、或、非等运算；传数方面能够进行寄存器之间、寄存器与主存之间的传数；控制方面可以无条件转移。具体如表 8-2 所示。

表 8-2 指令系统说明

指令	指令格式	指令类型	功能说明
ADD	ADD DST，SRC	RR	加法指令，DST 代表目的操作数（下同），SRC 代表源操作数（下同），功能是 DST+SRC→DST
SUB	SUB DST，SRC	RR	减法指令，功能是 DST-SRC→DST
AND	AND DST，SRC	RR	与运算指令，功能是 DST∧SRC→DST
OR	OR DST，SRC	RR	或运算指令，功能是 DST∨SRC→DST
NOT	NOT DST	R	非运算指令，功能是$\overline{DST}$→DST
LAD	LAD DST，SRC	RS	取数指令，功能是 SRC→DST，目的操作数必为寄存器，源操作数必为主存
STO	STO SRC，DST	RS	存数指令，功能是 SRC→DST，目的操作数必为主存，源操作数必为寄存器
MOV	MOV DST，SRC	RR	传送指令，功能是 SRC→DST
JMP	JMP SRC	RS	无条件转移指令，SRC→PC
STP	STP	*	停机指令，无须操作数

2. 确定系统部件组成与系统结构

系统组成部件与结构以图 8-1 所示为准，为了设计操控控制信号的输出电路，有必要介绍各个部件的操作控制信号的功能，如表 8-3 所示。

表 8-3 操作控制信号功能表

序号	控制的部件	信号	功能
1	PC	PC_{in}	将数据总线上的数据写入 PC
2		PC_{+1}	使 PC 的值加 1
3	IR	IR_{in}	将 IBUS 上的指令存入 IR
4	IR 输出三态门	C_3	控制 IR 中的地址码输出到数据总线上
5	AR	AR_{in}	将数据总线上的数据写入 AR
6	DR	DRL_{out}	将 DR 中的数据输出给通用寄存器
7		DRR_{in}	将数据总线上的数据存入 DR
8		DRR_{out}	将 DR 中的数据输出到数据总线
9	ALU 输出三态门	C_1	控制 ALU 的运算结果输出到数据总线
10	通用寄存器输出三态门	C_2	控制通用寄存器的输出到数据总线，与 MUXR 一起配合使用

表8-3(续)

序号	控制的部件	信号	功能
11	主存 M	R/$\overline{W}$ (D)	数存读写信号，为 1 表示读，为 0 表示写
12		R/$\overline{W}$ (I)	指存读写信号，为 1 表示读，为 0 表示写
13		$\overline{MREQ}$	访存控制信号，为 0 允许访存，为 1 禁止访存
14	ALU	S_2	三个信号一起控制器 ALU 的运算方式，共有 8 种运算：加法、减法、与、或、非、带进位加法、带借位减法、传数
15		S_1	
16		S_0	
17	R0	$R0_{in}$	控制 R0 写入
18	R1	$R1_{in}$	控制 R1 写入
19	R2	$R2_{in}$	控制 R2 写入
20	R3	$R3_{in}$	控制 R3 写入
21	MUXL	SL_1	共同控制四选一多路选择器，选择一个通用寄存器的值输出到 ALU 的一端，作为运算的被操作数，比如被加数、被减数等
22		SL_0	
23	MUXR	SR_1	共同控制四选一多路选择器，选择一个通用寄存器的值输出到 ALU 的一端，作为运算的操作数，比如加数、减数等
24		SR_0	

PC、IR、AR、R0、R1、R2、R3 等的值一旦写入，就直接输出，所以不需要设置输出控制，但 IR 中的地址码输出到数据总线受到一个三态门控制，操作码 OP（IR)直接输出到指令译码器中。

3. 分析每条指令的指令周期

根据每条指令的功能和各种可能的数据寻址方式，使用方框语言来描绘各条指令对应的微程序，如图 8-19 所示。操作数的寻址方式有寄存器寻址、直接寻址、间接寻址、立即寻址和隐含寻址。其中，立即寻址和隐含寻址仅用于 JMP 指令。

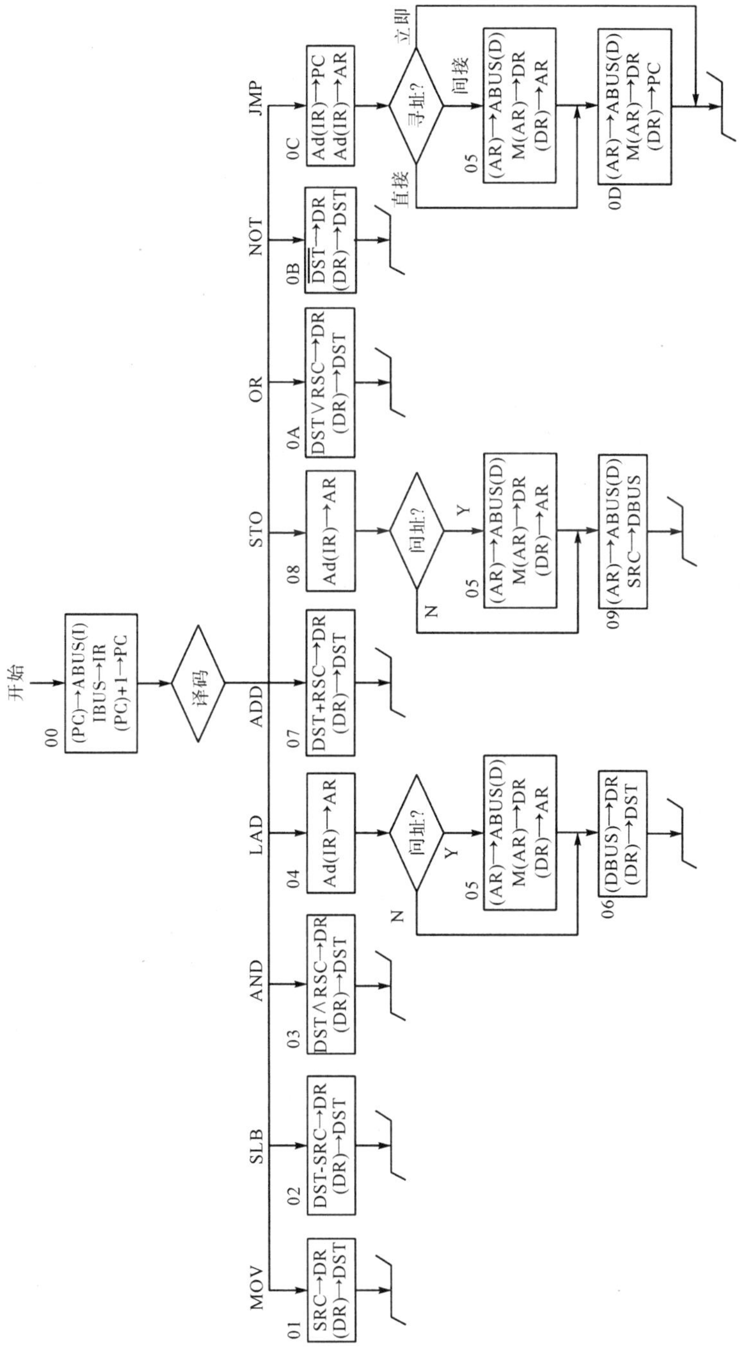

图 8-19　各个指令对应的微程序

在前文指令周期中，每个 CPU 周期使用了 3 个节拍，但是这里采用微程序的方式，读取微指令也需要 1 个节拍，因此这里每个 CPU 周期需要使用 4 个节拍，微指令周期也是 4 个节拍。

4. 设计微指令格式

在表 8-3 列出的微命令中，序号 1~16 的微命令在每个微指令中的取值都是固定的，因此可以采用直接编码方式。但是序号 17~24 的微命令，在微指令中，其取值是不固定的，因为指令所使用的寄存器在设计控制器的时候是不能预计的，需要在执行指令时根据操作数的地址码来确定使用的寄存器，这样才能根据操作数的地址码和寻址特征位来确定控制这些寄存器的微命令的取值，所以这些微命令只能使用硬件来实现。

系统中通用寄存器为 4 个，所以通用寄存器的编码也只需要 2 位。设目的操作数的通用寄存器编码符号位 AD_1 和 AD_0，设源操作数的通用寄存器编码符号位 AS_1 和 AS_0。设定多路选择器的选择编码与通用寄存器的编码一致，因此多路选择器的选择控制信号就可以等于地址码的低两位编码（通用寄存器的编码）；同时，SL_1 和 SL_0 用于控制目的操作数输出，SR_1 和 SR_0 用于控制源操作数输出。因此就有：$SL_1 = AD_1$，$SL_0 = AD_0$，$SR_1 = AS_1$，$SR_0 = AS_0$。

根据前面拟定的寻址方式，指令中的寻址特征位只需要 2 位即可满足需求，设目的操作数的寻址特征位编码符号为 FD_1 和 FD_0，源操作数的寻址特征位符号为 FS_1 和 FS_0。设定寻址特征位为 00 时表示寄存器寻址，为 01 时表示直接寻址，为 10 时表示间接寻址，为 11 时表示立即寻址。

设定 00 表示 R0 的编号，01 表示 R1 的编号，10 表示 R2 的编号，11 表示 R3 的编号。通用寄存器的输入控制信号有 $R0_{in}$、$R1_{in}$、$R2_{in}$、$R3_{in}$ 四个，它们的确定如表 8-4所示。

表 8-4　通用寄存器的微命令确定

目的操作数的特征位与地址码				通用寄存器的输入控制			
FD_1	FD_0	AD_1	AD_0	$R0_{in}$	$R1_{in}$	$R2_{in}$	$R3_{in}$
0	0	0	0	1	0	0	0
0	0	0	1	0	1	0	0
0	0	1	0	0	0	1	0
0	0	1	1	0	0	0	1

根据表 8-4，可以得到 $R0_{in}$、$R1_{in}$、$R2_{in}$、$R3_{in}$的电路输出表达式如下：

$$R0_{in} = \overline{FD_1} \cdot \overline{FD_0} \cdot \overline{AD_1} \cdot \overline{AD_0}$$

$$R1_{in} = \overline{FD_1} \cdot \overline{FD_0} \cdot \overline{AD_1} \cdot AD_0$$

$$R2_{in} = \overline{FD_1} \cdot \overline{FD_0} \cdot AD_1 \cdot \overline{AD_0}$$

$$R3_{in} = \overline{FD_1} \cdot \overline{FD_0} \cdot AD_1 \cdot AD_0$$

5. 分配微地址，并编写微指令代码

根据图 8-19，进行判别测试的情况不多，一是指令取指周期结束后需要判别测试，二是取数、存数、修改 PC 的值等需要判别测试寻址方式，加上不需要测试的情形，因此判别测试设置 2 位即可。测试位 $P_1P_0=00$，表示取指周期结束后进行判别测试；$P_1P_0=01$，表示寻址方式进行判别测试；$P_1P_0=11$，表示不进行判别测试。

各个 CPU 周期对应的微指令地址分配如图 8-19 中矩形方框左上角上的十六进制数字。根据图 8-19 中各个 CPU 周期的操作及微地址分配，编制的各个微指令编码如表 8-5 所示。

表 8-5　微指令编码表

微地址	1	2	3	4	5	6	7	8	9	10	11	12	13	14	15	16	17	18	19	20	21	22
00	0	1	1	0	0	0	0	0	0	0	0	1	0	1	1	1	0	0	0	0	0	1
01	0	0	0	0	0	1	1	0	0	1	0	1	1	1	1	1	1	1	0	0	0	0
02	0	0	0	0	0	1	1	0	1	0	0	1	1	0	0	1	1	1	0	0	0	0
03	0	0	0	0	0	1	1	0	1	0	0	1	1	0	1	0	1	1	0	0	0	0
04	0	0	0	1	1	0	0	0	0	0	0	1	1	1	1	1	0	1	0	1	0	1
05	0	0	0	0	1	0	1	1	0	0	1	1	0	1	1	1	1	1	0	1	1	0
06	0	0	0	0	0	1	1	0	0	0	1	1	0	1	1	1	1	1	0	0	0	0
07	0	0	0	0	0	1	1	0	0	0	0	1	1	0	0	0	1	1	0	0	0	0
08	0	0	0	1	1	0	0	0	0	0	0	1	1	1	1	1	0	1	0	1	0	1
09	0	0	0	0	0	0	0	0	0	1	0	1	0	1	1	1	1	1	0	0	0	0
0A	0	0	0	0	0	1	1	0	1	0	0	1	1	0	1	1	1	1	0	0	0	0
0B	0	0	0	0	0	1	1	0	1	0	0	1	1	1	0	0	1	1	0	0	0	0
0C	1	0	0	1	1	0	0	0	0	0	0	1	1	1	1	1	0	1	0	1	0	1
0D	1	0	0	0	0	0	1	1	0	0	1	1	0	1	1	1	1	1	0	0	0	0

表 8-5 中，第一行序号 1~16 表示的是表 8-3 中对应序号表示的微命令，序号 17、18 表示判别测试字段 P_1P_0，序号 19~22 表示直接微地址 U_3、U_2、U_1、U_0。

6. 微程序控制器的结构设计

根据前面的设计可知，序号 1~16 的微命令直接编入微指令。17~24 位微命令由一个硬件电路产生，这个电路称为通用寄存器控制逻辑，因为这些微命令都是控制通用寄存器的。微指令还包括 2 位判别测试、4 位直接微地址，所以微指令为 22 位。微程序控制逻辑如图 8-20 所示。

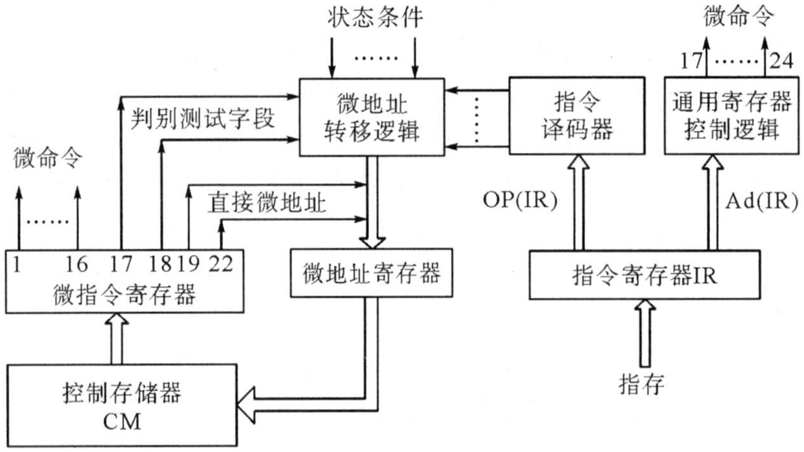

图 8-20 微程序控制器组成

根据前面的多路选择器的控制信号表达式，以及通用寄存器的控制信号表达式，可以画出通用寄存器控制逻辑电路，如图 8-21 所示。

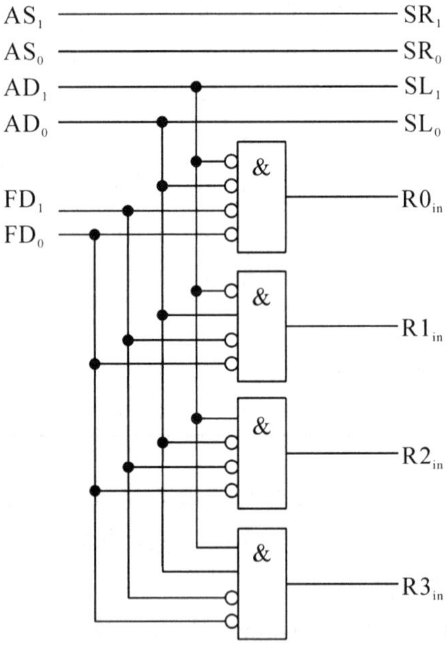

图 8-21 通用寄存器控制逻辑电路

根据微指令的微地址的分配、操作码的译码结果、判别测试字段等信息，可以设计出微地址转移逻辑电路。设微地址符号分别是 U_3、U_2、U_1、U_0，Y_1 ~ Y_8分别是指令 SUB、AND、LAD、ADD、STO、OR、NOT、JMP 的译码结果，Y_0 是指令 MOV 的译码结果，但不需要，因为使用了直接微地址。微地址转移逻辑的输出真值表如表 8-6 所示。

表 8-6 微地址转移逻辑输出端真值表

输入端							输出端			
FD_1	FD_0	FS_1	FS_0	P_1	P_0	译码结果	U_3	U_2	U_1	U_0
*	*	*	*	0	0	Y_1	0	0	1	0
*	*	*	*	0	0	Y_2	0	0	1	1
*	*	*	*	0	0	Y_3	0	1	0	0
*	*	*	*	0	0	Y_4	0	1	1	1
*	*	*	*	0	0	Y_5	1	0	0	0
*	*	*	*	0	0	Y_6	1	0	1	0
*	*	*	*	0	0	Y_7	1	0	1	1
*	*	*	*	0	0	Y_8	1	1	0	0
*	*	0	1	0	1	Y_3	0	1	1	0
*	*	0	1	0	1	Y_5	1	0	0	1
0	1	*	*	0	1	Y_8	1	1	0	1
1	1	*	*	0	1	Y_8	0	0	0	0

根据表 8-6 给出输出端的表达式：

$$U_3=\overline{P_1}\cdot\overline{P_0}\cdot(Y_5+Y_6+Y_7+Y_8)+\overline{FS_1}\cdot FS_0\cdot\overline{P_1}\cdot P_0\cdot Y_5$$
$$+\overline{FD_1}\cdot FD_0\cdot\overline{P_1}\cdot P_0\cdot Y_8$$
$$U_2=\overline{P_1}\cdot\overline{P_0}\cdot(Y_3+Y_4+Y_8)+\overline{FS_1}\cdot FS_0\cdot\overline{P_1}\cdot P_0\cdot Y_3$$
$$+\overline{FD_1}\cdot FD_0\cdot\overline{P_1}\cdot P_0\cdot Y_8$$
$$U_1=\overline{P_1}\cdot\overline{P_0}\cdot(Y_1+Y_2+Y_4+Y_6+Y_7)+\overline{FS_1}\cdot FS_0\cdot\overline{P_1}\cdot P_0\cdot Y_3$$
$$U_0=\overline{P_1}\cdot\overline{P_0}\cdot(Y_2+Y_4+Y_7)+\overline{FS_1}\cdot FS_0\cdot\overline{P_1}\cdot P_0\cdot Y_5$$
$$+\overline{FD_1}\cdot FD_0\cdot\overline{P_1}\cdot P_0\cdot Y_8$$

根据上面的表达式画出图形，如图 8-22 所示。

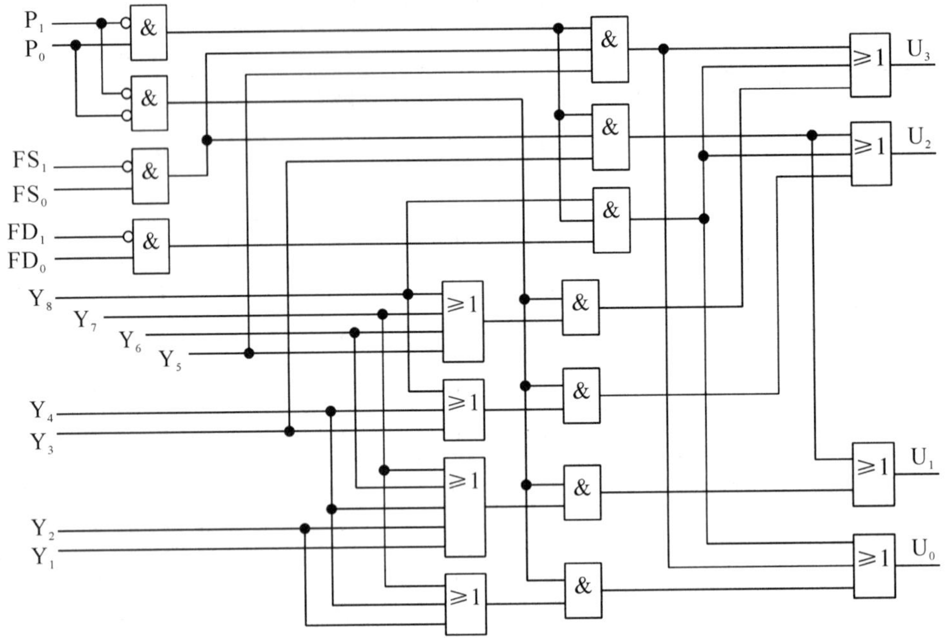

图 8-22　微地址转移逻辑电路

8.6　处理器架构

提高处理器性能的途径主要两个：一个是提高主频；另一个是改进体系架构。处理器架构（processor architecture）是指设计和构建微处理器的规范和技术。它定义了处理器的基本结构、功能以及如何执行指令。本节简要介绍几种处理器的架构技术。

8.6.1　流水 CPU

流水 CPU（pipelined CPU）是一种通过时间并行性来提高处理器性能的设计方法。这种设计将指令执行过程划分成一系列连续的步骤，每个步骤由专门的硬件单元负责执行。这样，在任何给定时刻，处理器就可以同时处理多条指令的不同阶段，从而提高了整体的指令执行效率。

1. 基本原理

时间并行性：流水 CPU 通过将指令执行过程分解为多个阶段，并让不同指令的各个阶段重叠执行，从而实现并行处理。

独立电路：每个阶段都有其独立的电路来处理特定的任务，一旦一个阶段完成，指令就会被传递到下一个阶段，而前一阶段则开始处理新的指令。

2. 流水 CPU 的时空图

流水 CPU 的时空图（space-time diagram）是一种用于描述流水线 CPU 工作过程的图表，它通过时间轴和空间轴的结合，展示了指令在流水线中的执行流程和时间关系。这种图能够直观地说明流水线的运行状态和性能指标，如吞吐率、加速比和效率等。

假设每条指令分为以下 5 个阶段来完成：

取指（instruction fetch，IF）：从内存中取出下一条指令；

译码（instruction decode，ID）：解析指令，确定需要执行的操作；

执行（execute，EXE）：执行指令的运算；

访存（memory access，MEM）：如果指令涉及内存操作，则在此阶段进行读写；

写回（Write Back，WB）：将结果写回到寄存器或内存。

上面 5 个阶段的执行，每个阶段都由独立的部件来完成。如果采用非流水线技术，即每条指令执行完毕后才能执行下一条指令，如图 8-23 所示。那么，当执行某条指令的某个阶段操作时，仅有处理该阶段操作的部件处于工作状态，处理其他阶段操作的部件处于空闲状态，硬件资源浪费严重。

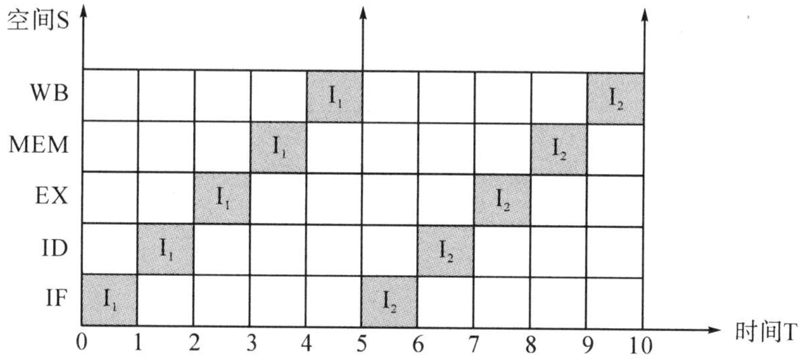

图 8-23 非流水线方式执行指令

如果采用流水线技术，当第一条指令的第一个阶段完成后，就可以开始执行第一条指令的第二个阶段和第二条指令的第一个阶段；当第一条指令的第二个阶段和第二条指令的第一个阶段完成后，就可以开始第一条指令的第三个阶段、第二条指令的第二个阶段、第三条指令的第一个阶段。如此执行下去，当第一条指令执行到第五个阶段以后，每个执行部件都处于工作状态，没有一个部件处于空闲状态，如图 8-24 所示。在非流水方式中，在第十个时钟周期时，才完成 2 条指令的执行。而在流水方式中，已完成 6 条指令的执行，另有 4 条指令正在执行中，机器的运行效率大大提高了。

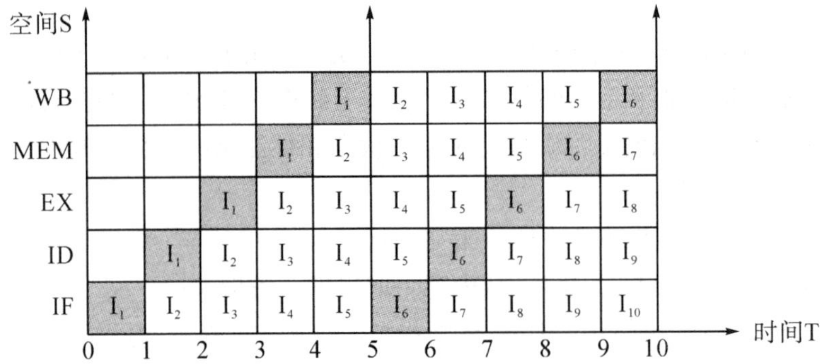

图 8-24　采用流水线方式执行指令

【例 8-9】执行指令时，将每一条指令都分解为取指、分析和执行三步。已知取指时间 $t_{取指}=6$ ns，分析时间 $t_{分析}=2$ ns，执行时间 $t_{执行}=4$ ns。如果按照【执行】$_k$、【分析】$_{k+1}$、【取指】$_{k+2}$重叠的流水线方式执行指令，从头到尾执行完 500 条指令需多少 ns?

分析：如图 8-25 所示，第一条指令的执行时间需要 12 ns，后面的指令执行时间只需要 6 ns，因为指令执行之间是重叠执行的。

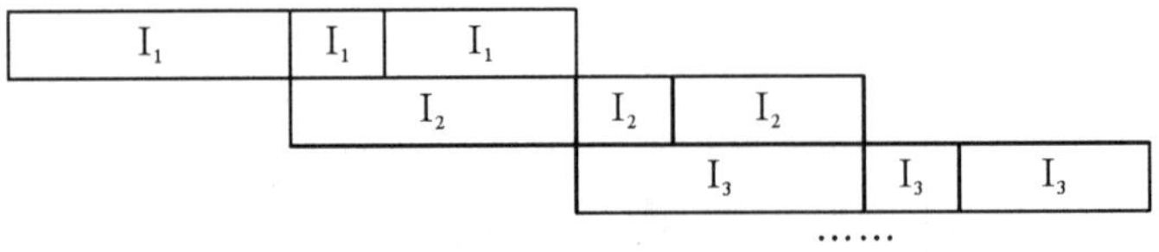

图 8-25　指令流水执行

解：

$t=12$ ns+（500−1）×6=3 006 ns

或者

$t=6$ ns+500×6 ns=3 006 ns

3. 流水 CPU 的特点

流水 CPU 的优点：一是吞吐量增加，即使单个指令的执行时间没有变化，但因为流水线可以同时处理多条指令的不同阶段，所以总体的指令执行速率会显著提高；二是资源利用率高，每个阶段的硬件组件可以被连续地使用，而不是等待一个指令完全执行完毕后才开始下一个指令。

但是流水 CPU 也有挑战与问题：一是数据相关性，如果后一条指令依赖于前一条指令的结果，那么流水线可能会遇到停滞（stall），这时需要特殊的技术（如转发、预测等）来处理这种情况；二是分支预测，分支指令可能导致流水线中的指令顺序改变，这需要有效的预测机制来保持流水线的连续性；三是资源冲突，不同的指令可能会竞争相同的硬件资源，导致流水线效率降低。

总之，流水 CPU 利用了时间并行性的概念，通过将指令执行过程分解成多个阶段，并让这些阶段并行处理不同指令的不同部分，从而提高了处理器的性能。

8.6.2　多处理器系统

多处理器系统（multiprocessor systems）是指一个计算机系统中包含两个或更多的处理器（CPU），共享相同的系统资源（如主内存和 I/O 设备），并在统一的操作系统管理下协同工作。这种系统架构允许多个处理器并行执行多个任务，从而提高了系统的整体吞吐量，提高了系统的性能和可靠性。

1. 多处理器系统的特点

并行性：多处理器系统允许多个处理器同时执行不同的任务，从而实现真正的并行计算。

资源共享：所有处理器通常共享同一个主内存和 I/O 设备，这使得数据访问更加高效。

高可靠性：如果一个处理器发生故障，其他处理器仍然可以继续运行，从而提高了系统的可用性和可靠性。

负载均衡：操作系统可以智能地分配任务给各个处理器，以达到负载均衡的目的。

2. 多处理器系统的分类

SMP（symmetric multiprocessing）：对称多处理，所有的处理器地位平等，共享内存和总线，适用于小型到中型规模的多处理器系统。

MPP（massively parallel processing）：大规模并行处理，通常用于高性能计算领域，每个处理器都有自己的局部内存，通过网络连接共享资源。

NUMA（non-uniform memory access）：非统一内存访问，每个处理器有自己的本地内存，访问远程内存比访问本地内存慢，适用于大型服务器和超级计算机。

3. 多处理器系统与多核处理器的区别

多核处理器：在一个单个芯片上集成两个或更多的处理器核心。这些核心共享某些资源（如二级缓存），但每个核心都有自己的寄存器和一级缓存。

多处理器系统：可以指多个物理芯片上的处理器共同工作，也可以指多核处理器。然而，传统意义上，多处理器系统指的是多个独立的处理器芯片。

4. 多处理器系统的优势

更高的吞吐量：由于多个处理器可以同时执行任务，因此系统能够处理更多的并发任务。

更好的容错性：即使其中一个处理器出现故障，其他处理器仍然可以继续运行。

灵活的扩展性：可以通过增加更多的处理器来提升系统的性能。

5. 多处理器系统的劣势

复杂性：多处理器系统需要更复杂的硬件和软件设计来确保处理器之间的协调工作。

资源竞争：当多个处理器尝试访问同一资源时，可能会产生冲突。

额外开销：操作系统和应用程序需要处理额外的调度和同步开销。

6. 应用场景

多处理器系统广泛应用于服务器、高性能计算、科学计算、数据处理等领域，以及需要高并发处理能力的应用场景。

（1）高性能计算（HPC）

科学研究：如物理模拟、气象预测、基因组学、药物研发等领域，需要进行大规模的计算和数据分析。多处理器系统能够提供足够的计算能力来支持这些复杂的模拟和计算任务。

工程设计：在航空航天、汽车制造、建筑设计等行业，工程师需要使用高级仿真软件来模拟和优化产品设计。多处理器系统能够加速这些仿真过程，提高设计效率。

（2）数据中心和云计算

数据中心通常部署大量的多处理器服务器来支持大规模的数据存储和处理任务。这些服务器通过虚拟化技术为云计算平台提供计算资源，支持各种云服务和应用程序的运行。

云计算平台利用多处理器系统的并行处理能力，为用户提供高性能的计算和数据处理服务，满足企业在大数据分析、机器学习、人工智能等方面的需求。

（3）服务器和虚拟化

企业级服务器通常配备多处理器系统，以支持高负载和高并发的业务应用。这些服务器可以处理大量的网络请求、数据库查询和事务处理任务，确保企业业务的稳定运行。

虚拟化技术允许多个虚拟机在单个物理服务器上运行，而多处理器系统则能够提供更强大的计算能力来支持这些虚拟机的运行。这有助于企业提高资源利用率、降低成本并增强系统的灵活性和可扩展性。

（4）实时控制系统

在工业自动化、交通管理、航空航天等领域，实时控制系统需要快速响应并处理大量的实时数据。多处理器系统能够提供足够的计算能力和并行处理能力来满足这些实时性要求，确保系统的稳定运行和安全性。

（5）游戏和娱乐

在游戏开发领域，多处理器系统可以加速游戏引擎的渲染和物理模拟过程，提高游戏的画质和流畅度。这有助于提升玩家的游戏体验并吸引更多的用户。

在数字媒体制作领域，如电影制作、动画制作和音频处理等，多处理器系统能够加速视频渲染、音频合成和特效处理等任务，提高制作效率和质量。

（6）金融和交易系统

金融机构需要处理大量的交易数据、市场信息和风险管理任务。多处理器系统能够提供高性能的计算能力来支持这些复杂的金融分析和交易处理任务，确保金融市场的稳定运行和交易的实时性。

（7）大数据处理

多处理器系统能够并行处理大规模数据集，快速提取有价值的信息。

（8）人工智能

多处理器系统在人工智能算法的训练和推理中发挥着重要作用。通过利用多个处理器并行执行复杂的计算任务，多处理器系统能够加速神经网络的训练过程，提高人工智能系统的性能和响应速度。

8.6.3　多核处理器

多核处理器是指在一个单一的集成电路（IC）芯片上，集成两个或更多独立的处理器核心（或称为计算引擎）。这种设计允许处理器同时执行多个任务或者一个任务中的多个线程，从而显著提高了计算机系统的整体性能和效率。

1. 多核处理器的特点

多个处理器核心：每个核心都是一个完整的计算单元，具有自己的算术逻辑单元（ALU）、寄存器文件、缓存和控制单元等。

共享资源：尽管每个核心都有自己的一级缓存，但通常会共享二级缓存或更高层级的缓存，以及内存控制器和其他外部设备。

高速互连：核心之间通过高速的内部总线或互连结构相互通信，这种互连的速度通常比外部总线的速度快得多。

2. 多核处理器的工作原理

多核处理器的工作原理主要是基于并行处理技术和多任务分配策略，将计算任务分配给多个内核。当操作系统或软件应用程序需要执行多个任务时，这些任务可以被分配给不同的内核来并行处理，从而显著提高处理速度和效率。

（1）并行处理技术

内核独立运算：多核处理器内部集成了多个完整的计算引擎（内核），每个内核都可以独立地执行指令和运算任务。这种并行处理能力使得多核处理器能够同时处理多个计算任务，从而显著提高整体性能。

任务分解与分配：当操作系统或软件应用程序需要执行多个任务时，这些任务会被分解成多个子任务或线程，并分配给不同的内核进行并行处理。每个内核负责处理一部分子任务，最终将处理结果汇总并返回给操作系统或应用程序。

（2）多任务分配策略

操作系统调度：操作系统负责管理和调度多核处理器上的任务。它会根据任务的优先级、资源需求和内核的负载情况等因素，将任务分配给合适的内核进行执行。

线程级并行：在多核处理器上，线程级并行是一种常见的并行编程模型。开发人员可以将应用程序编写为多线程程序，以便在多个内核上并行执行不同的线程。这些线程可以共享内存和处理器资源，但各自拥有独立的执行路径和状态。

（3）缓存与内存管理

缓存一致性：多核处理器通常配备高速缓存（cache）来存储频繁访问的数据和指令。为了确保数据的一致性，多核处理器采用缓存一致性协议来管理不同内核之间的缓存访问。当某个内核修改缓存中的数据时，该修改会广播给其他内核，以确保所有内核都访问到最新的数据。

内存访问优化：为了提高内存访问效率，多核处理器采用多种技术来优化内存访问。例如，它们可以预测内存访问模式并预取数据到缓存中，以减少内存延迟和提高数据吞吐量。

（4）通信与同步

核间通信：多核处理器中的不同内核之间需要进行通信和同步，以确保它们能够协调一致地执行任务。核间通信可以通过共享内存、消息传递或其他通信机制来实现。

同步机制：为了确保多个内核在执行任务时不会相互干扰或产生竞争条件，多核处理器采用各种同步机制来管理内核之间的访问和修改操作。这些同步机制包括锁、信号量、事件等。

（5）功耗与散热

功耗管理：多核处理器在提供高性能的同时，也需要考虑功耗和散热问题。为了降低功耗和减少热量产生，多核处理器采用多种功耗管理技术，如动态电压和频率调整（DVFS）、电源门控（power gating）等。

散热设计：为了有效地散发多核处理器产生的热量，处理器通常采用先进的散热设计，如热管、风扇、散热片等。这些散热设计能够确保处理器在长时间高负载运行下保持稳定的温度。

3. 工作流程

任务分配：操作系统负责将任务分配给不同的核心。这可以通过多种方式完成，例如基于任务的调度算法或硬件分配器。

并行执行：每个核心独立地执行分配给它的任务。每个核心都有自己的寄存器、缓存和执行单元，可以同时执行指令。

数据共享：多个核心可以共享内存和缓存，使它们可以交换数据。

结果合并：各个核心完成任务后，将结果合并到一个整体结果中。这需要通过通信和同步来实现，确保最终结果的正确性。

4. 应用场景

多核处理器的应用场景非常广泛，包括但不限于以下方面。

数据库管理系统：数据库查询和事务处理通常可以分解为多个并发执行的线程，多核处理器可以更好地支持这种并发性，提高数据库系统的性能。

并行计算任务：科学计算、模拟和大规模数据分析等任务通常能够通过并行处理来加速。多核处理器可以同时处理多个数据块或执行多个计算任务，大幅提高机器的整体计算性能。

虚拟化和容器化：在虚拟化和容器化环境中，多核性能对于同时运行多个虚拟机或容器至关重要。每个虚拟机或容器可以在一个独立的核心上运行，从而提高整体系统的效率。

多任务操作系统：现代操作系统能够同时运行多个任务，每个任务可能都在不同的核心上执行。多核性能对于保持系统的流畅运行至关重要，特别是在同时运行多个应用程序时。

5. 发展趋势

随着技术的不断进步和应用需求的不断增长，多核处理器的发展趋势将呈现以下特点。

核心数不断增加：为了满足更高性能的需求，多核处理器的核心数将不断增加。

能效比持续优化：随着制造工艺和电路技术的提升，多核处理器的能效比将不断优化，功耗降低和散热问题被解决。

软件生态不断完善：操作系统和软件应用程序将不断优化，以更好地利用多核处理器的优势提高整体性能和用户体验。

8.6.4 多线程处理器

多线程处理器是指能够同时处理多个线程的处理器。这种技术使得处理器可以在硬件层面支持并行执行多个线程，从而提高处理器的效率和吞吐量。

1. 多线程处理器的工作原理

一是同时多线程（simultaneous multithreading，SMT）。

SMT 技术通过复制处理器上的结构状态，使得多个线程可以在同一个处理器核心上同时执行。SMT 处理器可以最大限度地利用处理器的执行资源，即使在等待内存访问时，也可以通过执行其他线程来避免资源闲置。当没有足够的线程可供执行时，SMT 处理器的表现类似于传统的宽发射超标量处理器。

二是线程级并行（thread-level parallelism，TLP）。

在多线程处理器中，操作系统将任务分解为多个线程，这些线程可以在不同的核心上并行执行。这种方式利用了多核处理器的并行处理能力，使得多个线程可以同时运行，从而提高整个系统的性能。

2. 多线程处理器的关键特点

提高处理器利用率：即便某个线程因为数据依赖或等待内存访问而停顿，处理器也可以立即切换到另一个线程继续执行，从而提高处理器的利用率。

提高吞吐量：通过并行处理多个线程，多线程处理器可以在相同时间内处理更多的任务。

优化资源分配：操作系统可以根据任务的性质和处理器的状态动态分配线程到不同的核心上，以达到最佳的资源利用。

3. 多线程处理器的应用场景

多任务处理：在多任务环境中，多线程处理器可以有效地处理多个应用程序同时运行的情况。

多线程应用程序：对于那些被设计为多线程的应用程序来说，多线程处理器可以显著提高其性能。

高性能计算：在科学计算、工程仿真等高性能计算领域，多线程处理器可以并行处理复杂的计算任务。

大数据处理：当处理大数据集时，多线程处理器可以通过并行处理提高数据处理速度。

图形处理和游戏开发：图形渲染和游戏物理引擎通常可以利用多线程处理器的并行处理能力来提高性能。

服务器应用：Web 服务器、数据库服务器等后端服务可以利用多线程处理器来处理高并发请求。

4. 多线程处理器的发展

Intel 的 Hyper-Threading 技术是多线程处理器的一个典型例子，它使得每个物理核心可以同时处理两个线程，从而提高了处理器的并发处理能力。

随着技术的进步，现代处理器不仅支持 SMT 技术，而且结合了多核架构，形成了既有多核又有多线程的复杂系统。

8.6.5 AI 处理器

AI 处理器（也称为 AI 芯片或 AI 加速器）是一种专门为运行人工智能算法而设计的处理器。这类处理器通常具有高度优化的架构，以适应深度学习等 AI 任务的特殊需求。

1. AI 处理器的特点

高度并行处理能力：AI 处理器通常具备高度并行的架构，能够同时处理大量数据点，非常适合神经网络中的矩阵运算。

专用硬件加速：这些处理器往往包含专门设计的硬件单元，比如用于张量操作的乘法累加单元（MAC units）。

高效能功耗比：为了满足边缘计算和移动设备的需求，AI 处理器往往具有较高的效能功耗比。

定制化的指令集：AI 处理器可能会采用特定于 AI 任务的指令集，以优化常见的 AI 操作。

内存优化：通常具有高效的内存层次结构，以减少数据传输延迟和功耗。

2. 主要类型的 AI 处理器

GPU（graphics processing unit）：图形处理器原本主要用于图形渲染，但因其并行架构具有强大的并行计算能力，其很早就被用于加速深度学习任务，被广泛用于训练大型深度学习模型。

FPGA（field-programmable gate array）：现场可编程门阵列可以重新配置以适应不同的 AI 算法，提供灵活性和一定的性能优化。

ASIC（application-specific integrated circuit）：为特定 AI 任务定制的芯片，专用集成电路针对特定的 AI 任务进行了优化，计算效率高且能耗低，但缺乏通用性。

TPU（tensor processing unit）：专门针对机器学习任务而设计，专注于高效的矩阵运算。如 Google 设计的 ASIC，专为 TensorFlow 框架下的机器学习任务而设计。

NPU（neural processing unit）：神经网络处理器，适合 AI 运算的技术路线，专门用于加速神经网络计算。

3. 部分 AI 芯片简介

（1）英伟达 AI 芯片

英伟达（NVIDIA）在 AI 芯片领域一直处于领先地位，其不断推出创新性的产品来满足高性能计算、人工智能和机器学习的需求。Grace CPU 超级芯片是英伟达发布的首款集成 CPU 和 GPU 的超级芯片，结合了基于 ARM 的 CPU 核心和 Hopper 架构的 GPU，特别适合大型 HPC 和 AI 应用。H200 Grace Hopper 超级芯片平台采用 Grace Hopper 超级芯片并通过 NVIDIA NVLink 与其他超级芯片连接，支持大型生成式 AI 模型的部署。H200 AI 芯片是英伟达目前最强的 AI 芯片之一，相较于前一代 H100，性能提升 60% 到 90%，并且能够与 H100 兼容。Blackwell AI 芯片是英伟达 2024 年 3 月发布的最新一代 AI 芯片与超级计算平台，GB200 超级芯片能够显著提高大语言模型（LLM）推理负载的性能。

英伟达 AI 芯片使用的技术有 NVLink - C2C、HBM3e GPU、NVIDIA AI Workbench。NVLink-C2C 是一种高速一致性技术，允许 GPU 完全访问 CPU 内存，从而在双配置中提供总计 1.2 TB 的快速内存。H200 采用 HBM3e GPU，拥有高达 141 GB 的显存和 4.8TB/s 的带宽。NVIDIA AI Workbench 是一个统一的工作空间，集成了企业级模型、框架、SDK 和库，帮助简化 AI 项目的开发过程。

（2）华为 Ascend 系列

华为的 Ascend 系列 AI 芯片是华为在人工智能领域的重要产品线之一，该系列芯片专为高效能、低功耗的 AI 计算设计，涵盖了从数据中心到边缘计算的广泛应用场景。Ascend 系列芯片基于华为自主研发的达芬奇架构（Da Vinci Architecture）设计，包括 Ascend 910 和 Ascend 310 等多款芯片。昇腾 910C 是华为推出的 7 nm 升级版 AI 算力芯片，据报道，昇腾 910C 的性能可以与英伟达的部分高端 AI 芯片相媲美。Ascend 系列芯片适用于数据中心的 AI 训练和推理任务，以及边缘设备上的 AI 推理。

华为在芯片领域已经取得了显著成果，如推出了自研的麒麟芯片和昇腾 AI 处理器等。未来，华为可能会进一步加大在芯片研发上的投入，以推动更多自研芯片的问世，减少对外部供应链的依赖。

（3）Intel Core Ultra 处理器

Intel 的 Core Ultra 处理器集成了专用的 AI 加速功能，适用于 CPU、GPU 和 NPU 架构。该处理器支持超过 100 家独立软件供应商提供的 300 多个 AI 加速功能，并且在能效方面表现突出。

（4）AMD Ryzen AI 300 系列处理器

AMD 的 Ryzen AI 300 系列处理器具有高达 50 TOPs 的 AI 处理能力。支持 Copilot+等 AI 助手，简化文档管理、电子邮件协助等任务，并改善虚拟会议体验。

（5）百度昆仑

百度昆仑是百度自主研发的一款云端 AI 通用芯片，专为深度学习、机器学习算法的云端和边缘端计算而设计。2021 年 8 月 18 日，百度宣布第二代昆仑芯片——昆仑芯 2 正式量产，其采用 7 nm 制程工艺，搭载自研的第二代 XPU 架构，相比第一代产品性能提升了 2~3 倍，是国内首款采用显存的通用 AI 芯片，适用于计算机视觉、自然语言处理、大规模语音识别、大规模推荐等多种场景。

（6）Wafer Scale Engine（WSE3）

该芯片由初创公司 Cerebras Systems 研发，是一款巨型 AI 芯片，采用 5 nm 制程技术，集成了 4 万亿个晶体管，拥有 90 万个 AI 计算核心。WSE 3 的峰值计算性能达到 125 千万亿次浮点运算每秒，性能超越英伟达 H100。

4. 应用场景

数据中心：用于大规模训练和部署机器学习模型。

边缘计算：在物联网设备和边缘服务器中处理 AI 任务，减少数据传输需求。

移动设备：智能手机和平板电脑中的 AI 加速器，提供增强现实、图像识别等功能。

自动驾驶：用于车辆感知、决策制定等自动驾驶系统。

医疗保健：用于诊断工具和患者监护系统。

本章小结

中央处理器（CPU）的功能主要包括指令控制、操作控制、时间控制、数据加工以及对系统进行中断处理。传统 CPU 是运算器和控制器的统称。运算器的功能是完成算术运算和逻辑运算，其包括的部件有算术逻辑运算单元（ALU）、通用寄存器、数据寄存器和状态条件寄存器（PSW）。控制器的功能是取指令、解码指令和执行指令，其包括的部件有程序计数器（PC）、指令寄存器（IR）、指令译码器

(IC)、操作控制器（OC)、时序产生器、地址寄存器等。

数据通路是指在计算机系统中数据从一个位置移动到另一个位置所经过的路径，它涉及数据如何被处理、存储和传输。

处理器的发展经历了诞生、x86 架构的崛起、高性能处理器、多核时代、移动与 AI 等过程。

指令周期是指从取指令开始到指令执行完毕所用的全部时间。取指周期是指从内存中取出一条指令所用的时间。取指周期需要完成取指令、解码指令和给出下一条指令的地址。每一条指令的取指周期完全相同。执行周期是指指令取出之后，执行这条指令所用的时间。机器周期也称为 CPU 周期，通常用从主存读取一个指令的最短时间来规定。一个指令周期包括取指周期和执行周期，一个取指周期等于一个机器周期，一个执行周期至少为一个机器周期。

分析一条指令的指令周期，需要分析该指令的取指周期和执行周期的主要任务、数据流和节拍安排（操作与时序）。当设计机器的指令周期时，可以使用方框语言来描述。

时序系统是对计算机内部操作信号进行时间控制的系统，三级时序系统的时序信号包括机器周期、节拍电位、工作脉冲，二级时序系统的时序信号包括节拍电位和工作脉冲。微程序控制器中使用的时序产生器由时钟源、环形脉冲发生器、节拍脉冲和读写时序译码逻辑、启停控制逻辑等部分组成。现代计算机的时序控制方式主要分为三种：同步控制方式、异步控制方式和联合控制方式。

组合逻辑设计方法是通过逻辑电路来实现控制器的功能，其设计步骤通常包括：列出微操作命令的操作时间表、写出微操作命令的最简逻辑表达式、画出组合逻辑电路图。

微程序控制器的基本设计思想使得微程序控制器实现了对复杂指令执行过程的精细控制，同时保持了设计的简洁性和可维护性。微程序控制器主要包括控制存储器（CM)、微指令寄存器（μIR)、微地址转移逻辑、微地址寄存器（μAR)、指令译码器（ID)、指令寄存器（IR)、程序计数器（PC）等。微程序控制器的工作过程包括初始化、微指令读取、控制信号生成、执行、微地址更新等。微指令的编码方式有直接编码方式、字段直接编码方式、字段间接编码方式和混合编码方式。微指令地址的形成有多种方式。

微程序控制器的设计包括系统功能和指令系统的确定、系统部件与结构的确定、每条指令的指令周期的确定、微指令格式的设计、分配微地址并编写微指令、微程序控制器的结构设计与实现等步骤。其中最难的是微地址转移逻辑的设计与实现。

常见的处理器的架构技术有流水 CPU、多处理器系统、多核处理器、多线程处理器、AI 处理器。

习题

8.1 名词解释：数据通路、指令周期、取指周期、执行周期、机器周期、时序系统、微指令。

8.2 中央处理器的功能有哪些？这些功能的具体含义是什么？

8.3 运算器的功能是什么？运算器包括哪些部件？每个部件的功能是什么？

8.4 控制器的功能是什么？控制器包括哪些部件？每个部件的功能是什么？

8.5 根据图 8-1 的 CPU 组成框图，给出下面每个任务的数据通路：

（1）将 R1 中的数据存入主存中地址为 100H 的单元中；

（2）将 R0 和 R1 中的数据相加，结果存入 R0；

（3）将 R0 中的数据传送到 R1 中。

8.6 根据图 8-1 的 CPU 组成框图，分析指令“STO　R0，（200H）”在取指周期和执行周期的主要任务、数据流、操作与时序。假设一个机器周期包含 3 个时钟周期，分别是 T0、T1、T2，设当前程序计数器（PC）的内容为 100H，地址为 200H 的主存单元中的数据为 300H。

8.7 有一机器的通用寄存器和主存的存储情况如下图所示：

通用寄存器	
R0	
R1	
R2	
R3	

地址	数据
200H	5H
……	……
300H	2H
301H	200H
302H	3H
303H	

数存

地址	指令
160H	LAD R2,(301H)
161H	SUB R2,R0
162H	STO R2,[303H]
163H	STP
……	……
200H	LAD R1,[300H]
201H	LAD R0,[302H]
202H	ADD R0,R1
203H	JMP

指存

指存中的程序的首地址为 200H，问：

（1）该程序的功能是什么？

（2）给出指令“LAD　R2，(301H)”执行周期的数据通路。

（3）指令“STO R2，[303H]”执行完毕后，寄存器 PC、IR、AR、DR、R0、R1、R2 中的值分别是多少？

8.8 简述计算机的时序系统。

8.9 计算机的时序控制方式有哪些？

8.10 控制器的设计方式有哪些？它们各有什么优缺点？

8.11 控制器的组合逻辑设计的步骤有哪些？

8.12 简述微程序控制器的基本设计思想。

8.13 简述微程序控制器的工作过程。

8.14 简述微程序控制器的设计步骤。

8.15 微指令编码方式有哪些？

8.16 执行指令时，将每一条指令都分解为取指、分析和执行三步。已知取指时间 t 取指 = 3 ns，分析时间 t 分析 = 1 ns，执行时间 t 执行 = 3 ns。如果按照【执行】$_k$、【分析】$_{k+1}$、【取指】$_{k+2}$重叠的流水线方式执行指令，从头到尾执行完 500 条指令需多少 ns？

8.17 简述各种处理器架构的技术特点。

9 输入输出系统

输入输出系统负责控制不同形式信息的输入与输出。在计算机架构中，该系统通常涵盖处理机与主存储器之外的部分。它的核心功能是通过外部设备以及专门的输入输出控制系统，实现计算机主机与外部设备之间的数据交换与通信。简而言之，输入输出系统扮演着桥梁的角色，确保数据能够顺畅地在计算机内部与外部设备之间流动，从而实现信息的有效传输与处理。这一系统对于维持计算机系统的正常运行至关重要。

本章的主要内容有：

●输入输出系统的概念和组成；

●接口的概念、组成、功能、分类；

●端口的概念与编址；

●输入输出控制方式的各种分类；

●程序查询方式的概念、程序查询方式的工作流程、程序查询方式的接口组成、程序查询方式的输入接口、程序查询方式的输出接口；

●程序中断方式的相关概念、中断的分类、中断的处理流程、中断接口的结构与工作过程；

●DMA 的概念、DMA 接口的结构、DMA 传送方式与传送过程；

●通道的概念、类型与结构，通道指令，通道的工作过程。

9.1 输入输出系统概述

输入输出系统（input/output system），即 I/O 系统，是计算机主机与外界交换信息时所涉及的硬件和软件的总称。I/O 系统是计算机系统的重要组成部分，它确保了数据能够高效、可靠地在计算机内部与外部设备之间传输。随着技术的不断进步，现代 I/O 系统能够提供极高的性能和灵活性，以满足不同应用场景的需求。

9.1.1 输入输出系统的组成

I/O 系统由硬件和软件两部分组成。

1. I/O 硬件

（1）外部设备

输入设备是计算机与外部世界进行交互的门户，如键盘、鼠标、触摸屏和扫描仪等，它们的主要职责是将人类可读的信息转换为计算机能够理解和处理的数据形式。而输出设备，如显示器、打印机和扬声器等，则是将计算机处理后的信息以人类可感知的方式呈现出来，使用户能够直观地获取所需内容。

此外，存储设备也在计算机系统中扮演着至关重要的角色。它们既可以作为输入设备，从外部世界读取数据，如硬盘驱动器（HDD）、固态硬盘（SSD）和 USB 闪存盘等；也可以作为输出设备，将计算机处理后的数据写入存储介质，如磁带驱动器和光盘驱动器。这些存储设备为计算机提供了持久的数据存储能力，保障了数据的长期保存和随时访问。

（2）接口模块

适配器卡：如视频卡、声卡及网络适配器，是连接特定外部设备与计算机主机的桥梁，确保各类设备能顺利通信与协作。

控制器：包括硬盘控制器、USB 控制器等，扮演着管理和调控具体硬件设备的核心角色，它们负责解析指令、协调资源，确保硬件设备能够高效、稳定地运行。

（3）I/O 总线

I/O 总线包括地址总线、数据总线、控制总线，如 PCI Express（PCIe）、USB、SATA 等，用于连接计算机主板上的各个部件和外部设备。

2. I/O 软件

（1）用户层 I/O 软件

用户层 I/O 软件实现与用户交互的接口，用户可直接调用该层所提供的库函数对设备进行操作。

（2）设备独立性软件

设备独立性软件用于实现用户程序与设备驱动程序的统一接口、设备命名、设备的保护以及设备的分配与释放等，同时为设备管理和数据传送提供必要的存储空间。

（3）设备驱动程序

设备驱动程序与硬件直接相关，负责控制设备的操作，用于具体实现系统对设备发出的操作指令，驱动 I/O 设备工作，将用户层的 I/O 请求转换为设备可以理解的指令。它们是直接与硬件交互的软件，为硬件设备提供了操作系统的一个接口，使得硬件可以在操作系统的统一管理下工作。

（4）中断处理程序

中断处理程序处理 I/O 设备的中断请求，当设备完成操作或需要服务时，会向 CPU 发送中断信号，中断处理程序负责响应这些信号并执行相应的操作。

9.1.2 主机与外部设备的接口

1. 接口的引入

在计算机的广阔天地里，输入输出设备犹如点点繁星，各具特色。它们在工作原理、驱动方式、信息格式以及工作速度等方面千差万别，与处理器的工作方式也大相径庭。概括起来，主要有以下几点。

（1）信号差异

I/O 设备与主机在信号线的功能定义、逻辑电平定义、电平范围定义以及时序关系等方面可能存在差异。

（2）数据传送格式差异

主机是以并行传送方式在系统总线上传送数据的，而一些 I/O 设备则属于串行设备，只能以串行方式传送数据。

（3）数据传送速度差异

主机的数据传送速度通常远快于 I/O 设备的数据传送速度。正是这些差异的存在，导致外部设备不能直接与计算机连接和通信，必须在这两者之间设置一个接口部件。

在软件中调用模块或子程序时必须遵守的参数传递规则，称为软件接口；软件对某个硬件电路进行控制，或者硬件要传递一些信号给软件，它们之间共同遵守的协议规定，常称为软硬件接口；两个硬件设备之间的连接逻辑以及信号传递协议称为硬件接口；软件与其使用者之间的联系部分常常被称为该软件的“人机接口”或“人机界面”。本章讨论的接口是指主机和输入输出设备（I/O 设备）之间的硬件接口，称为 I/O 接口，简称接口。不同的 I/O 设备都有其相应的设备控制器，而它们往往都是通过接口与主机取得联系的。

2. 接口中的信息

计算机通过 I/O 接口与外部设备进行数据通信，实现数据的输入输出功能。I/O 接口作为连接主机和外部设备的桥梁，不仅负责数据的传输，还涉及状态监测、设备控制等多个方面。接口中的信息主要包括数据信息、状态信息、控制信息、联络信息和外部设备识别信息。

（1）数据信息

数据信息是主机与外部设备间交流的主要内容，涵盖数字量、模拟量及开关量等多种形式。这些信息既可由外部设备传入主机，也可由主机发送至外部设备。例如，键盘输入的字符数据或鼠标移动的精确距离，均属于数据信息的范畴。数据信息的有效传递，确保了计算机与外部设备之间的顺畅交互，为各类应用的正常运行提供了坚实的基础。

（2）状态信息

状态信息揭示了外部设备当前的工作状况，比如是否准备就绪或处于忙碌状态。这些信息通过 I/O 接口实时传递给主机的 CPU，帮助 CPU 做出正确的处理决策。例如，当打印作业进行时，打印机会向 CPU 发送状态更新，报告当前的打印进度。这种信息的传递对于确保外部设备与主机之间的有效协作至关重要，使得整个系统能够流畅运行。

（3）控制信息

控制信息是由 CPU 发出的，用于控制外部设备进行特定操作的命令。通过 I/O 接口，这些控制命令被传递给外部设备，使外部设备按照主机的要求进行工作。例如，启动或停止一个外部设备的指令就是控制信息。

（4）联络信息

联络信息是主机与外部设备进行数据交换时，为确保双方动作协调而相互传递的重要信号。例如，外部设备数据准备完毕后，会向 CPU 发送一个就绪信号，作为数据可读取的提示。CPU 只有在接收到此信号后，才会执行相应的数据读取操作。这种联络机制确保了主机与外部设备之间的顺畅通信，为数据的高效、准确交换提供了有力保障。

（5）外部设备识别信息

在具有多个外部设备的系统中，需要有一种机制来识别不同的外部设备。这通常是通过 I/O 接口中的地址译码来实现的，确保数据被正确地传输到指定的外部设备。地址译码是通过地址总线和接口电路中的地址译码器完成的，实现对特定外部设备的识别和选择。每个外部设备被分配一个或多个特定的 I/O 端口地址，CPU 通过这些地址与目标外部设备进行通信。

I/O 接口不仅要确保数据的有效传输，还要实现对外部设备的状态监测和控制，进而保障整个系统的协调运行。

3. 接口的功能

（1）实现主机和外部设备的通信联络控制

接口中的同步控制电路用来解决主机与外部设备的时间配合问题，确保数据传输的同步性。

（2）进行地址译码和设备选择

当 CPU 送来选择外部设备的地址码后，接口必须对地址进行译码以产生设备选择信息，使主机能和指定外部设备交换信息。

(3) 实现数据缓冲

数据缓冲寄存器用于数据的暂存，以避免丢失数据。在传送过程中，先将数据送入数据缓冲寄存器，然后再送到输出设备或主机中。

(4) 数据格式的变换

为了满足主机或外部设备各自的要求，接口电路中必须具有各类数据相互转换的功能。例如，并一串转换、串一并转换、模数转换、数模转换以及二进制数和ASCII码的相互转换等。

(5) 传递控制命令和状态信息

当CPU要启动某一外部设备时，通过接口中的命令寄存器向外部设备发出启动命令；当外部设备准备就绪时，则有“准备好”状态信息送回接口中的状态寄存器，为CPU提供外部设备已经具备与主机交换数据条件的反馈信息。当外部设备向CPU提出中断请求或DMA请求时，CPU也应有相应的响应信号反馈给外部设备。

4. 硬件接口的基本组成

硬件接口的基本组成包括数据端口、命令端口、状态端口、地址译码电路和控制逻辑等。接口的基本构成及其与主机、外部设备的连接方式，如图9-1所示，展示了这一复杂系统的内部结构和工作原理，确保了计算机与外部设备间的顺畅通信与协作。

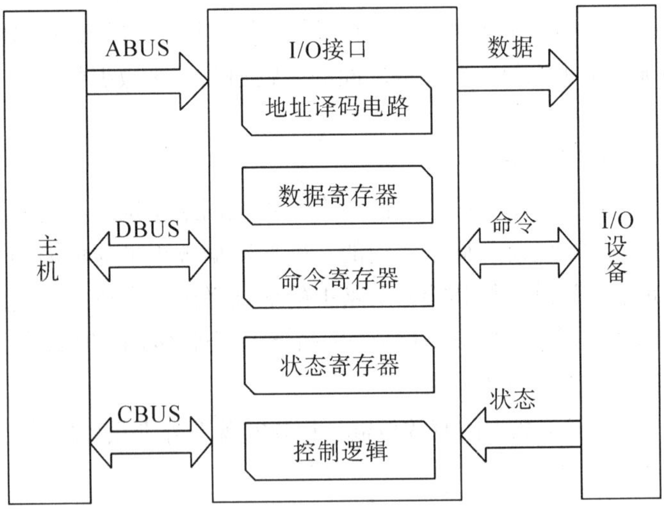

图9-1　接口与主机、外部设备间的连接

接口与端口是两个不同的概念，端口是指接口电路中可以被CPU直接访问的寄存器，若干个端口加上相应的控制逻辑电路才组成接口。端口可以分为数据端口、命令端口和状态端口，分别用于数据传输、发送控制信号和查询设备状态。这些组成共同定义了接口在连接主机和外部设备时的功能和作用。

（1）数据端口

数据端口是专门用于存放数据信息的寄存器，其核心作用是临时存储待传输的数据，防止数据在传输途中丢失。在数据传送流程中，数据首先被暂存于数据缓冲寄存器内，这一步骤是确保数据能够安全、稳定地送达输出设备或主机的关键。数据端口的存在，为数据的顺畅传输提供了坚实的保障，使得整个数据传输过程更加高效、可靠。

（2）命令端口

命令端口是专门用于存放控制命令的寄存器，负责接收 CPU 发出的指令，并根据这些指令执行相应的操作。例如，CPU 需要启动某个外部设备时，就会通过命令端口发送启动指令。命令端口的存在，确保了 CPU 与外部设备之间的有效沟通，使得外部设备能够按照 CPU 的指示进行工作，从而保证了整个系统的协调运行。

（3）状态端口

状态端口是用于存放外部设备的工作状态信息的寄存器。它用于反映外部设备当前的工作状态，如是否就绪、是否繁忙等。当外部设备准备就绪时，会有“准备好”状态信息送回状态端口，供 CPU 判断外部设备已经具备与主机交换数据的条件。

（4）地址译码电路

在接口中，数据信息、控制信息和状态信息均通过数据总线进行传输。计算机通常将外部设备的状态信息视为输入数据，将控制信息视为输出数据。为了区分这些信息，接口中设置了不同的寄存器，并为它们分配了独特的端口地址，称为端口地址或者端口号，它们是端口的编号。地址译码电路负责将地址总线上的地址码翻译成所需访问的端口地址，从而实现 CPU 对接口中端口的访问。这样，各类信息可以分时地利用总线，并被准确地传送到相应的寄存器中。这种设计确保了信息的有效传输与处理。

（5）控制逻辑

接口中的控制逻辑是确保数据正确传输、设备正常通信以及系统稳定运行的关键部分。它涉及接口如何响应外部请求、处理内部状态以及与其他组件或系统进行交互。接口控制逻辑是指接口在接收到外部请求或信号时，根据预设的规则和算法进行决策和处理的机制。它决定了接口如何响应这些请求或信号，以及如何进行内部状态的管理和数据的传输。

接口控制逻辑的实现方式有三种。一是硬件实现。在某些情况下，接口控制逻辑是通过专门的硬件电路实现的。这些电路根据输入的信号和预设的规则进行决策和处理，输出相应的结果。二是软件实现。在大多数现代系统中，接口控制逻辑是通过软件实现的，这包括编写相应的程序代码，使用编程语言中的条件语句、循环语句、函数调用等结构来实现控制逻辑。三是混合实现。在某些复杂系统中，接口控制逻辑可能同时涉及硬件和软件两个方面。硬件电路负责部分底层处理，而软件则负责更高层次的控制和数据处理。

CPU 通过输入指令可以从有关端口中读取信息，通过输出指令可以把信息写入有关端口。CPU 对端口的操作具有差异性，部分端口仅支持写入或读取操作，而另一部分端口则同时支持读写两种操作。这种设计满足了不同端口在数据传输与控制中的特定需求，确保了 CPU 与外部设备间的有效交互。例如，对状态端口只能读，将外部设备的状态标志送到 CPU 中；对命令端口只能写，将 CPU 的各种控制命令发送给外部设备。

5. 接口的分类

（1）按主机访问外部设备的控制方式分类

接口类型根据主机控制外部设备的方式可分为多种，包括程序查询接口、程序中断接口、DMA 接口、通道接口以及 I/O 处理机接口等，每种类型均具备独特的优势与局限性。接口类型的选择需综合考虑应用场景、性能需求及成本等因素。例如，在追求高速数据传输的高性能计算环境中，DMA 接口和通道接口因其高效性而备受青睐；而在一些简单的嵌入式系统中，程序中断接口便足以满足基本需求。通过合理选择接口类型，可以确保计算机系统与外部设备间的通信既高效又可靠，从而满足不同应用场合的多样化需求。

（2）按照数据传送方式分类

根据数据传送方式的不同，接口主要分为串行接口与并行接口两大类型。串行接口通过单一数据线进行数据传送，并可能借助额外的时钟线或控制线以确保数据传输的同步性。这一类型的接口成本相对较低，尤其适合长距离的数据传输场景。

相比之下，并行接口则通过多条数据线同时进行数据传输，每次传输的数据位数较多（如 8 位或以上）。虽然并行接口在数据传输速度上具有优势，但其成本也相对较高，更适用于短距离的数据传输需求。这两种接口类型各有千秋，选择时需根据具体的应用场景与需求进行权衡。

（3）按照功能选择的灵活性分类

从功能选择的灵活性角度出发，接口可被划分为可编程接口与不可编程接口两大类别。可编程接口支持通过软件手段来配置与控制其各项功能，通常配备有一系列寄存器，用户可通过这些寄存器灵活设定接口的工作模式、参数等关键要素。

而不可编程接口的功能则是预设且固定的，无法通过软件手段进行更改。这类接口往往仅提供有限的配置选项，甚至完全不具备配置能力。因此，当选择接口时，用户需根据实际应用需求与场景，权衡两种接口类型的优缺点，以做出最为合适的选择。

（4）按照输入输出的信号分类

按照输入输出的信号类型，接口可以分为数字接口和模拟接口。数字接口处理的是离散的、二进制形式的数据。模拟接口处理的是连续变化的模拟信号，信号通常是电压或电流的形式，可以表示一系列连续的值。

（5）按照应用分类

按照应用分类，接口可以分为运行辅助接口、用户交互接口、传感接口和控制接口。

运行辅助接口通常用于支持系统的后台操作或维护任务，这些接口可能不直接面向最终用户，而是用于系统管理和调试。用户交互接口用于与最终用户进行交互，提供输入和输出功能，如键盘接口、触摸屏接口、显示器接口等；传感接口用于连接传感器，采集和处理传感器数据，这些接口通常需要与传感器通信，以获取实时的环境数据或物理量测量结果。

（6）按照通用性分类

按照通用性分类，接口可以分为通用接口和专用接口。

通用接口是为广泛的应用场景设计的标准接口，这些接口通常具有广泛的支持和标准化的规范，可以用于多种不同的设备和系统。专用接口是为了特定的应用场景或设备而设计的接口，这些接口可能不符合通用标准，而是根据具体需求定制。

9.1.3 端口的编址

主机为了能够从众多的外部设备中找出与之进行信息交换的是哪一个，必须对外部设备进行编址，也就是必须给出外部设备识别信息。外部设备的识别是通过地址总线和接口电路中的译码电路来实现的。而接口中的端口地址就是主机与外部设备进行通信的地址，CPU 可以通过端口对外部设备发送命令、读取外部设备的状态以及传送数据。端口地址有时也称为端口号。I/O 端口编址方式有两种——独立编址和统一编址。

1. 独立编址

在独立编址模式下，I/O 端口与存储器被分配在两个互不重叠的地址空间里，各自拥有独立的编址体系。这一设计带来了诸多优势：首先，I/O 端口的地址编码得以简化，从而降低了译码电路的复杂度；其次，由于存储器与 I/O 端口的操作指令相互独立，程序结构因此变得更加清晰明了。

当 CPU 需要访问主存时，会由主存读写控制线来主导这一过程；而若要访问外部设备时，则转而由 I/O 读写控制线来掌控。为了确保这一机制的有效运行，指令系统中特别设置了专门的 I/O 指令。当 CPU 执行这些 I/O 指令时，指令中的地址字段会直接或间接地指向某个端口地址。

这些端口地址随后被接口电路中的地址译码器所接收，并经过译码处理。只有当地址译码器输出的地址与某个外部设备寄存器的地址相匹配时，该外部设备寄存器才会被 CPU 所访问。这一流程确保了 CPU 能够准确无误地与目标外部设备寄存器进行通信，从而实现数据的传输与控制。

2. 统一编址

统一编址模式是一种将 I/O 端口视为存储器组成部分的设计方案，二者共享同一地址空间。在此模式下，I/O 端口地址与主存单元地址被统一编址，使得 I/O 接口中的端口可以像访问主存单元一样进行读写操作，无须设置专门的 I/O 指令。

当 CPU 需要访问外部设备时，它会将分配给该外部设备的地址码（具体到外部设备接口中的某一寄存器）发送到地址总线上。随后，各外部设备接口中的地址译码器会对这个地址码进行译码处理。如果译码结果与某个外部设备寄存器的地址相匹配，那么该外部设备寄存器就会被 CPU 所访问。

然而，统一编址模式也存在一些缺点。由于 I/O 端口与存储器共享地址空间，因此 I/O 端口会占用一部分内存空间，这可能会对系统的内存容量产生一定影响。此外，由于内存地址通常较长，因此在访问 I/O 端口时可能需要更多的执行时间。

尽管如此，统一编址模式仍然在某些应用场景中具有其独特的优势，如简化了程序设计的复杂性、提高了系统的灵活性等。因此，当选择编址模式时，需要根据具体的应用需求和系统性能要求来进行权衡。

9.1.4 输入输出信息传送控制方式

主机和外部设备之间的信息传送控制方式，经历了由低级到高级、由简单到复杂、由集中管理到各部件分散管理的发展过程，按其发展的先后次序和主机与外部设备并行工作的程度，可以分为程序查询方式、程序中断方式、直接内存存取方式（DMA 方式）、I/O 通道控制方式和 I/O 处理机方式五种。

1. 程序查询方式

程序查询方式是一种由 CPU 主动发起并持续监控外部设备准备状态的信息交换控制机制。当外部设备被启动后，CPU 会暂停执行当前程序，转而不断检查外部设备是否已经准备就绪。这种查询过程就像在原地踏步，CPU 在等待外部设备响应的过程中无法执行其他任务。

由于 CPU 与外部设备在这种方式下处于串行工作状态，即 CPU 需要等待外部设备准备好后才能继续执行后续操作，CPU 的工作效率低下。每当 CPU 进行查询时，它都会暂时放弃对当前程序的执行，这种频繁的上下文切换不仅增加了系统开销，还降低了整体性能。

因此，程序查询方式通常只适用于外部设备数量较少、对 I/O 处理实时性要求不高且 CPU 任务相对简单的场景。在这种环境下，由于外部设备的响应速度相对较快，CPU 的等待时间不会过长，因此可以勉强接受这种低效率的工作方式。然而，在更复杂的系统中，这种方式的局限性就显得尤为突出，需要寻找更高效的信息交换控制机制来替代。

2. 程序中断方式

程序中断机制是一种高效的信息处理方式，其工作原理在于主机启动外部设备后，并不持续查询外部设备状态，而是继续执行当前任务，直至外部设备准备就绪并主动向主机发出中断请求。这种方式显著提升了 CPU 的工作效率，因为它避免了 CPU 在外部设备准备期间的无效等待。

程序中断机制的应用范围广泛，不仅限于外部设备的输入输出操作，还能有效处理外部随机事件。该机制的核心优势在于它支持主机与外部设备的并行工作，使得一台主机能够同时管理多台外部设备，实现多任务并行处理。

然而，程序中断机制也面临一些挑战。完成一次中断处理需要执行一系列辅助操作，当外部设备数量众多、中断请求频繁时，CPU 可能无法及时响应所有请求。此外，对于高速外部设备而言，信息交换量大且成批进行，如果处理不及时，可能会导致数据丢失。

因此，虽然程序中断机制在信息处理中占据重要地位，但它主要适用于低、中速外部设备，以确保数据处理的准确性和及时性。在高速外部设备的应用场景中，可能需要采用更高级的控制机制来满足数据传输和处理的实时性要求。

3. 直接内存存取方式（DMA 方式）

DMA 方式是在内存和外部设备之间采用直接的数据通路来进行数据交换，基本上不需要 CPU 的介入。输入时直接由外部设备写入内存，输出时由内存写入外部设备。由于不需要 CPU 靠指令进行输入输出，主要靠硬件实现，这样不仅能保证 CPU 的高效率，也能满足高速外部设备数据传输速率的需要。

4. I/O 通道控制方式

通道方式是 DMA 方式的进一步发展。在计算机系统中设置能够代替 CPU 管理控制外部设备的独立部件，即 I/O 通道，是一种能执行有限的通道指令的控制器，它使主机与外部设备之间达到更高的并行性。当主机在执行 I/O 操作时，只需要启动有关通道，通道将执行通道程序完成 I/O 操作。一个通道可以控制多台不同类型的外部设备。

在一个大型计算机系统中可以有多个通道，一个通道可以连接多个 I/O 控制器，一个 I/O 控制器又可以管理一台或多台 I/O 设备，由此构成一种由主机—通道—I/O 控制器—I/O 设备组成的 4 级输入输出系统结构。

5. I/O 处理机方式

I/O 处理机（IOP）也称为外围处理机（PPU），其功能与一般的处理机相仿，有时甚至就是一台普通的通用计算机。I/O 处理机能够承担起 I/O 过程中的全部工作，完全不需要 CPU 参与。

CPU 在执行用户程序的过程中，一旦遇到 I/O 广义指令，就将 I/O 任务完全交由 I/O 处理机去完成，自己则继续执行用户程序。

I/O 处理机基本上是独立于 CPU 异步工作的，它有着自己的局部存储器，因此，I/O 处理机不必通过主存，就能完成与 I/O 设备的数据交换。当 I/O 处理机需要与主存交换数据时，通过主存—I/O 处理机总线高速进行。

随着 I/O 处理机功能的不断扩展，其作用已超出了单纯的 I/O 设备管理和数据传送的范畴，计算机系统中的其他一些功能也逐渐移到了 I/O 处理机上，如：处理人机对话；连接网络或远程终端，完成远程用户服务；完成数据库和知识库的管理工作等等。这样就进一步提高了整个计算机系统的性能和工作效率。

9.2 程序查询方式

程序查询方式是 I/O 数据传送中最基础的控制方法，其依赖于 CPU 执行 I/O 指令来实现主机与外部设备间的数据传输。在特定情况下，若外部设备始终就绪时，无须查询其状态，主机即可随时进行数据的输入或输出，这种模式被称为直接访问或无条件传送方式。相应地，那些需要查询外部设备状态的程序查询传送方式则被称为条件传送方式。这两种方式共同构成了 I/O 数据传送的基本框架。

1. 无条件传送方式

无条件传送方式是 I/O 数据传送控制中最为直接和简单的一种模式。在此模式下，外部设备被假定为始终处于就绪状态，无须 CPU 进行额外的状态查询操作。因此，CPU 可以随时发起与外部设备的数据交换，无须等待或确认外部设备的准备情况。

这种传送方式通常应用于控制相对简单的外部设备，如拨动开关和发光二极管等。这些外部设备的功能较为单一，且通常能够持续保持就绪状态，从而无须复杂的控制逻辑来管理其状态变化。

由于无条件传送方式简化了数据传送的流程，降低了系统的复杂性，因此它特别适用于外部设备数量较少且对实时性要求不高的系统。在这样的环境中，CPU 可以更加高效地管理资源，专注于执行主要任务，而无须频繁地与外部设备进行交互和状态查询。

然而，值得注意的是，无条件传送方式并不适用于所有情况。当外部设备数量增多或数据交换的实时性要求提高时，可能需要采用更复杂的控制策略来确保系统的稳定性和性能。

2. 程序查询传送方式

程序查询传送方式要求 CPU 在数据传输前先行检查外部设备状态。若外部设备未就绪，CPU 将持续轮询直至其准备好。这种方式需要 CPU 耐心等待外部设备的响应，从而完成数据传输前的状态确认。这种方式虽然较为简单，但会导致 CPU 在等待设备状态时出现“踏步”现象，从而降低系统效率。因此，它主要应用于 CPU 不忙并且对数据传送速度要求不高的系统中。

9.2.1 程序查询传送工作流程

采用程序查询传送方式，传送一次数据包含两个环节：一个是查询环节；另一个是数据传送环节。在查询环节中 CPU 需要了解外部设备的状态，因此，需要访问 I/O 接口中的状态端口来测试状态信息。如果设备尚未就绪，程序查询方式就需要 CPU 等待设备就绪。等待的过程实际上是 CPU 循环查询设备状态的过程。只有当外部设备就绪后，才脱离该环节进入数据传送环节，完成数据的传送。单个设备的查询传送程序流程如图 9-2 所示。

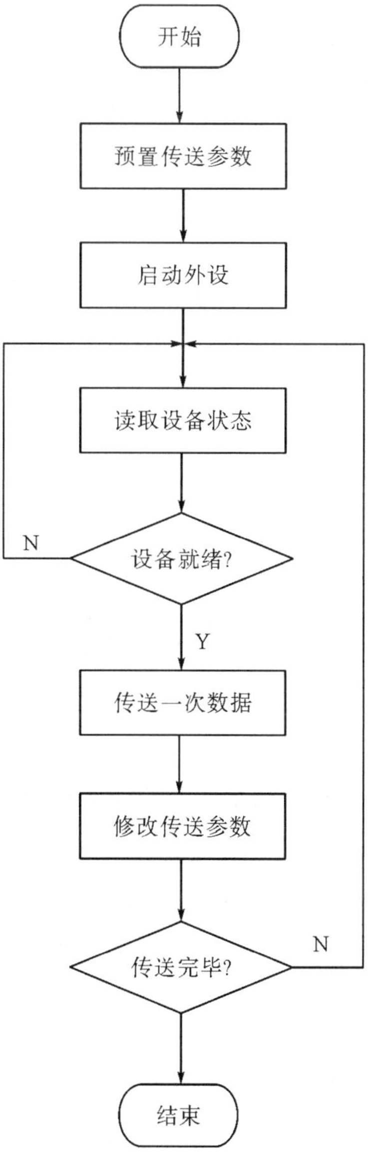

图 9-2　单个设备的程序查询方式工作流程

若有多台外部设备需要采用查询方式工作，CPU 就可以对多台外部设备轮流查询，如图 9-3 所示，CPU 轮流逐个查询外部设备，当发现外部设备准备就绪，则转入为该外部设备服务，进行数据的输入输出。然后再查询下一外部设备，直到最后一台查询完毕再返回查询第一台，周而复始地循环，直到所有设备的 I/O 操作全部完成。

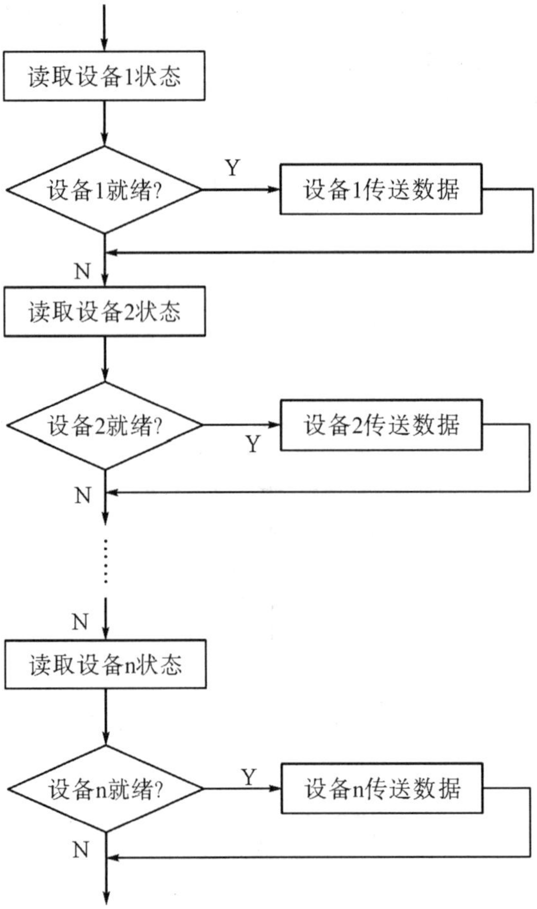

图 9-3　多个设备的程序查询方式的工作流程图

在整个查询过程中，CPU 不能做其他的事。如果某一外部设备刚好在查询过自己之后才处于准备就绪状态，那么它就必须等 CPU 查询完其他外部设备再次循环查询到自己时，才能得到 CPU 为该设备服务。这种方式对于实时性要求比较高的设备就不太合适了。

9.2.2　程序查询方式的输入接口

程序查询方式的输入接口电路负责完成输入设备向主机传输数据的操作。图 9-4是一个程序查询方式的输入接口电路，该接口包括一个 8 位的输入数据寄存器、一个1位的状态寄存器、地址译码器以及控制电路等部分。一个8位的锁存器与一个8位的输出三态门构成数据端口。一个1位的三态门和一个Ready触发器构成状态端口。Busy触发器作为命令端口。一个负逻辑的译码器构成地址译码器。3个与非门和一个与门构成控制逻辑。

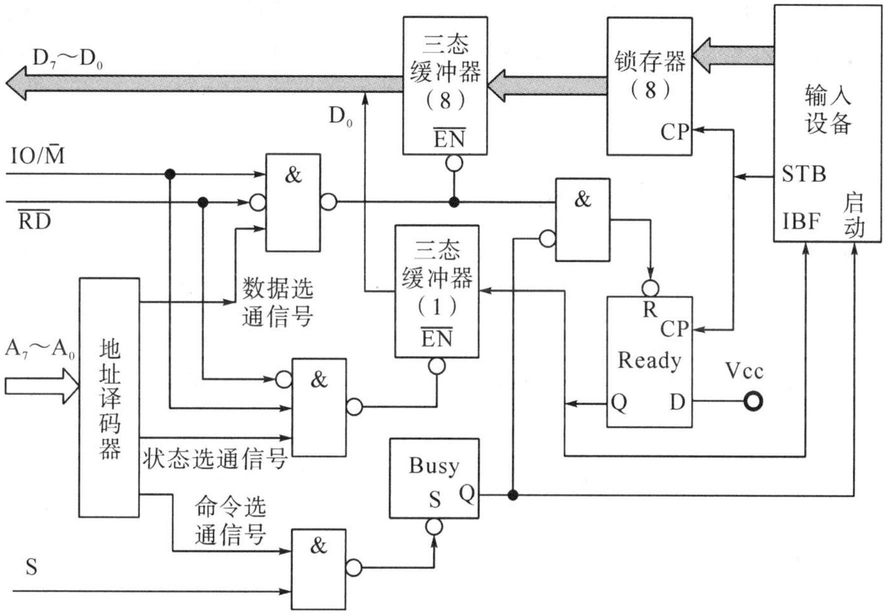

图 9-4　程序查询方式的输入接口电路

程序查询方式输入接口电路的工作过程如下。

第一步，CPU启动外部设备。CPU通过地址总线 $A_7 \sim A_0$ 向接口发送命令端口地址，同时发送命令字，地址译码器将命令端口地址进行译码后形成有效的命令选通信号。命令选通信号与命令字S经过与非门后置“忙”触发器（Busy触发器）为1。Busy触发器的输出信号启动输入设备进行数据准备，也同时置状态触发器（Ready触发器）为0，因为才刚开始启动输入设备，其状态一定是未就绪。

第二步，外部设备准备数据。输入设备收到启动信号后就进行数据准备。输入设备将数据传给锁存器后，发送STB信号进行锁存。STB信号同时置就绪触发器为1。就绪状态的“1”作为输入设备的IBF信号，告诉输入设备数据缓冲区已满，停止向数据端口输入数据。

第三步，CPU读取外部设备状态。在CPU启动输入设备后，就通过地址总线 $A_7 \sim A_0$ 向接口发送状态端口地址，地址译码器将状态端口地址进行译码后形成有效的状态选通信号。状态选通信号与读取命令 $\overline{RD}=0$ 和外部设备与主存操作命令 IO/$\overline{M}$ $=1$ 一起打开状态输出的三态门，状态信息通过输出三态门后输出到数据总线中的 D_0 线传给CPU。

第四步，CPU检查外部设备状态。CPU对读取的状态信息进行测试，如果状态就绪转第五步进行数据传数，否则转第三步继续读取状态信息。

第五步，数据传输。CPU 通过地址总线 $A_7 \sim A_0$向接口发送数据端口地址，经过地址译码器后形成数据选通信号。数据选通信号与读取命令$\overline{RD}=0$ 和外部设备与主存操作命令 $IO/\overline{M}=1$ 一起打开数据输出的三态门，CPU 从数据总线上读取数据。

第六步，接口复位。CPU 修改数据传送参数，如果数据尚未传送完成，则转入第一步继续进行数据传送，置就绪状态为“0”和启动输入设备；否则结束数据传送。

9.2.3 程序查询方式的输出接口

程序查询方式的输出接口电路负责完成主机向输出设备传输数据的操作。图 9-5是一个程序查询方式的输出接口电路，该接口包括一个 8 位的输出数据寄存器、一个 1 位的状态寄存器、地址译码器和控制逻辑。与输入接口相比，它们十分类似，但是缺少了一个命令端口，数据端口兼具命令端口的功能。

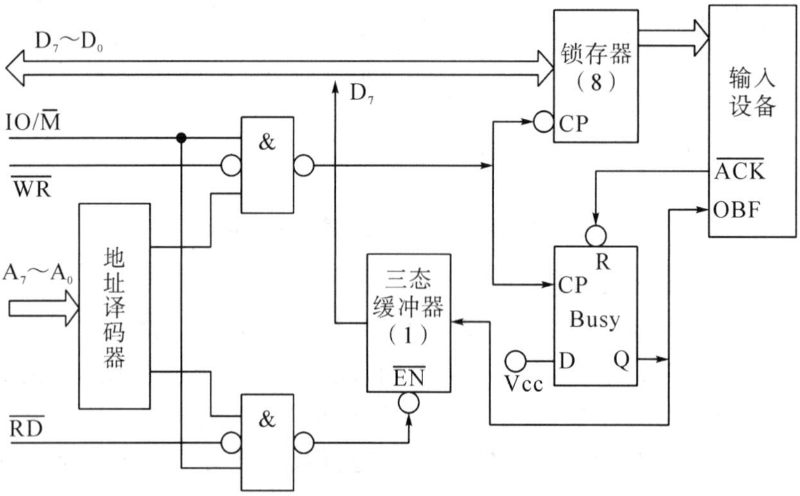

图 9-5 程序查询方式的输出接口电路

程序查询方式的输出接口电路的工作过程如下。

第一步，CPU 把数据写入数据端口，同时启动输出设备。CPU 将数据放在数据总线 $D_7 \sim D_0$上，并通过地址总线 $A_7 \sim A_0$向地址译码器发送数据端口地址，经地址译码器译码后形成数据选通信号，与 CPU 发出的写命令$\overline{WR}=0$ 和外部设备与主存操作命令 $IO/\overline{M}=0$ 一起将数据总线上的数据写入锁存器，同时置就绪状态为 1（Busy 触发器）。Busy 触发器输出信号给输出设备的 OBF，告诉输出设备数据缓冲区已满，可以读取数据。

第二步，输出设备读取数据。输出设备的 OBF 收到缓冲区已满的信号后，就从接口的数据锁存器读取数据。输出设备读取数据后，就通过$\overline{ACK}$信号将 Busy 触发器置 0，以此告诉 CPU 数据缓冲区已空，可以开始下一次输出传送，同时告诉输出设备数据缓冲区已空，不能再读取数据了。

第三步，CPU 读取状态。在 CPU 启动输出设备后，就通过地址总线 $A_7 \sim A_0$ 向地址译码器发送状态端口地址，经译码后形成状态选通信号，与读取命令 $\overline{RD}=0$ 和外部设备与主存操作信号 $IO/\overline{M}=1$ 一起打开状态输出的三态门，状态信号经过数据总线的 D_7 线传向 CPU。

第四步，CPU 测试状态。CPU 读取接口状态后进行测试，如果 Busy = 1，表明输出设备还没有完成数据读取，程序转向第三步；如果 Busy = 0，表明输出设备已读取数据，数据缓冲区已空，可开始下一次数据传输，程序转向第五步。

第五步，接口复位。CPU 修改数据传送参数，如果数据尚未传送完成，则转入第一步继续进行数据传送；否则结束数据传送。

输出数据时，只有当外部设备处于空闲不忙状态时，CPU 才能将新的输出数据送往接口中的输出锁存器。因此，CPU 要向外部设备输出数据，同样首先要检测状态。通过状态端口读取状态字，并检测相应的 Busy 位（图中是 D_7 位）是否等于 0。如果 Busy = 1，表示外部设备还处于忙状态，接口的输出锁存器中的数据还没有真正被外部设备取走，CPU 只能继续查询，踏步等待，直到 Busy = 0。如果 Busy = 0，则表示接口的输出锁存器中的数据已被外部设备取走，CPU 通过执行输出指令，将新的数据送入接口的输出锁存器，同时将 Busy 置“1”。当输出设备把 CPU 送来的数据取走后，发回一个响应信号 $\overline{ACK}$，使 Busy 清“0”，为下一次数据传送做好准备。

从上面的介绍中可以看出，程序查询方式中，CPU 和外部设备的工作是串行的，当 CPU 和外部设备交换信息时，就把 CPU 的控制权交给了该设备，而 CPU 只能做测试等待，直到外部设备工作完成，CPU 大部分时间被浪费了。假若 CPU 在启动外部设备工作后，设备释放对 CPU 的控制权使 CPU 继续工作，当外部设备工作完成后向 CPU 发中断请求信号，CPU 在满足一定的条件下响应中断请求，停止正在执行的程序，转到执行中断服务程序为该中断服务，这样就能实现 CPU 与外部设备并行工作，充分发挥 CPU 的效率。这就是后文介绍的中断机制。

9.3 中断系统和程序中断方式

中断是计算机高效运作的一个十分关键的功能，它发生在程序执行期间，当 CPU 遇到紧急事件或特定请求时，会暂停当前任务，转而处理这些事件或请求，处理完毕后继续原程序。为实现这一过程，CPU 内置了中断系统，专门应对各类中断情况，解决共性难题。本节着重探讨中断系统的核心作用，即如何有效管理和响应中断，确保计算机能够灵活、高效地处理多任务，从而优化整体性能和效率。

9.3.1 中断的基本概念

1. 中断的提出

程序查询方式虽然简单，却存在着下列明显的缺点。

一是系统效率降低。在查询过程中，CPU 需要不断检查外部设备是否准备好，这会导致 CPU 长时间处于踏步等待状态，从而大大降低系统效率。

二是设备工作效率低。CPU 在任意给定时间内仅能同一台外部设备通信，无法同时与其他设备交互，这种限制妨碍了多外部设备的并行处理。这意味着，当 CPU 与某一外部设备通信时，其他设备必须等待，从而影响了系统的整体工作效率。

三是异常处理能力有限。程序查询方式不能有效发现和处理预先无法估计的错误和异常情况，这降低了系统的可靠性和鲁棒性。

程序中断机制的设计旨在提升 CPU 与外部设备间的交互效率。该机制允许 CPU 预先设定在特定时间点启动某外部设备，并随后继续执行原有程序，无须像查询方式那样持续等待外部设备就绪。一旦外部设备完成了数据传送的准备工作，例如输入设备数据就绪或输出设备的数据缓冲器清空，它就会主动向 CPU 发送中断请求，请求 CPU 为其提供服务。在 CPU 能够响应中断的条件下，它会暂停当前正在执行的程序，转而执行专门的中断服务程序，以满足外部设备的数据传送需求。在中断服务程序中，CPU 会处理主机与外部设备之间的数据传送任务。数据传送完成后，CPU 会返回到原先被中断的程序处，继续从断点执行下去。

中断服务程序是事先编制的为 CPU 处理中断的一段程序。

这种中断机制不仅提高了系统的并行处理能力，还确保了 CPU 资源的有效利用，使得 CPU 能够在等待外部设备准备期间执行其他任务，从而提高了整个系统的运行效率。图 9-6 是程序中断方式中外部设备与 CPU 之间的并行工作的示意图。

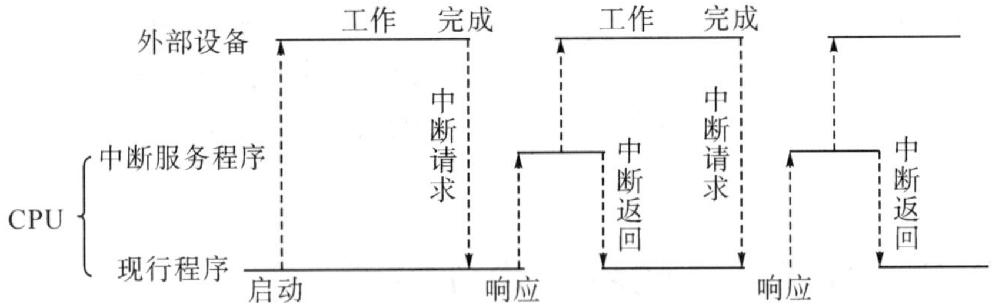

图 9-6　程序中断方式

从图 9-6 中可以看到，中断机制有效地促进了 CPU 与外部设备的并行处理，显著提升了 CPU 的工作效率。该机制不仅允许 CPU 同时启动多个外部设备，让它们各自独立工作，而且在外部设备完成任务后，能即时通过中断请求通知 CPU。CPU 依据预设的优先级，灵活调度，高效处理与各外部设备的数据传输。此外，中断机制还扮演了重要角色，在计算机系统运行中，它能迅速捕捉诸如运算错误、电源故障、数据溢出等突发异常，确保计算机能即时响应并妥善处理这些问题。因此，无论是巨型机、大型机、小型机还是微型机，现代计算机系统普遍具备中断处理能力，这一特性对于增强系统的稳定性和可靠性至关重要。

中断处理实质上是一个程序切换的流程，它要求 CPU 从当前执行的程序跳转到中断服务程序，并在完成中断处理后返回到原程序继续执行。为确保这一过程顺利进行，CPU 在进入中断服务程序前，必须先保存当前执行的指令位置（断点）及程序状态（现场），待中断服务程序执行完毕后，再恢复这些状态以便回到原程序继续执行。然而，这些中断处理中的辅助步骤，如保存和恢复断点、现场等，都会消耗一定的时间，从而对数据传送的速率产生一定的制约。尽管如此，中断机制仍然是现代计算机系统不可或缺的一部分，它对于提高系统响应速度和任务处理能力具有重要意义。

中断系统是计算机中负责实现中断功能的软硬件组合，对现代计算机系统至关重要。它助力 CPU 与 I/O 设备并行运作，大幅提升系统效率。同时，中断系统能及时响应各类外部紧急事件。中断源多样，既包括硬件事件如鼠标点击、键盘输入等，也涵盖软件事件，如程序执行错误或特定指令触发。通过这些中断源，中断系统确保计算机系统能够灵活应对各种内外部事件，维持高效稳定的运行状态。

2. 程序中断与调用子程序的区别

程序中断是指在计算机运行当前程序时，若遇到需要紧急处理的异常或特殊请求时，CPU 会暂停当前程序执行，转而处理这些突发且更优先的事件。一旦这些紧急事件得到妥善处理，CPU 便会自动返回到原先被暂停的程序中，继续其未完成的任务。这种机制确保了计算机系统能够灵活应对各种突发情况，同时保持程序的连续性和完整性。

从表面上看起来，计算机的中断处理过程有点类似于调用子程序的过程，这里现行程序相当于主程序，中断服务程序相当于子程序。但是，它们之间却有着本质上的区别。

一是子程序的执行是由程序员事先安排好的（由一条调用子程序指令转入），而中断服务程序的执行则是由随机的中断事件引起的。

二是子程序的执行受到主程序或上层子程序的控制，而中断服务程序一般与被中断的现行程序毫无关系。

三是不存在同时调用多个子程序的情况，而有可能发生多个外部设备同时请求 CPU 为自己服务的情况。

因此，中断的处理要比调用子程序指令的执行复杂得多。

3. 中断的基本类型

一是自愿中断和强制中断。自愿中断是程序内部主动发起的中断请求，通常用于执行特定的系统调用或异常处理。而强制中断则是由外部事件或硬件触发的中断，如 I/O 设备的操作完成信号。

二是内部中断和外部中断。内部中断主要指由处理器内部事件触发的中断，比如运算错误、软件中断等。外部中断则由计算机系统外部的设备或事件引起，例如用户的按键操作、网络数据的到来等。

三是可屏蔽中断和非屏蔽中断。可屏蔽中断允许通过调整中断屏蔽位来决定是否接收该中断信号；相反，非屏蔽中断则不受此控制，它总是被系统即时响应，常用于处理高度紧急的情况，例如电源失效或其他重大错误。这两种中断类型各有其独特作用：可屏蔽中断为系统提供了选择性响应的灵活性，而非屏蔽中断则确保了关键问题的迅速处理，它们共同维护着计算机系统的稳定运行。

四是向量中断和非向量中断。向量中断与非向量中断在中断处理方式上有所不同。向量中断能够直接给出中断服务程序的入口地址，因此可以迅速响应中断请求，提高处理效率。相比之下，非向量中断则需要系统先通过查询来确定中断的来源，再找到相应的中断处理程序地址。虽然非向量中断的处理流程相对复杂一些，但两者都在计算机系统中发挥着重要作用，共同确保中断机制的有效运行。

五是单重中断和多重中断。单重中断在处理过程中不响应其他新的中断请求，确保当前中断处理的原子性。多重中断机制允许系统在处理一个中断时，仍能响应并优先处理更紧急的中断，实现中断的嵌套执行。这种机制增强了系统的灵活性，提高了响应速度，确保紧急任务得到及时处理。

9.3.2 中断请求和中断判优

1. 中断源和中断请求信号

中断源是触发计算机中断的事件源头，每台计算机通常配备多个中断源以应对不同需求。当外部设备出现异常情况或者特殊请求时，便向 CPU 发出中断请求信号，请求 CPU 处理。由于中断请求时间的不确定性，因此需要一个具备存储功能的装置来记录这些中断事件并区分不同源头，这便是中断请求触发器（INTR）。当某个中断源发出请求时，相应的中断请求触发器会被置为“1”状态，以此向 CPU 表明有中断需求。中断请求触发器可以分布在各个中断源附近，也可以集中设置于中断接口电路中。

在中断接口电路中，多个中断请求触发器共同构成中断请求寄存器。该寄存器的每一位都与一个特定的中断源相对应，其内容被称为中断字或中断码。中断字中为“1”的位即表示对应的中断源当前有中断请求待处理。这种设计使得计算机能够高效、准确地识别并响应各种中断请求，确保系统运行的稳定性和高效性。

2. 中断请求信号的传送

（1）独立请求线

独立请求线如图 9-7（a）所示，每个中断源均配备有单独的中断请求线，这些线路直接将中断信号传输至 CPU。该配置的优势在于，CPU 一旦接收到中断请求，即可立即识别出发送请求的中断源及其对应的服务程序入口地址。这一特性促进了向量中断的实现，并显著提升了中断响应的效率。

然而，这种配置也存在一定的局限性。首先，它在硬件方面的成本较高；其次，由于 CPU 所能连接的中断请求线数量有限，因此系统的扩展性受到了一定程度的制约。这意味着，在需要处理大量中断源的复杂系统中，该配置可能无法满足需求。尽管如此，在特定应用场景下，独立中断请求线配置仍不失为一种高效的中断处理方式。

（2）公共请求线

公共请求线如图 9-7（b）所示，从图中可以看到多个中断源共享同一根中断请求线。这种设计的显著优点在于，只要系统负载能够承受，中断源的数量是可以灵活增加的，这为系统的扩展提供了极大的便利。

然而，这种共享机制也带来了一定的挑战。当 CPU 接收到中断请求时，它无法立即确定是哪个中断源触发了请求。因此，CPU 需要通过额外的软件或硬件手段来识别中断源，并进一步确定中断服务程序的入口地址。这一过程可能会增加中断处理的延迟，影响系统的响应速度。尽管如此，共享中断请求线机制仍然因其扩展性强的特点，在许多应用场景中得到了广泛的应用。

（3）二维结构

如图 9-7（c）所示，二维结构将中断请求线组织成一种创新的布局。在这种架构中，具有相同优先级别的中断源共享同一根请求线，而不同请求线上的中断源则代表着不同的优先级。

这种二维设计巧妙地融合了独立请求线和公共请求线的优势。一方面，它允许系统根据中断源的优先级进行灵活的组织，提高了中断处理的效率；另一方面，通过共享请求线，它在一定程度上降低了硬件成本，并增强了系统的可扩展性。因此，在中断源数量较多的复杂系统中，二维中断请求线架构成为一种常用的设计方案。

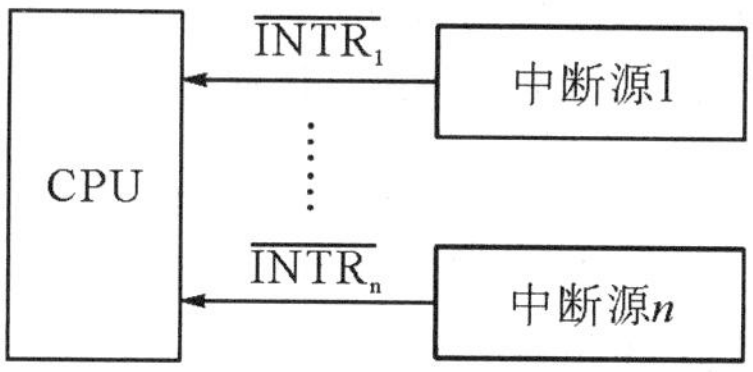

（a）独立请求线方式

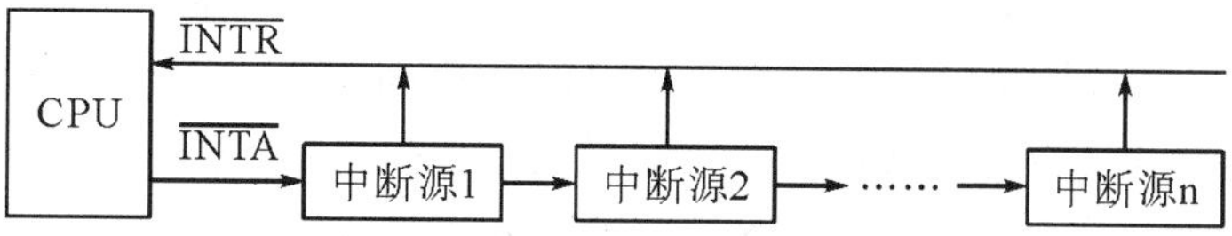

（b）公共请求线方式

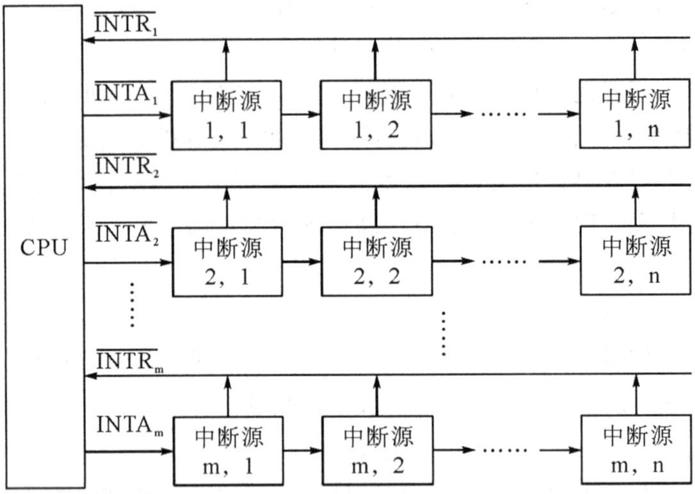

（c）二维结构方式

图 9-7　中断请求信号的传送

3. 中断优先级与判优方法

当多个中断源同时请求中断时，CPU 在同一时刻仅能响应其中一个。为了确定响应顺序，系统会根据中断的性质和紧急程度，为所有中断源设定优先级并进行排序。这种优先级排序机制确保了 CPU 能够先处理更为重要或紧急的中断请求，从而提高系统响应效率，优化任务处理顺序。通过这种方式，系统能够在面对多个并发中断时，做出合理且高效的响应决策。

确定中断优先级的原则是：将那些提出中断请求后需要立刻处理，否则就会造成严重后果的中断源规定为最高的优先级；而将那些可以延迟响应和处理的中断源规定为较低的优先级。例如，故障中断一般优先级较高，其次是简单中断，接着才是 I/O 设备中断。

每个中断源均有一个为其服务的中断服务程序，每个中断服务程序都有与之对应的优先级别。另外，CPU 正在执行的程序也有优先级。只有当某个中断源的优先级别高于 CPU 现在的优先级时，才能中止 CPU 执行当前的程序。在一些计算机的程序状态寄存器中就设置了优先级字段。

中断判优的方法可分为软件判优和硬件判优两种。

（1）软件判优方法

所谓软件判优方法，就是用程序来判别优先级，这是最简单的中断判优方法。图 9-8 给出了软件判优的流程图。当 CPU 接到中断请求信号后，就执行查询程序，逐个检测中断请求寄存器的各位状态。检测顺序是按优先级的大小排列的，最先检测的中断源具有最高的优先级，其次检测的中断源具有次高优先级，如此下去，最后检测的中断源具有最低的优先级。

软件判优机制在识别中断源的同时，也确定了中断处理的优先级。一旦成功查询到发出中断请求的信号源，即确定了中断源，系统便能迅速转向执行相应的中断服务程序。

这种方法具备高度的灵活性，允许用户根据需要调整中断源的优先级。然而，其实现依赖于程序运行，这意味着在查询和判断优先级的过程中，会占用一定的CPU时间。此外，由于整个判优流程完全由软件控制，相较于硬件方法，其判优速度相对较慢。尽管如此，软件判优仍因其易于修改和实现的灵活性，在特定应用场景中发挥着重要作用。

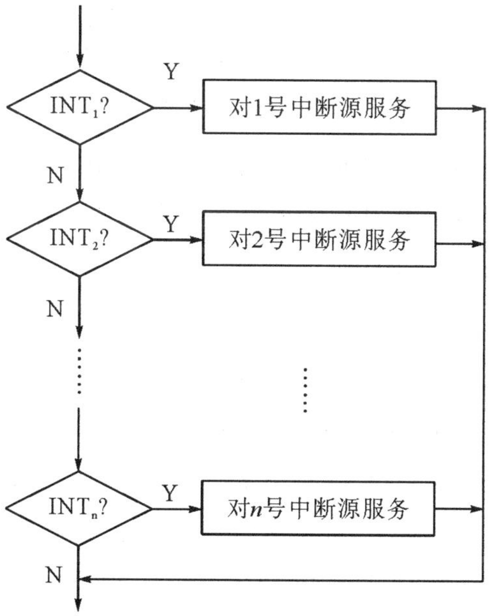

图 9-8　软件判优的流程

（2）硬件判优电路

采用硬件判优电路实现中断优先级的判定可节省 CPU 时间，判优速度快，但是成本较高。

中断请求信号的传送方式不同，优先排队电路也不同，常见的包括独立请求线的优先排队电路、公共请求线的优先排队电路等。这些排队电路的共同特点是：优先级别高的中断请求将自动封锁优先级别低的中断请求。硬件排队电路一旦设计连接好之后，其优先级别将无法改变。

独立请求线的优先排队电路如图 9-9 所示。图中$INTR'_i$为来自中断源的中断请求信号，$INTR_i$为经过优先排队电路后送给 CPU 的中断请求信号。

优先级别从高到低依次是 $INTR_1$、$INTR_2$、$INTR_3$……优先级别高的中断请求将自动封锁优先级别低的中断请求。当$INTR'_1 = INTR'_2 = 1$ 时，门 1 输出的低电平将自动封锁门 3、门 5……故仅有 $INTR_1 = 1$，其他的 $INTR_i$均等于 0。

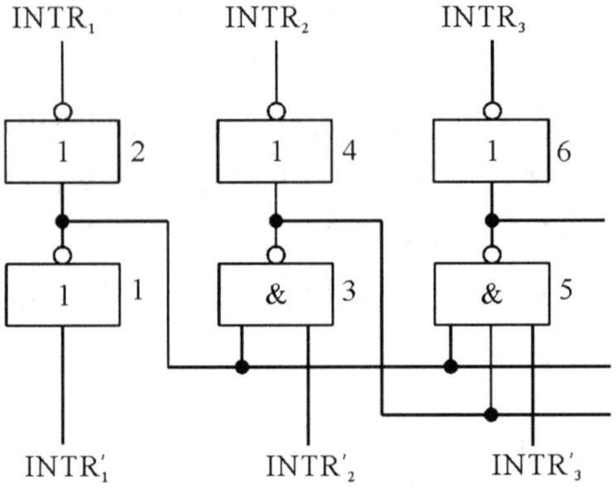

图 9-9　独立请求线的优先排队电路

公共请求线的优先排队电路如图 9-10 所示。图中下面的虚线部分是一个串行优先链。$INTR_i$是各中断源的中断请求信号，优先级别从高到低依次是 $INTR_1$、$INTR_2$、$INTR_3$。而 $INTR_1$、$INTR_2$、$INTR_3$是与之对应的中断排队选中信号。$\overline{INTI}$为中断排队输入，$\overline{INTO}$为中断排队输出。当没有更高优先级的中断请求（$\overline{INTI}=0$）时，$INTP_1=1$，此时如果中断请求 $INTR_1=1$，当 CPU 发来中断响应信号 INTA 时，$INTR_1$的请求被选中，选中信号经门 7 送往编码电路，产生一个唯一对应的向量地址。由于此时$\overline{INTR_1}=0$，封锁门 2，使 $INTP_2$、$INTP_3$全为低电平，即排队识别工作不再向下进行。

当 $INTR_1$无请求时，则 $INTR_1=0$，门 7 被封锁，不会向编码电路送出选中信号；与此同时，因$\overline{INTR_1}=1$，经门 2 和门 3，使 $INTP_2=1$，如果此时 $INTR_2=1$，则 $INTR_2$被选中。否则，串行优先链继续向下查询，直至找到发出中断请求信号 $INTR_i$的中断源为止。

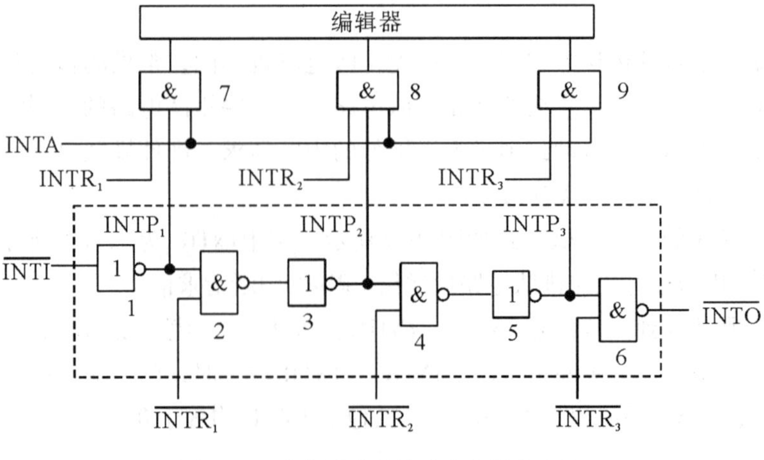

图 9-10　公共请求线的优先链排队电路

9.3.3 中断响应和中断处理

1. CPU 响应中断的条件

CPU 响应中断必须满足下列条件。

（1）CPU 接收到中断请求信号

首先中断源要发出中断请求，同时 CPU 还要接收到这个中断请求信号。

（2）CPU 允许中断

CPU 允许中断，即开中断。CPU 内部有一个中断允许触发器（EINT），只有当 EINT=1 时，CPU 才可以响应中断源的中断请求（中断允许）；如果 EINT=0，CPU 处于不允许中断状态，即使中断源有中断请求，CPU 也不响应（中断关闭）。

通常，中断允许触发器由开中断指令来置位，由关中断指令或硬件自动使其复位。一般而言，使用开中断指令设置中断允许触发器，使用关中断指令使其复位，或者硬件机制自动将其复位。

（3）一条指令执行完毕

这是 CPU 在处理中断请求时所遵循的时间约束条件。在大多数情况下，CPU 需要完成当前正在执行的指令，并且确认没有其他更高优先级的任务需要立即处理，之后才能响应中断请求。换句话说，CPU 响应中断请求的前提是，它必须处于空闲状态或当前指令执行完毕且没有更紧急的任务抢占 CPU 资源。这样的设计确保了 CPU 在处理中断时不会干扰到正在进行的任务，从而保证了系统的稳定性和可靠性。

2. 中断隐指令

中断隐指令是 CPU 在响应中断请求后，自动执行的一系列由硬件直接控制的内部操作，这些操作并非指令系统中的常规指令，因此被称为“隐指令”。它们并不包含操作码，也不对用户开放，是专为中断处理而设计的特殊机制。当中断发生时，CPU 会暂停当前执行的程序，转而处理中断请求。这一转换过程并非随意进行的，而是遵循一系列由硬件自动完成的隐指令来确保中断处理的正确性和高效性。中断隐指令的主要功能如下。

一是保存断点。断点是指中断发生时，CPU 当前执行的程序指令的地址。为了能够在中断服务程序执行完毕后正确返回到原来的程序，必须将断点保存起来。这通常通过将断点地址压入堆栈或存入主存的特定单元来实现。

二是暂不允许中断，也称为关中断。在中断服务程序执行期间，为了防止新的中断请求打断中断现场的保存和恢复，CPU 需要暂时关闭中断功能。这可以确保被中断的程序在中断服务程序执行完毕后能够接着正确执行。然而，并非所有计算机都在中断隐指令中自动完成这一操作，有些计算机通过软件（即中断服务程序）来实现。

三是引出中断服务程序。这一步骤的目的是将 CPU 的程序计数器（PC）指向中断服务程序的入口地址，从而开始执行中断服务程序。对于不同类型的中断（如向量中断和非向量中断），引出中断服务程序的方法有所不同。向量中断通过中断向量表来查找中断服务程序的入口地址，而非向量中断则可能通过固定的入口地址或预设的跳转指令来实现。

中断向量是中断服务程序的入口地址，中断向量表存储了机器中所有中断向量。

中断隐指令的存在大大简化了中断处理的过程，提高了系统的响应速度和可靠性。硬件自动完成这些操作，减少了软件干预的复杂性，使得中断处理更加高效和稳定。同时，中断隐指令也体现了计算机硬件和软件之间的紧密协作，共同支持着计算机系统的正常运行。

3. 中断周期

上述基本操作流程在不同的计算机系统架构中各有其独特的实现方式。在组合逻辑控制的计算机系统中，通常设定了一个特定的中断周期，专门用于执行中断隐指令所涵盖的各项任务。而在微程序控制的计算机系统中，则通过一段精心设计的微程序来完成这些中断隐指令的操作。

若我们设定将断点信息保存在主存的 0 号单元，并选用硬件向量中断的方式来定位中断服务程序的起始地址（其中，向量地址直接对应中断服务程序的入口地址），那么在中断周期内需执行以下关键操作：

①将特定地址“0”送至存储器地址寄存器，记作 0→MAR；

②将 PC 的内容（断点）送至 MDR，记作（PC）→MDR；

③向主存发写命令，启动存储器进行写操作，记作 Write；

④将 MDR 的内容通过数据总线写入 MAR 所指示的主存单元（0#）中，记作 MDR→M（MAR）；

⑤向量地址形成部件的输出送至 PC，为进入中断服务程序做准备，记作向量地址→PC；

⑥关中断，将中断允许触发器清 0，记作 0→EINT。

如果断点存入堆栈，只须将上述①改为堆栈指针的内容送至 MAR，记作（SP）→MAR。当然断点进栈，同时需要修改栈指针。

4. 进入中断服务程序

识别中断源的目的在于使 CPU 转入为该中断源专门设置的中断服务程序。解决这个问题的方法可以用软件，也可以用硬件，或用两者相结合。

使用软件的方法前面已经提到，由中断隐指令控制进入一个中断总服务程序，在那里判优、寻找中断源并且转入相应的中断服务程序。这种方法方便、灵活，硬件极简单，但效率较低。

硬件向量中断法是一种高效的中断处理方式。当 CPU 接收到中断请求时，硬件系统能迅速生成并定位到对应中断源的中断服务程序入口地址。此过程如图 9-11 所示。中断源先向 CPU 发送中断请求信号（$\overline{\text{INTR}}$），CPU 经过判优后，若决定响应，则向中断源回馈中断响应信号（INTA）。中断源在接收到INTA后，通过其内部的向量地址生成单元向CPU发送向量地址。CPU接收到该地址后，即可直接跳转到相应的中断服务程序，进行中断处理。

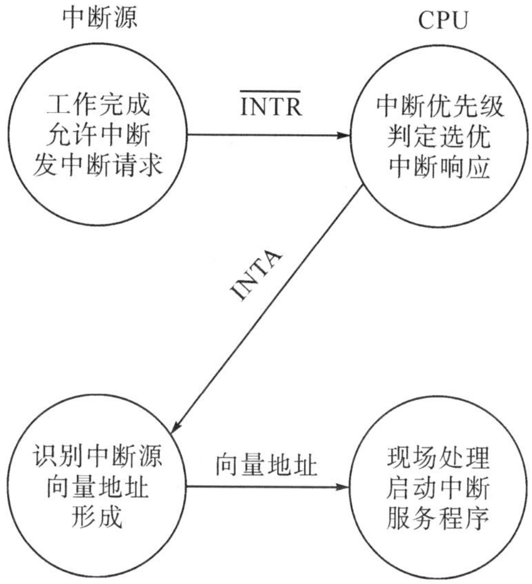

图9-11　向量中断过程

向量地址通常有以下两种情况。

（1）向量地址是中断服务程序的入口地址

如果向量地址就是中断服务程序的入口地址，则CPU不需要再经过处理就可以进入相应的中断服务程序，Z-80的中断方式0就是这种情况。各中断源在接口中由硬件电路形成一条含有中断服务程序入口地址的特殊指令（重新启动指令），从而转入相应的中断服务程序。中断源向CPU提供RST指令，其操作码为11NNN111，其中NNN为3位二进制码，范围为000~111，故RST指令有8种组合。

RST指令完成的功能如下：

①将断点（PC的内容）压入堆栈保存；

②PC←8 X NNN（向量地址）。

由此可见，RST指令能调用位于存储器前64个字节的8个中断服务程序中的任意一个，两个入口地址之间相隔有8个单元，它们依次是00H，08H，10H，…，38H。中断服务程序如果较短，就可以放在这些单元里；如果中断服务程序较长，可在这8个单元里再放一条转移指令，以转至真正的中断服务程序中去。例如，当指令为RST 7时，经CPU处理后得到的向量地址VA=0038H，即该中断源的中断服务程序的入口地址为0038H。

（2）向量地址是中断向量表的指针

若向量地址作为中断向量表的索引，它便指向一个包含多个中断服务程序入口地址的中断向量表。通过查询该表的特定单元，CPU能够获取所需中断服务程序的准确入口地址。此时，中断源所提供的向量地址，实际上是指向中断服务程序入口地址的指针的存储位置。当前，众多微型计算机均采纳了这种机制，例如 Intel 8086 与 Z-80 的中断模式 2 便是典型。这两种计算机转至中断服务程序的具体流程如图 9-12所示。

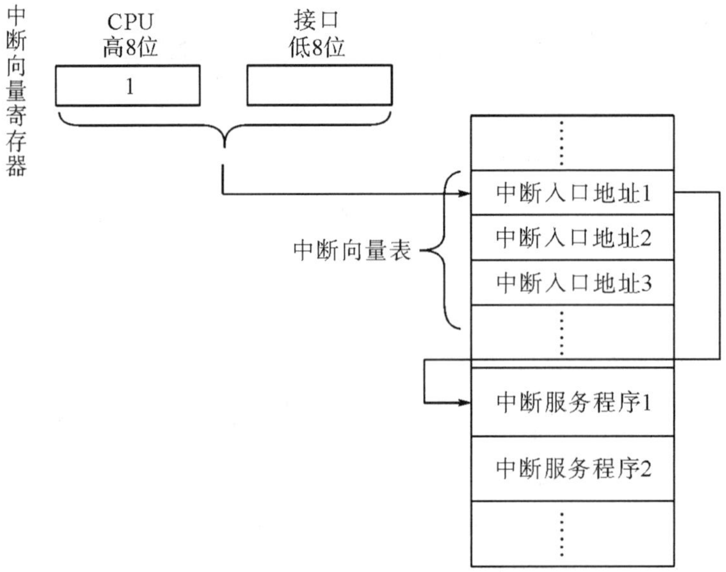

图 9-12　Intel 8086 与 Z-80 的中断方式

5. 中断现场的保护和恢复

中断现场指的是发生中断时 CPU 的主要状态，其中最重要的是断点，另外还有一些通用寄存器的状态。之所以需要保护和恢复现场，是因为 CPU 要先后执行两个完全不同的程序（现行程序和中断服务程序），所以必须进行两种程序运行状态的转换。一般来说，在中断隐指令中，CPU 硬件将自动保存断点，有些计算机还自动保存程序状态字寄存器（PSWR）的内容。但是，在许多应用中，要保证中断返回后原来的程序能正确地继续运行，仅保存这一两个寄存器的内容是不够的。为此，当中断服务程序开始时，应由软件去保存那些硬件没有保存，而在中断服务程序中又可能用到的寄存器（如某些通用寄存器）的内容，在中断返回之前，这些内容还应该被恢复。

现场的保护和恢复方法不外乎有纯软件和软、硬件相结合两种。纯软件方法是在 CPU 响应中断后，用一系列传送指令把要保存的现场参数传送到主存某些单元中，在中断服务程序结束后，再采用传送指令进行相反方向的传送。这种方法不需要硬件代价，但是占用了 CPU 的宝贵时间，速度较慢。现代计算机一般都先采用硬件方法来自动快速保护和恢复部分重要的现场，其余寄存器的内容再由软件完成保护和恢复，这种方法的硬件支持是堆栈。

软、硬件相结合保护现场往往是和向量中断结合在一起使用的。首先把断点和程序状态字自动压入堆栈，这就是保护旧现场；其次根据中断源送来的向量地址自动取出中断服务程序入口地址和新的程序状态字，这就是建立新现场；最后由一些指令实现对必要的通用寄存器的保护。恢复现场则是保护现场的逆处理。

9.3.4 多重中断与中断屏蔽

1. 中断嵌套

中断嵌套过程如图 9-13 所示。中断嵌套的层次可以有多层，越在里层的中断请求越急迫，优先级越高，因此优先得到 CPU 的服务。

要使计算机具有多重中断的能力，首先要能保护多个断点，而且先发生的中断请求的断点，先保护后恢复；后发生的中断请求的断点，后保护先恢复。堆栈的先进后出特点正好满足多重中断这一先后次序的需要。当 CPU 进入特定的中断服务程序后，系统必须维持在开中断的状态，这是实现中断嵌套功能的必要条件。如果系统不在开中断状态，那么中断嵌套将无法发生，从而影响系统的正常运行和响应。

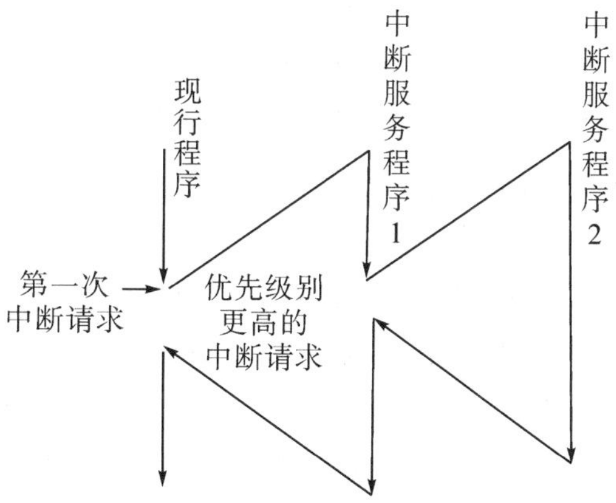

图 9-13 中断嵌套过程

2. 允许和禁止中断

CPU 的中断允许触发器（EINT）负责控制是否允许中断。具体而言，当 EINT 被设置为“1”时，系统将允许中断；而当 EINT 被设置为“0”时，系统将禁止中断。这一机制确保了中断管理的灵活性和系统运行的稳定性。

允许中断即开中断，下列情况应开中断：

①无论是单重中断还是多重中断，在中断服务程序执行完毕，恢复中断现场之后；

②在多重中断的情况下，保护中断现场之后。

禁止中断即关中断，下列情况应关中断：

①响应某一级中断请求，不再允许被其他中断请求打断时；

②在中断服务程序的保护和恢复现场之前。

3. 中断屏蔽

中断源发出中断请求之后，这个中断请求并不一定能真正送入 CPU，在有些情况下，可以用程序方式有选择地封锁部分中断，这就是中断屏蔽。

如果给每个中断源都相应地配备一个中断屏蔽触发器（MASK），则每个中断请求信号在送往判优电路之前，还要受到屏蔽触发器的控制。当 MASK=1 时，表示对应中断源的请求被屏蔽，可见中断请求触发器和中断屏蔽触发器是成对出现的，只有当 INTR=1（中断源有中断请求），$MASK_i=0$（该级中断未被屏蔽）时，才允许对应的中断请求送往 CPU，相应的电路如图 9-14 所示。

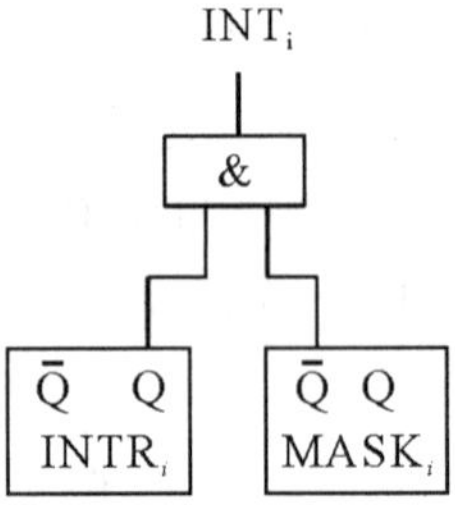

图 9-14 中断请求触发器和中断屏蔽触发器

在中断接口电路中，多个屏蔽触发器组成一个屏蔽寄存器，其内容称为屏蔽字或屏蔽码，由程序来设置。屏蔽字某一位的状态将成为本中断源能否真正发出中断请求信号的必要条件之一。这样，就可实现 CPU 对中断处理的控制，使中断能在系统中合理协调地进行。中断屏蔽寄存器的作用如图 9-15 所示。具体地说，用程序设置的方法将屏蔽寄存器中的某一位置“1”，则对应的中断请求被封锁，无法去参加排队判优；只有屏蔽寄存器中的某一位置“0”，才允许对应的中断请求送往 CPU。

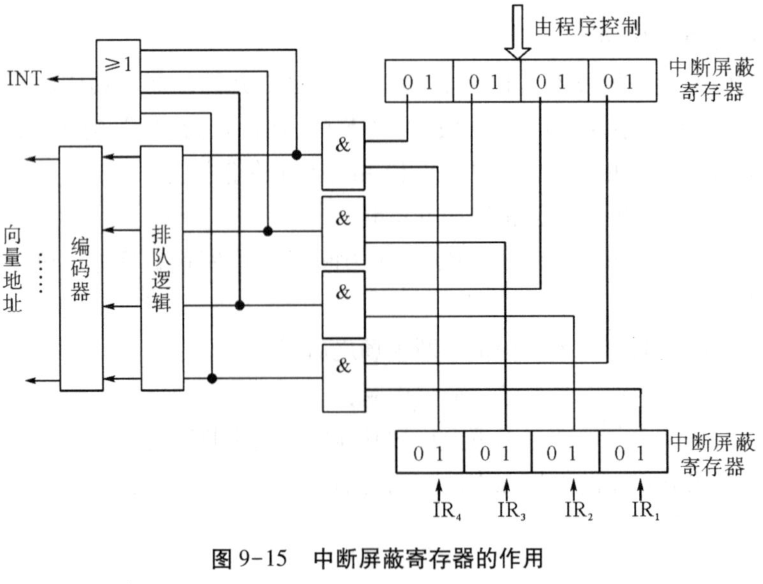

图 9-15 中断屏蔽寄存器的作用

9.3.5 中断全过程

中断全过程是一个从中断源触发请求，到 CPU 响应并处理，最终恢复原有程序执行的一系列步骤，如图 9-16 所示。这一过程始于中断源向 CPU 发出中断请求，CPU 在检测到这一请求后，在开中断和当前指令执行完毕的情况下，暂停当前正在执行的程序，响应中断请求，进入中断周期执行中断隐指令，然后执行特定的中断服务程序。

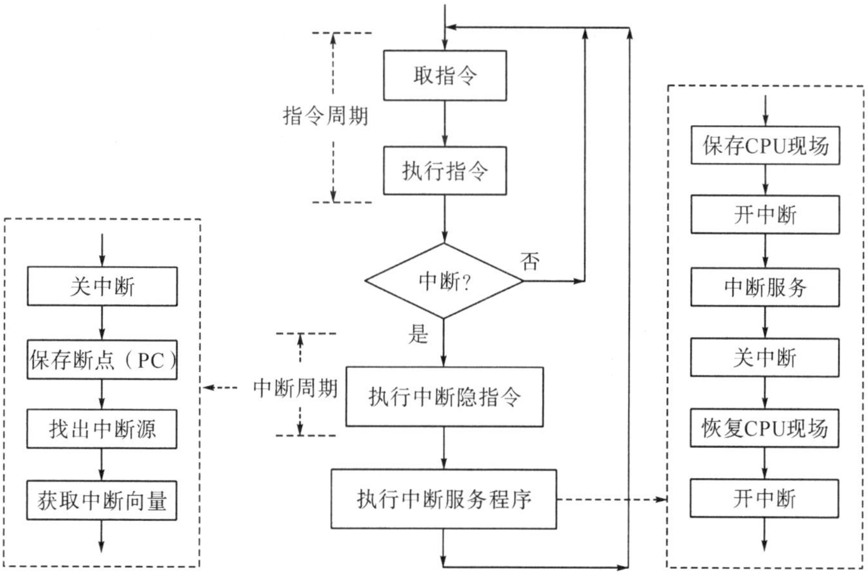

图 9-16　中断的流程

在中断周期执行的中断隐指令，其流程包括关中断、保存断点、找出中断源、获取中断向量。保存断点就是保存当前程序执行的间断处，保存程序计数器（PC）的值，它是当前程序中即将执行的指令地址。找出中断源，就是在所有中断源中进行中断判优后找出优先级最高的中断源。获取中断向量，就是根据找出中断源获取相应的中断向量。中断向量包含中断服务程序的入口地址，因此中断隐指令执行完毕后即可执行中断服务程序。

在多重中断中，中断服务程序的流程包括保存 CPU 现场、开中断、中断服务、关中断、恢复 CPU 现场、开中断等环节。当执行中断服务程序时，首先要保存 CPU 现场。因为中断前正在运行的程序，其执行时会产生中间数据，这些数据存储在各种寄存器中，在执行中断服务程序时需要保存，否则即是恢复原程序的断点，其运行环境也已受到破坏，程序运行将无法得到预期结果。保存 CPU 现场后需要开中断，运行 CPU 响应更高级别的中断。开中断后如果没有更高级别的中断，将进行中断服务，即执行本中断服务程序主要服务代码。在中断服务过程中 CPU 是可以响应更高级别的中断服务的。在中断服务结束后，在恢复 CPU 现场前，必须关中断。因为在恢复 CPU 现场的过程中响应中断会使 CPU 现场无法恢复，因此在恢复 CPU 现场过程中不允许 CPU 响应中断。在恢复 CPU 现场后运行 CPU 响应中断，因此需要开中断。

如果系统是单重中断，则中断服务程序的流程比较简单，包括保存 CPU 现场、中断服务、恢复 CPU 现场、开中断等环节。

值得注意的是，不同计算机系统的中断处理过程可能存在一定的差异。但总体而言，中断全过程都遵循着相似的逻辑和步骤，以确保系统能够及时、准确地响应和处理各种中断请求。

多重中断与单重中断在中断服务程序的执行中有所不同，表 9-1 列出了两者的区别。

表 9-1　多重中断与单重中断的区别

<table>
<tr><th>操作类型</th><th>多重中断方式</th><th>单重中断方式</th></tr>
<tr><td rowspan="4">中断隐指令</td><td>关中断</td><td>关中断</td></tr>
<tr><td>保存断点</td><td>保存断点</td></tr>
<tr><td>找出中断源</td><td>获取中断向量</td></tr>
<tr><td>获取中断向量</td><td></td></tr>
<tr><td rowspan="7">中断服务程序</td><td>保存 CPU 现场</td><td>保护 CPU 现场</td></tr>
<tr><td>开中断</td><td>服务处理</td></tr>
<tr><td>中断服务</td><td>恢复 CPU 现场</td></tr>
<tr><td>关中断</td><td>开中断</td></tr>
<tr><td>恢复 CPU 现场</td><td>中断返回</td></tr>
<tr><td>开中断</td><td></td></tr>
<tr><td>中断返回</td><td></td></tr>
</table>

9.3.6　程序中断接口结构

具有中断能力的外部设备接口是由程序查询式接口再加上中断控制机构组成的。简化的中断式接口如图 9-17 所示。从其逻辑功能来看，这个接口不仅可以保证中断式传送，而且也可以提供程序查询式传送。图中 ABUS、DBUS、CBUS 分别表示地址总线、数据总线和控制总线。

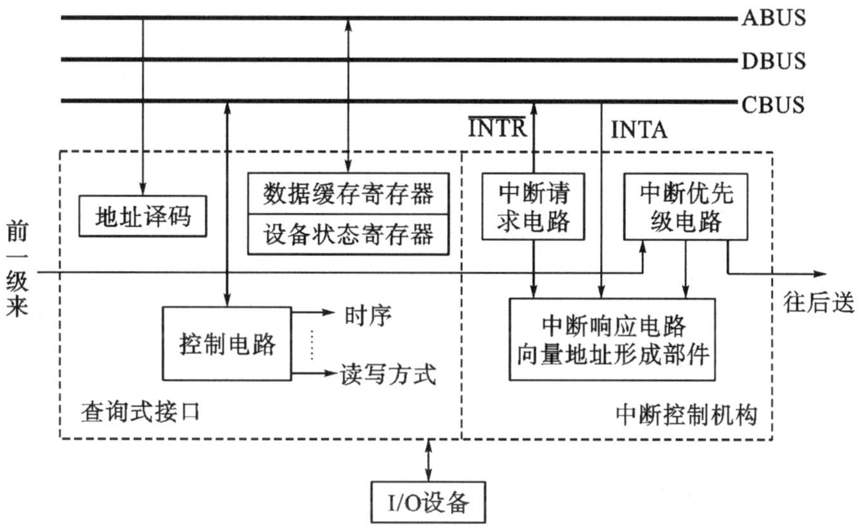

图 9-17 简化的中断式接口

中断控制机构至少应包括下列三个部分。

一是中断请求电路。

当中断源有请求且中断开放时，中断请求电路向 CPU 发中断请求信号。

二是中断优先级电路。

中断优先级电路保证优先级别最高的中断源首先获得 CPU 的服务。

三是向量地址形成部件。

向量地址形成部件用来产生向量中断时需要的向量地址，并且根据这个向量地址转向该中断源所对应的中断服务程序。

9.4 DMA 方式

直接内存访问方式（direct memory access，DMA）是为了在主存与外部设备之间实现高速、批量数据交换而设置的。DMA 通过其控制器，可以直接在内存和外部设备之间传输数据，仅在开始和结束时与 CPU 交互，显著减少了 CPU 的工作量。DMA 方式的数据传送直接依靠硬件（DMA 控制器）来实现，不需要执行任何程序。

9.4.1 DMA 方式的基本概念

1. DMA 方式的特点

DMA 技术构建了一条连接外部设备与主存的“高速数据通道”，此通道实现了两者间无须 CPU 介入和软件控制的高速数据传输。在这一机制中，DMA 控制器扮演着关键角色，负责监管整个数据传送流程。外部设备每当需执行数据传输任务时，会经由 DMA 控制器向 CPU 发送 DMA 传送请求。一旦 CPU 响应此请求，便会暂时释放系统总线的控制权，转而由 DMA 控制器全面接管总线，自主执行数据传输任务。这一流程不仅提升了数据传输效率，还减轻了 CPU 的负担，使其能够专注于执行其他核心任务。

DMA 方式具有下列特点：

一是独立于 CPU 的运行。DMA 方式允许外部设备直接与主存进行数据交换，无须通过 CPU，这样使得数据传输过程不受 CPU 当前工作状态的影响。

二是硬件控制数据传输。在数据块传输过程中，硬件控制起到了主导作用。具体而言，主存地址的确定以及数据传送的计数工作均由硬件电路自动完成，这一机制显著减少了对软件干预的依赖。通过这种方式，数据传输的效率得到了显著提升，因为硬件电路能够以更快的速度执行这些任务，同时减少了软件处理所带来的延迟和开销。这种硬件控制的数据传输方式，为系统的高效运行提供了有力支持。

三是专用缓冲区的使用。为了及时供给和接收外部设备的数据，需要在主存中开辟专用缓冲区。这样既满足了数据传输的实时性需求，又保证了数据传输的连续性和完整性。

四是并行工作的实现。DMA 方式支持外部设备与主存并行工作，同时进行数据传送，从而显著提高了系统的整体效率。而且，DMA 在传送开始前要通过程序进行预处理，并在传送结束后通过中断方式进行后处理，从而确保了数据传输的完整性和准确性。

五是减轻 CPU 负担。DMA 方式使 CPU 在数据传送期间无须直接参与，因此大大减轻了 CPU 在数据传输过程中的负担，使其能够专注于执行其他计算任务。

六是提高系统吞吐率。DMA 方式能够有效提高系统的吞吐率，尤其是在处理大批量数据传送时，其显示出相比传统 I/O 操作更明显的优势。

2. DMA 和中断的区别

（1）CPU 资源的占用

中断方式：在中断方式中，每次数据传输都需要 CPU 的参与，无论是开始、进行还是结束阶段，CPU 都需要进行相应的处理，这就占用了 CPU 的资源。

DMA 方式：DMA 方式则只在传输开始和结束时需要 CPU 的少量干预，传输过程中不占用 CPU 的任何资源，从而大大提高了系统的效率。

（2）响应时间

中断方式：对中断请求的响应只能在每条指令执行完毕后进行，这可能会引入微小的延迟。

DMA 方式：对 DMA 请求的响应可以在每个机器周期结束时发生，因此其响应时间更快。

（3）数据传输速率

中断方式：由于需要 CPU 的频繁干预，中断传送过程的数据传输速率相对较低，尤其是在大量数据传输的情况下。

DMA 方式：DMA 传送过程不需要 CPU 的干预，故数据传输速率非常高，适合用于高速外部设备的成组数据传送。

（4）优先级

中断方式：通常，中断请求的优先级低于 DMA 请求，这意味着在同时发生时，DMA 请求会先被处理。

DMA 方式：DMA 请求的优先级高于中断请求，确保了数据传输的及时性。

（5）异常事件处理能力

中断方式：具有对异常事件进行处理的能力，这是其重要特点之一。

DMA 方式：仅局限于完成传送数据块的 I/O 操作，不适合处理异常事件。

（6）现场保护恢复

中断方式：中断方式是程序切换，需要保护和恢复现场，这增加了额外的开销。

DMA 方式：除了开始和结尾外，其不占用 CPU 的任何资源，也不需要保护和恢复现场，从而减少了开销。

（7）数据传输方向

中断方式：数据传送过程需要 CPU 的干预，数据传输方向通常是设备到 CPU 再到内存，或者相反。

DMA 方式：数据由设备直接送入内存，或由内存直接送到设备，无须经过 CPU。

（8）传送数据处理

中断方式：传送过程中断次数多，CPU 需要花费较多的时间处理中断，其中断次数多也可能导致数据丢失。

DMA 方式：以数据块为单位传输，大大减少了 CPU 进行中断处理的次数，整个数据传输操作在一个称为“DMA 控制器”的控制下进行。

3. DMA 方式的应用

（1）硬件设备通信

DMA 广泛应用于需要快速数据传输的硬件设备之间。例如，在嵌入式系统中，DMA 可以用于 SPI、I2C、UART 等外部设备之间的数据传输。

（2）网络通信

在网络通信中，DMA 可用于实现高速以太网数据的交换。通过 DMA，数据可以直接在网络接口卡和系统内存之间传输，避免了 CPU 的频繁中断和数据处理。

（3）实时图像处理

在实时图像处理领域，DMA 被用于高效传输图像数据。例如，Blackfin 533 中的 DMA 技术在图像处理中起到了重要作用，通过 DMA 可以实现快速、实时的数据传输，从而满足了图像处理对高数据吞吐率的需求。

(4) 磁盘数据传输

在磁盘数据传输中，DMA 可以减少 CPU 的参与，减少系统的延迟。通过使用 DMA，磁盘控制器可以直接与内存进行数据传输，从而提高了读写速度和效率。

9.4.2 DMA 接口

DMA 接口相对于查询式接口和中断式接口来说比较复杂，人们习惯于将 DMA 方式的接口电路称为 DMA 控制器。

1. DMA 控制器的功能

在 DMA 传输流程中，DMA 控制器扮演着至关重要的角色。它不仅能够接管 CPU 的地址总线、数据总线以及控制总线，暂时剥夺 CPU 对主存的控制权，还能在数据传输结束后，将控制权完好无损地交还给 CPU，确保其继续执行后续操作。在这一过程中，DMA 控制器展现出了强大的系统总线控制能力，其能够像 CPU 一样精准地输出地址信号，接收或发送控制信号，以及输入或输出数据信号。

DMA 控制器在外部设备与主存之间的数据传输过程中，完全替代了 CPU。其主要功能如下。

第一，DMA 控制器能够敏锐地捕捉到外部设备发出的 DMA 请求，并立即向 CPU 发出总线请求，请求接管总线控制权。

第二，一旦 CPU 响应了 DMA 控制器的总线请求，并发出总线响应信号，DMA 控制器便会毫不犹豫地接管总线控制权，进入 DMA 操作周期。

第三，在 DMA 操作周期内，DMA 控制器会精确地确定需要传送数据的主存单元地址以及传送长度，并能够自动修改主存地址计数值和传送长度计数值，确保数据传输的准确性和高效性。

第四，DMA 控制器还能够根据实际需求，规定数据在主存与外部设备之间的传送方向，并发出读写或其他必要的控制信号，执行数据传送操作。

第五，当 DMA 操作完成后，DMA 控制器会及时向 CPU 报告，标志着数据传输的圆满结束。

2. DMA 控制器的基本组成

图 9-18 所示为一个简单的 DMA 控制器。

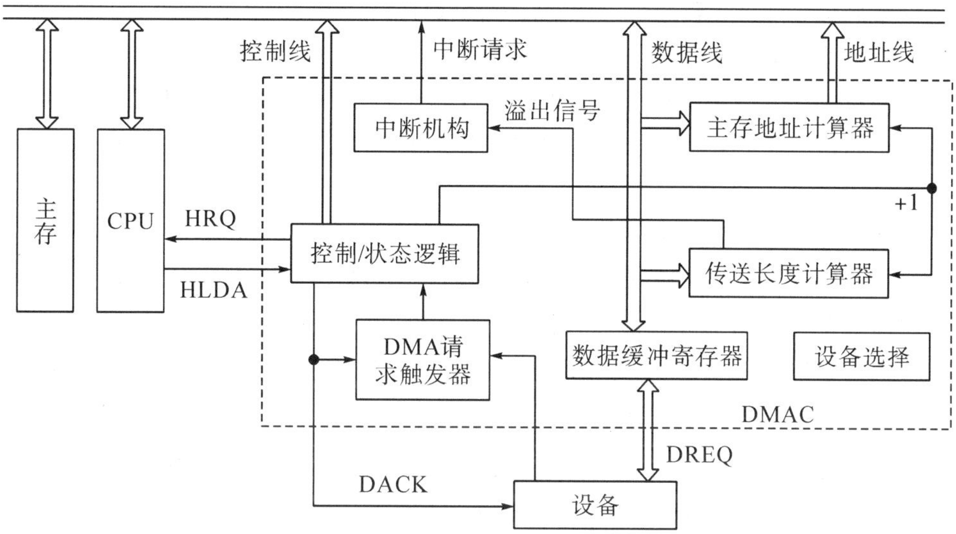

图 9-18　简单的 DMA 控制器

该控制器由以下几部分组成：

（1）主存地址计数器

主存地址计数器负责存储即将进行交换的数据在主存中的地址。该计数器的初始值被设定为主存缓冲区的起始地址。在 DMA 传输过程中，每成功传输一个数据，计数器便会自动递增，从而动态地指示出主存中待交换数据的下一个地址，直至整批数据完成传输。

（2）传送长度计数器

传送长度计数器则用于记录待传输数据块的长度。其初始值被设定为需要传输的数据总字数或总字节数。在传输过程中，每传输一个字或一个字节，计数器值便会自动递减。当计数器值减至 0 时，即表示数据已全部完成传输。在某些 DMA 控制器设计中，也可能采用对字数或字节数求补后送入计数器的方式，此时每传输一个字或一个字节，计数器值会递增，当计数器值溢出时，即表示数据传输完成。

（3）数据缓冲寄存器

数据缓冲寄存器是数据传输过程中的临时存储单元。当数据输入时，外部设备（如磁盘）先将数据送至数据缓冲寄存器，随后通过数据总线传输至主存。当数据输出时，数据则由主存通过数据总线传输至数据缓冲寄存器，再被送往外部设备。

（4）DMA 请求触发器

DMA 请求触发器负责在外部设备准备好数据后发出控制信号，从而触发 DMA 请求。这一机制确保了数据在外部设备准备好后能够立即进行传输。

（5）控制状态逻辑

控制状态逻辑由控制和时序电路以及状态标志等部分组成。它负责指定数据传输的方向，修改传输参数，并对 DMA 请求信号和 CPU 响应信号进行协调和同步。

这一功能确保了数据传输过程的稳定性和高效性。

(6) 中断机构

中断机构在数据块传输完成后触发，向 CPU 发出中断请求。CPU 在接收到中断请求后，将进行 DMA 传输的结尾处理。这一机制确保了数据传输的完整性和及时性。

3. DMA 控制器的连接和传送

图 9-19 所示为 DMA 控制器与 CPU 及主存、外部设备之间的连接。在进行 DMA 操作之前应先对 DMA 控制器编程。例如，确定传送数据的主存起始地址、要传送的字节数以及传送方式，以及是由外部设备将数据写入主存还是从主存将数据读出送至外部设备。

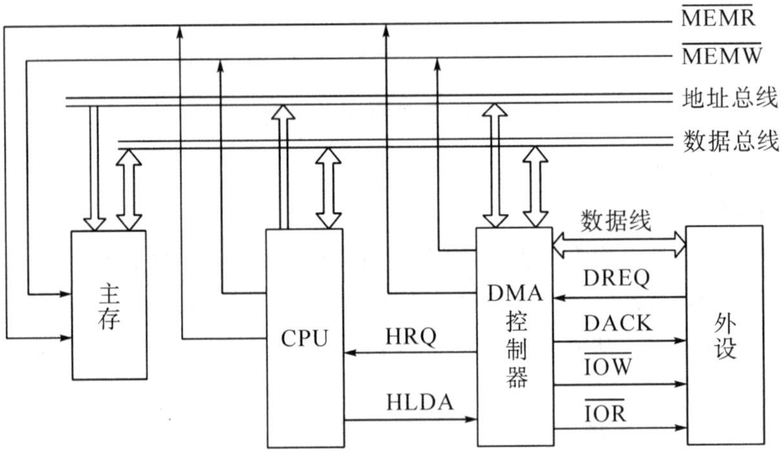

图 9-19 DMA 控制器与 CPU 及主存、外部设备之间的连接

下面以外部设备将一个数据块写入主存的操作为例，简述 DMA 控制器的操作过程。

第一步，由外部设备向 DMA 控制器发出 DMA 请求信号 DREQ。

第二步，DMA 控制器在收到外部设备的请求信号 DREQ 后，向 CPU 发出总线请求信号 HRQ，请求使用总线。

第三步，CPU 在收到使用总线的请求信号 HRQ 后，向 DMA 控制器发出总线响应信号 HLDA，这个时候 DMA 控制器便获得了总线的控制权。

第四步，DMA 控制器向外部设备发出 DMA 响应信号 DACK，表示 DMA 控制器已控制了总线，允许外部设备与主存交换数据。

第五步，DMA 控制器按主存地址计数器的内容发出地址信号作为主存地址的选择，同时主存地址计数器的内容加 1。

第六步，DMA 控制器发出 $\overline{IOR}$ 信号到外部设备，将外部设备数据读入数据缓冲寄存器，同时发出 $\overline{MEMW}$ 信号，将数据缓冲寄存器中的数据写入选中的主存单元。

第七步，传送长度计数器减 1。

重复步骤五至步骤七，直到字节计数器减到 0 为止，数据块的 DMA 方式传送工作宣告完成。这时，DMA 控制器的 HRQ 降为低电平，总线控制权交还 CPU。

9.4.3 DMA 传送方法与传送过程

1. DMA 传送方法

DMA 控制器与 CPU 通常采用以下三种方法使用主存。

（1）CPU 停止访问主存法

DMA 传输的一种基本方法是 CPU 暂停访问主存法。这种方法的核心在于，当 DMA 请求信号发出时，CPU 会响应并暂时放弃对总线的控制权。具体来说，CPU 会在当前机器周期执行完毕后，将数据总线和地址总线置于高阻态，并发出总线批准信号，从而允许 DMA 控制器接管总线。

在 DMA 控制器获得总线控制权后，它会连续占用多个存取周期（也称为总线周期），以成组连续的方式传输数据。这一过程中，CPU 会进入保持状态，暂停对主存的访问，转而执行一些与总线无关的内部操作。

图 9-20（a）展示了这种传输方法。从图中可以看出，DMA 操作期间，CPU 的访问被完全阻断，直至 DMA 传输完成，控制权才重新交回 CPU。

值得注意的是，这种方法主要适用于高速外部设备的成组数据传送，因为它能够确保数据传输的连续性和高效性。然而，对于低速外部设备或需要频繁访问主存的应用场景，可能需要考虑其他更为复杂的 DMA 传输方法。

当外部设备的数据传输率接近于主存工作速度时，或者 CPU 除了等待 DMA 传送结束并无其他事可干（如单用户状态下的个人计算机）时，常采用这种方法。它可以减少系统总线控制权的交换次数，有利于提高输入输出的速度。

（2）存储器分时法

存储器分时法又称存储器分时共享机制，是一种创新的 DMA 传输方法，它将原有的单个存取周期巧妙地划分为两个时间片段，分别分配给 CPU 和 DMA 使用。这种设计无须烦琐的总线申请与归还流程，使得总线控制权的转换变得极为迅速，从而大幅提升了 DMA 传输的效率。

在这一机制下，CPU 无须中断当前程序的运行，也无须进入保持状态，即可在不被察觉的情况下完成 DMA 传输。然而，要实现 CPU 访存速度不变，主存的工作速度必须相应提升一倍，以满足同时为两个部件提供服务的需求。

尽管存储器分时共享机制具有诸多优势，但也存在一些潜在的挑战。大多数外部设备的速度与 CPU 并不匹配，分配给 DMA 的时间片段可能会因外部设备的慢速而成为空闲操作，从而导致资源的不必要浪费。为了优化资源利用，可能需要采取更复杂的调度策略来平衡 CPU 和 DMA 的访存需求。

图 9-20（b）直观地展示了这种分时机制。通过清晰的划分，我们可以直观地看到 CPU 和 DMA 是如何交替访问主存的。这种创新的分时共享方法不仅提升了数据传输的效率，还为计算机系统的并行处理提供了新的思路。

（3）周期挪用法

作为对前两种方法的融合与创新，周期挪用法巧妙地平衡了 CPU 与 DMA 的访存需求。在没有 DMA 请求的情况下，CPU 遵循程序的既定要求，自由地访问主存。然而，一旦外部设备发起 DMA 请求并获得 CPU 的批准，CPU 便会慷慨地让出一个存取周期的总线控制权，交由 DMA 控制器接管系统总线，从而完成一次数据传送，无论是字节还是字。

紧接着，DMA 控制器在完成数据传送后，会迅速将总线控制权归还给 CPU，使其能够继续执行未完成的任务，同时静候下一个 DMA 请求的降临。这一过程会不断重复，直至整个数据块被成功传送。

值得注意的是，当 CPU 与 DMA 在同一时刻对主存发起访问请求时，系统会优先满足 DMA 的需求，而 CPU 则需要稍作等待，度过一个存取周期。如图 9-20（c）所示，这种优先级分配确保了 DMA 传送的顺利进行。

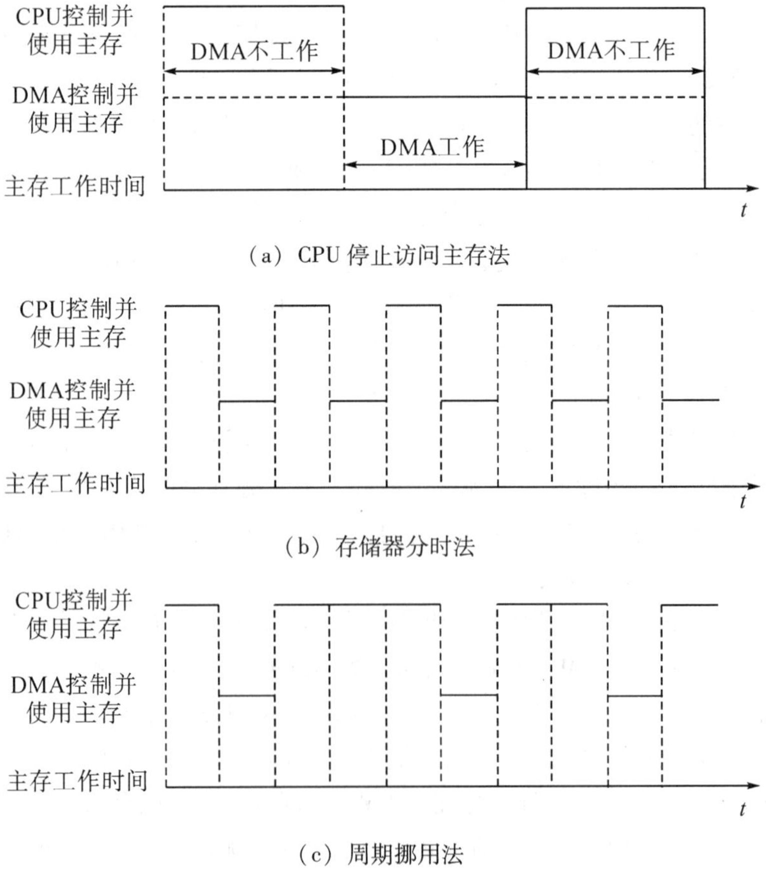

图 9-20　DMA 传送方法

值得一提的是，在主存工作速度远超外部设备时，周期灵活调配策略能够显著提升主存的利用率，同时对 CPU 的影响也降到了最低。因此，这种方法在高速主机系统中备受青睐。

通过深入分析主存的存取周期与磁盘的数据传输率，我们可以精确地计算出主存操作时间的分配情况，包括用于 DMA 传送的时间和 CPU 访存的时间。这一数据不仅反映了系统的处理效率，也为进一步优化系统性能提供了宝贵的参考。

2. DMA 传送过程

DMA 传送机制是一种高效的数据传输方式，其核心在于允许硬件设备在无须 CPU 直接干预的情况下，直接与内存进行数据交换。这一过程大致可以分为预处理、数据传送和后处理三个紧密相连的阶段。

（1）预处理阶段——DMA 传送的起跑线

预处理是 DMA 传送过程的前奏，其核心任务是进行初始化配置，确保 DMA 传送能够顺利进行。这一任务主要由 CPU 承担。CPU 通过执行一系列 I/O 指令，检查外部设备的状态，确保外部设备已准备好进行数据传输。同时，CPU 还需向 DMA 控制器的相关寄存器设置初始值，包括传送的起始地址、数据长度、传送方向等关键参数。此外，CPU 还需启动外部设备，确保其处于待命状态。当外部设备准备好发送的数据（输入）或已处理完接收的数据（输出）时，它会向 DMA 控制器发出 DMA 请求。DMA 控制器在接收到请求后，会向 CPU 发出总线请求，请求占用总线进行数据传输。CPU 在确认外部设备和 DMA 控制器均准备就绪后，会释放总线控制权，允许 DMA 控制器接管总线进行数据传输。

（2）数据传送阶段——DMA 传送的主体

数据传送是 DMA 传送过程的核心环节。在这一阶段，DMA 控制器完全控制总线，负责向外部设备和内存发出读写命令，实现数据的交互。DMA 传送可以以单字节（或字）为基本单位，但更常见的是以数据块为基本单位进行传送。对于数据块传送，DMA 控制器会利用循环机制，连续地从外部设备读取数据或向外部设备写入数据，直至数据块传送完毕。在数据传送过程中，DMA 控制器会自动更新内存地址和传输计数器，确保数据能够正确、连续地写入或读出预定的缓冲区。这种机制大大提高了数据传输的效率和准确性，同时减少了 CPU 的开销。因为在这一过程中，CPU 无须参与数据传输的具体操作，可以专注于执行其他任务。

（3）后处理阶段——DMA 传送的收尾

后处理是 DMA 传送过程的收尾阶段。当传送长度计数器计到 0 时，表明数据传输已完成。此时，DMA 控制器会向 CPU 发出中断请求，通知 CPU 数据传输已完成。CPU 在接收到中断请求后，会暂停当前程序的执行，转而执行中断服务程序进行 DMA 结束处理工作。在中断服务程序中，CPU 会检查 DMA 传送的结果，确保数据已正确传输。同时，CPU 还会更新相关寄存器的值，为下一次 DMA 传送做好准备。此外，CPU 还会重新接管总线的控制权，确保系统能够继续正常运行。

综上所述，DMA 传送过程是一个高效的、低开销的数据传输机制。预处理阶段为 DMA 传送做好了充分的准备；数据传送阶段实现了数据的高效、连续传输；后处理阶段则确保了系统状态的正确恢复。这种机制特别适用于需要快速传输大量数据的场景，如视频处理、网络通信等。通过优化 DMA 传送过程，我们可以进一步提高系统的性能和效率，以满足日益增长的数据处理需求。

9.5 通道控制方式

在大型计算机系统中，所连接的 I/O 设备数量较多，输入输出频繁，要求整体的速度快，单纯依靠主 CPU 采取程序中断和 DMA 等控制方式已不能满足要求，于是通道控制方式被引入计算机系统。

9.5.1 通道的基本概念

通道是具有特殊功能的处理器，负责处理 I/O 设备与内存之间的数据交换。

1. 通道控制方式与 DMA 方式的区别

通道控制方式是 DMA 方式的进一步发展。实质上，通道也是实现外部设备和主存之间直接交换数据的控制器。与 DMA 控制器相比，两者的主要区别在于以下两方面。

第一，DMA 控制器是通过专门设计的硬件控制逻辑来实现对数据传送的控制的。而通道则是一个具有特殊功能的处理器，它具有自己的指令和程序，通过执行通道程序来实现对数据传送的控制。故通道具有更强的独立处理数据输入输出的能力。

第二，DMA 控制器通常只能控制一台或少数几台同类设备；而一个通道则可以同时控制许多台同类或不同类的设备。

2. 通道的功能

通道的功能包括接受 CPU 的 I/O 指令、从主存取出通道指令、实施主存和外部设备间的数据传送、获得设备的状态信息以及将中断请求及时报告 CPU。

通道具有以下五个方面的功能：

第一，接受指令。通道能够接受 CPU 发出的 I/O 指令，并按照这些指令与指定的外部设备进行通信。这使得 CPU 可以将传输控制的任务下放给通道，而自己专注于数据处理，以实现更好的并行工作效果。

第二，读取指令。通道可以从内存中选取属于该通道程序的通道指令，经译码后向设备控制器和设备发送各种命令。这种机制使得通道能够灵活地控制不同设备，并实现复杂的数据传输操作。

第三，数据传送。通道负责组织外部设备和内存之间的数据传送，提供必要的数据缓存空间，并指示数据存放的主存地址和传送的数据量。这样，通道就可以高效地管理数据传输过程，确保数据的安全和准确。

第四，状态信息。通道能够从外部设备获得设备的状态信息，形成并保存通道本身的状态信息，并将这些信息送到内存的指定单元供 CPU 使用。这有助于 CPU 实时监控通道及其连接设备的状态，以便进行下一步的处理。

第五，中断请求。通道会将外部设备和自身的中断请求按次序及时报告给 CPU。这样，CPU 可以迅速响应通道和设备的中断事件，从而提高系统整体的响应速度和可靠性。

9.5.2 通道的类型与结构

1. 通道类型

按照通道独立于主机的程度，可将通道分为结合型通道和独立型通道两种类型。结合型通道在硬件结构上与 CPU 结合在一起，借助于 CPU 的某些部件作为通道部件来实现外部设备与主机的信息交换。这种通道结构简单，成本较低，但功能较弱。独立型通道完全独立于主机对外部设备进行管理和控制。这种通道功能强，但设备成本高。

按照输入输出信息的传送方式，通道可分为字节多路通道、选择通道和数组多路通道三种类型。

（1）字节多路通道

字节多路通道是一种简单的共享通道，用于连接与管理多台低速设备，以字节交叉方式传送信息，其传送方式如图 9-21 所示。字节多路通道先选择设备 A，为其传送一个字节 A_1；然后选择设备 B，传送字节 B_1；再选择设备 C，传送字节 C_1。再交叉地传送 A_2、B_2、C_2……所以字节多路通道的功能好比一个多路开关，交叉（轮流）地接通各台设备。

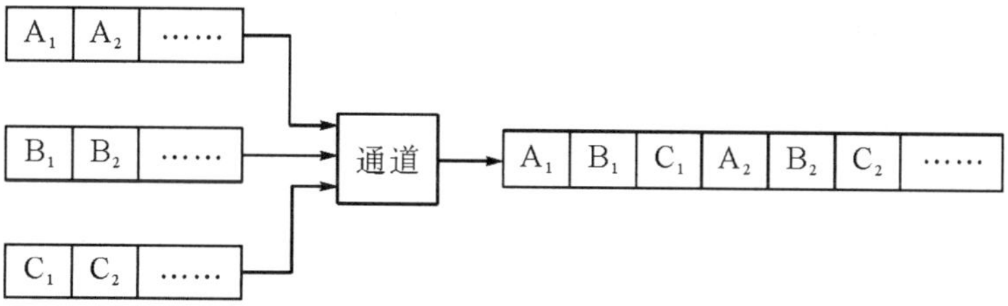

图 9-21 字节多路通道传送方式

一个字节多路通道，包括多个按字节方式传送信息的子通道。每个子通道服务于一个设备控制器，每个子通道都可以独立地执行通道程序。各个子通道可以并行工作，但是，所有子通道的控制部分都是公共的，各个子通道可以分时地使用。

通道不间断地、轮流地启动每个设备控制器，当通道为一个设备传送完一个字节后，就转去为另一个设备服务。当通道为某一设备传送时，其他设备可以并行地工作，准备需要传送的数据字节或处理收到的数据字节。这种轮流服务是建立在主机的速度比外部设备的速度快得多的基础之上的，它可以提高系统的工作效率。

（2）选择通道

对于高速设备，字节多路通道显然是不合适的。选择通道又称高速通道，在物理上它也可以连接多个设备，但这些设备不能同时工作，在一段时间内通道只能选择一台设备进行数据传送，此时该设备可以独占整个通道。因此，选择通道一次只能执行一个通道程序，只有当它与主存交换完信息后，才能再选择另一台外部设备并执行该设备的通道程序。如图 9-22 所示，选择通道先选择设备 A，成组连续地传送 A_1、A_2，当设备 A 传送完毕后，选择通道又选择通道 B，成组连续地传送 B_1、B_2，再选择设备 C，成组连续地传送 C_1、C_2……

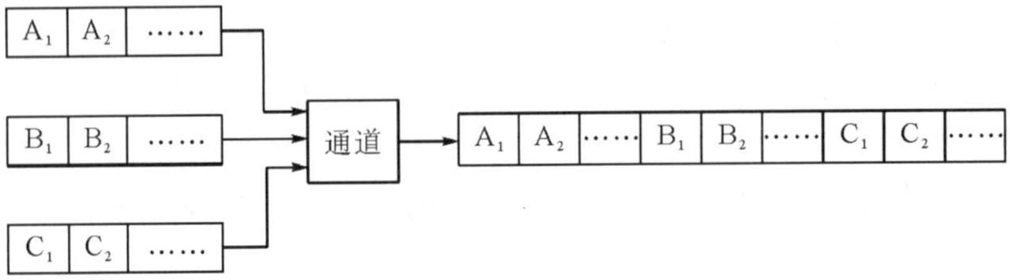

图 9-22　选择通道传送方式

选择通道主要用于连接高速外部设备，如磁盘、磁带等，信息以成组方式高速传送。但是，在数据传送过程中还有一些辅助操作，如磁盘机的寻道等，此时会使通道处于等待状态，所以虽然选择通道具有很高的数据传输速率，但整个通道的利用率并不高。

（3）数组多路通道

数组多路通道是把字节多路通道和选择通道的特点结合起来的一种通道结构。它的基本思想是：当某设备进行数据传送时，通道只为该设备服务；当设备在执行辅助操作时，通道暂时断开与这个设备的连接，挂起该设备的通道程序，去为其他设备服务。

数组多路通道有多个子通道，既可以执行多路通道程序，即像字节多路通道那样，所有子通道分时共享总通道，又可以用选择通道那样的方式成组地传送数据；既具有多路并行操作的能力，又具有很高的数据传输速率，使通道的效率充分得到发挥。

选择通道和数组多路通道都适用于连接高速外部设备，但前者的数据宽度是不定长的数据块，后者的数据宽度是定长的数据块。三种类型通道的比较见表 9-2。三种类型的通道组织在一起，可配置若干台不同种类、不同速度的 I/O 设备，使计算机的 I/O 组织更合理、功能更完善、管理更方便。

表 9-2 三种类型通道的比较

性能	通道类型		
	字节多路	选择	数组多路
数据宽度	单字节	不定长块	定长块
适用范围	大量低速设备	优先级高的高速设备	大量高速设备
工作方式	字节交叉	独占通道	成组交叉
共享性	分时共享	独占	分时共享
选择设备次数	多次	一次	多次

通道在单位时间内传送的位数或字节数称为通道的数据传输率或流量，它标志了计算机系统中的系统吞吐量，也表明了通道对外部设备的控制能力和效率。在单位时间内允许传送的最大字节数或位数称为通道的最大数据传输率或通道极限流量，它是设计通道的最大依据。

字节多路通道的实际流量是该通道上所有设备的数据传输率之和。而选择通道和数组多路通道在一段时间内只能为一台设备传送数据，这时的通道流量就等于这台设备的数据传输率。因此，这两种通道的实际流量为连接在这个通道上的所有设备中流量最大的那一个。

2. 通道的结构

通道的一般逻辑结构如图 9-23 所示，其中 CSWR、CAWR、CCWR 是三个重要的寄存器。CCWR 是通道命令字寄存器，它用来存放通道命令字（CCW）。CCW 是控制/O 操作的关键参数，一条条的通道命令字（通道指令）构成通道程序，放在主存中。CAWR 是通道地址字寄存器，它指出了通道程序在主存中的起始地址，工作时通道就依照这个地址到主存中取出 CCW 并加以执行。CSWR 是通道状态字寄存器，记录了通道程序执行后本通道和相应设备的各种状态信息，这些信息称为通道状态字（CSW）。CSW 通常放在主存的固定单元中，此专用单元的内容在执行下一个 I/O 指令或中断之前是有效的，可供 CPU 了解通道、设备状态和操作结束的原因。

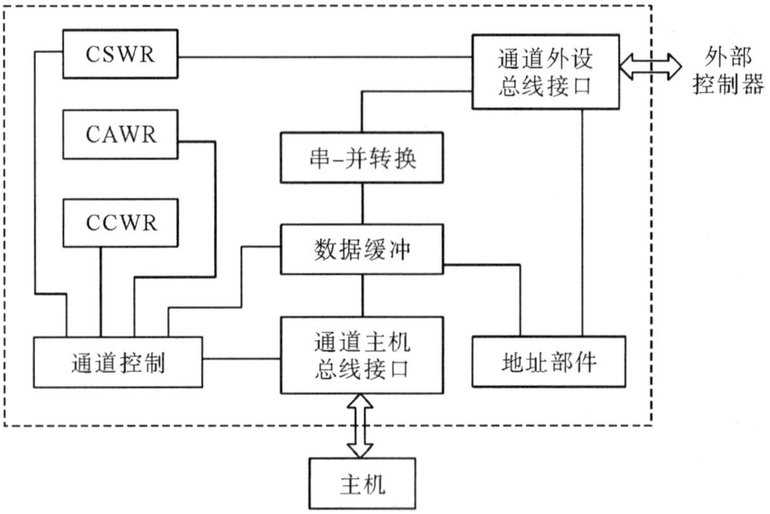

图 9-23　通道的逻辑结构

9.5.3　通道指令

通道指令也就是通道命令字（CCW），它用来编制通道程序，并通过管理程序存放在主存的任何地方。为了使通道能够快速地找到通道程序，一般用通道地址字（CAW）指出通道程序的起始地址。在主 CPU 执行“启动 I/O”指令启动指定通道后，通道将执行通道程序来实现具体的 I/O 操作，直到组成通道程序的全部 CCW 执行完毕时，这次 I/O 传送就算完成了。通道指令格式简单，功能专一，一般带有很强的面向外部设备的特征。

通道指令的功能和格式因计算机不同而异，下面介绍 IBM 4300 的通道指令格式，其格式如图 9-24 所示。

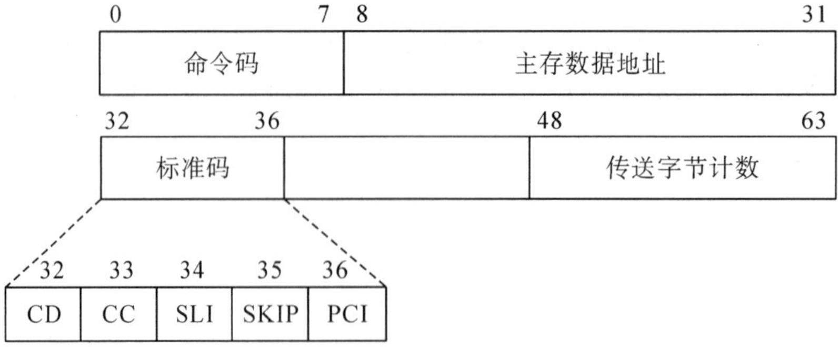

图 9-24　IBM 4300 通道指令格式

这是一个双字长（64 位）的指令，共分为四个字段。

（1）命令码

命令码字段相当于机器指令的操作码，其决定通道和设备执行什么操作。

（2）主存数据地址

通道指令中的8~31位（共24位）给出本次I/O传送操作（读、写、反读）时主存缓冲区的首地址，在数据传送过程中，每传送一个字（或字节），数据地址修改一次（加1或减1）。

（3）传送字节计数

通道指令中的48~63位（共16位），用来表示通道执行I/O操作时所传送的数据块长度，通常以字节为单位。其值可以是传送的字节数，每传送一次计数值减1；也可以是传送字节数的补数，每传送一次计数值加1，当计数值为全0时，表示数据块传送完毕。

（4）标准码

通道指令中的32~36位（共5位），用来定义通道程序的链接方式或通道命令的操作特征，统称为特征位，其各位的含义如下。

①数据链特征：用CD表示。CD=1，表示接下去的一条通道指令也是数据传送命令。执行完本条通道指令后不必断开与通道的逻辑联系，接着取出下一条通道指令来执行即可。第二条通道指令的命令码和第一条的命令码相同。

②命令链特征：用CC表示。CC=1，表示本条通道指令执行完毕，接着有不同操作命令的通道指令要执行。执行完本条通道指令后要断开与通道的逻辑联系，接着取下一条通道指令。前后两条通道指令的命令码是不相同的。

由此可见，只要通道指令中的CD或CC位为1，就表示通道程序还没有结束；当CD和CC位全为0时，表示本条通道指令是通道程序的最后一条指令，通道程序将结束。

③封锁长度错误特征：用SLI表示。所谓长度错误，是指当通道指令中所给定的传送字节个数与外部设备请求传送的字节个数不相等时，通道指令执行完毕将产生长度错误标志，并向CPU发出中断请求。若SLI=1，即使产生了长度错误标志，也不发送错误信号，不产生中断请求，继续执行通道指令。

④封锁写入主存特征：用SKIP表示。当SKIP=1时，禁止将外部设备读出的数据写入主存。本特征位若与数据链特征位连用，则可从外部设备的一批连续数据中任选一部分写入主存。

⑤程序控制中断特征：用PCI表示。PCI=1，表示执行本通道指令时允许产生一个中断条件。

9.5.4 通道工作过程

数据在通道中的传输主要历经三个关键步骤。

第一步，用户程序需借助访管指令，顺利进入管理程序。随后，CPU在管理程序的辅助下，精心构建了一个通道程序，并立即启动通道，为数据传输铺设道路。

第二步，通道接过数据传输的重任，全力执行 CPU 为其精心准备的通道程序。在此过程中，通道会高效地完成既定的数据输入输出任务，确保数据的准确传输。

第三步，当通道程序圆满结束后，它会迅速向 CPU 发出中断请求，标志着数据传输工作的顺利完成。CPU 在接收到这一请求后，会立即响应，并再次调用管理程序，对中断请求进行妥善处理。这一步骤不仅确保了数据传输的连续性，还有效地维护了系统的稳定性。

值得一提的是，在整个数据传输过程中，CPU 仅需两次调用管理程序，即可顺利完成一次输入输出工作。这种设计极大地减少了 CPU 对用户程序的干扰，提升了系统的整体性能。

综上所述，通道的数据传输流程既高效又简洁，仅需三个核心步骤即可完成。这一流程不仅确保了数据的准确传输，还大大降低了 CPU 的负载，为用户程序的稳定运行提供了有力保障。同时，CPU 与通道之间的时间关系也得到了合理优化，进一步提升了系统的整体效率。CPU 执行用户程序和管理程序，通道执行通道程序的过程如图 9-25 所示。

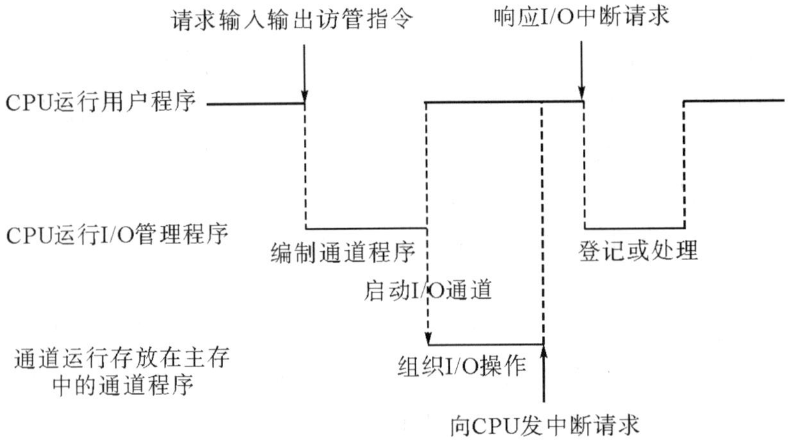

图 9-25 通道工作过程

本章小结

输入输出系统，简称 I/O 系统，是计算机主机与外界交换信息时所涉及的硬件和软件的总称。I/O 系统由 I/O 硬件和 I/O 软件两部分组成。

主机与外部设备之间的速度差异导致它们之间必须设置接口部件。接口中的信息主要包括数据信息、状态信息、控制信息、联络信息和外部设备识别信息。接口的功能：实现主机和外部设备的通信联络控制，进行地址译码和设备选择，实现数据缓冲，数据格式的变换，传递控制命令和状态信息。硬件接口的基本组成包括数据端口、命令端口、状态端口、地址译码电路和控制电路等。接口根据不同的角度具有不同的分类。I/O端口编址方式有两种：独立编址和统一编址。

程序查询方式是一种由CPU主动发起并持续监控外部设备准备状态的信息交换控制机制，要求CPU在数据传输前先行检查外部设备状态。若外部设备未就绪，CPU将持续轮询直至其准备好才进行数据传送。程序查询方式的接口有输入接口和输出接口。

中断是计算机高效运作的一个十分关键的功能，它发生在程序执行期间，当CPU遇到紧急事件或特定请求时，会暂停当前任务，转而处理这些事件或请求，处理完毕后继续原程序。中断源是触发计算机中断的事件源头。当外部设备出现异常情况或者特殊请求时，便向CPU发出中断请求信号，请求CPU处理。CPU在收到中断请求信号后，在开中断和当前指令执行完毕的条件下，响应中断请求并执行中断服务程序进行中断处理。中断服务程序的入口地址称为中断向量。单重中断的流程主要包括保护现场、中断服务、恢复现场和开中断等。多重中断允许中断过程中响应更高级别的中断。

DMA方式是直接内存存取方式，是为了在主存与外部设备之间实现高速、批量数据交换而设置的。DMA通过其控制器，可以直接在内存和外部设备之间传输数据，仅在开始和结束时与CPU交互，显著减少了CPU的工作量。DMA传送过程包括预处理、数据传送和后处理三个紧密相连的阶段。DMA控制器的基本组成包括主存地址计数器、传送长度计数器、数据缓冲寄存器、DMA请求触发器、控制状态逻辑、中断机构等。

通道是具有特殊功能的处理器，负责处理I/O设备与内存之间的数据交换，是DMA方式的进一步发展。按照输入输出信息的传送方式，通道可分为字节多路通道、选择通道和数组多路通道三种类型。通道具有自己的指令，用来编制通道程序。数据在通道中的传输主要历经三个关键步骤。

习题

9.1 什么是输入输出系统？输入输出系统的组成包括哪些部分？

9.2 什么是接口？简述接口的功能和组成。

9.3 什么是端口？端口与接口的区别是什么？端口的编址有哪些方式？

9.4 主机与外部设备之间的信息输入输出方式有哪些？

9.5 什么是程序查询方式？简述程序查询方式的流程。

9.6 简述程序查询方式的输入接口的工作过程。

9.7 简述程序查询方式的输出接口的工作过程。

9.8 什么是中断？计算机为什么要引入中断？

9.9 程序中断与调用子程序的区别是什么?

9.10 什么是中断源?什么是中断请求信号?中断请求信号的传送方式有哪些?

9.11 什么是中断优先级?确定中断优先级的原则是什么?中断判优方法有哪些?

9.12 CPU 响应中断的条件是什么?

9.13 什么是中断隐指令?中断隐指令的功能是什么?

9.14 在组合逻辑控制的计算机系统中，通常设定了一个特定的中断周期，它的主要任务是什么?

9.15 什么是中断服务程序?中断服务程序的入口地址称为什么?简述中断服务程序的流程。

9.16 什么是开中断和关中断?它们是怎么实现的?

9.17 什么是多重中断?什么是中断屏蔽?为什么要进行中断屏蔽?

9.18 什么是 DMA 方式?计算机为什么要引入 DMA 方式?

9.19 简述 DMA 方式的特点。

9.20 DMA 方式与程序中断方式的区别是什么?

9.21 简述 DMA 方式接口的工作过程。

9.22 什么是通道?通道的功能有哪些?

9.23 通道方式与 DMA 方式的区别是什么?

9.24 通道有哪些类型?它们是怎么传送数据的?

9.25 什么是通道指令?简述通道指令的格式。

9.26 简述通道的工作过程。

10 输入输出设备

计算机的核心部件由中央处理器（CPU）与主存储器共同构建，形成了计算机的逻辑主机框架。而主机框架以外的硬件设备，我们通常称之为外部设备，即输入输出设备（I/O 设备）。这些外部设备与主机之间的通信连接，依赖于输入输出接口这一桥梁，它使得主机与外部设备能够进行数据传输与交互。

在计算机系统中，外部设备扮演着举足轻重的角色。它们不仅承担着与计算机系统、其他设备或系统之间的信息交换任务，而且还是计算机功能扩展与人机交互的重要媒介。诸如键盘、鼠标、显示器、打印机等，都是常见的外部设备。这些设备不仅丰富了计算机的应用场景，而且还提升了用户的使用体验。

10.1 外部设备概述

10.1.1 设备的基本功能

在日常生活中，人们常常使用数字、字符、文字、图形及声音等多种方式来传递和表达信息。然而，计算机仅能处理以电信号为载体的数字代码，这些代码实质上是二进制数，由 0 和 1 组成。因此，为了将信息输入计算机，需要通过输入设备将原始信息转换为计算机能够识别并处理的二进制代码形式，这样才能使计算机对其进行有效处理。输出设备将计算机处理的结果转换为人或其他系统能识别的信息形式，并向外输出。输入输出设备是计算机主机与外界实现联系的装置，对计算机系统使用方便与否影响很大。输入输出设备的种类繁多，但总的来说，输入输出设备具有以下功能。

1. 完成人机交互

通常，人们习惯用字符、声音、圈形、图像等来表达信息的含义，计算机只能识别和处理用“0”和“1”表示的二进制代码。因此，当计算机进行数据处理时必须先将处理程序、原始数据及操作命令等信息变成计算机能识别的二进制代码；同样，计算机处理的结果要告诉用户，也必须变换成人们熟悉的表示形式。这种计算机与外界联系时信息形式的变换通过输入输出设备才能实现。高效的输入输出设备能够提供更流畅、更直观的用户交互体验。例如，触摸屏和语音识别技术使计算机更加易于使用，降低了学习成本。

输入设备的功能包括完成数据采集、数据转换和用户交互等。

数据采集：输入设备能够捕捉和接收来自外部世界的信息，如文字、图像、声音等。例如，键盘用于输入文字，扫描仪用于扫描并数字化纸质文档，摄像头用于捕捉视频图像。

数据转换：将外部世界的信息转换为计算机能够理解和处理的数字形式。这通常涉及模拟信号到数字信号的转换，如麦克风将声音转换为数字音频信号。

用户交互：为用户提供与计算机进行交互的接口。通过输入设备，用户可以输入命令、选择选项、调整设置等，从而控制计算机的行为。

输出设备的功能包括数据表示、数据输出和用户反馈等。

数据表示：将计算机处理后的信息以人类可理解的方式呈现出来。例如，显示器用于显示文本、图像和视频，打印机用于打印文档。

数据输出：将计算机内部的信息传输到外部世界。这可以通过物理媒介（如纸张）或无线方式（如蓝牙音箱播放音频）进行输出。

用户反馈：为用户提供计算机处理结果的反馈。通过输出设备，用户可以了解计算机的状态、执行结果或错误信息，从而做出相应的调整或决策。

2. 扩展存储能力

随着计算机功能的增强，系统软件的规模和被处理的信息量也日益扩大，因此不可能将它们全都存于主存中。在这种情况下，需要有一种能成为系统软件和各种数据信息驻留地的输入输出设备。如硬盘、光盘、U 盘、移动硬盘等。

3. 促进计算机应用领域的拓展

输入输出设备的发展不仅提高了计算机的交互性和易用性，也极大地拓展了计算机的应用领域，推动了计算机技术的持续进步和创新。计算机应用范围逐渐扩大，很快超出了数值计算的范围，输入输出设备以多种多样的形式进入各领域。输入输出设备使计算机能够处理更多种类的信息，从而扩展了计算机的应用领域。例如，通过添加图像输入设备（如摄像头）和输出设备（如投影仪），计算机可以用于视频会议和演示。

4. 实现数据传输

网络设备使得计算机能够与其他计算机或网络设备进行通信，实现数据的共享和传输。输入输出设备是计算机与外部世界进行数据交流的主要通道。它们使计算机能够与其他设备、系统或网络进行连接和通信，从而实现信息共享和协作。

10.1.2 设备的种类

外部设备的一个显著特点就是多样性，这也导致了多种分类，如按功能与用途、工作原理、速度快慢、传输格式等进行分类。如果不从设备研制本身，而是基于计算机系统的组成，一般选择按设备在系统中的作用来进行分类，可将其分为六类。

1. 输入设备

输入设备是连接计算机与外部世界的桥梁，它们负责将外部信息转换成计算机能够识别的电信号形式，从而输入主机进行处理。这些设备种类繁多，功能各异，其中最常见的包括键盘、语音输入装置以及各类辅助设备，如光笔、鼠标等。

键盘作为最基本且广泛使用的输入设备，不仅用于输入字符形式的程序和数据，还可以直接参与编程和文件编制。在人机对话过程中，用户通过键盘向计算机发出指令或提供回答信息，实现与计算机的交互。

随着科技的进步，模式识别技术得到了飞速发展，智能输入设备应运而生。这些设备使得计算机能够“看懂”和“听懂”外部信息，大大提升了计算机的交互能力。例如，光学字符阅读机通过扫描纸面上的字符，利用字符与空白点反射光强度的差异，将其转换为电信号输入计算机。

此外，语音输入及处理技术的发展也日新月异。通过专门的设备，声波可以被转换为数字信号，或者被提取出特定的特征参数，然后输入计算机进行处理。这些技术已经相当成熟，并广泛应用于多媒体系统中，为用户提供了更加便捷、高效的输入方式。

总的来说，输入设备的发展不仅丰富了计算机的交互方式，还提高了计算机的智能化水平，使得计算机能够更好地服务于人类社会。随着技术的不断进步，未来还将有更多创新性的输入设备涌现，为我们的生活和工作带来更多便利。

2. 输出设备

输出设备负责将计算机的处理结果转化为外部可识别的信息形式。它们将数字代码转换成人类或其他系统能够理解的信息，如显示器展示的文字、图像和视频，以及打印机输出的纸质文档。这些设备不仅提供程序执行的结果和运行状态，还展示人机对话中的计算机询问和提示。

常见的输出设备包括显示器、打印机、绘图仪和复印机等办公设备。其中，打印机因其打印结果可长期保存的特性，被称为硬拷贝设备；而显示器因显示结果无法保存，则被称为软拷贝设备。

通过这些输出设备，计算机能够与外界进行有效的信息交流和共享，使得计算机的处理结果得以广泛应用和传播。随着技术的不断发展，输出设备的性能不断提升，功能不断增加，为计算机的应用提供了更加广阔的空间。

3. 外存储器

外存储器是指主机之外的一些存储器，如磁盘、磁带、光盘、U 盘等。它们既是存储器子系统的一部分，也是一种输入/输出设备；既是输入设备，也是输出设备。外存储器的任务是存储或读取数字信号的信息。一般不担负信息转换，所以常将它们视为输入/输出设备中专门的一类。

4. 过程控制设备

当计算机对一个生产过程实施实时控制时，必须从被控对象中取得各种参数，如位移、转角、压力、速度和温度等。在许多情况下，传感器的原始输出是模拟信号，它们是模拟量，只有经过模数（A/D）转换，将模拟信号转换为二进制数字信号，才能送入计算机处理。实现调节控制的各类执行元件，有的可由数字信号直接驱动，有的需由模拟信号驱动，对于后一种情况，则需要将计算机输出的数字信号经数模（D/A）转换为模拟信号，再进行功率放大，这样才能驱动执行元件。这就需要 A/D 或 D/A 转换设备。

5. 数据终端设备

与计算机网络的一端相连接的设备称为终端设备。可以通过终端设备在一定距离之外操作计算机，获得处理结果。

在计算机信息网络中，“终端”是指通过通信线路与计算机相连、位于网络另一端的设备。这些设备包括键盘显示终端、打印终端、电传终端等通信终端。根据与计算机距离的不同，终端可分为本地终端和远程终端。本地终端与主机距离较近，通常连接在计算机局域网络中。而远程终端则与主机相隔较远，需要通过交换装置（例如交换机、调制解调器等）和光纤或公共电话线与主机相连。这些终端设备使得用户能够在不同位置与计算机进行交互，实现数据的输入、输出和处理，从而提高了计算机系统的灵活性和可扩展性。

6. 数据通信设备

为了实现全球信息资源的共享以及异地之间的通信，需用专用的设备把计算机连接成网络，这就需要数据通信设备。

10.1.3 主机与外部设备的信息交互

输入输出设备与主机之间的关系归根结底是信息的输入或输出，称为信息交互。信息交换中所使用的编码格式、传输格式（串行、并行）和传输速率是信息交互的关键参数。

1. 编码格式

虽然可能传输的信息有许多种，但当进入计算机或由计算机输出时，一般采用二进制编码形式，这样计算机才能识别处理。即使是非数值型、非字符型的信号，都被转换为一串数字编码进行传输。为了使所传输的信息格式具有通用性，能为各种计算机所识别，国际上普遍采用 ASCII 作为标准的编码格式。

2. 传输格式

主机与外部设备之间进行数据传输时，主要存在两种格式——并行传输和串行传输。

（1）并行传输

同时用多根传输线，并行地传输一字节或一个字，称为并行传输。大多数外部设备适用于以字节为单位传输数据，因为一个字符的 ASCII 码为 7 位，加上 1 位奇偶校验位，正好是 1 字节。计算机系统数据传输速度则取决于系统总线的数据位数，为了提高计算机的传输速度，系统总线的数据位数常设计得较多。如微型计算机从 16 位总线发展到 32 位总线、64 位总线。在并行传输格式中，虽然数据的传输速率高，但相应的硬件代价也高、传输速度慢，因此并行传输一般用于距离近且对速率要求不太高的设备。

（2）串行传输

采用单根信号传输线或一对传输线逐位地串行传输数据代码，称为串行传输。这种方式的硬件代价虽然较低，但传输速率也较低，一般用于允许低速传输或远距离传输场合。在计算机与调制解调器之间一般采用串行传输。

10.2 磁介质存储器

磁介质存储器是一种通过利用磁性材料的特性来存储数据的外部设备。在现代计算机系统中，磁介质存储器扮演着至关重要的角色，为数据的存储和检索提供了高效、可靠的解决方案。以下是对磁介质存储器的详细介绍，包括其存储原理、类型、优缺点以及在现代技术中的应用。

10.2.1 磁介质存储器概述

1. 磁介质存储器的类型

（1）硬盘

硬盘是一种使用磁性材料在旋转磁盘上读写数据的磁介质存储器。它一般是由涂覆了磁性材料的铝合金圆盘制成，每个硬盘包含多个这样的磁性圆盘。数据的读写操作则是通过读写磁头在圆盘表面完成的。硬盘的存储容量非常大，可以达到 TB

级别硬盘是计算机中存储容量最大、使用最为广泛的存储设备之一。硬盘主要用于系统的持久性存储，如个人电脑、服务器和大型存储系统中的数据存储。

（2）磁带

磁带是一种使用磁性材料在磁带盘芯上记录数据的磁介质存储器。它一般由塑料薄膜带基作为支撑，其上涂覆有颗粒状磁性材料或覆盖有一层通过蒸发沉积得到的磁性氧化物或合金薄膜。尽管磁带的存储容量也相当可观，但与硬盘相比，其数据的读写速度相对较慢。磁带主要用于数据备份、存档和传输等方面，是一种顺序存取存储器（SAM）。

（3）磁芯存储器

磁芯存储器利用磁芯作为存储媒介。它的优势在于存储速度快且具有非易失性，不过存储容量相对较小。过去，磁芯存储器在数字计算机系统中得到了广泛应用，但随着半导体存储器的兴起，它的使用逐渐减少。

（4）磁盘阵列

磁盘阵列是一种存储器系统，通过将多个硬盘组合，形成一个逻辑上的存储单元。通过数据分片、数据备份、数据恢复等技术，磁盘阵列能够增加数据的存储容量，提高读写速度和数据可靠性。磁盘阵列通常用于需要高存储容量和高可靠性的场合，如数据中心、大型企业存储系统等。

2. 磁介质存储器的优缺点

磁介质存储器具有多种优点和缺点，这些特点使其在不同应用场景中具有不同的优势和局限性。

（1）优点

高密度存储：磁介质存储器具备极高的存储密度，能够容纳大量数据。

大容量特性：磁介质存储器的存储容量普遍较大，足以应对大数据存储的要求。

可靠性高：磁介质存储器可以多次重复写入，数据的错误率极低，可靠性很高。

便携性高：磁介质存储器一般体积小、重量轻，易于携带和搬运。

（2）缺点

访问速度较慢：相对于半导体存储器来说，磁介质存储器的数据访问速度较慢。这主要是因为读写头需要在磁盘表面移动并定位到所需的数据位置，需要一定的时间。

数据质量容易下降：磁介质存储器的数据容易受到电磁干扰和外界磁场的攻击，导致数据质量下降。因此，当使用磁介质存储器时需要注意保护数据免受外界干扰。

3. 磁介质存储器的性能指标

磁介质存储器的性能指标是衡量其好坏的关键，涵盖存储容量、存取时间、周期及数据传输率等。

存储容量：存储容量指的是它能保存的数据总量。对于磁介质存储器来说，其存储容量通常很大，可以达到 TB 级别。存储容量的大小直接影响存储器的应用范围和性能表现。

存取时间：存取时间是指从启动存储器操作至该操作完成的整个耗时过程。对于磁介质存储器来说，其存取时间相对较长，因为读写头需要在磁盘表面移动并定位到所需的数据位置。不过，随着技术的不断发展，磁介质存储器的存取时间正在逐渐缩短。

存取周期：存取周期是指两次独立存储器操作之间所需的连续启动间隔时间。对于磁介质存储器来说，其存取周期通常大于存取时间，因为读写头需要一定的时间来移动和定位。

数据传输速率：数据传输速率是衡量单位时间内能传输的信息量的指标。对于磁介质存储器来说，其数据传输速率受到多种因素的影响，如磁盘旋转速度、读写头移动速度、数据传输接口等。随着技术的不断发展，磁介质存储器的数据传输速率正持续提升。

4. 磁介质存储器的维护与保养

为保障磁介质存储器的稳定运行及寿命，需定期对其进行维护与保养。以下是一些常见的维护与保养措施。

保持清洁：定期清洁磁介质存储器的读写头和磁盘表面，以防止灰尘和污垢对读写操作和数据质量产生影响。

避免震动：磁介质存储器在读写数据时需要稳定的运行环境，避免震动和冲击对其造成损坏。

防潮防尘：磁介质存储器应存放在干燥、通风、无尘的环境中，以防止潮湿和灰尘对其造成损害。

10.2.2 存储原理

1. 磁性材料

磁介质存储器的核心在于磁性材料，这些材料能在外加磁场的影响下改变磁化状态。常用的如铁氧体、钴合金等，它们具有高矫顽力和高剩磁特性，适合存储数据。在磁介质存储器中，数据被记录在一层薄薄的磁性材料上，即磁层。磁层与其附着的物体被称为记录介质或记录媒体。

2. 磁化状态

磁介质存储器利用磁性材料磁化方向的改变来表示数据。一般来说，磁化方向有两种状态，分别代表二进制中的“0”和“1”。例如，在硬盘驱动器中，磁头可以在磁盘表面产生磁场，使磁盘上的磁性材料发生磁化变化，从而记录数据。

3. 信息的读写

磁介质存储器的存储机制涉及电磁转换。在此过程中，磁头作为磁记录设备的核心组件，起到了电磁转换的关键作用。它能把电脉冲表示的二进制代码转换成磁记录介质上的磁化状态，即电→磁转换；反过来，它也能把磁记录介质上的磁化状态转换成电脉冲，即磁→电转换。

具体来说，当电信号通过磁头时，会在磁层上产生磁场，这个磁场会使磁层中的磁性材料按照特定的方向磁化，从而记录下数据。当需要读取数据时，磁头会再次扫描磁层，通过检测磁化方向的变化，将磁信号转换回电信号，进而还原出原始数据。

10.2.3 磁介质存储器的应用、发展与挑战

1. 磁介质存储器的应用

（1）计算机系统

硬盘驱动器：广泛用于个人电脑、服务器和工作站，提供大容量的存储空间。

软盘驱动器：早期个人电脑中常用，现已逐渐被淘汰，但在某些特定场合仍有应用。

磁带存储器：广泛用于数据备份和归档，特别是在企业级应用中。

（2）数据备份和归档

磁带存储器：由于其容量大、成本低，广泛用于企业级数据备份和归档。

硬盘驱动器：用于数据备份，特别是在需要快速恢复的情况下。

（3）嵌入式系统

硬盘驱动器：在某些嵌入式系统中，如监控系统和工业控制系统中，硬盘驱动器用于存储大量数据。

磁带存储器：在某些需要长期存储和备份的嵌入式系统中，磁带存储器也有应用。

（4）数据中心与云计算：大数据时代的到来使得数据中心需要处理的数据量急剧增加，与云计算密切相关。磁介质存储器因其大容量和高可靠性而被广泛应用于数据中心和云计算领域。

2. 磁介质存储器的发展

（1）技术创新

热辅助磁记录（HAMR）：通过加热磁介质，降低磁性颗粒的矫顽力，以提高磁记录密度，进一步增加存储容量。HAMR 技术已经在一些高端硬盘中得到应用，预计未来将进一步普及。

微波辅助磁记录（MAMR）：利用微波辅助技术可以增加磁记录密度，从而进一步扩大存储容量。MAMR 技术凭借高可靠性和低能耗的特点，有望成为未来的主流技术。

多层磁记录（MLR）：通过在磁介质上叠加多层磁性材料，增加存储密度，进一步增加存储容量。

（2）市场需求

大容量需求：随着数据量持续扩大，市场对于大容量存储的需求不断增长，特别是在云计算、大数据、人工智能等领域，这种需求显得尤为突出。

低成本需求：在备份和归档领域，低成本的磁介质存储器仍然具有很大的市场需求。特别是对于中小企业和中小规模的数据中心，磁介质存储器的低成本优势依然明显。

（3）竞争与替代

固态硬盘（SSD）：随着 SSD 技术的不断发展，其在速度和可靠性方面的优势逐渐显现，对磁介质存储器构成一定的竞争压力。特别是在高性能计算和企业级应用中，SSD 的市场份额正在逐渐增加。

混合存储：结合磁介质存储器和 SSD 的优点，提出混合存储解决方案，以满足不同场景的需求。例如，使用 SSD 作为缓存，磁介质存储器作为主存储，可以兼顾速度和容量的需求。

3. 磁介质存储器的挑战与对策

（1）挑战

速度瓶颈：由于机械运动的存在，磁介质存储器的读写速度相对较慢，无法满足高性能计算和实时数据处理的需求。

物理损伤：磁介质容易受到物理损伤和磁场干扰，影响数据的完整性和可靠性。

维护成本：磁介质存储器需要定期维护，以确保其正常工作，增加了使用成本。

（2）对策

技术创新：通过引入新的磁记录技术和材料，以提高磁介质存储器的性能和可靠性。比如，HAMR 和 MAMR 技术能够大幅增加存储密度，提高读写速率。

冗余备份：冗余备份机制能增强数据的可靠性。比如，RAID 技术可实现数据的多份备份，降低因物理损害造成的数据丢失风险。

自动化维护：开发自动化维护工具和系统可以降低维护的成本和难度。例如，智能诊断和故障预测技术能够提前识别并解决潜在问题。

10.2.4 硬盘驱动器

硬盘驱动器（hard disk drive，HDD），常称为硬盘，是一种外部存储器，采用磁性介质来存储数据。它利用磁头在旋转的磁盘表面进行数据的读写操作，具有存储容量大、可靠性高、成本效益好等优点。

图 10-1 为一般硬盘实物内部情况。

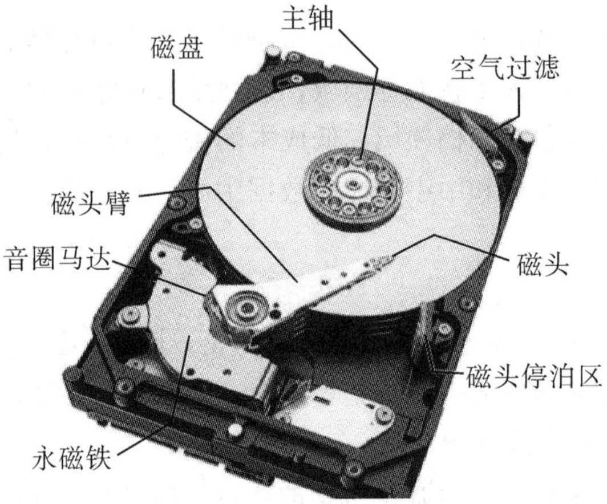

图 10-1　硬盘实物内部

1. 硬盘分类

硬盘有多种分类方式，以下是几种常见的分类方式。

（1）按接口类型分类

IDE 硬盘：该硬盘使用并行接口连接到计算机，是早期计算机系统中常见的硬盘类型。

SATA 硬盘：该硬盘使用串行接口连接到计算机，具有较高的传输速度和较低的成本，广泛用于个人计算机和服务器。

SAS 硬盘：该硬盘使用串行接口连接到计算机，具有更高的传输速度和更可靠的性能，适用于高性能服务器和数据中心。

SCSI 硬盘：该硬盘是使用并行接口连接到计算机的高性能硬盘，适用于服务器和工作站等高性能应用。

（2）按存储介质分类

机械硬盘（HDD）：该硬盘使用磁性碟片进行数据存储，是传统硬盘的代表。

固态硬盘（SSD）：该硬盘采用闪存颗粒存储数据，读写速度快且功耗低，不过成本偏高。

混合硬盘（HHD）：该硬盘融合了磁性硬盘与闪存的特点，兼具 HDD 与 SSD 的优势，但价格相对较高。

（3）按尺寸分类

3.5 英寸硬盘：该硬盘常用于台式机，以大容量和稳定性能著称。

2.5 英寸硬盘：该硬盘多见于笔记本电脑，体积小巧便于携带。

1.8 英寸及以下硬盘：该硬盘主要应用于移动设备或特殊设备，如数码相机和音乐播放器。

2. 硬盘结构

硬盘构造较为复杂，主要包含以下若干关键组件。

盘片：盘片是硬盘的核心部件，由涂有磁性材料的铝合金或玻璃制成，用于存储数据。盘片通常堆叠在一起，形成一个圆柱体形状。

磁头：磁头是硬盘中负责数据读写的重要部件，每个盘片的两面均配备有磁头。磁头利用磁场传感器读取盘片上的磁场变化，并将其转换成电信号；同时，它也能通过调整盘片上的磁场来写入数据。

主轴电机：主轴电机是用于驱动盘片旋转的部件，通常位于硬盘的中心位置。硬盘的读写速度和数据传输速率由主轴电机转速来确定。

控制电路：控制电路是负责控制硬盘的读写操作、数据传输以及电源管理等功能的部件。控制电路通常由多个芯片和电路板组成，是硬盘的“大脑”。

缓存：缓存是存储数据的临时区域，能提升硬盘的读写速度和数据传输效率，通常位于控制电路旁，由高速存储芯片构成。

接口：接口是用于连接硬盘和计算机的部件，常见的接口类型包括 IDE、SATA、SAS 和 SCSI 等。接口类型及其速度影响硬盘与计算机间的数据传输速度和兼容性。

3. 硬盘工作原理

硬盘的工作原理基于电磁感应原理，通过磁头在磁盘表面的移动和磁盘的旋转来实现数据的读写。具体来说，硬盘内部包含多个涂有磁性材料的铝合金盘片，这些盘片通过主轴电机驱动旋转。每个盘片的上下两面都安装有磁头，磁头通过磁场传感器来感知盘片上的磁场变化，并将其转换为电信号进行读取；此外，磁头还能通过调整盘片磁场来写入数据。

当读写数据时，硬盘控制系统会发出指令，使磁头移动到指定的磁道和扇区，然后通过改变磁头与盘片之间的距离来读取或写入数据。硬盘的读写速度受多个因素影响，包括磁头移动速度、磁盘旋转速度及数据传输速率等。

4. 硬盘的读写过程

读写头：读写头是硬盘的重要组件，负责在磁盘上执行数据的读写操作。读写头通过电磁感应原理实现对磁盘表面上的磁性点的读取或写入。

磁盘旋转：当读写数据时，磁盘需维持高速旋转状态。这样，读写头才能在磁盘表面快速移动并定位到所需的数据位置。

读写操作包括读操作和写操作。

读操作：当需要读取数据时，读写头会检测磁盘表面的磁性点的磁化方向，并将其转换为电信号进行传输和处理。

写操作：当需要写入数据时，读写头会产生一个磁场，该磁场会改变磁盘表面的磁性点的磁化方向，从而将数据写入磁盘。

5. 性能指标

硬盘的性能指标是衡量其优劣的关键参数，这些指标共同决定了硬盘的存储能力、读写速度、响应时间及能效等方面。

存储容量是衡量硬盘存储数据能力的重要指标。通常以 GB（千兆字节）或 TB（太字节）为单位，存储容量越大，意味着硬盘能够保存的数据量越多。对于需要存储大量数据的用户来说，存储容量是一个非常重要的考量因素。

数据传输速率是评估硬盘读写速度的关键指标。它通常以 MB/s（兆字节每秒）或 GB/s（吉字节每秒）为单位，表示硬盘在单位时间内能够传输的数据量。数据传输速率越高，硬盘的读写速度就越快，用户在使用时就能感受到更快的响应速度。

寻道时间也是硬盘性能的一个重要方面。它指的是磁头从当前位置移动到目标磁道所需的时间，通常以毫秒（ms）为单位。寻道时间越短，硬盘的响应速度就越快，用户就能更快地获取所需数据。因此，寻道时间对于提高硬盘的整体性能具有重要意义。

旋转延迟是另一个影响硬盘性能的因素。它指的是盘片旋转到目标扇区所需的时间，通常以毫秒（ms）为单位。旋转延迟的长短取决于硬盘的转速和扇区的位置。转速越高，旋转延迟通常越短，从而提高了硬盘的读写速度。

缓存大小也是硬盘性能的一个重要指标。缓存是硬盘内部用于暂存数据的区域，通常以兆字节（MB）为单位。缓存越大，硬盘在处理读写请求时就能更快地访问数据，从而提高了读写速度和数据传输速率。因此，对于需要频繁读写数据的用户来说，选择具有较大缓存的硬盘是一个明智的选择。

接口类型也是影响硬盘性能的一个重要因素。它决定了硬盘与计算机之间的连接方式。常见的接口类型包括 IDE、SATA、SAS 和 SCSI 等。接口的类型和速度不仅影响硬盘与计算机之间的数据传输速率，还决定了硬盘的兼容性。因此，当选择硬盘时，用户需要根据自己的需求和计算机的配置来选择合适的接口类型。

此外，功耗和噪音也是衡量硬盘性能的重要方面。功耗指硬盘在工作时消耗的电能大小，通常以瓦特（W）为单位。功耗越低，硬盘的能效就越高。对于需要长时间运行的服务器或工作站来说，选择低功耗的硬盘有助于节省能源和降低运行成本。噪音指硬盘在工作时产生的声音大小，通常以分贝（dB）为单位。噪音越低，硬盘的静音效果就越好，对于需要安静环境的用户来说，选择低噪音的硬盘是非常重要的。

综上所述，硬盘的性能指标是衡量其优劣的重要标准。当选择硬盘时，用户需要根据自己的需求和实际情况来综合考虑这些指标，以便选择出最适合自己的硬盘产品。

6. 优缺点

硬盘作为经典的存储媒介，兼具一系列优势与局限。

（1）优点

存储容量大：硬盘可以提供从几百 GB 到数 TB 不等的存储容量，能满足各种存储需求。

可靠性高：硬盘通常采用冗余阵列技术（RAID）来提供数据冗余和容错能力，以确保数据的安全性和可靠性。

成本效益好：相对于其他高性能存储技术如固态硬盘（SSD），硬盘的价格更为经济实惠，适合大量存储需求的场景。

（2）缺点

读写速度相对较慢：与固态硬盘相比，硬盘的读写速度较慢，这主要是由于磁头在磁盘上移动时的延迟和磁盘旋转的速度限制。

对物理环境敏感：硬盘对物理冲击和振动比较敏感，如果受到损坏或振动可能导致数据丢失或硬盘故障。

能耗较高：相较于固态硬盘，硬盘在工作时消耗的电能更多，能耗相对较高。

体积较大：硬盘通常需要较大的物理空间来安装和使用，这在某些场景下可能会受到限制。

7. 发展趋势

在科技日新月异的今天，硬盘作为数据存储的核心设备，正经历着革新。以下是对硬盘未来发展趋势的简要概述。

首先，容量扩张已成为硬盘发展的必然趋势。随着大数据、云计算等技术的蓬勃发展，人们对存储空间的渴求日益增强。因此，硬盘的存储容量正稳步扩大，预计未来将达到前所未有的数十 TB 乃至上百 TB 级别，以满足日益增长的数据存储需求。

其次，速度提升是硬盘技术进步的又一显著特征。为了提升数据传输效率和读写性能，硬盘的转速和接口速度均在不断优化。随着技术的迭代，我们有望见证更高转速的硬盘以及更快捷的接口技术的问世，从而为用户带来更为流畅的数据使用体验。

再次，技术创新也是硬盘发展的不竭动力。科研人员正致力于探索全新的存储技术和材料，以克服传统硬盘的局限性。例如，通过研发新型磁性材料、改进磁头设计以及开发新型存储架构等手段，以期实现硬盘性能的全面飞跃。

最后，智能化趋势正悄然兴起。随着人工智能技术的蓬勃发展，硬盘也开始向智能化方向转型。通过内置智能芯片，硬盘能够自动执行数据备份、恢复以及加密等任务，从而为用户提供更为便捷、安全的数据存储解决方案。

综上所述，硬盘正朝着容量更大、速度更快、技术更新以及智能化程度更高的方向稳步前行。

10.3 键盘与鼠标设备

键盘和鼠标是计算机操作中最基本的输入设备，它们各自具有不同的功能和作用，共同为用户提供与计算机进行交互的便捷方式。

10.3.1 键盘设备

计算机键盘是计算机系统中不可或缺的输入工具，用于向计算机键入字符、数字及指令等信息，其布局如图 10-2 所示。

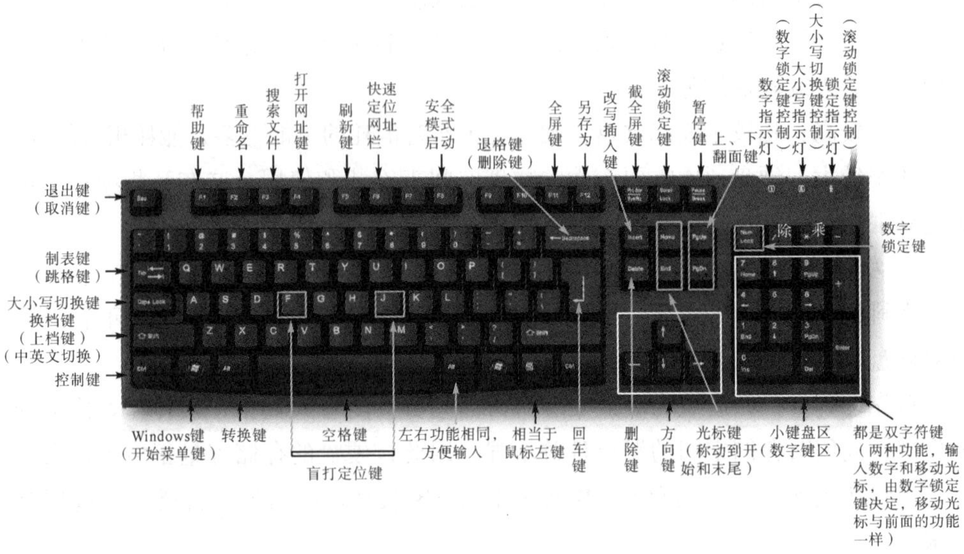

图 10-2 计算机键盘布局

1. 键盘类型

由于设计理念、应用目的及连接方式有所差异，计算机键盘可被划分为多种类别。

标准键盘：通常包含 104 个键或更多，布局规范，适合日常办公和娱乐使用。

机械键盘：采用机械开关，按键寿命长，手感好，适合长时间打字和游戏。

薄膜键盘：使用柔软的薄膜作为触发开关，成本较低，但按键寿命相对较短。

游戏键盘：专为游戏玩家设计，具有额外的可编程按键、宏功能、背光和灯光效果等。

人体工程学键盘：采用人体工程学设计，旨在减少手腕与手指的疲劳感，并提升打字效率。

无线键盘：通过蓝牙或无线技术连接到计算机，以减少桌面线缆，从而方便携带和使用。

2. 按键分类

计算机键盘配备了具有多种功能的按键，主要包括以下几类。

字母键：用于输入英文字母。

数字键：位于键盘的一部分区域，用于输入数字和一些特殊符号。

功能键：如 F1 至 F12 键，通常用于执行特定的软件功能或系统命令。例如，F1 键通常用于打开帮助文档，F5 键用于刷新网页。

控制键：如 Ctrl、Alt、Shift 等，用于与其他键组合，实现特定的功能。例如，Ctrl+C 用于复制文本，Alt+F4 用于关闭当前窗口。

导航键：包括方向键、Insert、Delete、Home、End、Page Up、Page Down 等，用于在文本或文档中移动光标或进行编辑操作。

特殊键：如 Enter（回车键）、Backspace（退格键）、Space（空格键）等，用于执行特定的文本输入或编辑操作。

3. 键盘结构

计算机键盘通常包括以下几个组成部件。

按键：键盘上的主要部件，用于输入字符、数字和命令。按键上通常标有字符或符号，便于用户识别。

电路板：安装于键盘内部，其功能在于接收按键信号并将其转化为计算机可读的数据格式。

连接线：实现键盘与计算机的连接，以传输按键的输入信号。有线键盘通过 USB 接口或 PS/2 接口与计算机连接，而无线键盘则通过蓝牙或无线技术连接。

外壳：保护键盘内部的电路板和按键，同时提供舒适的打字体验。

4. 键盘工作原理

计算机键盘的工作原理基于按键触发开关产生电信号，然后传输给计算机进行相应的处理，具体过程如下。

第一步，按键触发。当用户按下键盘上的某个按键时，按键上的开关会闭合，触发电路。

第二步，电信号传输。闭合的开关会产生一个电信号，这个信号会通过键盘的连接线传输到计算机的主板上。

第三步，计算机处理。一旦电信号到达计算机主板，计算机会根据接收到的信号来确定用户按下了哪个按键，并将对应的字符显示在屏幕上。这一过程需要计算机的输入设备驱动程序与操作系统协作完成。

5. 键盘维护与保养

为了提升计算机键盘的耐用性并确保良好的打字感受，用户需关注以下几点建议。

保持清洁：定期清洁键盘表面的灰尘和污垢，可以使用软布或吹风机进行清理。

避免潮湿：避免将键盘暴露在潮湿的环境中，以防止电路短路或按键失灵。

正确使用：避免用力过猛地敲击键盘或长时间连续使用同一个按键，以减少按键的磨损和损坏。

定期更换：对于机械键盘等易磨损的键盘类型，用户需要定期更换按键或整个键盘以保持最佳的使用体验。

10.3.2 鼠标设备

计算机鼠标是一种外接输入设备，用于计算机显示系统的坐标定位。1964 年，Douglas Engelbart 制作出首个鼠标成品。起初，该装置被称为“显示系统 X-Y 位置指示器”，但因连接线的形态类似老鼠尾巴，Douglas Engelbart 及其同事在实验室中戏称其为“Mouse”，这一名称逐渐为人们所接受并广泛使用。图 10-3 显示了达尔优 A950 Pro 三模鼠标内部情况。

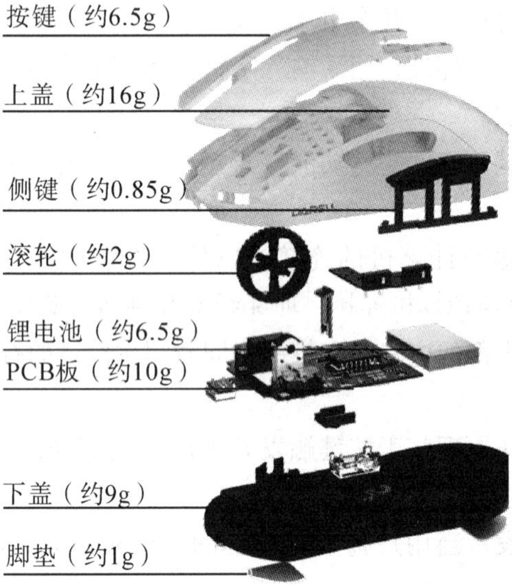

图 10-3 达尔优 A950 Pro 三模鼠标内部图

1. 鼠标的类型

随着科技的发展，鼠标的类型也在不断丰富，主要分为以下几种。

有线鼠标：通过物理线缆与计算机连接，传输信号稳定，但受限于线缆的长度和移动范围。

无线鼠标：通过无线技术（如蓝牙或 2.4 GHz 无线）与计算机通信，提供更强的灵活性和移动性。无线鼠标一般采用电池进行供电，或可借助充电设备进行电力补给。

机械球鼠标：早期鼠标的设计，底部配备有一个小球，通过检测球的滚动来确定光标在屏幕上的位置。但其容易受到灰尘和污垢的影响，因此逐渐被其他技术取代。

光电鼠标：使用光学传感器（通常是 LED）来感应鼠标的移动，无须使用机械球，对工作表面的要求较低，且更耐久，是目前最常见的类型。

激光鼠标：类似于光电鼠标，但使用激光光束来进行更精确的位置检测，适用于一些特定应用场景。

垫上式鼠标：特殊设计，鼠标的球放置在一个凹陷的底座上，用户通过滚动和旋转球来控制光标，适用于需要精确控制的场景。

垂直鼠标：设计方向与传统鼠标不同，用户将手放在一个垂直的位置上，有助于减少手腕和手臂的疲劳，通常被认为对人体健康有益。

触摸鼠标：没有物理按钮，通过感应用户的触摸手势来执行操作，常见于笔记本电脑的触摸板。

游戏鼠标：通常具有更高的分辨率、更快的响应速度和可定制的按键，以满足游戏玩家的需求。

2. 鼠标的结构

鼠标的结构设计多样，但基本组成部分相似，主要包括外壳、按键、电路板、传感器等。

外壳：鼠标的外壳通常由塑料或金属材料制成，用于保护内部组件并提供舒适的握持感。外壳设计融入了人体工程学理念，旨在缓解长时间使用造成的疲劳。

按键：鼠标常配有左键、右键及滚轮（部分还增设中键或侧键）。左键和右键用于执行选择、打开、关闭等操作，滚轮则用于滚动页面或调整缩放比例。

电路板：电路板是鼠标的核心部件，负责处理传感器发送的信号并将其转换为计算机能够识别的数据。电路板上还包含控制芯片、存储器等组件。

传感器：传感器是鼠标检测移动的核心组件。各类鼠标采用的传感器技术有所不同：机械鼠标依靠滚球与光栅轮，光电鼠标利用发光二极管与光电二极管，而激光鼠标则采用激光二极管技术。

3. 鼠标的工作原理

鼠标的运行机制在于传感器能感知其移动，并将其转化为电信号，再将这些信号发送给计算机进行处理。

（1）机械鼠标

机械鼠标通过底部的滚球与桌面接触并滚动，带动内部的辊柱和光栅轮转动。光栅轮配备的光栅信号传感器负责捕捉光栅信号，并将其转换成电脉冲信号。这些电脉冲信号通过电路板传输给计算机，计算机根据信号的变化计算出鼠标的移动方向和距离，从而移动屏幕上的光标。

（2）光电鼠标

光电鼠标使用发光二极管照亮工作表面，并通过光学传感器（如 CMOS 图像感应器）捕捉反射的光。光学传感器负责将所捕获的图像转化为数字信号，再传递给电路板上的数字信号处理器（DSP）。DSP 则对当前图像与前一采样周期的图像进行对比分析，从而确定鼠标的移动方向和距离。然后，电路板将这些信息传输给计算机，计算机根据这些信息移动屏幕上的光标。

（3）激光鼠标

激光鼠标的运行原理与光电鼠标相仿，不过它采用的是激光二极管来发光。激光二极管发射的激光束具有更高的精度和更好的表面跟踪能力，因此激光鼠标可以在更多的表面上工作，并提供更准确的定位。

（4）无线鼠标

无线鼠标运用内置的无线电频率（RF）或蓝牙技术与计算机相连。其内部装有电池及无线信号发射装置，负责把鼠标的移动及点击操作转换成无线信号发送给计算机。计算机在接收到这些信号后，会进行相应处理，进而移动屏幕上的光标。

4. 鼠标的维护与保养

为了延长鼠标的使用寿命和保持良好的使用体验，用户需要注意以下几点。

保持清洁：定期清理鼠标表面的灰尘和污垢，避免使用腐蚀性清洁剂或锐利物体清洁鼠标。

避免摔落：应避免鼠标从高处跌落或遭受撞击，以防止内部组件受损。

正确使用：避免用力过猛地敲击鼠标或长时间连续使用同一个按键，以减少按键的磨损和损坏。

更换电池：无线鼠标需适时更换电池或充电，以确保其正常运行。

10.4 显示设备及适配器

显示器，亦称监视器，是计算机系统中不可或缺的输出设备之一，负责将抽象数据转化为直观的字符或图像。大屏幕、电视机、BSV 液晶拼接屏、手机及平板电脑的屏幕等均可视为显示器的不同形态。但通常，显示器特指与计算机主机相连的专用显示设备。

计算机的运行结果通常以字符或图形的形式显示在屏幕上，便于操作人员直观理解。若需对程序进行修改，可通过键盘、光笔、鼠标等设备输入相关数据与命令，以便对程序进行实时的人工干预和控制。因此，显示器是一种高效的人机交互工具。显示器屏幕上的字符、图形不能被永久记录，一旦关机，屏幕上的信息就消失了，所以显示器又常被称为“软拷贝”装置。

显示设备子系统的硬件组成一般包括显示器件（称为显示器）、控制器和接口。在计算机系统中，控制器和接口往往合为一个整体，称为显示器适配卡。其软件组成包含操作系统中的驱动程序，可由操作系统命令调用，能提供专门图形功能的各种图形软件包等。

10.4.1 常见的显示器

根据显示器工作原理的差异，常见的显示设备主要包括以下几类。

1. CRT（cathode ray tube）显示器

CRT 显示器是采用阴极射线管技术的显示设备，在 20 世纪曾广泛应用于家用电视机、计算机及多种监视设备中。然而，目前该类显示器已鲜少使用，基本已退出市场。

2. LCD（liquid crystal display）显示器

LCD 显示器，即液晶显示器，其运作原理基于显示器内部的液晶粒子，这些粒子按规律排列并分别呈现红、绿、蓝三种颜色。通过这三种原色，可以还原出任意颜色。当 LCD 显示器接收到计算机传来的显示信息时，会控制每个液晶粒子转动至不同颜色的面，从而组合出各种颜色和图像。目前，LCD 显示器已在多个领域全面替代了 CRT 显示器，成为业界主流的显示设备之一。

3. LED（light emitting diode）显示屏

LED，即发光二极管，所构成的显示屏通过调控半导体发光二极管来展示信息，包括文字、图形、图像、动画、行情、视频及录像信号。LED 显示器融合了微电子、计算机技术及信息处理技术，其凭借色彩丰富、动态范围宽广、亮度高、寿命长久及工作稳定可靠等优势，已成为新一代显示器件中的佼佼者。它广泛应用于大型广场、商业广告、体育场馆、信息传播、新闻发布、证券交易等多个领域。

4. PDP（plasms display panel）显示器

PDP，即等离子显示器，是运用等离子平面屏幕技术的新一代显示设备。其成像原理在于，显示屏上密布着众多微小的低压气体室，当电流通过这些气体室时，会激发它们发出肉眼不可见的紫外光。随后，紫外光会撞击屏幕后方的红、绿、蓝三色荧光体，从而发出可见光并形成图像。PDP 显示器的优点包括薄型设计、高亮度、高分辨率及体积小等，因此常被用作家用壁挂式电视机。它可能预示着未来计算机显示器的发展趋势。

5. 3D 显示器

与一般显示器不同，3D 显示器能显示出立体感很强的画面，业界一直认为它是未来显示技术发展的终极目标。自 20 世纪以来，众多企业和研究机构都投身于 3D 显示器的研究之中。

10.4.2 有关显示成像的术语

与显示成像相关的基本概念：图像、分辨率、颜色、刷新频率、显示存储器。

1. 图形和图像

图形最初是指没有亮暗层次变化的线条图，如建筑、机械所用的工程设计图、电路图等。早期的图形显示和处理只是局限在二值化的范围内，只能用线条的有无来表示简单的图形。图像最初是指具有亮暗层次的图，如自然景物、新闻照片等。经计算机处理后显示的图像称作数字图像，就是将图片上连续的亮暗变化转换为离散的数字量，并以颜色光点阵列的形式显示输出。

在显示屏幕上，图形和图像都是由称为像素的光点组成的。现在的图形也可以有颜色、深浅层次的变化。

2. 分辨率和灰度级

分辨率指的是显示器单屏所能展现的像素数量。在相同面积的显示屏幕上，像素点分布越密集，则显示器的分辨率越高，所呈现的图像也就越清晰。

显示器的分辨率取决于显像管成像光点的粒度、屏幕尺寸等因素，同时还要求显示缓冲存储器要有能与显示像素数相匹配的存储空间，以用来存储每个像素的信息。

灰度级描述的是黑白显示器中像素点的明暗差异，而在彩色显示器中则体现为颜色的不同。灰度级越高，图像层次越清晰逼真。灰度级的大小取决于每个像素对应的刷新存储器单元的位数以及显示器本身的性能。例如，使用 4 位表示一个像素时，仅有 16 级灰度或颜色；而使用 8 位表示时，则可达到 256 级灰度或颜色。字符显示器仅通过“0”和“1”两级灰度来表示字符的存在与否，因此其被称为单色显示器。而那些具备多种灰度级的黑白显示器，则被称为多灰度级黑白显示器。图像显示器的灰度级一般在 256 级以上。

3. 颜色深度和颜色数

颜色深度一般是指用来表示一个像素的二进制代码的长度，如颜色深度 24 就表示 1 个像素用 24 位（bit）来表示，也称为 24 位色。颜色数指的是单个像素所能展现的不同颜色种类的数量，它与颜色深度紧密相连。比如，颜色深度 24，则其对应的颜色数是 224 = 16M，可以理解成 1 个像素可以有 224 种不同颜色。像素颜色数越多，色彩也就越丰富，画质也更艳明。

4. 刷新频率

显示器上显示的内容只能维持短暂时间，为了使人眼能在显示器上看到持续稳定的图像，必须使屏幕上显示的内容在彻底消失之前重新显示，这个过程称为屏幕的刷新。屏幕的刷新频率是指在单位时间内，屏幕内容被重新绘制的次数，通常以赫兹（Hz）为单位来表示。

按人的视觉生理特性，显示器的刷新频率一般在大于 25 Hz 时，人眼才不会感到图像的闪烁。早期的 CRT 显示设备中通常选用 75 Hz 的刷新频率，即每秒刷新 70 帧图像。现今主流的 LCD 显示器采用 60 Hz 的刷新频率，足以确保图像显示的稳定性。家用彩色电视机的刷新频率一般为 50 Hz，能提供稳定的图像画质。

5. 显示存储器

为了确保图像能够持续不断地被刷新，需要将一帧图像的相关数据信息保存在一个专门的刷新存储器里，这个存储器也被称为显示存储器，通常由随机访问存储器（简称显存）构成。

显示器一方面对屏幕进行扫描，另一方面同步地从显存中读取需要显示的内容，送往显示设备。因此，显存是显示器硬件与显示器软件的接口。从软件角度讲，执行显示软件的最终结果是向显存写入显示信息。为了在指定的屏幕位置显示某个字符，需要向显存的相应单元写入该字符或像素编码。为了更新屏幕上的显示内容，需要相应地更新显存中的数据。为了使画面呈现某种动画效果，需要使显存中的内容作相应变化，或者在读取时进行某种地址转换。从硬件角度讲，显示器控制器的基本任务就是将显存内容同步地送往显示屏幕。为此，需要确定何时发出同步信号、何时访问显存、如何产生显存地址码，以及从显存中读出的代码是否要经过一定的转换等。这些操作会以一个固定的频率，同步且周期性地执行。

显存中的内容一般包含显示内容和属性内容两部分。前者提供显示字符代码或图像的像素信息，后者则提供与之相关的属性信息。这两部分内容可以分别存放在两个缓冲存储器中，一个可被称为基本显示缓存，另一个可被称为属性缓存。这两个存储体被统一编址，一个为偶数地址，另一个为奇数地址，也可以被存放在一个存储器中，依靠地址码为偶数或奇数进行区分。

显存通常被配置在显示器的控制适配器里，例如 CGA 卡、EGA 卡和 VGA 卡等。在有些集成显卡的微机中，显存一般占用部分主存空间，视为主存的一部分。在带独立显卡的显示终端中，显存作为外部设备存在，通常与主存分离。

10.4.3 CRT 显示器组成结构与原理

CRT 显示器，即阴极射线显像管显示器，其工作原理主要基于电子束激发荧光粉发光来显示图像。图 10-4 为 CRT 剖面图（穿透式）。

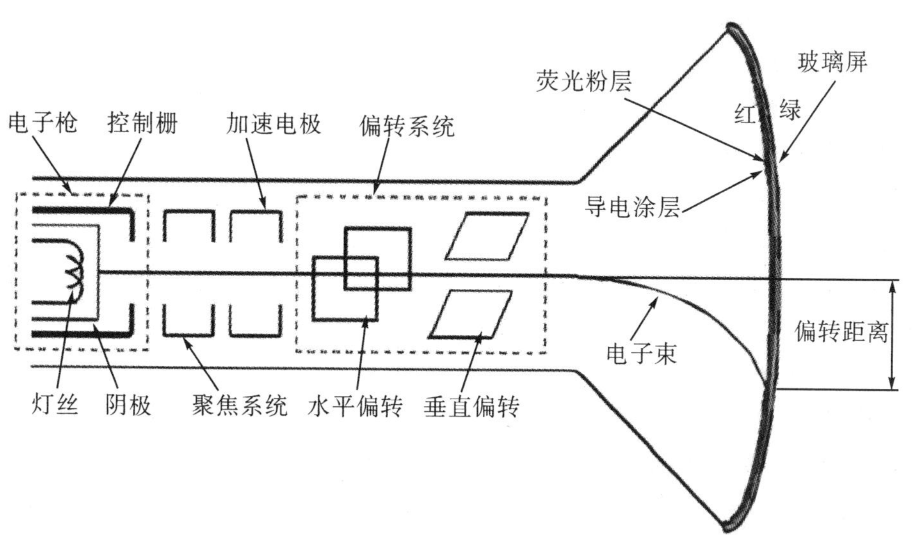

图 10-4 CRT 剖面图（穿透式）

1. 基本构造

CRT 显示器由多个关键组件构成，主要包括电子枪、偏转线圈、荫罩、高压石墨电极、荧光粉涂层和玻璃外壳等。

电子枪是 CRT 显示器的核心，负责发射高速电子束。电子枪内部通过灯丝加热阴极，阴极发射电子，电子在加速极电场的作用下，经聚焦极聚集成细束。

偏转线圈用于控制电子束的方向，使其能按预定轨迹扫描荧光屏上的像素点。偏转线圈分为行偏转和场偏转两部分，分别负责电子束在水平和垂直方向上的偏转。

荫罩位于荧光屏后方约 10 毫米处，是一块厚度为 0.15 毫米的薄金属障板，上面有许多小孔或细槽，与荧光粉单元（即像素）相对应。荫罩的作用是确保三支电子束只能击中同一像素中的对应荧光粉单元，从而保证色彩的纯正和正确的会聚。

荧光粉涂层也是 CRT 显示器的重要组成部分。荧光屏上涂满了紧密排列的红、绿、蓝三种颜色的荧光粉点或条，称为荧光粉单元。相邻的红、绿、蓝荧光粉单元组成一个像素。

这些组件共同协作，使得 CRT 显示器能够呈现出清晰的图像。不过，随着技术的发展，CRT 显示器已逐渐被液晶显示器等新型显示器所取代。但了解其工作原理和构造，对于理解整个显示技术的发展历程仍然具有重要意义。

2. 工作原理

CRT 显示器，即阴极射线管显示器，其工作原理主要包括以下四个步骤。

首先，电子束的发射。在 CRT 显示器的核心部件——电子枪中，三束高速的电子束被发射出来。这三束电子束分别受到电脑显卡中 R（红）、G（绿）、B（蓝）三个基色视频信号电压的精确控制，从而确保了色彩的准确性。

其次，电子束的偏转。电子束在偏转线圈产生的强大磁场作用下，开始按照预定的轨迹在荧光屏上扫描像素点。偏转线圈分为行偏转和场偏转两部分，分别负责电子束在水平方向和垂直方向上的运动，从而实现对整个屏幕的精确扫描。

再次，荧光粉的激发。当电子束击中荧光屏上的荧光粉单元时，荧光粉受到刺激而发出强弱不同的红、绿、蓝三种光。这些光线在空间中进行混色，从而产生了丰富的色彩，形成了图像的基本元素——像素。

最后，图像的形成。大量的不同色彩的像素在荧光屏上组合成一张美丽的画面。而当这些画面不断变换时，就形成了可动的图像。值得注意的是，扫描线并不是完全水平的，而是稍微倾斜的，以确保能够完整且准确地扫描整个屏幕。

3. 扫描方式

CRT 显示器的扫描方式涵盖了直线式扫描与圆形扫描等多种模式。其中直线式扫描尤为关键，它又可细分为逐行扫描与隔行扫描两种形式。

逐行扫描作为较为先进的扫描方式，其特点在于电子束能够连续不断地在屏幕上一行接一行地从左至右进行扫描，从而确保了图像的连贯性和清晰度。

隔行扫描则采用了一种更为巧妙的策略，它并不在一个场周期内完成整张图像的扫描，而是将其分为两个场周期来完成。具体而言，前一个场周期负责扫描所有奇数行，形成奇数场；而后一个场周期则负责扫描所有偶数行，形成偶数场。通过这种方式，CRT 显示器能够在保证图像质量的同时，有效地提高扫描效率。

4. 图像质量

图像的清晰度、细腻度及逼真度主要受像素数量和扫描速度的影响。像素数量越多，图像愈发清晰细腻；扫描速度提升，则图像流畅度增强。同时，CRT 显示器的色彩呈现还受到荧光粉种类、排列，以及电子束扫描速度与强度的共同作用。

综上所述，CRT 显示器凭借电子束激发屏幕荧光粉的原理实现图像显示。尽管当前已有更先进的显示技术问世，但 CRT 显示器在特定领域及复古爱好者中仍占据一席之地，具有不可替代的应用价值。其经典的工作原理与独特的显示效果，继续在某些场合发挥着重要作用。

10.4.4 LCD 显示器组成结构与原理

LCD 显示器，即液晶显示器，是一种利用液晶物质的光学特性来实现图像显示的平面超薄显示设备。LCD 因具备低功耗、小巧轻便、无辐射以及画面稳定无闪烁等优势，已被电视、电脑显示器、移动设备等多个领域广泛接纳和应用。随着技术的不断进步和创新，LCD 显示器的性能将不断提升，应用领域也将进一步拓展。

1. 核心元件与结构

LCD 显示器的组成结构如图 10-5 所示。

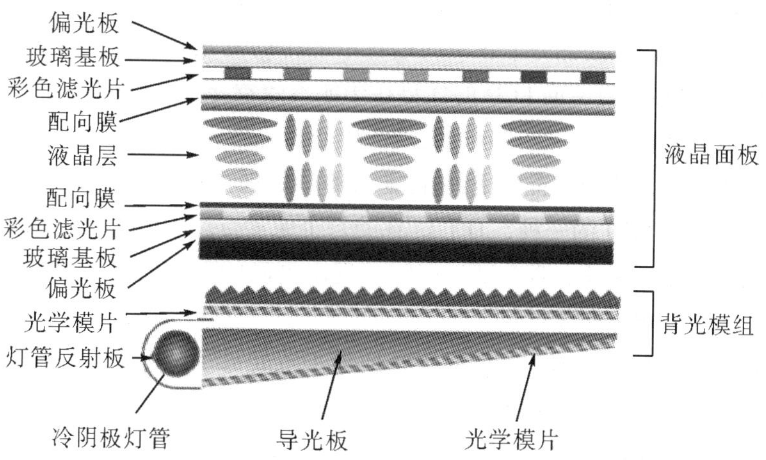

图 10-5 LCD 组成结构

关键组件：LCD 的核心在于液晶分子。液晶，作为固体与液体间的特殊物质，其分子排列能在电场的影响下发生改变，进而影响光线的穿透特性。

构造概览：LCD 的基本构造包含偏光板、液晶层、电极和背光模组等部件。当无电场时，液晶分子保持特定排列，允许光线按预设路径穿过偏光片。一旦施加电场，液晶分子的排列即发生变化，导致光线传播方向调整，形成不同的像素显示效果。这一机制使得 LCD 能够展现出丰富多变的图像信息。

2. 工作原理

LCD 的工作原理主要基于电场控制、像素控制和背光模组三大部分。

首先，电场控制是 LCD 工作的基础。通过精确地调控电场，液晶分子的排列状态可以被改变，进而实现对光线透过性的有效控制。当电流流经液晶时，液晶分子会重新排列，这种排列的变化会直接影响光线的透过性，从而改变 LCD 屏幕的显示效果。

其次，像素控制是 LCD 呈现图像的关键。每个 LCD 像素都由红、绿、蓝（RGB）三个子像素组成，这三个子像素分别对应着三种基本颜色。通过调整这三个子像素的光强度，我们可以混合出各种不同的颜色和亮度。图像的显示正是通过精确控制这些子像素，使它们在正确的位置上显示出恰当的颜色和亮度，从而组合成一幅完整的画面。

最后，背光模组为 LCD 提供了必要的光源。背光通过液晶层，在控制每个像素的开关状态时，实现光线的通过或阻断，进而调控光的强度，从而呈现出丰富多彩的图像。

综上所述，LCD 的工作原理是一个复杂而精细的过程，它依赖于电场控制、像素控制和背光模组的协同作用，实现了图像的清晰、准确显示。

3. 类型与特点

一是 TN 型 LCD，即扭曲向列型 LCD。作为 LCD 技术中古老而基础的类型，其运作机制在于通过调节液晶分子在不同电压下的排列变化来控制光线的透过，从而达到图像显示的目的。TN 型 LCD 的优势在于成本效益显著、响应速度快且功耗低，然而，其可视角度相对较小，一旦视角偏离中心，色彩和对比度便会发生变化。

二是 TFT LCD，即薄膜晶体管液晶显示器，是现今市场上备受欢迎的 LCD 技术。作为有源矩阵 LCD 的一种，TFT LCD 的每个像素点均配备了一个晶体管，用于精准控制像素亮度。因此，TFT LCD 能够呈现出更高的对比度和亮度，拥有更宽广的可视角度，并且响应速度更快。

总的来说，LCD 显示器的工作原理是依赖于液晶分子的电光效应，通过电场调控液晶分子的排列状态，从而实现对光线透过性的控制，达到图像显示的效果。不同类型的 LCD 各具特色与优势，用户可根据实际需求进行选择和应用。

10.4.5 LED 显示屏组成结构与原理

LED 显示屏是一种显示技术，它利用数万个至数十万个精心排列的半导体发光二极管像素点，通过精确控制这些像素点的发光来实现文字、图形、图像、动画、信息播报、视频及录像信号等多种信息的展示。图 10-6 直观地展示了某款 LED 显示屏系统的构成及其拓扑架构。

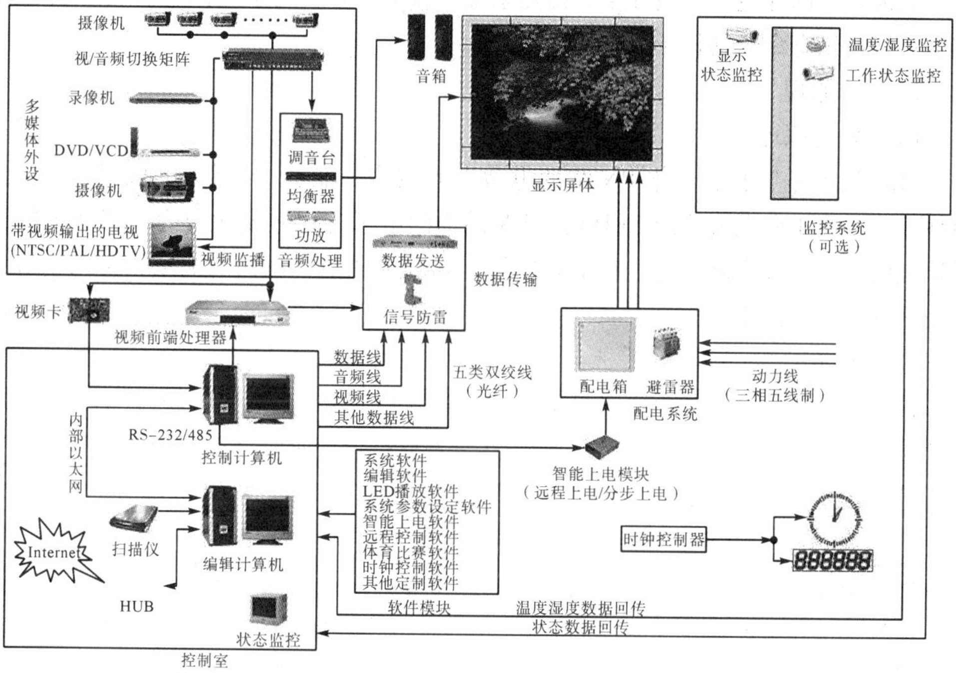

图 10-6 某 LED 显示屏系统组成及拓扑结构

1. 组成结构

(1) 显示单元

LED 全彩大屏由多个单个 LED 显示屏拼接而成，这些显示屏可以无缝拼接，形成一张完整的大屏。单元板是 LED 的显示核心部件之一，由 LED 模块、驱动芯片和 PCB 电路板组成。LED 模块是由众多 LED 发光点以树脂或塑料材料封装形成的点阵结构。

(2) 箱体

箱体是构成 LED 显示屏的框架结构，主要材质包括铁材质、纳米高分子材质、碳纤维材质、镁合金材质、压铸铝材质等，其中铁材质和压铸铝材质较为常用。

(3) 驱动与控制系统

电源系统：其稳定地为 LED 显示屏注入所需电能，确保其持续、可靠地工作。

控制卡组件：作为数据处理与转换的中枢，它接收来自计算机或各类信号源的图像数据，经过精密处理，转化为 LED 显示屏能够识别的指令信号。这些信号进而精确调控每个 LED 像素点的开关状态及色彩表现，从而实现丰富多彩的图像显示。

连接线路网络：其由数据线、信号传输线及电源线等构成，它们如同神经网络一般，将控制卡、LED 单元板及电源等关键组件紧密相连，确保信息的顺畅传递与能量的稳定供给。

（4）其他辅助部件

其他辅助部件包括安装支架、散热系统、保护罩等，用于确保 LED 显示屏的稳定运行和使用寿命的延长。

2. 工作原理

（1）发光原理

LED 显示屏基于半导体 PN 结的电致发光效应，能够发出红、绿、蓝三色光。具体而言，当正向电流流经 LED 时，PN 结内的电子与空穴发生复合，释放出能量并以光的形式表现出来。通过精细调控各个 LED 像素点的颜色与亮度，可以创造出多样化的图像与文字。

（2）显示控制

计算机及其配套设备负责将显示信号传输至 LED 显示屏的控制电路部分。控制电路接收并处理这些信号，然后驱动 LED 像素点产生相应的亮灭和颜色变化。通过逐点控制每个 LED 像素点，LED 显示屏可以显示出完整的图像和文字信息。

（3）动态扫描与静态驱动

LED 显示屏在呈现图像时，通常会结合动态扫描技术与静态驱动技术。动态扫描是指控制电路按照一定的顺序和时间间隔逐行或逐列地扫描 LED 像素点，从而实现图像的更新。而静态驱动则是指每个 LED 像素点都保持在一个恒定的电流状态下工作，以确保图像的稳定性和清晰度。

综上所述，LED 显示屏的组成结构复杂而精细，其工作原理基于半导体发光二极管的发光特性和显示控制技术。通过不断优化和改进这些技术和结构，LED 显示屏的显示效果和性能得到了显著提升，并广泛应用于各个领域。

10.4.6　PDP 显示器组成结构与原理

PDP 显示器，全称为等离子显示器面板，是一种运用气体放电原理来实现显示的先进技术。

1. 组成结构

驱动电路：负责接收并处理来自外部的信号源，并将其转换为 PDP 屏幕可以识别的信号。

屏蔽玻璃：用于保护内部的等离子管和电路，同时防止电磁干扰。

电源：为 PDP 显示器提供稳定的电力供应。

接口电路：连接外部信号源（如电脑、电视信号等）与 PDP 显示器的驱动电路。

等离子显示屏体：等离子显示屏体是 PDP 显示器的关键组件，它由数量庞大的微小等离子单元构成，每个单元与一个像素相对应。这些等离子单元内填充有惰性气体混合物（例如氖气和氙气）。在强电场的作用下，这些气体会发生等离子体放电，释放出紫外线。随后，紫外线会激发玻璃表面涂覆的红、绿、蓝三色荧光物质，使其发出可见光，进而组合成图像。

外壳：用于固定和保护 PDP 显示器的内部结构。

2. 工作原理

PDP 显示器，即等离子显示器，其运作机制主要基于气体放电与荧光粉发光两大过程。

首先，气体放电是 PDP 工作的起始步骤。当向等离子管的电极施加电压时，放电空间内的混合气体（如氖气、氙气等）会产生等离子体放电现象，也常被称作电浆效应。此过程中，气体分子被电离形成等离子体，同时释放出巨大的能量。

其次，荧光粉发光过程随之发生。等离子体放电所释放的紫外线会激发涂覆在玻璃基板上的红、绿、蓝三色荧光粉。在紫外线的激发下，荧光粉会发出可见光，这些光线的组合与强度调控便形成了我们所看到的图像色彩与亮度。

最后，图像的形成是 PDP 显示器工作的最终呈现。PDP 显示器的每个像素都由一个独立的等离子管构成。通过精确控制这些等离子管的放电强度与持续时间，我们可以实现对每个像素颜色与亮度的精准调控。当这些被精确控制的像素点按照预定的排列方式组合在一起时，一幅完整的图像便跃然于屏幕之上。

综上所述，PDP 显示器的工作原理是一个复杂而精细的过程，它依赖于气体放电与荧光粉发光的协同作用，共同实现了图像的清晰、准确显示。

3. 技术特点与优势

自发光型显示设备：与 LCD 等被动发光型显示设备相比，PDP 显示器具有更强的亮度和对比度，以及更快的响应速度。

色彩表现力卓越：得益于红、绿、蓝三色荧光粉的发光原理，PDP 显示器能够展现出极为鲜明的色彩效果。

视角宽：PDP 显示器的视角通常很广，用户可以在不同的角度下观看屏幕而不会出现明显的色彩失真或亮度下降。

超薄设计：PDP 显示器采用每个像素自发光技术，其厚度要比投影系统薄很多，更加节约空间，还可做成壁挂系统。

综上所述，PDP 显示器是一种利用气体放电和荧光粉发光原理的显示设备，具有色彩鲜艳、视角宽、超薄设计等技术特点和优势。然而，随着技术的不断发展，LED、OLED 等新型显示技术已经逐渐取代了 PDP 显示器在市场上的地位。

10.4.7 3D 显示器

3D 显示器是一种能够显示立体图像的显示设备，通过模拟人眼的立体视觉机制，让用户感受到深度和空间感。3D 显示技术众多，但基本上可以分为两大类：一类依赖于专用眼镜来营造立体感；另一类则无须眼镜辅助，直接实现裸眼 3D 显示效果。

1. 需要佩戴特殊眼镜的3D显示器

(1) 工作原理

人类的立体视觉体验源自双眼接收到的略有差异的图像，大脑将这些图像融合，形成具有深度感知的立体画面。3D显示器正是基于这一生物视觉机制，通过技术手段模拟并实现了立体显示效果。

在图像生成环节，3D显示器精心制作两组图像，分别对应左眼和右眼。这两组图像在拍摄或生成时，会刻意营造出微小的角度差异，以模拟人眼在现实世界中观察物体的自然效果。这种差异是立体视觉感知的关键所在。

为了实现立体图像的精准分离与呈现，3D显示器通常配备两种类型的专用眼镜——偏振眼镜和快门眼镜。

偏振眼镜技术巧妙地利用偏振光原理，将左眼和右眼的图像以不同的偏振方向进行显示。用户佩戴偏振眼镜后，每只眼睛只能看到对应偏振方向的图像，从而避免了图像的混淆与重叠，实现了立体效果的精准呈现。

而快门眼镜技术则采用更为复杂的高速交替显示方式。显示器以极快的速度交替显示左眼和右眼的图像，同时，快门眼镜中的液晶快门会根据显示器的显示节奏进行同步开关。这样，每只眼睛都能在正确的时间点看到对应的图像，从而感受到逼真的立体效果。

(2) 组成结构

需佩戴专用眼镜的3D显示技术由多个关键组件共同构成，它们协同工作，以实现立体显示功能。

液晶显示器（LCD）或有机发光二极管显示器（OLED）作为核心显示设备，负责生成高质量的图像。这些显示器具有高分辨率、高色彩饱和度以及出色的对比度表现，为立体显示提供了坚实的基础。

对于偏振眼镜技术而言，偏振滤光片是不可或缺的组件。它安装在显示器表面，通过精确控制光线的偏振方向，将图像分成两个不同的偏振区域，确保左眼和右眼的图像能够分别被对应的眼睛看到。

而在快门眼镜技术中，快门控制系统则扮演着至关重要的角色。它包括同步信号发生器和快门眼镜中的液晶快门两部分。同步信号发生器负责发出精确的同步信号，而液晶快门则根据这些信号进行同步开关操作，确保左右眼图像的正确分离与呈现。

用户佩戴的专用眼镜是实现立体显示的关键一环。无论是偏振眼镜还是快门眼镜，它们都能够有效地过滤或同步显示图像，使每只眼睛都能看到正确的图像，从而感受到逼真的立体效果。

2. 裸眼3D显示器

裸眼3D显示器，无须人们佩戴眼镜即可呈现立体视觉效果，其工作原理和组成结构独具特色。

（1）工作原理

在工作原理方面，裸眼 3D 显示器主要依赖两种技术——视差屏障和柱状透镜。视差屏障技术在显示器表面添加一层由细小狭缝组成的屏障，这些狭缝以特定角度允许光线通过，确保左眼和右眼分别接收到图像的不同部分，从而在大脑中合成出立体效果。而柱状透镜技术则是在显示器表面覆盖一层透镜阵列，每个透镜将光线折射至特定方向，同样使左右眼看到不同的图像区域，营造出立体感。

（2）组成结构

在组成结构方面，裸眼 3D 显示器以液晶显示器（LCD）或有机发光二极管显示器（OLED）为基础显示设备，负责生成高质量的图像。为了分离图像，使每只眼睛看到不同的部分，显示器表面安装了视差屏障或柱状透镜。此外，图像处理单元也是不可或缺的部分，它负责生成与视差屏障或柱状透镜相匹配的图像，确保每个像素的位置和角度准确无误，从而实现精确的立体效果呈现。

（3）优点

沉浸感：3D 显示器可以提供更强的沉浸感和真实感，特别适合游戏、电影和虚拟现实等应用。

多种选择：消费者可以根据个人需求，在需要佩戴眼镜的 3D 显示器与无须配戴眼镜的裸眼 3D 显示器之间做出选择。

（4）缺点

成本考量：3D 显示器的制造往往伴随着较高的成本，特别是那些追求高质量视觉体验的裸眼 3D 显示器，其成本更是显著。

观看限制：裸眼 3D 显示器在提供立体视觉体验时，对观众的观看距离和角度有着一定的要求。一旦超出这些特定的范围，立体效果的呈现就可能会被影响。

视觉疲劳：长时间沉浸在 3D 内容的观看中，可能会给眼睛带来一定的负担，导致视觉疲劳。

（5）应用

娱乐：3D 电影、3D 游戏等。

教育：虚拟实验室、模拟训练等。

医疗：手术模拟、医学影像分析等。

商业展示：产品展示、广告宣传等。

3D 显示器通过不同的技术手段实现了立体图像的展示，为用户提供了一种全新的视觉体验。随着技术的持续革新，3D 显示器的应用范围正日益拓宽。

10.4.8 适配器及其接口

显示规格取决于显示器控制器（适配卡）提供的显示规格（也称为显示方式）和显示头所能满足的分辨率要求两方面。

IBM 公司先后为个人计算机推出了以下彩显适配卡：彩色图形适配器 CGA、增强型图形适配器 EGA、多色图形适配器 MCGA、视频图形阵列 VGA、扩展图形阵列 XGA。每种适配卡中允许编程选择几种显示规格。这些显示标准被称为 IBM PC 视频标准，已为国际上普遍接受。各厂家在微机硬件开发和软件开发中，都以与这些标准相兼容作为其产品性能的基本要求。

1. VGA 方式

VGA（video graphics array）显示接口由 15 针 D-Sub 组成，即 D 形、三排、15 针的标准插口方式，其中有一针引脚未使用，其对应连接使用的信号线空缺，但接触片是完整的，这种接口通常被简称为 D-15 型接口。

2. XGA 接口

XGA 是 IBM 公司在 VGA 之后研发的一款增强型图形显示适配器，它内置了协处理器以提升性能，属于智能型适配器。XGA 可实现 VGA 的全部功能，但运行速度比 VGA 快，且其分别率一般都可以高达 1024×768 像素。

3. DVI 接口

DVI（数字视觉接口）是数字化显示设备发展中兴起的一种新型显示接口标准。它直接以数字信号形式将显示信息传输至显示器，省去了模拟与数字间的转换环节，理论上能带来更佳的图像质量。此外，DVI 接口还实现了真正的即插即用（PNP）和热插拔功能，使得用户在连接设备时无须关闭计算机或显示器，极大地提升了使用的便捷性。目前，众多 LCD（液晶）显示器已广泛采用这一接口。DVI 接口凭借其出色的图像传输能力和便捷的连接方式，在数字化显示领域发挥着越来越重要的作用，为用户提供了更为优质的视觉体验。

4. HDMI 接口

HDMI（高清晰度多媒体接口）是一种集音频与视频传输于一体的接口，它利用单根电缆即可实现高达 5 Gbps 的数据传输速率。这一特性使得 HDMI 能够无损地传输无压缩音频信号及高分辨率视频信号，无须在信号传输过程中进行“数/模”或“模/数”的转换，从而确保了影音信号的最高质量传输。此外，HDMI 还支持 HDCP 协议，这一功能为合法收看受版权保护的高清视频内容提供了有力保障。HDMI 凭借其高效的数据传输能力和对高清视频内容的良好支持，在现代影音设备中得到了广泛应用，为用户带来了更为出色的视听体验。

5. DisplayPort 接口

DisplayPort 是一种高清数字显示接口。视频电子标准协会（VESA）于 2006 年 5 月首次发布了该接口的 1.0 版本，并在随后的半年内迅速升级至 1.1 版本。DisplayPort 的应用范围广泛，不仅可以连接计算机与显示器，还能连接计算机与家庭影院系统。作为一种面向所有显示设备（涵盖内部及外部接口）的开放标准，DisplayPort 甚至具备完全替代 DVI 和 VGA 接口的能力。

DisplayPort 的外接型接头分为两种类型——标准型和 Mini 型。标准型接头与

USB、HDMI 等接头类似，而 Mini 型接头则由苹果公司开发，特别适用于连接面积受限的设备，如超薄笔记本电脑。尽管这两种接头在尺寸上存在差异，但它们都拥有 20 针脚，且 Mini 型接头的宽度大约是标准型接头的一半。值得注意的是，无论是标准型还是 Mini 型接头，其最长外接距离均可达到 15 米，从而为用户提供了极大的便利。

6. ADC 接口

ADC 接口（apple display connector）也是苹果公司为显示器开发的种专用显示器接口。ADC 接口集成了 DVI-D 接口、USB 接口和 DC（直流电源）接口。其最大特点就是数据线和电源线集成在一起，显示器只需一根线就能满足苹果品牌计算机的连接。

10.5 打印设备

10.5.1 打印设备概述

打印设备是计算机系统中不可或缺的输出组件，它承担着将计算机处理的信息，如字符、图形等，转化为可视化的硬拷贝形式，并打印在纸张或其他介质上的任务。这一功能使得信息能够以一种持久、可触摸的方式被保存和传播，因此成为长期保存资料的重要手段。随着技术的发展，打印设备在提升打印质量、加快打印速度以及增强操作便捷性等方面不断进步，更好地满足了人们在日常生活和工作中的多样化需求。

1. 打印设备的分类

打印设备品种繁多，可以分为如下类型。

（1）串行打印和并行打印

根据数据传输方式的差异，可以将打印设备划分为串行传输式打印机和并行传输式打印机两大类。

串行打印时，一行字符按先后顺序逐字打印，速度较慢，一般用“字符/秒”来衡量其打印速度。

并行打印也称为行式打印，一次同时打印行中的某种相同字符，打印输出过程是逐行进行的。行式打印常常需要设置缓冲存储器，用来暂时存放准备打印的一行字符。这种方式打印速度比串行方式快，常用“行/秒”或“行/分”作为速度单位。

（2）击打式打印和非击打式打印

击打式打印机运作时，其内部的字锤或字模会进行机械运动，推动字符去撞击色带，进而让色带与纸张接触，最终在纸上显现出字符。当色带与纸接触的瞬间，若字符和纸处于相对静止状态，则称为“静印”方式。有的打印机（如快速宽行打印机）多采用“飞印"方式印字，以提高打印速度，字符被字轮带动高速旋转，在击打的瞬间，字符和纸张之间有微小的相对位移，故称为“飞印"或“飞打"。

非击打式打印机具有打印速度快、噪声小（或者无噪声）、印刷质量好等优点，它们通过非机械方式来印字。这类打印设备包括激光打印机、磁记录式打印机以及喷墨打印机等多种类型。激光打印机利用激光或磁场先在字符载体上形成潜像，然后转印在普通纸上形成字符或图形；喷墨打印机不通过中间字符载体，由电荷控制直接在普通纸上印字。

（3）全形字打印和点阵打印

全形字是将字模装在链、球、盘或鼓上，用打印锤击打字模将字符印在纸上，或者打印锤击打纸和色带，使纸和色带压向字模实现印字。字模型运用在击打式打印机中，打印出的字迹清晰，但组字不灵活，且不能打印图形、汉字等图像。

点阵式打印机不用字模产生字符，而是将字符以点阵形式存放在字符发生器中。打印时，用取出的点阵代码控制在纸上打印出字符的点阵图形。常用的字符点阵为5×7、7×9、9×9，汉字点阵为24×24。点阵式打印机组字灵活，可以打印各种字符、汉字、图形、表格等，且打印质量也很高。针式打印机以及所有采用击打式技术的打印机，都使用点阵的方式来形成字符或图像。

（4）针式打印机、喷墨式打印机和激光打印机

针式打印机通过其打印头内多根针（如24针或9针）的击打动作，在复写纸上形成字符，它在打印技术史上占据过重要位置，以成本低、易用性高著称。

随后发展起来的是喷墨打印机，它摒弃了击打方式，以非接触的喷墨技术工作，体积小巧、操作简便且噪音低。使用特定纸张时，喷墨打印机能打印出高质量照片。喷墨技术分为压电和热喷两种，墨水材料则有水质、固态及液态之分。

激光打印机则是将待打印内容转换为电信号，控制激光发射，经反射后使感光鼓感光，再将感光鼓上的碳粉转移到纸上并加热固定，完成打印。激光打印机分为黑白与彩色两种，其打印质量高、速度快且成本低，正逐步成为喷墨打印机的有力竞争者。

这三种打印机各有千秋，共同推动着打印技术的发展。

2. 打印设备的基本组成

打印设备的构造大体上可以分为机械组件和控制电路两大板块，这两者之间紧密相连、相辅相成。

（1）机械装置

打印设备的构造核心在于机械组件与控制电路两大系统，它们协同作业，共同驱动打印流程。机械组件涵盖了打印头（或针）、字车驱动、纸张传输、色带传动机构（针对针式打印机）、墨水/墨粉供给机构以及硒鼓传动机构（针对激光打印

机）等多个关键机构，这些均作为执行单元，由控制电路统一调度。

打印头：其作为打印设备的灵魂部件，承担着在纸张上塑造文字与图像的重任。在喷墨设备中，它由密布的微小喷嘴构成，每个喷嘴精准控制墨水的喷射；针式打印机则依赖密布的细针，通过撞击色带与纸张来刻画字符；而激光打印机，其打印头并不直接触碰纸张，而是利用激光束在感光鼓上绘制静电图像，再转移到纸张上。

字车驱动：其在针式打印机与喷墨打印机中，负责引领打印头沿导轨左右穿梭，实现横向打印。走纸机构，则负责纸张从进纸到出纸的全过程，包括输纸电机、传动齿轮及链轮等部件，以确保纸张精准定位与传输。

色带传动机构：其专为针式打印机设计，驱动色带单向步进循环，确保撞击位置变化，延长色带寿命。

墨水/墨粉供给机构：其为打印头提供必要的墨水或墨粉，喷墨打印机依赖墨盒与墨泵系统，激光打印机则通过墨粉盒与显影器实现供给。

硒鼓传动机构：其是激光打印机的特色部件，驱动感光鼓旋转，为激光束绘制静电图像提供平台。这些机械组件各司其职，共同在控制电路的指挥下，完成高质量的打印任务。

（2）控制电路

控制电路是打印机的核心指挥系统，涵盖 CPU 主控、驱动、输入输出接口及检测等多个子电路。这一系统负责接收源自计算机等外部设备的打印指令，并将其转化为打印机可识别的控制信号。

CPU 主控电路如同打印机的“指挥中心”，负责全面处理并控制打印流程，将计算机传来的指令转化为驱动电路能解读的信号。

驱动电路则扮演着“力量传递者”的角色，它包含打印头、字车电机及输纸电机等驱动控制电路，负责将主控电路的控制信号放大，转化为足以驱动打印设备各执行机构的电流或电压，确保打印任务顺利进行。

输入输出接口电路负责打印机与计算机或其他设备之间的数据传输。常见的接口包括 USB、以太网、Wi-Fi 等。

检测电路用于检测打印机的各种状态，如字车位置、纸张是否用尽、打印头温度等，并将检测结果反馈给主控电路以进行相应的处理。

3. 打印机性能指标

衡量打印机性能的关键指标涵盖打印分辨率、打印速率、可打印尺寸、连接方式、缓存容量以及适用的打印材料等多个方面。

（1）打印分辨率

打印机的打印质量主要体现在字符的清晰与美观上，这一质量通常由打印分辨率来量化，单位是每英寸点数（dpi）。具体而言，针式打印机的分辨率多为 180 dpi，喷墨打印机则普遍达到 720 dpi；而激光打印机的分辨率则介于 300 dpi 和 600 dpi 之间，高端型号甚至能超过 1 200 dpi。对于精密照排机，低档产品的分辨率在

700 dpi 和 2 000 dpi 之间，而高档产品则可高达 2 000 dpi 至 3 000 dpi。

（2）打印速度

打印速度依据打印方式的不同，可以分为串式、行式和页式三种衡量标准。串式打印机的速度通常以每秒打印的字符数量来计算；行式打印机则是以每分钟打印的行数来衡量；而页式打印机，其速度则是通过每分钟打印的页数来评估。

（3）打印幅面

打印幅面是评估打印机输出图文页面尺寸的关键指标。针式打印机通常以行宽来标示，即一行中能打印的字符数量，常见的有 80 列和 132/136 列两种规格。激光打印机则常用单页纸规格来描述其幅面，如 A3、A4 或 A5 等，幅面越大，打印范围越广。喷墨打印机同样采用单页纸规格来表示打印幅面，常见的幅面为 A3 或 A4。

（4）缓冲区

打印机的缓冲区与计算机内存相似，大小常用 KB 或 MB 衡量。最小的缓冲区仅足以存储单行打印信息，一般不超过 256 字节。此时，主机会按行向打印机传输数据，每当一行打印完毕，缓冲区即清空并向主机发送“空闲”信号，主机随后继续发送下一行数据。这一过程重复进行，直至所有打印任务完成。

（5）接口方式

早期打印机多配备标准的并行接口，通常被称为 Centronics 接口或 IEEE 1284 接口，其最高传输速率能达到 16 Mbps。而其他类型的标准接口则作为额外配件单独购买。

在 IEEE 1284 标准中定义了多种并行接口模式。常用的有以下 3 种：①SPP（standard parallel port），标准并行接口；②EPP（enhanced parallel port），增强并行接口；③ECP（extended capabilities port），扩展功能并行接口。这三种模式的硬件和编程方式不同，传输速率为 50KB/s~2 MB/s。

另外一种打印机适配器接口是串行接口，其特点是传输速率慢但传输距离长。现在的台式计算机一般有两个串行口 COMI 和 COM2。通常 COM1 是 9 针 D 形接口（即 RS-232）。而 COM2 是 25 针接口（即 RS-422）。此外，打印机一般都还支持另外一种特殊的串口方式，即 USB 接口（universal serial port）。

10.5.2 喷墨打印机

喷墨打印机是通过喷嘴将彩色液体油墨以微小颗粒状喷射至纸张表面，以点阵方式构建图像或文字的打印设备。凭借其高分辨率、多彩的表现力以及相对经济的打印成本，喷墨打印机在图文制作、家庭及办公等场合中深受欢迎。

1. 喷墨打印机的类型

喷墨打印机依据不同的分类标准，可被划分为多种类型。

（1）按打印色彩分类

单色喷墨打印机：只能打印黑白图像和文本。

彩色喷墨打印机：可以打印彩色图像和文本，通常配备有多个打印喷头，分别用不同颜色的墨水打印。

（2）按打印技术分类

热感应式喷墨打印机：利用加热元件加热墨水形成气泡并喷射。

压电式喷墨打印机：利用压电晶体对墨水施加压力进行喷射。

（3）按打印幅面分类

A4 幅面喷墨打印机：适用于打印 A4 纸张大小的文档或图像。

大幅面喷墨打印机：适用于打印大幅面图像或海报等。

2. 喷墨打印机的结构

尽管喷墨打印机的结构较为复杂，但其核心组成部分仍可大致划分为以下几个部分。

打印机构：包括喷墨头和墨盒。喷墨头负责喷射墨水，而墨盒则负责存储墨水。

字车机构：包括字车、导轨和步进电机等部件。字车承载喷墨头并在导轨上移动，步进电机则驱动字车进行精确移动。

供墨系统：供墨系统主要由墨泵、墨管及过滤器构成。墨泵的功能是从墨盒中抽取墨水，并将其输送至喷墨头；过滤器则负责清除墨水中的杂质与颗粒。

走纸机构：包括进纸器、走纸通道和出纸器等部件。进纸器负责将纸张送入打印机，走纸通道则确保纸张在打印过程中平稳移动，出纸器则负责将打印完成的纸张送出打印机。

电路板和控制系统：电路板在喷墨打印机中扮演着控制中心的角色，负责接收并转换来自计算机的打印指令为控制信号。而控制系统则确保打印机各部件间的协同工作，以保障其正常运行。

外壳：外壳是喷墨打印机的外部结构，保护打印机内部的部件免受损坏并提供美观的外观。

3. 喷墨打印机的工作原理

喷墨打印机基于墨水喷射技术运行，其工作原理大致包含以下几个步骤。

第一步，墨水供给：打印机通过供墨系统将墨水从墨盒中抽出，并通过墨管输送到喷墨头。过滤器在墨水输送过程中会清除其中的杂质和颗粒，以保证墨水的纯净。

第二步，喷墨头加热或加压：在喷墨打印中，热感应式技术通过加热元件迅速加热墨水产生气泡，气泡膨胀推动墨水从喷嘴喷出；而压电式技术则是利用压电晶体对墨水施加压力，使其从喷嘴释放。

第三步，字车移动：在喷墨的同时，字车机构会驱动喷墨头在纸张上移动。字车通常由步进电机驱动，通过传动装置实现喷墨头的精确移动。

第四步，纸张移动：走纸机构负责纸张的送入及打印过程中的自动进给。完成一行打印后，该机构会推动纸张前进一行，为下一行打印做准备。

第五步，打印完成：打印任务结束后，走纸机构会将纸张从打印机中送出，用户随后可取出打印好的纸张。

4. 喷墨打印机的维护保养

为确保喷墨打印机的顺畅运作并延长其寿命，用户需采取以下维护和保养措施。

清洁喷墨头：定期利用打印机自带的清洗功能或手动工具清理喷墨头，以防堵塞或污染，确保打印质量。

更换墨盒：及时替换耗尽的墨盒，并选用与打印机型号匹配的墨盒，遵循说明书指引进行更换。

检查部件状况：定期检查并更换受损部件，如字车机构、导轨和滚轮等，以避免因磨损或变形导致的故障。

保持打印机整洁：定期清理打印机外壳、进纸器和走纸通道，防止灰尘和污垢影响打印质量和打印机性能。

避免长时间闲置：尽量避免打印机长时间不使用，若需闲置，请将其置于干燥通风处，并定期开机运行以保持状态。

使用原装耗材：建议采用打印机品牌推荐的原装耗材，避免使用劣质墨水或兼容墨盒，以保护打印机并维持打印质量。

调整打印参数：根据实际需求调整打印质量、速度等设置，以达到最佳打印效果并延长打印机使用寿命。

5. 喷墨打印机的优缺点

喷墨打印机作为一种常见的打印设备，具有其独特的优缺点。

（1）优点

高精度：喷墨打印机可以打印出高分辨率的图像和文本，以满足用户对细节和色彩的要求。

色彩丰富：彩色喷墨打印机可以打印出丰富的色彩，适用于打印图像、海报等需要色彩表现的文档。

低噪音：喷墨打印机在工作时产生的噪音相对较小，不会对用户造成干扰。

多功能性：众多喷墨打印机集成了复印、扫描、传真等多种功能，旨在满足用户的多样化需求。

（2）缺点

打印效率较低：与激光打印机相比，喷墨打印机在打印大量文档时速度较慢。

墨水使用较快：喷墨打印机的墨水消耗相对较快，需定期补充或更换墨盒。

维护成本较高：喷墨打印机的维护成本相对较高，包括清洗喷墨头、更换墨盒等费用。

对纸张要求较高：喷墨打印机对纸张质量的要求较高，使用劣质纸张可能会影响打印质量和打印机的寿命。

综上所述，喷墨打印机以其高精度、丰富的色彩表现和多样化的功能在图文打印、家庭办公等领域得到了广泛应用。然而，用户在使用喷墨打印机时也需要关注其打印速度、墨水消耗和维护成本等问题，并根据实际需求选择适合的打印机类型和配置。此外，对喷墨打印机进行定期的维护和保养，对于其正常运行及延长使用寿命至关重要。

10.5.3 激光打印机

激光打印机是一种融合激光扫描技术和电子照相技术的打印设备。起源于 20 世纪 80 年代末的激光照排技术，在 90 年代中期开始广受欢迎。虽然激光技术早在 20 世纪 60 年代就已出现，但直到 70 年代初才开始实际应用。最初的激光发射器为体积庞大的氦-氖（He-Ne）气体激光管，限制了其广泛应用。20 世纪 70 年代末，半导体激光器的诞生、高灵敏度感光材料的发现以及激光控制技术的进步，推动了激光技术的迅速成熟和广泛应用。

基于静电复印机技术，科研人员结合激光技术和计算机技术，研发出半导体激光打印机。凭借其出色的打印质量、速度和静音特性，激光打印机迅速获得市场认可。随着技术的不断发展，激光打印机的性能持续提升，现已成为现代办公和打印领域不可或缺的设备。

1. 激光打印机的分类

激光打印机可根据不同标准进行分类，主要包括以下几类。

按打印速度可分为：低速（每分钟打印少于 20 页）、中速（每分钟打印 20 至 60 页）和高速（每分钟打印超过 60 页）激光打印机。

按色彩可分为：单色激光打印机（只能打印一种颜色）和彩色激光打印机（可以打印逼真的彩色图案，达到印刷品的效果）。

按与计算机连接的接口可分为：并行接口、SCSI 接口、串行接口、USB 接口、自带网卡的网络接口（连接到网络中成为网络打印机）等。其中，USB 接口是最常用的接口。

按分辨率可分为：高分辨率、中等分辨率和低分辨率三种类型。通常来说，分辨率越高，打印输出的效果越好。

2. 激光打印机的结构组成

尽管激光打印机的结构颇为复杂，但其核心组件主要包括以下部分。

感光鼓：此为核心组件，负责将激光信号转换成静电潜像。其表面涂覆有光导材料，激光束照射时会引发光电效应，形成静电潜像。

墨粉组件：包含墨粉盒、感光鼓（又称硒鼓）、显影轧辊等部件。墨粉通过带电辊被吸附到感光鼓的静电潜像上，形成可视的墨粉图像。

激光扫描装置：负责将数字信号转换为激光信号，并投射到感光鼓上。该装置通常由激光器、反射镜、调制器等构成。

定影装置：由加热元件和压辊组成，负责将墨粉图像加热并定影在纸张上。加热使墨粉熔化，固定在纸张表面。

纸张输送系统：负责纸张的送入和输出，包括送纸器、纸张通道、出纸器等部件。

此外，激光打印机还配备有信息传输与存储系统及控制系统。前者负责将主机采集的图像信息输入存储器，以供激光打印；后者则控制打印程序、格式选择、打印张数及图像质量等。

3. 激光打印机的工作原理

激光打印机的工作原理基于电子照相技术。在接收到打印指令后，其工作流程如下。首先，将打印内容转换为数字信号，激光扫描器再将此信号转换为激光信号。激光信号照射感光鼓，形成与打印内容相匹配的静电潜像。其次，墨粉在带电辊的作用下被吸附至静电潜像，形成可视的墨粉图像。最后，墨粉图像经定影辊加热并固定在纸张上，完成打印。

详细步骤包括：

充电：感光鼓表面通过充电极获得特定电位。

曝光：激光束携带图文信息照射感光鼓，形成静电潜像。

显影：磁刷显影器将静电潜像转换为可见的墨粉图像。

转印：在电场作用下，墨粉图像转印至纸张上。

定影：预热板及高温热滚使墨粉在纸张上熔凝，形成文字及图像。

清洁：打印后，清洁辊去除未转印的墨粉，消电灯清除感光鼓上的残余电荷，再通过清洁纸系统彻底清洁，为下一轮打印做准备。

4. 激光打印机的优缺点

（1）优点

高速打印能力：激光打印机通常拥有远超喷墨打印机的打印速度，非常适用于大规模打印任务。

打印质量高：特别是在打印文本和线条时，激光打印机提供清晰的输出，非常适合打印文档、报告和书面材料。

低成本：尽管激光打印机的初始购置成本较高，但其碳粉盒的使用寿命长，单位打印成本较低。对于需要频繁打印的用户来说，长时间使用更加经济。

维护简单：激光打印机结构相对简单，故障率低，日常维护需求少。不易出现喷嘴堵塞等问题，维护起来更加方便。

耐用性高：激光打印机在不同的环境下表现稳定，不易受湿度和温度变化影响，适合长期使用。

待机性能好：长时间不使用的情况下，碳粉不会干涸，设备可以保持较长时间的待机性能。

（2）缺点

初始成本高：购置激光打印机的初始费用较高，尤其是彩色激光打印机。

彩色打印效果一般：彩色打印质量通常不如喷墨打印机，尤其是在打印高质量照片时。

体积较大：激光打印机一般比喷墨打印机体积更大，占用空间较多。

5. 激光打印机的日常养护

为确保激光打印机的良好性能并延长其使用寿命，日常保养至关重要。以下是一些实用的保养建议。

定影加热辊清洁：长期使用后，定影加热辊可能附着墨粉，导致打印出现黑痕。建议使用脱脂棉蘸取无水酒精轻轻擦拭，避免使用刀片以免损坏辊面。

硒鼓维护：硒鼓作为激光打印机的核心部件，需定期保养。可小心拆下硒鼓组件，用脱脂棉轻轻擦拭表面（避免划伤），随后用清洁剂清洁并擦干。最后，用滑石粉轻轻拍打鼓面，即可重新安装使用。

输纸导向板清洁：输纸导向板位于墨粉盒下方，负责纸张传输。可用软布蘸取清水擦拭其表面，确保打印件清晰无污。

此外，还需注意以下事项：清洁前务必关闭打印机电源；避免摇晃或跌落墨盒，防止墨粉泄漏；定期清理打印机内部风扇和通风口，保持气流畅通；在多烟尘环境中，使用激光打印机清洁纸进行维护；取出墨盒时，保持水平并沿轴线转动，确保墨粉均匀分布。

综上所述，激光打印机以其高效、高质量的打印性能在现代办公中占据重要地位。了解其工作原理、结构、分类及优缺点，并进行日常保养，将有助于提高打印效率并延长设备使用寿命。

10.5.4 3D 打印机

3D 打印机，亦称三维打印机或立体成型机，是一种采用逐层叠加材料的方式构建三维实体的设备。该技术借助计算机辅助设计与制造流程，能够将数字化的三维模型实体化。作为一种增材制造技术，3D 打印相较于传统的减材或等材制造方式，展现出更强的灵活性和个性化定制能力。3D 打印机，作为一种能够根据数字模型直接制造出实物的设备，近年来在制造业、医学、建筑、艺术设计等多个领域得到了广泛应用。

1. 3D 打印机的各种类型及特点

3D 打印机依据打印技术、材料和应用领域的差异，被划分为多种类型。以下是几种常见的分类及其特性概述。

（1）熔融沉积建模（FDM）3D 打印机

其采用塑料线材作为打印材料，通过加热挤出形成层状结构，具有成本效益，易于操作和保养。其广泛应用于原型开发、玩具制造、教育领域等。

（2）光固化立体成型（SLA/DLP）3D 打印机

其利用液态树脂作为打印介质，通过紫外线固化形成薄层，具有高精度和光滑的表面质量，适合制作精细部件。其适用于珠宝设计、艺术品创作、医疗辅助器具等领域。

（3）选择性激光熔化（SLS）3D 打印机

其采用粉末材料（如金属粉、陶瓷粉等）作为打印基础，通过激光烧结技术形成复杂结构，支持多种材料打印，具有高度的结构复杂性。其在航空航天、汽车制造、高端医疗设备等行业中发挥重要作用。

（4）其他类型

如粘合剂喷射打印机、材料喷射打印机等，这些打印机使用不同的打印技术和材料，适用于特定的应用场景。

2. 3D 打印机的主要结构

3D 打印机的产品结构通常包括以下四个主要部分。

（1）打印喷头

负责将材料熔融后按需挤出，是 3D 打印过程中的关键部件。能够处理多种材料，如塑料、金属、生物材料等，具体取决于打印机的类型和配置。不同类型的 3D 打印机（如 FDM、SLA/DLP、SLS 等）使用不同类型的打印喷头，以适应不同的材料和打印工艺。

（2）机械运动系统

其在 x、y、z 三个轴向上进行精确的运动，以确保打印的准确性和精度。通常包括步进电机、同步带、导轨等部件，这些部件协同工作以实现打印头的精确移动。不同类型的 3D 打印机在机械运动系统的设计上可能有所不同，以适应不同的打印需求和场景。

（3）控制模块

作为打印机的“大脑”，其负责接收并处理打印指令，同时控制各个部分的协调运动。通常配备有专业的打印软件，用于设计、切片、生成打印路径等。其需要具备强大的计算能力和稳定的控制系统，以确保打印过程的顺利进行。

（4）供料系统

其负责提供打印材料，通常包括塑料丝、树脂液、粉末材料等。需要确保材料的连续供应和稳定输送，以避免打印过程中的中断或错误。不同类型的 3D 打印机可能需要不同类型的供料系统，以适应不同的打印材料和工艺。

3. 3D 打印机的工作原理

3D 打印技术基于逐层累积的加法制造原理，其作业流程涵盖以下关键步骤。

（1）三维模型设计

利用计算机辅助设计工具（例如 CAD 软件）构思并绘制出所需物体的三维模型，这些模型既可以是基础几何形态，也能是复杂结构或艺术品。

（2）模型切片

通过专门的切片软件，将设计好的三维模型切割成一系列二维层片，每一层代表物体在某一高度上的横截面形态。这些层片信息将被转化为 3D 打印机可解读的指令。

（3）打印前准备

将切片数据导入 3D 打印机，并配置打印参数，如打印速率、层厚、温度等。同时，确保打印机已妥善装配并备好打印材料。

（4）逐层构建

打印机依据切片信息，逐层添加材料。在 FDM 技术中，塑料丝材被加热熔融并挤出；在 SLA/DLP 技术中，液态树脂受紫外光照射固化；在 SLS 技术中，粉末材料经激光烧结成型。这些材料层层累积，最终构成完整的三维实体。

（5）后期加工

打印结束后，通常需要对物体进行后期处理，如移除支撑结构（若使用）、表面打磨、上色等。后处理的具体步骤依据物体的材质、形态及用途而定。

4. 3D 打印机的应用与发展

3D 打印机以其独特的优势在制造业、医学、建筑、艺术设计等多个领域得到了快速发展。以下是一些典型的应用场景。

制造业：在制造业中，3D 打印技术被广泛应用于原型设计、模具开发以及零部件修复等环节。它能够迅速打造出具有复杂形态与结构的原型，有效减少研发成本与时间。

医学领域：医学界利用 3D 打印技术制作人体组织模型、手术引导板及假肢等。该技术能依据患者的个性化需求，精确制造与之相匹配的医疗器械与植入物。

建筑：用于打印建筑模型、构件等。3D 打印技术可以快速构建出复杂的建筑结构和形状，以增强建筑设计的灵活性和创新性。

艺术设计：用于制作艺术品、雕塑等。3D 打印技术可以制作出具有独特形状和结构的艺术品，从而满足艺术家对创意和个性的追求。

5. 3D 打印机的未来展望

随着技术的持续发展与成本的不断下降，3D 打印机有望在更多领域展现其巨大价值。展望未来，我们可预见以下几个发展趋势。

一是材料与技术革新。为了拓宽应用范围，未来将不断探索新的打印材料和工艺，如开发高强度、优异生物相容性的新材料，以及能打印复杂结构的先进工艺。

二是精度与速度提升。为满足市场对高质量产品的需求，未来将致力于提高打印的精度与速度。通过优化打印算法及改进硬件设计，从而实现更好的打印效果及更快的打印速度。

三是智能化融合。将人工智能与机器学习技术融入 3D 打印，实现打印过程的智能化升级。例如，通过自动调整打印参数及优化打印路径，提升打印效率与精确度。

四是应用领域的拓展。3D 打印技术将深入更多行业与领域。在航空航天、汽车制造等行业，其可用于制造复杂零部件；在医疗领域，其可用于制作精细的医疗器械与植入物等。

综上所述，3D 打印机凭借其独特构造与原理，已在多个领域展现出强大的应用潜力。未来，随着技术的持续创新与发展，3D 打印机有望为我们带来更多惊喜与可能性。

本章小结

由于人与计算机所能识别的信息不同，需要输入输出设备在人与计算机之间进行转换。输入输出设备的功能包括完成人机交互、扩展存储能力、促进计算机应用领域的拓展、实现数据传输等。

从计算机系统组成的角度来看，外部设备可以分为输入设备、输出设备、外存储器、过程控制设备、数据终端设备、数据通信设备六类。

输入输出设备与主机之间信息交换的关键参数是编码格式、传输格式（串行、并行）和传输速率。

磁介质存储器是一种通过利用磁性材料的特性来存储数据的外部设备。磁介质存储器的原理是，当电信号通过磁头时，会在磁层上产生磁场，这个磁场会使磁层中的磁性材料按照特定的方向磁化，从而记录下数据。当需要读取数据时，磁头会再次扫描磁层，通过检测磁化方向的变化，将磁信号转换回电信号，进而还原出原始数据。

磁介质存储器的应用在计算机系统、数据备份和归档、嵌入式系统、数据中心与云计算等方面都有广泛的应用。

硬盘驱动器简称硬盘，是一种使用磁性介质进行数据存储的外部存储器。它利用磁头在旋转的磁盘表面进行数据的读写操作，具有存储容量大、可靠性高、成本效益好等优点。

键盘和鼠标是计算机操作中最基本的输入设备，它们各自具有不同的功能，共同为用户提供与计算机进行交互的便捷方式。

显示器也被称为监视器，是一种将抽象数据信息通过特定的设备转化成直观的字符或图像的显示工具。常见的显示设备有：CRT 显示器、LCD 显示器、LED 显示屏、PDP 显示器、3D 显示器。显示规格取决于显示器控制器（适配卡）提供的显示规格（也称为显示方式）和显示头所能满足的分辨率要求这两方面。

打印设备是计算机的关键输出工具，能将计算机处理的数据以文字、图像等形式打印到介质上，供长期保存。其中，喷墨打印机通过喷嘴将彩色油墨细化为微小颗粒并喷射到纸张上。激光打印机则结合了激光扫描与电子照相技术实现打印输出。而 3D 打印机，也称作三维或立体打印机，则采用逐层叠加材料的方式构建三维物体。

习题

10.1 什么是主机？什么是输入输出设备？

10.2 输入输出设备的功能有哪些？它有哪些种类？

10.3 主机与外部设备的信息交互的参数有哪些？

10.4 什么是磁介质存储器？它有哪些种类？

10.5 磁介质存储器的优缺点分别是什么？它有哪些性能指标？

10.6 简述磁介质存储器的存储原理。

10.7 硬盘的组成部件有哪些？

10.8 简述硬盘的工作原理和工作过程。

10.9 键盘上按键分为哪些种类？

10.10 键盘的结构包括哪些部件？简述键盘的工作原理。

10.11 鼠标的结构包括哪些部件？简述鼠标的工作原理。

10.12 键盘和鼠标应该如何保养？

10.13 与显示成像的术语有哪些？

10.14 常见的显示器有哪些？简述它们的结构组成与工作原理。

10.15 显示接口有哪些？

10.16 简述打印设备的基本组成。

10.17 简述喷墨打印机的结构组成与工作原理。

10.18 简述激光打印机的结构组成与工作原理。

10.19 简述 3D 打印机的结构组成与工作原理。

参考文献

［1］白中英，戴志涛. 计算机组成原理［M］. 6版. 北京：科学出版社，2019.

［2］肖铁军，丁伟，葛桂萍. 计算机组成原理［M］. 3版. 北京：清华大学出版社，2021.

［3］蒋本珊. 计算机组成原理［M］. 4版. 北京：清华大学出版社，2019.

［4］唐朔飞. 计算机组成原理［M］. 3版. 北京：高等教育出版社，2020.

［5］谭志虎. 计算机组成原理（微课版）［M］. 北京：人民邮电出版社，2021.

［6］张基温. 计算机组成原理教程［M］. 北京：清华大学出版社，2021.

［7］纪禄平，罗克露，刘辉，等. 计算机组成原理［M］. 5版. 北京：电子工业出版社，2020.

［8］杨心强，陈国友. 数据通信与计算机网络［M］. 5版. 北京：电子工业出版社，2018.

［9］卫朝霞. 数字逻辑［M］. 2版. 北京：清华大学出版社，2020.